Eugen Herpfer

Sehen – ohne gesehen zu werden

Informationsgewinnung

Aufklärung und Überwachung

luft- und raumgestützt

Eugen Herpfer

Sehen – ohne gesehen zu werden

Informationsgewinnung
Aufklärung und Überwachung
luft- und raumgestützt

Herrn Kopsch
mit freundlichen Grüßen
Eugen Herpfer

Bernard & Graefe
in der Mönch Verlagsgesellschaft mbH,
Bonn

Umschlagsentwurf: Horusauge, SAR-Lupe, dt. Radarsatellit, Kosovo-Ruinen

„Das Auge, das als Fenster der Seele bezeichnet wird, ist das primäre Instrument, kraft dessen …
die unendlichen Werke der Natur am vollständigsten und prächtigsten“ betrachtet werden können.
Leonardo da Vinci

Bildnachweis
Die Quellen der dargestellten Bilder sind in Klammer der Bildunterschrift hinzugefügt.
Dem Autor ist es trotz gewissenhaften Bemühens nicht gelungen, bei einigen Abbildungen die derzeitigen Rechtsinhaber zu ermitteln. Berechtigte Honorarforderungen werden vom Herausgeber nach den üblichen Vergütungssätzen selbstverständlich abgegolten.

Dieses Buch ist denen gewidmet, die sich für die historische Entwicklung der militärischen Aufklärung interessieren. Im Rahmen eines Wissenstransfer-Programms, als Einführung zum Thema Aufklärung und Überwachung für junge Projektleiter, entstand die Idee zu dieser Übersicht.
Besonderen Wert wurde darauf gelegt, hier keine vertraulich oder geheim eingestuften Informationen weiterzugeben. Viele Details politischer, historischer und auch technischer Art, insbesondere auf dem Gebiet der raumgestützten Aufklärung, stammen aus der offenen Literatur und sind zitiert. Die Qualität der Quellen lässt sich schwer einschätzen, solange viele Details weder von den Vereinigten Staaten noch von Russland öffentlich zugänglich gemacht werden. Auch deutsche Quellen bestehen aus Bruchstücken und manche Aussagen sind widersprüchlich. Das Übrige entstand aus persönlichen Aufzeichnungen und einer fast vierzigjährigen Berufserfahrung auf dem Gebiet der Aufklärung und Überwachung.
Bewunderung gilt meiner Frau für ihre Geduld während der zwei Jahre, die ich für die Erstellung dieses Buches brauchte.
Ich möchte mich bei Karl-Friedrich Weitzel für die kritische Durchsicht und viele Anregungen bedanken.
Besonderen Dank schulde ich Karlheinz Zuckermann für seine technische Unterstützung.

Herstellung und Layout: Mönch Typesetting Centre, Bonn
Druck und Bindung: Graspo CZ, a.s., Zlin
Printed in Czech Republic

ISBN 978-3-7637-6279-8

Inhalt

Vorwort

Die Geschichte der Nachrichtenbeschaffung durch Aufklärung ist entscheidend länger als die Geschichte ihres Aufschwungs im Kalten Krieg und geht zurück auf überlieferte Anfänge in China vor etwa 2500 Jahren, als ein gewisser *Sun Tzu* die *Dreizehn Gebote* der geheimen Kriegsführung niederschrieb. Militärische Aufklärung war immer mit dem Mantel der Geheimhaltung überdeckt und dies erschwert jeden Schritt einer historischen Aufarbeitung. Es wird hier der Versuch gemacht einen kurzen Ausschnitt aus dieser Geschichte zu erhellen und den Verlauf wesentlicher Entwicklungen der luft- und raumgestützten Aufklärung und Überwachung vom Ersten Weltkrieg bis zum Jahre 2008, also über mehr als 90 Jahre zu verfolgen. Dabei wird nicht der Anspruch erhoben, eine vollständige Darstellung aller Aufklärungsmittel gegeben zu haben, die in diesem Zeitraum entwickelt wurden und tatsächlich zum Einsatz kamen.

Staaten definieren Bedrohung im Sinne von gefährlichen Absichten anderer. Diese Absichten und die Art, wie sie empfunden werden, sind stark von subjektiven Erwägungen geprägt. Eines der *Sun Tzu* Gebote lautet daher: „Erlange Wissen über deinen Feind"; ein anderes: „Erlange Kenntnisse über dein Gefechtsfeld".

Nachrichtenbeschaffung durch Aufklärung dient im strategischen Bereich zur Deckung des Informationsbedarfs der politischen und militärischen Führung. Es wird hierzu in erster Linie die Gesamtheit aller Maßnahmen verstanden, die dazu dienen, Information über Stärke, Dislozierung, Bewegung, Gliederung, Bewaffnung, Ausrüstung und Absichten eines Gegners zu erlangen. Überwachung dient der Verfolgung von Veränderungen. Im Allgemeinen unterscheidet man in der Nachrichtenbeschaffung die bildhafte Aufklärung und Überwachung von Boden-, Flug-, Satelliten- und Seezielen von der signalerfassenden Aufklärung und Überwachung der Kommunikation, der Telemetrie und von Radaremittern mittels Sensoren und Plattformen. Die Aufklärung durch Agenten ist wohl die älteste Variante der Informationsbeschaffung und liefert häufig wichtige Hinweise für den Einsatz technischer Mittel. Sie ist aber nicht Gegenstand des vorliegenden Buches. Im Mittelpunkt stehen hier im Wesentlichen die Aufklärung und die Überwachung von Boden- und Seezielen, insbesondere im strategischen, operativen und taktischen Bereich, durch luft- oder raumgestützte technische Mittel sowie die luftgestützte Frühwarnung. Auf die boden- und seegestützte Aufklärung sei hingewiesen; sie gewinnt ebenfalls mit unterschiedlichen technischen Mitteln Informationen zur Frühwarnung, Lagefeststellung und Zielbekämpfung sowie zur Erarbeitung von Grundlagenmaterial über fremde Streitkräfte.

Die Planung und Entwicklung neuer technischer Aufklärungsmittel geht in der Regel einher mit technischen und politischen Veränderungen, der Notwendigkeit der Früherkennung von Krisen und Konflikten, aber auch mit der Änderung strategischer, operativer und taktischer Einsatzkonzepte. Außen- und Sicherheitspolitik geben häufig Leitlinien vor. Neue Konzepte, wie z. B. in der Joint Staff Study *Joint Vision 2020,* die noch von der Clinton Administration entwickelt wurden oder die *Network Centric Warfare* Idee, die etwa seit 1990 existiert, waren ausschlaggebend für die Entwicklung neuer Methoden und Systeme. Zur Aufrechterhaltung der vom US-Department *of Defence* geforderten *Information Dominance,* wird diese auch noch in absehbarer Zeit Auswirkung für die Neuausrüstung der Streitkräfte und Dienste der Vereinigten Staaten haben.

Die ernsthafte Beteiligung eines Landes an der Überwachung von Verträgen über Rüstungskontrolle, an der Verifikation und an vertrauensbildenden Maßnahmen sowie an der Terrorismusbekämpfung erfordert spezielle Aufklärungsmittel, mit denen erst relevante Information beschafft werden kann. Diese Mittel sind meist sehr aufwendig und ihre Beschaffung ist oft sehr mühsam. Die starke Konzentration der Vereinigten Staaten, während des Kalten Krieges, auf die raumgestützte Aufklärung, wurde allein durch die ungeheuere Größe der UdSSR und deren Nuklearpotenzial, von dem sich die USA am stärksten bedroht fühlten, erzwungen. Der Aufklärungsbedarf und mit-

hin die Aufklärungsmittel sowohl in der NATO als auch in der Bundeswehr waren in dieser Zeit hingegen geprägt von der notwendigen Verteidigung Zentraleuropas nach Osten gegen übermächtige Warschauer Pakt Streitkräfte.
Militärische Aufklärungssysteme können über ihre ursprüngliche Aufgabe hinaus in vielfältiger Weise zur Deckung eines weitreichenden Informationsbedarfs beitragen, und zwar für politische, kommerzielle und wissenschaftliche Zwecke. Hierzu gehören beispielsweise geografische und demografische Entwicklungen, ökologische und klimatische Veränderungen, Nahrungs-, Rohstoff- und Energieversorgung, soziale Probleme (wie gesellschaftliche Veränderungen, Migration, Extremismus), Katastrophenfälle, Anbau, Schmuggel und Handel mit Drogen.
Überwachung ist ein kontinuierlicher Prozess der Beobachtung eines bestimmten Bereichs und soll Hinweise für die gezielte Aufklärung liefern. Überwachung kann aus vielen Quellen gespeist werden, von Menschen, Medien, wissenschaftlichen und technischen Systemen, die fliegende Plattformen oder Satelliten nutzen. Die Effizienz der Überwachung und Aufklärung hängt von gut ausgebildetem, erfahrenem Personal ab, das Sensorinformation sachgerecht auszuwerten und zu interpretieren vermag und das in professionellen Organisationen arbeitet. Moderne Überwachung und Aufklärung muss hoch entwickelte technische Mittel und Systeme benutzen. Sensoren, Prozessoren, Kommunikation und Software sind heute die technologisch ausschlaggebenden Komponenten eines modernen Aufklärungssystems, insbesondere für die Lösung der Aufgaben Entdeckung, Erkennung, Ziel- und Emitterortung, Zielklassifizierung, Zielidentifikation und Abschätzung der Waffenwirkung sowie der Informationsverteilung.
Wie die Erfahrung lehrt, existiert derzeit kein singuläres Überwachungs- und Aufklärungsmittel, das allein in der Lage wäre, den kompletten Informationsbedarf für eine militärische Lagebeurteilung zu decken. Es müssen oft Informationsbruchstücke von unterschiedlichen Sensoren zu einem Mosaik zusammengefügt werden, bis ein sinnvolles Lagebild entsteht. Die Lösung lag bisher in einem intelligenten Verbund und einer schnellen Fusion. Dass wesentliche Sicherungen in diesem System eingesetzt und dass die Informationsquellen gegeneinander abgeschottet werden müssen, damit das Prinzip des *Need to Know* gewahrt werden kann, ist selbstverständlich. Die USA haben bereits während des Zweiten Weltkrieges ein Sicherheitssystem eingeführt, das als *Sensitive Compartmented Information* (SCI) bezeichnet wurde. Es hat zwar nicht die Weitergabe verschiedener sensitiver Informationen verhindern können, dennoch war es im Allgemeinen sehr wirksam. Es wurde in der Vergangenheit, insbesondere seitens der USA, deutlich demonstriert, dass ein systematisch entwickelter Aufklärungsverbund einen Wissensvorsprung garantiert. Dieser stellt einen nicht zu unterschätzenden Beitrag für die Ausübung von Macht und Kontrolle dar.
Wirksame Überwachung und Aufklärung erfordert die Integration und den Einsatz unterschiedlicher Methoden und Mittel, die Verknüpfung verschiedener Sensoren, Sensorträger, Auswerteeinrichtungen zur Informationsbearbeitung und eine stabile Kommunikation der Informationsübertragung zum Auswerter und die Verteilung von Ergebnissen an die Nutzer. Nur die Verfügbarkeit von Technologie allein ohne Ausbildung und Training von Analysten ist nutzlos; die Bereitstellung von qualifiziertem Personal ist eine Grundvoraussetzung des wirkungsvollen Einsatzes der Aufklärungs- und Überwachungsmittel. Es ist die Gruppe der Analysten und Interpreten, die die Produkte der abbildenden und signalerfassenden Sensoren auswerten können und damit den Unterschied zum Laien ausmachen. Ihr Einfluss auf politische Entscheidungen ist nicht zu unterschätzen.
Mit dem Risiko einer Verfälschung der Ergebnisse aus der Aufklärung und Überwachung durch Gegenmaßnahmen muss immer gerechnet werden. Aus diesem Grunde war es im Laufe der Zeit notwendig, immer wieder neue Gegen-Gegenmaßnahmen zu entwickeln, die zur Reduzierung der physischen und der elektronischen Bedrohung der Aufklärungsmittel, der Auswerte- und Lagezentralen und der Kommunikationseinrichtungen führten. Es gab schon sehr früh in der Aufklärung Bemühungen, die Auswirkung von Tarnung und Täuschung des Gegners auf ein Minimum zu reduzieren. Beispielsweise mündete dies in einen mühsamen Lernprozess Attrappen von echten Zielen zu unterscheiden oder die getarnten Kommandozentren eines Gegners zu entdecken. Informationssicherheit ist ein primäres Erfordernis in der Aufklärung und Überwachung; sie ist für die zuverlässige Auftragserfüllung in jedem Umfeld unverzichtbar.

Letztendlich ist das Ziel der Aufklärung und Überwachung diese möglichst unauffällig zu betreiben, sodass der Beobachtete diese Aktivität nicht erkennt; daher *Sehen – ohne gesehen zu werden.*
Das vorliegende Buch beschäftigt sich mit der Entwicklung von Aufklärung und Überwachung über mehrere Epochen vom Ersten Weltkrieg, der Zeit danach bis zum Beginn des Zweiten Weltkriegs, der Kriegszeit und den Folgen mit immer neuen Auseinandersetzungen bis zum Jahr 2008. Dabei stehen sowohl die luftgestützte als auch die raumgestützte Aufklärung im Mittelpunkt des Interesses. Es werden einige herausragende Entwicklungen von bemannten und unbemannten fliegenden Systemen sowie die Entwicklungsschritte der raumgestützten Aufklärung, insbesondere zur Verifikation von Rüstungsvereinbarungen zur Zeit des Kalten Krieges beschrieben. Die weiträumige Aufklärung von fliegenden Plattformen aus und die zunehmende Abstandsfähigkeit im Operations- und Einsatzgebiet haben bemerkenswerte Schritte vollzogen, die in Epochen verliefen. Die Ausrüstung für die Aufklärung des Luft- und Seeraums erlebte in der Zeit nach dem Zweiten Weltkrieg bemerkenswerte Fortschritte. Die Technologie der luftgestützten Frühwarnung gegen schnelle, tieffliegende Angreifer wurde während des Kalten Kriegs vorangetrieben. Wogegen die Technologieentwicklung zur U-Bootortung und Verfolgung, die bereits im Zweiten Weltkrieg durch die deutschen U-Bootangriffe gegen die Konvois der Alliierten im Atlantik den wesentlichen Anschub erhielt, danach nur noch in kleineren Schritten verbessert wurde.
Welche bedeutende Rolle die fernmelde-elektronische Aufklärung im Zweiten Weltkrieg spielte, wird deutlich, wenn man die unterschiedlichen Siege und Niederlagen beim Kampf um die Vorherrschaft im elektromagnetischen Spektrum auf beiden Seiten analysiert. Neue Technologien und Verfahren auf dem Gebiet der Nachrichtenübermittlung, der Telemetrie und beim Radar lassen die Ansprüche an die Signalaufklärung ständig steigen. Selbst in Friedenszeiten ist eine Lagefeststellung und Frühwarnung ohne ständige Signalaufklärung nicht möglich. Die Anforderungen steigen um ein Vielfaches im Falle einer Krise oder eines Konflikts. Alle Technologien im Bereich der Nachrichtentechnik werden dabei berührt.
Die Kernkompetenz aller Bemühungen um Aufklärung und Überwachung liegt primär in der verfügbaren Sensortechnologie, deren Entwicklungsschritte in den betrachteten Zeiträumen kurz dargestellt werden. Zeitkritikalität war von Anfang an ein Problem der Aufklärung. Im Zeitalter der Echtzeit *Sensor to Shooter* Informationsübermittlung ist die stör- und abhörsichere Kommunikation und die Vernetzung von überragender Bedeutung; ihre Entwicklung ist der Schlüssel zur modernen Operationsführung.

Frühjar 2009 Eugen Herpfer

Radar mit synthetischer Apertur. Bild der Insel Helgoland, aufgenommen im Rahmen von Erprobungsflügen des Dornier SAR-Experimental Programms (DoSAR). (Dornier GmbH)

DoSAR Bild des Bodenseeufers bei Immenstaad. Erprobung des Informationsgewinns durch Multipolarisation. (Dornier GmbH)

1. Informationsgewinnung – Bedarf an Aufklärung und Überwachung

Einen Bedarf zur Gewinnung von Information aus Aufklärung und Überwachung hat es schon sehr früh in der militärischen Entwicklungsgeschichte der Menschheit gegeben, und zwar seit sich Menschen oder Gruppen mit unterschiedlichen Interessen gegenübergestanden haben. Erste Versuche der Fernerkundung gingen von Bäumen oder Hügeln aus. Die Technisierung begann in der westlichen Welt, als Frankreich 1794 den ersten Aerostat *(aérostier)* baute und diesen während der Französischen Revolution einsetzte. Es wird behauptet, dass ein besonders wagemutiger Colonel Jean Marie Joseph Coutelle während der Schlacht bei Fleurus in Belgien über neun Stunden kontinuierlich den Feind beobachtete. Napoleon hatte 1797 bei der Belagerung von Mantua eine Kompanie von *aérostiers* hinzugezogen. Bei seiner Expedition nach Ägypten begleitete ihn ebenfalls ein Ballon Korps. Es sah jedoch keinen Einsatz. Im Jahre 1800 wurde das Ballon Korps aufgelöst, ohne dass die Gründe hierfür bekannt wurden. Aufklärung vom Fesselballon aus wurde mit wenig Erfolg auch während des US-Bürgerkrieges (1861-65) betrieben. Ein frühes technisches Mittel der Aufklärung bildete das Fernglas; später, ab etwa 1820, folgte zur Dokumentation die fotografische Kamera. Um 1860 wird von Versuchen berichtet, bei denen Kameras im Frei- und Fesselballon mitgeführt und erste Aufnahmen mit den damals verfügbaren Fotoplatten gemacht wurden. Aber die notwendigen lichtempfindlichen Emulsionen waren noch sehr kurzlebig und mussten möglichst schnell nach einer Aufnahme entwickelt werden, bevor das Bild verblasste. Dies taugte noch nicht für den militärischen Einsatz und man behalf sich lange mit Bleistiftskizzen. Die britische Armee machte dann zwischen 1870 und 1880 im Woolwich Arsenal bei London Versuche mit der fotografischen Aufklärung vom Fesselballon aus, wobei bis zu acht voluminöse Kameras unter dem Korb angebracht wurden, um Panoramaaufnahmen zu ermöglichen. Im Laufe der Zeit wurden die Kameras aber immer kleiner und handlicher. Ende des 19. Jahrhunderts hatten sowohl die US als auch die britischen Streitkräften Drachen mit ferngesteuerten oder mit Zeitschaltuhr versehenen Kameras mit mehr oder weniger Erfolg aufsteigen lassen.

Julius Neubronner verfiel 1903 gar auf die Idee Tauben für Luftaufnahmen einzusetzen und ließ sich diese Idee patentieren. Bei der internationalen Fotografischen Ausstellung, im Jahre 1909 in Dresden, konnte man Postkarten von der Ausstellung kaufen, die von Tauben während des Fluges aufgenommen wurden. Dazu wurde diesen eine etwa 70 g wiegende Kamera vor die Brust geschnallt, und während sie durch die Ausstellung flatterten, nahmen sie mit der automatisch auslösenden Kamera alle 30 Sekunden ein Bild auf. Nach der Landung wurde der belichtete Film der Miniaturkamera entnommen, entwickelt und die Bilder an die Messebesucher verkauft. Dies veranlasste Neubronner in der Folge zum Vorschlag, Brieftauben mit umgeschnallten Kameras auch für die militärische Nutzung zu verwenden; dabei sollte die Kamera ebenfalls mit Zeitschaltuhr gesteuert werden. Von einer erfolgreichen Anwendung gibt es jedoch keine Hinweise.

Mit der bemannten fliegenden Aufklärung wurde im Ersten Weltkrieg begonnen und sie wurde auf beiden Seiten zu einem wichtigen Instrument auch im Zweiten Weltkrieg. Die militärischen Führer in Europa erkannten frühzeitig den Wert dieser Einrichtung. Flugzeuge waren schnell, verfügten über eine gewisse Reichweite und man konnte sie in eine Position bringen, die Erfolg versprechende Fotos eines interessanten Ziels ermöglichten. Es wurde in sehr kurzer Zeit erkannt, dass dies eine militärische Waffe von erheblichem Wert darstellte. Es hat lange gedauert, bis Flugzeuge serienmäßig hergestellt werden konnten; aber als dies soweit war, geschah ihre Verwendung als Aufklärungsmittel unverzüglich und ohne Debatte. Die Ehre, die ersten mit Fotokameras ausgerüsteten Flugzeuge für die Aufklärung eingesetzt zu haben, gebührt Italien. Bei dem Versuch im Jahre 1911 sich in Nordafrika eine sichere Ausgangsposition zu schaffen, verwendete das italienische Heer Flugzeuge, um türkische Positionen um Tripolis zu erkunden. Neben anderen Versuchen erscheint es bemerkenswert, dass die 3. Schwadron des Royal Flying Corps 1914 mit systematischen Experimenten einige wesentliche Probleme löste, mit denen die Luftbilderstellung bis dahin noch behaftet war. Da für Kameras kein Budget vorgesehen war, mussten Flugzeugbesatzungen eigene Kameras beistellen. Dabei fand man schnell heraus, welche sich am besten eigneten. Die Bedeutung, möglichst zeitaktuelle Bilder am Boden zur Verfügung zu haben, wurde erkannt und so kam es, dass Methoden erarbeitet wurden, das Bildmaterial noch im Fluge zu entwickeln. Da möglichst bei jedem Wetter Informationsbedarf bestand, war die Aufklärung ziemlich bald an die Grenzen der Fotografie angelangt. Um diese Hürde zu überwinden, wurde mit Infrarotfilmen und später mit Infrarotdetektoren experimentiert und noch vor dem Zweiten Weltkrieg das Radar erfunden. Radar wurde eines der entscheidenden Technologien des Zweiten Weltkrieges und hatte entscheidenden Einfluss auf dessen Ausgang.

Nachdem es bereits kurz nach dem Zweiten Weltkrieg zur Abkühlung des politischen Klimas zwischen den Westmächten und der Sowjetunion kam, sah sich der Westen wegen des kommunistischen Herrschaftsanspruchs plötzlich mit der Sowjetunion auf Konfrontationskurs. Zur Zeit des Kalten Krieges haben dann die USA immense Anstrengungen gemacht, soweit wie möglich, die potenzielle Bedrohung durch die riesige Sowjetunion mittels Überwachungs- und Aufklärungssysteme zu erfassen. Neben der abbildenden wurde die signalerfassende Überwachung und Aufklärung weiterentwickelt. Als Trägerplattformen kamen nun neben den Flugzeugen auch Satelliten in Betracht. Satelliten, mit abbildenden und signalerfassenden Sensoren ausgestattet, wurden ergänzt durch Satelliten für die weltweite Kommunikation, zur Wettererkundung (ab 1961) und zur Frühwarnung gegen ballistische Raketen. Bereits Anfang 1967 wurde bekannt, dass die Vereinigten Staaten für die raumgestützte Aufklärung bis dahin zwischen 35 und 40 Mrd. $ ausgegeben hatten. Hierbei kamen zu den ersten Foto-Satelliten in niedrigen polaren Umlaufbahnen (LEO) die signalerfassende Aufklärung in mittleren (MEO) bis geostationären (GEO) Umlaufbahnen hinzu. Satellitengestützte Frühwarnsysteme zur Erkennung eines Angriffs mit ballistischen Raketen und Satelliten zur weltweiten Kommunikation in ebenfalls geostationären Umlaufbahnen folgten. Und dies war erst der Anfang.

Am Ende des Kalten Krieges glaubte man, einer friedlicheren Zukunft entgegenzugehen. Das war nicht der Fall. Es kam zum Krieg am Persischen Golf, auf dem Balkan und dann, infolge des Angriffs von Terroristen der Al Khaida am 11. September 2001 auf die USA, zum Krieg gegen die Taliban in Afghanistan. Es folgte der Irakkrieg, über dessen Ausgang noch Unklarheit herrscht. Auch diese Konflikte hinterließen ihren Einfluss auf die technische Weiterentwicklung von Aufklärung und Überwachung.

2. Erster Weltkrieg 1914-1918

Die Ereignisse und Gründe, die zum Ersten Weltkrieg führten, sind sehr komplex und vielfach dokumentiert. Tatsache ist aber, dass Österreich-Ungarn am 28. Juli 1914 Serbien und das mit Österreich-Ungarn verbündete Deutschland am 1. August 1914 Russland und am 3. August 1914 Frankreich den Krieg erklärte. Hierauf übermittelte am 4. August 1914 das mit Frankreich verbündete Großbritannien seine Kriegserklärung an Deutschland. Es kam am 11. August 1914 zur französischen Kriegserklärung an Österreich-Ungarn, der die von Großbritannien am nächsten Tag folgte.

Zu Beginn des Konflikts sah die strategische Planung aller europäischen Großmächte (Deutschland, Frankreich, Großbritannien, Italien, Österreich-Ungarn, Osmanisches Reich und Russland) nach Vollendung des Aufmarsches die Offensive vor. Frankreich folgte unter dem Oberbefehlshaber J.J.C. Joffre dem *Plan XVII* und Deutschland unter dem Generalstabschef Helmut von Moltke dem *Schlieffen Plan.* Beide Pläne gingen von einem hohen Tempo und einem kurzen Krieg inklusive der Eroberung der jeweiligen gegnerischen Hauptstadt aus (deutsches Motto: *In 42 Tagen in Paris).* Es existierte ein weiterer Plan, der russische *Plan XIX,* der eine Mobilisierung Russlands gegen Österreich-Ungarn und Deutschland vorsah. Nach drei Monaten waren alle Offensiven im Westen gescheitert, insbesondere die deutsche Offensive gegen Frankreich an der Marne, und es begann im Westen ein Stellungskrieg mit intensivem Artillerieeinsatz an allen Fronten. Der Krieg im Osten gestaltete sich anders, zunächst mit Anfangserfolgen und Gebietsgewinnen durch die russische Armee.

Luftgestützte Aufklärung von Bodenzielen

Ganz am Anfang des Ersten Weltkriegs wurde die Aufklärung der beteiligten Armeen noch durch die Kavallerie betrieben, und zwar im Wesentlichen durch *Ulanen* (Deutschland), *Kürassiere* (Frankreich) und *Kosaken* (Russland)[1]. Maschinengewehre und Artillerie reduzierten diese Art der Informationsgewinnung auf den Gefechtsfeldern ziemlich rasch auf ein Minimum. Bei Kriegsausbruch betrachteten die Militärs auf beiden Seiten Flugzeuge lediglich als eine Art luftgestützten Kundschafter. Der einzige Zweck, für den die Maschinen des *Royal Flying Corps* (RFC) entworfen, gebaut und Besatzungen trainiert wurden, war die Aufklärung. Wahrscheinlich war es die 3rd Squadron des British Royal Flying Corps, die am 15. September 1914 die ersten Bilder von den deutschen Linien zurückgebracht hat.

Man dachte in Deutschland zu Kriegsbeginn nicht an Sonderflugzeuge für die Aufklärung und führte zunächst nur Einheitsmuster ein, die für Luftkampf, Aufklärung, Bombenabwurf oder Infanterieflug gleichermaßen einsetzbar sein sollten. Die deutschen Luftstreitkräfte zogen mit 218 Flugzeugen und 500 Mann (Besatzungen) in den Krieg. Im Jahre 1914 waren die Abnahmebedingungen der deutschen Heeresverwaltung für Flugzeuge etwa die folgende[30]:

- Motor: 100 PS
- Gesamtnutzlast: 200 kg
- Geschwindigkeit: 90 km/h
- Steigfähigkeit: In 15 Minuten auf 1000 Meter
- Flugdauer: 4 Stunden
- Anlauf (Start): 100 m
- Auslauf (Landung): 70 m

Die fliegende Aufklärung befand sich zwar noch in ihren Anfängen; sie begann jedoch mit Einsatzflügen ab Kriegsbeginn. Der berühmten Rumpler Taube folgten schon nach den ersten Kriegsmonaten neue Baumuster. *Aviatik,* D.F.W, A.E.G, *Halberstadt C V, Albatross C III, C VII* und L.V.G. *CII* waren die Namen der ersten deutschen, anfänglich unbewaffneten Beobachtungs- bzw. Aufklärungsflugzeuge. Österreich-Ungarn verwendete zu Kriegsbeginn etwa 36 Flugzeuge der Firmen *Aviatik, Phönix, Hansa-Brandenburg,* UFAG, *Lloyd* und *Lohner.*

Frankreich setzte am Anfang des Krieges die unbewaffnete Maurice Farman Shorthorn zur Artillerie-Aufklärung ein. Eine einsitzige Blériot und eine

zweisitzige Farman wurden bis 1915 als unbewaffnete Aufklärer verwendet. Es folgten Flugzeuge der Firmen *Morane-Saulnier, Voisin, Breguet, Deperdussin, Borel, Nieuport, Blériot* und *Dorand.* Zu Beginn des Krieges standen Frankreich nur 132 Flugzeuge zur Verfügung.
Das englische *Royal Flying Corps* flog damals ebenfalls von Kriegsbeginn an mit 84 Maschinen luftgestützte Aufklärungseinsätze, und zwar mit Flugzeugtypen wie B.E.2, *Avro 504,* Sopwith *Tabloids* und Bristol *Scout.* Darüber hinaus beschaffte England Flugzeuge von Bleriot und Farman aus Frankreich. Die englische Industrie lieferte später Flugzeuge von *Short Brothers, Armstrong-Whitworth, Beardmore, Gloster, Westland, Handley Page, Martinsyde* und *Vickers*[4, 30]. Diese beeindruckende Flugzeugvielfalt ging weiter. Die italienischen Entsprechungen hießen SAML, SIA, *Ansaldo, Pomilio* und *Fiat.* Hinzu kamen die 24 russischen Flugzeuge des Typs *Antra* und *Lebed.*
Deutschland, England, Frankreich, aber auch Österreich-Ungarn, Italien und Russland setzten Aufklärungsflugzeuge anfänglich vor allem gegen Bodenziele, wie feindliche Stellungen und Truppenkonzentrationen, ein. Für die kommandierenden Generäle stellte die luftgestützte Aufklärung zunächst nur der verlängerte Arm der Kavallerieaufklärung[2] dar. Wie bei der Kavallerie wurde die kleinste Einheitsgröße Schwadron (Squadron) genannt. In Deutschland wurde bald erkannt, dass die Aufklärung einer gewissen Vorbildung bedarf. Deshalb wurden etwa ab dem Frühjahr 1915 in Deutschland die ersten Beobachter ausgebildet (in der Flieger Ersatz-Abteilung 7 in Köln)[3]. Unter anderem war Manfred von Richthofen *(Red Baron)* am Anfang seiner Fliegerkarriere Beobachter auf einer L.V.G. Aufklärungseinsätze wurden zu zweit, d.h. mit Pilot und Beobachter durchgeführt. Zunächst waren schriftliche Aufzeichnungen und Skizzen die einzige Art der Dokumentation eines Aufklärungsauftrages. Später kamen die Fotografie und die Funktelegrafie (FT) hinzu.
Aufklärungseinsätze wurden von deutscher Seite sowohl im westlichen Stellungskrieg gegen Frankreich und England als auch im Bewegungskrieg an der russischen Front durchgeführt. Darüber hinaus unterstützte die deutsche Armee das Osmanische Reich durch Aufklärungseinsätze in der Ägäis und im Nahen Osten gegen britische Stellungen, insbesondere in Palästina. Von Beer Sheva und Al Arisch aus flogen u.a. Flugzeuge eines bayrischen Aufklärungsgeschwaders Einsätze gegen britische Truppen in Palästina, auf dem Sinai und im Gebiet um Kairo. Hiervon stammen noch ausgezeichnete historische Aufnahmen der Pyramiden von Gizeh, des Kairoer Bahnhofes oder des Tempelbergs in Jerusalem, die im Deutschen Museum in Oberschleißheim, d.h. im dortigen Museum für Luft- und Raumfahrt einzusehen sind[96].
Die Aufträge der Aufklärungsflüge an der Westfront erweiterten sich auf die Feststellung von Truppenbewegungen durch die Eisenbahn oder auf der Straße. Mit der Einführung der Fotokamera erkannte man die Bedeutung der *Change Detection.* Es gelang aus der Feststellung von Veränderungen gegenüber Bildern seit der letzten Befliegung desselben Ziels, Absichten des Gegners abzuleiten. Des Weiteren wurden erste Schritte zur *Mosaikierung* von Einzelaufnahmen zur Übersichtsdarstellung ganzer Gefechtsabschnitte unternommen. Sowohl *Change Detection* als auch *Mosaikierung* erfordert präzise Vertikalabbildung aus

Kamerahalterung für Schräg- und Vertikalsicht. (Michael Duffy)

möglichst konstanter Höhe und stellte daher eine hohe Gefährdung für die Flugzeugbesatzungen dar.
Der Stellungskrieg in Frankreich ließ den Bedarf an Aufnahmen von Artilleriestellungen immer stärker in den Vordergrund treten. Dies setzte die Verwendung geeigneter Fotokameras voraus. Die maximale Flughöhe lag zu Beginn des Krieges bei ca. 3000 m, erreichte aber bis Kriegsende etwa 5000 m. Es wurden zunächst optische Kameras mit Platten (der Größe 17,8 x 24,1 cm bzw. 7 x 9,5 inch bei den Alliierten) eingesetzt. Später kamen selbsttätige Reihenbildkameras mit Rollfilm hinzu. Diese ermöglichten fotografische Reihenaufnahmen taktischer wichtiger Geländeabschnitte, wobei man lernte, dass die Aufnahmeintervalle abhängig von der Fluggeschwindigkeit, der Objektivbrennweite und der Flughöhe sind. Rollfilmaufnahmen hatten die Größe von 10 x 13 cm (bzw. 4 x 5 inch) bei den britischen und US-Streitkräften. Die deutsche Aufklärung verwandte das 13 x 18 cm Format.
Hierbei ist anzumerken, dass die erste Reihenbildkamera von dem französischen Physiologen Étienne Jules Marey bereits 1982 konstruiert wurde. Die Aufklärungskameras wurden anfänglich vom Beobachter in der Hand gehalten oder an die Seitenwand montiert und aus dem hinteren Sitz fotografiert. Hieraus ergaben sich Vertikal- als auch Schrägsichtaufnahmen. Später wurden Kameras für Vertikalaufnahmen auch fest im Boden montiert. Dazu musste ein Loch in den Flugzeugboden unter dem Beobachter geschnitten werden. Erschien das Ziel dann in dem Ausschnitt, wurde schnell die Kamera eingesteckt und die Aufnahmen ausgelöst.
Um unscharfe Bilder zu vermeiden, mussten die Kameras hierzu zur Dämpfung gegen die Motorvibrationen in spezielle weiche Umhüllungen gesteckt werden. Andere Beobachter bevorzugten die Montage ihrer Kameras an den metallenen Cockpitring, der zur Aufnahme des Maschinengewehrs diente.
Die Kameras verfügten über optische Brennweiten von 20-100 cm bzw. 8,5-40 inch. Die später im Krieg verwendeten Rollfilme ließen auch Bildüberlappung zu, sodass erstmals mit der Stereoauswertung in Ansätzen experimentiert und räumliches Sehen zur Verbesserung der Auswertung herangezogen werden konnte. Die Kameras auf beiden Seiten waren anfänglich schwere Geräte mit einem Gewicht zwischen 15 und 45 kg. Weil es einfacher war, vom Cockpitrand aus zu fotografieren als sich für Vertikalaufnahmen aus dem Cockpit zu lehnen und gegen die Luftströmung anzukämpfen, wurden im Ersten Weltkrieg mit den handgehaltenen Kameras wesentlich mehr Schrägsicht- als Vertikalaufnahmen gemacht. Einrichtungen zur Halterung der Kameras an der Rumpfaußenseite halfen den Beobachtern, auch Vertikalaufnahmen ohne Öffnung im Rumpfboden zu erhalten. Es sollte in diesem Zusammenhang daran erinnert werden, dass die Ur-Leica, eine Kleinbildkamera (mit Rollfilm, 24x36 mm) bereits 1913 erschien und auch militärische Verwendung fand. Wie man noch heute feststellen kann, war ein Großteil der Aufnahmen, die mit ziemlich einfachen Kameras erzielt wurden, für den damaligen Stand der Technik schon von ausgezeichneter Qualität.

L.V.G. C II,
deutsches Aufklärungsflugzeug von 1914.
(Bayrisches Hauptstaatsarchiv)

Zu Beginn des Krieges spielte der *Beobachter-Fotograf* die wichtigere Rolle bei der zweiköpfigen Flugzeugbesatzung. Der Pilot hatte die Aufgabe den *Passagier* an den Ort zu bringen, der beobachtet oder fotografiert werden sollte. Dabei musste er während der fotografischen Aufnahmen die Maschine möglichst ruhig und gerade halten, sodass die Aufnahmen scharfe Bilder vom gewünschten Ziel lieferten. Aus diesem Grunde wurden die Piloten nur als *Chauffeure* des Beobachters bezeichnet.

1917 haben deutsche Aufklärungsflugzeuge, die mit *Einlinser* Zeiss-Kameras ausgerüstet waren, ca. 4000 Fotos pro Tag zur Auswertung abgeliefert. Die Abdeckung der gesamten Westfront, d.h. von etwa Basel bis Ostende, erfolgte in einem Intervall von zwei Wochen. Im März 1918 befanden sich an der Westfront allein 505 Aufklärungsflugzeuge von insgesamt 2047 Flugzeugen auf der deutschen Seite im Einsatz. Um das Feuer der Artillerie zu leiten, kamen spezielle Artillerieflieger zur Verwendung. Zur Korrektur des Artilleriefeuers wurden zunächst abgeworfene Botschaften verwendet. Diese vermochten aber oft den Adressaten nicht zu erreichen. Um präzisere und möglichst zeitaktuelle Information zu erhalten, konnten mit zunehmender Routine fotografische Einsätze sehr effizient geflogen werden. Es gelang die Veraltungszeit, d.h. die Zeit von der Aufnahme über die Entwicklung und Auswertung, mit Ausmessung einer etwaigen Trefferablage, bis zur Vorlage bei der Artillerie gelegentlich auf etwa zwanzig Minuten zu reduzieren. Danach sind Ende 1915 erste Versuche angestellt worden, der Artillerie die Korrekturwerte des Feuers per Funktelegrafie (FT) mit Morse Code zu übertragen. Dies verkürzte besonders das Einschießen der Artillerie.

Als eines der ersten drahtlosen Kommunikationsmittel für die Artillerieaufklärung wurde 1916 das Funktelegrafiegerät I bei der Fliegerdivision 4 eingeführt. Ein Exemplar befindet sich heute in der wehrtechnischen Studiensammlung der Bundeswehr in Koblenz[73]. Das FT-Gerät war ein Mittelwellenlöschfunksender mit Detektempfänger. Installiert wurde das Gerät insbesondere in Artillerie-Flugzeugen, die für die Übermittlung von Ziel- und Treffermeldungen vorgesehen waren. Die Funkfrequenzen lagen im Bereich zwischen 0,6 und 2 MHz (d.h. in den Bändern zwischen 150-350 m und 300-500 m). Als Reichweite wurden bis zu 150 km angegeben. Als Antennen dienten zwei Luftdrähte mit ca. 35 m Länge. Entwickelt wurde das Gerät von der Inspektion der Fliegertruppe und hergestellt von der Huth Gesellschaft für Funkentelegraphie in Berlin. Die Entwicklungen gingen bis 1918 weiter, als das Funktelegraphiegerät ARS 80a für die Artilleriebeobachtungsflugzeuge im Frequenzbereich von 430-750 kHz entwickelt wurden. Als Antenne diente hier eine Luftdrahthaspel. Hersteller dieses Geräts war die *Gesellschaft für drahtlose Telegraphie.* Fernaufklärung und Ermittlung der Fernwirkung führten damals zur fast alleinigen Aufgabe der Luftwaffe.

Etwa parallel zur Entwicklung der militärischen Informationsübertragung durch Funk wurde bereits vor und insbesondere im Ersten Weltkrieg mit Funküberwachung und Funkaufklärung in stationären Einrichtungen am Boden begonnen[117, 118]. So beschäftigte sich die *Telegrafentruppe,* die ab dem 12. August 1914 durch einen *Funkhorchdienst* erweitert wurde, mit dem Abhören von Funkverkehren.

Der Erfolg der fliegenden Aufklärung ließ aber ebenso schnell auch ihre Bedrohung anwachsen. Es wurden von den Alliierten leichte einsitzige *Pursuit Planes* entwickelt und mit Maschinengewehren ausgerüstet. Dies allein nur zur Bekämpfung von gegnerischen Aufklärungsflugzeugen, und zwar bevor diese mit ihren Aufnahmen oder Beobachtungen zu ihren Stützpunkten zurückfliegen konnten. Das Ergebnis dieser Entwicklung war eine immer effektiver werdende Jagdfliegerei, mit dem Ziel das Auge des Gegners zu zerstören. Ab 1916 war der Verlust von Aufklärungsflugzeugen durch den Beschuss von Jagdflugzeugen empfindlich angewachsen. Der einsitzige Jäger war nicht nur leichter und wendiger sondern wies auch wesentlich höhere Steigleistungen auf als das schwerere zweisitzige Aufklärungsflugzeug.

Um die Überlebenswahrscheinlichkeit ihrer jeweiligen Aufklärungsflugzeuge zu erhöhen, beschlossen

Albatros C VII,
ein weiteres frühes Aufklärungsflugzeug ab 1914.
(W. Sanke)

beide Seiten Gegenmaßnahmen. Die Aufklärungsflugzeuge erhielten Jagdschutz, sie wurden bewaffnet und man versuchte sie mit leistungsfähigeren Motoren und größeren Flügelspannweiten auszurüsten, sodass größere Flughöhen als die Jagdflieger erreicht werden konnten. Das erste bewaffnete französische Aufklärungsflugzeug war die Morane-Saulnier *Parasol* ab 1915. Ebenfalls wurde 1915 auf britischer Seite die bewaffnete B.E.2 als Standard Aufklärungsflugzeug eingeführt. Ab 1916 kam die Blackburn *Baby,* ein kleines Wasserflugzeug, für den British Royal Air Service als Scout hinzu. Weitere Flugzeugtypen folgten, und zwar wiederum auf britischer Seite die R.E. 8 als Standard Beobachtungsflugzeug und die B.E. 12 als Langstrecken *Fighter-Reconnaissance Plane.*

Aber auch der Einsatz in größeren Flughöhen hatte seinen Preis. Die Auflösung der Fotos wurde verschlechtert, die auftretende Kondensation beschlug Linsen, die niedrige Temperatur ließ Filme brechen und förderte die Rissbildung von Emulsionen auf Glasplatten. Aber so überraschend, wie das Problem auftrat, wurde es auch wieder gelöst. Die deutsche Industrie fand in der elektrisch beheizten Kamera schnell eine Lösung für die Fotografie aus großen Flughöhen und bei extrem niedrigen Temperaturen.

Neben dem Problem das Flugzeug mit der Fotokamera zu verheiraten, Ziele zu erfassen und Bilder zu generieren, entstand nun ein neues, nämlich die möglichst zeitgerechte Auswertung der anwachsenden Flut von bildhafter Information. Hinzu kamen die Beschaffung von Hilfsmitteln und die Erarbeitung von Methoden der Auswertung und Interpretation sowie die Verteilung von Auswertungsergebnissen. Die vergleichende Abdeckung desselben Gebiets, ein Grundstein der Bildinterpretation, wurde schon sehr früh auf beiden Seiten entwickelt. Es beinhaltete den Bildvergleich eines Ziels zu verschiedenen aufeinanderfolgenden Zeitpunkten. Dabei galt es, Ansammlungen von Truppenteilen zur Schwerpunktsbildung als auch den Abzug von Truppen zu beobachten oder den Fortschritt eines Eisenbahn-, Brücken- oder Straßenbauvorhabens festzustellen oder das Anlegen eines Munitionsdepots zu verfolgen. Bildinterpreten wurden geschult, in dem vorhandenen Fotomaterial nicht nur interessante Punkte festzustellen, sondern auch Schlüsse daraus zu ziehen und die Absichten des Gegners vorauszusehen. Nachdem die Voraussetzung der Bildüberlappung zur Stereofotografie bekannt war und geeignetes Bildmaterial vorlag, wurden Auswerter mit Stereoskopen ausgerüstet, um aus der dreidimensionalen Abbildung besser die Ziele erkennen und ihre Ausdehnung und Größe abschätzen zu können. Sie lernten weiter, aus einem Mosaik von Einzelbildern gesamte größere und zusammenhängende Gefechtsgebiete abzubilden. Wie erwähnt, setzte sowohl die Mosaikierung von Bildern zu Karten als auch die *Change Detection* Vertikalaufnahmen voraus, die nicht immer einfach zu erbringen waren.

Vertikalfotografie diente unter anderem zur Aktualisierung von Karten oder der Erstellung eines aktuellen Kartenersatzes. Der Besitz eines aktuellen Kartensatzes über das Feindgebiet ist seit Gerhard Mercator (1512 -1594) eine der Grundvoraussetzungen Kriege führen zu können. Bei der Vertikalaufnahme für die Zielaufklärung ist der direkte Zielüberflug, der bei stark verteidigten Zielen die Maschinen oft in den Bereich des gegnerischen Feuers brachte, besonders problematisch. Es existierten zwar noch keine Flugabwehrkanonen, aber weitreichende Maschinengewehre. Eine exakte Flugwegplanung war mit den vorhandenen Mitteln äußerst schwierig. Schon sehr früh im Ersten Weltkrieg sind auf beiden Seiten Maßnahmen wie Verstecken, Tarnen und Täuschen von Objekten eingesetzt worden, um sich der Aufklärung zu entziehen. Diese Maßnahmen machten es besonders schwierig, echte Ziele mit Vertikalaufnahmen zu entdecken. Weiter haben die Beobachter schnell erfahren, dass das Gebiet, das sich mit einer vertikal ausgerichteten Kamera abbilden lässt, von der Flughöhe abhängt. Um mit vorgegebenen Objektiven die Geländeabdeckung zu erhöhen, ist eine größere Flughöhe erforderlich. Dabei musste aber ein Verlust in der Auflösung in Kauf genommen werden.

Die Bedeutung von Vertikalaufnahmen für die *Mosaikierung* und *Change Detection* war offenkundig; sie erforderten jedoch den präzisen Zielüberflug. Wesentlich flexibler gestalteten sich die Aufgaben für den Beobachter bei Schrägsichtaufnahmen. Er konnte diese zu beiden Seiten des Flugzeuges machen. Schrägsichtaufnahmen decken bei gleicher Kamera ein viel größeres Gebiet ab als die Vertikalaufnahmen. Die richtige Kameraposition spielte zwar eine wichtige Rolle bei der Missionsplanung, aber die Anforderungen an die Genauigkeit der Navigation waren geringer.

Militärischer Flugplatz in Frankreich nahe Verdun als Vertikalaufnahme.

Die Schrägsichtaufnahme hatte den weiteren Vorteil, dass ein Abstand zum Zielgebiet eingehalten wurde. Diese Option bedeutete ein geringeres Risiko für das Flugzeug und seine Besatzung. Schrägsichtaufnahmen lieferten für den Auswerter einen natürlicheren Blick zur Erdoberfläche. Er konnte aus diesem Blickwinkel unter die Ränder einer Brücke oder unter Bäume blicken und damit gewisse Nachteile der Vertikalaufnahme kompensieren. Schrägsichtaufnahmen haben aber auch Nachteile, dass sich beispielsweise ein Feind besser hinter natürlichen Hindernissen verstecken kann und dass sich am äußersten Rand des Bildes die stärksten Verzerrungen einstellen. Die beste Darstellung des Zielgebietes befindet sich in der Mitte des Schrägsichtbildes. Dies ist ein weiterer Aspekt, der bei der Missionsplanung beachtet werden musste.

Insgesamt gesehen hat die luftgestützte Aufklärung mit fotografischen Bildern gegen Kriegsende 1918 bereits riesige Dimensionen angenommen. Es wurde beispielsweise von der US Seite berichtet, dass bei der Maas-Argonnen Offensive im September 1918 innerhalb von vier Tagen 56 000 fotografische Bilder an die verschiedenen US Armee-Einheiten verteilt wurden. Der Aufwuchs an Bildinformation war gigantisch und es gelang, wie bereits erwähnt, die Bildveraltung, systematisch auf zwanzig Minuten zu reduzieren. Immerhin musste der Pilot von dem Augenblick, an dem eine Aufnahme eines wichtigen Zieles gemacht wurde, die Maschine zu einer geeigneten Landepiste zurückfliegen und landen. Der Film musste der Kamera entnommen, entwickelt, ein Abzug erstellt, das Bild interpretiert und der Bericht als Basis für die Zielkoordinaten der Artillerie erstellt werden. Doch

dies sollte nicht den Eindruck erwecken, dass die Aufklärung perfekt gewesen wäre. Die Detailerkennung war bei schlechtem Wetter sehr erschwert, zumal die Soldaten beider Seiten im Stellungskrieg in den verschlammten Schützengräben der ersten, zweiten oder dritten Reihe nach kurzer Zeit alle gleich aussahen.
Zusammenfassend kann man feststellen, dass am Ende des Ersten Weltkrieges die Aufklärung und Überwachung im Landkrieg bereits drei wesentliche Elemente aufwies, nämlich die Fähigkeit der Zielaufklärung inklusive der Wirkungsaufklärung, die direkte Nutzung der Zielinformation zur Feuerleitung der Artillerie sowie die großflächige Lageaufklärung mit Informationsaufbereitung, Interpretation und Verteilung an den jeweiligen Auftraggeber. Des Weiteren wurden riesige Fortschritte bei der Platten-/Filmentwicklung, der stereoskopischen Auswertung und der Mosaikerstellung gemacht. Hinzu kam, dass eine Missionsplanung und Steuerung für Aufklärungsflüge sowohl zur Ziel- als auch für die Lageaufklärung, auf der Basis von Aufträgen der damaligen Kommandeure, erstmals auf beiden Seiten etabliert wurde.
Die Bedeutung der Fotoaufklärung auf wesentliche Entscheidungen im Ersten Weltkrieg kann am besten eingeschätzt werden, wenn man an drei Ereignisse erinnert:

- General John French, der Kommandeur des britischen Expeditionskorps, wies darauf hin, dass er ohne die rechtzeitige Information durch das Royal Flying Corps in der Schlacht bei Mons von dem Ersten deutschen Armeekorps unter General von Kluck eingekesselt worden wäre, als die Verbindung zum französischen Heer abriss.
- Kurz nach der ersten entscheidenden Schlacht an der Marne nutzte der französische General Joseph-Simon Gallieni die Bildinformation, die die *Armee de l'Air* von den Einsätzen über den deutschen Truppenbewegungen zurückgebracht hat; er entschied, Truppen an die offene deutsche Flanke zu entsenden und dort anzugreifen. Der Marsch des deutschen Heeres nach Paris war abgewendet.
- An der Ostfront flogen sowohl die Deutschen als auch die Russen Aufklärungseinsätze. Im Vorfeld der Schlacht bei Tannenberg (vom 23. bis 31. August 1914) ignorierte General Alexander Samsonow, der Kommandeur der 2. russischen Armee, die Warnungen seiner fliegenden Beobachter. Dies im Gegensatz zu Feldmarschall von Hindenburg, der seinen Piloten, mit ihren Rumpler Taube Flugzeugen, Glauben schenkte. Hindenburg konnte eine Umfassung einleiten und siegte.

Seezielaufklärung

Die Idee Unterseeboote mittels Flugzeugen aufzuspüren und zu bekämpfen stammt etwa aus dem Jahr 1911[79]. Wer diese Idee zuerst hatte, lässt sich nicht mehr nachvollziehen. Zu Beginn des Krieges verfügte Deutschland über 30, Frankreich und Großbritannien über je 67 bzw. 75 U-Boote. Russland besaß 36, Österreich-Ungarn 11 und Italien 14. Typisch für diese Zeit waren die Boote der Klasse U 23 bis U 41, der wichtigsten Hochsee U-Boote der Kaiserlichen Marine. Die Boote hatten eine Überwasserverdrängung von 675 t, eine Länge von 70 m und benötigten für den Betrieb eine 39 Mann Besatzung. Die Hauptbewaffnung bestand aus zwei Bug- und zwei Hecktorpedorohren mit Torpedos vom Kaliber 450 mm. Das Gefechtskopfgewicht dieser Torpedos lag bei 100 kg, sie liefen mit einer Geschwindigkeit von 35 kn und waren auf eine Distanz von 1000 m einsetzbar. Darüber hinaus hatten die Boote ein oder zwei Oberdeckgeschütze von 88 bzw. 105 mm Kaliber. Aufgetaucht fuhren die Boote mit Dieselmotoren, mit denen sie mit 56 t Kraftstoff bei 12 kn Fahrt etwa 3000 nm (5550 km) zurücklegen konnten. Ihre Höchstgeschwindigkeit betrug 16 kn und sie brauchten zum Abtauchen etwa 2,5 Minuten. Die größte sichere Tauchtiefe lag bei 50 m. Als Höchstgeschwindigkeit, bei Unterwasserfahrt mit Elektromotor, wurden 10 kn erreicht, wobei in diesem Fall die Batterien innerhalb 1 Stunde entladen wurden. Bei einer Unterwassermarschphase mit nur 4 kn konnte das Boot dagegen etwa 60 nm fahren, ehe es die entladenen Batterien wieder zum Auftauchen und zur Aufladung durch die Dieselmotoren zwang. Darüber hinaus waren die Kommandanten, wegen der geringen Sichtweiten mit den damals verfügbaren Periskopen, oft zur Fahrt im aufgetauchten Zustand gezwungen.
Die Aufgabe der deutschen U-Boot-Waffe im Ersten Weltkrieg bestand zunächst darin, die britischen und französischen Kriegsschiffe zu bekämpfen. Als aber die britische Seeblockade zu einer undurchdringbaren Barriere für den deutschen Handel aufgebaut wurde,

was insbesondere zu Kürzungen in der Lebensmittelversorgung der Bevölkerung und in der Verfügbarkeit von Rohmaterialien führte, wurde diese internationale Bestimmung einseitig außer Kraft gesetzt. Bestimmungen des internationalen Seerechts verboten zwar die Versenkung eines Handelsschiffs, ohne vorher ein Prisenkommando auf dem Schiff auszusetzen und es zu überprüfen, ob es verbotene Ladung für die militärische Versorgung an Bord hatte. Der Kaiser musste angesichts der Blockade dem starken öffentlichen Druck nachgeben und den U-Boot-Kommandanten erlauben, jedes Schiff, das England mit Gütern jeglicher Art zu versorgen versuchte, ohne Warnung anzugreifen.

Es fielen aber auch Kriegsschiffe der deutschen U-Bootflotte zum Opfer. Am 5. September 1914 versenkte U 21 den leichten britischen Kreuzer *Pathfinder* vor St. Abb's Head. Am 22. September 1914 gelang Kapitänleutnant Weddigen mit dem älteren U 9 ein Dreifacherfolg. Die drei britischen Panzerkreuzer *Aboukir, Cressy* und *Hogue* wurden innerhalb einer Stunde vor der holländischen Küste versenkt und am 1. Januar 1915 gelang dies U 24 gegen das alte britische Schlachtschiff *Formidable* im Ärmelkanal. Auf der anderen Seite versenkten britische U-Boote den deutschen Kreuzer *Hela,* den Zerstörer S 116 und das türkische Schlachtschiff *Messoudieh.* Von diesem Zeitpunkt an war die Gefahr sowohl für die militärische als auch für die zivile Schifffahrt aus der Tiefe der Ozeane nicht mehr wegzudenken, und ein neues Feld maritimer Rüstung tat sich auf. Es lag nahe, dass dies die luftgestützte Aufklärung und Bekämpfung auf den Plan rufen musste.

Die deutsche Marine setzte ab Kriegsbeginn insbesondere von Nordholz ihre wachsende Flotte von Zeppelin-Luftschiffen zur Aufklärung über der Nordsee bis England ein. Als der Krieg begann, übernahm das Militär alle verfügbaren Zeppeline in Deutschland. Diese konnten bis zu 9 t Nutzlast tragen und erreichten Geschwindigkeiten bis zu 80 km/h. Bereits 1914 wurden 58 Aufklärungsflüge ausgeführt und diese Zahl stieg bis Kriegsende 1918 auf fast 1200 Aufklärungseinsätze. Dabei kam es bei schlechtem Wetter vor, dass der Zeppelin wegen der Bedrohung in den Wolken blieb und die Besatzung einen *Spähkorb* mit einem Beobachter bis unter die Wolkenuntergrenze abseilte und so U-Boote und Schiffe entdecken und den Zeppelin steuern konnte[68]. Mit den Zeppelinen gelang es zwar britische U-Boote zu erfassen, aber eine erfolgreiche Bekämpfung blieb meist aus. Dazu waren Luftschiffe weder wendig noch schnell genug. Aber in der *Skagerrakschlacht* vom 31. Mai bis 1. Juni 1916 spielten 10 Zeppeline eine entscheidende Rolle als Aufklärer, da sie die deutsche Hochseeflotte vor der Zerstörung durch die britische Flotte bewahrten. Neben der Marine nutzte auch das deutsche Heer Zeppeline für Aufklärung und Bombenabwurf.

Der neue totale U-Boot-Krieg kam langsam in Gang. Von Mai 1915 an verloren die Entente-Mächte im Durchschnitt mehr als 100 000 t Handelsschiffsraum pro Monat. Es war offenkundig, dass etwas insbesondere aufseiten Englands geschehen musste, um die deutschen U-Boote zu stoppen. Jedoch standen anfänglich dazu noch keine geeigneten Luftfahrzeuge zur Verfügung. Die vorhandenen Maschinen waren zu leicht und die Zuverlässigkeit der Motoren für den Einsatz über See nicht ausreichend. Da die deutschen Zeppelin-Luftschiffe relativ erfolgreich als Seeaufklärer eingesetzt werden konnten, stellte auf britischer Seite der Erste Seelord, Lord Fisher, die dringende Forderung nach kleinen unstarren Luftschiffen, um den deutschen U-Booten wenigstens etwas Einhalt gebieten zu können. Die Luftschiffe sollten eine Einsatzdauer von 8 Stunden haben, 100 km/h schnell und mit einem FT-Sender und -empfänger ausgerüstet sein. Darüber hinaus waren zwei Mann Besatzung und 75 kg Bomben vorzusehen. Schon nach drei Wochen verließ der erste Prototyp die Fertigungshalle und erhielt die Bezeichnung *Submarine Scout* (SS). Dieser erste U-Boot-Aufklärer auf der Seite der Entente-Mächte ging in Produktion und die Royal Navy errichtete 5 Stützpunkte in Folkestone (Kent) und Poligate (Sussex), Anglesey, Lucebay und Marquise bei Calais. Ende 1915 waren 29 SS Blimps im Dienst.

Im September 1915 erreichte der Sturm der Entrüstung der neutralen Staaten über die warnungslosen U-Bootangriffe auf ihre Handelsschiffe einen solchen Höhepunkt, dass der deutsche Kaiser derartige Angriffe einstellen ließ. In der zweiten Jahreshälfte 1915 konnte die Flugzeugzuverlässigkeit so weit verbessert werden, dass man auf beiden Seiten überzeugt war, dass Flugzeuge für die U-Boot-Jagd verwendet werden können. Außer den Augen und Ferngläser standen aber den Flugzeugbesatzungen noch keine weiteren

Hilfsmittel zur Verfügung, mit denen die Entdeckung von U-Booten hätte erleichtert werden können. Mangels eigener geeigneter Maschinen bezogen die Briten für ihre U-Boot-Aufklärung die H4 *America* von Curtiss aus den USA, die sich jedoch als zu schwach motorisiert erwies. Es folgten die H8 und die H12 *Large America,* die aber ebenfalls als untermotorisiert galten. So trug ab 1916 die Short 225, ein Flugboot, allein die Hauptlast der britischen flugzeuggestützten U-Boot-Aufklärung. Die englische Navy verwendete sie bereits ab 1914 vereinzelt und dann den ganzen Krieg hindurch in großer Zahl als Seeaufklärer. Die deutsche Marine setzte zur Aufklärung neben den Zeppelinen kleine Friedrichshafen-Wasserflugzeuge ein. Die Österreicher benutzten das Lohner-Flugboot, einen Zweisitzer-Doppeldecker.

Den Ruhm, am 16. August 1916 das erste U-Boot aus der Luft entdeckt und versenkt zu haben, gebührt der österreichischen Marineluftwaffe. Das britische U-Boot B 10 lag an seinem Liegeplatz in Venedig, als österreichische Flugzeuge den Hafen angriffen. Eine der Bomben traf das Boot und zerstörte es. Am 15. September 1916 orteten zwei österreichische Lohner-Flugboote das französische U-Boot *Foucault,* das in 11 m Tauchtiefe in der Adria fuhr. Sie warfen vier Bomben, wonach die *Foucault* auftauchen musste, um nachfolgend von der eigenen Besatzung versenkt zu werden. Damit war bewiesen, dass, unter günstigen Bedingungen, vom Flugzeug aus getauchte U-Boote entdeckt und mit Bomben erfolgreich bekämpft werden können.

Im März 1916 war die Atempause für die Handelsschifffahrt zu den britischen Inseln jedoch zu Ende. Die deutschen U-Boote hatten wieder Befehl erhalten auch unbewaffnete Handelsschiffe, jedoch nicht ohne vorherige Warnung, anzugreifen. Die deutsche U-Bootflotte verfügte mittlerweile über 50 Boote und ab Sommer 1916 versenkten sie im Monatsdurchschnitt etwa 130 000 t Handelsschiffsraum. Der Bau der Boote wurde so beschleunigt, dass der deutschen Marine bis Ende 1916 100 U-Boote zum Einsatz zur Verfügung standen. Am 1. Februar 1917 entfiel auch die Vorwarnung von Handelsschiffen vor einem Angriff. Im Laufe des Februars versenkten die deutschen U-Boote 450 000 t, im März überschritten sie die 500 000 t Marke und im April erhöhten sich die Verluste an Handelsschiffraum zur Versorgung der Entente-Mächte auf über 850 000 t.

Als die Vereinigten Staaten am 6. April 1917 in den Ersten Weltkrieg eintraten, war ihre Luftwaffe noch jämmerlich klein. Die Flieger-Sektion des US-Signalkorps verfügte über 55 Trainingsflugzeuge und die US-Navy zählte 54 Maschinen. Lizenzen wurden beschafft und zunächst europäische Flugzeuge nachgebaut. Trotzdem wurden in der Folge bis Kriegsende etwa 60 000 militärische Flugzeuge in den USA gefertigt. Mit dem Eintritt der USA weitete sich der in Europa begonnene Krieg zu einem Weltkrieg aus. Die USA warfen nicht nur Truppenkontingente, sondern auch ihre gesamte Wirtschaftskraft in die Waagschale. Die USA verschifften bis Sommer 1918 über 1 Million Soldaten ins europäische Kriegsgebiet. Hierdurch verbesserte sich die militärische Situation der Entente-Mächte erheblich. Die Niederlage der Mittelmächte war danach absehbar.

Trotzdem nahm im Mai 1917, wegen den ständigen Angriffen der deutschen U-Boote, die Lage für die Handelsschifffahrt nach Großbritannien katastrophale Ausmaße an. In einem verzweifelten Versuch führte die Royal Navy gesicherte Geleitzüge ein, sodass Handelsschiffe nicht mehr einzeln fahren durften. Die Verluste gingen daraufhin im Juli, August und September 1917 auf ca. 430 000 t pro Monat zurück. Die Royal Navy erhöhte auch die Anzahl der größeren *Coastal Class* Luftschiffe, sodass die gesamte Anzahl von Blimps bis Ende 1917 auf über 100 anstieg. Die *Large America* Flugboote kamen ebenfalls endlich im Laufe des Jahres 1917 mit brauchbaren Leistungen und größeren Zahlen an die Front. Bei ihren Einsätzen trugen die Aufklärungsflugzeuge und Luftschiffe gewöhnlich 50 oder 200 kg Bomben mit Aufschlagzünder. Gegen getauchte U-Boote wurde eine 100-kg-Bombe mit einem 2-sec-Verzögerungszünder eingesetzt, der die Ladung in etwa 23 m Tiefe detonieren ließ.

Der Einsatz der britischen Luftschiffe war nicht besonders erfolgreich, da kaum ein deutsches U-Boot gesichtet wurde. Die großen Blimps waren zu langsam, hinderten jedoch aufgrund ihrer Anwesenheit die U-Boote beim Auftauchen und konnten so bewirken, dass die deutschen U-Boote ihre Waffen nicht einsetzen konnten. Die schnelleren Flugboote waren dagegen im Vorteil. Die *Large Americas* flogen ab April 1917 *Spider Web* über den Hauptanmarsch- und Abmarschwegen der deutschen U-Boote am Osteingang des Ärmelkanals. Die *Spider Web* umschloss ein Achteck von ca. 4000nm^2 Ausdehnung. Bereits in den

ersten beiden Wochen dieser Einsätze wurden acht deutsche U-Boote entdeckt und drei davon angegriffen.
Während des Sommers 1917 gelang es, die U-Boot-Sicherungsflüge entlang der meisten Schifffahrtswege rund um die britischen Inseln auszudehnen. Südlich von Irland gab es eine Lücke, wo viele Schiffe den deutschen U-Booten zum Opfer fielen. Die deutsche U-Bootflotte hatte in der ersten Hälfte des Jahres 1917 ihren Erfolgshöhepunkt. Danach gingen die Verluste an Handelsschiffraum der Entente-Mächte im Oktober, November und Dezember 1917 auf 340 000 t im Monat zurück und der Abwärtstrend hielt an. Die Geleitzüge hatten zwar weniger Verluste, aber nachdem sie sich aufgelöst hatten, um die Bestimmungshäfen anzulaufen, wurden dann die einzeln fahrenden Schiffe erneut wieder Opfer der deutschen U-Boot-Waffe. Es wurde hiernach auf britischer Seite ein System der *geschützten Wege* durch die Gefahrenzone etabliert. Im britischen Luftfahrtministerium ging man einfach davon aus, dass die deutschen U-Boote sofort abtauchen, wenn sie ein Flugzeug entdecken. Das Problem war nur, woher man die vielen Aufklärungsflugzeuge inkl. Besatzungen nehmen sollte, um die *geschützten Wege* zu realisieren. Es gab etwa 300 ausgemusterte De Havilland-6 Zweisitzer, die wegen schlechter Manövrierfähigkeit als Ausbildungsflugzeuge ausgemustert wurden. Die Briten setzten deshalb ab Mai 1918 diese Flugzeuge für die *Scarecrow*-Patrouille von Flugplätzen im Bereich der Küste ein. Da die Ansprüche an Mannschaften und Ausrüstung nicht besonders hoch waren, konnten diese Einsätze bei der neu gebildeten *Royal Air Force* (RAF) keinen besonderen Grad an Beliebtheit erlangen, unter anderem, weil die Scarecrow-Patrouillen mit Beobachtern fliegen mussten, ihre Maschinen unbewaffnet und ohne FT-Geräte ausgerüstet waren. Die RAF entstand übrigens im April 1918 aus dem Zusammenschluss der königlichen Marineluftwaffe und dem königlichen Fliegerkorps.
Gegen Ende des Krieges wurde von der RAF zur U-Boot-Abwehr die zweimotorige Blackbourne *Kangaroo* eingeführt, die zuverlässig war und etwa die doppelte Bombenlast der Wasserflugzeuge tragen konnte.
Auf deutscher Seite wurden schnelle *Brandenburg* Wasserflugzeuge zur Suche und Bekämpfung britischer U-Boote eingesetzt, die von Belgien und den friesischen Inseln aus operierten. Weiter kamen zur Aufklärung über See von der deutschen Seefliegerabteilung der Reichsmarine der seetüchtige Aufklärer FF49c des Flugzeugbaus Friedrichshafen[91] zur Verwendung. Bei dieser Maschine handelte es sich um einen einmotorigen Doppeldecker mit zwei Schwimmkörpern aus Holz. Diese bewährten sich auch bei hohem Seegang in der Nordsee. Bei einer Notwasserung einer FF49c trieb das Flugzeug 140 Stunden in der Nordsee, bis die Besatzung von einem schwedischen Kutter gerettet wurde. Die Firma Flugzeugbau-Friedrichshafen GmbH wurde 1912 von Theodor Kober unter finanzieller Beteiligung von Graf Zeppelin gegründet und existierte nur bis 1919. Diese älteste Flugzeugfirma am Bodensee baute während des Ersten Weltkrieges über 40% der auf deutscher Seite verwendeten Wasserflugzeuge. Eine weitere Tochterfirma, die aus Graf Zeppelins Luftschiffbau entstanden war, hieß Dornier. Claude Dorniers RS III mit vier Maybach-Motoren, einer Spannweite von 37 m und einem Gesamtgewicht von fast 11t bewährte sich bei der Erprobung auf dem Bodensee. Es war zu jener Zeit ein riskanter Schritt mit einem so großen Seeflugzeug die Strecke von Friedrichshafen bis zur Insel Norderney zu schaffen. Es hatte bis zu dieser Zeit noch kein Seeflugzeug eine solche Strecke über Land erfolgreich zurückgelegt. Die Flugerprobung in der Nordsee ergab, dass die Maschine mit 2 t Nutzlast bei Seegang 3-4 hervorragend betrieben werden konnte.
Eine wesentliche Erkenntnis war aber bereits im ersten Kriegsjahr 1914 gewonnen worden, dass man nämlich mit Aufklärungsflugzeugen alleine noch keine überzeugende Waffe gegen U-Boote in der Hand hält, solange die Besatzung nur mit dem Auge oder einem Fernglas bewaffnet die U-Boote suchen und entdecken sollten. Zwar konnte der Pilot seine Maschine für die visuelle Beobachtung auf einen günstigen Aussichtspunkt manövrieren und dabei große Flächen abdecken. Er konnte auch schnell Beobachtungen ausführen und Informationen mittels Funktelegrafie melden. Aber das menschliche Auge hat seine Auflösungsgrenzen, Wetter und Dunkelheit schränken die Sicht schnell ein. Dies war der Grund, weshalb britische Wissenschaftler bereits ab 1915 mit Unterwasserhorchgeräten zu experimentieren begonnen haben, die die Schraubengeräusche der U-Boote erfassen sollten. Ab 1917 wurden durch die RAF erste

Versuche mit Flugzeugen im Mittelmeer durchgeführt, die jedoch zu diesem Zweck auf dem Wasser landen mussten. Aus diesen ersten Versuchen resultierte die Entwicklung des Richthorchgeräts, das mit einer Reichweite von zunächst nur 100 m noch nicht einsatzreif war. Aber ein Anfang zur Nutzung der Unterwasserakustik zur Erfassung von U-Booten war gemacht.

Der 1. Weltkrieg endete am 11. November 1918 mit der Niederlage Deutschlands, die mit dem Waffenstillstandsabkommen im Wald von Compiègne besiegelt wurde. Mit der Beendigung der Feindseligkeiten begann eine vieljährige Leidensgeschichte der deutschen Luftfahrt und der militärischen Aufklärung. Die Entente-Mächte haben die Zahl der an den deutschen Fronten eingesetzten Flugzeuge weit überschätzt. In der Folge des ersten übersteigerten Zerstörungseifers wurden alle wichtigen und flugfähigen Flugzeuge und Zeppeline abgefordert oder sie mussten zusammen mit den Motoren zerstört werden. Die bestehenden Hallenflächen wurden vernichtet und Instrumente sowie Ausrüstung jeder Art zerschlagen.

Der Vertrag von Versailles, den die Deutschen als Diktat der Siegermächte empfanden, nahm dem besiegten Deutschland die Souveränität auf dem Gebiet der Landesverteidigung[100]. Das alte Heer sollte in ganz kurzer Zeit aufgelöst werden und durch ein kleines Berufsheer ersetzt werden. Die Reichswehr sollte nicht mehr als 100 000 Mann umfassen.

Nach dem Versailler Vertrag mussten die deutschen Aufklärungsflugzeuge und ihre Ausrüstung verschrottet oder abgeliefert werden. Der Flugzeugbau von Maschinen mit mehr als 100 PS war verboten.

3. Entwicklungen zwischen den Kriegen

Das Flugzeugbauverbot zielte auf die Ausschaltung Deutschlands beim Bau von Großflugzeugen für den Weltverkehr, der jetzt begann. Man erlaubte Deutschland zwar, 149 Flugzeugzellen und 169 Flugmotoren der alten Militärmaschinen zivil weiterzunutzen, aber diese waren veraltet und bildeten natürlich nicht die günstigste Ausgangslage zum Aufbau eines deutschen Luftverkehrs. Zivile oder neue Militärflugzeuge zu bauen, war aber durch den Versailler Vertrag strengstens untersagt.

Technologie

Nach Beendigung des 1. Weltkrieges wurde die Aufklärungssensorik vor allem in den Vereinigten Staaten und in England weiterentwickelt. Wesentliche Pioniere bei der Weiterentwicklung der abbildenden Aufklärung waren George W. Goddard (USA)[5], Frederick Sidney Cotton (England) und etwas später in Deutschland Theodor von Rowehl.

George W. Goddard wurde 1889 in Turnbridge Wells, nahe London, geboren und wanderte 1904 in die USA aus. Während des Ersten Weltkriegs meldete er sich 1917 freiwillig bei der Fliegersektion des Signal Korps. Er erhielt eine Ausbildung in Luftbildaufklärung an der Cornell University in Ithaka. Ein Jahr später wurde er Pilot und spezialisierte sich in der Luftbildfotografie. Über 18 Jahre war er der Leiter des *Air Force Photographic Research Laboratory* in Dayton, Ohio.

Wesentliche Meilensteine der technischen Entwicklungen von etwa 1925 bis 1939, die vor allem auf Goddard zurückzuführen sind, sind stichwortartig im Folgenden zusammengefasst:

- Erste Experimente mit der IR- und Fernbereichs-Fotografie. Letztere mit Objektiven sehr großer Brennweite. Am 20.11.1925 erste erfolgreiche Erprobung der Blitzlichtaufnahmen für den Nachteinsatz vom Flugzeug aus, und zwar über den Städten Rochester und New York
- 1927 erste Versuche der Echtzeitbildübertragung von Telefotos über Telegraf vom Flugzeug zum Boden sowie Experimente zur Vergrößerung der Streifenbreite mit der *Dreilinsen-Kamera* (d.h. Abbildung von zwei Schrägsichten und eine Vertikalsicht auf einem Film). Erste Versuche mit der Farbfotografie
- 1930 Verbesserung der Multi-Linsen-Kamera für Weitwinkelbilder zur Erhöhung der Streifenbreite. Entwicklung des ersten *Fünflinsers* bei Fairchild, die T-3A für Panoramaaufnahmen. Erprobung der Überlappung (für Stereo-Auswertung) aus 6000 m Höhe, dabei Abbildung eines Gebiets von 225 sm^2 bzw. 24 km x 24 km. Herstellung von Filmen in für die Aufklärung ausreichender Breite und hochauflösender Körnung durch Eastman Kodak
- 1931 Einführung der T-3A als Standard Kamera bei den US Air Corps. Sie konnte einen Streifen von über 30 km bei 6000 m Flughöhe abdecken. Erstmals gelang die automatische Anpassung der Filmgeschwindigkeit an die Fluggeschwindigkeit.
- 1934 Kartierung von Teilen Alaskas (35 000 sm^2) mit fünf Martin B-10 Bomber, die in 16 kft (4,8 km) Höhe und in einem Abstand von 8 sm (13,2 km) flogen, in einer Rekordzeit von 7 h 45 min (durch Lt. Col 'Hap' Arnold)
- 1935 Erprobung der Kamera mit Ballon als Träger bis in ca. 21,7 km Höhe (bemannt wird die gleiche Höhe erst 1956 mit der U-2 erreicht). Im gleichen Jahr erste US Versuche mit der B-17 *Flying Fortress* als Langstrecken-Aufklärer
- 1936-39 Entwicklung der ersten stereoskopischen Zweilinsenstreifenkamera und Untersuchung zur notwendigen Längs- und Querüberdeckung der Einzelbilder. Ergebnis war eine optimale Bildüberlappung von etwa 60% in Längsrichtung und etwa 30% in der Querrichtung. Erste Versuche mit der Bewegungskompensation (Forward Motion Compensation (FMC)), abgeleitet vom Zielfoto beim Pferderennen. Zusammen mit einem speziellen Schlitzverschluss wurde eine Vermeidung des Verschmierens der Aufnahmen bei tief- und schnell fliegenden Sensorträgern (V/H – Problem) durch Bewegung des Films entsprechend der Vorwärtsgeschwindigkeit erreicht.

Anders als G.W. Goddard kann Theodor von Rowehl, der im Februar 1894 in Lemwerder-Barschlüte geboren wurde, nicht diese Fülle von technologischen Entwicklungen und Patente vorweisen. Aber er hat in Deutschland seit 1930 Pionierarbeit auf dem Gebiet der fotografischen Fernaufklärung geleistet. Als von Rowehl, der im Ersten Weltkrieg Pilot eines Aufklärungsflugzeuges war, von neuen polnischen Befestigungsanlagen an der Grenze zu Deutschland hörte, begann er in zivilen Maschinen mit Aufklärungsflügen über dem polnischen Grenzgebiet. Die *Abwehr* war von der Qualität der Bilder beeindruckt und finanzierte daraufhin von 1930 bis 1934 die Fortsetzung der Flüge. Der Aufbau des Luftbildsonderkommandos Rowehl begann. Aber ganz unerwartet beeinflussten politische Ereignisse den Weiterausbau der deutschen Aufklärung:

- 1936 Die deutsche Luftwaffe erprobt mit der Legion Condor (im Spanischen Bürgerkrieg) unter Theodor von Rowehl Zeiss Reihenbildkameras (RbK) im He 111 K Bomber und im Fernaufklärungsflugzeug Do 17F. Die Nahaufklärungseinheiten sammelten erste Einsatzerfahrungen bei der Aufklärungsgruppe A/88[159] auf Flugzeugen des Typs Heinkel He 45 und He 70.
- 1937 Ausstattung der Lichtbildsonderstaffel Rowehl (Fliegerstaffel Staaken) mit 4 Fotoaufklärungsflugzeugen vom Typ Do 17 R1 bis R4. Später kamen noch 3 Lichtbildflugzeuge hinzu, die Do 17 S1 bis S3, die mit 2 Reihenbildgeräten RbK 50/30 und 1 RbK 20/30 ausgerüstet waren. Bereits in dieser Zeit sammelte das Kommando Rowehl im Auftrage des Amts *Ausland/Abwehr* systematische Luftaufnahmen vom Territorium der Sowjetunion, Tschechoslowakei, Polen, Frankreich und England. Da diese Aktivitäten im Frieden einen aggressiven Akt darstellten, flogen die Maschinen mit Druckkabinen und Spezialmotoren in so großen Höhen, dass sie schwer erfasst und nicht bekämpft werden konnten.
- 1937 Auslieferung von zweimotorigen Aufklärungsflugbooten des Typs Do 18 D für die Fernaufklärung der Marine
- 1939 Vor Kriegsbeginn verfügte das Kommando Rowehl über 40-60 Spezialflugzeuge vom Typ Do 215 B-2, He 111, Ju 88 und Ju 89P, die in Flughöhen bis zu fast 13 km Höhe operieren konnten und für die Fernaufklärung über eine große Reichweite geeignet waren. Aus den mit diesen Maschinen gewonnenen Luftaufnahmen entstanden die frühen Zielobjektkarten der Luftwaffe.

Frederick Sidney Cotton wurde am 17. Juni 1984 in Goorganga, Queensland, Australien, geboren. Er trat 1915 in den *Royal Air Service* ein, um Pilot zu werden und flog anfänglich Überwachungseinsätze über dem Kanal.
Relativ kurz vor Beginn des Zweiten Weltkrieges wurde Cotton vom MI6 mit geheimen Flügen über Deutschland beauftragt, um Informationen über den militärischen Aufbau, über Truppenansammlungen und Marineaktivitäten sowie über Aktivitäten der Rüstungsindustrie zu sammeln. Als Präsident der Firma *Aeronautical Research* getarnt, führte er bereits ab Anfang 1939 mit einer zweimotorigen Lockheed 12A *Electra Junior,* die mit drei RAF F.24 Kameras im Rumpf und Leica-Kameras unter dem Flügel ausgerüstet war, *Geschäftsflüge* durch. Diese brachten ihn über Berlin, Wilhelmshaven, die deutsch holländische Grenze, das Ruhrgebiet und viele andere Orte, die potenzielle Ziele bei einer zukünftigen Auseinandersetzung werden könnten. Er verfeinerte die Fähigkeit der Foto-Interpretation in England und verbesserte die Aufgaben der schnellen Fotoentwicklung und die Effizienz der Auswertung, insbesondere

Dornier Do 18D Fernaufklärer der deutschen Marine. (Dornier GmbH)

durch die Einführung der *high speed stereoscopic photography.* Mit Beginn des Krieges war der Einsatz der Lockheed 12A beendet, die Firma erhielt den neuen Namen *Photographic Development Unit* (PDU) und Cotton übernahm drei modifizierte Spitfires – ohne Bewaffnung – mit vergrößerten Tanks und mit Kameraausrüstung. Mitte 1940 wurde er von der RAF für seine Verdienste ausgezeichnet und darüber schriftlich unterrichtet, dass seine Firma in die RAF integriert wird, einen regulären RAF Wing Commander als Leiter erhält und man daher keine weitere Verwendung mehr für ihn habe.

Es wird General Werner von Fritsch, dem Oberbefehlshaber des Heeres, zugeschrieben, dass er kurz nach seiner Entlassung 1938 vorhersagte, dass die Seite mit der besten Fotoaufklärung den nächsten Krieg gewinnen würde. Da er die Ergebnisse der Rowehl'schen Aufklärungsstaffel kannte, wusste er, wovon er sprach.

In England wird besonders auf Maurice Longbottom hingewiesen, der bereits 1939 der RAF die Verwendung von Jagdflugzeugen für die Aufklärung empfohlen haben soll und nicht die Verwendung der langsameren Bomber. Er war überzeugt, dass Spitfires mit Kameras und Zusatztanks, aber ohne ihre 8 MGs und Munition, höher und schneller fliegen könnten als die deutschen Jagdflieger, und so praktisch nicht bedroht werden können. Dies beeinflusste wahrscheinlich die Entscheidung der RAF später unbewaffnete Spitfires und Mosquitos für die Aufgabe *Photo Reconnaissance* (PR) zu beschaffen, mit denen Flughöhen über 12 km erreicht werden konnten.

Überall in den USA, in Europa und Japan wurde an verbesserten Kameras und höher auflösendem und lichtempfindlicherem Filmmaterial gearbeitet. Kameras wurden fest in die Flugzeuge eingebaut, und zwar mit Vertikal-, Seiten- und Vorwärtssicht. Mittels Mehrlinsenkameras konnte eine größere Streifenabdeckung erreicht werden. Vibrationsprobleme wurden mit Spezialdämpfer oder bereits durch künstliche Stabilisierung der Kameras gelöst.

Sensorplattformen

Die Entwicklung der Aufklärung und Überwachung zwischen den beiden Weltkriegen auf dem Gebiet der Sensorplattformen wurde zwar im Wesentlichen von den USA und von Großbritannien bestimmt[4]. Jedoch waren diese Entwicklungen dann, gemessen an dem, was im Krieg tatsächlich gebraucht wurde, nur ein Anfang. In den USA schwelte Mitte der 30er Jahre ein Streit zwischen dem *Army Air Corps* und der *Navy* über die Vorherrschaft bei der Langstreckenaufklärung. Das *Army Air Corps* argumentierte, dass ihr Besitz von Langstrecken-Flugzeugen, wie z. B. der ganz neuen Boeing B-17 Bomber, allein schon ihr Privileg auf die Ausübung dieser Aufgabe begründe. Die *Navy* andererseits wies auf die Lage der USA als Insel zwischen Atlantik und Pazifik hin und nahm für sich in Anspruch, dass die Aufklärung über See und im Küstenbereich zu ihrem Verantwortungsbereich gehöre. Präsident Franklin D. Roosevelt beendete den sinnlosen Streit im Jahre 1937, dass nämlich beide Streitkräfte für die Küstenverteidigung und die Aufklärung in ihrem Bereich zuständig seien. Erst von diesem Zeitpunkt an fanden gemeinsame Übungen statt.

Wie sah aber die historische Entwicklung der Aufklärungs- und Beobachtungsflugzeuge zwischen den frühen 20er Jahren bis zum Beginn des Zweiten Weltkrieges aus? Einige der herausragenden Entwicklungen sollen kurz beschrieben werden.

In den USA wurde 1921 die Martin MO-1, das erste echte Ganzmetallflugzeug, das in diesem Lande entwickelt und gebaut wurde, vorgestellt. Es wird als schiffsgestütztes Beobachtungsflugzeug eingesetzt, jedoch ohne Fotoausrüstung. Etwa gleichzeitig werden die festen Katapulte auf den Schlachtschiffen und Kreuzern durch die ersten drehbaren hydraulischen Katapulte ersetzt.

Die Briten führen 1921 mit der H.M.S. *Eagle* den ersten echten Flugzeugträger ein. Mit der Fairey *Flycatcher* wird das erste speziell für den Trägerbetrieb entwickelte Flugzeug beschafft.

Der erste US Flugzeugträger wird erst 1922 in Dienst gestellt. Es ist ein *Flattop,* dessen Landedeck auf einem umgebauten Kohlenschiff aufgebaut wurde. Ebenfalls führte die US-Navy mit der Vought *UO-1,* einem einmotorigen Wasserflugzeug, den ersten katapultgestarteten, schiffsgestützten Aufklärer (visuellen *Spotter*) ein. Er wird als Vorläufer der berühmten *Corsair* Serie bezeichnet.

Aber auch die Entwicklungen neuer Aufklärungsflugzeuge gegen Bodenziele gehen in beiden Ländern weiter. Mit der Bristol-Type 84 *Bloodhound* wird

1923 in Großbritannien das erste neue 2-sitzige Aufklärungs-Jagdflugzeug nach dem Ersten Weltkrieg entwickelt. Vier Prototypen wurden gebaut, aber das Flugzeug entsprach nicht den Erwartungen. Die Royal Navy erhielt bereits zuvor im Jahr 1922 die Blackburn R-1 *Blackburn,* einen Flottenaufklärer (Fleetspotter) sowie 1926 das Flugboot Blackburn *Iris,* das als Fernaufklärer und Bomber verwendet werden sollte.
Bis 1927 war Deutschland gezwungen sich hauptsächlich mit dem *motorlosen Flug,* d.h. mit dem Segelflug, zu beschäftigen. Das Segelflugzeug erwies sich als ein äußerst nützliches Forschungsflugzeug, das nicht nur Verbesserungen in der Aerodynamik, Flugmechanik und im Leichtbau sondern auch neue Werkstoffe hervorbrachte. Friedrichshafen war Pionier bei der *Leichter als Luft* Technologie. Das Luftschiff *Graf Zeppelin* machte im Oktober 1928 den Erstflug mit 13 zahlenden Passagieren nach Lakehurst, New Jersey. Obwohl viel wertvolle Zeit im Wettbewerb mit anderen Nationen durch den Versailler Vertrag verloren schien, gingen auch hier die Entwicklungen bei großen Flugzeugen weiter. Claude Dornier baute die *Do-X* (Erstflug 1929 vor Altenrhein, Schweiz), ein zwölfmotoriges Passagierflugzeug, das 1931 in New York mit großer Bewunderung empfangen wurde. Bereits ab 1922 flogen die Dornier Flugboote vom Typ Wal von Marina di Pisa, Italien, hinaus in die Welt. Trotz bestehendem Versailler Vertrag begannen deutsche Neuentwicklungen außerhalb des Landes. Das Reichsverkehrsministerium beauftragte Heinkel 1930 mit der verdeckten Entwicklung von zwei *Militärflugzeugen,* He 45 und He 46. Aus der von 1932 an gebauten He 45, einem Doppeldecker, entstand der erste Nahaufklärer der deutschen Luftwaffe. Kurz danach begann die Entwicklung des Artilleriebeobachters und Nahaufklärers He 46, einem Schulterdecker. Beide Flugzeuge wurden ab 1932 erfolgreich in der Verkehrsfliegerschule Schleißheim erprobt. Die He 45 gehörte zur Erstausstattung der Luftwaffe von fünf Fern- und sechs Nahaufklärungsgruppen. Letztere verfügte über je drei Staffeln mit der He 45. Bereits am 31. August 1939 wurden die He 45 den Schulverbänden zugewiesen und durch die He 46 ersetzt, von der im Zeitraum von 1931 bis 1936 256 Maschinen beschafft wurden[159].
Weitere Flugbootentwicklungen beginnen 1929 in den USA. Mit der *XPY-1* stellte Consolidated den Prototypen eines großen Flugboots für Patrouillenflüge der US-Navy vor. Die US-Navy beschaffte aber 1929 die Vought F2U *Corsair,* ein einmotoriges stabiles schiffsgestütztes Aufklärungsflugzeug (visueller *Spotter),* das mit Katapult gestartet und auch als Wasserflugzeug auf Schwimmern bei rauer See landen konnte.
Im Zeitraum von 1931 bis 1933 erschienen bei der US-Army Air Force zwei weitere Beobachtungsflugzeuge von Douglas, die leichte einmotorige *O-31* und die schwerere zweimotorige *O-35.* Von diesen wurden jedoch nur jeweils fünf Flugzeuge bestellt und ausgeliefert.
1931 werden von Martin die dreimotorige *XP2M-1* und die zweimotorige *XP2M-2* der US-Navy als Prototypen für die Fernaufklärung vorgestellt. Die US-Navy beschafft in der Folge 28 zweimotorige PM-2 Patrouillenboote. Ebenfalls 1931 bringt Grumman den Prototypen der *FF-1* heraus, ein schiffsgestütztes Ganzmetallflugzeug, für Aufklärung und Jagd. Es ist das erste Flugzeug einer langen Reihe berühmter Grumman-Flugzeuge für die US-Navy.
Das erste große britische Naval Patrol Boat, die 3-motorige Blackburn *Sydney,* wird 1930 von der Royal Air Force erprobt aber nicht beschafft. Dieses Flugboot bot sich als Vorbild für die später im Zweiten Weltkrieg verwendeten und äußerst erfolgreichen Consolidated *PBY* Patrouillenflugzeuge an.
In den USA stellte Martin 1931, auf der Basis eines Entwurfs von Consolidated, die P3M-1 her. Es ist eine verbesserte zweimotorige Version eines *Patrol Bombers.* Nach kurzer Erprobungszeit stellt sich jedoch heraus, dass die *P3M-1* untermotorisiert ist. Sie erhält stärkere Motoren und ein geschlossenes Cockpit und wurde danach in P3M-2 umbenannt. Damit erhält die US-Navy ihr erstes Amphibium.
Zwei englische Doppeldeckerflugboote zur Seeraumüberwachung und für Fernaufklärung führen 1934 ihren Erstflug durch. Es sind dies die Saunders-Roe (SARO) *London* und die Vickers Supermarine *Stranraer.* Von der SARO *London* werden 31 Maschinen gebaut und ab 1936 von der RAF beschafft. Die *Stranraer* wird ab 1937 zur U-Bootbekämpfung und zur Eskorte von Schiffskonvois eingesetzt. Beide Maschinen werden aber bereits ab 1941 durch die Consolidated PBY-5A *Catalina* aus den USA ersetzt.
Zwischen 1936 und 1937 beschaffte die US-Navy zunächst 50 und danach 116 moderne Consolidated

Consolidated PBY-1 Catalina Flugboot. (US-Navy)

PBY-1 Flugboote, die Ersten aus der Reihe der berühmten *Catalinas.* Verschiedene verbesserte Versionen wurden dann während des gesamten Zweiten Weltkrieges als Fernaufklärer, U-Jäger und für den Geleitschutz verwendet, die weit verbreitet im Atlantik und im Pazifik (von Hawaii bis Cairns, Australien) ihren Dienst sowohl gegen die japanische als auch gegen die deutsche Marine versahen. Die *Catalina*-Flugboote wurden von einer 8 Mann Besatzung geflogen; sie setzte sich aus Pilot, Co-Pilot, Navigator, Funker, 2 Bordschützen und 2 Flight Engineers zusammen.

Im Juli 1935 bestellte die RAF 174 Maschinen des Typs Avro *Anson* Mk 1 für die Küstenüberwachung und Aufklärung, die bis 1942 im Dienst blieben. Sie wurde aber bereits im Zeitraum zwischen 1938 bis 1940 durch 2000 Lockheed *Hudsons* ersetzt, die der RAF durch den ganzen Zweiten Weltkrieg hindurch als *Coastal Command Reconnaissance Planes* dienten. In der Folge beschafften aber auch die USAAF, Kanada, Australien, Neuseeland, Brasilien, Irland, China, die Niederlande, Portugal und Südafrika Lockheed *Hudsons* für die Seeraumüberwachung.

Ab 1938 werden weitere 6 Squadrons der RAF mit schweren Flugbooten, wie die Short *Sunderland* zur Seeraumüberwachung und Seezielbekämpfung ausgerüstet. Bei Kriegsbeginn verfügte die RAF über 40 *Sunderlands.* Das *Coastal Command* der Royal Air Force wurde im Juli 1936 eingerichtet. Es hatte im Zweiten Weltkrieg die Hauptlast der britischen U-Boot-Abwehr aus der Luft zu tragen.

Auf die deutschen Aktivitäten der Legion Condor, die ab 1936 in Spanien eingesetzt war und u.a. mit Heinkel H 45 und He 70 sowie mit Dornier Do 17 R/S und Heinkel He 111 K zur Zielaufklärung ausgerüstet waren, ist bereits früher hingewiesen worden. Als

Legion Condor wurde der deutsche Luftwaffenverband bekannt, der dazu beigetragen hat Generalissimo Franco im Spanischen Bürgerkrieg zum Sieg zu verhelfen. Zwischen 1937 und 1942 beschaffte die deutsche Wehrmacht etwa 910 Henschel *Hs 126* Beobachtungsflugzeuge als Nachfolger der He 46. Die *Hs 126* war als einmotorigen Hochdecker ausgelegt, der noch bis in die ersten Kriegsjahre Verwendung fand, wie z. B. beim Afrikakorps.

U-Bootortung

Großbritannien stand lange unter dem Schock der erlittenen Verluste durch den U-Boot-Krieg zwischen 1914 und 1918. Bei einer Konferenz im Jahre 1921 in Washington, also kurz nach Ende des Weltkrieges, waren die teilnehmenden Nationen bestrebt, eine Wiederholung des Wettrüstens, das dem Ersten Weltkrieg vorausging, zu verhindern. Zwischen den fünf größten Seemächten den Vereinigten Staaten, Frankreich, Italien und Japan wollte Großbritannien eine Übereinkunft erzielen, die U-Boot-Waffe ganz abzuschaffen. Obwohl im Besitz der größten U-Bootflotte, vertrat die britische Regierung die Meinung, dass das U-Boot nur als Handelsstörer wirklich von Nutzen sei. Die anderen Nationen argumentierten jedoch, dass das U-Boot eine legitime Waffe gegen Kriegsschiffe ist und auch zur Aufklärung dienen kann. Da es den Briten nicht gelang, die Abschaffung der U-Boote durchzusetzen, nahmen sie erhebliche Mühen auf sich, einen wirksamen Schutz gegen U-Boote zu entwickeln. Es begann mit der systematischen Forschung und Entwicklung an der aktiven Ortung dieser Bedrohung. Bereits 1917 hatten die Briten einen Ausschuss mit dem Namen *Allied Submarine Detection Investigation Committee* etabliert, der die Entwicklungsarbeiten an einem Gerät desselben Namens ASDIC, zur aktiven U-Bootortung, veranlasst hatte. In Deutschland wurde die Entwicklung unter dem amerikanischen Namen aktives Sonar bekannt. Es ist eine Art Unterwasser-Radar, das einen aktiven Schallsender im Frequenzbereich von 2 bis 15 kHz verwendet und die Laufzeit des Echos zu einem getauchten Ziel misst. Auf der Empfangsseite waren Horchmikrofone so angeordnet, dass sie neben der Entfernungsmessung (aus der Echolaufzeit) auch eine Richtungsbestimmung ermöglichten. Da diese Horchmikrofone zunächst noch nicht besonders empfindlich waren, musste der Sendeimpuls mit einer so hohen Amplitude erzeugt werden, dass dieser als *Ping* in jedem georteten U-Boot deutlich vernehmbar war. Da die Schallgeschwindigkeit im Wasser mit 1450 m/s mehr als 4-mal höher als in der Luft ist, erhält man das Echo eines etwa 3 km entfernten U-Boots nach etwa 4 Sekunden.

Am 16. März 1935 hatte das Deutsche Reich formell den Versailler Vertrag aufgehoben, der das Verbot des Baus und des Betriebs von U-Booten für die deutsche Marine festgeschrieben hatte. Da bereits zuvor Weiterentwicklungen und Bau von U-Booten für andere Nationen unter deutscher Leitung, u.a. in den Niederlanden und in Spanien, betrieben wurden, war auf diesem Gebiet der zwischenzeitlich eingetretene technologische Vorsprung der früheren Entente-Mächte nicht uneinholbar. Schon am 15. Juni 1935 wurde das U-Boot U 1 in Kiel zu Wasser gelassen. Treibende Kraft hinter der neuen Entwicklung einer deutschen U-Boot-Waffe war der damalige Fregattenkapitän zur See Karl Dönitz.

Radarentwicklung

Das Phänomen der Reflexion von Radiowellen an festen Körpern hatte Heinrich Hertz schon 1886 nachgewiesen. Bereits 1904 ließ sich Christian Hülsmeyer sein *Telemobiloskop* zur Ortung von Schiffen durch Laufzeitmessung des Echos ausgesandter Radiowellen patentieren[93]. Er war seiner Zeit weit voraus, sodass niemand den Wert der Erfindung erkannte und sie zunächst ungenutzt blieb. Die weitere Entwicklung der Kurzwellentechnik ermöglichte es G. Breit und M. A. Tuve 1925 mittels Hochfrequenzimpulsen die Höhe der Ionosphäre zu bestimmen. Die militärische Bedeutung der Funkortung wurde erst im Zeitraum zwischen 1934 und 1935 erkannt und in der Folge wurde dann die Forschung in den USA, in Großbritannien, in Frankreich und in Deutschland geheim weiterbetrieben.

Im Februar 1935 stellte der englische Physiker Robert Watson-Watt[76] der britischen Regierung ein neuartiges Funkortungssystem vor und wies nach, dass Radiowellen an einem Flugzeug reflektiert werden können und dass das Echo von einem Empfänger aufgenommen und an einem Oszilloskop angezeigt werden kann[75]. Das neue Ortungsverfahren *Radio Detection and Ranging* erhielt die Kurzbezeichnung *Radar*.

Da, wegen der politischen Entwicklung in Deutschland (die Nationalsozialisten haben inzwischen die Herrschaft an sich gerissen), schlimmste Befürchtungen in England geweckt wurden, fällt der Vorschlag von R. Watson-Watt, eine Kette von Radarstationen entlang der Küste zur Frühwarnung vor angreifenden deutschen Flugzeugen aufzustellen, bei der britischen Regierung auf fruchtbaren Boden. Er wird vom Direktor des wissenschaftlichen Ausschusses der RAF ins Hauptquartier zitiert und kann überzeugen. Danach wird R. Watson-Watt vom *Department of Science and Industrial Research* (DSIR) in Slough, England, unterstützt und darf 1935 auf einer abseits gelegenen Insel ein Labor einrichten. Das Projekt bleibt streng geheim. Es gelingt ihm schon nach kurzer Zeit, mit den impulsmodulierten Radargeräten Flugzeuge auf 70 km zu orten. Zur Darstellung und Auswertung des Echos wird erstmals die *Braun'sche Röhre* eingesetzt.

Aus dem Spanischen Bürgerkrieg erlangen die Engländer neue Erkenntnisse über Angriffstaktiken der *Legion Condor* und es wird ihnen immer deutlicher, wie bedrohlich die deutsche Luftwaffe werden könnte. Es gelingt Watson-Watt im englischen Landgut Bawdsey Manor die besten Ingenieure des Landes zusammenzuziehen, um mit vereinten Kräften die britischen Fähigkeiten auf dem Gebiet der Überwachungs-Radarsysteme zu verbessern. Innerhalb weniger Wochen gelingt es Watson-Watt, die Reichweite seines Radars gegen Flugzeuge auf 100 km zu erhöhen.

Als Watson-Watt weitere Mittel für ein operationelles Radar braucht, gelingt es ihm u.a. auch Winston Churchill zu überzeugen, der die nationale Bedeutung der Erfindung schnell erkannte. Watson-Watt erhält weitere Unterstützung und die RAF wird in die geheime Erprobung einbezogen. Jagdflugzeuge der RAF werden mithilfe der Radardaten von Bawdsey Manor zielsicher an zivile Linienmaschinen herangeführt. Für die RAF Piloten ist dies ein Rätsel, denn sie wurden nicht darüber informiert, wer die Zieldaten lieferte. Hiernach gibt die britische Regierung 1936 endlich grünes Licht für die Entwicklung des Radarschirms zur Frühwarnung entlang der Küste, der unter dem Codename *Chain Home* gebaut werden soll. Es war geplant, im Abstand von jeweils etwa 40 Meilen (66 km) Radarstationen für eine lückenlose Luftraumüberwachung des Inselreichs zu erstellen, die von den Orkneys an Schottlands Nordspitze bis zur Isle of Wright im Ärmelkanal reichen soll. Dabei schien es notwendig, die Dichte an der Süd- und Ostküste Englands besonders zu erhöhen, d.h. insbesondere im Bereich zwischen Lands End und etwa Norwich. Es wurden 25 Stationen im Süden errichtet. Zu jeder Station gehörten vier 75 m hohe Sendetürme aus Stahl und vier niedrigere Empfangstürme aus Holz, mit denen Flugzeuge in einer Entfernung bis zu 240 km entdeckt werden konnten. Aber Tiefflieger entgingen den ersten hohen Radaranlagen, sodass 1939 diesem System Niedrigantennen hinzugefügt werden mussten[77]. Mit den Niedrigantennen konnten Maschinen, die sich dicht über dem Wasserspiegel des Kanals näherten, besser geortet werden. Der Erfolg dieser Maßnahme war eine bemerkenswerte Leistung, da eine Dopplerauswertung, um das See-Echo (Sea Clutter) bei hohem Seegang zu unterdrücken, noch nicht zur Verfügung stand.

Der selbst gesteckte enge Zeitplan zum Bau der *Chain Home* konnte jedoch nicht eingehalten werden. Im Jahr 1938 blieb der Baufortschritt weit hinter der Planung zurück. So können im Herbst 1938, während der Sudetenkrise, nur fünf Radaranlagen für den Schutz der Themsemündung in Betrieb genommen werden. England bemüht sich neben diesen Schutzmaßnahmen aber auch gleichzeitig aktiv um die Erhaltung des Friedens. Der damalige Premier Chamberlain (von 1937-1940) kommt zu drei Treffen am 15., 22. bis 24. und 29. September 1938 mit Hitler zusammen, mit einem Friedensangebot in der Tasche. England akzeptiert den Anschluss Österreichs und die Besetzung des Sudetenlandes. Hitler verspricht, von weiteren Expansionsabsichten Abstand zu nehmen.

Im Frühjahr 1939 wies der britische Radarschirm immer noch Lücken auf. Watson-Watt verbleiben nur noch wenige Wochen, den Luftraum vor der Küste zu sichern. Er entscheidet sich dafür, dass die Empfangsstationen nur noch mit drei Türmen auskommen müssen. Er erhält eine weitere Förderung in Höhe von etwa 100 Mio. Pfund Sterling und kann nun bis zu 3000 Spezialisten für den weiteren Ausbau beschäftigen. Unter ihnen befindet sich, neben anderen deutschen Emigranten, auch der nach England geflüchtete Otto Böhm, ehemaliger Technischer Direktor von Telefunken in Berlin.

Dem deutschen Nachrichtendienst bleibt der Bau der hohen Türme an Englands Südküste zwar nicht verborgen. Jedoch wird der Zweck dieser Bauten zunächst nicht erkannt. Um mehr darüber zu erfahren, wird das Luftschiff LZ 130 *Graf Zeppelin II* mit Fernmelde-Aufklärungsmitteln ausgestattet und zu Flügen entlang der englischen Küste geschickt, um die vermuteten Emitter zu erfassen. Aber die Türme scheinen für die deutschen Auswerter stumm zu sein. Für die Operateure der *Chain Home* dagegen ist der Zeppelin das stärkste Echosignal, das sie bisher beobachtet haben und daher kann der Zeppelin lang verfolgt werden. Weshalb die Auswerter an Bord des Zeppelins die Frequenzen des Chain Home Radars nicht erfassen konnten, war letztlich für die deutsche Luftwaffe verhängnisvoll und blieb unklar. Entweder haben die verfügbaren Empfänger in einem tieferen Frequenzbereich gearbeitet oder die Messmethoden waren nicht angepasst; und so war der deutsche Nachrichtendienst überzeugt, dass die Türme einem anderen Zweck als der *Funkmesstechnik* dienen. Das Chain Home Radar arbeitete anfänglich auf einer Wellenlänge von etwa 25 m (d.h. bei 12 MHz). Später wurde das für die Hauptküstenkette bestimmte Chain Home System im Wellenlängen-Bereich von 10-12m[94] (d.h. 30-25 MHz) betrieben.

Dieser erfolglose Messflug zeigt aber auch weiter, dass sich in Deutschland zu Beginn des Zweiten Weltkrieges das Thema der systematischen *elektronischen Aufklärung* noch auf einem sehr rudimentären Stand befand. Offensichtlich ahnten die wenigen Stellen, die von den streng geheim gehaltenen eigenen Radarentwicklungen Kenntnis hatten, nichts von der Parallelentwicklung in England. Auf der Gegenseite erhielt der britische Geheimdienst einen unbestätigten Hinweis, dass man in Deutschland ebenfalls an einem Radarprojekt arbeitet. Genaue Angaben zu Ort und technischen Daten fehlten. Der *Secret Service* wollte Gewissheit haben und so wurde R. Watson-Watt persönlich von der englischen Regierung zur Erkundung nach Deutschland geschickt. Watson-Watt hat einschlägige Erfahrung auf diesem Gebiet, da er schon früher in der Funkaufklärung erfolgreich tätig war. Bereits 1926 hatte er ein Peilsystem für die Funkaufklärung und die Funküberwachung entwickelt. Es basierte auf dem *Dreh-Adcock-Peilsystem,* das die Azimut-Empfindlichkeit des Antennendiagramms von Kreuzrahmen-Antennen ausnutzt. Eine mechanische Drehung des Peilantennensystems zur Richtungsbestimmung war nicht mehr notwendig. Also machte sich Watson-Watt auf Drängen des Secret Service zusammen mit seiner Frau auf zur Suche nach Radarantennen in Deutschland. Als Tourist getarnt, hält er nach den Türmen und Antennen, die seiner Vorstellungswelt entsprechen, Ausschau. Aber er findet sie nicht.

Im Jahr 1934 erfolgte der Durchbruch zur breiten Anwendung der Radartechnik in Deutschland. Rudolf Kühnhold, der wissenschaftliche Direktor der Nachrichten-Versuchsanstalt der deutschen Marine in Kiel, trieb die Entwicklung voran. Es gelang ihm, mit seinem *Dezimeter-Telegrafie* (DeTe) – Gerät (13,5 cm) nicht nur Schiffe, sondern auch Flugzeuge zu orten. Er kommt mit zwei weiteren Deutschen, Hans Karl Freiherr von Willisen und Paul Günther Erbslöh[75], in Kontakt, die etwa zur gleichen Zeit an der Ostseeküste in Pelzerhaken, bei Neustadt in Holstein, in der Lübecker Bucht, Versuche mit gebündelten Funkwellen unternahmen. Es gelingt den beiden, Schiffe auf einige Kilometer Entfernung exakt zu orten. Obwohl führende deutsche Firmen das Projekt belächeln und für undurchführbar halten, riskieren die beiden ihr gesamtes Vermögen. Die Wehrmacht zeigt zunächst kein Interesse, bis Admiral Raeder, der Oberbefehlshaber der deutschen Kriegsflotte, zu einem Experiment eingeladen wird. Bei der Vorführung werden Schiffe auf 8 km exakt geortet. Er erkennt sofort den militärischen Wert dieses Gerätes. Von Willisen und Erbslöh erhalten Fördergelder der Marine und können 50 Entwicklungs-Ingenieure einstellen. 1934 gründen die beiden in Berlin-Köpenick die *Gesellschaft für elektro-akustische und mechanische Apparate* (GEMA). Sie sind weiterhin erfolgreich und können ebenfalls im Jahr 1934, mit einem Radar im 50 cm Wellenlängenbereich (600 MHz), das 500 t Versuchsboot *Grille* auf Anhieb in ca. 12 km Entfernung orten. Es gelang bei der gleichen Gelegenheit, das einmotorige Ganzmetallflugzeug Junkers W 34 ebenfalls in einem Abstand von ca. 12 km zu erfassen.

Die Marine wurde mit der Radarentwicklung betraut, hatte klare Vorstellungen und beauftragte die Entwicklung eines Feuerleitradars für die Schiffsartillerie. Es begann eine Entwicklung im Wellenlängenbereich von 80 cm (375 MHz), aus der die operationellen Radare mit dem Decknamen *Seetakt* hervorgingen, die speziell für den Einsatz auf Kriegsschiffen ausgelegt waren. Mit diesem Feuerleitradar wurde dann im Januar 1938, als erstes Kriegsschiff in der

Welt, der schweren Kreuzer *Admiral Graf Spee* ausgestattet. Erst in zweiter Linie sollte GEMA-Radare zur Flugzeugerfassung für den Flugmeldedienst und zur Jägerführung entwickeln. Von Willisen sieht noch weitere Anwendungsmöglichkeiten, wie z. B. für die Kontrolle des zivilen Luftverkehrs und für die Handelsschifffahrt. Doch die Marine beharrte auf ihren Forderungen, besteht auf Vertragserfüllung und den gezielten Einsatz der gezahlten Entwicklungsmittel für ihre Anwendungen. Dies hatte zur Folge, dass die GEMA nur exklusiv für sie arbeiten kann. Inzwischen konnten Schiffe auf 20 km Entfernung, mit einer Abweichung von 50 m, geortet werden. Später entwickelten von Willisen und Erbslöh dann doch das Luftraumüberwachungsradar *Freya* für den Flugmeldedienst und erprobten es noch vor Kriegsbeginn. Die Leistungen dieses Radars wurden ab 1936 ständig verbessert, sodass damit bereits 1938 eine Junkers *Ju* 52 auf 90 km geortet und verfolgt werden konnte.

Ebenfalls in Bawdsey Manor, England, wird Edward G. Bowen, als Leiter einer Viermanngruppe beauftragt, ein luftgestütztes Radar zu entwickeln. Die Gruppe musste Neuland betreten, da die Wellenlänge eines Bordradars wesentlich kleiner sein musste als die, die bei den sich in der Erprobung befindlicher Bodenradaren möglich war. Antennengröße, Volumen und Gewicht standen im Vordergrund, um eine Anwendung in einem Kampfflugzeug zu realisieren. Zur Prüfung der Durchführbarkeit wurde der erste bistatische Radarversuch durchgeführt. Einer der ersten EMI-Fernsehempfänger und eine große Richtantenne wurde in einen Handley Page *Heyford*-Bomber eingebaut. Ein Radarsender am Boden beleuchtete ein Zielflugzeug und die reflektierten Echos wurden in dem 10 Meilen entfernten *Heyford*-Bomber empfangen. Dies bewies den Forschern, dass die von einem Flugzeug reflektierten elektromagnetischen Wellen von einem geeigneten Empfänger erfasst und ausgewertet werden können. 1937 hatte sich die Bowen-Gruppe personell verdoppelt. Ihr gelang die Entwicklung eines kleinen Radars im VHF-Band (240 Mhz). Bei einer Wellenlänge von 1,25 m konnte eine 0,63-m-Antenne gebaut werden, die durchaus an ein Kampfflugzeug passte. Im Juli 1937 wurde das Radar zur Erprobung in eine Avro Anson installiert und bald konnten die Wissenschaftler Echos von großen Schiffen beobachten. Bei einem Truppenversuch empfing die Gruppe deutliche Echos des Schlachtschiffes *Rodney*, des Flugzeugträgers *Courageous* und des Kreuzers *Southampton*. Nach einigen Zwischenschritten hatte man bis 1939 ein Radar mit einer Sendeantenne unter dem Rumpf und zwei Empfangsantennen unter den Tragflügeln entwickelt. Letztere erlaubten, aus der unterschiedlichen Stärke der beiden Empfangssignale eine Richtungsmessung herzustellen. Das Radar war zu Kriegsbeginn allerdings noch sehr kompliziert zu bedienen und noch nicht sehr zuverlässig im Betrieb und somit eigentlich nicht einsatzbereit. Aber die Entwicklungen gingen rasch weiter.

Zusammenfassend kann man feststellen, dass die USA und Großbritannien zwischen den beiden Weltkriegen ihre Überwachungs- und Aufklärungsfähigkeiten sowohl von Boden- als auch von Seezielen, aber auch insbesondere die Erfassung von Flugzeugen und von Seezielen mit Radar kontinuierlich weiterentwickelt haben. Deutschland hat dies wegen den Auflagen des Versailler Vertrages viele Jahre nicht tun können. Auf wichtigen technischen Gebieten, wie im Flugzeug- und U-Bootbau sowie in der Funkmesstechnik konnte dennoch überraschend schnell aufgeholt werden. Man kann sich dennoch nicht des Eindrucks erwehren, dass im Dritten Reich die luftgestützte abbildende Aufklärung nicht die Wertschätzung erfuhr, wie etwa in England und in den Vereinigten Staaten.

Kommunikation

Admiral C. Nimitz, ehemaliger Oberkommandierender der Pazifikflotte der USN im Zweiten Weltkrieg, sagte einmal *Communication is the handmaiden of operations*[72]. Er war überzeugt, dass der Krieg im Pazifik gegen Japan ohne eine leistungsfähige Kommunikation nicht erfolgreich führbar gewesen wäre. In diesem Sinne wäre eine Aufklärung und Überwachung ohne eine leistungsfähige Informationsübertragung zu Kommandozentralen und Lagezentren wertlos. Die Aufklärung ist nicht Selbstzweck sondern ein Mittel zur Führung und das erfordert Kommunikationsnetze, Endgeräte und Kommunikationsdienste, die den besonderen Bedürfnissen der Nutzer gerecht werden müssen.

Die erste experimentelle Signalübermittlung gelang G. Marconi bereits im Jahre 1897, der vier Jahre später die erste transatlantische Funkübertragung folgte. Ein am 3. Oktober 1906 gebilligter erster *Weltfunkvertrag* verschaffte dem Funkverkehr international freie Bahn. Es entstanden drei große Funkgesellschaften, die RCA in den USA, Marconi Wireless Co Ltd. in England und in Deutschland der Telefunken Konzern. Dabei blieb es natürlich nicht und weitere Unternehmungen traten hinzu.

Einer der ersten Versuche in den USA drahtlos Information von Bord zum Boden zu übertragen geht auf Earle Ennis im Frühjahr 1910 zurück[74], der anlässlich von Flugvorführungen einen Piloten zur Mitnahme eines Funksenders und zur Übertragung einzelner Buchstaben mit der Telegrafentaste überreden konnte. Im August desselben Jahres wurde von E. Pickerill bei Mineola, Long Island, eine bidirektionale Übertragung von und zu einem Wright Doppeldecker erfolgreich erprobt. Dabei konnte er mit anderen Stationen im Bereich von Manhattan kommunizieren. Aber erst die Telegrafieübertragung am 27. August 1910 von J. A. McCurdy zu Harry M. Horton, anlässlich eines *Air Meets* auf der Sheepshed Bay Rennstrecke bei New York, bei der auch Offiziere des Signal Corps, Regierungs-Repräsentanten aus Washington sowie vom *Aero-Club of America* als Zeugen anwesend waren, wird in den USA als erste offizielle Übertragung von einem Flugzeug zum Boden anerkannt. Earle Ennis setzte seine Versuche fort und konnte anlässlich des *Second International Air Meet* in Tanforan den militärischen Nutzen der Informationsübertragung nachweisen. Da seine Morse-Übertragungen von einem Amateur in fast 70 km Entfernung empfangen wurden, bekam man ein Gefühl für die damals vorhandene Übertragungsreichweite. Er hatte zwar das Interesse in Washington geweckt, bekam aber nie einen Auftrag und gab das Geschäft später auf. Die USN richtete 1916 in Pensacola, Florida, das *Aircraft Radio Laboratory* mit dem Ziel ein, ein airborne Radio zu entwickeln. Im Jahre 1919 gelang es einem USN-Piloten allein mit seinem Funkempfänger ein Schlachtschiff, das etwa 160 km von der Küste entfernt lag, zu orten und es anzufliegen.

Die Entwicklung des Sprechfunks und insbesondere des Flugfunks in Europa hängt mit einer Reihe wesentlicher Erfindungen zusammen. Etwa zeitgleich und parallel erfinden L. de Forest (USA) und R. von Lieben 1906 (Deutschland) die Triode, eine Verstärkerröhre. 1912 wird die Audionschaltung von L. de Forest für Empfänger *(Ultraudion)* entwickelt. Sie verstärkt und demoduliert die empfangenen Hochfrequenzwellen gleichzeitig. Nun lässt sich mit einer einzigen Röhre schon ein beachtlicher Funkempfang erzielen. 1913 entdeckt A. Meissner den Rückkopplungseffekt und baut den ersten Röhrensender mit der *Liebenröhre.* 1917 erfinden H. Bredow und A. Meissner Röhrensender und Rückkopplungsempfänger, die als Ausgangspunkt der Rundfunktechnik angesehen werden können und die den Sprechfunk (d.h. ohne eine Codierung, wie bei der Funktelegrafie) erst ermöglichen. Im Auftrage des Chefs der Funktelegrafie unternehmen beide 1917 an der deutschen Westfront drahtlose Telefonie- und Telegrafieversuche mit einem Röhrensender und einem rückgekoppelten Audion als Empfänger. Sprach- und Musikübertragung wird den beiden aber untersagt. A. Meissner arbeitete zuvor an der Erstellung der Bauprinzipien von Langwellenantennen und entwickelte 1911 den *Telefunkenkompass,* das erste Drehfunkfeuer für die Navigation der Zeppelin-Luftschiffe.

Die Röhrentechnologie wurde u.a durch I. Langmuir, W. Schottky und A.W. Hull weiterentwickelt. Es entsteht eine gewaltige Industrie mit einer ungeheuren Vielzahl von Verstärkerröhrentypen, insbesondere für die militärische Anwendung. Zu der bisherigen Übertragungsart der Telegrafie kam in den frühen 20er Jahren die Sprach- und Musikübertragung hinzu und später die Fernsehbildübertragung.

Nachdem die wesentlichen technologischen Voraussetzungen geschaffen waren, wurde mit der Verwendung des Sprechfunks in Flugzeugen mit kombinierten Sende- und Empfangsanlagen begonnen. Die Einführung des Sprechfunks in Kampfflugzeugen erfolgte nach dem Ersten Weltkrieg etwa in den Jahren 1920 bis 1925 und war zu Beginn des Zweiten Weltkrieges voll etabliert. Flugfunkdienste wurden eingerichtet, die für den Sprechfunkverkehr zwischen der Flugsicherung und dem Flugzeugführer zur Verfügung stehen. Aber es wurde auch wichtig, dass Besatzungen von Einsatzflugzeugen miteinander kommunizieren oder ihre Bodenstellen mit Information versorgen konnten. Im Nahbereich wurde im UKW-Bereich, aber auf die Distanz im Kurzwellenbereich kommuniziert.

Schon früh erkannte man, dass mit geeigneten Antennen *Punkt-zu-Punkt* Richtfunk-Verbindungen eingerichtet werden können, bei der zwei Partner direkt verbunden werden. Zuvor existierten Verbindungen, bei der ein Sender mit einer Rundumantenne eine Vielzahl von Empfängern gleichzeitig mit Information versorgen, aber auch jedes Mithören Dritter nicht verhindert werden konnte. Bei den militärischen Funkstrecken wurden vor und im Zweiten Weltkrieg häufig die folgenden Frequenzspektren bzw. Wellenlängenbereiche benutzt[80]:

- Medium Frequencies MF
  300 kHz bis 3 MHz (1km bis 100m) (AM-Funk)
- High Frequencies HF
  3 bis 30 MHz (100 bis 10m) (U-Boote)
- Very High Frequencies VHF
  30 bis 300 MHZ (10 bis 1m) (FM-Funk)
- Ultra High Frequencies UHF
  300 MHz bis 3 GHz (100 bis 10cm)

Die Funk-Geräte mit Amplitudenmodulation (AM) verwendeten Frequenzen im 0,5-1,6 MHz Bereich. Wogegen solche mit Frequenzmodulation (FM) im Bereich zwischen 88 und 106 MHz arbeiteten. Signale der Mittelwelle (MF) strahlen entlang der Erdoberfläche über Hunderte von Kilometern. Zur Übertragung der Information über sehr große Entfernungen, wie z. B. zu U-Booten oder zu Fernaufklärern wurde das Kurzwellen-Band (HF) verwendet, deren elektromagnetische Wellen durch die Ionosphäre zurück zur Erde reflektiert werden.

Um eine Vielzahl unabhängiger Signale gleichzeitig über einen einzigen Übertragungsweg transportieren zu können, wurden verschiedene Methoden der Mehrfachausnutzung (oder Multiplextechnik) entwickelt, wie z. B. die Amplituden-, die Frequenz- und die Zeitselektion. Es kamen zunächst die Amplitudenmodulation und dann die Frequenzmodulation zur Anwendung. Dabei sind bei der Amplitudenmodulation sehr bald bandbreiten- oder leistungsbegrenzende Modulationsvarianten hinzugekommen, wie die Einseitenband- und Zweiseitenband-Amplitudenmodulation. Der Frequenzmodulation folgten weitere Modulationsverfahren wie die Phasenumtastung oder die Pulsmodulation (besonders die Pulscodemodulation).

Mit dem Neuaufbau der Luftwaffe ab 1933 wuchs die Erkenntnis, dass eine eigene Nachrichtentruppe eingerichtet werden sollte. Auf Initiative von Major Wolfgang Martin und durch die Unterstützung des Generalstabschefs der Luftwaffe, Generalmajor Walter Wever, gelang es ab dem 1. Dezember 1933 eine *Fliegerfunktruppe* neu aufzustellen. Die Personalausbildung erfolgte ab 1. April 1934 zunächst an der Artillerieschule Jüterbog und später an der Luftnachrichtenschule in Halle an der Saale. Am 1. April 1935 wurde die *Fliegerfunktruppe in Luftnachrichtentruppe* umbenannt und der Luftwaffe unterstellt.

4. Zweiter Weltkrieg 1939-1945

Der 2. Weltkrieg begann am Freitag, dem 1. September 1939 mit dem von Hitler befohlenen Überfall auf Polen[140] und mit einer praktischen Demonstration der Theorie der motorisierten Kriegsführung mit kombinierten Panzer- und Luftstreitkräften[6]. Nach ausreichender Voraufklärung griffen fünf Armeen von Norden und Westen an. Die Luftwaffe bewies in Polen sehr schnell die Wirksamkeit von totaler Luftherrschaft. Ihre Ju 87 *(Stuka),* viele ausgestattet mit schrillen Sirenen für die psychologische Kriegsführung, zerbombten bei ihren gefürchteten Sturzflugangriffen Ziele und beschossen alles, was in ihre Sicht kam. Polens tapfere, aber vollkommen unzureichend ausgerüstete Luftwaffe wurde durch die Me 109 sowohl am Boden als auch in der Luft zerstört. Im Verlauf der Kämpfe war die abbildende Luftaufklärung teilweise durch Staubwolken erheblich behindert. Bereits am 5. Oktober 1939 ergab sich die letzte nennenswerte polnische Einheit. Als Reaktion auf den deutschen Angriff erklärte die britische Regierung am 3. September 1939 der deutschen Reichsregierung den Krieg, der Frankreich, entsprechend ihrer Bündnisverpflichtungen gegenüber Polen, sechs Stunden später folgte. Viele Mitglieder des britischen Commonwealth sowie die von Frankreich abhängigen Staaten in Afrika und Asien erklärten ihre Unterstützung für die Mutterländer. Australien und Neuseeland traten ebenfalls in den Krieg ein; auch Ägypten und Irak brachen unmittelbar ihre diplomatischen Beziehungen zu Deutschland ab.

Zunächst begann die Auseinandersetzung mit Großbritannien und Frankreich am 3. September 1939 zur See. Die zahlenmäßig unterlegene deutsche Kriegsmarine sollte den Seeverkehr nach Großbritannien möglichst umfassend behindern und die britische Flotte angreifen. Großbritannien musste auf der anderen Seite seine Handelswege sichern und die Handelsverbindungen von neutralen Staaten mit Deutschland kontrollieren. Für die Kriegsmarine, insbesondere für die deutsche U-Boot-Waffe, wird der Handelskrieg gegen die lebenswichtigen Seeverbindungen im Atlantik zu der alles überragenden Aufgabe.

Im Westen findet, nach dem Zusammenbruch Polens Ende September 1939, mit Frankreich zunächst nur ein *Sitzkrieg* statt, der von der US Presse als *phoney war* bezeichnet wurde. Lediglich im September 1939 war Frankreich mit wenigen Kräften bei Saarbrücken auf das Reichsgebiet vorgedrungen. Diese symbolische Offensive wurde aber bereits im Oktober von Frankreich aus abgebrochen. Deutsche Armeen greifen am 9. April 1940 ohne Kriegserklärung Dänemark und Norwegen an. Der Westfeldzug der deutschen Wehrmacht gegen Belgien, die Niederlande, Luxemburg und Frankreich beginnt am 10. Mai 1940[140]. Am 14. Juni fällt Paris und am 15. Juni 1940 gelingt den deutschen Truppen der Durchbruch der französischen Maginotlinie. Danach fiel Frankreich und ersuchte am 17. Juni 1940 um Waffenstillstand, der am 22. Juni in Rethondes bei Compiègne geschlossen wird. Ausschlaggebend für die schnelle Niederlage Frankreichs war, neben den schnellen Panzervorstößen General Guderians, die hohe Luftüberlegenheit der deutschen Wehrmacht. Das britische Heer zieht sich von Dünkirchen aus auf seine Inselfestung zurück, um sich auf den *Battle of Britain* mit ihren *Hurricanes* und noch wenigen *Spitfires* gegen die eindringende Luftwaffe vorzubereiten. Nach der Teilbesetzung Frankreichs konnte die deutsche U-Bootflotte ihre Boote für die Schlacht im Atlantik ab dem 19. August 1939 an die französische Westküste verlegen.

Als England, angesichts der katastrophalen Lageentwicklung auf dem Kontinent, immer noch keine Anstalten machte, einzulenken, war Hitler überzeugt, dass nur durch eine Landung deutscher Truppen der Gegner niederzuringen ist. Bei der als Unternehmen *Seelöwe* bezeichneten Invasion Englands, sollte der deutschen Luftwaffe eine Schlüsselposition zufallen. Schon am 10. Juli 1940 griffen die Luftflotten 2 und 3 aus Belgien und Nordfrankreich erstmals Südengland an und konzentrierten sich auf Hafenanlagen und den Schiffsverkehr. Diese Luftflotten erhielten zusätzlicher Unterstützung durch die aus Norwegen operierende Luftflotte 5. Da die englischen Verluste überschätzt wurden, befahl Hitler die zweite Phase *Adlerangriff*. Die deutsche Fliegertruppe sollte mit allen zur Verfügung stehenden Kräften die Royal Air Force niederkämpfen. Der 13. August wurde als *Adlertag* festgelegt. Die jetzt beginnende eigentliche Luftschlacht um England vollzog sich in zwei Phasen. In der ersten sollte die Luftherrschaft errungen werden und in der zweiten war es das Ziel, die Kampfmoral der Briten zu untergraben und ihre Industrieanlagen zu zerstören. Am 24. August begann die Luftwaffe, die voraufgeklärten Anlagen und Luftstützpunkte in Süd- und Nordostengland anzugreifen. Aber am 7. September befahl Göring, nach einer Reihe von britischen Luftangriffen auf Berlin, die Bombardierung Londons. Dies bedeutete eine große Entlastung für die Jagdflugzeuge der RAF, da ihre Stützpunkte nun nicht mehr angegriffen wurden und sie ihre hohen Verluste wieder ausgleichen konnte. Die Luftwaffe hatte ihre Siegchance verloren, die Verluste waren zu hoch und das Unternehmen Seelöwe musste auf unbestimmte Zeit verschoben werden.

Ab 19. Januar 1941 treffen deutsche Truppen unter dem Oberbefehl von Generalleutnant Erwin Rommel zur Unterstützung der in Bedrängnis geratenen italienischen Einheiten in Libyen ein. Das neu gebildete Afrika-Korps stößt ab 4. April 1941 in Libyens Wüste vor und beginnt den Afrika-Feldzug. Die deutschen und britischen Luftstreitkräfte wiesen anfänglich etwa ausgeglichene Zahlen aus. Es befanden sich auf deutsch-italienischer Seite etwa 530 Kampfflugzeuge, davon etwa 40 Aufklärer und bei der britischen *Desert Air Force* 600 Flugzeuge der ersten Linie, darunter etwa 60 Aufklärer[6].

Der Angriff der deutschen Wehrmacht auf die Sowjetunion, am 22. Juni 1941, ohne Kriegserklärung, sollte sich als folgenschwerer Fehler herausstellen. Das Unternehmen *Barbarossa* beginnt morgens um 3:15 Uhr, als deutsche Verbände auf breiter Front zwischen Ostsee und Karpaten gegen den ehemaligen Vertragspartner aufmarschieren. Zuvor hatte Deutschland am 23. August 1939 im *Hitler-Stalin-Pakt* sich mit der Sowjetunion auf Nicht-Angriff und Neutralität im Falle eines Angriffs auf Dritte verpflichtet.

Damit hatten Hitler und die deutsche Wehrmachtführung Europa und Nordafrika in Brand gesetzt. Durch die damalige Fehlbeurteilung des britischen Durchhaltewillens, die Unterschätzung der wirtschaftlichen und militärischen Leistungsfähigkeit der UdSSR und der Militärmacht USA war das Schicksal Deutschlands bereits zu diesem Zeitpunkt besiegelt.

Mit dem Überfall Japans auf Pearl Harbour, den US-Marinestützpunkt auf der Hawaii-Insel Oahu, am 7. Dezember 1941, beginnt der Krieg im Pazifik. Zuvor waren bereits große Teile Ostchinas, von der Manschurei bis Hongkong, von den Japanern besetzt worden. Honkong kapitulierte am 24. Dezember 1941, Singapur am 15. Februar 1942 und Rangun, Burma, am 6. März 1942. Nach diesem Vormarsch war der Weg frei für die Besetzung weiter Gebiete im pazifischen Raum. Weil Deutschland und Italien ebenfalls ihren Bündnisverpflichtungen gegenüber Japan nachkommen wollten (Dreimächtepakt vom 27. September 1940), erklären beide Staaten am 11. Dezember 1940 den Vereinigten Staaten den Krieg. Dies hat den Eintritt der USA in den 2. Weltkrieg zur Folge. Damit stehen dem Dritten Reich nicht nur die Streitkräfte der Vereinigten Staaten, sondern auch sein ganzes Industriepotenzial, seine Universitäten und Wissenschaftler gegenüber. Das Nazi Regime hatte zuvor viele führende Experten in wichtigen Technologiefeldern aus Deutschland in die USA vertrieben. Sie waren in der Folge sowohl am angloamerikanischen Projekt *Manhattan,* d.h. der Entwicklung der ersten Atombombe, als auch auf anderen Gebieten, wie z. B. bei der Entwicklung von Radar und Sonar (Sound Navigation and Ranging), beteiligt.

Träge beginnen sich die Räder der amerikanischen Luftfahrtindustrie zu drehen; zunächst stimuliert durch kleine Aufträge von England und Frankreich. Dann, in der Folge der dramatischen Rede von Präsident Roosevelt nach dem Überfall auf Pearl Harbour, mit der Aufforderung zum Bau von 50 000 Flugzeugen pro Jahr, beginnt ein rapider Aufwuchs. Zu Kriegsbeginn stand die US Produktion von Militärflugzeugen bei rund 19 500 pro Jahr, um im Jahr 1944 auf einen Spitzenwert von 96 315 anzusteigen.

Luftgestützte Aufklärung der Luftwaffe und des Heeres

Fotoaufklärung

Zu Beginn des Zweiten Weltkrieges wurde in Deutschland die operative Aufklärung den Heeresgruppen und Armeen zugewiesen. Dazu ist zu bemerken, dass unter Heeresgruppen Großverbände des

Heeres zu verstehen waren, in denen mehrere Armeen zusammengefasst waren. Die deutsche Luftwaffe (Lw) verfügte über Staffeln für Nah- und Fernaufklärung. Die Nahaufklärer dienten der Überwachung und der taktischen Aufklärung des Gegners im frontnahen Raum. Die Fernaufklärer sollten, je nach Reichweite, das gegnerische Hinterland überwachen und strategische Ziele, wie Industrieanlagen, Brücken, Eisenbahnanlagen, Städte und Flugplätze fotografieren, aber auch die Wirkungsaufklärung nach einem Bombereinsatz betreiben. Für die Marine galt es, Position und Kurs feindlicher Schiffsverbände und Konvois festzustellen.

Bei Kriegsausbruch konnte die Luftwaffe 23 Fernaufklärungsstaffeln mit 379 Flugzeugen einsetzen. 10 dieser Staffeln waren für die Zusammenarbeit mit dem Heer vorgesehen. Unter anderem wurden verschiedene Versionen der Do 17 P-1,2 und Z, Do 215 B, Do 217 A/E (ausgerüstet mit 2 Reihenbildgeräten des Typs Rb 20/30 und Rb 50/30) und Do 217 K (mit Rb Typen Rb10/18, Rb 20/30, Rb 50/30 und Handkameras Z3 und Z5)[7] eingesetzt. Hinzu kamen von Junkers die Ju 88 und Ju 290 A-Versionen, die teilweise mit dem Radar FuG 200 *Hohentwiel* zur Konvoi-Aufklärung im Nordatlantik ausgerüstet waren, sowie die viermotorige Focke-Wulf Fw 200 *Condor*. Diese Fw 200 waren für die weitreichende Seeaufklärung und als Bomber gegen Schiffskonvois vorgesehen und in Stavanger, Norwegen sowie in Mérignac bei Bordeaux stationiert.

Schließlich ging die oberste Führung dazu über, auch den Panzerverbänden je zwölf Fernaufklärer beizustellen.

Zur Bezeichnung der Reihenbildgeräte (Rb) sei erwähnt, dass Zeiss die Brennweite als erste und das Bildformat als zweite Ziffer in cm hinter der Rb Kennzeichnung hinzufügte.

Anfang 1941 schrieb das Reichsluftfahrtministerium (RLM) den Auftrag für die Entwicklung eines schnellen, strahlgetriebenen Aufklärungsbombers mit einer Reichweite von mindestens 2150 km aus[2]. Die Arado-Werke antworteten mit der Ar 234, die mit vier Turbo-Luftstrahltriebwerken vom Typ Jumo 004 angetrieben werden sollte. Der Erstflug fand am 30. Juli 1943 statt. Da sich die Ar 234 mit 780 km/h im Höhenbereich von 11 km mit einer viel höheren Geschwindigkeit als die damals größte Bedrohung, die P-51D *Mustang* der USAAF, bewegen konnte, war es möglich, die unbewaffnete Maschine bei Aufklärungseinsätzen in Südengland zu verwenden. Am 27. Juli 1944 wurde der Aufklärungsverband nach Chievres, in Frankreich und am 5. September 1944 nach Rheine verlegt. Auch von Rheine aus wurden weitere unbewaffnete Aufklärungseinsätze gegen Südengland geflogen. Ausgerüstet waren die Ar 234 mit je zwei Reihenbildkameras (Rb 75/30 und Rb 50/30) sowie einer Rb 20/30. Aus diversen Sonderkommandos entstand im Januar 1945 die erste Staffel aus Ar 234, die 1. (F)/100. Zwei weitere Staffeln kamen noch hinzu. Die Letzte wurde kurz vor Kriegsende nach Stavanger, Norwegen, verlegt.

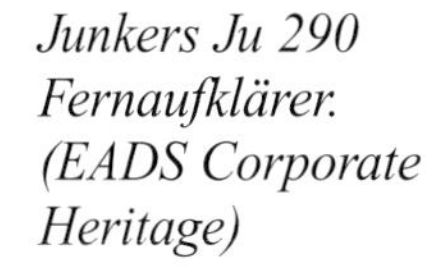

Junkers Ju 290 Fernaufklärer. (EADS Corporate Heritage)

Dornier Do 215 B Fernaufklärer. (Dornier GmbH)

Henschel Hs 126 Nahaufklärer. (Jacques Trempe Collection)

Neben den Fernaufklärungsstaffeln wurden 30 Nahaufklärungsstaffeln mit anfänglich 342 Flugzeugen aufgestellt. Korps und Panzerdivisionen erhielten für die operative und taktische Aufklärung jeweils drei Verbindungsflugzeuge und eine aus zwölf Heeresaufklärern bestehende H-Staffel. Bereits 1941 mussten die Aufklärungseinheiten mit sechs und weniger Nahaufklärern auskommen. Die dem Heer zugewiesenen Aufklärer wurden bei Kriegsbeginn bei den Armeen unter einem Kommandeur der Luftwaffe *(Koluft)* im Range eines Obersten zusammengefasst, der bei den Heeresgruppen einem Koluft im Generalsrang (Generalmajor der Luftwaffe) unterstand. In den Jahren 1940 bis 1941 wurden den Panzergruppen Gruppenflieger (Grufl) beigegeben und mit der taktischen Aufklärung auf dem Gefechtsfeld und im Hinterland betraut. Bereits 1942 wurden *Koluft* und *Grufl* wieder aufgelöst und die unterstellten F- und H-Einheiten in Nah- und Fernaufklärungsgruppen (NAG und FAG) zusammengefasst. Die Nahaufklärer arbeiteten mit den Panzerdivisionen und -korps weiterhin eng zusammen. Die Fernaufklärungsstaffeln erhielten ihre Aufträge direkt von den Lw-Dienststellen. Die ausgewerteten Aufklärungsergebnisse wurden dann über den Luftwaffendienstweg an das Heer weitergegeben. Die Nahaufklärungsstaffeln setzten sich anfangs des Krieges teilweise noch aus Heinkel Doppeldecker He 45 und Eindecker He 46 zusammen. Zwischen 1931 und 1936 wurden 256 He 46 hergestellt. Hinzu kamen im Frontbereich bis etwa 1942 neuere Maschinen des Typs Henschel Hs 126, insbesondere für die Artillerieaufklärung. Der Bestand der bis 31. August 1941 hergestellten 913 Hs 126 war bis September 1943 durch Feindeinwirkung auf 185 zusammengeschmolzen. Die Hs 126 wurde als reiner Nahaufklärer über Polen, im Westen, auf dem Balkan und auch noch im Russland-Feldzug eingesetzt. Der Pilot saß hinter einer abgeschlossenen Cockpitverkleidung, wogegen der Beobachter im hinteren Sitz ohne Verkleidung untergebracht war und auch zu beiden Flugzeugseiten mit Handkameras fotografieren konnte. Der Hs 126 folgte im Winter 1941/42 die Focke Wulf Fw 189 *Uhu,* das fliegende Auge des Heeres. Der *Uhu* war der Hs 126 an Geschwindigkeit und Flughöhe deutlich überlegen. Dieser Nahaufklärer wurde mit Reihenbildgeräten vom Typ Rb 20/30 aber auch mit Rb 21/18 oder Rb 15/18 ausgerüstet, zusätzlich sind außerdem Handkameras vom Typ HK 12,5 oder HK 19 mitgeführt worden. Zwischen 1939 und 1944 wurden 846 Maschinen hergestellt[159].

Focke Wulf Fw 189 Nahaufklärer. (Wikimedia)

Ab Sommer 1943 mussten die meisten Aufklärungsstaffeln (H), wegen der zunehmenden Luftbedrohung und Verluste sowohl bei der Hs 126 als auch bei der Fw 189, auf eine leistungsfähigere Aufklärungsmaschine umgestellt werden. Mehrere Jäger-Aufklärer

Varianten der Bf (Me) 109 wurden im Laufe des Krieges gebaut, wie z. B. die Me 109E-5 (mit DB-601A Motor), die 109E-6 sowie die F-5, F-6 und verschiedene G-Versionen mit reduzierter Bewaffnung (ohne Kanonen im Flügel). Ab 1944 war aber die Me 109 G-8 die meistverwendete Version. Die Me 109 G-8 Aufklärungsmaschinen konnten mit 600l Kraftstoff-Abwurfbehälter zur Reichweitenerhöhung ausgestattet werden. Insgesamt wurden zwischen 1940 und 1945 1187 Me 109 Versionen für die Nahaufklärung gebaut bzw. umgebaut[159]. In weit geringerem Umfang kamen neben der Me 109 aber auch Fw 190 A-1 bis A-5/U4 als Aufklärer zum Einsatz.
Die hinter dem Cockpit der Me 109 eingebauten Reihenbildgeräte waren u.a. vom Typ Rb 20/30, Rb 50/30, Rb 75/30, Rb12,5/7,5 und Rb 21/18. Die Me 109 G-8 verfügte darüber hinaus über eine Robot II-Kamera im linken Flügel.
Bereits am 29. September 1941 ließ das Reichsluftfahrtministerium (RLM) bei Messerschmitt die Möglichkeit überprüfen, die Me 262 als unbewaffneten Aufklärer einzusetzen. Aber erst im August 1944 wurde dann die Me 262 A-1a/U3 als strahlgetriebener Behelfsaufklärer umgebaut. Wegen ihrer hohen Geschwindigkeit war sie noch für die Nahaufklärung

Messerschmitt Me 262 A-1a/U3,
mit Rb 50/30 Einbau.
(EADS Corporate Heritage)

Messerschmitt Me 109 F-6 für die Nahaufklärung. (Lexikon der Wehrmacht)

überlebensfähig. Die Rb 50/30 Kameras wurden im Rumpfbug anstelle der Maschinenkanonen eingebaut. Wegen den Abmessungen dieser Kameras mussten die Abdeckbleche mit Ausbuchtungen versehen werden.
Im November 1944 stellte das Oberkommando der Luftwaffe (OKL) den Stab sowie die 1. und 2./NAG 6 mit der Me 262 A-1a/U3 in Herzogenaurach neu auf. Die Aufklärungsgruppe sollte aus je 16 Me 262 pro Staffel und je vier zusätzlichen Maschinen beim Stab bestehen. Insgesamt wurden 1944 und 1945 noch 52 Me 262 für die Aufklärung eingesetzt. Die meisten der zugewiesenen Me 262 waren allerdings Jagdausführungen ohne Reihenbildanlagen. Messerschmitt lieferte neben der Me (Bf) 109 und Me 262 die Me 110 C-5, eine weitere Aufklärungsmaschine für den Nahbereich und die Mittelstrecke. Die Me 110 startete im Mai 1936 zum Erstflug und war als zweimotoriges Jagdflugzeug und Jagdbomber konzipiert worden. Diese Maschine wurde beispielsweise beim V. Fliegerkorps im Jahre 1940 über England und später über Russland eingesetzt.
Die Seefliegerverbände der deutschen Luftwaffe (Reichsmarschall Hermann Göring hatte sich nicht entschließen können, diese der Kriegsmarine zu unterstellen) verwendeten zur Seeraumüberwachung und für die Aufklärung von Konvois über See in erster Linie Flugboote mit großer Reichweite. Zunächst war

Dornier Do 26 als See-Fernaufklärer. (Dornier GmbH)

Unten: Blohm und Voss BV 138 Seeaufklärer. (EADS Corporate Heritage)

die Beschaffung eines Flugboots vom Typ Blohm&Voss BV 138 geplant. Aufgrund von Schwierigkeiten bei der Entwicklung wurden zunächst Do 18 D/L Flugboote beschafft. Diesen folgte später die Do 26 C, die über eine extreme Flugzeit von bis zu 19 Stunden verfügte und mit einer Reichweite bis zum 67. Breitengrad ausgestattet war. Dieser Fernaufklärer ermöglichte die Überwachung des Gebiets zwischen Bergen und den Shetland-Inseln zur Unterstützung deutscher U-Boote.

Von den bei Kriegsbeginn vorhandenen 16 Seefliegerstaffeln waren 4 mit Do 18 D ausgerüstet, d.h. insgesamt 62 Maschinen. Die BV 138, die verspätet, erst ab Anfang 1940 zur Verfügung stand, war als Seeaufklärer in der Nordsee aber auch als Geleitsicherung gegen alliierte U-Boote in Nordnorwegen verwendet worden.

Alle modernen Schlachtschiffe und Kreuzer der deutschen Marine verfügten über Aufklärungsflugzeuge vom Typ Arado Ar 196 an Bord; ein robustes Schwimmer-Flugzeug, das von den Schiffen mit Katapult gestartet werden konnte. Die Arado 196 war das meistverwendete deutsche U-Boot-Abwehr-Flugzeug und wurde in der Ägäis bei der 2. Staffel der Seeaufklärungstruppe 125 in den Jahren 1942/43 und ab 1944 als Geleitsicherung gegen alliierte U-Boote vor Norwegen eingesetzt. Auch sämtliche deutsche Hilfskreuzer wurden mit Aufklärungsflugzeugen ausgerüstet[6]. Gegenüber den alliierten U-Jägern war aber die technische Ausrüstung dieser Flugzeuge wenig beeindruckend.

Die Zielaufklärung wurde von der Luftwaffe sehr formal nach Zielkategorien betrieben[2]. Die Einsätze zur Aufklärung strategischer Ziele waren sorgfältig geplant, unter Einbezug von Überflughöhe, zu verwendender Kameratyp, Wettermeldungen, Bedrohung etc. Der Einsatz wurde im Zielbereich mit Höchstgeschwindigkeit ausgeführt und alle vorgeplanten Zielkoordinaten abgeflogen und fotografiert. Grundlagen für eine Zielbekämpfung der deutschen Bomber waren ausreichend detaillierte Fotos.

Das beim Aufklärungseinsatz gewonnene Filmmaterial wurde entwickelt, ausgewertet und katalogisiert sowie mit Ziel- oder Ortsbezeichnungen versehen. Zeitpunkt der Aufnahme, Koordinaten und Maßstab wurden festgehalten und mit Kommentaren versehen, wie z. B. die Position von Flak. Hinzugefügt wurde ein maßstäblich genaues Kartenblatt des Zielraums. Diese Informationen bildeten die Grundlage für die geheim eingestufte Zielstammkarte, die zusätzlich

Photoauswertung der Luftwaffe. (Podzun-Pallas Verlag)

eine Bezeichnung der Zielart, seine Bedeutung, eine Zielbeschreibung, eine Beschreibung des aktiven und passiven Luftschutzes, der örtlichen Bewachung sowie Orientierungspunkte zur Zielerkennung enthielt.

Funkaufklärung
Die Technik der Funkpeilung und Funkaufklärung ist so alt wie die Funktechnik selbst und so kam es auf beiden Seiten bereits in den Anfängen des Ersten Weltkrieges zur Erfassung und Auswertung des Funkverkehrs des militärischen Gegners[8]. Zu Beginn des Zweiten Weltkrieges befand sich die deutsche Wehrmacht noch in den Anfängen einer leistungsfähigen Funkmesstechnik. Die Funkaufklärung wurde 1942 in *Nachrichtenaufklärung* umbenannt. Der Aufgabenbereich dieser Nachrichtentruppe umfasste nicht nur Funkverbindungen aller Art zu erfassen und gegebenenfalls zu entschlüsseln sondern auch Flugmelde- und Jägerleitdienste sowie Flugsicherungs- und Funknavigationsaufgaben wahrzunehmen. So wurden beispielsweise vor dem September 1939 Standorte und Aktivitäten der polnischen Luftwaffe systematisch durch Funkaufklärung festgestellt. Ebenso wurden wichtige Informationen zur Truppenaufstellung Frankreichs vor und während des Feldzuges 1940 ermittelt[158]. Sprachenkenntnisse waren natürlich Voraussetzung.

Während des Zweiten Weltkrieges existierte neben dem *Funkhorchdienst* der *Funkmess-Beobachtungsdienst.* Ersterer war mit der Wahrnehmung der strategischen und taktischen Funkaufklärung sowie mit der Überwachung des Funktast- und Funksprechverkehrs beauftragt. Daneben war der *Funkmess-Beobachtungsdienst* mit den Aufgaben Erfassung der alliierten Radare, insbesondere der ASV-und H2S Bordgeräte sowie der alliierten Freund-Feind-Kennung betraut. Die Erweiterung der militärischen Frequenzbereiche vor und im Zweiten Weltkrieg erzwang eine wesentliche Ausweitung der Funkaufklärung in den Kurzwellenbereich (HF) und in den Bereich der beweglichen UKW-Funkgeräte, des Flugfunks sowie in den Radarbereich, d.h. bis zu den Zentimeterwellen (VHF, UHF und unteres SHF-Band). Die aufkommende Radarbedrohung erforderte aber weitere Maßnahmen der Peilung gegnerischer Radare zum Schutz von Schiffen, U-Booten oder von Flugzeugen, und zwar als Radarwarnempfänger oder zur Gewinnung von Emitterparameter für die elektronische Aufklärung.
Zwei Ziele wurden bei der Funkpeiltechnik verfolgt. Das erste bestand in der Aufgabe die Empfangsqualität durch Richtempfang zu

Arado Ar 196 schiffsgestützter Seeaufklärer. (Wikipedia)

verbessern und beim zweiten ging es darum, genau festzustellen, woher eigentlich die empfangenen Wellen kamen. Nachdem es der Funkaufklärung gelungen war, Meldungen und Befehle militärischer Führungsstäbe mitzuhören und zu entschlüsseln, wollte man natürlich auch genau wissen, wo deren Hauptquartiere lagen. Jede elektromagnetische Ausstrahlung trägt in ihrer Erscheinungsform auch eine Richtungsinformation. Aus dem *Richtempfang* mehrerer verteilter Funkempfänger durch Triangulation erhielt man eine Emitterlokalisierung mit akzeptabler Genauigkeit. Es wurden die verschiedenartigsten Antennenkonfigurationen entwickelt, um die Eindeutigkeit der Seitenrichtung zu bestimmen. Bereits 1924 wurde die Methode der Kardioidenbildung zur Seitenbestimmung patentiert. 1922 stattete man in Deutschland die ersten Flugzeuge mit Bordpeilern aus; zunächst noch mit Drehrahmen für die Eigenpeilung und den Zielpeilflug. Der Goniometerpeiler kommt dann in den 30er Jahren zum Einbau sowie Peilzusätze zum Funkgerät. Mit der Entwicklung von Mehrkanalpeilern vom Watson-Watt-Typ wird für alle drei Wehrmachtsteile während des Zweiten Weltkrieges begonnen; jedoch wegen Gleichlaufschwierigkeiten im Empfänger und der Konzentration auf andere Prioritäten nicht beendet.
Die Funkaufklärung betrieben alle Teilstreitkräfte Heer, Marine und Luftwaffe mit dem Ziel der Erfassung und Entschlüsselung des gegnerischen Funkverkehrs, d.h. von Befehlen und Meldungen. Schwierig war die Dokumentation der erfassten Information mangels geeigneter Speichermedien. Daher war die Funkaufklärung sehr personalintensiv. Von 1939 wuchs die Funkaufklärung von 334 bis Mai 1944 auf über 2690 Stäbe und Einheiten auf. Dem deutschen *Funkhorchdienst* (B-Dienst) gelang es im Laufe des Krieges immer wieder, in den alliierten Funkverkehr einzubrechen und den benutzten Code zu knacken, wenn auch diese Bemühungen letztlich die alliierten Erfolge mit *Ultra* (dem englischen Codebrecher der dt. ENIGMA) nicht erreichen konnte. Besonders erfolgreich bewährte sich bei diesen Aktivitäten die Abt. III des deutschen *Marine-Nachrichten- und Ortungsdienst* (MND III).

Das Manhattan Projekt

Eine folgenschwere Entdeckung, die bereits am 22. Dezember 1938 erfolgte, soll nicht unerwähnt bleiben, da diese später, als die beiden Supermächte USA und die UdSSR ihre Nuklearwaffenarsenale aufbauten, erheblichen Einfluss auf die Entwicklung der Aufklärung nehmen sollte. Otto Hahn und Fritz Strassmann gelang die Spaltung von Atomkernen, indem sie Uran-Atome mit Neutronen beschossen. Der Weg zur atomaren Kettenreaktion ist gefunden. Leo Szilard, Eugene Wigner, Edward Teller und andere, die die Tragweite dieser Entdeckung erkannten, drängten Albert Einstein einen Brief an den US-Präsidenten Franklin D. Roosevelt zu schreiben, in dem er vor einer möglichen Entwicklung der Atombombe in Deutschland u.a. durch Werner Heisenberg und Carl Friederich von Weizsäcker warnen sollte. Der am 2. August 1939 unterzeichnete Brief ist für die Öffentlichkeit zugänglich im Museum von Los Alamos, New Mexico, ausgestellt[156].
Bereits 1943 beginnt der atomare Wettlauf zwischen den USA und der UdSSR. Für das amerikanische Atomforschungsprogramm, das *Manhattan Project,* das unter größter Geheimhaltung in Los Alamos, New Mexico, gestartet wurde, konnte Robert Oppenheimer als Leiter gewonnen werden. Die USA wähnten sich mit Deutschland in einem Wettlauf um die Atombombe und befürchteten mit dieser Waffe angegriffen zu werden. So kommt es zu dieser Waffenentwicklung gegen Deutschland. Am 16. Juli 1945 wurde etwa 60 Meilen nördlich von Alamogordo *Trinity,* die erste Atombombe, eine Plutonium Implosionsbombe, um etwa 5:30 Uhr morgens gezündet. Nur die Verzögerungen in der Entwicklung bewahrten Deutschland vor dem Schicksal des ersten Einsatzes. Als britischer Staatsangehöriger war Klaus Fuchs zwischen 1943 bis 1946 am Projekt *Manhattan* in Los Alamos beteiligt. In dieser Zeit übergab er dem KGB wertvolle amerikanische und britische Geheimnisse zur Entwicklung der Atom- und der Wasserstoffbombe und verhalf so der sowjetischen Bombenentwicklung zu einem beträchtlichen Zeitgewinn.

Aufklärungsflugzeuge der Alliierten

Während des 2. Weltkrieges wurden sowohl in den USA als auch in England neue Flugzeugtypen für die Überwachung und Aufklärung entwickelt und eingeführt[4]. Dabei war die RAF im Bereich der Fotoaufklärung der US Army Air Force (USAAF), wie sie noch bezeichnet wird, weit überlegen. Die USAAF

Boeing B-17 Flying Fortress (Aufklärungsversion F-9). (USAF)

war hinsichtlich Fotoaufklärung bei Kriegsausbruch wenig vorbereitet. Sie verfügte 1941 zwar über Beobachtungseinheiten mit leichten Flugzeugen, die für die Nahbereichsunterstützung, Artillerie-Aufklärung und andere taktische Einsätze zur Verfügung standen. Beispielsweise ermöglichte die leichte Stinson *L-1 Vigilant* zwar nur visuelle Beobachtung von Zielen und erforderten intensive Koordination mit Bodenstellen. Aber die Modifikation von Jagdflugzeugen und Bombern zu Aufklärern schritt rasch voran.

Für die fotografische Abbildung verwendete die USAAF traditionell Bomber, die neben den Kameras auch Maschinenkanonen und Bomben mit sich führten. Bei Trainingseinsätzen wurden primär die Bombardierung und die Selbstverteidigung geübt. Erst nachgeordnet folgte die Fotografie und diese kam zumeist nur im Zusammenhang mit der Wirkungsabschätzung nach Bomberangriffen zum Zuge. So wurden anfänglich die schwerfälligen Boeing B-17 *Flying Fortress* und Consolidated B-24 *Liberator* Bomber ohne ausreichende Bewaffnung oder Eskorte auf Fernaufklärungseinsätze geschickt, die oft sehr verlustreich endeten.

Die RAF hingegen hatte bereits durch die Cotton'sche *Photographic Development Unit* erfahren, dass reichweitengesteigerte Hochleistungs-Jagdflugzeuge am besten für die Foto-Aufklärung geeignet sind. Bereits zu Kriegsbeginn erhielt die RAF von Vickers Supermarine die *Spitfires PR* mit Fotoausrüstung und minimaler Bewaffnung.

Erst als die 3. AAF Fotoaufklärungs-Gruppe im September 1943 nach Nordafrika abkommandiert wurde und zusammen mit der RAF und der südafrikanischen

Lockheed P-38 Lightning (F-5A). (Wikipedia)

Luftwaffe die Aufklärung im Bereich der gelandeten Alliierten in Sizilien und Süditalien übernehmen mussten, lernen diese in *Last-Minute* Kursen ausgebildeten amerikanischen Fotoauswerter viele Betriebsgeheimnisse von ihren viel erfahreneren britischen Kameraden. Zunächst begann die 3. AAF Fotogruppe mit der B-17 (in der Aufklärungsvariante als F-9 bezeichnet) und der Lockheed P-38E (F-4) Aufklärungseinsätze durchzuführen. Aber bald wurde auf die viel leistungsfähigere Version P-38G/H Lightning (bekannt als F-5A) umgestellt. Die zweimotorige P-38 mit Doppelrumpf (als *Gabelschwanzteufel* in der Luftwaffe gefürchtet) war von dem noch jungen Clarence L. *(Kelly)* Johnson entworfen worden, der später sowohl die U-2 als auch die SR-71 entwickeln und bauen sollte.

American P-51 Mustang. (Wikipedia)

Andere US Fotoaufklärungsgruppen wurden gegen Ende des Krieges mit der Aufklärungsvariante F-6, der American P-51 Mustang, ausgerüstet. Die hohe Fluggeschwindigkeit dieser Maschine erhöhte ihre Überlebenswahrscheinlichkeit bei der von der USAAF durchgeführten Fotoaufklärung, die meist im Tiefstflug stattfand. Im Winter 1944 verfügte die USAAF über eine eigene Armada von Aufklärungsflugzeugen. Drei Kampfgruppen mit je drei Staffeln von 25 Maschinen wurden in Italien und im Mittelmeer eingesetzt.

Die 8. und 9. US Luftflotte in England, die beide im Wesentlichen mit der Bombardierung von Deutschland beauftragt waren, verfügten über 20 Aufklärungsstaffeln, d.h. etwa 500 Maschinen. Dabei sind die britischen Aufklärungsstaffeln nicht eingerechnet, die ebenfalls über Deutschland eingesetzt wurden.

Im Südwest Pazifik setzte die USAAF bei Aufklärungseinsätzen gegen die japanischen Streitkräfte weiterhin Jagdflugzeuge mit Zusatztanks und mittelschwere Bomber, wie die B-25, ein. Aber die langen Strecken, die die 20. US Luftflotte zur Bombardierung von Städten in Japan mit der Boeing B-29 *Super Fortress,* dem größten Bomber des Zweiten Weltkrieges, mit einer Reichweite von über 10 000 km, von den Pazifikinseln aus zurücklegen musste, erforderte ebenfalls weitreichende Foto-Aufklärungsflugzeuge, und zwar vom gleichen Flugzeugtyp, d.h. die RB-29 bzw. F-13/F-13A. Ihre vornehmliche Aufgabe bestand darin, Fotomaterial von japanischen Städten für die Führung der Zielkataloge, für die Wirkungsabschätzung vorausgegangener Bombardierungen und für die Ermittlung von Luftabwehrstellungen zu beschaffen. Ausgerüstet waren diese Maschinen meist mit drei K-17B, zwei K-22 und einer K-18 Kamera und einer großen Anzahl von Maschinengewehren und Kanonen. Darüber hinaus galt es, den Zustand von Flugplätzen für die Landung der Alliierten in Japan zu erkunden. Ebenfalls war die systematische Seeaufklärung auf dem Flugweg nach Japan und zurück eine weitere wichtige Aufgabe dieser riesigen Aufklärungsplattformen. Die USAAF verwendete

auch in anderen Gebieten Asiens, wie z. B. über China und Korea, die Japan besetzt hielt, die F-13 bzw. RB-29 *Super Fortress* als Long Range Reconnaissance Plattform.
Der Bedarf der US-Navy für ein Langstrecken Patrouillen Boot, vor allem im Pazifik, führte Ende 1942 zur Beschaffung des Martin *PBM-3 Mariner,* einem zweimotorigen Flugboot. Es entstammte, wie die *Catalina,* aus einer Entwicklung von vor 1941. 1943 folgte für die US-Navy von Curtiss die *SC-1 Sea Hawk,* ein einmotoriges Seeflugzeug, das von Kreuzern und Schlachtschiffen aus mit Katapult gestartet werden konnte. Es ersetzte die veralteten Chance Vought Typen. Die US-Navy betrieb damit sowohl taktische als auch Fernbereichsaufklärung. Jedoch war bei keinem dieser Flugzeuge während der Entwurfs- oder Produktionsphase vorgesehen worden, dass sie später für die Fotoaufklärung verwendet werden sollen. Zum Fotografieren von diesen Maschinen aus musste auf Methoden zurückgegriffen werden, wie sie während des Ersten Weltkrieges üblich waren.
Die Royal Navy (Fleet Air Arm) erhielt zu Beginn des Krieges von Fairey die Swordfish, die als Standard Torpedobomber und Aufklärer eingesetzt wurde und in dieser Rolle im Verlaufe des Krieges der deutschen Marine (z. B. bei der Zerstörung der Ruderanlage des Schlachtschiffs Bismarck am 26. Mai 1941 durch Torpedos), insbesondere der U-Bootflotte, erheblichen Schaden zugefügt hat. Ebenfalls lieferte Bristol die *Beaufort* einen Coastal Patrol Aufklärer aus, der dann bei der Royal Navy auch als *Coastal Command Torpedo Bomber* eingesetzt wurde. In Irland wurde bei Short in Belfast in den Jahren 1943 bis 1945 die Shetland ein Langstrecken Patrouillenboot für die Royal Navy entwickelt und gebaut; sie wurde aber noch vor Kriegsende für kommerzielle Zwecke modifiziert und zivil genutzt.
Die RAF blieb bei ihrer Philosophie, erprobte und beschaffte ab 1941 die De HAVILLAND D.H.98 *Mosquito,* eine sehr schnelle zweimotorige Maschine mit einer ungewöhnlichen Holz-Sandwich Konstruktion, die als sehr hoch fliegender Aufklärer mit optischen Kameras ausgestattet wurde. Mit der Mosquito wurden aber auch *COMINT Receiver* (zum Abhören des Funkverkehrs) erprobt und später eingeführt.
Des Weiteren führte die RAF erste systematische Ausbildungskurse von *Photo Interpreters* (PI) in Medmenham, Berkshire, durch. Medmenham wurde dadurch zu einer weitläufigen Luftbild-Auswertezentrale der RAF ausgebaut, der ein vorbildlicher Ruf vorausging. Medmenham leistete beispielsweise bis Mai 1944 einen erheblichen Beitrag zur Aktualisierung von Karten im Bereich des Atlantikwalls, insbe-

Vickers Supermarine Spitfire.
(Wikipedia / User: Chowells)

De Havilland D.H.98 Mosquito.
(RAF MOD UK)

sondere im Bereich der geplanten alliierten Landung in der Normandie. Vertikal- und Schrägsichtluftbildaufnahmen von tieffliegenden *Spitfires* ermöglichten es, die deutschen Stellungen und die Bautätigkeiten an den Verteidigungsanlagen zu beobachten. Es war auch in Medmenham, wo unter anderem im Rahmen einer *Change-Detection* Auswertung von Luftbildern im März und April 1944 festgestellt wurde, dass die Danziger U-Boot-Werft zum Bau eines U-Boots vom Typ XXI nur die kurze Zeit von 6 Wochen brauchte. Die Existenz dieses ersten neuen U-Boots XXI wurde am 19. April 1944 von Aufklärungsmaschinen des Typs *Mosquito* festgestellt, die alle auch die vorausgegangenen Aufklärungsflüge durchgeführt hatten. Das U-Boot vom Typ XXI war das von der deutschen Marine lange erwünschte Boot, das ständig getaucht fahren und dabei hohe Fahrtgeschwindigkeit aufnehmen konnte.

Technologisch ist auch in dieser Zeit der Fortschritt bei der Fotoaufklärung nicht stehen geblieben. Der Farbfilm mit extrem kleiner Körnung (hohe Auflösung) steht 1945 zur Verfügung und wird auf beiden Seiten verwendet. Goddards stereoskopische Streifenbildkamera hat sich bei extremen Tiefflugeinsätzen durchgesetzt. Der bereits seit 1935 in Ballonversuchen der *National Geographic Society* in den USA getestete Infrarot-Film, befand sich in einem fortgeschrittenen Stadium[5]. Die Aufklärung in der Nacht rückte ein Stück näher. Experten wie der Harvard-Professor James Baker entwickelte Kameras mit extremen Brennweiten von 40 - 240 inch (d.h. 1016-6096 mm), deren Linsensysteme sich bei den niedrigen Temperaturen und Drücken in großen Flughöhen selbst kompensierten. Damit wurden hochaufgelöste Fotos von Aufklärungsflügen in großen Höhen, außerhalb der Reichweite von Flak und von Jagdflugzeugen, überhaupt erst ermöglicht.

Während im Ersten Weltkrieg die Kameras der luftgestützten Aufklärung fast nur den Bereich der Frontlinien im Visier hatten, wurden im Zweiten Weltkrieg bei den Alliierten etwa 80% der Nachrichtenbeschaffung über strategische Ziele durch fotografische Luftbildaufnahmen erbracht. Der Schwerpunkt der Beauftragung lag daher hauptsächlich bei Industriekomplexen, *Lines of Communication* (Straßen, Brücken, Eisenbahnlinien) und Bevölkerungszentren (Städte).

Die Menge an Aufnahmen, die so entstanden sind, lässt sich am besten an einem Beispiel illustrieren. 1944 flog die RAF mehr als 100 Einsätze pro Tag mit Spitfires und Mosquitos und produzierten so etwa

50 000 Aufnahmen. Die Auswertung und Archivierung dieser Menge von Fotos, die von diesen beiden Aufklärungsflugzeugtypen allein zurückgebracht wurden, entwickelte sich zu einer eigenständigen Fähigkeit. Es wurden Leuchttische entwickelt und mit Mikroskopen sowie Stereoskopen ausgerüstet. Dazu wurden immer mehr Foto-Interpreten (PI) ausgebildet und trainiert.
So kam es, dass Medmenham zur bekanntesten Ausbildungsstätte der Alliierten wurde und es wegen seiner speziell ausgebildeten PIs für die Gebiete Geografie, Waffensysteme, Schiffserkennung, Bauten usw. bei den Alliierten eine besondere Wertschätzung erfuhr. Neben der Ausbildung lief aber auch der tägliche operationelle Betrieb. So kam es durch die Spezialisten aus Medmenham zu einer weiteren, für die Alliierten besonders spektakulären Entdeckung, nämlich der geheim gehaltenen Raketen-Testeinrichtungen in Peenemünde sowie der Entdeckung eines Startkatapults einer V-1 in Fotos, die von sehr hoch fliegenden *Spitfires* aufgenommen wurden.

Stereoskopische Bildauswertung durch WAAF Section Officer in Medmenham (1944). (Courtesy of the Medmenham Collection)

Wie gefährlich Foto-Aufklärungsflüge im Zweiten Weltkrieg sein konnten, hat keiner besser beschrieben als Antoine de Saint-Exupéry[97] bei seinem Flug nach Arras, am 26. Mai 1940. Er diente als Kapitän in der französischen Fernaufklärer Gruppe 2/33, die mit dreisitzigen Potez 63-11 ausgerüstet waren. Er bekam den Befehl einen Aufklärungseinsatz von der vorübergehenden Basis bei Laon, im Department Aisne, auszuführen. Es ging bei den Verteidigern von Arras um die Ermittlung der Stärke des deutschen Heeres im Nahbereich ihrer Stadt. Das deutsche Heer hatte in weniger als zwei Wochen die ganze französische Maginot Linie überwunden, ein Befestigungssystem an der Nord-Ost-Grenze Frankreichs, das vor allem aus Festungswerken, Panzerhindernissen und betonierten Stellungen bestand. Saint-Exupéry war bewusst, wie verlustreich derartige Aufklärungseinsätze waren, denn seine Gruppe 2/33 hatte in drei Wochen siebzehn von dreiundzwanzig Besatzungen verloren. Besonders Tiefflugeinsätze in bis zu 700 m Flughöhe über Grund waren so gefährlich, dass sie von den alliierten Piloten als *dicing with the devil* bezeichnet wurden. Bis in diese Flughöhen waren Rohre aller Kaliber auf die Maschinen gerichtet – die feindlichen und oft auch die eigenen. Der Schrecken vor dem Feuer der Luftabwehr war allen Aufklärungspiloten aus dem Ersten und Zweiten Weltkrieg bekannt, die oftmals ihr Flugzeug auch bei Beschuss absolut geradlinig steuern mussten, um ihre Luftbildaufnahmen so machen zu können, wie es der Auftrag erforderte. Dabei mussten sie sich selbst als relativ einfache Ziele für die Luftabwehr darbieten. Saint Exupéry betrachtete aber nicht nur die Luftabwehr vom Boden aus als große Gefahr, sondern ganz besonders die deutschen Jagdflugzeuge, denen er hilflos ausgeliefert sein würde, falls sie ihn entdecken würden. Seine Maschine konnte es weder in der Steiggeschwindigkeit noch in der Flughöhe oder der Wendigkeit mit der Me (Bf) 109 der deutschen Luftwaffe aufnehmen.
Am 31.7.1944 kehrte auch Antoine de Saint-Exupéry von einem Aufklärungsflug nach Annecy/Grenoble mit einer F-5B, einer Aufklärungsversion der Lockheed *Lightning P 38 G/H,* nicht mehr zu seinem Stützpunkt in Korsika zurück. Die Überreste der Maschine wurden erst im März/April 2004 im Mittelmeer gefunden und identifiziert. Am 15. März 2008 veröffentlichte Agence France Press einen Artikel, demzufolge

Türme des Chain Home Radarsystems. (GEC-Marconi)

der deutsche Jagdflieger Horst Rippert mit seiner Messerschmitt Me 109 F-2 Antoine de Saint-Exupéry über dem Mittelmeer südöstlich von Marseille abgeschossen haben soll.
Die *Lightnings* des Typs F-5/P-38 G/H wurden bereits ab etwa Anfang 1942 von der USAAF als Aufklärer und Jäger in Europa und Asien eingesetzt und wurden, wegen ihren Flugleistungen, von deutschen und japanischen Piloten gleichermaßen gefürchtet. Aber dies war keine Überlebensgarantie.

Weiterentwicklung des Radars

Von großem Einfluss für den Verlauf des Krieges war die weitere Entwicklung des Radars. Seit Kriegsbeginn und noch zuvor befand sich die Radartechnologie insgesamt in einer stürmischen Entwicklungsphase. Unter dem Zwang der Ereignisse mussten auf beiden Seiten Ergebnisse in Monaten erzielt werden, die sonst in Friedenszeiten Jahre gebraucht hätten. Immer wieder wurden Neuentwicklungen aus der Not geboren, um Neuerungen der Gegenseite zu begegnen.

Luftraumüberwachung
Die bereits ab 1935 von Robert Watson-Watt in Großbritannien vorgeschlagene *Chain Home,* zur lückenlosen Luftraum-Überwachung, wurde zwischenzeitlich als eine Kette von Radarstationen längs der Küste ausgebaut[75]. Die Küstenverteidigung wurde darüber hinaus noch durch *Seaforts* ergänzt, riesigen Pontons, die wie Bohrinseln aussahen und auf denen Flakkanonen, Maschinenkanonen und Maschinengewehre installiert wurden. Drei Forts wurden auf dem Meeresboden vor Liverpool und vier in der Themsemündung erstellt. Die Forts in der Themsemündung wurden mit Feuerleitradaren ausgerüstet, und zwar mit in Azimut und Elevation nachführbaren Antennen, die mit vier Spiral-Helix-Sub-Antennen ausgestattet wurden, um eine verbesserte Winkelmessung für die Feuerleitung der Flugabwehrkanonen zu erreichen. Darüber hinaus wurden für die Royal Navy Radargeräte zur U-Bootentdeckung und für die Royal Air

GEMA Freya Radar, Antennensystem (1940). (EADS Corporate Heritage)

Force Radare zur Zielerfassung bei der Nachtjagd sowie zur Bodenabbildung für den Bombereinsatz bei Nacht entwickelt. Weitere Radarneuentwicklungen erfolgten in den USA und Frankreich im Laufe des

Jahres 1938. Ebenfalls erhielt das amerikanische Schlachtschiff *New York* das erste Feuerleitradar für die Schiffsartillerie und das französische Passagierschiff *Normandie* das erste Radar zur Eisbergwarnung. Die ersten Radare zählen zum Typ *Impulsradar,* bei dem zur Bestimmung der Zielentfernung die Laufzeit von der Auslösung des Impulses bis zum Empfang des Zielechos gemessen wird.
In Deutschland stellten ab 1939 von Willisen und Erbslöh, GEMA, das Radarsystem *Freya* in Serie her, das im VHF-Bereich (bei 125 Mhz) arbeitete und eine Reichweite von etwa 150 km[93,94] aufwies. Sechs Kriegsschiffe wurden mit den Seeradaren vom Typ *Seetakt* ausgerüstet. Ab 1940 steht ebenfalls das UHF-Radarsystem *Würzburg* (bei 600 MHz) zur Verfügung. Als Entwickler des *Würzburg*-Radars ist W.T. Runge bei Telefunken hervorzuheben. Bei beiden Radaren, sowohl bei *Freya* als auch bei *Würzburg,* handelte es sich um Komponenten eines Systems zur Luftraumüberwachung, Frühwarnung vor Feindflugzeugen, zur Zielverfolgung, Feuerleitung und Jägerleitung. Zur Zielverfolgung wurde beim *Würzburg* Gerät eine konische Abtastung *(Conical Scan)* für die präzise Winkelmessung und Antennennachführung gewählt.
Bereits am 18. Dezember 1939 wurden 14 britische *Wellington*-Bomber, die in die Deutsche Bucht eingeflogen waren, von einem *Freya*-Versuchsgerät von Wangerooge aus entdeckt und es konnten 7 Bomber durch deutsche Jagdflugzeuge, die über Funk an diese herangeführt wurden, abgeschossen werden. Mit *Freya* konnte der englische Verband bereits in über 80 km Entfernung vor den Ostfriesischen Inseln entdeckt werden. Dabei wurden zum ersten Mal in Deutschland die eigenen Jagdverbände nach der Sichtanzeige auf der *Braun'schen* Röhre an den Gegner herangeführt. In London kann man sich zunächst den Verlust nicht erklären, denn die RAF wähnte England im Alleinbesitz des Radars. Offensichtlich war, trotz der vagen Hinweise, dem britischen Nachrichtendienst diese deutsche Entwicklung verborgen geblieben.
Noch im Jahre 1940 versuchte Frankreich, ebenfalls mit Hilfe von Watson-Watt, einen Radarwall vom Ärmelkanal bis in die Schweiz aufzubauen. Doch es ist zu spät. Der Blitzkrieg gegen Frankreich beendet diesen Plan. Watson-Watt kann gerade noch nach England fliehen, ohne dass dem Gegner seine Radarpläne in die Hände fallen. In wenigen Wochen ist Frankreich fast ganz besetzt und die Wehrmacht steht am Ärmelkanal.
Wie bereits erwähnt, war die Invasion der britischen Inseln, die Operation Seelöwe, lange von Hitler geplant, das nächste strategische Ziel nach der Niederlage Frankreichs. Die Luftwaffe sollte in wenigen Tagen die Luftherrschaft über England erkämpfen und danach sollte die Invasion mit Landungsbooten beginnen. Von der deutschen Luftwaffe, insbesondere von Reichsmarschall Hermann Göring, wird das Unternehmen als ziemlich einfach eingestuft, da seine Luftwaffenverbände zahlenmäßig etwa im Verhältnis zwei zu eins den englischen überlegen sind. Als Beginn der Operation *Adlertag* wird der 13. August 1940 festgelegt. England wird zwar von der ersten Angriffswelle überrascht und es geht über einige englische Städte und RAF-Stützpunkte ein gewaltiger Bombenhagel nieder[77]. Die Verluste an deutschen Jagdflugzeugen und Bombern sind aber von Anfang an erheblich. Die Bewährungsprobe der *Chain Home* beginnt. Die Luftwaffe fliegt immer wieder neue verlustreiche Angriffswellen. Da aber der Begleitschutz der deutschen Bomber, die Me 109, über keine ausreichende Einsatzdauer verfügte, erreichen viele Bomber ohne Jagdschutz ihr Ziel nicht und werden durch die *Spitfires* und *Hurricanes* der RAF abgeschossen.
Ein Handicap für die Wehrmacht war der mangelhafte deutsche Nachrichtendienst[6]. Zur Planung des Unternehmens Seelöwe benutzte die Luftwaffe ein Vorkriegshandbuch, die *Blaue Studie.* Sie enthielt Angaben über den Zustand und die Lage von Industrieanlagen. Im Rahmen von *Probeflügen auf zivilen Routen* wurde aus der fotografischen Aufklärung ein Bildarchiv mit zukünftigen Zielen erstellt. Ergänzt wurde diese Informationsbasis durch einen unzulänglichen Luftwaffennachrichtendienst. Dieser unterschätzte beispielsweise noch im Juli 1940 in einem Bericht erheblich die britische Jägerproduktion mit etwa 180 bis 300 Flugzeugen. Dagegen wurden im August und September 1940 tatsächlich bereits 460 bis 500 *Hurricanes* und *Spitfires* hergestellt. Auch das dichte Verteidigungsnetz der RAF mit *Chain Home* Radarstationen, Funkleitstellen und das dichte Netz von Hochfrequenzsendern blieb unerwähnt und damit unerkannt.
Die deutsche Fotoaufklärung von Zielen, nach Beginn der Angriffe in England, erfolgte mit Schwerpunkt

über dem Ärmelkanal, Kent, Sussex und Hampshire. Wichtige Ziele wie Flugplätze, Industrie- und Dockanlagen können erfasst und die Wirkung von Bomberangriffen aus dem zurückgebrachten Fotomaterial der Aufklärungsflugzeuge abgeschätzt werden. Die Interpretation der Bilder aus der Fotoaufklärung war jedoch in vielen Fällen zu optimistisch, da oft eine RAF Squadron als zerstört galt, wenn ihr Stützpunkt bombardiert wurde. Von elf, *als für immer zerstört* gemeldeten Flugplätze, war nur Manston tatsächlich unbrauchbar. Die entscheidende Bedeutung der Stützpunkte des *Fighter Commands* in Biggin Hill, Kenley oder Hornchurch wurde nicht erkannt. Sie wären leicht zu treffen gewesen, da ihre Kommandoräume über der Erde lagen. Zu Beginn des Unternehmens *Seelöwe* führte die Luftwaffe viele Angriffe auf Flugplätze aus, die nicht zum *Fighter Command* gehörten, obwohl nur diese Letzteren das entscheidende Angriffsziel hätte sein müssen. Dies lässt bei der Luftwaffenaufklärung auf Lücken in der Zielinterpretation schließen, insbesondere in der Wirkungsabschätzung. Erst im Juli 1940 erkennen deutsche Funkbeobachtungsstationen an der französischen Küste, dass es sich bei den Signalen, die die Radarmaste entlang der englischen Küste ausstrahlen, nur um Funkmesseinrichtungen handeln kann[6]. Die Luftwaffenführung unterschätzte jedoch offenkundig die Reichweite und Raumabdeckung des Radars und unternahm wenig, es unwirksam zu machen.

Da sich das relativ langwellige *Chain Home* System als ziemlich unwirksam gegen tieffliegende Flugzeuge erwies, wurde es ab 1939 durch das bei einer Wellenlänge von 1,5 m arbeitende System *Chain Station, Home Service, Low Cover* (CHL) und ab 1942 durch Rundsuch-Radaranlagen, die mit einer Wellenlänge von 10 cm (S-Band) arbeiteten, ergänzt. Auf britischer Seite können die Radartürme der *Chain Home* die anfliegenden deutschen Bomberverbände und ihren Jagdschutz schon bald nach deren Start in Frankreich erfassen und verfolgen.

In einem *Filter Room,* der zentralen Auswertestation im Stab der britischen Jagdwaffe bei Bentley Priory, werden die Empfangsdaten aller Radarstationen abgeglichen und ausgewertet[77]. Ist ein deutscher Verband identifiziert, erfolgt durch die Angehörigen des weiblichen Hilfskorps der Air Force (WAAF) das Signal: Feind im Anflug. Im Lageraum werden Flugzeugsymbole auf einer riesigen Karte, je nach Meldungen der einzelnen Radarstationen über die aktuelle Feindposition und der Position der eigenen Jagdflugzeugverbände, hin- und hergeschoben. Ergänzt werden diese Meldungen durch Zusatzinformation, wie z. B. aus der visuellen Beobachtung durch die Mitglieder des *Observer Korps* oder durch Funkaufklärung. Von einem Innenbalkon der zentralen Auswertestation beobachtete zeitweise Air Chief Marshal Sir Hugh Dowding, oberster General der britischen Jagdflieger, persönlich die große Lagekarte unter ihm. Die Einsatzbefehle konnten mit dieser Art der Luftlageaufbereitung rechtzeitig an die Jägerleitzentralen der RAF herausgegeben werden. Bei einem Luftangriff wurde bei der jeweils zuständigen Jägerleitzentrale der RAF Alarm ausgelöst, Zielposition, Kurs und Geschwindigkeit des angreifenden Verbands gemeldet und die Abfangjäger an die feindlichen Bomberverbände herangeführt. Für die Alarmstarts blieben den britischen Piloten gerade 4 Minuten Zeit. Aber Watson-Watts *Chain Home* arbeitete zuverlässig. Die britischen *Hurricanes* und *Spitfires,* die ja ebenfalls von der *Chain Home* erfasst wurden, konnten mittels Kollisionskurs, den man bereits zu dieser Zeit ziemlich genau vorherbestimmen konnte, exakt auf die deutschen Bomberverbände zugesteuert werden. Ähnlich erging es ebenfalls einzeln anfliegenden deutschen Aufklärungsmaschinen und dies machte ihnen die Erfüllung ihrer Aufträge, neue Ziele zu finden oder die Wirkung der Bomberangriffe festzustellen, besonders schwierig. Nur die große Flughöhe und überlegene Geschwindigkeit oder extremer Tiefflug sicherte noch manchmal den Erfolg.

Bei der Abfassung der Einsatzbefehle standen den RAF-Kommandeuren neben der Radarposition der Feindflugzeuge noch Ergebnisse aus einem anderen Aufklärungsgebiet zur Verfügung, nämlich aus dem Bereich *Communication Intelligence* (COMINT). Der größte Erfolg der Briten war es, dass sie mit der Erbeutung der ENIGMA-Maschine und durch den Einsatz von Mathematikern das deutsche Verschlüsselungsverfahren knacken konnten. Wie dies überhaupt möglich wurde, würde den Umfang dieses Buches sprengen. Tatsache aber ist, dass es etwa ab Anfang 1941 den britischen Entzifferungsspezialisten in Bletchley Park (Buckinghamshire) gelang, Teile der geheimen deutschen Funksprüche mitzulesen. Dazu waren Spezialisten, im Wesentlichen Mathematiker, zusammengeführt worden, die hinter das Geheimnis

des komplizierten deutschen Verschlüsselungsverfahrens kamen. Es wurde umgehend eine riesige Organisation aufgebaut, die die deutschen Funksprüche aufnahmen, sie entschlüsselten, analysierten und an Kommandostellen weitergaben. Auf diese Weise war die zentrale Auswertestation ebenfalls über Zielräume der deutschen Luftwaffe und die Anzahl der angreifenden deutschen Maschinen frühzeitig informiert.
Für die RAF Kommandeure konnte die Luftlage fast in Echtzeit aufbereitet und die eigenen Jagdflugzeuge zeitgerecht in den Abfangbereich geführt werden. Der deutschen Luftwaffe blieben lange ihre eigenen hohen Verlustraten unerklärlich. Weil eine systematische Signalaufklärung der Wehrmacht fehlte und ihre Bedeutung nicht rechtzeitig erkannt wurde, wurden die Radartürme der *Chain Home* nicht ernsthaft angegriffen und zerstört. Zwar wurden fünf Türme bei Bomberangriffen beschädigt und nur eine Radarstation wirklich zerstört. Die Funktionen der Anlage bezüglich Frühwarnung und Zielverfolgung und ihr Einfluss auf die Flugführung des Jagdschutzes werden zu spät erkannt und unterschätzt. *Chain Home* wurde nicht nachhaltig bekämpft und blieb intakt. Immer neue Bomberverbände mit Jagdschutz werden eingesetzt und es wird versucht, die Übermacht auszuspielen. Doch die Verluste durch die britischen Jagdflugzeuge sind so hoch, dass Hitler im September 1940 die Luftschlacht um England verloren geben muss und abbricht. An der gut organisierten *Chain Home* Frühwarnung und der Führung der britischen Jagdflugzeugverbände scheiterte letzten Endes die Luftwaffe und damit hat das Radar wesentlich dazu beigetragen, die beabsichtigte deutsche Landung abzuwehren.
Auch die Kommunikation funktionierte bei der RAF perfekt, und zwar in beide Richtungen, d.h. sowohl die Verbindungen zwischen den Radarstationen zur Jägerleitstelle *(Filter Room)* als auch von dort zu den Jagdflugzeugverbänden. Wesentliche Beiträge zur Entwicklung der Kommunikation, insbesondere des Richtfunks lieferte das *Royal Signal and Radar Establishment* (RSRE) in Malvern. Wirksame Mittel, um die Kommunikationsverbindungen oder den Empfang der Radarstationen der *Chain Home* elektronisch zu stören, standen der deutschen Wehrmacht nicht zur Verfügung.
In Deutschland war aus den Anfängen der Radarforschung inzwischen eine Industrie geworden. Ihr Nutzen wurde aber nicht ausreichend erkannt und sie wurde nicht systematisch gefördert. Daher kam es auch nicht zu konsequenten Investitionen in die weitere Radarforschung. Radar war, ohne dass es wahrscheinlich beiden Seiten bewusst wurde, bereits zur entscheidenden Schlüsseltechnologie für den Fortgang des Krieges geworden. Während zu Beginn der Auseinandersetzungen die Radar-Entwicklungen auf beiden Seiten noch in etwa parallel verliefen, machte sich doch im Verlaufe des Krieges eine Divergenz in den Ausrichtungen bemerkbar, und zwar vornehmlich dadurch, dass Deutschland immer mehr in die Defensive gedrängt wurde. In dieser Situation waren in Deutschland im Wesentlichen nur Radare erforderlich, die der Luftraumbeobachtung, dem Flugmeldedienst, der Feuerleitung für die Flak, der Jägerführung und der Zielerfassung bei der Nachtjagd dienten. Für den in Deutschland entscheidungsbefugten Personenkreis erscheinen andere Anwendungen nicht mehr von dringlicher Bedeutung. Anders verlief die Entwicklung bei den Alliierten mit einem Schwerpunkt bei den luftgestützten Anwendungen für die Offensive.
Als die Luftangriffe auf Deutschland ab 1941 zunahmen, forderte die Luftwaffe die Erhöhung der Radarreichweiten. TELEFUNKEN entwickelte eine leistungsgesteigerte Version des *Würzburg*-Geräts,

Radar Würzburg Riese.
(EADS Corporate Heritage)

TELEFUNKEN Nachtjagdradar Lichtenstein an der Do 217J. (Dornier GmbH)

das *Würzburg*-Riese genannt wurde. Der Antennendurchmesser wurde von 3 auf 7 m erhöht. Flugziele konnten in einer Entfernung von 50-60 km entdeckt werden, die Meßgenauigkeit der Entfernung lag im Bereich von 35 m und die des Winkels bei 0,15°. Piloten der Nachtjagdflugzeuge konnten nun über Sprachkommunikation genau an die Bomberverbände herangeführt werden – eine frühe Form des späteren *Ground Controlled Intercept* (GCI).
Zur Bekämpfung der Bedrohung durch die alliierten Bomber, die zu Tag- und Nachtangriffen übergegangen waren, rüstete die deutsche Luftwaffe Jagdflugzeuge, wie z. B. die Do 217J, Ju-88 R-2, Me 262-B1, Ar 234, insbesondere für die Nachtjagd mit *Lichtenstein*-Radaren aus. Aber auch diese können keine Wende mehr herbeiführen.
Von Willisen (GEMA) erhielt noch Anfang 1944 den Befehl, einen Radargürtel vom Nordkap bis zu den Pyrenäen zu konstruieren und zu bauen. Ähnlich wie die *Chain Home* sollte ein Frühwarnsystem für den Atlantikwall errichtet werden, aber für die Realisierung war es jetzt bereits zu spät.

Seeraumüberwachung und U-Bootortung

Etwa ab Frühjahr 1943 spürten immer häufiger alliierte Flugzeuge, besonders bei Nacht, deutsche U-Boote auf, die im Atlantik operierten und den alliierten Nachschub in der Gestalt von Schiffskonvois nach England unterbrechen sollten. Diese plötzliche Änderung der Angriffstaktik auf ihre U-Boote ist für die deutsche Marine unerklärlich. Die deutschen U-Bootverluste steigen rapide an, da sie in der Nacht, um ihre Batterien aufzuladen, aufgetaucht fahren mussten und so den alliierten Radaren einen großen Radarquerschnitt darboten. Der Radarquerschnitt, gemessen in m^2, ist ein Maß für den direkt zum Radar zurückgestrahlten Teil der Sendeleistung. Erst als aus einer von der Luftwaffe abgeschossenen britischen Maschine ein neuartiges Gerät geborgen werden kann, stellen die deutschen Experten fest, dass die Engländer ein Aufklärungsradar für die Seeraumüberwachung sowie speziell für die U-Bootentdeckung entwickelt haben. Bowen's Flugzeug-Radaranlagen waren bald nach Ausbruch des Krieges in Serie gegangen. Das Gerät erhielt die Bezeichnung *Air-to-Surface Vessel* (ASV) Mark I[79].
Bereits im November 1939 hatte die Serienerprobung des ASV Mk. I - Geräts begonnen. Es besaß anfänglich einen Sendedipol am Flugzeugbug und je eine Empfangs-Dipolantenne an beiden Flügeln. Die Reichweite gegen ein U-Boot betrug aus 1000 m Flughöhe ca. 5,5 nm (10 km). Jedoch war das Nutzsignal bei Seegang bis etwa 4,5 nm durch das See-Echo *(Sea Clutter)* zugedeckt. Man findet heraus, dass bei flacheren Einstrahlwinkeln, wie z. B. aus 60 m Flughöhe, die Sea-Echos viel schwächer werden (und nur bis etwa 0,5 nm reichen) und das Ziel klar bis auf 3,5 nm Entfernung entdeckt werden kann. Die Stärke des See-Echos hängt ab vom Seegang. Bei absolut ruhiger See entsteht Totalreflexion an der Seeoberfläche und das Echosignal verschwindet. Aus diesen Versuchen wurde aber auch offensichtlich, dass das vorhandene Radar erheblich verbesserungsbedürftig ist. Es reichte zwar anfänglich für eine zuverlässige U-Bootortung aus der Distanz nicht aus, aber es war nützlich bei der Suche von Geleitzügen und für die Navigation über Land. Große Schiffe konnten auf bis zu 12 nm und die Küstenlinie bis auf mehr als 20 nm erkannt werden. Eine deutliche Leistungserhöhung ergab sich durch das Long Range ASV (LRASV), das aus dem ASV Mk. I, entwickelt wurde. Es war zuverlässiger und wurde mit einem leistungsfähigeren Antennensystem als ASV Mk. I ausgestattet. Man installierte eine 18 ft (5,40 m) lange Sende-

antenne mit 10 Dipolen auf dem Rumpf, aufgeteilt in 5 Paaren. Links und rechts am Rumpf verteilt waren die 12 ft langen Sterba-Empfangsantennen angebracht worden. Der Rumpf selbst diente als Reflektor. Die Reichweitenleistung des seitwärtsblickenden Radars war jetzt 2,5-mal besser als der vorwärtsblickende Teil. Die Zielsuche erfolgte hiernach nur noch über diese seitwärtsblickende Antennenanordnung.
Kurz, nachdem ASV Mark I in Serie gegangen war, wurde Edward G. Bowen im *Telecommunications Research Establishment* in Swanage, einer kleinen Küstenstadt südöstlich von Dorset, England, mit der Entwicklung des verbesserten ASV Mark II beauftragt. Da mit der Frequenz des Mk. I Seriengeräts (214 MHz) britische Funkkanäle gestört wurden, hat man bei Mk. II eine etwas niedrigere Frequenz gewählt, nämlich 176 MHz. Durch einen leistungsfähigeren Sender und einer verbesserten Empfängerempfindlichkeit erhoffte man sich eine Erhöhung der U-Bootortungsreichweite. Die Firma *Pye Radio* erhielt im Frühjahr 1940 den Auftrag 4000 ASV Mk. II herzustellen und die erste Lieferung erfolgte im August desselben Jahres. Mit der Zunahme der Bombardierung englischer Städte durch die deutsche Luftwaffe erhielt die Air Intercept Radarentwicklung (AI Mk. IV)[115] für die Bristol *Beaufighter* Nachtjäger höchste Priorität. Daher konnte bis Oktober 1940 nur

ASV Mk. II Radaranzeige.
(Norman Groom / Pitstone Museum, UK)

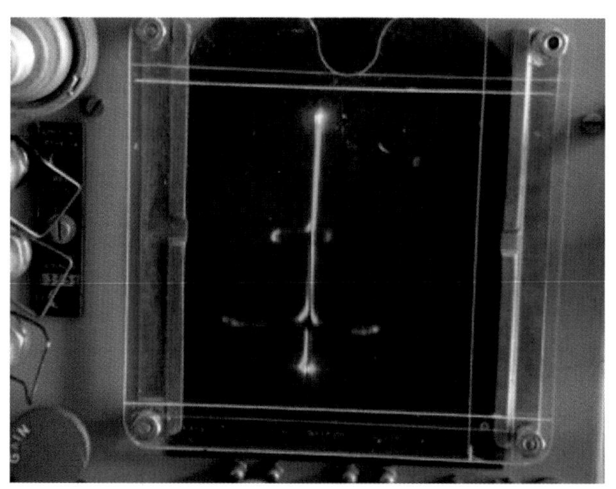

Frühes Magnetron.
(SSPL / Science Museum, London)

45 ASV Mk. II zur U-Bootentdeckung ausgeliefert werden. Das ASV Mk. II erhielt das verbesserte Antennensystem des *Long Range ASV* (LRASV) mit reduzierten Sendeantennen für die Seitensicht, bestehend aus je 8 Dipolen auf beiden Rumpfseiten.
Die seitliche Streifenabtastung der Seeoberfläche erwies sich als sehr geeignet für die U-Bootsuche. War ein Objekt mit der Seitenantenne geortet, konnte der Pilot mit einer 90°-Drehung des Flugzeugs das U-Boot anfliegen und für die Kurs-Steuerung zum Ziel die Signale der vorwärtsblickenden Antenne verwenden.
Für die Steuerung des Zielanflugs wurde eine Kathodenstrahlröhre installiert. Auf einem vertikalen Balken wurde die Entfernung zum Ziel dargestellt. Aus dem Vergleich der Echoamplitude des linken oder rechten Empfangskanals konnte man die Zielablage von dem gegenwärtigen Kurs ablesen.
Den nächsten großen Schritt in der Radartechnologie stellte die Entwicklung des *Magnetron*-Oszillators durch J.T. Randall und H. Boot im Februar 1940 an der Universität von Birmingham unter Mark Oliphant[139,156] dar, der später eine wesentliche Rolle bei der Entwicklung der ersten Atombombe spielen sollte.
Dieser erste *Magnetron*-Oszillator erzeugte eine Leistung von 500 Watt bei einer Frequenz von 3 GHz (d.h. S-Band bzw. 10 cm Wellenlänge). Dies war ein gewaltiger Fortschritt gegenüber dem Röhrenverstärker in den ASV Mk. I und II Geräten, die mit ca.

250 MHz bzw. 176 Mhz oder bei einer Wellenlänge von 1,2 m bzw. 1,7 m arbeiteten.
Mit einem Labormodell konnten die Forscher des *Telecommunications Research Establishments* ein Flugzeug auf 6 nm (11 km) und den Turm eines U-Bootes auf 4 nm (7,5 km) orten. In den folgenden Monaten gelang es, die Sendeleistung des Magnetrons noch erheblich zu steigern. Im August 1940 nahm die britische Regierung Kontakt mit den USA auf und das *Massachusetts Institute of Technology* (MIT) erhielt Einblick in die britische *Magnetron*-Erfindung. Ein neues Strahlungslaboratorium wird beim MIT eröffnet, das sich mit der Weiterentwicklung des *Magnetrons* beschäftigte. Es sollte später eines der wichtigsten Zentren bei der Entwicklung des Zentimeter-Radars werden. Der personelle Aufwuchs war gewaltig. Etwa 3800 Wissenschaftler und Ingenieure waren dort bei Kriegsende beschäftigt.

Leigh Light an einer B-24J.
(Wikipedia)

In der Hauptphase der Konvoibekämpfung im Atlantik im Sommer 1942 mussten die deutschen U-Boote auch in stark überwachten Gebieten die Nacht zum Aufladen der Batterien nutzen und mussten zu diesem Zweck auftauchen[141]. Der Schnorchel war zwar längst erfunden, doch in den damaligen deutschen U-Booten nicht eingebaut. Im aufgetauchten Zustand waren die U-Boote für Flugzeuge, die mit Radar ausgerüstet und bewaffnet waren, erfassbar und verwundbar. Dazu musste jedoch das angreifende Flugzeug bis zum Überflug die Position des U-Bootes genau kennen. Aber auch mit der neuen Antennenanordnung des ASV Mk. II war die genaue Ortung der U-Boote beim Endanflug nicht ausreichend exakt möglich, da, wegen der Abschaltung des Empfängers während eines Sendepulses, d.h. bei kleinen Abständen zum U-Boot, das Radar blind war. Diese blinde Zone erstreckte sich bei den ASV-Typen auf etwa 1,4 km.
Darüber hinaus bestand nach wie vor das Problem des See-Echos, das bei ansteigendem Einstrahlwinkel zunahm. Das Problem des genauen Zielanflugs bei Nacht war also mit dem damaligen Stand der Radarentwicklung nicht zu lösen. H. de Verde Leigh hatte die Idee, einen starken Suchscheinwerfer *(Searchlight)* für diese Endanflugphase zu verwenden. Der Suchscheinwerfer mit Bogenlampe und Nachführung wurde erfolgreich entwickelt, gebaut und in einem Vickers Wellington Bomber zusammen mit einem ASV-Radar erfolgreich erprobt. Searchlight wurde dann über eine lange Zeit eine Standardeinrichtung in *Anti Submarine Warfare* (ASW)-Flugzeugen.
Der britische Einbruch in das ENIGMA-Schlüsselverfahren war natürlich besonders für die deutsche U-Bootflotte verhängnisvoll, denn die Rudeltaktik erforderte häufige Funkkontakte mit der Leitstelle. Jedes U-Boot hatte eine ENIGMA-Maschine an Bord, um ausgehende Funksprüche zu verschlüsseln und um die Befehle von den Kommandeuren an die U-Bootflotte zu entschlüsseln. Jeder Befehl, welche Position die in der Rudeltaktik operierenden Boote im Atlantik einnehmen sollten oder jede Anweisung, wie ein Geleitzug angegriffen werden sollte sowie die Standortmeldung der U-Boote selbst konnte mühelos von den Offizieren des Nachrichtendiensts der Royal Navy mitgelesen werden. Die Bekämpfung eines Geleitzugs mit der Rudeltaktik wurde dadurch fast unmöglich. Die Boote mussten auftauchen, um mit hoher

Überwassergeschwindigkeit überhaupt an den Geleitzug heranzukommen und zum Fühlungshalter aufzuschließen. Aus der Erkenntnis, wo sich deutsche Boote aufhielten, konnten die Geleitzugwege so schnell geändert werden, dass viele Geleitzüge von den U-Booten nicht gefunden werden konnten. Die deutsche See-Fernaufklärung mit Ju 88 H, Ju 290 und Fw 200 *Condor* verfügten ab 1943 über ein Radar zur Seeraumüberwachung, das FuMO 61 *Hohentwiel,* der Firma Lorentz, das speziell für die Installation in Flugzeuge zur Entdeckung von Schiffen entwickelt wurde. Es war fest installiert, aber insgesamt nicht so leistungsfähig, als dass von dieser Seite eine große Unterstützung für die U-Boote hätte erwartet werden können. Darüber hinaus fehlte auch die Anzahl von Flugzeugen, die für eine ausreichende Seeabdeckung im Nordatlantik notwendig gewesen wäre. Nur in wenigen Fällen konnte diese Seite wichtige Informationen über aktuelle Geleitzugpositionen an die U-Bootflotte heranbringen oder selbst Schiffe angreifen. So gelang es im November 1940 Fw 200 *Condor* Fernaufklärer/Bomber 18 Schiffe mit 66 000 t im Nordatlantik zu versenken[6].

Mitte 1941 hatte das Coastal Command eine durchgreifende Umrüstung ihrer *Military Patrol Aircraft* (MPA) erhalten. Die Avro Anson U-Bootaufklärer wurden durch wirksamere Lockheed *Hudsons,* Armstrong-Whitworth *Whitleys* und Vickers *Wellingtons* ersetzt. Als Flugboote kamen die Short *Sunderland* Flugboote und über 30 der modernen Consolidated PBY-5A *Catalina* hinzu. Es wurden etwa 75% der Flugzeuge mit ASV Radaren ausgerüstet. Allen Flugzeugen war gemeinsam, dass ihre Reichweite und die Zeit im Einsatzgebiet beschränkt waren. Lediglich die *Catalinas* konnten, bei einem Aktionsradius von 800 nm (1500 km), noch 2 Stunden im Einsatzgebiet patrouillieren. So ergab sich weit draußen im Atlantik immer noch bis Juli 1942 eine Aufklärungslücke, und für die deutschen U-Boote die Möglichkeit in diesem *Atlantic Gap*[6] anzugreifen. Dies wurde von dem deutschen U-Bootkommando erkannt und so wurde während der ersten sechs Monate des Jahres 1941 von deutschen U-Booten etwa 1,4 Mio.t Handelsschiff-Raum versenkt.

Wenn schon die britische Luftüberwachung nicht in der Lage war, ihre Geleitzüge im Atlantik im Bereich des *Atlantic Gap* zu sichern, so musste das *Coastal Command* Wege finden, die deutschen U-Boote während des Auslaufens aus oder bei der Rückkehr zu ihren Standorten in Brest, Lorient, St. Nazaire, La Pallice und Bordeaux an der Westküste Frankreichs zu bekämpfen. Dazu war eine kontinuierliche Überwachung in der Biskaya und des Gebiets zwischen Schottland und Island notwendig. Zu diesem Zweck wurden, außerhalb der Reichweite deutscher Jäger, die von Flugplätzen im Westen Frankreichs aus operieren konnten, systematische Überwachungsmuster in Fächer- und Rasterform angelegt und mit Überwachungsflugzeugen beflogen.

Nach Kriegseintritt im Dezember 1941 hatte die US-Navy im Atlantik zur U-Jagd nur etwa 60 Flugboote vom Typ Consolidated *Catalina* und Martin *Mariner,* eine einzige Squadron Lockheed *Hudsons* und 4 Blimps zur Verfügung. Die US Handelsschifffahrt hatte große Verluste erlitten, bis auch bei den Geleitzügen auf *Scarecrow* Luftüberwachung übergegangen wurde. Mit dem Beginn des Jahres 1942 begannen die USA ihren neuen Alliierten, die Sowjetunion, über verschiedene Wege massiv zu unterstützen. Es wurden Geleitzüge von den USA aus, zwischen Grönland und Island hindurch, über das Europäische Nordmeer, rund um die Nordspitze Norwegens zu den russischen Häfen Murmansk und Archangelsk geschickt. Die deutsche Aufklärung kam sehr spät hinter diese nördliche Konvoi-Route und so fiel die Reaktion der Marine auf die ersten Geleitzüge entsprechend dünn aus. Erst im Frühjahr 1942 begannen deutsche Aufklärungsflüge mit der systematischen Suche nach diesen Geleitzügen und in der Folge konnten Angriffe mit U-Booten und Kampfflugzeugen von Norwegen aus erfolgen, da auch die alliierte Luftsicherung nach Norden ihre Grenzen aufwies[6].

Ab Anfang 1942 stieg die Entdeckungsrate deutscher U-Boote durch die Aufklärungsflugzeuge der Alliierten in der Biskaya wieder erneut an und so war die Einführung einer Gegenmaßnahme für die deutsche Marine dringlich. Da inzwischen der Marine bekannt war, dass die Briten ASV-Radar an Bord ihrer U-Jagdflugzeuge zur U-Bootentdeckung nutzten und erst nach einer groben Lokalisierung des U-Boots den Suchscheinwerfer, das *Leigh-Light,* einsetzten, wurden Anfang August 1942 der erste Radarwarnempfänger in U-Booten auf See erprobt. Die Versuche waren erfolgreich. Der Radarwarnempfänger hatte einen Reichweitenvorteil. Deutsche U-Boote konnten damit auf etwa die doppelte Entfernung ein feindliches ASW-Flugzeug entdecken, als dies auf der Gegenseite dem Flugzeug mittels Radar gegen das U-Boot gelang. Da die deutsche Fernmeldeindustrie völlig ausgelastet war, wurde der Serienauftrag der Horchempfänger an die französischen Firmen Metox und Grandin, beide in Paris, übertragen. Die Bandbreite des *Metox*-Empfängers lag zwischen 113 und 500 MHz und damit waren die aktuellen ASV-Radaremitter abgedeckt. Mitte September 1942 begann die Nachrüstung des Empfängers und Ende des Jahres waren fast alle deutschen U-Boote im Besitz dieses *Metox*-Geräts, wie es damals genannt wurde.

Die deutschen U-Boote waren wieder für einen gewissen Zeitraum sicher vor Nachtangriffen in der Biskaya. Zusätzlich begann die deutsche Luftwaffe, ab September 1942 Überwachungsflüge mit Nachtjäger vom Typ Ju 88 zum Schutz der U-Boote über der Biskaya durchzuführen. Die angenommene neue Sicherheit durch die Einführung des *Metox* Radarwarnsystems entpuppte sich wahrscheinlich für einige U-Boote als verhängnisvoll. Das *Metox*-Gerät soll angeblich eine so hohe Eigenstrahlung aufgewiesen haben, dass einige mit entsprechenden Empfängern ausgestatteten alliierten Bomber in 2000 m Flughöhe U-Boote mit eingeschaltetem *Metox*-Gerät auf 45 km Entfernung anpeilen und im direkten Zielanflug angreifen konnten. Es war bekannt, dass einige frühe *Superheterodyne*-Empfänger eine solche Eigenschaft aufwiesen. Eine Bestätigung für das *Metox* konnte nicht gefunden werden.

Ab Ende 1941 hatte das britische *Coastal Command* deutliche Verstärkung durch die Einführung des amerikanischen viermotorigen Consolidated (Convair) B-24J *Liberator* Bombers erhalten. Es war wohl der im Zweiten Weltkrieg am weitesten verbreitete Bomber, mit einer Stückzahl von 18 000 Flugzeugen am Ende des Krieges[4]. Dieser viermotorige Flugzeugtyp konnte, bei einem Aktionsradius von 1100 nm (über 2000 km), ca. 3 Stunden im Einsatzgebiet verbringen und daher die kritischen Einsatzgebiete der deutschen U-Boot-Waffe in der Mitte des Atlantiks erreichen. Die *Liberator*-Bomber waren mit den amerikanischen *DMS-1000*-Radaren und *Leigh Lights* ausgerüstet und schwer bewaffnet. Mit dem Erscheinen dieses Flugzeuges begannen die Verluste der deutschen U-Boote, in diesem Gebiet des *Atlantic Gaps,* nochmals ganz erheblich anzusteigen.

Im weiteren Verlauf des Jahres 1942 konnte das neue britische ASV-Mark III Radar, das im 10-Zentimeterband (3 GHz) arbeitete, sowohl in seiner Zuverlässigkeit als auch in seiner Leistung verbessert werden. Bei der Erprobung konnte das Radar Geleitzüge auf 40 nm und aufgetauchte U-Boote auf 12 nm erfassen. Ein weiterer Vorteil für die Alliierten war der, dass die Betriebsfrequenz ihres neuen Radars nun außerhalb der Empfängerbandbreite des *Metox* Radarwarnempfängers lag, der zu dieser Zeit in den deutschen U-Booten installiert war. Es war den Alliierten klar, dass es nur eine gewisse Zeit dauern würde, bis diese Tatsache von der deutschen Marine bemerkt und neue Warnempfänger nachgerüstet werden konnten. So war es dem Coastal Command erneut möglich, die in der Nacht aufgetaucht fahrende deutsche U-Boote ohne jegliche Vorwarnung zu überraschen und zu bekämpfen.

Im Herbst 1942 waren es US-Wissenschaftler, die mit einem neuartigen Verfahren zur Ortung getauchter U-Boote Erfolge aufweisen konnten, nämlich mit dem *Magnetischen Anomalie Detektor* (MAD). V. Vacquier von der Gulf Research and Development Company hatte einen Magnetometer mit gesättigtem Kern hergestellt, der zwei- bis dreimal so empfindlich war, wie die, die aus der Mineralogie-Exploration bekannt waren. Die magnetische Flussdichte des Erdmagnetfeldes beträgt ca. 50 000 Nanotesla (nT), die Feldstörung durch ein U-Boot nur wenige nT. Der MAD kann die geringfügigen Deformationen des lokalen Erdmagnetfeldes, die durch den Stahlrumpf eines U-Boots verursacht werden, entdecken. Diese geringfügigen Deformationen klingen mit der Entfernung rasch ab. Besonders aufwendig war bei der Entwicklung des MADs, dass die Änderung der Feldlinien des Erdmagnetfeldes mit der geodätischen Breite der Erde berücksichtigt werden musste. Weiter sind für die Wirkung des MAD besonders alle ferromagnetischen Einbauten im Trägerflugzeug störend und müssen daher kompensiert werden. Um dieses Problem zu vereinfachen, werden alle MAD-Detektoren in einem verlängerten Heckkonus am Flugzeug installiert. Anfänglich war die Empfindlichkeit des MAD Geräts so schwach, dass bei einer Flughöhe von 30 m über See gerade noch ein U-Boot in einer Tauchtiefe von 100 m entdeckt werden konnte. Wegen mangelnder Genauigkeit in der Höhenhaltung war also ein Nacht- und Schlecht-

wettereinsatz mit einem barometrischen Höhenmesser über Wasser gefährlich und daher ausgeschlossen. So gab die U-Boot-Jagd Anstoß zur Entwicklung des wesentlich genaueren Funkhöhenmessers.
Die US Firma Western Electric Company und das Airborne Instrument Laboratory begannen Anfang 1942 die Arbeiten an dem neuen magnetischen Ortungsgerät. Mit der erfolgreichen Realisierung war ein neuer wichtiger technologischer Schritt in der Bekämpfung von deutschen U-Booten aus der Luft getan.
Ein zusätzliches Problem beim operationellen Einsatz des MAD im Zusammenhang mit dem Abwurf von Wasserbomben war noch offen und musste schnell gelöst werden. Wenn bei einem Zielüberflug die Wasserbombe im Augenblick des MAD-Ausschlags ausgelöst wird, entsteht durch die Wurfparabel eine so hohe Trefferablage, dass kein Boot getroffen werden konnte. Es musste also eine Einrichtung gefunden werden, die die Vorwärtsgeschwindigkeit des U-Jägers kompensiert, d.h. eine Retro-Bombe. Das *California Institute of Technology* (CalTech) wurde mit der Lösung des Problems beauftragt und es entwickelte einen Raketenantrieb, der die Wasserbomben gegen die Flugrichtung so beschleunigte, dass der Aufschlagpunkt mit dem Ort übereinstimmte, wo das MAD-Signal ausgelöst wurde. Die *Catalina*-Flugboote konnten 24 dieser kleinen Retro-Bomben, d.h. je 12 unter einem Flügel, tragen. Es wurden drei Salven mit je 8 Bomben so gezündet, sodass die einzelnen Abwürfe 30 m auseinander lagen.
Da das MAD-Signal sowohl von U-Booten als auch von großen Schiffswracks in größerer Tiefe ausgelöst werden konnte, wurde zur Korrelation ein zusätzlicher Sensor benötigt, der die Anwesenheit eines U-Bootes verifizieren konnte. Dies führte zur beschleunigten Entwicklung der Sonar-Boje. Diese besteht aus einem kleinen schwimmenden Funksender (mit heute bis zu 99 RF-Kanälen) im Oberteil der Boje, unter der mit einem Kabel in einer Tiefe von etwa 8 m eine Abhöreinheit, ähnlich einem Mikrofon, hing, die mittels diesem *Hydrophon* genannten Sensor die Wassergeräusche aufnahm. Die ersten Sonar-Bojen bestanden zunächst aus rein passiven Empfangseinheiten, die omnidirektional, d.h. ungerichtet, alle Unterwassergeräusche elektrodynamisch erfassten. Diese Geräusche wurden elektrisch gewandelt und an den schwimmenden Sender in der Boje und von dort zum bordseitigen Empfänger des U-Jägers übertragen. Die US-Navy begann im März 1942 erste Vorversuche, bei denen noch die Bojen vom Motorboot ausgesetzt wurden. Das U-Boot S 20 diente als Geräuschquelle und in einem Blimp war der bordseitige Empfänger untergebracht. Die Versuche waren so erfolgreich, dass bereits im Herbst 1942 die ersten Sonar-Bojen in die Serienfertigung gingen. Die neuen Bojen waren 114 cm lang, hatten einen Durchmesser von etwa 10 cm und wogen 6,5 kg. Beim Abwurf aus dem Flugzeug bremste ein Fallschirm die Aufschlaggeschwindigkeit auf die Wasseroberfläche ab. Nach dem Auftreffen auf der Wasseroberfläche löste sich das Horchgerät aus der Kammer am unteren Ende der Boje und sank auf die vorgefertigte Kabellänge. Oben schwamm die Boje mit Sender und Antenne. Beim Auftreffen auf die Wasseroberfläche wurde auch die Batterie aktiviert, die eine Lebensdauer von etwa 4 Stunden hatte. Nach dieser Zeit wurde durch das Meerwasser ein Stopfen aufgelöst, sodass sich die Boje mit Wasser füllte und sank.
Die Empfindlichkeit der Hydrophone, die in die ersten Sonar-Bojen installiert waren, erforderte einen Geräuschpegel, wie er nur bei der Kavitation in einer Beschleunigungsphase oder bei hoher Fahrt am hoch belasteten Propeller der damaligen U-Boote auftrat. Unter Kavitation ist die Bildung und schlagartige Kondensation von Dampfblasen zu verstehen, wenn lokal der Druck am schnell drehenden Propeller kurzzeitig unter den Dampfdruck des Wassers absinkt. Beim Zusammenfallen der Gasblasen entsteht dann das charakteristische Kavitations-Geräusch. Unter optimalen Bedingungen, d.h. ruhige See, geräuschvoller Fahrt mit 7 kn (ca. 13 km/h) und 20 m Tauchtiefe, konnte ein U-Boot in etwa 3,5 nm (ca. 6,5 km) erfasste werden. Diese Reichweite wurde signifikant auf ca. 30 m Horizontalabstand reduziert, wenn sich das U-Boot auf Schleichfahrt mit 3 kn (5,6 km/h) bei rauer See in 80 m Tiefe bewegte. Schnell lernte man die Bojen in Mustern zu verlegen, z. B. als Barriere hinter einem Schiffsverband und man konnte so aus dem Erfassungsmuster der Bojen eine Verbesserung des Ortungsergebnisses gegen angreifende U-Boote erreichen. Auch die Entwicklung immer empfindlicherer Hydrophone und die Anlegung bestimmter Bojen-Muster zur verbesserten Ortsbestimmung, wo sich die Geräuschquelle befindet, kamen schnell voran. Dieser erste Bojentyp wurde als *Low Frequency Analysis and Recording* (LOFAR) bekannt

und über viele Jahre später noch bis in die Gegenwart verwendet.
Um diese neuartige Ortungstechnologie besser nutzen zu können, entwickelten Wissenschaftler im Auftrag der US-Navy einen vom Flugzeug abwerfbaren, selbstsuchenden Torpedo, die *Mark 24 Mine*. Der Torpedo führte nach dem Eintauchvorgang ein vorgegebenes Suchmuster in Form eines Kreises oder einer Spirale durch. Der Zielsuchkopf des Torpedos bestand aus einer Hydrophon-Array, deren Empfindlichkeit allerdings wiederum nur eine Zielverfolgung bei kavitierendem U-Bootpropeller zuließ. Da sich U-Boote nach einer erfolgten Entdeckung meist mit hoher Geschwindigkeit vom Ort der Entdeckung entfernen mussten und auf Tauchtiefe gingen, um sich der Bekämpfung zu entziehen, war der neue Torpedo meistens sehr erfolgreich. Ende 1942 stand der neue Zielsuchtorpedo für die Erprobung zur Verfügung und ging nach erfolgreichen Tests bei der US-Navy in Serie.
Parallel zur Mark 24 Mine ließ die Royal Navy im Jahre 1942 ein Raketengeschoss entwickeln, das den Tauchkörper des U-Boots bis zu einer gewissen Tauchtiefe durchschlagen konnte. Wenn ein deutsches U-Boot also zu spät seine Entdeckung bemerkte und nicht schnell genug auf größere Tauchtiefe gelangte, war die Gefahr sehr groß, von diesem Geschoss zerstört zu werden.
Der häufige Kurzwellenfunk, der durch die Anwendung der Rudeltaktik bei den deutschen U-Booten notwendig war, gab 1942 den Ausschlag für eine weitere Entwicklung der Alliierten, nämlich der Kurzwellen-Peilanlage *Huff Duff* mit Watson-Watt-Peilern (Kreuzrahmenantennen). Eine Kette von *Huff Duff* Stationen wurde von den Alliierten entlang der US Küste eingerichtet. Zwei deutsche U-Boote konnten bald nach der Fertigstellung der Peilanlage im Bereich der US-Ostküste geortet und vernichtet werden. Da die Ortungsgenauigkeit bei Entfernungen größer als 300 nm (ca. 500 km) ungenügend war, wurden, ebenfalls noch im Jahr 1942, kleinere Kurzwellenpeiler an Bord der Hochsee-Geleitfahrzeuge von Schiffskonvois installiert, was zunächst wiederum von der deutschen Marine unbemerkt blieb. Bei kleineren Abständen zu den U-Booten lagen die Winkelmessfehler unterschiedlicher Peiler in einem Bereich, sodass die durch Triangulation bestimmten ungefähren Positionsdaten sowohl für die luftgestützte Seeaufklärung als auch für Begleitzerstörer ausreichend war. Ab Ende 1942 und Anfang 1943 wurde es für die deutsche Marine offenkundig, dass die immer stärker werdende alliierte Luftüberwachung in absehbarer Zeit die U-Boote systematisch daran hindern werde, im Atlantik aufgetaucht zu fahren. Aber um ihre Aufträge erfüllen zu können, mussten die zu dieser Zeit verfügbaren U-Boote der deutschen Marine aufgetaucht Geleitzüge verfolgen und angreifen. Auf Tauchfahrt war ihre Fahrtgeschwindigkeit zu gering oder die Batteriekapazität zu klein bemessen. Lange schon wäre ein neuer U-Boottyp notwendig gewesen, der mit hoher Geschwindigkeit über lange Zeit getaucht fahren konnte. Dieser Typ XXI stand jedoch 1943 noch nicht zur Verfügung.
Gegen Ende 1942 wurden bei der RAF die ersten Zentimeterwellen-Radare (S-Band) zur Einführung bereitgestellt. Ein weiteres Radar für die Abfangjagd oder Airborne Intercept (AI) von Flugzeugen bei Nacht, das H2S, stand ebenfalls in der Entwicklung. Das H2S-Radar war auch für das Bomber Command als Mapping Radar vorgesehen. Es erlaubte als *Mapping Radar* eine kartenähnliche Darstellung des vorausliegenden Geländes und es wurde für die Navigation der Pfadfinderflugzeuge eingesetzt, die die Nacht-Bomberangriffe auf Deutschland anführten und die *Christbäume* zur Markierung der Abwurfgebiete setzten. Da die Aufgaben des *Bomber Commands* der RAF eine höhere politische Priorisierung erfuhr, erhielt es das H2S, bevor dem *Coastal Command* das technisch ähnliche ASV-Mark III zur U-Bootortung bereitgestellt wurde.
Es ist in England zwar befürchtet worden, dass die deutsche Marine zu früh von der neuen Ausrüstung der *Coastal Command*-Flugzeuge mit Zentimeterwellen-Radaren erfahren würde und so in der Empfangsbandbreite erweiterte Warnempfänger auf den U-Booten nachgerüstet würden. Dies war aber lange nicht der Fall. Obwohl bereits seit Ende 1941 zwei große Luftraumüberwachungsradare im Zentimeterwellenbereich als Landstationen an der Südküste Englands installiert waren, sowohl die Nacht-Abfangjäger der RAF, als auch das Schlachtschiff *Prince of Wales* sowie ab Mitte Januar 1943 2 Pfadfinder Squadrons mit H2S Zentimeterwellenradar ausgerüstet waren, blieb offensichtlich eine Entdeckung durch eine systematische elektronische Aufklärung der deutschen Nachrichtendienste aus. Man hatte sich

offenkundig in Deutschland, trotz allen Hinweisen, nicht ernsthaft um Messungen im Zentimeterwellenbereich bemüht. Erst als am 2. Februar 1943 ein deutscher Nachtjäger einen mit H2S ausgerüsteten Short *Stirling* Bomber bei Rotterdam abschoss und man die Überreste des Radars in der Sammelstelle für erbeutetes Feindgerät analysierte, stieß man auf das S-Band Magnetron, auf Hohlleiter und den kleinen Parabol-Reflektor von etwas über 70 cm Durchmesser. Am 22. Februar 1943 erhielt Telefunken in Berlin den Auftrag eine *Arbeitsgemeinschaft Rotterdam* zu gründen, die das Wissen in den Forschungsgruppen und in der Industrie bündeln sollte, um möglichst schnell Gegenmaßnahmen gegen das *Rotterdam*-Gerät zu ergreifen. Unter Leitung von Leo Brandt fand am folgenden Tag bei Telefunken in Berlin eine Sitzung mit dem Ergebnis statt, sechs *Rotterdam*-Radargeräte nachzubauen. Es erfolgte eine Aufstockung der in der Dezimetertechnik arbeitenden Ingenieure von 500 auf 8500, und zwar teilweise durch Rückrufe der Soldaten von den Frontverbänden. Außerdem besprach die Arbeitsgemeinschaft die Entwicklung und Fertigung eines Warnempfängers für das S-Band, der den Decknamen *Naxos* erhielt. Der Warnempfänger für die U-Boote erhielt den Decknamen *Naxos U*. Aber es dauerte zu lange bis *Naxos U* entwickelt und eingesetzt werden konnte. Erst im Mai 1943 begann die eigentliche Erprobung und dabei erwies sich der Warnempfänger zunächst als nicht besonders empfindlich. Die Warnentfernung vor einem ASV Mk. III Radar lag unter günstigen Bedingungen nur bei etwa 9 km.

Ab Anfang 1943 wurden systematische Überwachungsflüge der An- und Abmarschrouten der deutschen U-Boote in der Biskaya sowohl von dem britischen Coastal Command als auch von der USAAF durchgeführt. Dabei setzte die USAAF Langstreckenbomber des Typs Boeing B-17 *Flying Fortress* und Convair B24 J *Liberator* sowie das Coastal Command ab März 1943 die 172. Squadron mit *Wellington*-Bomber ein.

Alle waren mit Zentimeter Radaren ausgerüstet; nämlich DMS-1000 und ASV Mark III. Die deutschen U-Boote konnten wegen der fehlenden *Naxos U*-Warnempfänger im S-Band nicht vorgewarnt werden. Dennoch gelingt es den deutschen U-Booten, von Januar bis April 1943, noch 264 Schiffe mit ca. 1,5 Millionen Tonnen Fracht zu versenken. Demgegenüber stehen jedoch hohe Verluste mit 57 U-Booten auf deutscher und italienischer Seite. Über die Hälfte dieser U-Boote wurden Opfer der alliierten Seeraumüberwachungsflugzeuge.

Einbau SCR-521 Radar in Boeing B-17 (ASV Mk. II-Antennenanordnung). (US-Navy)

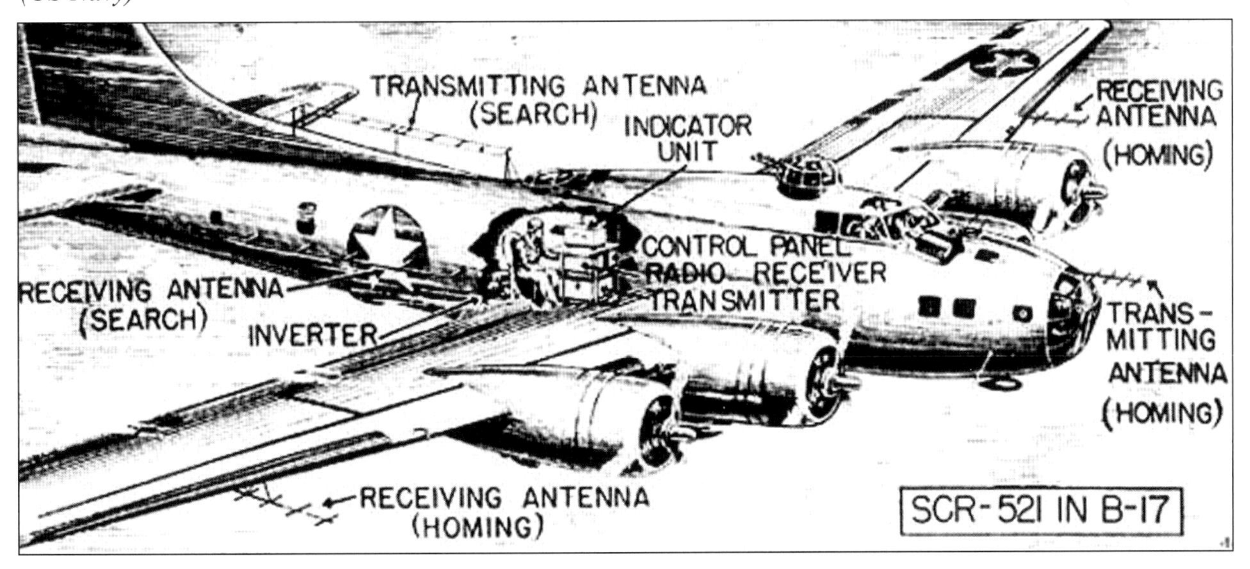

Auch anfangs Mai 1943 können die deutschen U-Boote noch sehr erfolgreich im *Atlantic Gap* operieren, aber der Raum wird immer enger. Bei einem Aktionsradius von 450 nm (etwa 830 km) können von Gander in Neufundland und von Grönland aus die USAAF mit den verfügbaren U-Jagdflugzeugen permanent in Richtung Osten im Nordatlantik riesige Gebiete abdecken. Und von Irland aus vermag das *Coastal Command* bis in eine Entfernung von 600 nm (etwa 1100 km) Richtung Westen zu operieren. Auch der Aktionsradius der U-Jäger aus Island in südlicher Richtung erstreckt sich ebenfalls auf etwa 600 nm. Dennoch bleiben Geleitzüge immer noch in einem beachtlichen Teil des Nord-Atlantiks ohne permanenten Schutz durch die Luftüberwachung. Nur die 120. Squadron der RAF verfügt über 17 B 24 *Liberator* Bomber, die zeitweise Patrouillenflüge in diesem Gebiet durchführen können. Aber dies ist nicht ausreichend, die Bedrohung durch deutsche U-Boote vollständig auszuschalten.

B-24 Liberator mit ASV Mk. III Radar. (RCAF)

Als eine weitere wirksame Methode, Geleitzüge zu schützen, erwiesen sich mit der Zeit Geleitträger, kleine kostengünstige Flugzeugträger. Dazu mussten Handelsschiffe *(Merchant Aircraft Carrier* (MAC)), wie z. B. schnelle Getreideschiffe oder Öltanker, umgebaut und mit Flugzeugdecks von mindestens 130 m Länge und 20 m Breite versehen werden. Von diesen konnten die kleineren Überwachungsflugzeuge zur U-Boot-Abwehr, wie z. B. die Fairey Swordfish oder die Grumman F4F-4 *Wildcat* und die Grumman TBF *Avenger* starten und landen. Der erste Träger dieser Art war die USS *Bogue.* Andere folgten und langsam wurde die flugzeuggestützte Überwachung perfektioniert. Die Verlustrate der deutschen U-Boote nahm erneut rapide zu.

Ende April 1943 standen den Alliierten für die U-Bootüberwachung in der Atlantikmitte immer mehr Langstrecken-Bomber vom Typ B-24 *Liberator,* mit S-Band Radaren, zur Verfügung. Insbesondere haben sich die Geleitschutz *Liberators* für die Konvois im Atlantik, etwa ab Mai 1943, als äußerst erfolgreich gegen deutsche U-Boote erwiesen und es den U-Booten erheblich erschwert in *Wolfsrudeln* zu operieren. Auch die Fertigung der Sonar-Bojen und der MAD waren angelaufen, und beide standen für die Ausrüstung der Bomber bereit. Der Zielsuchtorpedo *Mark 24 Mine* wurde an die Einsatzflughäfen der *Liberator* Bomber in Neufundland, Island und Nordirland ausgeliefert. Endlich konnte, zusammen mit den *Liberators* und den Überwachungsflugzeugen auf den Geleitträgern, eine kontinuierliche Überwachung des Seeraums realisiert werden. Die Führerschiffe der Geleitzüge waren in der Zwischenzeit alle mit Kurzwellenpeilern *(High Frequency Direction Finders* (Huff Duff)) ausgerüstet, die den U-Bootfunk orten und die Ergebnisse der Peilung an die Überwachungsflugzeuge weitergeben konnten. Ab 10. Mai 1943 begann die Schlacht in der Atlantikmitte und nun stiegen die deutschen U-Bootverluste so dramatisch an, dass Großadmiral Dönitz, Oberbefehlshaber der deutschen Marine, am 24. Mai 1943 beschloss, das einseitig gewordene Unternehmen zu beenden.
Die Taktik des *Wolfsrudels* war durch die Technologie überholt worden und in diesem Gebiet des Nordatlantiks nicht mehr anwendbar. Deutschland hatte den erfolgreichen technologischen Entwicklungen der Alliierten nichts mehr entgegenzusetzen. Die alliierte luftgestützte Seeraumüberwachung und die U-Boot-Abwehr, zum Schutz der Geleitzüge nach Europa und Russland, hatten einen großen Sieg errungen. Dönitz wies Teile der übrig gebliebenen U-Bootflotte an, in das Gebiet der Azoren zu verlegen oder in die Marinebasen nach Frankreich zurückzukehren. Im Juni 1943 hatten die Alliierten 1100 Flugzeuge aller Größen zu U-Boot-Abwehroperationen über dem Atlantik abkommandiert und damit die Erfolgswahrscheinlichkeit deutscher U-Boote aussichtslos reduziert. Um verlorenes Terrain zurückzugewinnen, drängte Admiral Dönitz Hitler auf eine stärkere Langstrecken-Luftaufklärung für die Anmarschwege und im Atlantik. Doch dies scheint wohl an Görings mangelnder Bereitschaft zur Zusammenarbeit zwischen Luftwaffe und U-Boot-Waffe gescheitert zu sein.

Die Verlegung der deutschen U-Boote in den Bereich der Azoren, d.h. in den Mittelatlantik gegen die Geleitzüge der Alliierten nach Nordafrika und Sizilien, wo die US Streitkräfte bereits gelandet waren, erfolgte ab Ende Mai bis Anfang Juni 1943. Die Angriffe der U-Bootflotte gestalteten sich auch hier für die deutsche Marine als sehr verlustreich. Ende August 1943 wurde von Dönitz die dezimierte U-Bootflotte endgültig ebenfalls aus dem Mittelatlantik zurückgezogen.
Im Zeitraum von Mai bis August 1943 kamen die An- und Abmarschwege der deutschen U-Boote in Frankreich erneut in den Fokus der alliierten U-Boot-Abwehr. Systematisch wurde das Gebiet in der Biskaya überwacht und welche Taktiken die deutsche Marine auch immer anwendete, die Verluste stiegen. Zwischen Mai und Mitte August 1943 hatte die deutsche und italienische Marine 118 U-Boote und ihre Besatzungen verloren. Damit ist der Krieg zur See für Deutschland verloren. Italien schließt am 3. September 1943 einen zunächst geheim gehaltenen Waffenstillstand mit den Alliierten und stellt am 8. September 1943 mit der Kapitulation alle Kampfhandlungen ein.
Strategisch können die noch verfügbaren deutschen U-Boote immer noch eine große Anzahl von Überwachungsflugzeugen und Truppen binden, aber ihre Aktionen sind stark eingeschränkt. Endlich wird auch die Ausrüstung der deutschen U-Boote verbessert. Sie erhalten im September 1943 einen neuen akustisch gesteuerten Zielsuchtorpedo Zaunkönig (offiziell T 5 oder G 7es), der ähnlich wie der US *Mark 24 Mine* funktioniert. Allerdings hatte die deutsche Marine zu diesem Zeitpunkt immer noch keine Kenntnis von der Existenz dieser gefährlichen US Zielsuchtorpedo erhalten. Nach den hohen Verlusten in der Biskaya gelingt es den U-Booten nur noch sporadisch in die französischen Stützpunkte ein- und auszulaufen, wenn sie sich dicht unter der spanischen Küste aufhielten und nur kurze Zeit in der Nacht aufgetaucht fuhren. Die U-Boote erhielten ein neues Radarwarnsystem im Meterband, das aber die Zentimeterradare der Alliierten nicht erfassen konnte. Erst im Oktober 1943, nach vielen U-Bootverlusten bei Nachtangriffen, befiehlt Dönitz die U-Boote mit dem *NaxosU* Warnempfänger im S-Band auszurüsten. Dem ASV Mk. III Radar folgte aber 1944 das ASV Mk. VI, das mit einem Dämpfungsglied *(Vixen)* so ausgestattet wurde, dass es dem Naxos-Warnempfänger statt eines Zielanflugs einen Abflug vortäuschen konnte. Wie erfolgreich diese Maßnahme war, ist unbekannt.
Um sich der Radarerfassung zu entziehen, hätten die damaligen U-Boote ständig getaucht fahren müssen. Zur Erfüllung dieser Forderung wurde Hellmuth Walter beauftragt, einen von der Außenluft unabhängigen U-Boot-Antrieb zu entwickeln. Dieser arbeitete mit hochkonzentriertem Wasserstoffperoxid, das in einem Zersetzer unter Einwirkung eines Katalysators in Wasserdampf und Sauerstoff zerfällt. Dieselkraftstoff verbrennt mit dem Sauerstoff dieses Gemischs zu Kohlendioxid und Wasserdampf, die beide zusammen als Arbeitsgas für die Antriebsturbine dienten. Zunächst waren die ersten einsatzfähigen kleinen Küsten-U-Boote des Typs XXVII mit dem Walter-Antrieb ausgerüstet worden. Das Antriebsprinzip konnte jedoch nicht mehr für große Boote, wie z. B. den Typ XXVI bis Kriegsende einsatzreif gemacht werden.
Es musste schnell eine Alternative gefunden werden, damit die verfügbaren U-Boote mit einer Einrichtung ausgestattet werden konnten, die ständige Unterwasserfahrt zuließ. Man besann sich auf den Schnorchel, der den Betrieb des Dieselantriebs auch unter Wasser ermöglichte und den niederländische U-Boote bereits vor dem Krieg benutzten. Der Schnorchel, ein Luftrohr, das bei Tauchfahrt über Wasser ausgefahren werden musste, besaß ein einfaches Schwimmerventil, das verhinderte, dass Wasser eindrang, wenn eine Welle den Schnorchel überspülte. Der Schnorchel konnte zunächst jedoch nicht so steif gebaut werden, dass er Fahrtgeschwindigkeiten über sechs Knoten zuließ. Ein ausgefahrener Schnorchel konnte zwar von den Seeaufklärern sehr wohl visuell entdeckt werden, aber bei viel geringerer Entfernung, als das gegenüber einem aufgetauchten U-Boot der Fall war. Auch eine Entdeckung durch Radar war schon damals theoretisch möglich, doch in der Folge sollte es noch viele Jahre dauern, bis es Seeraumüberwachungsradaren bei Seegang tatsächlich gelang, zuverlässig Schnorchel mit einem Radarquerschnitt von 0,5 bis $1 m^2$ aus operationell sinnvoller Distanz entdecken zu können.
Im Herbst 1943 wurde der Schnorchel erprobt und gegenüber dem ursprünglichen Entwurf erheblich verbessert. Die Nachrüstung der vorhandenen Boote konnte Anfang des Jahres 1944 beginnen.

Ende Juni 1943 begannen die Merkmale für das neue Hochleistungs-U-Boot XXI Konturen anzunehmen, das eine Unterwassergeschwindigkeit von 18 kn für 1,5 Stunden oder 12 bis 14 kn für 10 Stunden erreichen sollte. Bei einer geforderten Marschfahrt von 6 kn bis zu 48 Stunden sollte ein Unterwasserfahrbereich von nahezu 300 nm möglich sein. Mit dem verbesserten Schnorchel sollte das Boot mit Geschwindigkeiten von bis zu 12 kn fahren können. Obwohl neue Fertigungsmethoden (z. B. Sektionsbauweise) angewandt wurden, konnte wegen der dauernden Bombardierung des Reichsgebiets, seiner Industrie und der Kanalsysteme das erste U-Boot vom Typ XXI erst im Februar 1945 fertiggestellt werden.

Im Laufe des Jahres 1943 hatten alliierte Wissenschaftler eine weitere Familie neuer Radare entwickelt, die in einem noch höheren Frequenzbereich arbeiteten als die ASV Mk. III und Mk. VI, nämlich im X-Band, d.h. im 10 GHz Bereich bzw. bei 3 cm Wellenlänge. Erste Seriengeräte (H2S Mk. VI oder H2X) standen Ende des Jahres zum Einbau zur Verfügung, allerdings nur für das RAF Bomber Command. Die Frequenzen dieses Radars lagen nun erneut deutlich oberhalb des empfindlichen Frequenzbereichs des deutschen *NaxosU* Warnempfängers. Dieses erste X-Band Radargerät, das zunächst in die Langstrecken-Bomber *Sterling* und *Halifax* und in das Pfadfinderflugzeug *Mosquito* eingebaut wurde, ermöglichte eine bessere Bodenabbildung und Zielentdeckung als die S-Band-Vorgänger. Erst aus den Resten eines abgeschossenen US Bombers erfuhren die Luftwaffentechniker im Februar 1944 von dem neuen Radar. Zuvor war am 30. November 1943 ein *Wellington*-Bomber abgeschossen worden, der neben einem *Rotterdam*-Gerät eine Wasserbombe an Bord hatte. Dies war für die Marine ein deutlicher Hinweis, dass das *Rotterdam*-Gerät bereits gegen U-Boote eingesetzt wird.

ASV Mk. 19A Radar (etwa 1949). (ekco-radar.co.uk)

Ende 1943 befahl Großadmiral Dönitz die Bildung eines wissenschaftlichen Führungsstabes der Marine in Berlin, da er die widersprüchlichen Ratschläge und die dauernden Fehlinformationen seiner technischen Berater nicht mehr länger akzeptieren konnte. Er betraute Prof. K. Küpfmüller mit der Leitung des neu zu bildenden wissenschaftlichen Führungsstabs. Eine der ersten Maßnahmen die Küpfmüller ergriff, war die Reichweite des *NaxosU* durch eine drehbare Richtantenne zu erhöhen. Sofort reduzierten sich, durch den erhöhten Antennengewinn und die damit zusammenhängenden höheren Reichweiten der *NaxosU*-Warnempfänger, die von den U-Booten gemeldeten Überraschungsangriffe. Er veranlasste auch die Weiterentwicklung der Empfangsbandbreite des *Naxos* Warnempfängers zur Entdeckung der X-Band-Radaremissionen. Der neue Empfänger war im Frühjahr 1944 fertig entwickelt, noch bevor die Alliierten alle ihre Flugzeuge mit dem neuen Radar ASV Mark III bzw. VI für die U-Bootsuche umgerüstet hatten. Die Entscheidung für die Entwicklung eines X-Band Radars, ASV Mk. VII, für das *Coastal Command* fiel im November 1944. Es konnte aber nicht mehr bis Kriegsende eingeführt werden. Der Naxos-Warnempfänger erhielt eine weitere Funktion und diente übrigens auch deutschen Nachtjägern zur Peilung angreifender britischer Bomberflotten.

In Deutschland wurde auch an Entwicklungen von Luftziel-Erfassungsradaren zum Schutz der U-Bootflotte gearbeitet. Der erste Versuch bestand darin, Komponenten des Schiffsradars *Seetakt,* d.h. Dipol Antennen, am Vorderteil des Turms fest zu installieren. Die Ergebnisse waren nicht zufriedenstellend. Es folgten weitere erfolglose Versuche mit einer rechteckigen Antennenanordnung an einem ausfahrbaren Mast, der eine 360°-Abtastung zuließ. Zuletzt wurde die Firma Lorenz angewiesen, eine modifizierte Version ihres Seeraumüberwachungsradars *Hohentwiel* bereitzustellen, das dann in der zweiten Hälfte 1943 in einigen U-Booten eingebaut wurde.

Aber gewarnt von der Gefahr, dass man sich durch jegliche Art der Ausstrahlung verraten kann, haben die U-Bootkommandanten das Radar nur selten einschalten lassen.
Es ist ein Verdienst von Küpfmüller, die systematische Vermessung der alliierten Radarfrequenzen zwischen 80 MHz und 10 GHz angestoßen zu haben und sich nicht auf die gelegentlich anfallenden Erkenntnisse aus Geräten zu verlassen, die zufällig in abgeschossenen Flugzeugen gefunden wurden. Ein U-Boot wurde zu diesem Zweck mit einem entsprechenden breitbandigen Radar-Empfänger und einer Infrarot-Optik ausgerüstet und beauftragt, alle Emissionen und IR-Signaturen von angreifenden Bombern zu vermessen. Diesem Unterfangen war kein Glück beschieden. Das U-Boot wurde zerstört und die Besatzung gefangen genommen. So ist es zu erklären, dass die Erkenntnisse aus diesen Versuchen, die Aufschluss über die aktuellen alliierten Ortungsverfahren erbringen sollten, nicht mehr vor dem Kriegsende in Deutschland bekannt wurden.
Der Verdacht, dass die Alliierten magnetische Anomaliedetektoren für die Zielortung von U-Booten verwenden könnten, kam erstmals am 10. März 1944 bei einer Sitzung des technischen Nachrichtenwesens im Oberkommando der Marine auf die Tagesordnung. Diese Diskussion fand aber erst statt, nachdem die US-Navy das MAD seit einem Jahr eingeführt und die deutsche Marine bereits einige U-Boote durch dieses neuartige Ortungssystem verloren hatte. Auch die Einführung dieses Geräts blieb dem deutschen Nachrichtenwesen zu lange verborgen. Mit dem MAD konnten speziell U-Boote geortet werden, die bei geringer Tauchtiefe durch die Straße von Gibraltar ins Mittelmeer gelangen wollten. Mit hoher Wahrscheinlichkeit wurden einige deutsche U-Boote in diesem Bereich von mit MAD ausgerüsteten *Catalinas* vernichtet.
Kurz vor der *Operation Overlord* der Alliierten in der Normandie, am 6. Juni 1944, gingen die Aktivitäten der Seestreitkräfte auf beiden Seiten merklich zurück[142]. Dieser größte amphibische Angriff, der je versucht wurde, umfasste 156 000 britische, kanadische und amerikanische Soldaten, unterstützt mit 1200 Kriegsschiffen, 1500 Panzer und 12 000 Flugzeugen. Diesen folgten weitere Truppen mit etwa 326 000 Soldaten. Die deutsche Marine hatte die Aufgabe, den Einsatz der Landungsboote zu verhindern und den Material- und Truppentransport massiv zu stören. Die 300 nm Entfernung von Brest zum *Pas de Calais,* der für die Wehrmacht als wahrscheinliches Invasionsgebiet galt, waren für die in Frankreich stationierten U-Boote in zwei Nächten zu schaffen. Auf der Gegenseite hatten die alliierten Planer die Aufgabe einen solchen Angriff zu verhindern, umso mehr, da sie wussten, dass die viel näher bei den deutschen U-Boot-Stützpunkten liegende Normandie für die Landung vorgesehen war. Der Osteingang des Ärmelkanals weist nur geringe Wassertiefe auf und war zur Sperrung dicht vermint. Also konnten die U-Boote nur den Weg von Westen her nehmen und es galt für die Alliierten, genau diesen Westzugang zu verschließen. Die 19. Gruppe des *Coastal Command* erhielt die Aufgabe, die Invasion durch Luftsicherung gegen U-Boote zu decken. In einem Seegebiet von ca. 20 000 nm^2 (68 000 km^2), das sich von der Südküste Irlands bis zur Bretagne und nach Osten bis zur Halbinsel von Cherbourg erstreckte, wurden 12 *Racetrack*-Suchmuster so angeordnet, dass mit den ASV-Radaren das Wiederholintervall eines Zielüberflugs an jedem Ort in diesem Gebiet auf 30 Minuten reduziert werden konnte. Es standen 25 *Squadrons* bereit, d.h. insgesamt 350 *Wellingtons, Liberators, Sunderlands, Mosquitos, Halifax, Beaufighters* und *Swordfish.* Davon konnten etwa 30 gleichzeitig über dem Westteil des Kanals patrouillieren. Die kontinuierliche Abdeckung und Überwachung dieses Seegebiets musste für einige Tage und Nächte bis zur erfolgreichen Landung der Alliierten aufrechterhalten werden. Neben dieser Bedrohung aus der Luft standen den deutschen U-Booten weitere 300 Zerstörer, Fregatten, Korvetten, Geleitboote und Vorpostenboote auf See gegenüber.
Der längste Tag brach für das Marinegruppenkommando am 6. Juni 1944 morgens um 5:13 Uhr mit Sofortbereitschaft an. Der Tag erhält später die Bezeichnung *D-Day.* Am Abend verließen 15 deutsche U-Boote den Stützpunkt von Brest in Richtung Ärmelkanal. Weitere Boote folgten von den anderen Stützpunkten an der französischen Atlantikküste aus. Nur 9 der 49 U-Boote, die für die Abwehr der Invasion bereitgestellt wurden, waren mit Schnorchel ausgerüstet. Die größte Schlacht zwischen Flugzeugen und U-Booten begann. Da die deutschen Boote ohne Schnorchel bei Nacht aufgetaucht fahren mussten, wurden sie unweigerlich vom Suchradar

erfasst und von den Flugzeugen bekämpft. Keines der U-Boote ohne Schnorchel gelangte auch nur in die Nähe der Invasionsfront und so wurden die überlebenden Boote zurück in die Stützpunkte befohlen. Die Schnorchelboote waren ebenfalls nicht vollkommen immun gegen Angriffe, da bei der dichten luftgestützten Überwachung die Wahrscheinlichkeit einer Schnorchelentdeckung erheblich anstieg. Der Schnorchel ragte etwa 1 m über den Wasserspiegel hinaus. Darauf saß die Schwimmerventilanordnung, die etwa 1 m lang und 30 cm breit war. Der Schnorchelkopf konnte aber höchstens bei ruhiger See auf 1 nm visuell entdeckt werden. Diese Entfernung erhöhte sich bei ruhiger See jedoch auf 5 nm, wenn die Boote bei Tag schnell fuhren und sich ein Kielwasser hinter dem Schnorchel bildete. Bei Kondensationsbedingungen waren die Auspuffgase des Dieselmotors bis zu 7 nm visuell zu sehen. Gegen Entdeckung durch Radar war der Schnorchelkopf ausreichend getarnt. Unter idealen Bedingungen konnten die besten Radargeräte des Jahres 1944 den Schnorchel auf Entfernungen bis 4 nm entdecken, aber selbst ein erfahrener Radaroperator, der das unterschiedliche Fluktuationsverhalten von See-Echos und Schnorchel zu interpretieren wusste, vermochte bei Seegang das geringe Echo des Schnorchels nicht immer gegenüber dem des viel stärkeren Sea-Clutters zu erkennen. Bei grober See war der Radaroperateur ohne Chance.
Für das Coastal Command tat sich plötzlich neben der erwarteten Schlacht am Westeingang zum Ärmelkanal eine zweite Front auf, und zwar nördlich der britischen Inseln gegen die aus norwegischen Stützpunkten und aus Deutschland anstürmenden U-Boote. Aber trotz allen Bemühungen der deutschen U-Bootflotte war der Kampf aussichtslos und verlustreich. Als Ende August 1944 die alliierten Streitkräfte fast ganz Frankreich besetzt hatten, fielen alle deutschen U-Boot-Stützpunkte von Brest und entlang des Golfs von Biskaya an die Alliierten. Die U-Boote zogen sich, inzwischen alle mit Schnorchel ausgerüstet, fast unentdeckt nach Norwegen zurück. Die Erfassung der Schnorchel bei dem hohen Seegang des Nordatlantiks war fast unmöglich. So kam es, dass die mit Schnorchel ausgerüsteten U-Boote noch das eine oder andere Mal im Nordatlantik und um die britischen Inseln erfolgreich waren, ohne große eigene Verluste hinnehmen zu müssen.
Die alliierten Nachrichtendienste wurden erneut in Alarmstimmung versetzt, als Luftaufnahmen von Aufklärungsflugzeugen im Herbst 1944 über Deutschland Hunderte der zylindrischen U-Bootsektionen der Typen XXI und XXIII auf dem Transport zu den Montagewerften zeigten. Der Dortmund-Ems- und der Mittelland-Kanal waren die wichtigsten Wasserstraßen für den Transport der Sektionen und wurden daher auch Ziel heftiger Bombenangriffe. Trotz aller Widrigkeiten, die das U-Bootproduktionsprogramm behinderten, gelang es bis Ende Dezember 1944 etwa 90 U-Boote vom Typ XXI vom Stapel laufen und 60 in Dienst stellen zu lassen. Für den Typ XXIII waren die entsprechenden Zahlen 31 bzw. 23. Die Bewegungsfreiheit dieser neuen Boote in der Ostsee, die zunächst nur für die Ausbildung verwendet wurden, erfuhr jetzt immer neue Einschränkungen durch ständig wachsende Minenfelder.
An der Lösung des Problems der Schnorchelerfassung wurde in den USA ständig weitergeforscht und entwickelt. Das X-Band Radar ASV Mk. XI bzw. ASVX (US Bezeichnung AN APS 116) wurde Ende des Jahres 1944 bei der *Fleet Arm,* der Komponente der Royal Navy, die Trägerflugzeuge besaß, eingesetzt. Wegen der höheren Auflösung des ASVX, die durch Verwendung extrem kurzer Impulse erzielt wurde, war dieses Radar seinen Vorgängern bei der Unterdrückung von See-Clutter weit überlegen. Obwohl bei hohem Seegang einige der alten Probleme im Nahbereich blieben, konnten Schiffe bei guten Wetterbedingungen auf 60 km und U-Boote, aus Flughöhen von 600 m, auf 20 km entdeckt werden. Einem guten Operator gelang es bei ruhiger See, einen Schnorchel auf etwa 8 km zu erkennen.
Auch MAD und Sonar-Bojen sind seit ihrer ersten Verwendung in ihrer Reichweitenleistung ständig verbessert worden. Doch blieb bei beiden Sensortypen die Reichweite für das Absuchen großer Flächen nicht ausreichend. Bei der Sonarboje gelang es, durch die Verlegung in Mustern, den Erfassungsbereich erheblich zu vergrößern. War den Angreifern die ungefähre Position eines deutschen U-Boots aus der Ortung des Funkverkehrs in etwa bekannt, konnten die Phasen der genaueren Lokalisierung und die Bekämpfung beginnen. Britische *Operations-Research* Gruppen entwickelten Methoden, wie man unter Einsatz von Radar, Sonar-Bojenmuster und Zielsuchtorpedo bei der U-Jagd die Erfolgswahr-

scheinlichkeit der Bekämpfung von Schnorchel-U-Booten erhöhen kann. Ein erster Erfolg mit dieser Methode stellte sich am 20. März 1945 ein, als U 905 mit Radar vage, dann mit Sonar-Bojen fein geortet und zuletzt mit einem Zielsuchtorpedo vernichtet wurde. Die Verfahren beruhten darauf, dass mittels wahrscheinlichkeitstheoretischen Annahmen aus wenigen Kontakten von unterschiedlichen Sensoren die kontinuierliche Zielverfolgung ständig verbessert werden kann. Der letzte Angriff des *Coastal Commands* auf ein deutsches U-Boot fand am 7. Mai 1945 bei den Shetlandinseln statt.
Ehe der Krieg beendet wurde, hatten die deutschen U-Boote ca. 2500 alliierte Handelsschiffe mit insgesamt 14 Millionen Tonnen versenkt. Dem standen ebenfalls hohe Verluste auf deutscher Seite gegenüber. Von insgesamt 1162 in Dienst gestellten deutschen U-Booten wurden 727 im Kampf versenkt. Davon 288 in freier See durch Flugzeuge und wiederum davon etwa 2/3 durch das britische *Coastal Command.*

Kartierung durch Radar
Im Luftkrieg waren die Briten ab 1943 zur Offensive übergegangen. Radaranlagen, wie H2S und H2X, mit *Real Beam Mapping* sind zur Kartierung für die Navigation und zur Zielfindung bereits in vielen Kampfflugzeugen installiert worden. Durch Abtastung des vorausliegenden Geländes im Azimut entsteht durch das unterschiedliche Rückstreuverhalten von Seen, Straßen, Wiesen, Wälder und Gebäuden eine Abbildung des Terrains, das an Bord auf einem Monitor dargestellt werden kann. Bei jeder Azimutabtastung wird durch die Vorwärtsgeschwindigkeit ein neues Ringsegment abgebildet. Der Vergleich der *Real Beam Map* mit der Karte des Navigators ermöglichte es, die Bomberverbände, insbesondere bei Nacht, zu ihren Zielen in den deutschen Städten zu führen. Trotzdem stellte es sich heraus, dass keinesfalls speziell Ziele leicht gefunden und getroffen werden können. Dies wurde 1941 festgestellt als nachträgliche Luftaufnahmen zur Verifikation *(Bomb Damage Assessment)* feststellten, dass die Bombentreffer erheblich weit vom vorgegebenen Zielort ablagen. Noch im April 1941 nahm die RAF an, dass bei Bombenabwürfen mit einer Ablage von 1000 m als mittleren theoretischen Fehler zu rechnen sei[6]. In einem *Butt*-Bericht vom August 1941 wurde jedoch festgestellt, dass nur jeder zehnte Bomber eine Trefferablage von weniger als acht Kilometer gegen sein vorgegebenes Ziel tatsächlich erreicht hat. Dies brachte den britischen Luftwaffenstab zur Erkenntnis: *Das einzige Ziel, das durch Nachtangriffe wirksam getroffen werden kann, ist eine ganze deutsche Stadt.*

Erste Radargegenmaßnahmen
Im Jahre 1943 hat sich die Luftschlacht vollständig nach Deutschland verlegt. Die deutschen Städte versinken im Bombenhagel der britischen und amerikanischen Bomber. Aber auch die alliierten Bomber haben hohe Verluste, insbesondere durch die radargesteuerte Flak. Churchills Führungsstab versucht verzweifelt nach einer Gegenmaßnahme, die die deutschen Radare auszuschalten vermag. In der Nacht vom 23. auf den 24. Juli 1943 beginnt ein Angriff auf Hamburg, der sich in den nächsten drei Nächten wiederholt. Zu Beginn hatten britische *Mosquito* Pfadfinder-Bomber ihre Mapping-Radare benutzt, um das Dreieck mit ihren *Christbäumen* zu markieren, das die Alster und die Norderelbe um die Altstadt bilden. Dieses Dreieck bildete den Zielpunkt für die erste Angriffswelle. Die deutschen Radaroperateure am Boden sahen plötzlich gigantische Radarechos in jedem Entfernungsbereich, sodass sie die für die Bekämpfung erforderlichen Bomberechos nicht mehr erkennen konnten. Die englische Signalaufklärung hatte zuvor die Radarfrequenzen der deutschen Luftraumüberwachungs- und Feuerleitradare erfasst und ausgewertet. Es wurde zum ersten Mal von Bombern *Düppel (Chaff)* in Massen abgeworfen. Als *Düppel* werden die auf eine halbe Wellenlänge zugeschnittenen Aluminiumfolien bezeichnet (hier etwa 10,5 inch), die riesige Radarechos erzeugen und somit die Flugzeugechos der damaligen deutschen Pulsradare so zudecken konnten, dass keine Feuerleitung mehr möglich war. Ohne Luftabwehr konnten die Bomber ihre tödliche Last abwerfen und einen Feuersturm in Hamburg entfachen, wie er bis dahin unbekannt war.
Nach diesem Erfolg wirft die RAF bei Luftangriffen auch über anderen Städten kurz vor dem Eintreffen der Bomberflotten ungeheure Mengen dieser Stanniolstreifen ab, die langsam zum Boden flattern. Die deutschen Radare verfügten damals noch über keine Gegen-Gegenmaßnahmen wie Frequenzsprungverfahren (Frequency Hopping) oder Dopplerauswertung (AMTI) und sind so für die Luftverteidigung nutzlos.

An einer Problemlösung wird überall in der deutschen Radarindustrie und an den Forschungs-Instituten gearbeitet. In der Kürze der Zeit konnte jedoch eine vollkommene Störunterdrückung nicht erreicht werden. Aber es wurden Verfahren entwickelt, die eine Hervorhebung der Bewegtziele ermöglichte. Da auf den Bildschirmen die Ziele nun etwa wie Läuse im Dipol-Rauschen aussahen, erhielten die Verfahren Decknamen wie *Fack-Laus, Würzlaus, K-Laus* etc., die teilweise auf die Entwickler der Störunterdrückungsverfahren hinwiesen.

Kriegsende in Europa und Asien

Am Morgen des 6. Juni 1944 erfassten die deutschen Küstenradare zwar die Invasionsflotte, die bereits auf dem Ärmelkanal unterwegs war, aber sich noch in einem zeitlichen Abstand von Stunden vor der Landung in der Normandie befand. Doch diese Nachricht geht auf unerklärliche Weise über die Kommunikationskanäle verloren, sodass die deutschen Truppen überrascht werden, als sich die Schiffe bereits auf Sichtweite zur Küste der Normandie befanden. Wahrscheinlich war der Glaube an die Invasion am Pas de Calais, wie von der Parteiführung prophezeit, so unerschütterlich, dass keine andere Möglichkeit ernsthaft in Erwägung gezogen wurde. Die Landung der Alliierten kann nicht verhindert werden. Dies ist der Anfang vom Ende des Dritten Reiches.
Von den in den USA und in Großbritannien entwickelten Radaren, die in viel höheren Frequenzbereichen arbeiteten, als die deutschen, d.h. bis 10 GHz (X-Band), erfuhr die deutsche Wehrmacht erst ab 1943. Eine systematische elektronische Aufklärung kam, wie erwähnt, erst durch Druck von Prof. K. Küpfmüller, dem Leiter des neu gebildeten *Wissenschaftlichen Führungsstabs* zustande. Doch mit dem Düppelabwurf über Hamburg wurde ein ganz neues Technologiefeld eröffnet – die elektronische Kampfführung.
Die USA führten ab Anfang 1943 erste systematische Ferret Flüge, zur elektromagnetischen Signalerfassung *(Signal Intelligence* (SIGINT)), mit dem B-24 D Bomber durch, der mit der notwendigen Antennen- und Empfängertechnologie ausgerüstet wurde. Diese Signalerfassung war eine Grundvoraussetzung für eine erfolgreiche elektronische Kampfführung.

Im Dritten Reich erhielt die systematische Aufklärung und Überwachung der Radarfrequenzbereiche, so erscheint es zumindest für den Außenstehenden, nicht den Stellenwert, der ihr gebührt hätte. Dem Angriff war anfangs des Krieges hohe Priorität eingeräumt worden und gegen Ende stand die Verteidigung im Vordergrund. Doch es standen weder genügend Luftraumüberwachungs- noch Feuerleitradare zur Verfügung, die die deutsche Luftverteidigung hätten maßgeblich verändern können. Auf Gegenmaßnahmen war man nicht vorbereitet. Elektromagnetische Wellen waren für viele in verantwortlicher Position so etwas wenig Greifbares. Ein britischer Offizier fasste zusammen: „Die Atombombe hat den Krieg beendet, doch das Radar hat ihn gewonnen".
Obgleich von vielen Menschen in Europa die deutsche Niederlage in Stalingrad, am 2. Februar 1943, als Wendepunkt des Zweiten Weltkrieg empfunden wurde, dauerte er doch noch bis zum 7. Mai 1945, als die deutsche Wehrmacht in Reims vor Vertretern der vier großen Alliierten (Sowjetunion, USA, Großbritannien und Frankreich) bedingungslos kapitulierte. Am 8. Mai 1945 legte die deutsche Wehrmacht auf Befehl von Großadmiral Dönitz, Hitlers Nachfolger als Führer des Dritten Reichs, die Waffen nieder. Das Abkommen von Potsdam am 2. August 1945 bestätigte die Teilung und völlige Abrüstung Deutschlands.
Alle deutschen Aufklärungsmaschinen und fast die gesamte Ausrüstung werden zerstört oder den Alliierten zur Auswertung zugeführt. Das Kriegsende brachte auch das Ende aller Radaraktivitäten in Deutschland. Die Besatzungsmächte setzten jegliche Betätigung auf dem Gebiet des Radars, sowohl in der Industrie als auch in der Forschung, auf die Verbotsliste. Alle Wissenschaftler, Ingenieure und Konstrukteure werden entlassen.

Japans Zusammenbruch

Der Zweite Weltkrieg war aber damit noch nicht beendet. Im Pazifik ging die Schlacht zwischen Japan und den Alliierten weiter. Zuvor kam es zum ersten Luftangriff der Amerikaner auf Tokio bereits am 18. April 1942. Es folgten die großen Seeschlachten im Korallenmeer und Midway. Die Wende im Pazifikkrieg tritt aber mit der Schlacht um Midway am 4. Juni 1942 ein. Auf den Midway-Inseln befand sich der strategisch wichtigste Stützpunkt der US-Navy im

Pazifik. Daher beabsichtigte Admiral Yamamoto, dort der US-Navy die entscheidende Niederlage zuzufügen. Mit einer den Amerikanern weit überlegenen Seestreitkraft von vier Flugzeugträgern, sieben Schlachtschiffen, vierzehn Kreuzern und zweiundzwanzig Zerstörern versucht er den US-Stützpunkt anzugreifen. Der Überraschungsangriff gelingt jedoch nicht. Der Oberbefehlshaber der US-Pazifikflotte Admiral C. Nimitz ist durch seine überlegenen Informationsquellen über die Absichten Yamamotos informiert. Die drei amerikanischen Flugzeugträger im Pazifik, mit 233 Flugzeugen an Bord, waren so weit nördlich von Midway zurückgezogen worden, dass sie sich außerhalb des Erfassungsbereichs der japanischen Aufklärungsflugzeuge befanden. Von ausschlaggebender Bedeutung für die Informationsbeschaffung der US-Navy war der Einsatz der *Catalina* Langstreckenflugboote. Durch ihre Reichweite und ausreichende Anzahl konnte ein viel größeres Seegebiet systematisch abgedeckt werden als es die trägergestützten japanischen Aufklärungsflugzeuge vermochten. Jede Einzelheit der japanischen Bewegungen war dem Oberbefehlshaber der US-Pazifikflotte bekannt. Für die Japaner erfolgt der Widerstand vollkommen unerwartet und der US-Navy gelingt es, den Angriff der Japaner zurückzuschlagen. Der US-Flugzeugträger *Yorktown* wird in dieser Seeschlacht zwar versenkt, aber den Navy Jagdbombern gelingt im Gegenzug, gleich vier der modernsten japanischen Flugzeugträger zu vernichten. Von dieser Niederlage kann sich die japanische Kaiserliche Marine nicht mehr erholen. Die US-Truppen eroberten hiernach am 31. Januar 1943 die Marschallinseln, die US-Navy vernichtet am 22. Oktober 1943 die japanische Flotte bei Leyte, am 26. März 1944 gelingt den US-Truppen die Eroberung von Iwo Jima in den Bonin Inseln, etwa zwischen Saipan und Tokio, und am 22. Juni 1945 die Besetzung von Okinawa in den Ryukyu-Inseln, etwa in der Mitte zwischen der japanischen Südküste und Taiwan.

Zur technischen Aufklärung ergaben sich für die Vereinigten Staaten neue Erkenntnisse aus den Kämpfen im Pazifik. Sie hatten die Bedeutung der Aufklärung für Einsätze ihrer Streitkräfte in dieser Dimension früh erkannt. Aber das riesige Seegebiet des Pazifiks erforderte sowohl eine gewaltige US Flugzeugflotte für die Seeraumaufklärung als auch Flugzeugträger, die Flugzeuge für die taktische Aufklärung von Landzielen auf den Pazifikinseln zur Verfügung stellen konnten. Dringend erforderlich wurden Sensoren größerer Reichweite für den Tag- und Nachteinsatz, um mit weniger Flugzeugen ein großes Seegebiet zuverlässig abdecken zu können. Radar für die Seezielsuche, Abbildung von Küstenstreifen und für die U-Bootortung standen den Flugzeugen der Alliierten im Pazifik bereits zur Verfügung. Jedoch bedurften die Reichweitenleistung und die Auflösung noch erheblicher Verbesserung.

Die japanische Marine setzte ihre U-Bootflotte hauptsächlich gegen Kriegsschiffe sowie als Aufklärer für die eigene Flotte ein. Japanische U-Bootangriffe auf Geleitzüge oder Handelsschiffe der Alliierten waren die Ausnahme. Dagegen erlitt die japanische Handelsflotte erhebliche Verluste durch U-Boote der US-Navy, die gegen Ende des Krieges die Versorgung der japanischen Inseln zum Erliegen brachten. Japan unternahm große Anstrengungen, um einen spezialisierten Verband von U-Boot-Abwehrflugzeugen aufzubauen. Admiral K. Oikawa wurde mit dieser Aufgabe betraut. Er übernahm 4 kleine Geleitträger sowie insgesamt 450 Flugzeuge. Die Masse der Flugzeuge bestand aus Mitsubishi G3M *(Nell)*, G4M *(Betty)* und der Nakajima B5N *(Kate)*. Die ersten beiden waren veraltete landgestützte zweimotorige Bomber und die B5N Kate, ein einmotoriger Torpedobomber, war auf Trägerschiffen stationiert. Speziell für die U-Boot-Abwehr wurde 1943 von Watanabe die Kyushu Q1W Tokai (Codename: Lorna) entworfen, von der 135 Flugzeuge gebaut wurden. Das Flugzeug wies große Ähnlichkeiten mit der Ju 88 bzw. Do 17 auf. Die installierten Ortungsgeräte und Waffen waren, verglichen mit der amerikanischen und britischen Ausrüstung, auf deutlich niedrigerem technologischem Niveau. Mitte 1943 stand endlich ein Seeraumüberwachungsradar (Modell VI), das große Ähnlichkeiten mit dem britischen ASV Mark II aufwies, zur Verfügung. Ein eigenes magnetisches Ortungsgerät wies Parallelen zu dem amerikanischen MAD auf. Bei der Erkundung dieser Technologien schien das japanische Nachrichtenwesen erfolgreicher gewesen zu sein, als die verbündeten Achsenmächte.

Entwicklungen des *Searchlight* (wie das *Leigh Light*) oder Leuchtbomben japanischer Herkunft wurden nicht bekannt. Die japanische U-Boot-Abwehr war aber der immer stärker werdenden US U-Boot-Waffe nicht gewachsen. Im Jahr 1944 beliefen sich die japanischen Handelsschiffsverluste auf 3,9 Mio.t. Demgegenüber verblieb gegen Ende des Jahres Japan noch eine Gesamttonnage von etwa 2,8 Mio.t. Der Ausgang des Krieges war absehbar.

Die Amerikaner zünden am 16. Juli 1945 die erste Atombombe *Trinity* bei Alamogordo in der Wüste von New Mexico. Und das hatte einen entscheidenden Einfluss auf die schnelle Beendigung der Auseinandersetzungen in Asien. Als der Zweite Weltkrieg endlich mit den beiden Atombomben auf Hiroshima (am 6. August 1945) und Nagasaki (am 9. August 1945) und mit der folgenden Kapitulation Japans am 14. August 1945 zu Ende ging, hatten amerikanische U-Boote 1150 Handelsschiffe und mehr als 100 japanische Kriegsschiffe versenkt. Durch eine totale Blockade der japanischen Handelsflotte wurde die Kriegsproduktion abgewürgt und die Treibstoffversorgung für Schiffe und Flugzeuge fast vollständig zum Erliegen gebracht. Auch ohne Atombombe war Japan am Ende.

Der Zweite Weltkrieg hat zwischen 1939 und 1945 die Forschung und Entwicklung auf vielen technologischen Gebieten vorangetrieben, wie z. B. die Hochgeschwindigkeits-Aerodynamik, den Antriebsbereich und die Luftfahrtelektronik. Dabei sind besonders die Pfeilflügelentwicklung und serienreife Turbo-Luftstrahltriebwerke zur Erreichung hoher Unterschall-Fluggeschwindigkeit, der zuverlässige Flüssigkeits-Raketenantrieb, die Entwicklung von Autopiloten, die Anwendung moderner Navigationsverfahren mit UKW-Leitstrahlen und Eigenpeilung, Schlechtwetter-Landeverfahren und die Einführung der Radar-Systeme an Bord und am Boden hervorzuheben. Hinzu kamen die ersten unbemannten Langstrecken-Flugkörper.

Aber am Ende dieses schrecklichen und unnötigen Krieges mit 50 Millionen Opfern erhebt sich die Frage, ob es diesen Technologieschub ohne diesen Krieg auch gegeben hätte. Diese Frage ist eindeutig mit Ja zu beantworten. Auf Testständen liefen die ersten Turbo-Luftstrahltriebwerke ebenso wie Flüssigkeits-Raketenantriebe schon bereits vor dem Zweiten Weltkrieg. Auch ohne Krieg würde es den internationalen Luftverkehr mit Strahlflugzeugen und Pfeilflügeln zur schnelleren Überbrückung der Weltmeere geben und die zivile Raumfahrt hätte sich wahrscheinlich genauso entwickelt, wahrscheinlich sogar mit höherer Geschwindigkeit, da ihr mehr Geld zur Verfügung gestanden hätte. Die Vorteile des Pfeilflügels bei hohen Unterschallgeschwindigkeiten waren in Deutschland schon bereits seit 1939 bekannt[116]. Die Entwicklung und die Kontrolle des Flugverkehrs hätte die Entwicklung des Luftraumüberwachungsradars ebenfalls beschleunigt.

Es ist aber auch unverkennbar, dass sich im Bereich der Aufklärung und Überwachung, insbesondere aufseiten der Alliierten, vor allem in den USA und in England, ein signifikanter Technologieschub bei der Sensorentwicklung stattgefunden hat, der die militärische Aufklärung und Überwachung, insbesondere bei der Abbildung, Signalerfassung, bei der Kommunikation, der Auswertung und Informationsverteilung voranbrachte. In einer friedlicheren Welt hätte man darauf verzichten können, aber die Umstände waren halt nicht so.

5. Entwicklungen nach dem 2. Weltkrieg

Die umfassende Abrüstung nach dem Zweiten Weltkrieg war das proklamierte Ziel der vier Siegermächte vor den Vereinten Nationen (UNO). Jedoch reduzierten die USA und die Sowjetunion ihre Streitkräfte sehr uneinheitlich. Die USA, noch im alleinigen Besitz der Atombombe, konnten eine weitestgehende Reduzierung ihrer Truppen beschließen. Anfang 1945 standen ca. 12,1 Millionen US-Soldaten unter Waffen. Diese Zahl wurde bis 1946 auf etwa 1,8 Millionen reduziert. Davon waren allein 391 000 Soldaten in Europa stationiert. Demgegenüber reduzierte die Sowjetunion ihre 12,3 Millionen Soldaten bei Kriegsende bis Ende 1946 nur auf ca. 4,5-6 Millionen Mann und dies hauptsächlich zur Absicherung ihres Einflussbereichs in Europa.

In einem ersten Ansatz versuchten die Vereinigten Staaten im Juni 1946, den vorhersehbaren Wettlauf um eine erweiterte Nuklearbewaffnung zu stoppen. Der US-Delegierte bei der UN-Atomenergiekommission Baruch schlägt einen Plan zur Kontrolle der Entwicklung nuklearer Energie im weitesten Sinne und insbesondere zur Vermeidung der militärischen Anwendung der Nukleartechnologie für Atomwaffen vor. Dazu empfehlen die USA die Bildung einer internationalen Behörde für die Atomentwicklung voranzutreiben und bieten den Verzicht auf ihr Nuklearpotenzial an. Dies war allerdings nur zu einem Zeitpunkt möglich, wo die Vereinigten Staaten noch das Atommonopol besaßen. Aber der Wettlauf um den technologischen Vorsprung bei Atomwaffen hatte begonnen. Die Sowjetunion schlug daraufhin zwar vor, alle Atomwaffen per Dekret zu verbieten. Eine Kontrolle wurde aber nicht vereinbart. Die Annahme des *Baruch*-Planes hätte für die Sowjetunion den Abbruch der eigenen Atombombenentwicklung bedeutet. Dazu war die UdSSR im Grunde genommen nicht bereit. Im Streben nach Gleichberechtigung als Weltmacht konnte die Sowjetunion es sich nicht leisten, gerade auf diese Waffe zu verzichten, die den Großmachtanspruch begründete[38]. Zudem war die Sowjetunion durch Spionage (u.a. durch Klaus Fuchs, als britischer Staatsangehöriger von 1943-46 am amerikanischen Atombombenprojekt in Los Alamos beteiligt) schon früh über den technologischen Stand des *Manhattan*-Projekts[156] informiert. Die Atombombenentwicklung in der UdSSR wurde vorangetrieben, u.a. auch mit Unterstützung zwangsverpflichteter deutscher Physiker (wie Manfred von Ardenne). Am 29. August 1949 erprobte die UdSSR die erste eigene Atombombe in Semipalatinsk, Kasachstan; die Produktion von Gefechtsköpfen konnte beginnen und damit zog sie, nach ihrem Verständnis, mit den USA gleich. Die Vereinigten Staaten verfügten zu dieser Zeit aber bereits über ein Kernwaffenarsenal von etwa 200 Bomben[156].

Die Verhandlungen über Rüstungskontrollabkommen in den 50er Jahren scheitern wegen eines grundsätzlich gegensätzlichen Verhandlungsansatzes zwischen den Vereinigten Staaten und der Sowjetunion, und zwar an der Verweigerung der Sowjetunion, irgendwelchen Kontrollmechanismen zuzustimmen[39]. Die USA fühlten sich damals aufgrund ihrer Langstrecken-Bomberflotte aus dem Zweiten Weltkrieg zunächst noch überlegen und unangreifbar. Aber bereits 1946 befiehlt der Kreml den Aufbau einer weitreichenden Luftwaffe, die mit Tupolew Tu-4s, einer Kopie des Langstreckenbombers Boeing B-29, ausgerüstet werden soll. Drei B-29 fielen den Russen gegen Kriegsende in die Hände, als die Besatzung nach einem Bombenangriff auf Japan in Sibirien notlanden musste. Die Flugzeuge wurden nie an die USA zurückgegeben. Die Beschaffung der Tu-4 in einer großen Anzahl begann sowie ihre Stationierung auf den westlichen Flugplätzen der Sowjetunion. Obwohl die Tu-4 mit einer Bombenladung nicht die Reichweite für einen Hin- und Rückflug in die USA gehabt hätte, wurde dieser Bomber in den USA als drohende Gefahr empfunden.

Eine weitere Gefahr, die in den USA noch höher als die Bomberbedrohung eingestuft werden musste, war der Umstand, dass die Russen gegen Kriegsende noch einer großen Anzahl von Spezialisten und Ingenieuren der deutschen Raketenentwicklung von Peenemünde haben habhaft werden können.

Boeing (R)B-29 Langstreckenaufklärer. (USAF)

Unter der Leitung von Sergei P. Koroljow (1907-1966) waren diese ehemaligen Mitarbeiter der Versuchsanstalt Peenemünde in der Lage, den Russen die Zeichnungssätze zum Bau der V-2 zu rekonstruieren und eine erste Produktionslinie im früheren Montagekomplex Mittelwerk der V-2, in den Stollenanlagen des Kohnstein, bei Nordhausen in Thüringen einzurichten. Dies war die größte unterirdische Rüstungsfabrik des Dritten Reiches. Für die Herstellung der V-2 wurden zuvor Häftlinge des Konzentrationslager Dora-Mittelbau unter den unwürdigsten Bedingungen eingesetzt. Unter Tage schufteten etwa 20 000 Häftlinge wie Sklaven. Von Prügel und Hunger gepeinigt, verloren sie dabei das Leben.
Die ursprünglichen V-2 Produktionsstandorte wurden hierher verlegt, nachdem die Werke bei der Heeresversuchsanstalt in Peenemünde auf Usedom, in Friedrichshafen-Raderach und in Wiener Neustadt durch alliierte Bomber zerstört wurden. Bei Kriegsende hatten die Amerikaner die Produktionsanlage Mittelwerk zuerst entdeckt und Produktionswerkzeuge zusammen mit noch etwa 100 V-2 vor dem Einmarsch der Russen demontiert und in die USA abtransportiert. Aber die Erfahrung und das Wissen der noch verfügbaren Experten, die den Russen in die Hände fielen, wie z. B. H. Gröttrup, einem Assistenten von Wernher von Braun, war für den Nachbau ausreichend.
Stalin befahl nach kurzer Zeit die Verlegung des Personals, der Produktionsmittel und der Raketenteile sowie aller Tests vom Harz in die Sowjetunion. Der Know How-Transfer war bald für den weiteren Aufbau von wesentlich schubstärkeren Raketen inklusive deren Steuerung und Regelung vollzogen und die zuvor zwangsverpflichteten deutschen Experten konnten wieder in ihre Heimat zurückkehren. Chefkonstrukteur S.P. Koroljow leitete danach die Entwicklungskollektive für die Konstruktion der Raketen vom Typ R-7 (Erstflug 1957), *Woschod* (1963), *N-1* (1969) und *Sojus-U* (1973) sowie die Satelliten *Sputnik* 1 bis 5, die Mondsonde *Lunik* 2 und 3 sowie die *Wostok*-Kapsel. Mit dem geheimnisumwitterten S.P. Koroljow verfügte die Sowjetunion über einen der

talentiertesten Raketenpioniere dieser Zeit, wie die USA in Wernher von Braun. Seine Identität wurde von den Sowjets streng gehütet.
Als die Russen 1953 die erste Wasserstoffbombe zündeten, war das Schreckensszenario für die westliche Welt komplett. Fünf Jahre nach Kriegsende war Osteuropa hinter dem Eisernen Vorhang eingesperrt. Griechenland war in Gefahr am Ende des Bürgerkrieges kommunistisch zu werden und West-Berlin war eingeschlossen von sowjetischen Panzern.
Die Kuomintang-Truppen unter Tschiang Kai-Scheck mussten das kommunistisch gewordene China verlassen und gingen 1949 nach Taiwan. Aus den Ruinen des Zweiten Weltkrieges war den westlichen Alliierten ein neuer Gegner erwachsen: die stalinistische Sowjetunion, die Führungsansprüche anmeldete und mit ihrer Ideologie die Welt erobern wollte.
Für die USA und Westeuropa stellte dies eine neue Bedrohung durch ein riesiges Land dar, über das man sehr wenig wusste. Und um diese Bedrohung realistisch einschätzen zu können, musste der Informationsbeschaffung über die Absichten dieses potenziellen Gegners ein hoher Stellenwert eingeräumt werden. Die Planung des Aufbaus der strategischen Aufklärung gegen die Sowjetunion begann in den USA aufgrund der sich schnell abkühlenden Beziehungen schon kurz nach Ende des Zweiten Weltkrieges. Um eine bessere Lageeinschätzung zu erhalten, wurde bald offenkundig, dass der abbildenden Aufklärung und Überwachung, die elektronische Aufklärung von Radarsignalen und die Erfassung der Kommunikation hinzugefügt werden musste. Da in den Vereinigten Staaten die Furcht bestand, dass von Flugbasen im östlichen Sibirien sowohl strategische Ziele in Alaska als auch in Nordamerika angegriffen werden könnten, konzentrierte sich zunächst ihre signalerfassende und abbildende Aufklärung auf das Gebiet von der Kamtschatka bis zu Tschuktschen Halbinsel. Erste Aufklärungseinsätze gegen die Sowjetunion wurden daher sowohl aus dem Abstand als auch penetrierend mit modifizierten Bombern durchgeführt.
Es kamen dann später US Aufklärungsflüge von Westeuropa sowie von der Türkei und dem Iran aus hinzu. Zur Abdeckung des europäischen Teils der UdSSR wurden zu Beginn des Kalten Krieges Aufklärungseinsätze, hauptsächlich von Großbritannien aus, geflogen, aber auch der Berliner Korridor wurde zur Informationsgewinnung genutzt. Dabei setzte die USAAF im Wesentlichen die Boeing RB-29, Convair RB-36, North American RB-45 und Boeing RB-50, d.h. modifizierte Bomber mit ausreichender Reichweite ein. Die US-Navy übernahm die Aufklärung für den Süden der Sowjetunion und operierte vom Mittelmeer bis zum Kaspischen Meer. Zunächst wurde vonseiten der USA versucht, die Aufklärung von der Peripherie der Sowjetunion her zu betreiben, im klaren Bewusstsein, dass der mögliche Aufbau von Infrastruktur zur Realisierung feindlicher Absichten im Innern der Sowjetunion damit nicht erkannt werden kann. Also war es notwendig, Wege zur tiefen Penetration in die Sowjetunion zu eröffnen. Aber viele der frühen penetrierenden Einsätze endeten für die Besatzung mit dem Verlust der Maschine oder im schlimmsten Fall gar tödlich. Dies war immer dann der Fall, wenn eines der damals noch wenigen einsatzfähigen sowjetischen Luftraumüberwachungsradare den Eindringling rechtzeitig entdecken und Jagdflugzeuge an ihn heranführen konnte. Das Fehlen geeigneter Aufklärungsflugzeuge wurde in den Vereinigten Staaten offenkundig. Diese sollten möglichst schneller sein und hoch über den feindlichen Jagdflugzeugen tief in die Sowjetunion eindringen können. Die ersten Diskussionen über die Realisierbarkeit von Höhenaufklärern oder sogar der Aufklärung aus Erdumlaufbahnen begannen.
Bereits am 2. Mai 1946 beantwortete die *Research and Development* (RAND) Corporation, ein *Think Tank* der Douglas Aircraft Corporation, eine entsprechende Anfrage der USAAF zu einem schnellen Höhenaufklärer positiv und war überzeugt, dass dieser in absehbarer Zeit technisch realisierbar sei. Aber aus Budgetgründen wurde diese Idee 1948 wieder verworfen. Mit der Zustimmung von Präsident Eisenhower versuchte der US Nachrichtendienst es mit den Mitteln, die ihm 1947 zur Verfügung standen, mit Wetterballonen. Diese waren mit Kameras ausgerüstet und stiegen bei Westwinden von Westeuropa aus auf. Das Programm wurde GENETRIX genannt. Die Ballone, die die Höhe von über 20 km erreichen konnten, kamen vom *Office of National Research* (ONR), die Kameras von der USAAF und die Finanzierung von der neu gegründeten *Central Intelligence Agency* (CIA). Viele Ballone gingen in der Sowjetunion verloren. Jedoch schafften es einige bis zum Pazifik oder bis Japan, wo die Kameras mit den

belichteten Filmen geborgen werden konnten. Es wurde aber schnell deutlich, dass diese Art der zufälligen Informationsbeschaffung ein Irrweg war, da das wenige Fotomaterial, das man auf diese Weise erhielt, meist Information über vollkommen uninteressante Gegenden erbrachte.
In den Vereinigten Staaten wurde im Jahre 1950 aus der USAAF die US Air Force (USAF), eine eigenständige Truppengattung, geschaffen. Zusammen mit der US-Navy oblag es zunächst nun ihr, Informationen aus der Sowjetunion und ihrer osteuropäischen Satellitenstaaten sowie aus der Volksrepublik China und aus Nord-Korea zu beschaffen.

Nachkriegs-Entwicklungen von Trägern für die luftgestützte Aufklärung von Bodenzielen

Mit der zunehmenden Einführung von Strahltriebwerken war ein wesentlicher technologischer Schritt bei den luftgestützten Trägern von Aufklärungssensoren vollzogen worden. Mittlererweile war auch bei der USAF das Jet-Zeitalter angebrochen und neue Aufklärungsplattformen, d.h. Jagdflugzeuge und Bomber, wurden mehr und mehr mit diesen Strahltriebwerken ausgerüstet.
Republic Aviation entwickelt für die USAF noch gegen Ende des 2. Weltkrieges zwei Prototypen der XF-12 Rainbow als Langstrecken Fotoaufklärer, wobei beide Prototypen 1946 verunglückten[4]. Die USAF sah daraufhin von einer Beschaffung ab. Die Royal Navy erhielt kurz nach Ende des Krieges die Fairey *Firefly AS. Mk V* eine einmotorige Maschine als Aufklärungsjagdflugzeug gegen U-Boote. Die zuvor genannten Maschinen waren noch alle mit Kolbenmotoren ausgerüstet. Da die Sowjetunion den technologischen Schritt riskierte und strahlgetriebene Jagdflugzeuge baute, blieb der USAF nichts anderes übrig, als ihre neuesten Jagdflugzeuge für Aufklärungsaufgaben entsprechend anzupassen. Die bemerkenswertesten Exemplare waren die Lockheed F-80 *Shooting Star,* die Republic F-84 *Thunderflash* sowie die North American F-86 *Sabrejet.* Von allen drei Jagdflugzeugen wurden Aufklärungsvarianten entwickelt. Sie wurden mit Kameras ausgerüstet, die in einem klimatisierten Einbauraum in der Nähe des Cockpits untergebracht waren. Allerdings erlaubten diese strahlgetriebenen Jagdflugzeuge, nur eine sehr begrenzte Eindringtiefe abzudecken. Sie konnten im Hochgeschwindigkeits-Tiefflug einige Hundert Kilometer in die Sowjetunion eindringen und sich dann wieder mit hoher Geschwindigkeit zurückziehen, bevor feindliche Jäger die Zeit zu reagieren fanden. Zur Erhöhung der Reichweite wurde dann beispielsweise versucht die RF-86 mittels eines B-50 Bombers im huckepack bis zur sowjetischen Grenze heranzutragen, um dann von dort nach Auslösung tiefer penetrieren zu können. Aber diese Kombination setzte sich nicht durch, da der Reichweitengewinn nicht überzeugte.
Für die Aufklärung im Fernbereich verfügt die USAF zunächst nur über die veraltete RB-29 und deren größere und leistungsstärkere Abwandlung, die RB-50 sowie die riesige Convair RB-36D, die mit sechs Kolbenmotoren und je einem Paar Strahltriebwerken im Bereich der Flügelspitze ausgerüstet war. In ihrem Rumpf konnte die damals noch sehr voluminöse *Röhren-Elektronik* für die elektronische und die fernmeldetechnische Aufklärung untergebracht werden. Diese Maschinen wurden wiederholt für Flüge von England aus zur Aufklärung der sowjetischen Marine Basen in der Barents See und bei Murmansk eingesetzt. 1950 erhielt die USAF von North American die B-45, den ersten strahlgetriebenen 4-motorigen Bomber, der auch in der Luft betankt werden konnte. Dessen Entwicklung begann noch gegen Ende des Zweiten Weltkrieges, als die USAF durch die ersten deutschen strahlgetriebenen Bomber Arado Ar 234 und Junkers Ju 287 überrascht wurden. Die Aufklärungsvariante RB-45C wurde bereits 1952 von der Front im Koreakrieg zurückgezogen und durch die RB-47H *Stratojet* von Boeing ersetzt. Denn zwischenzeitlich erschien die schnelle russische Mikojan MiG-15, die mit einem Pfeilflügel ausgestattet, wesentlich höhere Geschwindigkeiten erreichen konnte als die RB-45 mit ihrem ungepfeilten Flügel. Die Russen hatten die Erkenntnisse von Adolf Busemann und Hubert Ludwieg zum Pfeilflügel bei diesen Jagdflugzeugen konsequent umgesetzt. Das grundlegende theoretische Konzept des Pfeilflügels ist von A. Busemann auf dem 5. Volta-Kongress 1935 in Rom vorgetragen und von H. Ludwieg 1939 in der Aerodynamischen Versuchsanstalt (AVA) bestätigt worden[116]. Die Ergebnisse dieser Messungen wurden außerhalb Deutschlands erst nach dem Zweiten Weltkrieg wahrgenommen.

Boeing RB-47H Stratojet (ELINT-Version).
(USAF)

Mit der Einführung der Boeing B-47 *Stratojet* verfügte die USAF endlich über den ersten strahlgetriebenen Bomber mit Pfeilflügel, der deutlich höhere Fluggeschwindigkeiten als die verschiedenen früheren ungepfeilten Langstreckenbomber zuließ. Es gelang, deren Flugbereiche sowohl bezüglich größerer Flughöhen als auch höherer Reichweiten signifikant zu erweitern. Von der modifizierten Aufklärungsversion RB-47H wurden 255 Maschinen beschafft. Für die Abdeckung des nordeuropäischen Bereichs der Sowjetunion wurde die RB-47H von der USAF von England aus als Foto- und elektronischer Aufklärer, insbesondere zur Überwachung der sowjetischen Nordmeerhäfen und der militärischen Bomberstützpunkte um Murmansk, eingesetzt. Als Problem stellt sich jedoch bald die nicht mehr ausreichende Flughöhe heraus, da die sowjetischen Jagdflugzeuge des Typs MiG 17 (als Nachfolger der MiG 15) inzwischen auf gleiche Flughöhe steigen und die RB-47H bedrohen konnten. Es kommt zu Zwischenfällen und oft gelang den RB-47 nur noch ein Entkommen durch einen Sturzflug auf so geringe Flughöhen über See, dass sie von den sowjetischen Radaren nicht mehr verfolgt werden konnten. Auch dieser neue Bomber kann nur im Höhenbereich der neuen sowjetischen Jagdflugzeuge eingesetzt werden und kann diesen, wenn sie von Fremdortern geführt werden, fast nicht entkommen.

In dieser Zeit steigerte sich in den Vereinigten Staaten eine zunehmende Furcht vor einem sowjetischen Überraschungsangriff, insbesondere nach dem ersten Test der u.a. von Andrei Sacharow entwickelten H-Bombe, am 12. August 1953. Der Überraschungsangriff auf Pearl Harbour war noch nicht vergessen. Es war bekannt, dass Stalin bereits 1949 die Entwicklung einer strategischen Bomberflotte angeordnet hatte, die mit einer Reichweite ausgestattet sein sollte, die ausreichte, die USA anzugreifen und wieder in die UdSSR zurückzufliegen. Aufgrund dieses Befehls kam es zur Entwicklung der strategischen Bomber Mjassischtschew M4 *Bison* (Erstflug 1953) und der Tupolew Tu-20 (später Tu-95) *Bear* (Erstflug Anfang 1954). *Bison* und *Bear* sind NATO Bezeichnungen. Jedoch sollte sich bald herausstellen, dass sich beide Flugzeuge nicht besonders gut für die Langstrecken-Bomberrolle eigneten. Man setzte sie später für andere Aufgaben, wie Aufklärung, Seeraumüberwachung (MPA) und als Tanker ein. Den westlichen

Nachrichtendiensten blieben aber dieser Rollentausch und die in Wirklichkeit nicht existente sowjetische Bomberbedrohung verborgen. Sie gingen davon aus, dass die UdSSR, wie geplant, diese Bomber entwickeln und beschaffen würde, um möglicherweise die USA mit Atombomben angreifen zu können. Die USAF, in der festen Annahme, dass die Hochrüstung mit den sowjetischen Bombern realisiert würde, befürchtete ein *Bomber Gap* zu ihren Ungunsten und betrieb massive Werbung für eine größere eigene Bomberflotte.

Es gab weitere bedrohliche Informationen, und zwar von den aus Russland zurückgekehrten deutschen Ingenieuren und Technikern mit V2-Erfahrungen. Sie wurden, wie bereits erwähnt, nach 1945 von der aus Ostpreußen eindringenden Roten Armee aus der Heeresversuchsanstalt in Peenemünde und aus der Produktion in Kohnstein, im Harz, geholt, zwangsverpflichtet und später in die Sowjetunion verbracht, wo sie an der Raketenentwicklung in der Sowjetunion mitarbeiten mussten. Als sie nach sieben Jahren, etwa ab 1952, die Sowjetunion wieder verlassen und nach Deutschland zurückkehren durften, gab es keine adäquate Beschäftigung für sie. Die Rückkehrer sollten aber eine gefragte Informationsquelle für die britischen und amerikanischen Geheimdienste werden, u.a. im *Air Technical Intelligence Center* in der Wright Patterson Air Force Base, Dayton, Ohio, wo sie befragt wurden. Dabei kam heraus, dass die russischen Ingenieure in der Zwischenzeit deutliche Fortschritte gemacht haben, die V2 und deren Antrieb A4 wesentlich zu verbessern. Sie berichteten weiter, dass die sowjetischen Ingenieure an einer schubstärkeren Antriebsstufe in der 120 t Klasse arbeiten würden, von der die Deutschen annahmen, dass die Sowjets damit frühestens im Jahre 1955 bzw. spätestens im Jahre 1957 eine ballistische Rakete mit nuklearem Gefechtskopf über 4200 km schießen können. Der Bericht über die Befragung erschien einen Monat vor der Zündung der ersten russischen Wasserstoffbombe. Damit war erneut deutlich geworden, dass der geringen Eindringtiefen der vorhandenen US-Aufklärungssysteme in die Sowjetunion, von etwas mehr als 300 km, nicht ausreichend sind, irgendein Nuklear- oder Raketentestzentrum zu erreichen und um sich wichtige Information über den Entwicklungsstand von modernen sowjetischen Waffensystemen zu beschaffen.

Als 1953 die Existenz des ersten von drei sowjetischen Raketen Test Zentren, nämlich das im Westen von Kasachstan liegende Kapustin Jar, bekannt wurde, erhielt die USAF von der CIA den Auftrag Fotomaterial zu besorgen[143]. Kapustin Jar liegt nördlich des Kaspischen Meers und ca. 100 km östlich von Wolgograd. Der damalige USAF-Chief of Staff General N. F. Twining lehnte diesen Auftrag ab, da er überzeugt war, dass das Ziel außerhalb der Reichweite der USAF-Aufklärungsmittel liegt. Daraufhin wandte sich die CIA an die RAF, die ein größeres Entgegenkommen zeigte. Diese flog den riskanten Einsatz mit einer Aufklärungsversion des Canberra Bombers, der *Photo Reconnaissance* (PR) Version und das war wahrscheinlich der erste derartige Flug quer über Russland. Die PR-Version des Canberras startete in Norddeutschland, flog über die Ostsee, folgte dann in großer Höhe der Wolga bis ins Zielgebiet, überflog Kapustin Yar und setzte den Flug in den Iran fort und landete dort mit akzeptablem Fotomaterial. Nach diesem Flug war die RAF nicht mehr bereit, ein weiteres Abenteuer dieser Art zu wiederholen. Die USAF verlor in der Nachfolge eine beachtliche Zahl ihrer *Reconnaissance Bomber* (RB) bei dem Versuch der Penetration oder gar bei der Annäherung an die Sowjetunion. Die Sowjetunion hatte ihre radargestützte Luftraumüberwachung und den Jagdschutz im Bereich ihrer wichtigen strategischen Anlagen inzwischen erheblich ausgebaut und verstärkt.

Infolge dieser recht unbefriedigenden Situation bei der Informationsbeschaffung und Aufklärung regte Präsident Dwight D. Eisenhower (1953-60) im März 1954 eine Diskussion zwischen Experten aus Wissenschaft und Forschung an, wie man einen möglichen nuklearen Überraschungsangriff der Sowjetunion verhindern könnte. Es kam zur Gründung des *Technological Capabilities Panels* (TCP)[5] das sich aus einem illustren Expertenkreis der Universitäten, der Industrie und den Streitkräften zusammensetzte. Ein Jahr nach Gründung lag ein erster Report, mit dem Titel: *Meeting the Threat of a Surprise Attack,* vor. Dabei wurde u.a. die Frage gestellt: welche Maßnahmen führen zu einer höheren Anzahl von belastbaren Informationen für das Nachrichtenwesen der USA? Es ging im Wesentlichen um einen technischen Weg die strategische Frühwarnung zu verbessern, das Überraschungsmoment unabhängig von der Art eines Angriffs zu minimieren und um der Gefahr einer gigantischen Über- als auch einer Unterschätzung der Bedrohung zu begegnen. Es wurden vielversprechende Methoden der Aufklärung beschrieben, wie z. B. Aufklärungs-Satelliten entsprechend der früheren RAND-Studien. Aber es lagen weder Erfahrungen mit der Satellitentechnologie und der notwendigen Sensorik vor, noch waren die großen Booster, die einen entsprechenden Beobachtungssatelliten hätten in eine Umlaufbahn befördern können, vorhanden; sie standen erst am Beginn ihrer Entwurfsphase (z. B. die Antriebe für die Atlas-ICBM oder Thor-IRBM). Es ist zu bemerken, dass nach der damaligen Definition Raketen mit einer Reichweite von > 5500 km als ICBMs und die mit einer Reichweite von 1000 bis 3000 km als IRBMs eingestuft wurden.

Als Interimslösung wurde ein luftgestützter Höhenaufklärer im hohen Unterschallbereich vorgeschlagen, der weit über der maximalen Flughöhe der sowjetischen Jagdflugzeuge hinaus operieren und außerhalb der Reichweite der bekannten Luftabwehrraketen die Sowjetunion überfliegen kann. Des Weiteren sollte er mit einer Reihe Spezialkameras, einem leistungsfähigen *Electronic Intelligence* (ELINT) -System zur Erfassung von Radarsignalen und einem Seitensichtradar ausgerüstet werden können. Vom Seitensichtradar erhoffte man auf beträchtliche Abstände Ziele bei Nacht und bei schlechtem Wetter entdecken und abbilden zu können[144]. Das Flugzeug sollte sehr leicht und unbewaffnet sein und mit Flügeln extremer Streckung ausgerüstet werden. Einem Mitglied des Beraterteams, J.R. Killian vom MIT, hatte Clarence Kelly Johnson diese Idee vorgetragen. Präsident Eisenhower, der *Kelly* Johnson, den Leiter der geheimen Lockheed Skunk Works in Burbank persönlich kannte, ebenso wie seine früheren P-38 aus dem Zweiten Weltkrieg, stimmte mit einigem Unbehagen der Entwicklung als *Black Program* zu. Kelly Johnson hatte sich auch mit seiner Idee bei der USAF deshalb durchgesetzt, weil er dieses, von der Industrie als Projekt CL-282 bezeichnete Flugzeug, in acht Monaten bauen könne. Als Basis sollte der ganz neue Prototyp des *Starfighters* XF-104 dienen, der mit Flügeln großer Streckung ausgerüstet werden sollte, um die geforderte Höhe von über 65 000 ft zu erreichen. Aber es sollte kein USAF-Projekt werden.

Präsident Eisenhower beabsichtigte nicht, der USAF die Primärrolle bei der technischen Aufklärung für das Nachrichtenwesen zu überlassen. Dabei befürchtete er insbesondere, dass die USAF ihre Beschaffungsprogramme auf der Basis von Bedrohungsabschätzungen plant, die wiederum von Informationen herrührt, die nur sie allein sammeln, verarbeiten und interpretieren kann. Um eine objektivere Abschätzung der Bedrohung zu erhalten, wünschte Präsident Eisenhower, dass die CIA diese Aufklärungsaufgabe übernimmt. Vielleicht war Eisenhower nicht so sehr von der *Bomber Gap* Theorie überzeugt, mit der die USAF versuchte, mehr Mittel vom Kongress für eine eigene größere Bomberflotte genehmigt zu bekommen. Er befürchtete aber auch, dass, falls ein Höhenaufklärer in der Sowjetunion notlanden müsste, der politische Schaden geringer wäre, wenn die Maschine von einer zivilen Organisation betrieben und sie von einem zivilen Piloten gesteuert würde.

So kam es, dass die Lockheed *Skunk Works* (d.h. Kelly Johnson) von der CIA mit der Entwicklung des streng geheimen Programms *Aquatone* (früher Codename der U-2) beauftragt wurde. Die U-2 machte am 4. August 1955 den Erstflug von Groom Lake, Nevada, aus und erreicht in den nachfolgenden Tests den Höhenbereich von etwa 21 km und eine Flugdauer von 12h. Sie ermöglichte dann ab 1956 Überflüge

Lockheed U-2 Einbau von 3 A-2 Kameras. (USAF)

über die Sowjetunion. Die U-2 wurde aus Gründen der Tarnung als Forschungsflugzeug der NASA für Wetterphänomene bezeichnet und von der CIA eingesetzt.
Parallel zu den U-2 Plattformentwicklungen musste eine geeignete Sensorik bereitgestellt werden, die neben der fotografischen Abbildung von Zielen die Signalerfassung, die Teilchensammlung von Nukleartests und die Radarwarnung sowie die Auswertung der erfassten Information ermöglichte.
Die U-2 war so entworfen worden, dass verschiedene Nutzlasten recht einfach ausgetauscht werden konnten. Beispielsweise wurde je nach Einsatz die Nase samt Sensorik ausgetauscht. Andere Nutzlasten wurden hinter dem Pilotensitz installiert oder an den Flügeln als Pod aufgehängt. Für das Kamerasystem und die Filme ergaben sich infolge der großen Einsatzhöhen Anforderungen, die einen technologischen Quantensprung gegenüber den Kameras erforderte, die während des Zweiten Weltkrieges bei hoch fliegenden Plattformen verwendet wurden.
Bei den ersten Flügen der U-2, im Juli 1956 von Wiesbaden-Erbenheim aus, war die B-Kamera noch nicht fertiggestellt, und so kam es, dass drei A-2 Kameras für Vertikal- und Seitensicht mit 24 inch (60,9 cm) Brennweite aus dem USAF-Bestand eingesetzt werden mussten[136]. Diese Kameras wurden zuvor von James Baker speziell präpariert. Beim ersten Flug am 2. Juli 1956 gab es noch Probleme am Kamera-Rig mit der Stabilisierung, unter der die Fotoqualität erheblich litt. Als dann aber ab 4. Juli 1956 die ersten Flüge über der Sowjetunion begannen, war dieses Problem behoben und die Kameras funktionierten perfekt.

A-2 Kameras der U-2. (USAF)

Die Hycon Corp., in Monrovia Kalifornien, wurde mit dem Bau der speziellen Typ B-Kamera bzw. dem Modell 73B, beauftragt, an deren Entwicklung James Baker, ein Harvard Professor für Astronomie und Optik, beteiligt war. Die Kamera musste gegen alle translatorischen und rotatorischen Bewegungen stabil gehalten werden, um bei der erforderlichen langen Brennweite von ca. 40 inch (1 m) unscharfe Bilder zu vermeiden. Kodak entwickelte zu dieser Kamera einen hochempfindlichen Spezialfilm, mit einer Länge von ca. 1800 m, der etwa 4000 Paare von stereoskopischen Aufnahmen zuließ. Der feinkörnige Film wies eine Auflösung von 60 Linien pro mm auf. Unter sehr günstigen Bedingungen sollte die Bildauflösung im Bereich von 15 cm gelegen haben. In der Realität wurde aber die Auflösung durch Dunst, Staub, Schleierbewölkung oder Schlierenbildung verschlechtert. Die Kamera war schon damals mit einem Autofokus-System für alle Höhenbereiche versehen und besaß einen speziellen Belichtungsmesser, der Überbelichtung bei hohen Kontrastunterschieden minimieren konnte. Geht man davon aus, dass links und rechts von der Flugspur am Boden eine Breite von je 50 km zu erfassen war und die Streifenlänge, mit der das Gelände unter dem Flugzeug abgedeckt werden konnte, ca. 2600 sm (ca. 4180 km) betrug, dann war mit der U-2 eine maximale Abdeckung von 62,15 x 2600 sm^2 (etwa 418 000 km^2) mit dem mitgeführten Film möglich.
Zu diesem Vertikal-Kamerasystem kamen später noch andere, spezielle Kamerasysteme hinzu, wie z. B. Panorama- oder Seitensichtkameras langer Brennweite.
An die U-2 konnten darüber hinaus verschiedene Varianten von Antennensystemen für SIGINT Nutzlasten angebracht sowie deren Empfänger und Aufzeichnungsgeräte zur Erfassung von sowjetischen Kommunikations-, Telemetrie- und Radarsignalen eingebaut werden. Daneben wurden auch ganz andersartige Sensortypen wie z. B. *Sniffers* mitgeführt. Das sind Luftfilter, mit denen man versuchte, radioaktive Teilchen, die infolge von Nukleartests hoch in

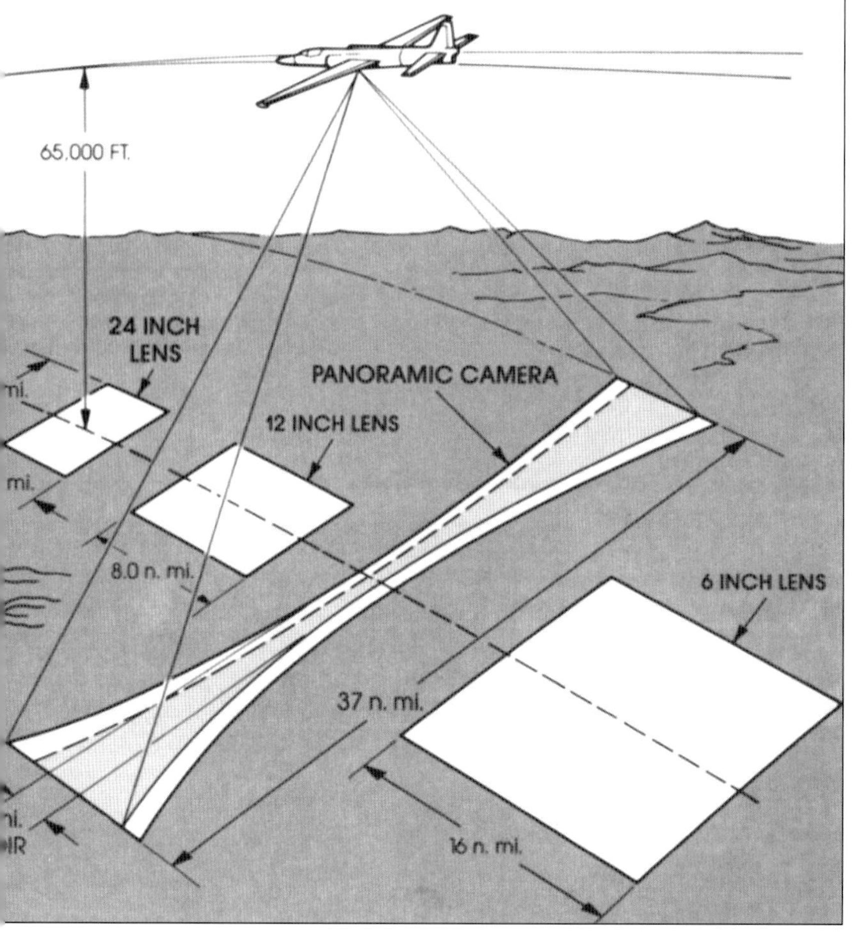

Lockheed-U-2-Geländeabdeckung verschiedener optischer Kameras. (USAF)

aufzubauen. Um im Ernstfall ihren Auftrag auch erfüllen zu können, war für das SAC die Verfügbarkeit von ausreichender Hintergrundinformation über ihre Ziele das Hauptproblem. Welche Waffen mussten gegen welche Zielkategorie eingesetzt werden, um sie zu zerstören? Wie waren sie geschützt? Wie sah der Anflugweg aus, wie war er von Frühwarnradaren abgedeckt, wo gab es Lücken, wo waren sowjetische Jagdstaffeln stationiert und wie sah die Bedrohung durch die sowjetische Boden-Luftabwehr im Zielgebiet aus? Die offenen Fragen waren so umfangreich, dass die gesamte US-Aufklärung nur noch für das SAC hätte arbeiten können, um erschöpfende Antworten geben zu können. General Curtis LeMay, der Kommandeur des SAC, sah in dieser Informationslücke die wesentliche Begründung dafür, dass der USAF die Einsätze der U-2 unterstellt werden müssen. Dies stieß auf den Widerstand der CIA, die die U-2-Flotte unter ihrer Kontrolle behalten wollten, denn weitere Dienste und Departments forderten laufend Information im Bereich der Technischen Aufklärung an, d.h. Informationen über die Leistungen der gegnerischen Waffensysteme, Kommunikations- und Transportsysteme, Industrieanlagen, landwirtschaftliche Produktion etc.

die Atmosphäre geschleudert wurden, zu sammeln. Weil man davon ausging, dass deren Konzentration im Bereich der nuklearen Testanlagen besonders hoch sein muss, fanden wahrscheinlich viele Überflüge in Kasachstan, d.h. insbesondere von Kapustin Yar, Say-Utes, Semipalatinsk und Aralsk statt.

Nachdem bereits 1951 das erste US *Synthetic Aperture Radar* (SAR) Patent erteilt wurde, erhielten die U-2 in der Folge die frühen Versionen dieses Sensortyps. Zusätzlich erhielt die frühe U-2 zum Selbstschutz ein einfaches Radarwarnsystem und einen Düppelverteiler.

Die Motivation für die Entwicklung und den Bau der US-Langstreckenbomber B-36, B-47 und B-52 war es, strategische Ziele in der Sowjetunion anzugreifen, sie zu zerstören und wieder zurückzufliegen. General Curtis LeMay erhielt den Auftrag, das *Strategic Air Command* (SAC) in der Offutt Air Force Base

Als die von Präsident Truman 1952 eingesetzte *National Security Agency* (NSA) beauftragt worden war, für das weite Feld der Signalaufklärung von Funk bis Radar, d.h. für SIGINT, verantwortlich zu zeichnen, entstand bei dieser ebenfalls ein dringender Bedarf an penetrierenden Aufklärungsplattformen. Für die Admiräle der Atlantik- und Pazifikflotte bestand ein vitales Interesse daran, zu wissen, wie viele U-Boote in der Sowjetunion gebaut und wie viele davon im

Atlantik bzw. im Pazifik eingesetzt werden. Den Korpskommandeuren an der innerdeutschen Grenze ging es um die Anzahl der russischen Panzer, die ihnen im Ernstfall gegenüberstehen würden sowie deren mögliche Bereitstellungsräume. Die USAF-Generäle, die die Aufgabe hatten, die Vereinigten Staaten vor einem sowjetischen Bomberangriff zu schützen, wollten wissen, wie viele Bomber den Angreifern zur Verfügung ständen, über welche Flugleistungen sie verfügten und welche Anflugwege sie wohl im Ernstfall in die USA nehmen würden. Es galt also, eine ungeheure Anzahl von Anfragen zu beantworten. Letzten Endes setzte General C. LeMay aber doch durch, dass wenigstens alle U-2-Piloten der CIA beim SAC ausgebildet werden. Endlich, im Jahre 1957, gelang es der USAF, die gewünschten eigenen U-2 zu erhalten.

Die U-2 war nicht ganz unproblematisch im Betrieb. Der Pilot musste etwa 10 h im Druckanzug fliegen und zuvor einige Zeit reinen Sauerstoff atmen, um einer Gasembolie durch Stickstoff vorzubeugen. In großen Flughöhen lagen die oberen und unteren Geschwindigkeitsgrenzen im Bereich von Mach 0,7 sehr nahe beieinander. Beim ungepfeilten Flügel der U-2 trat beim Überschreiten dieser Geschwindigkeit *Buffeting* (Schütteln) durch lokale Transschallströmung und beim Unterschreiten *Wingstall,* d.h. Strömungsabriss bei zu großen Anstellwinkeln ein. Darüber hinaus war eine Landung mit dem zentralen Fahrwerk besonders schwierig. Es gingen einige Maschinen verloren, als sie mit einer Flügelspitze Bodenberührung bekamen. Diese konnte leicht bei schon geringem Seitenwind eintreten. Daher musste bei der Landung ein Begleiter mit einem PKW hinter der U-2 herfahren, um den Piloten über Funk vor der Bodenberührung der Flügelspitzen zu warnen.

Die ersten beiden U-2 (die damals noch unter dem Decknamen *Article 347* liefen) sollten unter größter Geheimhaltung im April 1956 zur RAF Lakenheath nach England verlegt werden und die 1st *Weather Reconnaissance Squadron* bilden. Als der britische Premierminister Anthony Eden aber die Genehmigung des Betriebs der U-2 von Großbritannien aus widerrief, hatte der CIA ein massives Problem. Grund des Widerrufs war der Tod des britischen Froschmanns L. Crabb in der Themse, der einen sowjetischen Kreuzer inspizieren sollte, als dieser zu einem Goodwillbesuch in London angedockt lag. Eden wünschte keine weiteren Belastungen der sowjetisch-britischen Beziehungen, die sich aus Überflügen der U-2 von Großbritannien aus hätten ergeben können. Die U-2 wurden von England nach Wiesbaden-Erbenheim verlegt. Der damalige Bundeskanzler Konrad Adenauer (1949-63) hatte keine Probleme damit[136]. Die ersten U-2 Flüge in die Sowjetunion fanden daraufhin ab 4. Juli 1956 von Wiesbaden aus statt, auf einem Flugweg, der über Moskau nach Leningrad und entlang der Ostseeküste führte, bevor die Maschine nach Wiesbaden zurückkehrte. Die zurückgebrachten Aufnahmen waren von vorzüglicher Qualität und bestätigten das neue Aufklärungskonzept. Weitere Flüge gingen über die Ukraine und andere wichtige strategische Ziele. Aufgabe der Erkundungsflüge war es, im Wesentlichen die Stützpunkte der sowjetischen Bomber- und Jagdflugzeug-Flotte, den aktuellen Stand der ballistischen Raketenbauprogramme, neue Raketenstartplätze, den Fortschritt des Atomenergieprogramms und den Aufbau von Kernwaffenarsenalen sowie das U-Bootprogramm und die Schiffswerften zu erkunden. Daneben waren für die CIA auch die Erstellung neuer militärischer Einrichtungen wie Transportsysteme, Luftabwehrbatterien, Stellungen von Luftraumüberwachungsradaren u.a. von größtem Interesse. Eine 2nd *Weather Reconnaissance Squadron* (Detachment B) wurde im August 1956 nach Incirlic, außerhalb von Adana in der Türkei, und eine Dritte nach Atsugi in der Nähe von Tokio verlegt. Auch von Pakistan aus wurden Überflüge der Sowjetunion durchgeführt. Diese Überflugsrouten, sowohl von der Türkei als auch von Pakistan aus, wurden wegen der weniger dichten Luftraumüberwachung und der schwächeren Luftabwehr als weniger riskant eingeschätzt als die Flüge von Westdeutschland aus.

1958 verlegte das U-2 Detachment A von Wiesbaden-Erbenheim nach Giebelstadt[136], Oberfranken, und blieb dort bis 1961. Die Sowjets hatten die Starts und Landungen bei Wiesbaden erfasst und protestiert. Eisenhower, der persönlich jeden Flug genehmigen wollte, ließ danach für einige Zeit nur noch U-2 Flüge über die sowjetischen Satellitenstaaten wie Albanien, Bulgarien, Rumänien und Jugoslawien zu, bevor dann wieder Überflüge der Sowjetunion genehmigt wurden.

Am 1. Mai 1960 wird eine U-2 mit Pilot Francis Gary Powers über Swerdlowsk durch eine Salve der Boden-

Luft Lenkwaffe SA-2 abgeschossen. In den nahezu vier Jahren, in denen die U-2 bis zum Abschuss von Powers über der Sowjetunion eingesetzt wurde, sind eine Vielzahl von Überflügen durchgeführt worden, die über Osteuropa, die westliche Sowjetunion, die Ukraine, in den Süden nach Kasachstan und tief in das östliche sowjetische Hinterland, über Sibirien und über die Kamtschatka Halbinsel führten. Es fanden auch Flüge von Bodö in Norwegen aus statt. Von dort aus konnte z. B. das Zentrum für Nukleartests auf Nowaja Semlia erreicht werden. Ein Nord-Süd Flug von Norwegen in die Türkei, über die westliche Sowjetunion hinweg bis nach Incirlic, führte auch über die Raketentestzentren in Plesetsk im Norden und Kapustin Yar im Süden der Sowjetunion. Die Aufklärungseinheit aus Incirlic (oder das Detachment 10-10, wie es genannt wurde) startete gelegentlich zu Einsätzen von Peschawar, in Pakistan, aus, wo es öfters hinverlegt wurde. Von dort aus konnten die Produktionsanlagen von nuklearen Gefechtsköpfen in der Nähe von Alma-Ata, das sowjetische Nukleartestzentrum in Semipalatinsk, die *Anti Ballistic Missile* (ABM) Testeinrichtung in Sary Sagan sowie die Raketentesteinrichtungen in Tjuratam in der kasachischen Steppe (heute Baikonur) erreicht werden, bevor der Flug zurück in den Osten des Irans führte. Bis zur Flucht des Schahs Reza Pahlewi, im Januar 1979, hatten die USA ein sehr freundschaftliches Verhältnis mit dem Iran, das sich erst nach dessen Abdankung und der Machtübernahme durch den iranischen Revolutionsführer Ayatollah Khomeini total verschlechterte.
Obwohl einige sowjetische Luftüberwachungsradare die U-2 bei ihren Überflügen entdecken konnten, gab es doch über vier Jahre kein Mittel diese Überflüge zu stoppen. Die Gesamtheit der Einsätze lieferte der CIA eine Unmenge an Bildern und Daten, wie z. B. über den Fortschritt der sowjetischen Nuklearwaffenentwicklung, über den Stand des Testprogramms der ballistischen Raketen, der ICBM und IRBM, über das Bomberprogramm, Koordinaten und Arbeitsweisen von Frühwarnradaren, Luftabwehrstellungen, U-Boot Bunker und Produktionsanlagen sowie über mögliche Anflugwege der US SAC Bomber im Ernstfall. Bei diesen Einsätzen soll eine U-2 1957 die erste russische *Intercontinental Ballistic Missile* (ICBM), Koroljows R-7 (SS-6), mit einer Reichweite von 8000 km, auf ihrem Startplatz in Tjuratam entdeckt haben. Es ist anzunehmen, dass noch vor dem U-2 Abschuss, bei der Vielzahl systematischer Überflüge, bereits ein Großteil der sich bis dahin im Bau befindlichen oder schon existierenden sowjetischen Raketensilos erfasst worden waren. Diese Überflüge beantworteten viele Fragen, sie beendeten aber auch die Behauptung der USAF, dass *Bomber* und *Raketen Gaps* zuungunsten der USA existieren würden. Die Auswertung der vorliegenden Bilder bei der CIA führte eindeutig zu dem Ergebnis, dass die Sowjetunion bis 1960 über deutlich weniger Bomber und ballistische Raketen großer Reichweite verfügte, als dies bisher von der USAF behauptet wurde.
Mehr Information über den Fortgang der sowjetischen Kernwaffenentwicklung zu erhalten, erhielt eine hohe Priorität bei den U-2-Aufklärungsaktivitäten. Dazu waren Erkenntnisse über die Förderung von Uranerz durch Bergbauunternehmen, wie z. B. im sächsischen Erzgebirge durch die Sowjetisch-deutsche Aktiengesellschaft (SDAG) *Wismut* und aus dem Gebiet um das frühere St. Joachimsthal in der Tschechoslowakei notwendig. Hinzu kamen Erkenntnisse über die Ausrüstung der Minen mit schwerem Gerät, zum Strom- und Wasserverbrauch und über die Züge und Transportwege, die das Uranerz zur weiterverarbeitenden Industrie (d.h. zu Anlagen für die Isotopentrennung oder zu Reaktoren zur Plutoniumaufbereitung) nahm. Hieraus konnte von Experten geschlossen werden, wie viel waffenfähiges Uran (U235) und Plutonium (Pu239) produziert werden konnte und wie ernst man Chruschtschows Drohungen bezüglich der Herstellung von nuklearen Gefechtsköpfen nehmen musste. Eisenhower war persönlich davon überzeugt, dass es sich bei den Aussagen Chruschtschows häufig um Bluff handelt.
Der Abschuss der U-2 war schon lange zuvor von US Experten befürchtet worden. Die SA-2 *Guideline,* die Powers U-2 zum Verhängnis wurde, war der Öffentlichkeit bereits in Moskau bei einer Maiparade vorgestellt worden und war damit auch der CIA bekannt. Etwa ab Mitte 1959 wurden U-2 Piloten angehalten, möglichst SA-2-Stellungen zu umfliegen. Die Befürchtungen wuchsen, aber niemand war aufgrund des Informationsgewinns bereit, der mit jedem Flug einherging, den Betrieb einzustellen. Eisenhower war nach diesem Ereignis gezwungen, die bemannten Überflüge zu beenden. Eine für den 17. Mai 1960 in Paris angesetzte Gipfelkonferenz der vier Groß-

mächte scheitert an diesem U-2 Zwischenfall. Der sowjetische Ministerpräsident Chruschtschow lässt die Konferenz einfach platzen. Er fordert den US-Präsidenten Eisenhower ultimativ auf, sich zu entschuldigen, der dieser Aufforderung jedoch nicht folgt.
Offensichtlich war mit der Einführung der SA-2 die Flughöhe der U-2 nicht mehr ausreichend, um sich gefahrlos über der Sowjetunion bewegen zu können. Man musste also mit den Aufklärungssensoren auf noch auf viel größere Flughöhen steigen, d.h. letzten Endes mit Satelliten auf Erdumlaufbahnen, wie es die früheren RAND-Studien bereits empfahlen.
Nach Abbruch der Flüge über der Sowjetunion war aber die U-2 keinesfalls am Ende ihrer Verwendung angelangt. Sie sollte bereits wieder ab 1962 in der Kuba Krise in Erscheinung treten. Die U-2 wurde ständig weiterentwickelt zur U-2R (1967) (später zur TR-1 (1981) bzw. U-2S (1990)). Für die U-2 wurden die Sensoren für abbildende und signalerfassende Aufklärung ständig weiterentwickelt. Die U-2 war der erste Träger, der mit Sensoren ausgerüstet wurde, die eine wirksame Abstandsfähigkeit gegen stark verteidigte Ziele zuließ. Ihre Flughöhe lag bei über 20 km und die maximale Geschwindigkeit bei etwa 740 km/h. Mit einer maximalen Flugzeit von etwa 12 h konnte die U-2 eine Strecke von mehr als 8000 km zurücklegen.
Wie bereits erwähnt, war die luftgestützte Aufklärung an der Peripherie der Sowjetunion schon vor dem Abschuss der U-2 über Swerdlowsk mit erheblichen Verlusten verbunden. Bis zu diesem Zeitpunkt haben sowjetische Jagdflugzeuge rund 40 US und alliierte Aufklärungsflugzeuge abgeschossen[46]. Jedoch nach dem Verlust der U-2 erkannten die USA, dass der Überflug der Sowjetunion nur noch mit hoher Überschallgeschwindigkeit in noch größeren Höhen oder mittels Satelliten möglich ist. Wiederum wurde Clarence *Kelly* Johnson bei Lockheed beauftragt ein Flugzeug zu entwickeln, das diesen Kriterien entsprach. Es entstand die SR-71 *Blackbird,* welche Flughöhen von ca. 30 km und die Geschwindigkeit entsprechend einer Machzahl von mehr als 3,5 (ca. 3700 km/h) erreichen konnte[102]. Erste Testflüge fanden ab 1964 statt. Die SR-71A ging 1966 in Dienst und wurde bis 1989 eingesetzt. Ende der 80er Jahre war erkannt worden, dass die UdSSR mit den Luftabwehrsystemen SA-12A/B *Gladiator* und *Giant* wiederum über eine Luftabwehr verfügte, die selbst für die SR-71 gefährlich werden konnte. Aber die SR-71 war ohnehin nur als Zwischenlösung bis zur Existenz eines allwetterfähigen globalen Netzes von Beobachtungssatelliten gedacht.
Neben der strategischen Aufklärung gingen in den USA die Entwicklungen auch bei kleineren Aufklärungssystemen, für den operativen und taktischen Bereich, zügig weiter.
Für die US-Army wurde in den 50er Jahren im taktischen Bereich die zweimotorige Grumman OV-1A *Mohawk* entwickelt. Sie war mit *Short Take-off and Landing* (STOL) Eigenschaften für den Betrieb nahe der Frontlinie ausgestattet.
Die ersten 9 *Pre-Production* Maschinen flogen erstmals am 13. April 1959. Als Basisversion setzte die US-Army die OV-1A mit einer KA-30 Kamera ein. Daneben aber auch die OV-1B mit einem *Sidelooking Airborne Radar* (SLAR), dessen Antenne in einem langen Pod unter dem Vorderrumpf installiert war. Eine weitere OV-1C Version wurde mit IR-Sensorik geflogen.
Da die bereits 1949 gegründete *North Atlantic Treaty Organization* (NATO) (siehe Kap. 12) über keine eigenen Mittel zur Informationsbeschaffung verfügte, musste sie sich Kenntnisse über Waffensysteme, Kommunikation, Transportsysteme, industrielle und landwirtschaftliche Produktion, Atomenergie-Programme, aber insbesondere über die Anzahl und Qualität der Panzerwaffe und der Luftstreitkräfte des Warschauer Paktes aus nationalen Quellen beschaffen und diese befanden sich bei den Allianzpartnern. Diese Grundlagendaten kamen seit 1952 im Wesentlichen von den USA (CIA, NSA, USAF) und UK. Aber auch später haben, zumindest im Bereich der innerdeutschen Grenze, u.a. der Bundesnachrichtendienst (BND) und die COMINT-Aufklärer in den Türmen entlang der Grenze sowie die deutsche Luftwaffe und Marine mit der Breguet Atlantic *ATL1-M*-Version wertvolle Beiträge erbracht.
Bei der Gipfelkonferenz am 18. Juni 1955 in Genf hat Präsident Eisenhower den Verhandlungspartnern des Warschauer Pakts die Idee für *Open Skies*[145] als vertrauensbildende Maßnahme vorgetragen. Ihm ging es darum, neue Wege zu eröffnen und den Rüstungswettlauf zu stoppen. Dies sollte durch gegenseitige Befliegung von militärischen Anlagen mit optischen Sensoren erreicht werden. Der sowjetische Ministerpräsident N. Chruschtschow lehnte jedoch den Vorschlag

Grumman OV-1B Mohawk. (US Army)

ab. Chruschtschow war nicht willens, wie er sich damals ausdrückte, US Spionageflüge über der Sowjetunion auch noch zu sanktionieren. Eine Außenministerkonferenz der vier Großmächte, am 15. November 1955, zu diesem Thema verlief ohne Ergebnisse. Die Londoner Abrüstungskonferenz scheiterte an der sowjetischen Ablehnung von Inspektionen aus der Luft.

Sensorik

Nach dem Zweiten Weltkrieg wurde der Ruf von Kommandeuren in der NATO nach Aufklärungsmitteln in der Nacht und bei schlechtem Wetter immer lauter. Die Umgebungsbedingungen diktieren den Einsatz geeigneter Sensoren in Europa und in Asien. In diesen Gebieten können im Sommer Sensoren im visuellen Bereich während etwa 32%, Infrarotsensoren während ca. 76% sowie Radar und ELINT/COMINT-Sensoren während ca. 95% der Zeit eingesetzt werden. Im Winter sind visuelle Sensoren während etwa 12 %, Infrarot Sensoren während etwa 43% sowie Radar und ELINT/COMINT während etwa 95% der Zeit verwendbar. Dies sind Erfahrungswerte, die im Zweiten Weltkrieg und in den ersten Jahren des Kalten Krieges ermittelt wurden. Nachtsicht und Allwetterfähigkeit wurden die Schlagworte dieser Epoche.

In den USA erfolgte etwa ab Mitte der 70er Jahre die Herausgabe einheitlicher Vorgaben für die erforderliche Auflösung optischer Sensoren zur strategischen und taktischen Aufklärung. Die US strategische Aufklärung[87] teilte die Aufgaben in *Entdeckung, generelle Identifikation, präzise Identifikation und Beschreibung* und die taktische Aufklärung[84] in *Entdeckung, Erkennung, Identifikation und Technische Analyse* auf. Weiter unterteilt wurden die Ziele in 21 Kategorien, d.h. von Brücken über Flugzeuge und Fahrzeuge bis hin zu aufgetauchten U-Booten. Beispielsweise schrieb die taktische Aufklärung für die Entdeckung von Flugzeugen 15 ft (4,5 m), für deren Erkennung 5 ft (1,5 m), für die Identifikation 6 in (0,15 m) und für die Technische Analyse 1,5 in (3,8 cm) vor. Die strategische Aufklärung gab für Raketenabschussbasen folgende Forderungen an die Auflösung vor: Entdeckung 10 ft (3 m), generelle Identifikation 5 ft (1,5 m), präzise Identifikation 2 ft (0,6 m) und für die technische Beschreibung 1 ft (0,3 m).

Zur Vereinheitlichung der militärischen Auswertung wurden innerhalb der NATO, entsprechend den US-Forderungen für den abbildenden Bereich der Aufklärung, 19 Zielkategorien definiert und in der STANAG 3596 zusammengefasst. Darin sind für jede Zielkategorie die entsprechenden notwendigen optischen Auflösungen zur Entdeckung, Erkennung, Identifikation und Technische Analyse festgehalten. Diese Forderungen stellten die Messlatte für die Entwicklung neuer Sensoren oder die Verbesserung der bereits Vorhandenen dar. Mit dem Aufkommen neuer Sensoren, auch in anderen Bändern des elektromagnetischen Spektrums über den visuellen Bereich hinaus, wurden obige Vorgaben als Anhaltswerte genommen.

Die Leistung der abbildenden Aufklärungssensorik wird gemessen an der Bildqualität, d.h. an der geometrischen und spektralen Auflösung sowie an ihrer Wetterabhängigkeit. Die Güte der Georeferenzierung, d.h. die Fähigkeit einen möglichst präzisen Ortsbezug einer Zielposition herzustellen, wird bei unterschiedlichen Sensoren durch deren Verzerrung erschwert. Abbildungen bedürfen der Korrektur.

Für die abbildende Aufklärung sind, seit Anbeginn bis heute, die Augen der wesentliche Sensor und das Referenzsystem, an dem alle anderen bilderzeugenden Sensoren gemessen werden. Bei diesen Systemen sind fotografische Abbildungen meist das Kriterium für die Akzeptanz neuer Sensor-Entwicklungen in anderen Wellenlängen.

Der Begriff *Fotoaufklärer,* wobei der Träger Satellit, Flugzeug oder *Unmanned Air Vehicle* (UAV) keine Rolle spielt, wird häufig missverständlich gebraucht. Dieser Begriff galt irrtümlicherweise auch noch in der Zeit für Bildprodukte, die nicht nur von der Fotokamera stammten, sondern auch von einer Reihe anderer abbildender Sensoren, die über den visuellen Spektralbereich hinaus empfindlich waren und bildhafte Information lieferten.

Hierzu zählen auch:

- Abtastsysteme (Scanner)
  Opto-mechanische Bildabtaster
  Opto-elektronischer - Bildabtaster mittels CCD-Array
- TV – und FLIR (Wärmebild) – Kameras
- Restlichtverstärker und
- Multispektrale Kameras

Wirkliche allwetterfähige Sensoren für den Tag- und Nachteinsatz standen der Aufklärung erst mit dem Erscheinen des hochauflösenden *Synthetic Aperture Radars* (SAR) zur Verfügung.

Optische Sensoren

Optische Sensoren, im sichtbaren Wellenlängenbereich des Lichts, ermöglichen es bei Tageslicht und entsprechenden Sichtverhältnissen Abbildungen mit unübertroffener Qualität in der Auflösung zu erzeugen, sodass Auswerter zuverlässig Ziele entdecken, erkennen und identifizieren können. Der Maßstab, also das Verhältnis von Bildgröße zu Gegenstandsgröße, ist das wichtigste Merkmal eines Luftbildes.

Die frühen Aufklärungskameras im Ersten Weltkrieg arbeiteten teilweise noch mit einer Fotoplatte. Später wurde aber noch im Ersten Weltkrieg Fotokameras mit Rollfilm eingesetzt. Konventionelle Luftbildkameras zeichnen die durch Reflexion des Sonnenlichts erzeugten Helligkeitsunterschiede aller Objekte am Boden auf. Luftbildkameras sind bezüglich Verzerrungsfreiheit optimiert. Um breite Streifen abbilden zu können, wurden Mehrlinsensysteme (bis zu 5 Linsen) entwickelt, die auf einem breiten Film parallele Bildreihen erzeugen, um möglichst ein Blickfeld von Horizont zu Horizont abzudecken.

Die Filmkassetten der Reihenbildkameras im Zweiten Weltkrieg fassten Filmbänder bis zu 120 m Länge. Neben hochauflösenden Schwarz-Weiß-Filmen standen ab Mitte bis Ende der 30er Jahre auch Farbfilme, Infrarotfilme und Falschfarbenfilme (Infrarotfarbfilme) zur Verfügung.

Die Möglichkeit durch Bildüberlappung (im Allgemeinen 60% oder mehr Längsüberdeckung) Stereobilder zu erhalten, wurde erst nach dem Ersten Weltkrieg mit der automatischen Reihenbildkamera perfektioniert. Dabei steuert ein Überdeckungsregler die Belichtungsfolge. Bei mehreren Bildstreifen wird meist eine Überdeckung des Nachbarstreifens von etwa 30% angestrebt (Querüberdeckung). Bis heute werden optische Kameras mit Rollfilmen in modernen Aufklärungssystemen verwendet (z. B. Recce Tornado und CL-289). Die Auflösung dieser Ka-

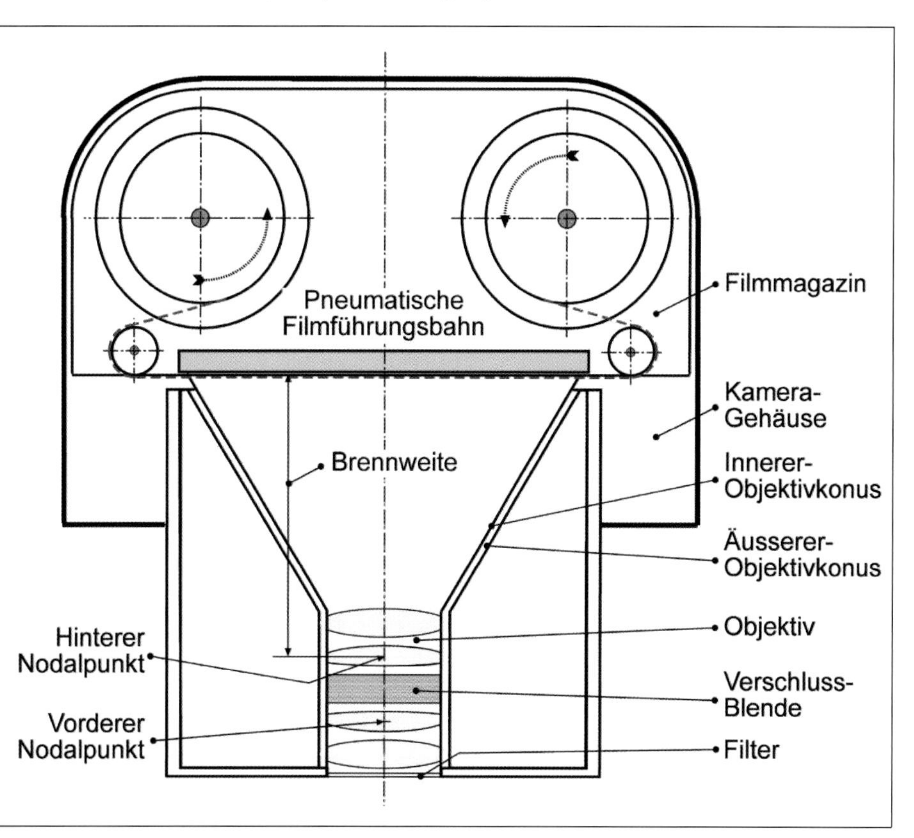

Schema einer Reihenbildkamera. (K. Zuckermann)

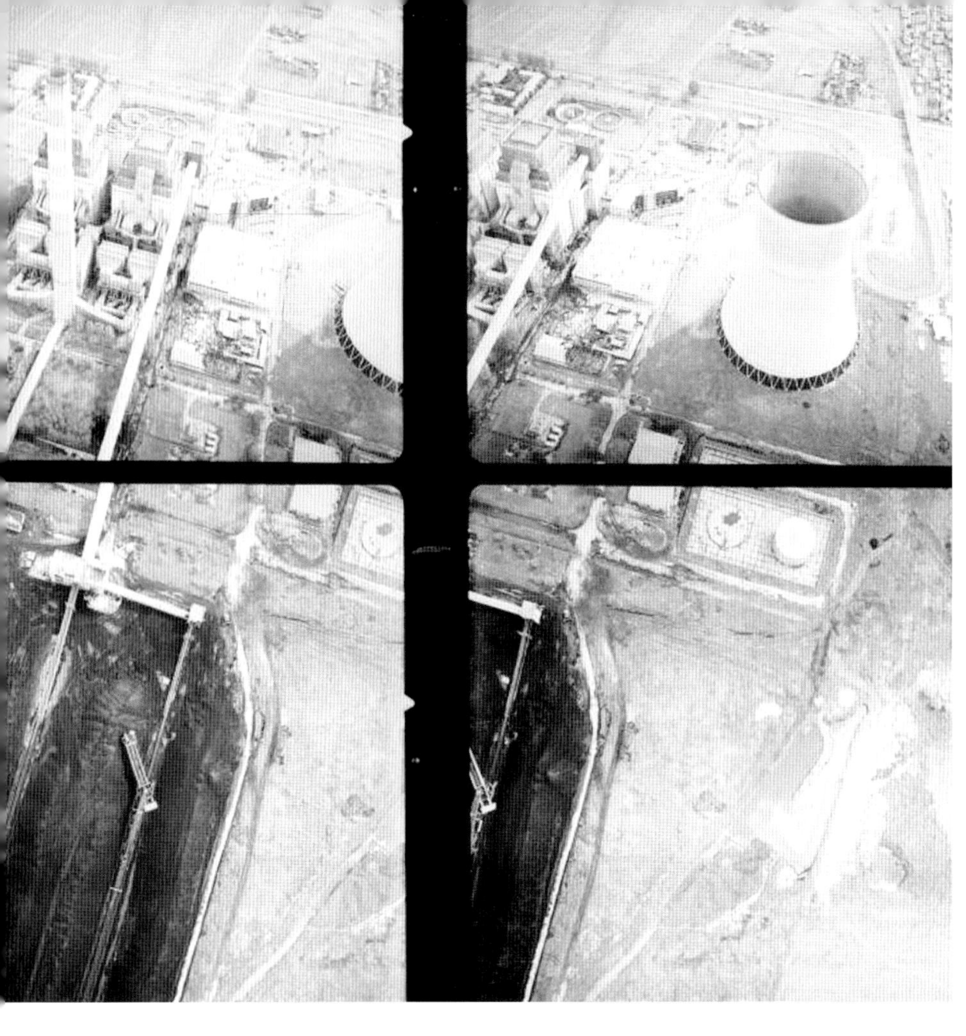

CL-289, Beispiel einer Bildüberlappung für Stereoauswertung. (BWB)

meras ist bisher von digitalen Kameras nicht übertroffen worden. Die militärische Luftbildauswertung erfordert ausgebildete Auswerter, die Stereoluftaufnahmen interpretieren können und sowohl Höhendaten für die Artillerie als auch genaue Zielkoordinaten durch Vergleich mit Kartendaten (heute mit digitaler Karte) ermitteln können. Um auch bei Nacht fotografische Bilder zu gewinnen, wurden Tiefflugeinsätze mit Blitzlicht und mit *Flares* experimentiert. Um die notwendige Vergrößerung bei großen Zielentfernungen, wie sie bei hoch fliegenden Flugzeugen oder Satelliten auftreten, zu erreichen, wurden Optiken mit extrem langer Brennweite entwickelt. Bei diesen hochwertigen Optiken wurde ein hoher Aufwand zur Korrektur der Abbildungsfehler und der Verzerrung betrieben. Drei Teleskoptypen wurden im Wesentlichen eingesetzt, das Linsenteleskop, Spiegelteleskope (wie z. B. der Newton-Reflektor) und das Schmidt-Cassegrain-Teleskop. Letzteres war durch seine geringe Einbaulänge besonders bevorzugt.

Das Auflösungsvermögen von Luftbildkameras wird als ein Maß für die Unterscheidbarkeit einer Anzahl von *Schwarz-Weiß*-Linien pro Millimeter auf farblosem Hintergrund definiert. Sowohl die Qualität der Optik als auch die Korngröße des Films bestimmen das Auflösungsvermögen. Da dieses aber auch von dem Verhältnis Brennweite zu Objektivdurchmesser beeinflusst wird, bewirkt die Verlängerung der Brennweite bei festem Objektivdurchmesser eine Verschlechterung der Auflösung.

Die Qualität eines Films wird durch Auflösung, Empfindlichkeit und Gradation bestimmt. Feinkörnige Filmemulsionen haben eine niedrigere Empfindlichkeit als solche mit einem gröberen Korn, jedoch ein höheres Auflösungsvermögen und meistens auch eine steilere Gradation. Da Luftbildaufnahmen in der Regel kontrastarm sind, zeichnet sich ein Film hoher Qualität dadurch aus, dass kontrastarme Objekte gut unterschieden werden können. Als Beispiel sei der Film Kodak Panatomic Arecon II Nr. 3412 erwähnt, der bei hohem Kontrast 400 Linien auflösen kann, aber bei geringem Kontrast noch 160[84]. Für den Auswerter ist in erster Linie das Bodenauflösungsvermögen interessant. Die Bodenauflösung hängt vom Auflösungsvermögen des Objektivs, des Films und vom Maßstab ab. Das hat z. B. für optische Satelliten, wie z. B. den KH-8 der CIA (1966) (siehe Kap. 9), bedeutet, dass dieser auf niedriger Umlaufbahn betrieben wird, die Optik mit langer Brennweite ausgestattet und die Qualität von Optik und Film optimal angepasst sein musste. Bei einer

Brennweite der Optik von etwa 240 inch bzw. etwa 6 m und einer Film-Auflösung von ca. 100 Linien/mm hätte man bei einer niederen Bahnhöhe von 160 km, eine Auflösung von 1 ft (30 cm)[85] erreichen können. Ende der 80er Jahre lag die Filmauflösung bei etwa 800 Linien/mm. Bei Annahme der obigen Bahndaten und Brennweite ergibt sich, dass mit speziellen Luftbildkameras in diesem Falle eine theoretische Bildauflösung von 10 cm erreicht werden könnte. Von diesem Auflösungsvermögen musste man etwa bei *Big Bird* (KH-9), falls er bei einer Orbithöhe (im Perigäum) von etwa 150 km eingesetzt wurde, ausgehen. Diese Abschätzung lässt darauf schließen, dass bei guten Sichtbedingungen eine Technische Analyse einer großen Zielklasse (z. B. ICBMs und deren Silos) theoretisch möglich war.

Die Herstellung raumgestützter optischer Sensoren und die verschiedenen Formen der Aufzeichnung und Übertragung der Bildinformation zu Bodenstationen hat eine lange Entwicklungsgeschichte hinter sich, wie später noch ausgeführt wird. Durchgesetzt gegenüber dem Film hat sich die optoelektronische Bildabtastung, bei der Bilder unmittelbar ausgelesen und an Bodenstationen übertragen werden können. Hierbei wird im einfachsten Fall in der Brennebene des Strahlenganges eine Matrix mit lichtempfindlichen elektro-optischen Detektoren mit ladungsgekoppelten Schaltungen *(Charged Coupled Devices* (CCD)) installiert. Im Jahre 1972 wurde die erste CCD erfunden. Jede CCD besteht aus einer lichtempfindlichen Schicht, bei der die empfangenen Photonen Elektronen herausschlagen, die in einem darunterliegenden Speicherchip gesammelt werden. Über die Elektronenzahl ist die Lichtstärke zu messen. Es entsteht also aus dem in die Kamera einfallenden Lichtmuster eine Matrix von diskreten Ladungen, die digitalisiert, Zeile für Zeile ausgelesen und anschließend als Zahlenfolge für die Bildübertragung zum Boden aufbereitet werden. Nach dem Empfang am Boden wird dieser Prozess rückgängig gemacht, um am Bildschirm des Auswerters wieder ein analoges Bild zu erzeugen. Die Auflösung hängt in diesem Fall, bei einem festen Öffnungswinkel (bzw. Brennweite), von der Größe der Bildelemente *(Picture Elements* bzw. *Pixels)* der zuvor erwähnten CCD Zeile und der Entfernung zum Boden ab. Heute erreicht man bei flächigen CCDs etwa 8-10 Mikrometer pro Pixel. CCDs gibt es in zwei Varianten, und zwar als Scanzeilen oder als flächige Chips (Staring Sensor). Bilder moderner CCD-Kameras verfügen über viele Millionen Pixels *(Mega Pixels* (MPx)). Bei der raumgestützten Aufklärung ist anzunehmen, dass die Scanzeile oder mehrere davon gegenüber der vollen Matrix den Vorzug erhalten, da die Vorwärtsbewegung des Satelliten den Bildaufbau unterstützt *(Push Broom),* d.h., das Bild wird aus mehreren schmalen Einzelzeilen zusammengesetzt. Vorteile des optoelektronischen Scanners sind die hohe Zuverlässigkeit der Abtastung und die simultane Aufnahme der Reflexionswerte einer Zeile. Dadurch entstehen lückenlos, überlappungsfreie Aufnahmen einer Zeile und kein Panoramaverzug. Anfänglich waren nur Aufnahmen im sichtbaren Bereich möglich; später wurde dieser auch mit zusätzlichen Zeilen in den IR-Bereich ausgedehnt. Durch wechselnde Brennweiten der Optik sind veränderbare geometrische Auflösungen zu erzielen.

Es wird angenommen, dass jede der beiden CCD-Kameras, die an Bord des im Februar 1986 gestarteten französischen SPOT 1 Satelliten installiert war, bereits über 6000 Detektorelemente in der Zeile verfügte. Insgesamt waren 3 Scanzeilen für den roten, gelben und grünen optischen Bereich installiert. Mit 6000 Bildpunkten auch in der Spalte ergab sich ein Bild mit 36 MPx. Dabei ist zu beachten, dass die Detektorzeilen entsprechend der Vorwärtsgeschwindigkeit seriell das Bildformat aufbauen. *Time Delay and Integration* (TDI) wird eine verschmierungfreie Abbildungstechnik bei schnellen Vorgängen genannt. Dabei werden die Bildpunktzeilen so mit der Vorwärtsbewegung des Sensorträgers synchronisiert und ausgelesen, dass ein zusammenhängendes Bild entsteht. Der Ladungswert jedes Bildelements einer Zeile wird in einem Puffer gespeichert und durch die Ladungswerte der folgenden Zeilen ergänzt (integriert). Der Effekt ist eine Bewegungskompensation. Die TDI CCD Arrays, bestehen aus polykristallinem Silizium, mit vielen Bildpunkten pro Zeile. Wenige Zeilen haben sich besonders für Aufklärungsapplikationen geeignet erwiesen, die eine hohe Auslesegeschwindigkeit erfordern. Jede der Bildzeilen wird so ausgelesen und integriert, dass ein Bild mit gutem Kontrast entsteht. Bei einer Brennweite von 1,10 m erreichte man dann bei SPOT 1 aus 830 km Höhe eine Bodenauflösung von etwa 10 m[82].

Obwohl die Auflösung der CCD-Kameras der US Aufklärungssatelliten vom Typ KH-11 und Advanced

KH-11 streng geheim gehalten wurde, behaupteten Experten, dass mit der verfügbaren Technologie eine Auflösung von etwa 10 cm erreichbar erscheint[86]. Bei extrem niedrigen Orbits scheint die Auflösungsgrenze optischer Aufklärungssatelliten, unter sehr günstigen Umständen, im Bereich von etwa 7-10 cm zu liegen. Hier setzen die Lichtstreuung durch Luftverschmutzung und Turbulenzen in der Atmosphäre der Auflösung Grenzen.

Infrarot Sensoren

Die Physik der Infrarotstrahlung war lange schon bekannt, bevor sich eine breitere militärische Anwendung von Infrarot-Technologie nach dem Ende des Zweiten Weltkriegs entwickelte. William Herschel entdeckte etwa 1800 die Infrarot-Strahlung. James Maxwell demonstrierte Ende des 19. Jahrhunderts den Wellencharakter des Lichts, wobei er nachwies, dass sich Wellenlängen bzw. Frequenzen mit der Farbe änderten. In Deutschland wurden zwar schon während des Zweiten Weltkrieges mit *Thalliumsulfid* Detektoren experimentiert *(Thalofide Zellen),* die dann schnell zur Entwicklung von *Bleisulfid* (PbS) Detektoren führte, die besonders im 2µm Wellenlängen-Bereich empfindlich waren. Durch Wandlung der elektrischen Signale der Detektoren in akustische konnten einfache Warnanlagen gebaut werden. So wurde auf deutscher Seite ab Ende 1943 die Küstenüberwachung von Dover und die Lokalisierung alliierter Flugzeuge u.a. auch durch IR-Sensorik und Kopfhörern ermöglicht[83].

Bereits seit Anfang der 60er Jahre erschien es für die Streitkräfte der NATO dringlich über abbildende Sensoren zu verfügen, die sowohl Tag- und Nachtsicht unter eingeschränkten Sichtverhältnissen (z. B. Dunst) als auch die Entdeckung getarnter Fahrzeuge und Menschen ermöglichen. Mit IR-Sensoren gelang ein erster Schritt der verbesserten Nachtsicht.

IR-Geräte bestehen im Allgemeinen aus einer optischen Einheit, einer Abtasteinheit der Szene, einer Detektoreinheit, die aus einem Detektor oder vielen Elementen bestehen kann, mit einem Kühlsystem für die Detektoren, einer elektronischen Signal-Verarbeitung und einem Darstellungsmedium; dieses in Form eines Bildschirms oder eines Films.

Atmosphärische Durchlässigkeit zwischen 0,1 und 15 µm. (Carsten Stech, Universität Kiel)

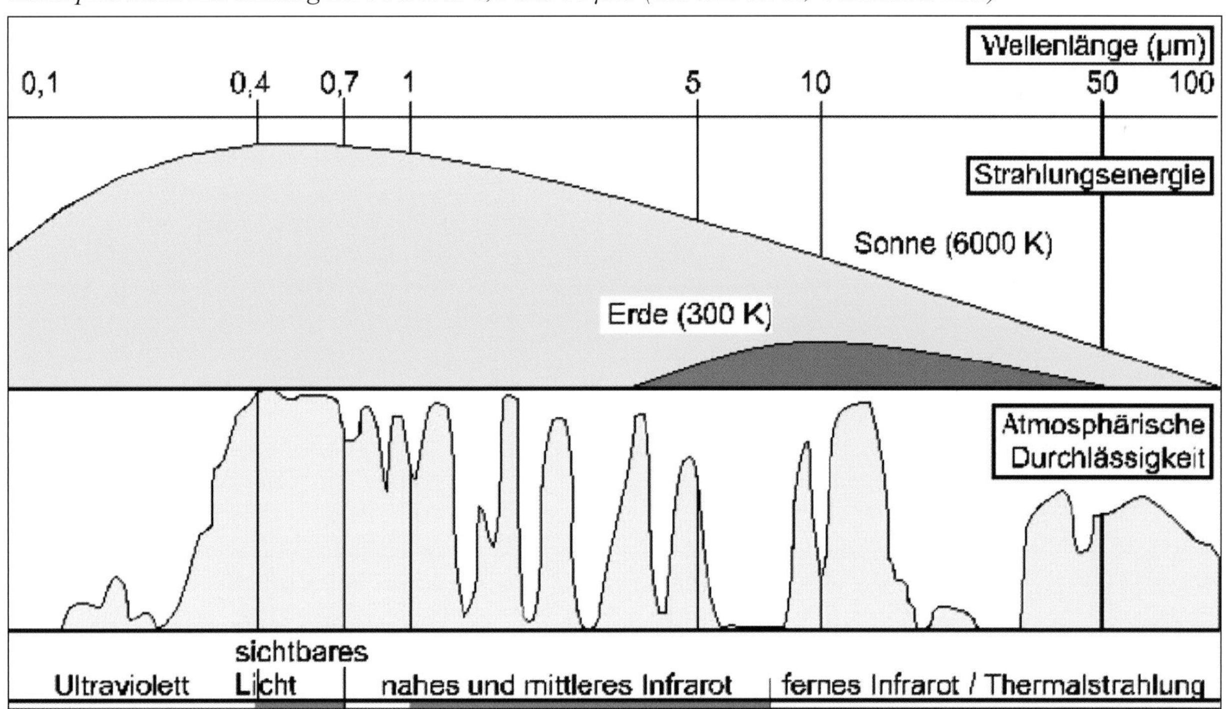

Mit Infrarotsensoren kann der Auswerter sowohl bei Tageslicht oder in der Nacht Ziele entdecken, erkennen und identifizieren, solange entweder reflektierte Sonneneinstrahlung oder eine ausreichende Thermalstrahlung von den betrachteten Objekten ausgeht. Dabei liegen die Wellenlängen, in denen diese Sensoren betrieben werden, weit vom visuellen Erfassungsvermögen des menschlichen Auges entfernt, d.h. im Nahen (1,8-2,8 µm), im Mittleren (3,5-5,5 µm) bzw. im Fernen (8-12 µm) IR-Bereich. Jeder dieser drei Bereiche wird für die Entdeckung von Objekten genutzt, deren Strahlungsemission in dem jeweiligen Fenster ein Maximum erreicht. Der nahe IR-Bereich eignet sich beispielsweise besonders zur Entdeckung und Lokalisierung von sehr hohen Temperaturen wie z. B. von Raketenabgasstrahlen *(Plumes)*, den Flammen eines Nachbrenners und die Re-entry Spuren von Gefechtsköpfen. Dagegen nutzt man den mittleren IR-Bereich zur Verfolgung der heißen Gase und Düsenstrukturen von Strahltriebwerken aus. Bei Anwendungen, in der eine Objekt-Abbildung und Erkennung von Bewegungen am Boden gefordert sind, wie es bei der Verwendung von *Forward Looking Infra Red* (FLIR) Kameras der Fall ist, wird der ferne IR-Bereich genutzt. In diesem fernen IR-Bereich weist die emittierte Energie eines Körpers bei Umgebungstemperaturen sein Maximum auf. FLIR Video wird z. B. bei UAVs für die Zielortung, Zielverfolgung und Feuerleitung der Artillerie genutzt.
In den USA wurde nach dem Zweiten Weltkrieg in vielen Laboratorien an der geheimen Entwicklung der IR-Technologie gearbeitet. Getrieben wurden diese Anstrengungen insbesondere durch die Notwendigkeit Frühwarnsysteme zur Entdeckung von Raketenstarts zu installieren (z. B. das DSP-647 Satellitensystem). In Großbritannien lag die IR-Forschung im Wesentlichen in den Händen des *Royal Aircraft Establishment* (RAE).
In Frankreich ist die Entwicklung der IR-Technologie eng mit dem Namen Jean Turck verbunden. Er gründete 1946 seine eigene Firma, die *Etablissements Jean Turck,* die 1957 mit SAT zusammenging. Erst nachdem geeignetes Detektormaterial zur Verfügung stand, konnte auch in Europa die Entwicklung der IR-Technologie beginnen. SAT war insbesondere bei der Entwicklung der *Mercury-Cadmium-Tellurite* (MCT oder HgCdTe) Detektoren erfolgreich, die sich für die Abbildung im Fernen IR-Bereich eigneten. 1983 erhielt McDonnell Douglas und 1985 General Electric jeweils eine Lizenz zur Herstellung dieser fotovoltaischen MCT-Detektoren. In Deutschland wurde nach dem Zweiten Weltkrieg die IR-Technologie bei abbildenden Systemen hauptsächlich bei der Firma ELTRO, in Heidelberg und bei Zielsuchköpfen von Luft-Luft Lenkwaffen bei BGT, in Überlingen weitergeführt.
Nachdem die Zielsuchköpfe der ersten Generation der Luft-Luft-Flugkörper mit PbS Detektoren ausgerüstet waren, wurde in der zweiten Generation der Betriebsbereich in das mittlere IR-Fenster verlegt und *Indium Antimonid* (InSb) Fotodioden als Detektoren verwendet. Die Weiterentwicklung der Detektor-Technologie führte zur *Metal Organic Vapor Deposition* (MOCVD) auf unterschiedlichen Substraten wie Galliumarsenid (GaAs), Silizium oder Saphir. Sie wird Epitaxy genannt. Man hoffte, mit dieser Technologie die Kosten der Detektorherstellung deutlich reduzieren zu können.
Die Notwendigkeit, die IR-Technologie insbesondere bei abbildenden Systemen zu verbessern und eine erhöhte Auflösung zu erreichen, führte etwa Mitte der 70er Jahre zur Entwicklung von Technologien, die die Erhöhung der Detektoranzahl in der Brennebene zum Ziel hatten. Unterschiedliche technologische Richtungen, wie *Focal Plane Arrays* (FPA), IR-CCDs und IR-CMOS, wurden bekannt. Ab etwa 1980 erlebte die IR-CCD-Array Entwicklung einen signifikanten Aufschwung von der 32 x 32 MCT Array bis 1993 zum 100 000 Elemente Detektor im 3-5 µm und mehr als 10 000 Elementen (Picture Elements (Pixel)) im 8-12 µm Band wenige Jahre später. 1995-2005 wuchs die MCT-Chipgröße von 256x256 Elemente auf 1024x 1024. Gegenwärtig eingeführte Systeme übertreffen diese Leistungen. Neueste Chips sollen auf 2048x 2048 Elemente aufwachsen. So wurden Mitte 2007 in technischen Publikationen zu Sbirs, dem zukünftigen US Early Warning System, bereits Chips der Größe von 4x4 cm mit 4 MPx (Bildpunkte) erwähnt.
Die auf sehr niedrige Temperaturen gekühlten Detektoren (typisch 512x512 PtSi Detektor Array, bei 77K, d.h. -200°C) erlaubten bereits in den 80er Jahren Temperaturdifferenzen von <0,1°C zu messen. Hybride IR-CMOS Detektor Arrays auf InSb oder MCT Substraten (im 3-5µm Bereich) wiesen aber in den 90er Jahren schon eine thermische Empfindlichkeit von etwa 0,01°C auf. Dies befähigte IR-Sensoren auch

Recce Tornado IRLS Bild von Manching. (heiß->dunkel, kalt->hell) (EADS)

den Betriebszustand von Einrichtungen, Anlagen, Fahrzeugen und Geräten zu erkennen. IR-Sensoren vermögen, je nach Tarnmaßnahme, diese zu durchdringen und Informationen über Aktivitäten unter der Tarnung zu erfassen.

Infrared Line Scanner (IRLS)
Als die Informationsbeschaffung bei Nacht immer wichtiger wurde, mussten kostengünstige Sensoren zur Lösung dieser Aufgabe erst entwickelt werden. Die frühen Forschungsprogramme für *Infrared Line Scanner* (IRLS) begannen in den frühen 60er Jahren. Bis 1963 war der IRLS, insbesondere in den Vereinigten Staaten, ein streng gehütetes Geheimnis. Der IRLS, ein optisch-mechanischer Abtaster mit einem in Flugrichtung rotierenden Prisma, dessen spiegelnde Ebene mit der Flugrichtung einen Winkel von 45° einschließt, einer reflektiven Optik und einem IR-Detektor sollte eine Streifenabbildung mit großer Streifenbreite und ausreichende Auflösung ermöglichen. Die Rotationsgeschwindigkeit des Prismas musste so an die Flughöhe und Fluggeschwindigkeit angepasst werden, dass keine Spalten zwischen den abgetasteten Zeilen entstehen. Mit dem IRLS wird ein 2-D Bild mit vertikaler Blickrichtung dadurch erzeugt, dass der Sensor Bildpunkt für Bildpunkt einer Zeile senkrecht zur Flugrichtung abtastet und der Bildvorschub durch die Vorwärtsbewegung des Sensorträgers bewirkt wird. Besonders das Detektormaterial und die Detektorkühlung waren lange Zeit streng geheim gehalten worden. Der von den Detektoren abgegebene Fotostrom, der proportional zur Intensität der absorbierten Strahlung ist, wird analog digital gewandelt und verstärkt. Frühe Scanner zeichneten das Bild an Bord des Trägers auf fotografischen Film auf. Später wurden die Signale entsprechend moduliert und funktechnisch zu Bodenstationen übertragen. Der IRLS kann zwar bewegliche Objekte entdecken, aber es ist nicht wie bei FLIR festzustellen, ob sie sich tatsächlich bewegen. Von Vorteil für die funktechnische Übertragung ist jedoch, dass die Datenraten, die sich durch die Zeilen-Abtastung der einzelnen Bildpunkte ergeben, viel geringer als bei einem FLIR-Video System sind. Ein Nachteil ist die Notwendigkeit des direkten Zielüberfluges.
Beim Vergleich mit der Fotografie musste festgestellt werden, dass das Auflösungsvermögen eines IRLS-

Sensors fast eine Größenordnung schlechter ist, als die einer Luftbildkamera. Aber die Anwendung von IRLS im Nachteinsatz wurde unabdingbar. Heute werden IRLS in Europa beispielsweise im Recce Tornado (von Honeywell), in der CL-289 (SAT, Corsaire), Mirage III und Mirage F1-CR (SAT, Cyclope und Super Cyclope) und bei Crécerelle (SAT, Cyclope 2 000) eingesetzt.

Infrarot Abbildung

IRLS und thermal abbildende Kameras, die Einzelbilder produzieren können, waren die Lösung, um bei Nacht sowohl in der Vertikal- als auch bei Schrägsicht Bilder der Bodenszene zu erhalten. In den Schwarz-Weiß-IR-Abbildungen sind heiße Bereiche hell und kalte Bereiche dunkel dargestellt. Meist ist für eine bessere Objekterkennung die Polarität umkehrbar, sodass heiße Bereiche auch dunkel und kalte Bereiche hell betrachtet werden können. Bei Kameras sind sowohl die Auflösung als auch die Geschwindigkeit der Bildfolge seit Anbeginn bis heute ständig erhöht worden. Bei bestimmten Objekten ist es hilfreich, dem Auswerter eine Abbildung in zwei oder in allen drei spektralen IR-Bereichen in Falschfarben zur Verfügung zu stellen. Die erste bispektral abbildenden IR Kameras, basierend auf der IR-CCD-Technologie, erschien in den frühen 80er Jahren in den USA. In Frankreich stand ab 1984 die erste thermal abbildende multispektrale Kamera hoher Qualität zur Verfügung, die sowohl im 3-5 als auch im 8-12 μm Band mit zwei Arrays und 512 (64x8) Detektorelemente arbeitete.
Generell versteht man unter Multispektralkameras mehrlinsige Kameras, die simultan Bilder desselben Objekts sowohl im visuellen als auch im IR-Bereich erstellen können. Dies bedingt jedoch angepasste Objektive, Filter und für bestimmte Spektralbereiche optimierte CCDs. Abbildende multispektrale Infrarot Kameras sind in einigen militärischen Aufklärungssystemen eingesetzt, wie z. B. bei MPA, Sensorpods von Kampfflugzeugen, Mini RPVs und in der raumgestützten Aufklärung und Frühwarnung. FLIR-Kameras in UAV-Anwendung werden in der Regel durch Farb-TV-Videokameras ergänzt, die beide achsparallel auf den stabilisierten Kardanrahmen in den Sensorpods installiert werden. Dies gibt dem Auswerter die Möglichkeit bei jeder Tageszeit auf die günstigste Darstellung der Szene umschalten zu können. Für eine optimale Zielortung von sich bewegenden Zielen verfügen sowohl FLIR- als auch TV-Videokamera-Systeme über automatische Zielverfolgungsysteme *(Tracker)*. Diese führen die Sensorsichtlinie einem zuvor vom Auswerter ausgewählten Ziel automatisch nach, sodass kontinuierlich die Zielposition ermittelt werden kann.
Infrarotabbildung hat ihre Grenzen insbesondere bei Regen, wenn durch die Wasserschicht kein Temperaturkontrast am Boden mehr herrscht.

Synthetic Aperture Radar

Zur Abbildung von Zielen bei Nacht kam bald im Westen von der USAF und von NATO Kommandeuren die dringende Forderung nach Abbildung von weit entfernten Objekten am Boden, insbesondere jenseits der innerdeutschen Grenze, hinzu. Der Wunsch nach allwetterfähigen Sensoren mit Abstandsfähigkeit bestand in der Aufklärung jedoch seit dem Einsatz der ersten Aufklärungsflugzeuge. Man wusste von den *Real Beam Mapping* Radaren aus dem Zweiten Weltkrieg, dass deren Auflösung insbesondere im Azimut mit der Entfernung abnimmt und für die Aufklärung nicht ausreichend ist. Dies wurde zum Treiber der Entwicklung des *Synthetic Aperture Radars* (SAR), bei dem eine 2-dimensionale Abbildung, d.h. eines Streifens *(Swath)*, des Geländes mit einer Auflösung erreicht wird, die unabhängig von der Entfernung ist. Es war beim damaligen Stand der Radarentwicklung klar, dass eine hohe Auflösung in Azimut nur durch eine riesige Apertur zu erreichen gewesen wäre. Um beispielsweise mit einer realen Antenne eines X-Band Radars in einer Entfernung von 100 km eine Auflösung von 1,5 m in Azimut zu erhalten, müsste die Antenne etwa 2 km lang sein. Eine solch hohe Azimutauflösung ist mit einer physikalischen Antenne nicht zu realisieren und so kam es zur Idee der synthetischen Apertur. Einfacher war es dagegen, eine Entfernungsauflösung von 1,5 m durch Pulskompression zu erhalten. Diese Länge entspricht etwa einer Pulsdauer von 0,01 Mikrosekunden. Bei einem Pulskompressionsverhältnis von 1:1000 wäre eine reale Pulslänge von 10 Mikrosekunden erforderlich, die technisch einfach zu erreichen ist. Dieses Kompressionsverhältnis erhält man etwa durch eine Frequenzmodulation (z. B. durch *Chirp)* innerhalb eines Impulses.
Die synthetische Antenne, die bei *Synthetic Aperture* Radaren aufgespannt wird, erzeugt man aus der Vor-

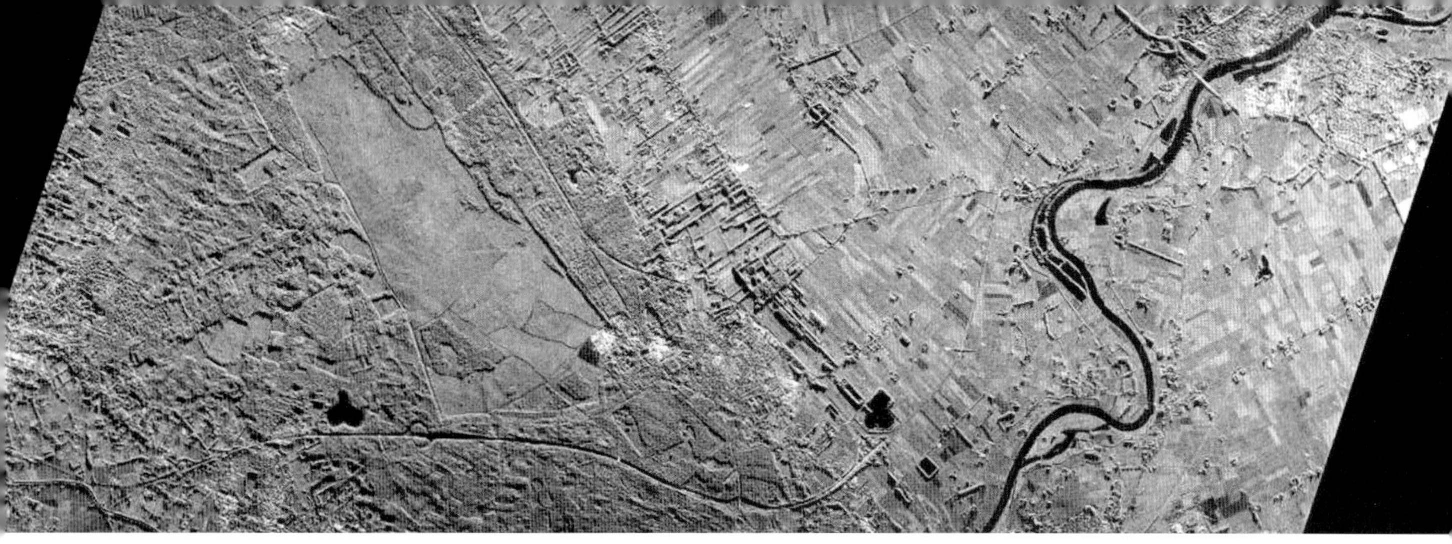

SOSTAR-X SAR Streifenabbildung mit Squintwinkel. (SOSTAR GmbH)

wärtsgeschwindigkeit des Antennenträgers (Flugzeug, UAV oder Satellit) und einer seitwärtsblickenden Antenne mit Abmessungen im Meterbereich, wie sie in einem Fluggerät oder Satelliten eingebaut werden kann. Wie theoretische Überlegungen zeigen, entspricht bei einem SAR-Sensor die Halbwertsbreite dieser synthetischen Antenne etwa der Hälfte einer realen Antenne gleicher Länge. Bei einer Fluggeschwindigkeit von etwa 300 m/s würde in diesem Beispiel innerhalb 3,2 s eine 1000 m lange synthetische Array aufgespannt werden. Die Empfangssignale von jedem Sendepuls der kleinen Antenne, die auf diesem 1 km langen Flugweg gesammelt werden, werden für jede Entfernungszelle in dem interessierenden Streifen digitalisiert und integriert (aufsummiert). Dabei wird von der Tatsache Gebrauch gemacht, dass das Radarecho von jedem Punkt am Boden eine andere Dopplerverschiebung erhält. Nach jeder Integrationsperiode einer Array-Länge werden die Summen der einzelnen Entfernungs-/Azimutzellen in einen Speicher ausgelesen und daraus lässt sich eine Zeile der rückgestreuten Leistung abbilden. Wenn man nun alle, nach jeder Integrationsperiode erhaltenen Zeilen, parallel zueinander aufreiht, lässt sich im Speicher eine Matrix der einzelnen SAR-Bildelemente herstellen. Durch Auslesen des Speichers kann dann im einfachsten Fall eine hochaufgelöste Bodenkarte des abgetasteten Bereichs auf einem Monitor dargestellt werden. Diese Art der SAR-Bilderstellung nennt man *line-by-line* Processing.

Bei einer schnellen Auslesung des Speichers lässt sich eine Streifenkarte produzieren, die durch den Monitor läuft und von einem Auswerter beobachtet werden kann. Diese sehr vereinfachte Darstellung einer rudimentären Array nennt man *unfocused Array,* d.h., diese muss klein gegenüber der Entfernung zum abzubildenden Streifen sein.

SOSTAR-X SAR Spotlight. (SOSTAR GmbH) (Detail aus der Streifenabbildung oben links)

Wenn aber die Array-Länge eine bestimmte Größe in Relation zwischen Streifenabstand und Flugweg überschreitet, dann entstehen an den Enden der Array Entfernungsunterschiede zu einer Auflösungszelle innerhalb des Streifens. Die Phasenfehler, die durch diese größere Entfernung eines Punktes von den Enden der synthetischen Antenne gegenüber dem Zentrum herrühren, würde die nutzbare Länge einschränken. Diese Einschränkung wird durch eine Phasenkorrektur neutralisiert, die man *Fokussierung* nennt. Ohne auf Details einzugehen, kann durch den Fokussierungsprozess die Azimutauflösung unabhängig von dem Verhältnis Array-Länge zu Abstand des abzubildenden Streifens vom Sensorträger gemacht werden. Der Rechenaufwand kann erheblich reduziert werden, wenn man die phasenkorrigierten Echos in einer Dopplerfilterbank mittels *Fast Fourier Transformation* (FFT) integriert.

Da man die Vorwärtsgeschwindigkeit über Grund genau kennt und damit auch den Ort jedes Sendeimpulses, lassen sich durch hochwertige Beschleunigungsmesser Bewegungsstörungen der Sensorplattform entsprechend kompensieren. Die Auflösung beim SAR-Streifenmode im Azimut ist auf die halbe Antennenlänge der realen Apertur begrenzt, d.h. bei einer 2 m langen Antenne auf 1 m. Das gesamte Funktionsprinzip des SAR Sensors ist an anderer Stelle beschrieben[115]. Auf eine detaillierte Beschreibung aller Schritte des SAR-Bild-Processings soll hier verzichtet werden.

Die Abbildung von Festzielen erfolgt mit dem SAR-Streifenmode parallel oder schräg *(oblique)* zum Flugweg, wobei der Antennenstrahl senkrecht zu Flugzeuglängsachse oder schräg *(squinted)* dazu fest ausgerichtet sein kann. Von Einfluss auf die SAR-Bildqualität sind die Wellenlänge, die Polarisation und der Depressionswinkel. Für die abbildende Aufklärung wurde häufig eine Wellenlänge von 3 cm gewählt. Grundsätzlich hat jede Kombination von vertikaler oder horizontaler Polarisation beim Senden oder Empfangen ihre Vor- und Nachteile. Als guter Kompromiss bei der Geländerauigkeit oder bei starken Reflexionen durch Gebäude und Metalle, wie etwa Abwasserrohre, Zäune, Masten, in bebauten Gebieten in Mitteleuropa hat sich die vertikale Polarisation beim Senden und Empfangen herausgestellt. Aus verschiedenen Tests ist bekannt, dass bei Depressionswinkel kleiner 6° in flachem Gelände keine sinnvollen SAR-Bilder mehr erhalten werden können.

Für die hochauflösende Bildgewinnung wurde der SAR *Spotlight* Mode (ab etwa 1980) entwickelt, mit dem seither eine Auflösung < 0.3m x 0.3m erreicht werden kann. Der wesentliche Unterschied zur Streifenabbildung, bei der die Richtung des Antennenstrahls gegenüber der Flugrichtung festgehalten wird, richtet man bei Spotlight die Antennenkeule über eine bestimmte Zeit (zum Aufbau der synthetischen Apertur) ständig auf einen Punkt im Zielgebiet aus. Für jeden Punkt entlang der Flugbahn erzeugen alle Punkte innerhalb des dabei festgehaltenen Spots der Antenne eine lineare Frequenzverschiebung infolge des Dopplereffekts. Innerhalb eines Entfernungstores entsteht so eine lineare Dopplerverschiebung zwischen den beiden Enden eines Entfernungstores. Die Zeitdauer der Beleuchtung, d.h., die Integration einer ausreichenden Anzahl von Zielechos mit nachfolgender FFT beeinflusst die Güte der Auflösung in Azimutrichtung. Bekanntlich wird mit der Fourier Transformation ein Zeitsignal in sein Frequenzspektrum zerlegt. Die FFT ist ein spezieller Algorithmus, der die Zeit zur Herstellung einer Frequenz-Filterbank erheblich verkürzt. Zur hohen Auflösung in Entfernungsrichtung bedient man sich der konventionellen Pulskompressionstechniken. Zwei hauptsächliche Prozessierungsprobleme müssen im Spotlight Betrieb gelöst werden. Dieses sind die Berücksichtigung der ständigen Änderung der Entfernung zum Ziel mit jedem Sendepuls und die Aufrechterhaltung der Fokussierung bei der Flugzeugbewegung. Der echtzeitnahe Spotlight-Betrieb, insbesondere wenn er auch bei großen Squintwinkel erfolgen soll, erfordert einen hohen Speicherplatzbedarf, schnelle Speicher und eine große Anzahl an Signal-Prozessoren. Allerdings schwindet dieses Problem mit jeder neuen Generation von immer leistungsfähigeren Halbleiterspeicher und Prozessoren.

Die Idee zum Synthetic Aperture Radar entstand bereits in den späten 40er Jahren. Das Grundprinzip der Radare mit synthetischer Apertur wurde durch Versuche von Carl Wiley[19] bekannt; das erste US SAR Patent erhielt Goodyear im Jahr 1951. Carl Wiley erreichte bei Flugaufnahmen im Jahre 1951 zum ersten Mal eine hohe Auflösung. Hierzu führte er eine Phasenkorrektur für aufeinender folgende Radarimpulse ein, die gemäß dem Dopplereffekt aus der relativen

Bewegung zwischen Radarantenne und Aufnahmeobjekt abgeleitet war. Die Prozessierung erfolgte zunächst über einen optischen Korrelator, wobei die Information auf Film aufgezeichnet wurde. Die Filme wurden über Leuchttischen ausgewertet. Die Auflösung lag im Bereich von 30 m und wurde schrittweise bis in die 70er Jahre auf 3 m verbessert. In den 60er Jahren entwickelte Goodyear, in Phoenix, Arizona das erste Einsatzradar APQ-102 für die RF-4-Phantom. Weitere Entwicklungen folgten ab 1974, und zwar die Versionen KP-1, PIP, CAPRE und ASARS-1 (etwa ab 1982) für die SR-71 und UPD-4, -6, -8, -9 für die RF-4-Phantom. Parallele Entwicklungen liefen ab 1972 bei Hughes AC, Culver City, Kalifornien, insbesondere für die U-2. Diese führten zu einem der leistungsstärksten SAR-Sensoren, die in dieser Sensorgeneration gebaut wurde, dem ASARS-2. Es wurde ständig verbessert und es dürfte, aufgrund der damals verfügbaren US Technologie im Bereich der digitalen Signalverarbeitung, bereits gegen Ende der 80er Jahre im SAR-Streifenmode eine Auflösung von unter 2 m und im SAR Spotlight unter 0,5 m erreicht haben. Hervorzuheben ist aber die Reichweite von mehr als 200 km bei einer Flughöhe von über 20 km. Kein anderes Land konnte zu dieser Zeit ein Radar ähnlicher Leistung herstellen. Es sei daran erinnert, dass in den USA während des Kalten Krieges neueste Technologien auf dem Halbleitersektor nur für militärische Anwendungen zur Verfügung standen und dass sehr streng gehandhabte Exportrestriktionen eine Anwendung, selbst bei den nächsten Alliierten, verhinderten.

Die spätere Verwendung von SAR Sensoren auch in der raumgestützten Aufklärung ist naheliegend. Wolken, Schlechtwetter und lange Nächte im Norden der Sowjetunion machten eine solche Entwicklung in den Vereinigten Staaten notwendig. Wie erwähnt, wurde die Entwicklung eines Radarsatelliten bereits 1976 von George Bush während seiner Amtszeit als CIA-Präsident initiiert. Die Entwicklung dieses Satellitentyps, der später als *Lacrosse* bekannt wurde, konnte lange Zeit strengstens geheim gehalten werden.

Die Notwendigkeit, Sensorinformation schnell Kommandeuren am Boden zur Verfügung zu stellen, erforderte die Entwicklung der Technologie der stör- und abhörsicheren breitbandigen Datenübertragung zum Boden. Zur ursprünglichen Übertragung von Sprache kam mit der Einführung von Bordrechnern etwa ab den 60er Jahren die Übertragung von Daten hinzu. Sowohl bei der Sprache als auch bei Daten wurden zunächst die Frequenzbänder HF, VHF und UHF verwendet. Die Industrie entwickelte Schmal- und Breitband Data Links für Befehls-, Status-, Bild- und Signaldaten zur Informationsübertragung von Flugzeugen und Satelliten zu Bodenempfangsstationen. Die abhör- und störsichere Kommunikation von Sprache und Daten kam hinzu und erhöhte die Übertragungsbandbreiten. Als die Datenmengen immer weiter zunahmen, wurden zur Nutzung höhere Frequenzbänder, wie das I (früher X)- und J (Ku)- Band, herangezogen. Diese erwiesen sich für viele Data Link-Anwendungen zur Übertragung von Video- oder Bildrohdaten bei SAR-Sensoren als besonders geeignet. Hohe Frequenzbänder haben aber auch Nachteile. Sie weisen mit ansteigender Frequenz eine zunehmende Wetterdämpfung auf, sodass hier natürliche Grenzen gesetzt sind.

Seeraum-Überwachung und U-Boot Erfassung

Unmittelbar nach dem Zweiten Weltkrieg wurde sowohl in den USA als auch in Großbritannien erkannt, dass das schnelle Schnorchel U-Boot wie z. B. der deutsche Typ XXI ein gewaltiges Problem für die U-Boot-Abwehr dargestellt hätte, wäre es früher im Atlantik eingesetzt worden. Trotz aller Anstrengungen konnte nach dem Kriegsende der luftunabhängige Walter-Antrieb weder in den USA noch in England einsatzreif gemacht werden. Mit der Verfügbarkeit von Nuklearreaktoren für den U-Bootantrieb, in den 50er Jahren, wurde die Problematik der Luftunabhängigkeit gelöst und dadurch die Ortung solcher U-Boote erheblich erschwert. Ein modernes U-Boot, wie die *Nautilus* (SSN-571), das von der US-Navy 1954 in Dienst gestellt wurde, legte bereits während der ersten Erprobung 1400 nm mit einer Geschwindigkeit von durchschnittlich 20 kn unter Wasser zurück. Es wurden parallel hierzu U-Boot-gestützte ballistische Lenkwaffen (SLBM), wie z. B. die *Polaris* mit nuklearen Gefechtsköpfen entwickelt, die einen Unterwasser-Abschuss zuließen. Anfang 1970 waren bereits fast 100 U-Boote mit SLBMs im Dienst, und zwar in der Sowjetunion 50, in den USA 41, in Großbritannien 4, in Frankreich das Erste von 4 im Bau.

Die aus dem 2. Weltkrieg bekannten Sensoren und Verfahren zur luftgestützten U-Bootortung wurden zwar ständig verfeinert, aber in den 70er Jahren gab es wahrscheinlich keinen Sensor, der es einem U-Jagd-Flugzeug erlaubt hätte, über eine große Entfernung ein modernes getauchtes U-Boot mit Nuklearantrieb in großer Tiefe zu orten, es anzufliegen und anzugreifen. Aber es gab neben diesen Booten noch viele konventionelle U-Boote mit Dieselantrieb, die in geringeren Tauchtiefen operierten. Akustische Sensoren sind die einzige Möglichkeit der weitreichenden Unterwasserortung. Es wurden sowohl passive als auch aktive direktionale Sonarbojen sowie vertikale und horizontale Hydrophon-Arrays zur Erhöhung der Erfassungsreichweite und der Peilgenauigkeit entwickelt. Die U-Boot-Kommandanten als auch die U-Jäger lernten schnell sowohl mit den Phänomenen der Salinität in den Ozeanen als auch mit der Temperaturschichtung (Thermokline) umzugehen. Beides kann Beugungs-, Streuungs- und Reflexionseffekte zur Folge haben, die zum Schutz der U-Boote ausgenutzt werden können.

Um Überraschungsangriffen durch SLBMs entgegen zu wirken, die von sowjetischen strategischen U-Booten hätten gestartet werden können, wurde von den USA bereits in den frühen 50er Jahren mit der festen Installation eines *Sound Surveillance Systems* (SOSUS)[5] begonnen. Dazu wurden Hydrophon-Arrays am Meeresboden, an den Anstiegen des Meeresbodens zur Küste und zwischen unterseeischen Gebirgen so verlegt, dass sie möglichst ungestörten Empfang akustischer Signale auf große Entfernungen zuließen. Diese Kombination von günstiger Installation und empfindlichen Hydrophon-Gruppen erlaubte die Entdeckung sowjetischer U-Boot Bewegungen auf große Distanz. Dazu hat man die Hydrophonstationen durch Unterseekabel mit einer Station an Land verbunden, wo alle eingehende Geräuschdaten aufgezeichnet und analysiert wurden. Aus Geheimhaltungsgründen wurde mit Decknamen gearbeitet. So wurde beispielsweise ab 1951 unter dem Decknamen *Project Jezebel* eine erste Versuchsinstallation der Bell Telefone Labs mit einer sechs Elemente Array bei Eleuthera, Bahamas, aufgebaut. Es wurde bei den Versuchen festgestellt, dass insbesondere die Ausfilterung niederfrequenter Geräuschsignale (geringste Dämpfung) bei der Erfassung von schnorchelnden U-Booten mit Dieselantrieb zum Erfolg führt. Danach wurde ab 1954 mit der Verlegung von 10 Ketten begonnen. Drei davon im Atlantik, sechs im Pazifik und eine um Hawaii. Unter verschiedenen Decknamen wurden Anordnungen passiver Hydrophone und aktiver Quellen überall dort verlegt, wo sowjetische U-Boote auf dem Weg zum nordamerikanischen Kontinent passieren müssen. Details wurden lange nicht öffentlich bekannt. Die Technologie der Unterwasser-Ortung blieb bis heute eines der bestgehüteten Geheimnisse des Kalten Krieges.

Als typisch für die erste Generation der großen Seeraumüberwachungs- und U-Bootabwehr-Flugzeuge nach dem Zweiten Weltkrieg wäre die britische Avro *Shackleton* (Erstflug 1949) zu nennen, die als Nachfolgerin der Lancaster in den Rollen *Maritime Patrol Aircraft* (MPA) und *Anti Submarine Warfare* (ASW) gilt. Die Royal Navy führte ab 1951, also kurz nach dem Ende des 2. Weltkriegs, diese viermotorige Maschine ein, die mit einem gegenüber ASV-Mk. VII oder XI weiter verbessertem Radar ausgerüstet wurde. Douglas entwickelt im Zeitraum 1946 bis 1951 zunächst den Prototypen XA3D für die US Navy, einen mit zwei Turboluftstrahltriebwerken ausgestatteten dreisitzigen Bomber, der als RA-3B mit sieben Kameras als taktischer Aufklärer für den Einsatz auf Flugzeugträger umgerüstet wurde. Von einer davon abgewandelten Version beschaffte die USAF ab Mitte der 50er Jahre 175 Exemplare, die dann als *RB-66* ebenfalls als taktischer Aufklärer Verwendung fand.

Von Martin erhielt die US-Navy im Zeitraum 1949 bis 1954 etwa 160 Maschinen des zweimotorigen Flugboots P5M-1 *Marlin* für Langstrecken-Patrouilleneinsätze. Marlin wurde zur Seeraumüberwachung mit einem großen Radar im Bug ausgestattet. Zwischen 1952 und 1954 baute Convair die *R3Y-1* als großes Seeraumüberwachungsboot. Es ist eines der seltenen Turboprops, die in den USA als Militärmaschinen verwendet wurden.

Für den Einsatz auf Flugzeugträgern kam etwa ab den 50er Jahren eine neue Generation von U-Jägern hinzu. Die Royal Navy erhielt in den ersten Nachkriegsjahren (1949), speziell für die Aufgabe *Anti-Submarine Warfare,* einige wenige Exemplare der zweisitzigen Blackburn *Y.A.5.* Sie sind für den Betrieb von Flugzeugträgern aus vorgesehen. Dies ist die erste mit gegenläufigen Propellern ausgerüstete Maschine der Royal Navy, angetrieben von einem Kolbenmotor mit

Lockheed P2V-7 'Neptune'.
(US-Navy)

Abgasturbolader. Als direkten Wettbewerber zu dieser *Y.A.5* wurde bei Fairey die F17 *Gannet,* eine zweisitzige Turboprop-Maschine, entwickelt. Mit einem Radar ausgestattet, entschied sich die Royal Navy dann 1950 für die *Gannet* und führte diese für die U-Jagd ein. Die deutsche Marine beschafft dieses Flugzeug ebenfalls als eines der Ersten nach dem 2. Weltkrieg.
Grumman lieferte im Zeitraum 1949 bis 1953 der US-Navy den einsitzigen, einmotorigen *Guardian,* der damals die US Interpretation des modernen U-Jägers auf Flugzeugträgern repräsentierte. Dabei ist besonders interessant, dass die *Guardians* als *Hunter-Killer* Arbeitsteam eingesetzt wurden. Im Team spielte der mit einem großen AN/APS-20 Suchradar ausgestattete *AF-2W* den Hunter und sollte aufgetauchte Unterseeboote aufspüren. Der AF-2S sollte die Rolle des Killers übernehmen. Dazu wurde dieser mit einem kleineren AN/APS-30 Radar zur Zielverfolgung, einem Searchlight und mit entsprechenden Waffen ausgestattet. Diese Maschinen wurden nach 1953 durch die größere und effektivere S2F *Tracker* von Grumman ersetzt. Für die französische Marine hatte Breguet die 1050 *Alizé* entwickelt und in den Jahren 1957 bis 1962 89 Maschinen geliefert, von denen 75 ihren Dienst auf den Trägern *Clémenceau* und *Foch* versahen. Hervorzuheben war bei diesen Maschinen die einziehbare Radarantenne von Thomson CSF.
Als Erstes, aus einer langen Serie von Seeraumüberwachungsflugzeugen von Lockheed erhält die US-Navy, ebenfalls in den ersten Nachkriegsjahren, die P2V-5 *Neptune,* einen Patrol Bomber. Dieses Flugzeug ist die erste Langstreckenmaschine, die mit einem Rundsuch-Radar ausgerüstet ist und zur allwetterfähigen Seeraumüberwachung bei Tag und Nacht eingesetzt werden kann. Diese *Neptune* wurde ständig weiterentwickelt, sodass sie auch für U-Jagd verwendet werden konnte. Bei der letzten Variante, der P-2H, die bei Lockheed bis April 1962 gebaut wurde, waren neben den beiden Turbo Compound Triebwerken zusätzlich zwei Turboluftstrahltriebwerke installiert. Das Radar wurde für Periskop- und Schnorchelentdeckung weiterentwickelt.
Weiter wurde die Neptune P-2H mit einem noch empfindlicheren *magnetischen Anomaliedetektor* (MAD) zur präziseren Positionsbestimmung von getauchten U-Booten ausgerüstet. Die Maschine war zusätzlich noch mit Bordkanonen ausgestattet und konnte intern verschiedene Kombinationen von Minen, Wasserbomben, Torpedos und Bomben aufnehmen. Lenkwaffen wurden unter dem Flügel an Außenstationen mitgeführt. 15 Neptunes des Typs P-2H wurden gegen Produktionsende an die Niederlande geliefert. Kawasaki in Japan baute bis 1963 die P-2H in Lizenz. Insgesamt wurden die P-2H und das Vorläufermuster P-2E und F bei der australischen, der brasilianischen, der kanadischen, der argentinischen, der französischen und der portugiesischen Marine genutzt.

Viele der U-Jagdflugzeuge der nächsten Generation mit großen Reichweiten gingen aus Passagiermaschinen hervor, so z. B. in den USA die *Orion* aus der Lockheed *Electra,* die kanadische Canadair CL28 Argus aus der Bristol *Britannia,* die britische *Nimrod* aus der de Havilland *Comet,* die russische *Ilyushin 38* (NATO-Bezeichnung: *May*) aus der Il-18 Turboprop. Nur die *Breguet 1150 Atlantic ATL1* wurde als weitreichendes Maritime Patrol Aircraft (MPA) und für Anti Submarine Warfare (ASW) nach NATO-Spezifikationen entworfen und gebaut.
Daneben sind aber auch sehr leistungsfähige trägergestützte Hubschrauber mit *Dipping Sonar* erprobt und eingeführt worden, wie z. B. die Sikorsky S-58 *Seabat* und die noch schwerere *Sea King.* Diese, auch Tauch-Sonar, genannten Sensoren sind mit einer Hydrophon-Gruppe ausgerüstet, die eine 360°-U-Bootsuche ermöglicht. Die sowjetische Marine verfügte über die Kamov *Ka-25* mit einem koaxialen Rotor, die in ihrer Größe etwa dem Sea King entspricht und ebenfalls mit Dipping Sonar und einem Seeraumüberwachungsradar versehen war. Die US-Navy baute erstmals einige ihrer Geleitschiffe für den Einsatz des unbemannten Hubschraubers von Gyrodyne *QH-50* um, der mit Torpedos oder Dipping Sonar ausgerüstet werden konnte. Er war ferngesteuert und konnte, genau wie ein bemannter Hubschrauber, in die Angriffsposition geführt werden und danach wieder auf dem Schiff landen. Leider stand zu dieser Zeit noch kein automatisches Start- und Landeverfahren zur Verfügung, sodass wegen missglückter Landungen viele Maschinen verloren gingen. Der QH-50 wurde nach den Vorfällen in der US-Navy durch die Kaman SH-2 *Seasprite* ersetzt. Das automatische Start-/Landesystem für unbemannte Hubschrauber wurde erst Mitte der 90er Jahre bei Dornier entwickelt und 1998 erfolgreich mit dem QH-50 demonstriert.
Am 28. September 1970 gab das US-Repräsentantenhaus bekannt, dass die Sowjetunion über 350 U-Boote verfügt, von denen 80 nuklear angetrieben sind. Das damals neueste sowjetische U-Boot, das den mit Polaris-SLBM bestückten US U-Booten ähnelte, konnte 16 SLBMs über eine Entfernung von 1300 nm (2400 km) schießen. Ein neuer ballistischer Flugkörper war in der Erprobung, von dem angenommen wurde, dass er eine geschätzte Reichweite von 3000 nm (5550 km) abdecken werde. Man wusste im Westen, dass bei der gegenwärtigen Planung die sowjetischen U-Boote dieser *Y-Klasse* (NATO-Bezeichnung) die 41 Polaris U-Boote der US-Navy zahlenmäßig übertreffen werden. Die sowjetische Marine besaß darüber hinaus über 65 U-Boote (davon 35 mit Nuklearantrieb), die mit gelenkten Überschall-Schiff-Schiffflugkörper (SLCM) ausgestattet waren mit einer Reichweite von 400 nm (740 km). Weiterhin konnte die Sowjetunion 240 Jagd U-Boote einsetzen, die für Torpedoangriffe gegen Überwasserschiffe oder gegen U-Boote ausgelegt waren. Davon waren 22 nuklear angetrieben. Eine beeindruckende Unterwasserstreitmacht für die frühen 70er Jahre.
Dem konnte die U-Boot-Abwehr der NATO anfangs der 70er Jahre über 650 Seeraum-Überwachungsflugzeuge mit mittlerer und großer Reichweite, 8 Flugzeugträger, 5 Hubschrauber-Kreuzer, 46 nuklear angetriebene Jagd U-Boote und über 400 Geleitfahrzeuge, die mit Hubschraubern ausgerüstet waren, gegenüberstellen. Die US Navy verfügte zu dieser Zeit neben den SLBMs *Polaris* bereits über deren Nachfolger der *Poseidon* mit einer Reichweite von 4630 km.

Entwicklungen, die zur raumgestützten Aufklärung führen

Bei allen Leistungen der U-2 muss festgestellt werden, dass mit den Überflügen der Sowjetunion nur punktuell und in beträchtlichen Zeitabständen bestimmte strategische Ziele aufgeklärt oder überwacht werden konnten. Aber von einer flächendeckenden kontinuierlichen Überwachung der riesigen Sowjetunion war man noch sehr weit entfernt. Es war noch nicht einmal möglich die Wiederholraten von Überflügen von höchst priorisierten Zielen auch nur in die Nähe dessen zu bringen, was im Ernstfall für einen erfolgreichen Angriff notwendig gewesen wäre. Aber als gesichert gilt, dass erst mit den U-2 Überflügen der UdSSR Ende der fünfziger Jahre die US Regierung feststellen konnte, dass – entgegen den USAF-Aussagen – die Sowjetunion noch über keine interkontinentale Bomberflotte verfügte[37, 136] und die Anzahl der interkontinentalen ballistischen Raketen (ICBM) zunächst keine ernsthafte Gefahr für die Vereinigten Staaten darstellten.

Da die UdSSR nicht mit der strategischen Bomberentwicklung der USAF (B-47, B-52) mithalten konnte, war dort schon sehr früh der Bedarf nach einer Alternativlösung erkannt worden und diese lag bei weitreichenden ballistischen Raketen. Es wurde daher von der Regierung ein Schwerpunkt auf die Entwicklung sehr leistungsfähiger Booster gelegt, die zunächst in zivilen Anwendungen erprobt wurden, wie z. B. die SS-6 (DIA-Code) bzw. R-7 *Semjorka.* Spektakulär waren der erste Start am 26. Mai 1957 mit Sputnik 1, am 4. Okt. 1957 mit Sputnik 2, im Nov. 1957 und etwas später mit über 500 kg Nutzlast (inkl. Polarhündin *Laika).* Mit dem Start des ersten Sputniks im Oktober 1957 wollte die Sowjetunion dem Westen ihre Überlegenheit bei schweren Trägerraketen demonstrieren, denn diese ballistischen Raketen waren natürlich in erster Linie für den interkontinentalen Einsatz von Kernwaffen vorgesehen. Und da die ersten sowjetischen Wasserstoffbomben so schwer gerieten, waren diese schubstärkeren Raketen erforderlich. Unter dem Eindruck dieser Erfolge entstand damals in der westlichen Welt die Furcht vor einer *Raketenlücke.* Die Unangreifbarkeit der *Festung Amerika* war infrage gestellt. Der sowjetische Ministerpräsident Chruschtschow drohte, nach diesen Weltraumerfolgen Hunderte von schweren Trägerraketen bauen zu lassen. In den USA kam Präsident Eisenhower unter schweren politischen Beschuss und es wurde in der US Öffentlichkeit ernsthaft nachgefragt, weshalb dieser sowjetische Vorsprung unbemerkt erfolgen konnte und wie die Regierung wohl gedenken würde, dazu gleichzuziehen. Eisenhower jedoch ließ sich von den spektakulären Ereignissen nicht blenden. Er erkannte zwar die wirkliche Bedrohung durch die SS-6. Mit Sputnik 2 und einer Nutzlast von 500 kg, mehr als das Gewicht eines US thermonuklearen Gefechtskopfes jener Zeit, die eine SS-6 in eine Umlaufbahn transportieren konnte, war die Sowjetunion mit dieser ersten interkontinentalen ballistischen Rakete durchaus in der Lage schwere Gefechtsköpfe an jeden Ort der USA zu tragen.

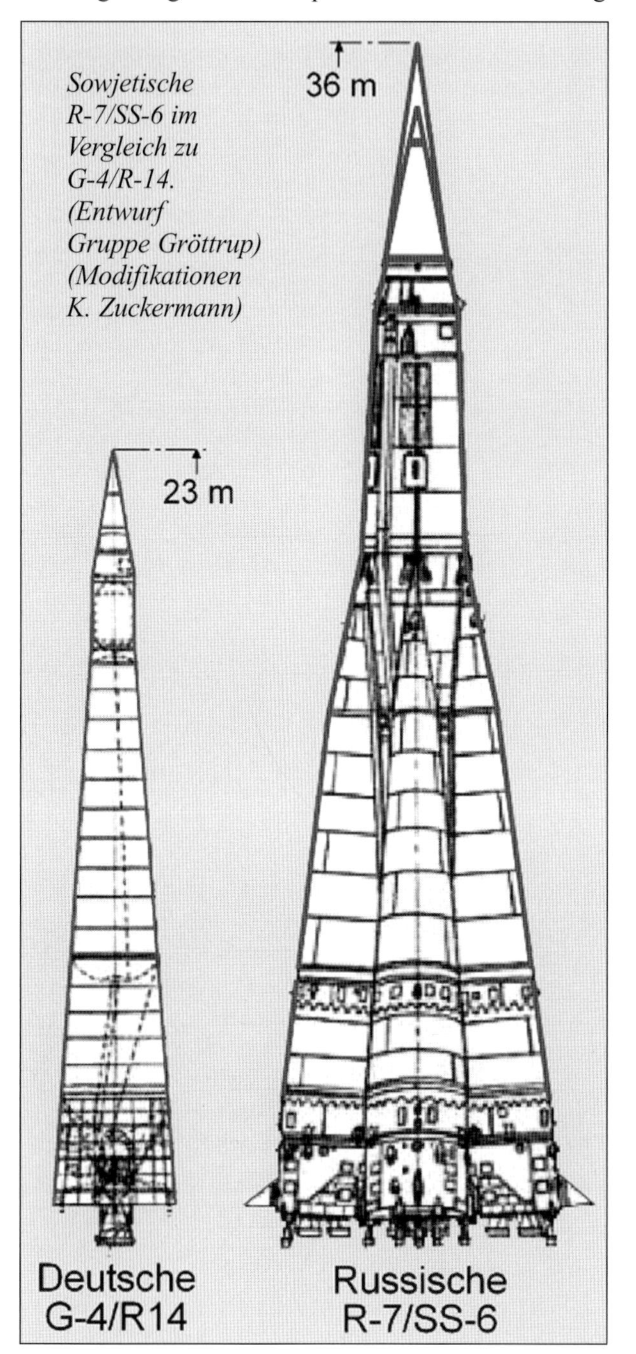

Sowjetische R-7/SS-6 im Vergleich zu G-4/R-14. (Entwurf Gruppe Gröttrup) (Modifikationen K. Zuckermann)

Die SS-6 bzw. die R-7-Entwicklung war beeinflusst durch Entwürfe der in die Sowjetunion zwangsverpflichteten deutschen Peenemündegruppe um Helmut Gröttrup. Diese Gruppe hatte insbesondere mit der G-4/R-14 (1949), einen beachtlichen Entwurf für ein IRBM geliefert, das einen 3000 kg schweren nuklearen Gefechtskopf über 3000 km transportieren sollte. Gröttrup[122] war zuvor, als Assistent von Wernher von Braun in Peenemünde, für die Entwicklung des Lenk- und Steuersystems der V-2 verantwortlich gewesen.

Die SS-6 bestand aus einer zentralen Schubeinheit, die mit vier separaten Boostern umgeben war und dabei eine Art Konus bildete. Der Durchmesser an der Basis im Bereich der Schubdüsen betrug etwa 10 m und hatte mit über 500 t Schub mehr als die doppelte Antriebsleistung der USAF-Atlas-Rakete. Und diese war noch nicht einmal zu einem ersten erfolgreichen Flug gestartet.

Die CIA konnte die US Regierung und das Pentagon nur lückenhaft über den Entwicklungsstand der sowjetischen ballistischen Raketen informieren. Es existierten jedoch seit Juni 1957 bei der CIA stereoskopische Aufnahmen der SS-6, als diese auf dem Startplatz in Tjuratam zum Start vorbereitet wurde. Ihre Größe war damit bekannt und die ungefähre Leistung konnte wahrscheinlich schon damals, vor dem Erstflug am 3. August 1957, von Experten grob abgeschätzt werden. Im Übrigen waren bodengestützte US COMINT-Anlagen in der Türkei bereits auf Tjuratam (heute Weltraumbahnhof Baikonur) und Kapustin Yar in Kasachstan angesetzt worden, um Telemetriedaten der SS-6 bei ihrem Erstflug zu erfassen.

Die Leistungsdaten der Rakete allein waren weniger von Interesse als vielmehr der Zeitpunkt, ab wann die SS-6 als ICBM mit nuklearem Gefechtskopf einsatzbereit sein könnte und wie viele Raketen die Sowjetunion überhaupt davon produzieren würde[5]. Man wusste in den USA aus eigener Erfahrung, dass eine große Anzahl von Testflügen erfolgreich abgeschlossen sein muss, bevor eine solche Waffe als einsatzreif erklärt werden kann. Es erfolgten aber nur die oben erwähnten wenigen SS-6-Tests. Der Grund hierfür war zunächst nicht klar und man nahm an, dass es sich um vorübergehende Schwierigkeiten handeln würde. Erst nach dem Zusammenbruch der Sowjetunion wurde bekannt, dass die damalige Hülle des H-Bomben-Gefechtskopfes der thermischen Belastung nicht standhielt und beim Re-entry zerstört wurde und erst eine neue Form gefunden werden musste, die die hohe thermische Belastung aushielt. Diese Verzögerung war für Koroljow die Chance im nächsten Testflug mit der ersten verfügbaren R-7 (SS-6) anstelle einer Atomrakete den ersten Erdsatelliten, Sputnik-1, zu starten. Und er nutzte sie.

Der nationale Sicherheitsrat der Vereinigten Staaten beauftragte im Mai 1958 die Nachrichtendienste mit der Erarbeitung eine Prognose bzw. eines *National Intelligence Estimate* (NIE) über den wahrscheinlichen Aufwuchs des sowjetischen Raketenarsenals in den nächsten drei Jahren. Dies erfolgte unter der Leitung des *Directors of Central Intelligence* (DCI) unter Mitwirkung der CIA, der *Defense Intelligence Agency* (DIA), der *National Security Agency* (NSA) und anderen Diensten. Die Antwort kam einen Monat später mit einer absurd hohen Schätzung von 100 ICBMs im Jahre 1959, 500 im Jahre 1960 und 1000 im Jahre 1961. Offensichtlich war die USAF bei der Vorbereitung dieser Abschätzung eingebunden worden, denn diese Abschätzung widerspiegelte die Denkweise der USAF. Durch solche Zahlen konnte man das Weiße Haus und den US Kongress beeindrucken, wenn man seine B-52 Bomberflotte und den Bau eigener ICBMs beschleunigen wollte. Nun war die SS-6 ohne Frage eine für die damalige Zeit gigantische Rakete. Aber aus den U-2-Flügen hätte die CIA wissen müssen, dass bis 1960 in Tjuratam und Kapustin Yar nicht mehr als fünf oder sechs Raketen aufgerüstet wurden. Für die Serienherstellung einer fast dreißig Meter langen Rakete ist eine Fabrik von erheblichen Ausmaßen erforderlich und es mussten Schienenwege eingerichtet werden, um die Raketen zum offenen Startplatz zu transportieren, wo sie nur mit einem Erector-Launcher aufgerichtet werden konnte. Die Bauweise der SS-6 mit ihrem riesigen Basisdurchmesser verbot den Start aus einem unterirdischen Silo. Damit stand sie im Ernstfall ungeschützt da und wäre bei einem Gegenangriff sehr verwundbar gewesen. U-2 Einsätze verfolgten aus diesem Grunde Eisenbahnstrecken im Süden Russlands und überwachten die Transsibirische Eisenbahn, um eventuell Transportwege von Baugruppen der Zulieferindustrie zu entdecken. Aber diesen Aktionen war kein Erfolg beschieden. Es gab keine Anzeichen für eine Serienherstellung der SS-6.

Auch bis Ende 1959 ist keine mit einem nuklearen Gefechtskopf ausgerüstete SS-6 durch U-2 Flüge entdeckt worden. Erst am 12. September 1959 kam es zu einem spektakulären SS-6-Start, dabei wurde *Luna 2* erfolgreich zum Mond geschickt. Drei Wochen später wurde ebenfalls mit einer SS-6 der Satellit *Luna 3* gestartet, der den Mond umrundete und mit ersten Aufnahmen von der Rückseite des Mondes zur Erde zurückkam. Dies waren zwar Starts für die zivile Raumfahrt, aber die Bildqualität von der Mondrückseite gab Aufschluss über die Fähigkeiten und die Qualität der raumgestützten Fotoaufklärung der Sowjetunion.

Im Kreml war man sich bereits Ende 1959 bewusst, dass nur wenige SS-6 im Jahre 1961 bereitstehen würden. Die SS-6 war von den Sowjets ursprünglich als strategische Waffe, d.h. als ICBM, entwickelt worden. Aber es kamen Zweifel auf. Die Vorbereitung für einen Einsatz dauerte viel zu lange. Wegen ihres Antriebs mit flüssigem Sauerstoff und Kerosin hätte sie im Ernstfall nie schnell genug betankt werden können. Aber sie konnte bereits schwere Satelliten in Umlaufbahnen bringen, als dies den USA noch nicht gelang. Militärische Raketenexperten in den USA waren sich bereits 1959 im Klaren darüber, dass sich weder die SS-6 noch die eigene Atlas-Rakete für die Verwendung als ICBM eignen würde. Als Antrieb für ICBMs kam nur entweder speicherbarer flüssiger Treibstoff oder ein Feststoff-Booster infrage. Die Russen wählten für ihre ICBMs und IRBMs speicherbaren Flüssigtreibstoff und die Unterbringung in geschützten und gehärteten Silos. So wurden dann auch die ersten wirklichen sowjetischen ICBMs, die SS-7, die SS-8 und die SS-9 entsprechend als zylindrische Raketen ausgelegt. Die Entwicklung dieser Raketen erfolgte im Konstruktionsbüro (OKB-52) von Wladimir Tschelomej, dem erbitterten Widersacher von Koroljow.

In der Sowjetunion schien selbst an höchster Stelle darüber Klarheit bestanden zu haben, dass die Industrie für die Entwicklung, Test und Produktion strategischer Raketen viel Zeit benötigen würde. Chruschtschow versuchte nun erneut einen Bluff, ähnlich dem früheren, der in den Vereinigten Staaten zu der *Bomber Gap*-Behauptung führte. Im November 1959 verkündete er auf dem *All Unions Kongress* der sowjetischen Journalisten u.a., dass er in einem Jahr über 250 Raketen mit thermonuklearen Gefechtsköpfen verfügen würde. Eisenhower war sich sicher, dass dies ein erneutes Täuschungsmanöver seitens Chruschtschow darstellte. Aber es konnte vom Weißen Haus aus nicht das Gegenteil erklärt werden, ohne die U-2-Flüge über der UdSSR offenkundig werden zu lassen. Obwohl er mit allen Mitteln dagegen steuerte, war Eisenhower nicht mehr in der Lage den nun beginnenden Rüstungswettlauf aufzuhalten.

Die USAF war die erste Teilstreitkraft der USA, die sich schon früh nach Kriegsende für die satellitengestützte Aufklärung interessierte und an deren Machbarkeit glaubte. Denn seit dem V-2-Einsatz der deutschen Wehrmacht im Zweiten Weltkrieg war klar, dass sich mit leistungsfähigeren Boostern und mehreren Stufen weitreichende Raketen mit Gefechtsköpfen ausgerüstet über Kontinente hinweg gegen Ziele am Boden einsetzen lassen. Dies war der Hintergrund, weshalb die US-Army die *Army Ballistic Missile Agency* (ABMA) in Huntsville, Alabama, gründete, um dort IRBMs wie die *Redstone*- und die *Jupiter*-Rakete entwickeln und bauen lassen zu können. Dabei verfügte die ABMA über den besten Experten, den es zu jener Zeit bei diesem Vorhaben gab – Wernher von Braun –, der zwar schon seit seiner Jugendzeit vom Flug zum Mond träumte, aber immer wieder bei der militärischen Anwendung landete. Bekanntlich entwickelte er zuvor die V-2 mit ihrer Antriebsstufe A4, arbeitete an schubstärkeren Aggregaten wie A9/A10, einem zweistufigen Konzept, mit dem die USA hätten erreicht werden können. Erst mit der Saturn V und dem Flug zum Mond konnte er 1969 seinen Traum verwirklichen.

Der Schritt einen Sensor als Nutzlast in eine Umlaufbahn zu bringen, erschien der USAF als naheliegend und so vergab sie an die RAND-Korporation Studien über Erdsatelliten im Allgemeinen und über Aufklärungsplattformen im Speziellen. Der erste Bericht *Preliminary Design of an Experimental World-Circling-Spaceship* erschien im Mai 1946. Es folgen bis 1954 weitere Berichte, die die Realisierung einer *raumgestützten Aufklärung* immer machbarer erscheinen ließ. Die RAND-Studien beschäftigten sich natürlich auch mit den Anforderungen an die dafür notwendigen Sensoren, der Satellitenstabilisierung und deren Ausrichtung sowie der Informationsübertragung zum Boden. Zunächst ging es um Sensoren im sichtbaren Bereich, um deren Auflösung, der möglichen Vergrößerung und Flächenabdeckung. Es wurden in den Studien u.a zwei Lösungsalternativen vorgeschlagen. Entweder die Verwendung von TV-Kameras mit Direktübertragung oder die konventionelle Fotokamera mit Entwicklung des Negativfilms an Bord und Punktabtastung des Films sowie eine nachfolgende Funkübertragung zum Boden. Die USAF benutzte später die Ergebnisse dieser RAND-Studien, um operationelle Forderungen an die abbildenden Aufklärungssatelliten zu entwickeln, die später als Grundlage einer Angebotsaufforderung an die Industrie für die ersten Aufklärungssatelliten-Programme SAMOS und MIDAS dienen sollten.

Die Notwendigkeit, eines schnellen Aufbaus der *raumgestützten Strategischen Aufklärung und Über-*

wachung in den 50er und 60er Jahren durch die USA, lag nicht nur in der problematischen Entwicklung der politischen Beziehungen zur UdSSR, sondern auch zu China und der möglichen Bedrohung, die von diesen beiden Ländern nach dem damaligen Verständnis der USA ausging. Nach dem Abschuss der U-2 über Swerdlowsk am 1. Mai 1960 verfügte die USA über kein penetrierendes Aufklärungsmittel mehr, das strategische Ziele in der UdSSR hätte erreichen können. Das Bestreben der Sowjetunion die Ausbreitungsgeschwindigkeit des Kommunismus und seinen Einflussbereich in der Welt zu erhöhen, war überall zu spüren. Die UdSSR verfügte über die Atom- und Wasserstoffbombe, betrieb die Entwicklung einer strategischen Bomberflotte und drohte mit der Herstellung einer riesigen Anzahl schwerer Raketen mit interkontinentaler Reichweite als Träger.

Die Informationsgewinnung über den politischen Gegner durch Aufklärung wurde somit in den USA als überlebenswichtig empfunden. Sie beeinflusste insbesondere die Außen- und Sicherheitspolitik, sie diente zur militärischen Lagefeststellung und Frühwarnung und sie war über dem schwer zugänglichen Gebiet der Sowjetunion nur raumgestützt möglich. Also musste eine derartige Überwachung und Aufklärung entwickelt und aufgebaut werden, die Beiträge zu einem besseren Verständnis der Vorgänge in der UdSSR liefern konnte. Aus politischer und militärischer Sicht hatten für die Vereinigten Staaten insbesondere die folgenden sicherheitskritischen Themenbereiche höchste Priorität:

- Ermittlung des aktuellen Aufbaustatus der Bomberflotten und der strategischen Raketenwaffen sowie des nuklearen Waffenpotenzials
- Verifikation bzw. Einhaltung von Rüstungsvereinbarungen (wie z. B. das Nukleare Teststoppabkommen, SALT I, II).

Einen wesentlichen Beitrag zur Erfassung der Leistungsdaten der strategischen Raketen lieferte die *Elektronische Aufklärung* von sowjetischen *Ballistic Missile Tests.* Dabei ging es um die Telemetriedatenaufzeichnung über wesentliche Leistungsparameter wie z. B. Schub, Brenndauer, Kraftstoffverbrauch, Zeit bis zur Stufentrennung, Geschwindigkeit und Flugbahndaten wie Bahnhöhe, Reichweite, Treffergenauigkeit etc.

Zur Überwachung der Einhaltung von Rüstungsvereinbarungen war nicht nur die Beobachtung von Nuklearanlagen (in der UdSSR und in China) sondern auch die gesamte Entstehungskette vom Uranabbau in Bergwerken, über Anreicherungsanlagen, Trennverfahren und Reaktoren bis zur Entwicklung, Tests und Serienherstellung von Gefechtsköpfen, notwendig. In diesem Zusammenhang war aber auch die Überwachung von See- und Flughäfen (U-Boote, Kriegsschiffe, Bomber), der chemischen Industrie und von Labors notwendig, die Beiträge zu dieser Bedrohung lieferten.

Zur Absicherung von Überraschungsangriffen spielte Early Warning zur Entdeckung des Starts von ICBMs, wie z. B. SS-6 bis SS-9 vor SALT I (1972) und SS-11 bis SS-18S bis SALT II (1979) eine wesentliche Rolle. Aber auch ganz andere Interessenfelder kamen im Laufe der Zeit hinzu, nämlich die Aufklärung und Überwachung von Terroristencamps (wie z. B. in Libyen und später in Afghanistan) oder neue Radareinrichtungen (wie z. B. neben Anlagen in der Sowjetunion auch solche in Nordkorea).

Den führenden Politikern der Vereinigten Staaten um Präsident Eisenhower war schon vor dem U-2-Abschuss bewusst, dass sie in dieser kritischen Situation nur mit einem eigenständigen, kontinuierlichen Zugriff auf Satelliteninformation ihre Interessen adäquat wahren und ihre Aufgaben wahrnehmen können. Bereits am 28. Februar 1959 gelang es den USA, mit *DISCOVERER* den ersten Aufklärungssatelliten zu starten. Die ersten fotografischen Aufnahmen von Bodenzielen gelangen, nach einigen Fehlschlägen, aber erst am 18. August 1960. Hier waren die USA schneller; die Sowjets erreichten diesen Erfolg erst 1962.

Mit der Entwicklung der ATLAS D Rakete, Ende der 50er Jahre, und später der ATLAS E und Titan I in den ersten 60er Jahren, standen den USA Träger zur Verfügung, mit denen sich auch eine raumgestützte Aufklärung und Überwachung etablieren ließ. Da die Gesetze der Bahnmechanik von Satelliten lange bekannt waren *(Kepler'sche Gesetze),* galt es Satelliten mit geeigneten Sensoren auszustatten und in Umlaufbahnen zu verbringen, mit deren Hilfe Interessengebiete periodisch überflogen und abgebildet oder Signale erfasst werden konnten. Als Umlaufbahn oder Orbit wird die Bahnkurve bezeichnet, auf der sich der Satellit periodisch um die Erde bewegt. Für

die Zielerkundung mit abbildenden Sensoren kamen *Low Earth Orbits* (LEO) in Höhenbereich zwischen 200 und 1200 km infrage. Der Winkel zwischen der Bahnebene des Satelliten und der Äquatorialebene der Erde, d.h. die *Inklination,* liegt dabei häufig im Bereich von etwa 90° (bei polaren Orbits). Bei einer bestimmten *Inklination* zwischen ca. 96° und 99°, die abhängig von der Orbitalhöhe ist, wird durch Präzision gerade eine Umdrehung der Bahnebene des LEO-Satelliten in einem Jahr bewirkt *(sonnensynchrone Bahn),* sodass die Orientierung der Bahn gegenüber der Sonne immer gleich bleibt. Ein besonderer Vorteil dieses Satellitentyps ist, dass er einen Punkt auf der Erde immer zur selben Ortszeit passiert. Dadurch lassen sich, wegen der immer gleichartigen Beleuchtung, fotografische Aufnahmen verschiedener Tage leichter miteinander zum Zwecke der *Change Detection* vergleichen und Auswertezeiten reduzieren.
In den USA wurden in der Zeit von 1958-1972 eine ganze Reihe Low Earth Orbit (LEO) Satelliten entwickelt, produziert und in Umlaufbahnen gebracht, die einer strengen Geheimhaltung unterlagen. Hierzu gehören z. B. die unter dem Decknamen DISCOVERER bzw. CORONA und SAMOS entwickelten Satelliten des Keyhole-Programms (KH), d.h. die Keyhole Serie KH-1 bis KH-4B (CORONA) sowie KH-5 (ARGON) und KH-6 (LANYARD). Sie wurden in etwa kreisförmige aber auch stark elliptische polare Orbits geschossen[47]. Wobei Letztere mit einem ausgeprägten Verhältnis von Apogäum/Perigäum, in einen Höhenbereich von bis zu 308/150 km verbracht wurden, wenn ein Ziel im Perigäum mit besonders hoher Auflösung fotografiert werden musste.

Um Überflüge bei verschiedenen Tageszeiten zu erreichen und die Zahl der möglichen Beobachtungen zu erhöhen, wurden gleichzeitig mehrere Satelliten in unterschiedlichen Bahnebenen betrieben. Da die Umlaufdauer eines Satelliten von seiner Orbithöhe abhängt, wird diese bei Aufklärungssatelliten insbesondere von der notwendigen Bahnhöhe über dem Ziel bestimmt. Obwohl ein Aufklärungssatellit möglichst nahe an die interessierenden Objekte herangebracht werden muss, sind hier Grenzen gesetzt, da die zunehmende Dichte der Lufthülle mit abnehmender Bahnhöhe ein Abbremsen des Satelliten bewirkt und damit seine Lebensdauer erheblich verkürzen würde[49]. Jedoch kann es für die Nahbeobachtung *(Close Look)* notwendig sein, die Bahn, auch auf Kosten der Lebensdauer, entsprechend zu verändern. Dies kann durch Bahnabsenkung oder durch eine stark elliptische Bahn erfolgen. Bei *Area Surveillance* Satelliten werden die Umlaufbahnen gegenüber den *Close Look*-Satelliten angehoben. Zum Beispiel liegt die polare Umlaufdauer eines Satelliten in einem 300-km-Orbit bei ca. 90 min. Das ergibt 16 Erdumläufe pro Tag, d.h., in diesem Fall überfliegt der Satellit nach 12 und nach 24 Stunden ein Ziel, und zwar in einer absteigenden und in einer aufsteigenden Bahn.

Falls Orbit-Änderungen eingeplant sind, muss Treibstoff (meist Hydrazin) mitgeführt und Triebwerke installiert werden, die zu Beginn des Satellitenzeitalters jedoch nur eine begrenzte Zahl dieser Orbit-Änderungen zuließen. Daher bedurfte auch jede Orbit-Änderung des Einverständnisses höchster politischer Stellen. Es wurde schon früh vermutet, dass Keyhole Satelliten ab einer bestimmten Ausbaustufe neben fotografischen Kameras für abbildendes, hochauflösendes IMINT, auch mit Subsatelliten bestückt waren, die Antennen und Empfangssysteme für COMINT mit sich führten. Damit konnten mit einem Start sowohl abbildende als auch signalerfassende Sensoren in eine Umlaufbahn gebracht werden.

Prinzipiell ist ein Aufklärungssatellitensystem in ein raumgestütztes und in ein Boden-Segment aufgeteilt. Das Raumsegment besteht aus Träger bzw. Bus mit Triebwerk, elektrischer Energieversorgung (z. B. Solargenerator, Batterien oder Reaktor) und der Missionsausrüstung. Der Bus verfügt über die Basisausrüstung zur Lageregelung und über das Thermalsystem (für die interne und externe Thermalkontrolle). Zur Missionsausrüstung gehören die Sensoren und die Kommunikationsverbindungen. Das Bodensegment besteht in der Regel aus dem Kontrollzentrum, mit der Missionsplanung, dem Tasking bzw. der Satelliten- und Sensorsteuerung, der Datenempfangsstation für die Sensordaten, falls diese per Funk übertragen werden und dem Nutzersegment mit der Sensordatenarchivierung, der Auswertung und Analyse sowie der Sensordatenverteilung.

Die erste Auswertung von Satelliteninformation in den USA erfolgte in Fort Belvoir, bei Washington.

Die Kommunikationsverbindung vom Satelliten zum Bodensegment und umgekehrt sollte möglichst zuverlässig, stör- und abhörsicher sein und möglichst eine Echtzeitdatenübertragung ermöglichen. Dazu wäre aber entweder ein globales Kommunikations-

satellitensystem notwendig, wo auch zwischen Kommunikationssatelliten Daten ausgetauschte werden können oder es müssten viele Datenempfangsstationen am Boden aufgebaut werden, die es aber in den frühen 60er Jahren noch nicht gab. Die Zeitspanne für die Datenübertragung von einem Satelliten in einem *Low Earth Orbit* (LEO) zu einer bestimmten Bodenempfangsstation liegt in der Größenordnung von 10 bis 15 min. Bei begrenzten Datenraten ist die übertragbare Informationsmenge also beschränkt. Um die Datenmengen bei der Bildübertragung zu reduzieren, wurde schon zu Beginn der raumgestützten Aufklärung an wirksamen Algorithmen zur Bildkompression gearbeitet. Zur Abhörsicherheit werden Sensordaten in der Regel kryptiert.
Satelliten in *geostationären Orbits* (GEO) befinden sich auf einer äquatorialen Kreisbahn in 35 786 km Höhe. Ein Satellit im GEO umrundet die Erde genauso schnell, wie diese sich dreht, d.h., er befindet sich bezüglich eines Punktes auf der Erde immer an derselben Position. Diese geostationären Positionen werden in erster Linie für die Aufgabe *Frühwarnung (Early Warning* (EW)) wie z. B. beim amerikanischen *Defense Support Program* (DSP) zur kontinuierlichen Überwachung desselben Gebiets sowie für die Kommunikation, z. B. beim *Defense Satellite Communication System* (DSCS) und bei *FLEETSATCOM* genutzt. Geostationäre Nachrichtensatelliten spielen eine herausragende Rolle beim Einsatz von militärischen Satelliten mit signalerfassenden Sensoren, aber auch mit geeigneten Sensoren versehen, für die Ozeanüberwachung. Etwa 25% der gestarteten Militärsatelliten dienen dem Nachrichtenwesen. Die Erdbeobachtung von geostationären Orbits aus ist schwierig, nicht nur aufgrund der Entfernung sondern auch wegen der Einsehbarkeit jenseits der Polarkreise. Diese Bereiche entziehen sich der abbildenden Beobachtung.
Der erste Frühwarnsatellit der USA, der im Rahmen des *Missile Defense Alarm Systems* (MIDAS) entwickelt wurde, konnte 1960 in eine Umlaufbahn gebracht werden. Er sollte den Abschuss sowjetischer ballistischer Raketen mittels IR-Sensorik entdecken. Dabei wurde eine elliptische Bahn mit 63° Inklination und einer Bahnhöhe von 600 km im Perigäum und 40000 km im Apogäum gewählt. Das hohe Apogäum sollte eine möglichst lange Beobachtungsdauer im interessierenden nördlichen Bereich der Erde ermöglichen. Auch hier waren die USA schneller; die UdSSR startete erst im Jahre 1967 ihren ersten *Early Warning* Satelliten.
Zur Signalaufklärung SIGINT (d.h. ELINT und COMINT) wurden etwa ab 1962 vom Nachrichtenwesen der USA spezielle *Ferret* Satelliten eingesetzt und in quasipolare Umlaufbahnen gebracht, um Radar- und Störersignaturen zu erfassen sowie Informationen und Botschaften im Bereich der Kommunikation abzufangen, aber auch um Telemetriesignale aufzuzeichnen, die über Kommunikationskanäle verschickt wurden. Die Bahnhöhen lagen zwischen 600 und 1300 km. Bei diesem Satellitentyp zog die UdSSR erst 1967 nach, wobei beispielsweise von den sowjetischen Militärs bevorzugt eine Inklination von 74-82° mit elliptischen Orbits von 500 km bzw. 600 km Bahnhöhe im Peri- bzw. Apogäum gewählt wurden.
Mit der satellitengestützten Ozeanüberwachung hat die UdSSR bereits im Jahr 1967 erste Erfahrungen gesammelt. Dagegen haben die USA ihren ersten *Ocean Surveillance* Satelliten erst im Jahr 1976 in eine Umlaufbahn gebracht. Die sowjetischen Satelliten zur Ozeanüberwachung wurden in den frühen 80er Jahre auf eine Bahnhöhe von 250 km geschickt, mit einer Inklination von 5°. Die Lebensdauer betrug bei dieser niedrigen Bahnhöhe nur ca. 3 Monate. Der entsprechende US *Ocean Surveillance Satellit* NOSS wies eine Bahnhöhe von 1100 km auf und befand sich ebenfalls auf einer elliptischen Bahn mit einer wesentlich höheren Inklination von 63°[50, 51].
Für die präzise Navigation von militärischen Flugzeugen, Schiffen und Cruise Missiles hatten die USA bereits im Jahre 1959 den Satelliten Transit gestartet, dem später NAVSTAR folgte. Hieraus wurde das heute so erfolgreiche *Global Positioning System* (GPS) entwickelt, das zur weltweiten Abdeckung den Einsatz von 24 Satelliten erfordert und das im Laufe der Zeit zunehmend zivil genutzt wird. Das System liefert seit Ende der 80er Jahre dreidimensionale Positions- und Geschwindigkeitsdaten hoher Genauigkeit für den militärischen Nutzer (PY-Code, von ca. 10 m) und eine mittlere Genauigkeit für den zivilen Nutzer (CA-Code, von ca. 60 m) sowie ein präzises Zeitsignal. GPS Satelliten waren, ähnlich wie Frühwarnsysteme, mit IR-Detektoren ausgerüstet, die gemeinsam ein System zur Erkennung und Lokalisierung von Nuklearexplosionen bildeten, das *Integrated*

Operational Nuclear Detection System (IONDS)[52] genannt wurde. Die USA behielten sich in der Krise und im Konflikt vor, die Genauigkeit von GPS für die zivilen Nutzer deutlich zu verschlechtern. 1970 zog die UdSSR mit dem System *GLONASS* nach. Dieses hat jedoch mit 12 von 24 geplanten Satelliten in 2007, die sich in drei Bahnebenen auf einer Orbitschale von 19 100 km Höhe befinden, noch keine weltweite Abdeckung erreicht, da die verwendeten *Uragan*-Satelliten anfänglich eine nur kurze Lebensdauer von etwa drei Jahren aufwiesen. Russland plant in 2008 18 und zur weltweiten Abdeckung 2012, 24 verbesserte Satelliten im Betrieb zu haben. Die Europäer beabsichtigen mit GALILEO ein eigenständiges, ziviles System mit 30 Satelliten und noch höherer Genauigkeit als GPS zu entwickeln, um u.a. der Abhängigkeit von den USA im Krisen- und Konfliktfall zu begegnen.
Wettersatelliten (wie etwa Meteosat, NOAA, Seasat) können nicht nur allein der zivilen Wettervorhersage dienen, sondern auch dem militärischen Nutzer z. B. bei der Vorhersage, wann in bestimmten Zielgebieten keine geschlossene Wolkendecke vorherrscht, sodass mit Fotosatelliten aufgeklärt werden kann. Die USA verwenden seit etwa 1960 militärische Wettersatelliten (z. B. das Defense Meteorological Satellite Program (DMSP)) und die UdSSR seit etwa 1963 (z. B. Meteor). Beide militärische Satellitentypen befinden sich auf quasi polaren kreisförmigen aber versetzten Orbits. Die Bahnhöhen liegen zwischen 820 und 900 km.
Auswertungs- und Planungszentren der raumgestützten Aufklärung und der Nachrichtendienste wirken seit ihrer ersten Einrichtung immer eng zusammen (IMINT, SIGINT und HUMINT). Daher sind die Fotoaufnahmen der einschlägigen IMINT-Satelliten in der Regel lange Top Secret. Für die Verifikation wurden hauptsächlich Satelliten mit abbildenden und signalerfassenden Sensoren eingesetzt. Daneben spielen aber auch die Frühwarn- und Ocean Surveillance-Satelliten eine wichtige Rolle. Die Foto-Aufnahmen der US IMINT Satelliten, wie CORONA, wiesen wahrscheinlich bereits Ende der 60er Jahren eine Auflösung im Bereich von 6-10 ft (1,8-3 m) auf. Die Datenübertragung erfolgte zunächst über unterschiedliche Methoden von der Bergung einer ausgestoßenen Filmkapsel (DISCOVERER/CORONA), der Filmentwicklung und Abtastung an Bord und analoger Datenübertragung (SAMOS) bis zur echtzeitfähigen digitalen Datenübertragung heute.
Alle Satelliten der abbildenden raumgestützten Aufklärung der USA erhielten ab 7. März 1962 *Keyhole* (KH) Bezeichnungen und bekamen einen *Byeman Code* Namen, wie z. B. CORONA[53]. Darüber hinaus erhielten sie eine vierstellige Kennzahl, wie z. B. 5500er Reihe sowie eine KH-Zahl. Die dazugehörigen Satelliten waren die Typen *SAMOS* und *CORONA* bzw. KH-1 bis KH-4B (1959 -1972), *ARGON* KH-5 (1961-1963), *LANYARD* KH-6 (1963), *GAMBIT* KH-7 (1963-67) und KH-8 (1966-84), *HEXAGON* KH-9 oder *Big Bird* (1971-86), *DORIAN* KH-10, *KENNAN/CRYSTAL* KH-11 (1976-88) und *Improved CRYSTAL* KH-12 (seit 1992).
Da in den USA während des Kalten Kriegs die Gewinnung von Erkenntnissen über den Stand der Entwicklung der sowjetischen Trägerraketen mit nuklearen Gefechtsköpfen höchste Priorität erhielt, standen insbesondere deren Entwurf, Entwicklung und Erprobung im Mittelpunkt des Interesses der US Nachrichtendienste. So erfuhren die USA schon sehr früh, dass sich z. B. die SS-6 als Entwicklungsfehlschlag bezüglich der militärischen Verwendung als ICBM herausstellte (auf die Problematik der Betankung mit flüssigem Sauerstoff und Kerosin wurde bereits hingewiesen). Es ergaben sich hierdurch zu lange Reaktionszeiten und damit war keine Zweitschlagfähigkeit gegeben. Die darauf von Chruschtschow veranlasste beschleunigte Entwicklung von SS-7, SS-8 und SS-9 als ICBMs brauchte seine Zeit; aber als diese Anweisung zur Entwicklung dieser neuen Typen bekannt wurde, wirkte sie sowohl für die USA als auch für die Westeuropäer erneut höchst beunruhigend.
Auf die wichtige Rolle der USAF bei der Entwicklung der satelliten- bzw. raumgestützten Aufklärung muss immer wieder hingewiesen werden. Die USAF erkannte zuerst den Nutzen dieses neuen Sensorträgers, dessen mögliche Flächenabdeckung durch entsprechende Umlaufbahnen und die Steuerungsmöglichkeiten der Umlaufintervalle durch Bahnmodifikationen (Absenkung und Anhebung).
Nachdem in RAND-Studien wiederholt die Machbarkeit der *Raumgestützten Aufklärung* nachgewiesen wurde, erstellte die USAF auf der Basis dieser Studien die *General Operational Requirements Nr. 80* für die Entwicklung eines fotografischen Aufklärungs-

satelliten. Die Angebotsaufforderung erging am 16. März 1955 an die US Industrie.

Nach Eingang der oben genannten operationellen Forderungen ist anzunehmen, dass die anfängliche Einschätzung der Entwickler in der Industrie, über ihre möglichen Optionen bei der Auswahl von Sensoren und Methodiken der Informationsübertragung zum Boden, etwa wie folgt aussah[5]:

- Verwendung der erprobten TV-Kameras mit Spezialoptik langer Brennweite und Speicherung deren Information auf Bandgeräten mit nachfolgender Übertragung der Bildinformation zum Boden – wenn der Satellit in den Bereich einer Datenempfangsstation kam. Dies bot eine risikolose Lösung mit quasi Echtzeitübertragung. Als Nachteil war die TV-Bildqualität in Kauf zu nehmen
- Verwendung einer konventionellen Fotokamera mit langer Brennweite, Entwicklung des belichteten Films an Bord des Satelliten mit nachfolgender Zeilenabtastung des entwickelten Films (ähnlich dem *elektronischen Auge)* und Übertragung der elektrischen Signale zum Boden. Dadurch kann eine bessere Auflösung gegenüber Fall a) erzielt werden.
- Rückführung des belichteten Films in einer Kapsel zum Boden, wobei als Sensor ebenfalls eine konventionelle Kamera verwendet werden kann. Diese Lösung ist kompliziert und zeitraubend. Die Bildqualität ist aber gegenüber den beiden vorausgegangenen Fällen überlegen. Wenn der nicht entwickelte Film mit der Kassette ausgestoßen und per *Re-entry Kapsel,* Fallschirm und Bergeflugzeug zum Boden gebracht werden kann, lässt man sich auf ein insgesamt sehr aufwendiges und riskantes Verfahren ein, das aber beste Fotoqualität liefert.

Nach Auswertung der Industrieangebote erging am 29. Oktober 1956 der Auftrag der USAF zur Entwicklung des *Weapon Systems* (WS) *117L/Pied Piper* (Name: *Advanced Reconnaissance System)* an die Firma Lockheed. Das Projekt spaltete sich über die nächsten fünf Jahre in drei Teile auf, und zwar in zwei Aufklärungssysteme und ein Frühwarnsystem. Zusammen war es das erste militärische US Space Program. Es bestand aus den folgenden drei Anteilen:

- *Erster Auftrag:* Entwicklung von *SENTRY,* einem fotografischen Satelliten inklusive TV- Bildübertragung zum Boden
- *Zweiter Auftrag:* Entwicklung des *DISCOVERERs* (später *CORONA),* mit Fotokamera, einschließlich des Re-entry Verfahrens zur Bergung der Kassette mit Rohfilm in einer Kapsel
- *Dritter Auftrag:* Entwicklung eines *Early Warning* bzw. *Missile Defense Alarm Systems* (MIDAS), das die hohe Temperaturentwicklung im Raketenabgasstrahl einer startenden sowjetischen ballistischen Rakete entdecken und verfolgen sollte. Dies hätte als Anzeichen für einen möglichen Raketenangriff auf die USA oder seine Verbündeten interpretiert werden können.

Lockheed führte alle drei Aufträge durch, wobei ein hoher Wert auf Modularität gelegt wurde. Der Satellit war tatsächlich ein Teil der sehr zuverlässigen zweiten Stufe einer Rakete, die auf die erste leistungsstarke Booststufe aufgesetzt wurde. Teil der zweiten Stufe war die Nutzlast, die je nach Aufgabe unterschiedlich ausgelegt war. Als erste Stufe standen zwei Booster als Kandidaten zur Verfügung, nämlich eine modifizierte Version der Douglas Thor IRBM oder die Convair Atlas ICBM. Beide Booster standen noch am Anfang ihrer Entwicklung als WS 117 L beauftragt wurde. Als Antrieb der zweiten Stufe war ein Raketenantrieb von Bell Aerosystem mit fast 7 t Schub vorgesehen. Diese zweite Stufe wurde später *Agena* bezeichnet und noch in vielen Anwendungen genutzt. Etwa parallel zu den Aktivitäten der USAF bei SENTRY, zwei Wege bei der Bildübertragung zu untersuchen, nämlich die direkte Übertragung des TV-Bilds und Entwicklung des belichteten Films an Bord mit nachfolgender Bildabtastung und Übertragung der Bilddaten mittels Funk, betrieb die RAND-Korporation ihre Untersuchungen weiter. Im Mittelpunkt ihrer Studien stand aber, den belichteten Film mit einer Kapsel aus der Umlaufbahn zurückzuführen und ihn am Fallschirm hängend mittels Schleppeinrichtung am Flugzeug zu bergen.

Obwohl die fotografischen Aufnahmen sowohl bei der Direktübertragung von TV-Bildern als auch bei der Funkübertragung von abgetasteten Bildpunkten viel schneller beim Nutzer vorlagen, war bei keinem der beiden Bildübertragungsverfahren die Auflösung der Bilder von einer Qualität, wie sie die Aufklärung gebraucht hätte. Bei dem Vergleich eines TV Standbildes und der fotografischen Ablichtung desselben Objektes wird dies deutlich. Als RCA, die mit der

Entwicklung der TV-Übertragung beauftragt war, feststellte, dass diese Methode wegen der schlechten Auflösung nicht weiter verfolgt werden sollte, brach die USAF im August 1957 diesen Versuch ab. Aber die USAF lehnte, im Gegensatz zur CIA bei DISCOVERER, auch ganz formell die rückführbare Fotokapsel wegen der zu hohen Komplexität und des zu großen Zeitverzugs ab und konzentrierte sich nur noch auf die Zeilenabtastung des Films und die Funkübertragung zur Bodenstation. Bildübertragung durch Funk wurde von der USAF als einzige zukunftsfähige Methode der Informationsübermittlung bei Aufklärungssystemen betrachtet. Im Nachhinein behielt die USAF zwar recht, aber diese Entscheidung kam zwanzig Jahre zu früh.
Nach den Erfolgen der Sowjets bei der Entwicklung leistungsfähiger Booster begannen die USA den beschleunigten Bau von Interkontinentalraketen. Sie starteten ebenfalls am 1. Februar 1958 den ersten Satelliten und erreichte 1961 eine Überlegenheit bei schweren Trägerraketen im Verhältnis von ca. 600:18. Der UdSSR gelingt aber wiederum ein gewaltiger Prestigeerfolg als Juri Gagarin am 12. April 1961 als erster Mensch mit der Raumkapsel *Wostok* in 108 Minuten die Erde umkreist. Dieses Datum ist als der Beginn der bemannten Raumfahrt in die Geschichte eingegangen.
Bis 1960 war die *Central Intelligence Agency* (CIA) allein zuständig für die Beschaffung von SIGINT und IMINT von fliegenden Plattformen aus. Nach dem Abschuss der U-2 setzte sich der damalige Secretary of Defence, T. Gates, für die Einrichtung eines *National Reconnaissance Office* (NRO) ein, das die Verantwortung für alle luft- und raumgestützten Aufklärungseinsätze übernehmen sollte. Präsident Dwight D. Eisenhower konnte überzeugt werden und so wurde am 25. August 1960 das NRO etabliert[119]. NRO war zwar ein Teil des *Department of Defence* (DoD), wurde aber gemeinsam von CIA und USAF von einem zentralen Büro aus geleitet. Die administrative Überwachung lag beim Secretary of Defence, aber die nachrichtendienstliche Beauftragung erfolgte durch die CIA.
Neben der CIA und der USAF kam die US-Navy später als dritter Partner bei der Leitung des NRO hinzu, und zwar wegen deren Verantwortung für die Ozeanüberwachung. Die Existenz des NRO konnte bis 1992 geheim gehalten werden.
Am 8. November 1960 wird John F. Kennedy als neuer Präsident der Vereinigten Staaten gewählt. Sein Slogan von den „neuen Grenzen“ vermittelt der amerikanischen Öffentlichkeit neue Ziele. Sein Kontrahent R. Nixon, der während der Präsidentschaft von Eisenhower als Vizepräsident eingesetzt war, konnte seinen Amtsbonus nicht umsetzen. Im Gegenteil, die U-2-Affäre und andere politische Misserfolge der Eisenhower-Regierung schlugen für ihn negativ zu Buche. In der Außenpolitik, die überschattet ist von der Kubakrise und dem Vietnamkonflikt, setzt sich Kennedy für einen Kurs der friedlichen Koexistenz mit der Sowjetunion ein.
Am 19. April 1961 scheiterte der von der CIA unterstützte Invasionsversuch von Exilkubanern in der Schweinebucht auf Kuba. Dies wird in der ganzen Welt als große Blamage für die USA gewertet. Am 13. August 1961 beginnt der Bau der Berliner Mauer und am 30. August 1961 kündigt die UdSSR die Wiederaufnahme von Atombombentests an. Zuvor hatten die USA und die UdSSR im Oktober 1958 an einem Atomteststoppabkommen *(Limited Test Ban Treaty)* verhandelt und waren auf dem Weg zur Ratifizierung. Alle Entspannungsbemühungen befanden sich auf einem Tiefpunkt. Ein hoher Grad an Wachsamkeit war angeraten.

6. Korea Konflikt

Die Niederlage Japans im Zweiten Weltkrieg beendete die japanische Herrschaft über Korea, dessen staatliche Unabhängigkeit von den drei großen Siegermächten (USA, UdSSR und UK) garantiert wurde (Konferenzen in Kairo 1943, Jalta und Potsdam 1945). Am 8. August 1945 besetzten sowjetische Truppen Nord-Korea und amerikanische Einheiten den Süden, nachdem zuvor der 38. Breitengrad als Demarkationslinie festgelegt wurde. Als sich die Sowjetunion freier und geheimer Wahlen in ganz Korea widersetzte, bildeten sich zwei unabhängige Staaten in Nord- und Südkorea heraus.
Das durch den Kalten Krieg gespannte Verhältnis zwischen den USA und der Sowjetunion führte letztendlich zum Koreakrieg. Auslöser waren eine politische Offensive des Nordens gegen den Süden mit dem Ziel der Wiedervereinigung der beiden Teile Koreas, kommunistische Infiltration in Südkorea und militärische Zusammenstöße an der Demarkationslinie nach Abzug der sowjetischen und US-Truppen. Nach einem unerwarteten Überfall durch nordkoreanische Streitkräfte am 25. Juni 1950, beginnend mit einem Angriff einer Yak-9 auf den Flughafen in Seoul und später von 300 000 *Freiwilligen* aus der Volksrepublik (VR) China, wurden die südkoreanischen Truppen ab dem 27. Juni 1950 auf Geheiß von Präsident Truman durch amerikanische See- und Luftstreitkräfte unter General MacArthur unterstützt. General McArthur befehligte danach auch die, nach Beschluss des UN-Sicherheitsrates, aufgestellten UNO-Truppen aus 15 UN-Mitgliedsländern. Nach raschen nordkoreanischen Erfolgen (z. B. Fall von Seoul am 28. Juni 1950), bei der die südkoreanischen Streitkräfte fast ins Meer gedrängt wurden, begann mühsam die Rückeroberung des südlichen Teils. Zunächst unterstützte die US *Far East Air Force* (FEAF), die in Japan stationiert war, Südkorea mit B-29 Bombenangriffen im Frontbereich sowie auch gegen strategische Ziele im Norden. Obwohl anfänglich die Nordkoreaner noch mit sowjetischen Kampfflugzeugen aus dem Zweiten Weltkrieg kämpften, konnten diese gegen die Luftübermacht der FEAF nichts ausrichten, zumal diese bereits über strahlgetriebene Jagdflugzeuge vom Typ F-80 *Shooting Star* verfügten. Aber am Boden sah die Lage des Südens katastrophal aus. Erst als General McArthur am 15. Sept. 1950 eine Gegenoffensive zu starten begann, führte diese alsbald zum Zusammenbruch der nordkoreanischen Front im Süden. In deren weiteren Verlauf stießen die UN-Verbände am 26. Oktober 1950 weit in den Norden vor und erreichten bald den chinesisch-koreanischen Grenzfluss Jalu.
Diese Situation war weder für Joseph Stalin noch für Mao Tse Tung akzeptabel. Die Sowjets übernahmen zuerst verdeckt und später offen die Luftverteidigung von Nord-Korea und setzten dazu ab 1. Oktober 1950 ihr neuestes Jagdflugzeug, die MiG-15, ein. Die MiG-15 erwies sich mit ihrem Pfeilflügel sowie wegen ihrer etwa 300 km/h höheren Geschwindigkeit und besserem Steigvermögen der USAF F-80 technologisch weit überlegen. Zeitweilig erreichten die sowjetischen Piloten gegen die FEAF-Jagdflugzeuge vom Typ F-80, F-84 und der veralteten F-51 (P-51 *Mustang,* aus dem Zweiten Weltkrieg) die Luftüberlegenheit. Diese Defizite konnten die USAF dann erst mit dem schnellen Einsatz ihrer F-86 *Sabres* neutralisieren. Aber auch am Boden gelang es den Nordkoreanern, durch die Hilfe von *Freiwilligenverbänden* aus der VR China, eine Stabilisierung der Front unmittelbar nördlich des 38. Breitengrades zu bewirken. Der Versuch der Bombardierung von nordkoreanischen Städten und der Brücken über den Jalu mit der B-29 konnte die Chinesen nicht davon abhalten, nach Süden zu marschieren. Viele B-29 gingen bei diesen Angriffen verloren.
Die 31st Strategic Reconnaissance Squadron komplettierte das FEAF-Bomberkommando. Zur Lage- und Zielaufklärung setzte dieses, vom Anfang des Konfliktes an bis zum Erscheinen der ersten MiG-15, die gleichen Aufklärungsflugzeuge, Kameraausrüstung, Mapping Radare und fernmeldeelektronische Mittel ein, die bereits Ende des Zweiten Weltkriegs im Einsatz waren. Hierzu gehörte auch die gewaltige RB-29. Mit diesen mussten zunächst Zielkataloge von strategischen Zielen in Nord-Korea erstellt werden, da

es einen solchen Bestand im US-Nachrichtenwesen noch nicht gab. Neu hinzugekommen waren drei Aufklärungsbomber North American RB-45 und die Aufklärungsversion der F-80, die RF-80 A, deren Bugteil voll mit Kameras ausgerüstet wurde.
Die 8th Tactical Reconnaissance Squadron (TRS) übernahmen mit ihren RF-80 A und C die Hauptlast der fotografischen und visuellen Aufklärung in Nord-Korea. Die RF-80 war sowohl mit einer vorwärtsblickenden K-17 Kamera mit variablen Brennweiten als auch mit Vertikal- und Schrägsicht-Kameras vom Typ K-22 in Fan-Anordnung ausgestattet. Mit dem Eintritt in das Jetzeitalter wurden die vorwärtsblickenden oder *Nose* Kameras Standard bei strahlgetriebenen Aufklärungsflugzeugen. Die optische Achse der *Nose* Kamera war mit einem Neigungswinkel von 10° gegenüber dem Horizont eingebaut. Damit deckte sie

Lockheed RF-80A mit Vertikalkamera. (USAF)

Mikojan-Gurewitsch MiG-15 Abfangjäger. (Aviation-History.com)

etwa vom Horizont bis etwa 30° nach unten den vorausliegenden Bereich ab. Die RF-80 verfügte beispielsweise mit einer Hycon K-38 Frontkamera über eine Brennweite von 24 in (ca. 60 cm) und damit über eine gute Detailerkennbarkeit auf große Entfernungen. Verwendet wurde dabei ein Film von 390 ft (117 m) Länge mit einem 9 in x 18 in (22,8 cm x 45,7 cm) Bildformat. Die Einsätze mit der vorwärtsblickenden Kamera, d.h. Direktflug auf verteidigte Ziele zu, wurden von den Piloten als *Dicing Missions* bezeichnet.
Luftbildaufnahmen wurden im Koreakonflikt primär dazu verwendet, um vor allem für die Bomber strategische Ziele zu identifizieren und zu katalogisieren. Primäres Ziel war es, wichtige Ziele schnell zu finden und zu bekämpfen, um die chinesische Invasion in den Süden aufzuhalten. Dazu standen die *Line of Communication,* d.h. Brücken, Straßen, Eisenbahnlinien und Kommunikationseinrichtungen aber auch Radarstellungen im Mittelpunkt des Interesses. Mit dem Erscheinen der sowjetischen MiG-15 war jedoch sowohl die Aktualisierung der Zielkataloge als auch die Bombardierung der Ziele selbst sehr erschwert worden. Wegen der Luftbedrohung durch dieses schnelle Jagdflugzeug, das eine große Gefahr für die USAF darstellte, erhielt auch die Aufklärung der in Nordkorea gelegenen MiG-15-Flugplätze eine hohe Priorität. Nachdem die MiG-15 ab November 1950 in Nord-Korea eingesetzt wurden, waren deren Piloten unter anderem speziell dazu beauftragt worden, eine US-Luftbildaufklärung von Nord-Korea zu unterbinden. Sowohl die RF-80 als auch die B-29 Bomberverbände waren durch dieses Jagdflugzeug sehr gefährdet, obwohl die Bomber bei Einsätzen von einer

großen Eskortflotte von F-80, F-84 und F-86 begleitet wurden. So kam es auch, dass viele Aufklärungseinsätze der RF-80 mit 12 oder gar bis zu 16 F-86 *Sabre* begleitet werden mussten. Die RF-80 flog mit Höchstgeschwindigkeit ins Zielgebiet, wobei die viel schnelleren F-86 im *Mäanderflug* etwa 1500 m über der RF-80 diese eskortierten und bei Bedarf die Luftbedrohung durch die MiG-15 abfingen. Da die RF-80 häufig ihre Ziele bei einer Fotohöhe von 18 000 ft (5400 m) anfliegen sollte, kam sie zusätzlich in die Reichweite der nordkoreanischen und der chinesischen Flak, die in diesen Flughöhen noch gefährlich werden konnte.

Die Aufklärungseinsätze einer Aufklärungsschwadron von Taegu und ab dem 25. Februar 1951 von Kimpo aus begannen täglich morgens mit einem *Mission-Briefing* mit allen Recce-Piloten. Dabei wurde die Lage im Einsatzgebiet, die Wettervorhersage, Berichte des Nachrichtenwesens, die Bedrohungssituation durch MiG-15 und Flak-Positionen sowie bisherige Einsatzverluste vorgetragen. Danach folgte ein missionsspezifisches Briefing, bei dem die Ziele oder die Geländebereiche beschrieben und auf einer Karte aufgezeichnet wurden, die beim Einsatz mit den Kameras abgedeckt werden sollten. Es folgten die Vorgaben, mit welcher Kamera welches Ziel anzufliegen war, welche Skalierung verwendet und welche Flughöhen dabei eingehalten werden mussten. Zusätzlich wurde auf die individuelle Bedrohung durch MiG-15 und Flak während des Einsatzes hingewiesen sowie über eigene freundliche Einsätze im Zielgebiet unterrichtet. Jeder Pilot machte daraufhin seine eigene detaillierte Einsatzplanung für den Flug nach Nord-Korea.

Nach Durchführung des Einsatzes und Landung, Filmentnahme und Entwicklung erfolgte ein Debriefing durch das Nachrichtenwesen der Schwadron, wobei jeder Pilot über den Erfolg seines Einsatzes berichten musste, über die korrekte Fotoabdeckung des vorgegebenen Zielgebiets, die gewählte Flugrichtung und Flughöhe bei Fotoaufnahmen sowie über sonstige visuelle Wahrnehmungen während des Einsatzes. Piloten flogen in der Regel bis zu hundert Einsätze, bevor sie abgelöst wurden.

Als es noch während des Koreakonfliktes in den USA zu Forderungen nach einem leichten Bomber als Nachfolger der Douglas B-26 Invader kam, wurde die britische English Electric *Canberra* als Kandidat vorgestellt und später auch von der USAF ausgewählt[4]. Die Glenn Martin Company erhielt am 8. Mai 1951 den Auftrag den Bomber als B-57A in Lizenz zu fertigen. Eine Aufklärungsversion, mit der Bezeichnung RB-57A wurde fast parallel dazu in Anlehnung an die britische Canberra PR9 entwickelt und der USAF vorgestellt. Zum Erstflug kam es im Oktober 1953. Wie ihre Bezeichnung schon andeutete, sollte

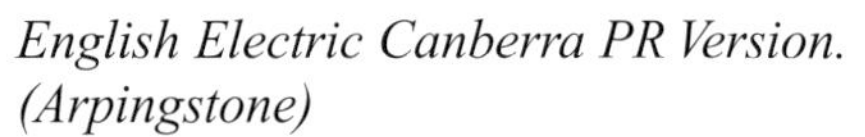
English Electric Canberra PR Version. (Arpingstone)

die Maschine primär für die Fotoaufklärung dienen. Zu diesem Zweck wurde sie mit einem Satz von Tag- und Nachtkameras für den Hochflug (etwa 12 km) und für den Tiefflug ausgerüstet. Die Kameras vom Typ P-2, K-17, K-37, K-38 oder T-11 waren für diese Aufträge Voraussetzung und konnten entsprechend der Aufklärungsaufträge ausgetauscht werden.

Nach einer kurzen Testphase akzeptierte die USAF die erste RB-57A im Dezember 1953. Bis August 1954 wurden alle bestellten 67 Flugzeuge ausgeliefert und eine *Initial Operational Capability* (IOC) von der 363rd Tactical Reconnaissance Wing (TRW), die in der Shaw AFB, Carolina, stationiert war, ausgesprochen.

Einige der Maschinen wurden übrigens im Zeitraum von Oktober 1954 bis Februar 1958 auch von der USAF in Deutschland bei der 10th und der 66th Tactical Reconnaissance Wing in Spangdahlem und Sembach stationiert.

Eine spezielle Hochflugversion, die RB-57A-1, kam vom Rhein-Main Flughafen in Frankfurt zum Einsatz, die bis in Höhen zwischen 55 kft und 66 kft (16 764 m und 18 900 m) steigen konnte. Dazu wurde die Maschine vollkommen ausgeräumt, der Navigatorsitz entfernt und die Maschine einsitzig mit Druckanzug geflogen. Die Aufklärungsausrüstung war in einem bedruckten Gehäuse untergebracht und umfasste eine T-11 Vertikalkamera für die Kartierung und zwei K-38 *Split*-Schrägsichtkameras mit 36 in (0,91 m) Brennweite. Bei den Letzteren waren die optischen Achsen jeweils um 9° gegenüber der Vertikalen nach außen geschwenkt, um eine 56%-Bildüberdeckung zu erreichen. Dies war für eine stereoskopische Auswertung ausreichend.

Nach den Erfahrungen, die die USAF mit der MiG-15 in Korea machte, war Hochflug eine seit Beginn der 50er Jahre existierende Forderung der USAF. Nach dem Zulauf der RB/WB-57F, die am 3. November 1955 zum Erstflug startete und im Mai des folgenden Jahres bei der 4080th Strategic Reconnaissance Wing eingeführt wurde, verfügte die USAF über ein Aufklärungsflugzeug, das den Höhenbereich von fast 20 km erreichen konnte. Die Maschinen übernahmen die Aufgaben, die zuvor von den modifizierten RB-57A teilweise von Japan, aber auch von Europa aus, erledigt wurden. Zum Erreichen dieser Flugleistungen waren sowohl zwei Haupt-Strahltriebwerke von Pratt&Whitney (TF33-PW-11A9) als auch zwei zusätzliche Boost-Triebwerke (J60-PW-7) notwendig. Mit dieser Variante ging die stetige Weiterentwicklung der Aufklärungsversionen basierend auf dem Canberra-Typ zu Ende. Die U-2 erreichte mit weniger Aufwand höhere Leistungen.

Die ultimative Forderung von MacArthur zur nuklearen Bekämpfung der chinesischen Nachschubbasen für Nordkorea führt zu dessen Entlassung am 11. April 1951. Nachfolger wurde General Ridgway. Das Ergebnis der am 10. Juli 1951 begonnenen Waffenstillstandsverhandlungen, die über zwei Jahre andauerten, war das Abkommen von Panmunjon am 27. Juli 1953. Durch dieses wurde die Grenze zwischen Nord- und Süd-Korea auf den 38. Breitengrad festgelegt, eine neutrale Überwachungszone geschaffen und eine neutrale Überwachungskommission eingerichtet[15, 16, 17, 18]. Nordkorea, die Demokratische Volksrepublik Korea, blieb nach dem Zusammenbruch des Ostblocks eine der wenigen sozialistischen Staaten und wird seither diktatorisch regiert.

Zu erwähnen bleibt, dass kurze Zeit nach Ende des Koreakrieges, d.h. am 1. November 1952 den USA unter Führung von Edward Teller die erste Zündung einer Wasserstoffbombe auf dem Eniwetok-Atoll auf den Marshallinseln im Pazifik gelang, wobei das Eiland Elugelab versenkt wurde. Konkreter Anlass für die Entwicklung der Wasserstoffbombe war der sich verschärfende Kalte Krieg mit der Sowjetunion und die Demonstration der Überlegenheit der USA auf dem Nuklearwaffensektor.

7. Kuba Krise

Ab September 1962 begann sich die US Regierung aufgrund von Informationen der Nachrichtendienste über beunruhigende Vorgänge in Kuba bedroht zu fühlen[146]. Es gab erste Hinweise, dass die Sowjetunion Mittelstreckenraketen mit nuklearen Gefechtsköpfen dort aufzustellen plant. Ende September wurden auf U-2-Fotos SA-2-Stellungen bei San Cristóbal im Westen Kubas entdeckt, und zwar in einer typischen Trapez-Aufstellung, wie sie in der UdSSR zum Schutz von IRBMs eingerichtet wurden. Diese Aufstellungsart war der CIA seit den früheren U-2 Flügen über der Sowjetunion bekannt. Es wurden daher zusätzliche U-2 Flüge über San Cristóbal angesetzt. Dabei konnten einzelne MiG-21 Abfangjäger festgestellt werden, ohne zunächst die Trägerraketen selbst zu entdecken. Bis zu diesem Zeitpunkt war objektiv nur eine Aufrüstung der Luftabwehr, d.h. der Selbstverteidigung von Kuba, festzustellen. Es erfolgte nun aber Zug um Zug die Entdeckung einer größeren Ansammlung von Fahrzeugen und von Behältern mit Teilen von heimlich importierten Ilyushin Il-28 Bombern sowie von Mittelstreckenraketen (MRBM), mit einer Reichweite von 1000 bis 3000 km. Mit diesen Offensivwaffen änderte sich der Charakter der Aufrüstung deutlich.

Nicht die Aufklärung war der eigentliche Auslöser für eine genauere Beobachtung der Vorgänge in Kuba sondern Flüchtlinge aus Kuba, die in den USA Asyl suchten. Durch HUMINT wurden diese ersten Hinweise erhärtet. Aber erst durch die fotografischen Aufzeichnungen der Vorgänge, mithilfe der Fotoaufklärung, wurde die immer bedrohlicher werdende Situation bestätigt. Weiter gelangte die US Regierung zu einer überraschenden Erkenntnis bei der Seeraumüberwachung, dass nämlich ein reger Schiffsverkehr von der UdSSR nach Kuba eingesetzt hatte, der in seiner Dichte mehr als gewöhnlich zunahm. In den USA wurde angenommen, dass man sich bei Fortgang der Aktivitäten bis Ende November oder Anfang Dezember mit einem voll operationellen sowjetischen Nukleararsenal und entsprechenden Trägerraketen in Kuba konfrontiert sieht. Und dies, obwohl Chruschtschow erst kurz zuvor noch versichert hatte, dass sein Land weder eine Basis in Kuba habe, noch eine solche einzurichten gedenke.

U-2-Flüge wurden dann ab Mitte Oktober mit zunehmender Intensität durchgeführt, um möglichst eine komplette fotografische Dokumentation über alle Vorgänge in Kuba zu erhalten. Die strategische Aufklärung von Kuba durch Satelliten in polaren Orbits war durch die West-Ost-Ausrichtung der Insel (1100 km Ausdehnung in West-Ost, bei nur 150-200 km in Nord-Süd) mit den damals verfügbaren wenigen CORONA- und SAMOS-Aufklärungs-Satelliten erschwert. Die Flächen-Abdeckung der Sensoren in schmalen Streifen in Nord-Süd-Richtung war relativ gering. Da durch die Erdumdrehung bei jedem Umlauf in quasi polaren Bahnen die Satellitenspur am Boden um über 2000 km versetzt war, würde die komplette Abdeckung der Insel durch die wenigen verfügbaren Aufklärungssatelliten verhältnismäßig lange dauern. Nur vereinzelt wurden CORONA- und SAMOS-Satelliten der USAF, die erst ab Sommer 1962 operationell wurden, auch über Kuba eingesetzt. Aber sie leisteten noch keinen signifikanten Beitrag. Dabei ist weiter zu bedenken, dass nur die Bildqualität von CORONA exzellent war und diese Bilder jedoch erst nach Wochen zur Verfügung standen. Wogegen die Bilder von SAMOS zwar schnell elektronisch übertragen werden konnten, aber bei der Detailauswertung bekanntlich eine weniger gute Beurteilung erhielten.

Bei der CIA gelangte man sehr schnell zur Erkenntnis, dass, wegen der zeitlichen Dringlichkeit ein aktuelles Gesamtbild zu erhalten, Aufklärung mittels U-2 erforderlich ist. Daher kam diese, trotz der drohenden SA-2 Gefahren, zu einem intensiven Einsatz.

Darüber hinaus werden nun vor allem die ankommenden Schiffe sehr genau unter die Lupe genommen. Alle Behälter und Container haben eine Bedeutung, denn sie verbergen Gefechtsköpfe, Raketen- oder Bomberteile. Um Rückschlüsse zu erhalten, werden die Ursprungshäfen ausgemacht, wo die Schiffe in der Sowjetunion beladen und welche Waffen in der Nähe hergestellt werden.

Lockheed U-2 Dragon Lady. (USAF)

Erst Anfang Oktober wurde es dann sehr deutlich, dass der Aufbau von Offensivwaffen beginnt. Es stellte sich heraus, dass immer mehr Behälter zerlegte Teile des Il-28 Bombers enthielten. Trotz der entdeckten SA-2-Batterien bei San Cristóbal sollten die U-2-Flüge im Westen Kubas intensiviert werden, obwohl bekannt war, dass die SA-2 der U-2 gefährlich werden kann. Präsident Kennedy stimmte letzten Endes dem Einsatz der U-2 zu, allerdings mit dem Vorbehalt, dass alle weiteren Flüge der Zustimmung des Präsidenten bedürfen. Danach wurde strittig, wer die Flüge über Kuba durchführen darf, die USAF oder die CIA. Der damalige Verteidigungsminister Robert McNamara entscheidet sich für USAF Piloten des SAC. Am 14. Oktober 1962 starten zwei U-2 von der McCoy Air Force Base, Florida, zu einem Flug nach Kuba, der sie um 7:00 Uhr am Morgen über das Zielgebiet bringt. Zu dieser Zeit ist der Einfallswinkel der Sonne bei 20° günstig, weil alle Objekte einen ausmessbaren Schatten werfen. Die Flüge verlaufen problemlos.

48 Stunden später, am 16. Oktober 1962, werden die dabei von der U-2 gewonnenen Bilder Präsident Kennedy und den Mitgliedern des *Executive Committee* (ExComm) des Nationalen Sicherheitsrates im Kabinettraum des Weißen Hauses vorgelegt. Diese Bilder zeigten Armeelastwagen und Sattelauflieger, die neben Schutzzelten geparkt waren, in denen *Intermediate-Range Ballistic Missiles* (IRBMs) und MRBMs in der Vorbereitung zur Verbringung auf ihre *Erector-Launcher* standen. Die Fotos zeigten weiter vier bereits beladene *Erector-Launcher.* Diese waren in früheren U-2 Aufnahmen nicht vorhanden. Im Übrigen waren der CIA alle sowjetischen Ausrüstungsgegenstände ohnehin von früheren Bildern her bekannt, die die U-2 aus ihren Flügen über der Sowjetunion zurückgebracht hatten, aber eben nicht aus dem nahe gelegenen Kuba. Bei der Abschätzung der Bedrohung der Vereinigten Staaten stellte ExComm fest, dass die Reichweite der sowjetischen IRBMs (ca. 4000 km) eine Abdeckung der USA auf einem Bogen von Phoenix, Arizona, bis Halifax, Neu Schottland, ermöglicht. Selbst die MRBMs (SS 4) mit ca. 1800 km konnten noch Washington erreichen. Zwar vermochten die vorhandenen Aufnahmen viele der Anwesenden nicht vollständig zu überzeugen; doch Präsident Kennedy vertraute den erfahrenen CIA Bildinterpreten und Analysten. Kennedy war nach Abschluss des CIA-Vortrages so von einer unmittelbar bevorstehenden Gefahr überzeugt, dass er als erste Reaktion eine sofortige Zerstörung der Raketen in Betracht zog. Robert McNamara, der Verteidigungsminister, riet zur Besonnenheit und schlug eine Reaktion in drei Stufen vor: Warnung an Chruschtschow und Castro, dass die USA diese Waffen nicht auf kubanischem Territorium dulden; Blockade der Insel, auch wenn jedes einzelne Schiff durchsucht werden müsste; dann erst Angriff auf die Waffen. Es wurde weiter spekuliert, weshalb Chruschtschow die Aufrüstung von Kuba mit IRBMs und MRBMs betreibt, obwohl er dies kurz zuvor öffentlich in Abrede gestellt hatte. Dies konnte doch nur bedeuten, dass er seinen eigenen ICBMs nicht traute und die Überlegenheit der USA auf diesem Gebiet als ernsthafte Bedrohung für die Sowjetunion ansah.

Der sowjetische Außenminister A. Gromyko versicherte noch am 18. Oktober 1962 ebenso wie der damalige sowjetische Botschafter im UNO-Sicherheitsrat, W. A. Sorin, am 23. Oktober 1962, dass die

UdSSR nicht beabsichtige, in Kuba Raketen aufzustellen. Sorin war nicht von Moskau informiert worden. Doch Präsident Kennedy präsentierte am 22. Oktober 1962 der Weltöffentlichkeit Bilder der mittels Fotoaufklärung erfassten Waffen und Anlagen in Kuba.

Zur Gewinnung einer absoluten Sicherheit über den Bauzustand und den Fortschritt der Einsatzfähigkeit von IRBMs und MRBMs, setzte die USAF zusätzlich McDonnell RF 101 *Voodoo* Aufklärer mit fotografischen Kameras ein. Diese Aufgabe übertrug sie der 363rd Tactical Reconnaissance Wing. Die *Voodoos* waren unbewaffnet und nur mit vorwärts-, seitwärts- und abwärtsblickenden KA-2 und KA-1 Kameras ausgerüstet. Sie überflogen die voraufgeklärten Orte von Punkt zu Punkt und fotografierten die hektischen Aktivitäten am Boden, und zwar nicht nur in San Cristóbal, sondern auch in Guanajay, Sagua la Grande und Remedios östlich von Havanna. Die vorwärtsblickende Kamera hatte den Vorteil aller Schrägsichtkameras, dass sie nämlich einen viel größeren Ausschnitt abbildete als die gleiche Vertikalkamera. Dies war bei dem extremen Hochgeschwindigkeits-Tiefflug der *Voodoos* insofern wichtig, als ein geringer Navigationsfehler zum Ziel nicht zu korrigieren gewesen wäre.

U-2 Foto des MRBM Startplatz in San Cristóbal auf Kuba. (USAF Photo)

McDonnell RF 101 Voodoo (Fotokameras mit vorwärts-, seitwärts- und abwärts- gerichteten Optiken). (USAF)

Am 23. Oktober, also genau neun Tage nach dem Erscheinen der ersten U-2-Bilder, die den Alarm auslösten, stellte man höchst beunruhigende Fortschritte bei der Erstellung der Raketenstartkomplexe und ihren umfangreichen Versorgungseinrichtungen fest. Tankfahrzeuge wurden reihenweise entlang der Zufahrt entdeckt. Ein anderes Bild zeigte den bereits fortgeschrittenen Aufbau eines vorgefertigten Bunkers zur Lagerung nuklearer Gefechtsköpfe. Neben den Aktivitäten bei San Cristóbal stellte sich heraus, dass bei Guanajay IRBMs, bei Sagua la Grande MRBMs und bei Remedios IRBMs aufgestellt werden sollten.
Um einen Krieg zu vermeiden, wurden die US-Piloten damals von politischer Seite verpflichtet, nach der Rückkehr innerhalb der USAF nicht über einen etwaigen Beschuss durch die kubanisch/sowjetische Flugabwehr zu berichten.
Am 27. Oktober verkündete Radio Moskau ein Angebot von Chruschtschow, die SS-4 Raketen abzubauen, wenn die USA im Gegenzug die in der Türkei stationierten *Jupiter* IRBMs zurückziehen würden. Kurz danach wird eine U-2 mit Major Rudolf Anderson als Pilot über der Marine Basis Banes durch eine SA-2 abgeschossen, was lange in den USA verschwiegen wurde. Während der Krise flogen die U-2 bis zu sechs Einsätze pro Tag über Kuba und spielten dabei Katz und Maus mit den MiG-21. Dieser Abschuss brachte aber auch deutlich zum Ausdruck, dass die SA-2, die zum Schutz der IRBM- und MRBM-Stellungen installiert waren, nunmehr feuerbereit waren. Alle U-2 Piloten wurden erneut angewiesen, SA-2-Stellungen zu meiden. Als die Krise etwa ab dem 6. Dezember abzuflauen begann, hatte die 4080th Strategic Reconnaissance Wing insgesamt 82 U-2-Einsätze geflogen mit Anderson als einzigem Opfer.
Die Kuba Krise darf nicht unterschätzt werden. Brachte sie doch die Welt an den Rand eines Nuklearkrieges. Was bei dieser Krise nicht vergessen werden darf, ist die Tatsache, dass sich hier an einer relativ kleinen Insel in der Karibik hätte ein ernsthafter Konflikt zwischen den Vereinigten Staaten und der UdSSR entzünden können. Es hätte zu einer Kettenreaktion etwa in Berlin eskalieren können mit der nächsten Stufe des Beginns eines Angriffs des Warschauer Pakts in Zentraleuropa. Bei allen NATO-Nationen, deren Truppen entlang der innerdeutschen Grenze stationiert waren, bestand zu dieser Zeit die höchste Alarmstufe.
Für die taktische Aufklärung mit U-2, Jagdflugzeugen und MPA war die Situation der Informationsgewinnung von dem gesamten kubanischen Inselbereich relativ übersichtlich. Aber im Hintergrund stand das viel größere Problem für die USA, nämlich eine strategische Aufklärung über der riesigen Sowjet-

union gegen einen sich immer aggressiver gebärdenden Gegner einzurichten.
Weitere SAMOS- und CORONA-Satelliten werden in polare Orbits gebracht und die Abhöraktivitäten, die um die ganze Sowjetunion herum eingerichtet wurden, intensiviert. Als Ergebnis wurde offenkundig, dass eine Überlegenheit der Sowjetunion bei interkontinentalen ballistischen Raketen (ICBM) nicht festzustellen ist. Kennedy konnte von einer Position der Stärke mit Chruschtschow über Kuba verhandeln. Er besteht gegenüber den Sowjets auf den Abzug der Raketen und riskiert den Dritten Weltkrieg. Er verstand es aber auch geschickt, jede Provokation im Sinne einer Aggression zu vermeiden. Die Schiffsblockade wird heruntergespielt, und nur als Quarantäne bezeichnet. Chruschtschow bietet endlich den Abzug der Raketen aus Kuba an, unter der Bedingung, dass die USA ihrerseits die Jupiter-Missiles (IRBMs) in der Türkei deinstallieren.
Die Sowjetunion brachte ebenfalls am 17. und 20. Oktober 1962 mit COSMOS 10 und 11 zwei Aufklärungssatelliten in eine Umlaufbahn. COSMOS 10, mit einem Perigäum von etwa 200 km, wurde nach nur vier Tagen wieder geborgen. Die sowjetischen Militärplaner waren offenbar sehr daran interessiert zu erfahren, was auf der US Seite vorging. Wenn die Aufnahmen ihres Aufklärungssatelliten von akzeptabler Qualität waren, dann mussten sie Hunderte von Jagdbombern erkannt haben, die auf Flugplätzen in Florida, Texas, Louisiana und Puerto Rico fertig zum Angriff auf Kuba bereit und aufgereiht standen. Die anlaufenden sowjetischen Frachter wären ebenfalls Opfer dieser gewaltigen Luftstreitmacht geworden. Beide Seiten mussten schnell erkennen, dass eine Abschreckung nur nützlich ist, wenn der Gegner weiß, dass sie existiert. So half die strategische Aufklärung in diesem Fall, den Frieden zu bewahren.
Mit dieser Erkenntnis avancierte Ende 1962 die Satellitenaufklärung zu einem stabilisierenden politischen Faktor in der Weltpolitik, weil durch sie zum ersten Mal das Überraschungsmoment eines Angriffs ausgeschlossen werden konnte. Dieses Ereignis gilt auch als entscheidender Wendepunkt des Kalten Krieges und in der Sicherheitspolitik. Nach der Beilegung des Konflikts wurde beidseitig der *Status quo* anerkannt und der Versuch einer Entspannung initiiert. Eine *Hot Line* wird zwischen Washington und Moskau eingerichtet, die eine schnelle Kommunikation zwischen der Führung beider Staaten in einer Krise ermöglichte.
Ein weiterer Wandel in der US-Informationspolitik ging mit dieser Kuba-Krise einher. Während der Amtszeit von Präsident Eisenhower wurde noch relativ offen über die raumgestützte Aufklärung berichtet. Obwohl es in den letzten zwei Jahren seiner Amtsperiode auch schon Anzeichen für Restriktionen gab, die mit der total unterschiedlichen Einschätzung der sowjetischen Fähigkeiten durch die CIA und der USAF begannen. Die Kennedy-Administration beschloss nun aber einen absoluten Mantel des Schweigens über die raumgestützte Aufklärung, über ihre Entwicklungen und über ihre Ergebnisse zu verhängen und alle Aktivitäten auf diesem Gebiet mit der höchsten Geheimhaltungsstufe zu belegen.
Es gab eine Reihe von Gründen hierfür. Einer war der, dass mit jeder Veröffentlichung eines Aufklärungsergebnisses einem Gegner gezeigt wurde, mit welchen Mitteln es gelungen war über etwas eine Erkenntnis zu erlangen, das er selbst geheim halten wollte. Als Gegenmaßnahme wird er dann natürlich versuchen, durch bessere Tarnmethoden dem vorzubeugen. Ein zweiter Grund war sicher der, dass sich ein Gegner der Lächerlichkeit preisgegeben sieht, wenn alles, was in seinem Hinterhof passiert, der Öffentlichkeit zugänglich gemacht wird. Er könnte versucht sein, die raumgestützte Aufklärung direkt anzugreifen. Noch ein dritter Grund mag damit zusammenhängen, dass das umfangreiche Budget, das für die raumgestützte Aufklärung bereitgestellt werden musste, möglichst geheim zu halten war. Es schwelte immer noch der Streit zwischen USAF und CIA über die Kontrolle der Satelliten, über ihre Beauftragung und über den Zugang zu den Ergebnissen. Wenn man ein solches Programm mit allen seinen Ausprägungen so tarnt, dass es Teil von großen Budgets im Rahmen von strategischen Programmen, dem Nachrichtenwesen und der Kommunikation, der Forschung und Entwicklung, von Tests, bis zur Herstellung und Betrieb wird, ist es für Außenstehende fast unmöglich eine Zuordnung der anteiligen Kosten für die raumgestützte Aufklärung herauszufinden. Es muss angenommen werden, dass ein beträchtlicher Betrag der von Lyndon B. Johnson genannten 35 bis 40 Mrd. $, die bis dahin für das gesamte nationale Raumfahrtprogramm ausgegeben wurde, allein für die raumgestützte Aufklärung und

Überwachung verwendet wurde. Es gab noch einige Gründe mehr für den hohen Geheimhaltungsgrad, die mit der Verifikation von den limitierten Teststopps bis zur Einhaltung von Rüstungskontrollvereinbarungen zusammenhingen. Die Kennedy-Administration wollte nicht die Eignung ihrer *Nationalen Technischen Mittel* (NTM) für diese Aufgaben in der Öffentlichkeit diskutiert sehen. Aber es galt auch, wichtige technologische Errungenschaften möglichst geheim zu halten. Und letzten Endes ging es auch darum, durch Geheimhaltung der Fähigkeiten der strategischen Aufklärungssysteme und ihrer Ergebnisse, die politischen Optionen des Präsidenten möglichst offen zu halten.

Die strengen Geheimhaltungsvorschriften hatten einen wesentlichen Einfluss auf die Namensgebung existierender Programme, deren Deckname ständig geändert wurde. Zum Beispiel erhielt MIDAS die Bezeichnung Programm 239A. Offiziell zumindest war der am 27. Februar 1962 gestartete CORONA die Nummer 38. Der am 7. März 1962 gestartete Aufklärungssatellit hätte die Nummer 39 sein können. Dieser Satellit erhielt zunächst die Bezeichnung Programm 622-A. Aber es wurde insofern ein historischer Start, als mit diesem die zuvor erwähnte neue Programmbezeichnung einherging, die alle folgenden fotografischen Nachrichtensatelliten von diesem Zeitpunkt an betraf, der streng geheime Begriff *Keyhole* (KH). Die Sprachverwirrung begann. Einige Autoren glaubten, dass die SAMOS-Satelliten nachträglich KH-1 genannt wurden und alle CORONA unter KH-4 subsumiert wurden. Bei den Letzteren gibt es für die Existenz eines KH-2 oder KH-3 keine Hinweise. Andere aus der *Intelligence Community* bezeichneten alle KH-1, KH-2, KH-3, KH-4, KH-4A, und KH-4B als Satelliten der DISCOVERER/CORONA-Serie. Dies scheint eher zuzutreffen.

Die Kuba Krise bedeutete einen wichtigen Meilenstein in der raumgestützten Aufklärung der Vereinigten Staaten. Sie entwickelte sich nach einer Aufbauphase zu einem strategischen System, das bereits mit Ende der Krise einen tief greifenden Einfluss auf die internationalen Beziehungen nahm und in den Folgejahren eine noch größere Rolle spielen sollte.

Chruschtschow fürchtete und bedrohte zunächst das amerikanische strategische Aufklärungs- und Überwachungssystem mit der Zerstörung. Er befürchtete, dass früher oder später die CIA feststellen wird, dass das bisherige Langstreckenraketen-Programm der UdSSR ein Fehlschlag ist.

Mit der Rückführung der sowjetischen MRBMs und IRBMs auf ihren Frachtschiffen von Kuba in die Sowjetunion begann eine Zeit, in der das strategische Aufklärungsprogramm der Vereinigten Staaten im absoluten Dunkel verschwand. Aber die Entwicklung neuer Generationen von immer leistungsfähigeren Aufklärungssatelliten wurde fortgesetzt, ebenso wie die eines Nachfolgers für die U-2.

8. Vietnam Krieg

Bereits 1946 erklärte der kommunistische Führer Ho Tchi Minh und seine Front für den Kampf um die Unabhängigkeit Vietnams, kurz *Vietminh* genannt, der Kolonialmacht Frankreich den Krieg in Indochina. Das gemeinsame Ziel der Vietnamesen war es, die Unabhängigkeit ihres Landes von Frankreich zu erreichen.

Nach dem Fall von Dien Bien Phu am 7. Mai 1954 verliert Frankreich seine Machtposition in Indochina[147]. Auf der Genfer Indochina Konferenz wird 1954 die Teilung des Landes in eine nördliche und in eine südliche Zone (am 17. Breitengrad) beschlossen. Es entwickelten sich zwei selbstständige Staaten mit unterschiedlichen politischen und gesellschaftlichen Systemen. Mit der Intensivierung des Guerillakrieges in Südvietnam verlässt Nordvietnam 1963 in der Außenpolitik seine mittlere Linie zwischen der UdSSR und China und lehnt sich mehr an China an. Erst nach dem Sturz von Chruschtschow 1964 wird die Annäherung von Nordvietnam an die UdSSR wieder aufgenommen und Nordvietnam begibt sich immer mehr in die Abhängigkeit von den Waffenlieferungen aus der Sowjetunion. Im Kampf gegen die kommunistischen *Vietcong* bzw. Nationale Front für die Befreiung Südvietnams (FNL) erhält die südvietnamesische Regierung zunehmend Unterstützung durch die USA. Trotzdem sind im März 1964 bereits ca. 40% der südvietnamesischen Dörfer in der Hand der Vietcong. Die USA schicken weitere Truppen nach Vietnam. Das Kontingent der 16 000 US Militärberater wird aufgestockt. Darüber hinaus sollen weitere 50 000 US-Soldaten die südvietnamesische Armee (ARVN) unterstützen. Einen Krieg wollen die USA nicht provozieren sondern allein die südvietnamesische Armee auf südvietnamesischem Territorium unterstützen. Im Militärbündnis mit der ARVN waren neben den USA auch Australien, Neuseeland und Südkorea eingeschlossen.

Am 2. August 1964 verschärft sich die Vietnamkrise durch den Tonking Zwischenfall. Nordvietnamesische Patrouillenboote hatten den US-Zerstörer *Maddox* und zwei Tage später den zur Hilfe eilenden US-Zerstörer *C. Turner Joy* angegriffen[148]. Präsident Johnson nutzt den Zwischenfall, um als Vergeltungsmaßnahme eine Bombardierung von Zielen in Nordvietnam anzuordnen und erhält am 7. August 1964 die Generalvollmacht durch den Kongress zur Ausweitung des militärischen Engagements. Dies markiert den Beginn der Eskalation des vietnamesischen Bürgerkriegs. Er leitet das offizielle Militärengagement der USA ein. Bombenangriffe der USAF auf Nordvietnam und Kambodscha bringen ab 1964 zwar der FNL erhebliche Verluste bei, können aber den Nachschub über den *Ho-Chi-Minh-Pfad* für die in Südvietnam agierenden Guerillaverbände nicht stoppen. Als *Ho-Chi-Minh-Pfad* wurde ein Netzwerk aus Straßen bezeichnet, das von Nordvietnam nach Südvietnam reichte und zum Teil durch die Nachbarländer Laos und Kambodscha führte. Trotz Luftüberlegenheit der USAF zeigt sich schnell, dass Bombardierungen nur eingeschränkt tauglich sind, da das durch Landwirtschaft geprägte Nordvietnam nur wenige Produktionsanlagen besitzt, deren Zerstörung die Wirtschaft des Landes empfindlich stören könnte[149]. Waffen und Munition werden hauptsächlich in Russland und China hergestellt und importiert.

Die Lage- und Zielaufklärung in Vietnam gestaltete sich von Anfang an als sehr schwierig. Luftbildaufnahmen wurden in Vietnam sowohl für die Bekämpfung strategischer als auch taktischer Ziele gebraucht. Im strategischen Bereich dienten sie der Unterstützung von Bombereinsätzen im Norden. Wogegen im Süden die Aufklärung mehr in die taktische Unterstützung der ARVN und der Verbündeten mündete. Aufklärung im Dschungel von Nord- und Südvietnam war durch Wetter sowie durch Bewuchs und Belaubung der Bäume, aber auch durch unterirdische Tunnelsysteme sehr erschwert.

Als eines der ersten taktischen Aufklärungsflugzeuge erschien 1961 in Vietnam die RF-101C der 18th Tactical Reconnaissance Squadron (TRS). Hinzu kamen später zwei RB-57 E *Patricia Lynn,* die aus der Familie der britischen Canberras weiterentwickelt wurden. Deren Einsatz begann im Mai 1963 von Tan Son Nhut

aus. Dies waren die ersten amerikanischen Canberras, die eine Einsatzrolle in Südvietnam übernahmen und sie waren noch bis fast zum Ende des Krieges im August 1971 dabei, als die USA dann nach acht Jahren das Land verließen. Die RF-101C wurde zwischen 1965 und 1970 durch die RF-4C ersetzt.
Die Entwicklung der RB-57E[4, 31] wurde 1962 mit dem Ziel begonnen, eine robuste Nachfolgerin der RB-57A Aufklärungsplattform für den Tag- und Nachteinsatz bereitzustellen. Fotokameras waren zunächst die primären Sensoren beim Programmstart. Dazu mussten zur Unterbringung der vorwärtsblickenden Fairchild KA-1 mit langer Brennweite und einer Fairchild KA-56 Vertikalkamera für den Tiefflug die Flugzeugnase modifiziert werden. Zusätzlich wurde eine KA-1 oder eine KA-2 Kamera neben einer Fairchild KA-56 Vertikalkamera für den Tag- und Nachteinsatz sowie ein Reconfax VI IR Abtastgerät im Bombenschacht installiert. Als in den Folgejahren immer anspruchsvollere Ausrüstung zur Verfügung stand, wurden die RB-57E-Aufklärer mit leistungsgesteigerten neuen Sensoren wie etwa dem AN/AAS-18 *Infrared-Line Scanner* (IRLS) von Texas Instruments und mit einem *Compass Sight* Video-Datenrelais ausgestattet. Es wurde berichtet, dass eine Maschine mit einer frühen Version eines Terrainfolgeradars ausgerüstet wurde. Hiernach wurden die RB-57E, nach erfolgter Umrüstung, im Wesentlichen im Tiefflugeinsatz, zur Vermeidung der Radarerfassung, betrieben. In Nordvietnam standen MiG-21 Abfangjäger bereit und es existierte bald ein Gürtel mit gefährlichen SA-2 Luftabwehrraketen.
Am 16. Februar 1964 konnten vier U-2[144] von der 4080th Strategic Reconnaissance Wing (SRW) zur Bien Hoa AFB bei Saigon verlegt werden. Mit einem oder zwei Starts pro Tag flogen die *Dragon Ladies* Einsätze über Nord- und Südvietnam, Kambodscha und Laos. Ende 1968 wurden sie abgezogen, da nur noch 11 von ursprünglich 55 U-2 den Vereinigten Staaten zur Verfügung standen. Die SR-71[102] sollte die strategische Aufklärung übernehmen. Die sich im Aufbau befindliche raumgestützte Aufklärung (RGA) verfügte bereits über die Nachfolger von SAMOS und CORONA nämlich KH-5, KH-6 und KH-7. Sowohl die raumgestützte Aufklärung als auch die strategische Aufklärung mit U-2 und SR-71 *Blackbird* waren aber wegen der Tarnung möglicher Ziele durch Bewuchs im Regenwald von Vietnam praktisch bedeutungslos.
Die SR-71 war das neue strategische luftgestützte Aufklärungsmittel der USAF, das mit mehr als dreifacher Schallgeschwindigkeit in großer Höhe operieren konnte. Es war in dieser Zeit auf dem Luftstützpunkt Kadena auf Okinawa stationiert. Am 29. Februar 1964 hatte das Weiße Haus die Existenz des Projekts SR-71 bekannt gegeben. Die SR-71 war als U-2- Nachfolger für Überflüge der Sowjetunion konzipiert. Der Krieg in Vietnam verlangte aber taktische Aufklärungsmittel, die möglichst kontinuierliche Beobachtung und Zielaufklärung erlaubten und über Sensoren verfügten, die die Behinderung der Sicht zum Boden durch den Bewuchs überwinden konnten. Dies beschleunigte die Entwicklung von Radarsystemen, die möglichst den Baldachin, den der Dschungel bildete, durchdringen und dringend benötigte Information über getarnte militärische Kräfte und deren Ausrüstung liefern sollten.
Experimente mit einer Technologie, die *Side-Looking Airborne Radar* (SLAR) genannt wurde, erhielten hohe Priorität und eine Frühversion des Motorola AN/APS-94 SLAR wurde an die OV-1B *Mohawk*[31] der US-Army installiert. Die *Mohawk* war sehr leise und wurde im Höhenbereich zwischen 2000 m und 4200 m eingesetzt. Die OV-1B war wegen des Radareinbaus, gegenüber der OV-1A, mit einem Flügel größerer Spannweite ausgestattet worden. Die 5,5 m lange Antenne erlaubte Abbildungen rechts oder links vom Flugweg oder beides gleichzeitig. Sie war starr eingebaut und ließ keine Schwenkung zu. Mittels SLAR konnte ein quasi dreidimensionales Radarbild eines bestimmten Zieles hergestellt werden, das, nachdem es auf einem fotografischen Film entwickelt wurde, von geschulten Analysten bezüglich eines Zieltyps (z. B. Panzer, LKW oder Artilleriegeschütz) ausgewertet werden konnte. Die frühe SLAR-Technologie war zwar sehr grob *(real beam antenna)* und ließ noch viele Wünsche an die Abbildungsgenauigkeit und Auflösung offen. Aber AN/APS-94 verfügte, neben der Festzielabbildung, auch über einen GMTI-Mode und konnte daher den Fahrzeugverkehr des Vietkong (FNL) oder der nordvietnamesischen Truppen in der Nacht auf Straßen, an der Küste oder im Mekong-Delta entdecken. Im Vietnamkonflikt war die Fähigkeit, bei Tag, Nacht und insbesondere bei Schlechtwetter, Ziele im Dschungel sehen zu können, dringend notwendig. Mithilfe des installierten RO-166 Recorder-Processor-Viewer konnten Bilder von

Zielen oder Bewegungen an Bord der OV-1B dargestellt, aufgezeichnet und an Kommandeure weitergemeldet werden. Durch die unmittelbare Meldung von Bewegungen des Vietkong war eine viel schnellere Reaktion der US-Army oder der USAF möglich, als dies mit den Informationen von anderen Aufklärungsmitteln der Fall gewesen wäre. Die OV-1B erfüllte in Vietnam die Aufklärungsaufgabe in den letzten Jahren des Konflikts offensichtlich besser als alle anderen Systeme vorher. Mit immer weiter verbesserten Radarversionen wurde die OV-1B Mohawk von der US-Army später noch in Europa, Süd-Korea und im Irak bis in die frühen 90er Jahre eingesetzt.
Nachdem bereits Mitte der 60er Jahre die Entscheidung für eine neue U-2 fiel, wurde eine deutlich größere Variante, die U-2R, bei Lockheed entwickelt. 1967 machte sie ihren Erstflug und war ab 1968 operationell. Die Maschine war etwa 1/3 größer als die alte U-2. 1968 wurde die U-2R, als *Giant Dragon,* erneut nach Vietnam verlegt; dieses Mal als SIGINT-Version mit großen Wing Pods.

Teledyne Ryan AQM-34M Drohne an einer C-130 Hercules. (USAF)

Um Besatzungen von bemannten Aufklärungsflugzeugen zu schonen, wurde im Jahre 1964 das Aufklärungsdrohnen-Programm *Buffalo Hunter* von der USAF erheblich beschleunigt.
Teledyne Ryan hatte das *Firebee* Programm ständig weiterentwickelt und für *Buffalo Hunter* das Model AQM-34M(L)[27] mit Fairchild Kameras ausgerüstet, deren Bilder bereits mit Zeit- und Positionsdaten annotiert werden konnten. Für den Einsatz wurden die Drohnen zu viert unter den Flügeln einer C-130 D Hercules aufgehängt, in die Nähe des Einsatzgebietes geflogen und im Flug gestartet. Die Tiefflugeinsätze über Feindgebiet erfolgten vorprogrammiert über Wegpunkte mit Ein- und Ausschaltpunkten der Kameras. Nach Beendigung des Einsatzes wurden die Drohnen mit Fallschirm geborgen, die in der Luft von Hubschraubern erfasst und dann zum Auswertebereich geflogen wurden. Von Ende 1964 bis zum Waffenstillstand im Jahre 1973 fanden mehr als 3000 Drohneneinsätze über Nord-Vietnam und China statt. Bis zu diesem Zeitpunkt waren noch in keinem Krieg Aufklärungsdrohnen in diesem Umfang verwendet worden.
Die USAF flog im Rahmen des *Compass Bin* Programms mit zwei weiteren Drohnenmodellen von Teledyne Ryan Einsätze über Nordvietnam und im angrenzenden China, und zwar mit der Tiefflugdrohne Model 147SK und der Hochflugdrohne Model 147T (AQM-34). Sowohl Nordvietnam als auch China stellten regelmäßig die Überreste von Drohnen zur Schau, wenn es ihnen gelungen war, eine abzuschießen.
Die US-Navy betrieb eine eigenständige taktische Aufklärung in Vietnam von Flugzeugträgern aus und verwendete dazu die Aufklärer-Version RA-5C des zweisitzigen Bombers NORTH AMERICAN A-5B *Vigilante*[31]. Die *Vigilante* wurde 1958 in Dienst gestellt und ab 1964 stand die Aufklärerversion zur Verfügung.
Die *Vigilante* war ein bemerkenswertes Flugzeug, das mehr als zweifache Schallgeschwindigkeit erreichen konnte. Die Ausrüstung bestand aus Kamerasystemen mit vertikaler, vorwärtsgerichteter und Panorama-Blickrichtung. Später kamen ein Seitensichtradar (SLAR), IR Sensoren und eine *Low Light Level TV* (LLLTV) Kamera hinzu. Die *Vigilante* war die luftgestützte Komponente des *Integrated Operational Intelligence System* (IOIS), die unmittelbar nach jeder Trägerlandung nutzbare taktische Information in das Führungssystem der Boden-Truppen in Vietnam einbrachte.
Möglichst beidseitig vom Flugweg einen Streifen von Horizont zu Horizont abbilden zu können war der Antrieb Panoramakameras herzustellen. Panoramabilder konnten entweder durch eine *Fischaugen*-Kamera mit parabolischer Frontlinse und nachgeschalteten Lin-

sengliedern oder durch Mehrlinsensysteme erzeugt werden, die über 180° das Gelände von Horizont zu Horizont im Vorwärtsflug erfassen. Im letzteren Fall wird das Gelände in einer bogenähnlichen Form abgebildet. Die Aufnahmen von Panorama-Abbildungen haben, ähnlich wie die Schrägsichtaufnahme, den Vorteil des Abstands und erfordern keinen direkten Überflug eines verteidigten Ziels. Die Grenzen der Panorama-Aufnahmen sind vergleichbar mit denen der seitlichen Schrägsicht-Aufnahme, nämlich erhöhte Geländemaskierung und Verzerrung mit zunehmendem Schrägsichtwinkel.
RA-5C Vigilante-Besatzungen verwendeten bei Nachteinsätzen über Vietnam IR-Sensoren und *Low Light Level TV* Kameras. Dabei wurden IR-Bilder mittels *IR-Line-Scanner* erzeugt, die der Vertikalabbildung in der Fotografie ähneln. Wie erwähnt, werden IR Bilder dadurch gewonnen, dass man mit einem Scanner und einer IR empfindlichen Detektorarray die thermische Strahlungsenergie eines Gegenstandes am Boden erfasst und aufzeichnet. Während des Tages absorbieren Gegenstände Energie von der Sonne und nach Sonnenuntergang wird diese Energie wieder von einzelnen Objekten mit unterschiedlicher Geschwindigkeit abgestrahlt. Metall strahlt beispielsweise die Wärme viel schneller ab als ein See oder ein Wasserlauf. Das Metall wird schneller kalt als das Wasser und erscheint auf der Abbildung dunkler als das Wasser. Die *Low Light Level TV* Kamera ist ein elektronischer Sensor, der eine CCD-Array in der Brennebene verwendet und deren Empfindlichkeitsbereich über den visuellen Bereich (von 0,4 bis 0,8 mm) hinaus bis in den nahen IR-Bereich von 1,0 bis 1,1 mm reicht. Dieser vorwärtsblickende Sensor erlaubte es den Beobachtern Objekte bei Nacht aus der Reflexion des Restlichts, die von Sternen, dem Mond und anderen Quellen erzeugt werden, zu erkennen. Zur Monsunzeit in Vietnam waren allerdings beide Sensoren wenig hilfreich.
Zur Seeraumüberwachung im Südchinesischen Meer verwendete die US-Navy zuerst P2V *Neptune* und dann später die P-3 *Orion,* beides eigentlich *Hunter-Killer* Flugzeuge für Seeraumüberwachung und U-Jagd. Mit der Aufgabe *Airborne Early Warning* (AEW) wurde die USAF betraut, die dazu mit der Lockheed EC-121 *Big Eye* ausgerüstet wurde.

North American RA-5C Vigilante Landung auf USS Saratoga. (US Navy)

Auch die US-Navy setzte während des Vietnamkrieges unbemanntes Fluggerät (UAV) ein. Der ferngesteuerte Koaxial-Hubschrauber QH-50 von Gyrodyne wurde unter dem Programmnamen *DASH* bekannt. Er war mit einer TV-Kamera und zwei 250 lb. Torpedos zur Entdeckung und Bekämpfung von nordvietnamesischen Versorgungsbooten im Bereich des Mekongdeltas ausgerüstet. Obwohl damit einige Einsätze erfolgreich geflogen werden konnten, kam es, wie auch schon an anderer Stelle berichtet, wegen der nicht ausgereiften Avionikausrüstung zu Ausfällen und damit zu Totalverlusten. Dies führte zum Programmabbruch.

Im Landkrieg glaubten die US Streitkräfte zur Verbesserung der Bodensicht mit einer Entlaubung des Urwaldes, erfolgreicher Aufklärung und Bekämpfung des Vietcongs betreiben zu können. So versprühte das US-Militär ab 7. Februar 1967 das giftige Pflanzenschutzmittel *Agent Orange* (Dioxin). Ziel dieser großflächigen Aktion war es in erster Linie die Vietcong und die nordvietnamesischen Truppen von einem geheimen Vordringen in die entmilitarisierte Zone abzuhalten, aber auch, um Nachschublager schneller entdecken und bekämpfen zu können. Über die schrecklichen Folgeschäden von *Agent Orange,* die bis in die Gegenwart in der Zivilbevölkerung andauern, wusste man damals wenig Bescheid.

Die USAF erhoffte über die Fernmeldeaufklärung (COMINT) mehr über die Absichten der Vietcong zu erfahren und setzte die RC-135 *Rivet Joint* auf modifizierter Boeing 707 ein, die durch eine Anzahl anderer Flugzeuge, wie z. B. der EC-47 und einer DC-3 Version mit Abhörspezialisten ergänzt wurde. In diesem asymmetrischen Konflikt, der von der Nordseite als Guerillakrieg geführt wurde, zeigten sich die Grenzen der für die konventionelle Kriegsführung entwickelten Aufklärungssensoren. Die meisten Nachschublinien im Dschungel waren mit optischen Sensoren nicht aufzuspüren. Nach dem Vietnam Krieg fand man heraus, dass VHF-Radare, wie z. B. das LM Ericcson *CARABAS II,* tatsächlich die Belaubung hätte durchdringen können, wenn es zur Verfügung gestanden hätte.

Am 30. Januar 1968 startete der Vietcong und die nordvietnamesischen Truppen die *Tet-Offensive* (Tet-buddhistisches Neujahrsfest) mit spektakulären Anfangserfolgen. Sie leitet, aufgrund ihrer starken psychologischen Wirkung, die militärische Niederlage der USA in Vietnam ein. Die Veröffentlichung von Bildern des US-Fernsehens und in Zeitungen über die Opfer von Napalm-Bombenangriffen, das My Lai Desaster[150] und die Folgen der chemischen Kriegsführung gegen die Zivilbevölkerung im Jahr 1968, ist für das Ende des Vietnamkrieges von entscheidender Bedeutung. Eine breite Mehrheit der US-Bevölkerung war nicht mehr bereit, diesen Krieg länger mitzutragen[148, 149].

Das am 23. Januar 1973, unter dem US-Sonderbeauftragten Henry A. Kissinger und dem nordvietnamesischen Beauftragten Lê Duc Tho, zustande gekommene Pariser Waffenstillstandsabkommen erlaubte den USA unter Gesichtswahrung ihre Truppen aus Vietnam abzuziehen. Die Republik Süd-Vietnam bricht in der Folge 1975 vollständig zusammen; 1976 wird die offizielle Wiedervereinigung von Nord- und Süd-Vietnam vollzogen.

9. Kalter Krieg

Ursache für die Polarisierung zwischen den Vereinigten Staaten und der UdSSR war der massive Interessengegensatz der beiden Siegermächte des Zweiten Weltkrieges. Für die USA ging es um die Erhaltung des Führungsanspruches und bei der Sowjetunion um die Erringung einer Weltgeltung durch gewaltige Aufrüstung und durch kommunistisch ideologische und propagandistische Unterwanderung von bis dahin neutralen Staaten. Der Begriff Kalter Krieg wurde von B. M. Baruch, US Vertreter im Atomenergieausschuss in der UNO, etwa ab 1947 für die sich abzeichnende Ost-West Konfrontation geprägt. Höhepunkte erreichten diese Spannungen in der Berliner Blockade, dem Korea Konflikt und in der Kuba Krise, bevor die Entspannungspolitik langsam eine Änderung bewirkte.
Bereits Anfang der 50er Jahre wurde von der USAF ein dringender Bedarf nach einem Langstreckenaufklärer für so große Flughöhen angemeldet, dass ein sicherer Überflug der Sowjetunion gewährleistet war. Für die Reconnaissance Bomber und die Reconnaissance Fighter, die für die USA an der Peripherie der Sowjetunion ihre Aufklärungsaufgaben versahen, war das Überleben extrem schwierig geworden und mit hohen Verlusten verbunden. Die Sowjetunion war durch den Eisernen Vorhang gegenüber dem Westen vollkommen abgeschottet und mit dem Schleier des Geheimnisvollen umgeben. Sie verfügte über eine leistungsfähige Luftraumüberwachung und Luftverteidigung, zumindest im Bereich großer Städte und hochwertiger Industrieanlagen. Die Freizügigkeit ihrer Bürger war sehr eingeschränkt; viele Städte waren als Tabuzonen erklärt worden und nur für einen bestimmten Personenkreis zugänglich. Der aktuelle Stand der sowjetischen Rüstung war für den Westen vollkommen undurchsichtig.
Eine Chance Einsicht in das Innere der Sowjetunion zu erlangen, sah das Nachrichtenwesen der Vereinigten Staaten kurzfristig nur in der Entwicklung einer sehr hoch fliegenden Sensorplattform, die außerhalb der Reichweite der sowjetischen Boden-Luftabwehr und der Dienstgipfelhöhe der Abfangjäger, wie etwa der MiG-17 und der neuen MiG-21, operieren konnte. In den USA war eine solche Plattform zunächst nicht vorhanden, aber es wurde auf mehreren Schienen Entwicklungen von Aufklärungsflugzeugen für große Flughöhen vorangetrieben.
Eine Höhenstufe, die über der Flughöhe verfügbarer Bomber lag, konnte mit der RB-57D, aus der Canberra-Familie, erreicht werden. Die mit einer vergrößerten Spannweite von 33 m ausgestatteten RB-57D wurde entsprechend den früheren Forderungen nach einem einsitzigen Höhenaufklärer für das *Strategic Air Command* (SAC) der USAF weiterentwickelt. Mit leistungsfähigeren Triebwerken des Typs P&W J57-PW-27 ausgerüstet, ermöglichte es der USAF die RB-57D bis auf eine Dienstgipfelhöhe von 65 kft (19,8 km) steigen zu lassen. Die praktische Einsatzhöhe lag jedoch eher bei etwa 16,8 km Höhe. Die Piloten mussten mit einem Druckanzug ausgestattet werden. Der Erstflug fand am 3. November 1955 statt und die Einführung bei der 4080th *Strategic Reconnaissance Wing* begann im Mai 1956. Mit diesen Maschinen wurden Einsätze in Europa und in Japan geflogen. Es wurden nur 20 Exemplare gebaut und bis März 1957 an das SAC ausgeliefert. Ein Teil der Maschinen konnte im Flug betankt werden, so auch die in Deutschland stationierte *Group B* Variante. Zur Signalaufklärung wurden einige Exemplare dieser Maschinen bei *Ferret* Missionen eingesetzt. Die USAFE beschaffte ebenfalls eine RB-57D, die mit einem Westinghouse AN/APQ-56 SLAR ausgestattet war, das für Streifenabbildung bei Schlechtwetter verwendet werden konnte. Da dieser Maschinentyp schon sehr früh Strukturermüdungen aufwies, wurde er bald durch die RB-57F abgelöst.
Um noch größere Flughöhen als die RB-57D zu erreichen, wurde von General Dynamics, Fort Worth, Texas, als Nachfolger die RB-57F mit einem noch größeren Flügel ausgestattet. Die Flügelspannweite erhöhte sich nunmehr auf 37,34 m und die Flügelfläche auf 185,8 m². Weitere Änderungen betrafen das vergrößerte Seitenleitwerk und den verlängerten Rumpf sowie noch weiter leistungsgesteigerte neue Triebwerke, des Typs P&W TF33 Turbofan. Mit zwei

Martin B-57 RB/WB-57F. (USAF)

zusätzlichen kleinen Turbojets kam die Maschine dann auf eine Dienstgipfelhöhe von etwa 21,3 km. Die Einsatzflughöhe lag aber auch hier eher bei 18,5 km. Das Erreichen dieser Flughöhe erscheint mit insgesamt vier Strahltriebwerken etwas aufwendig. Nur 21 Exemplare dieser Maschine wurden hergestellt und dem *Military Air Transport Service* zugeordnet, der die erste Maschine im Juni 1964 in Empfang nahm. Zunächst wurden diese Flugzeuge für verschiedene klassifizierte Einsätze verwendet, bevor die erste RB-57F im April 1965 im Rhein-Main-Flughafen in Frankfurt eintraf. Es waren nur zwei Maschinen, die bis 1969 in Rhein-Main stationiert waren. Eine Maschine ging am 14. Dezember 1965 über dem Schwarzen Meer aus ungeklärten Umständen verloren. Obwohl die Leistungen der Maschine beeindruckend waren, reichten sie nicht an die der U-2[144] bezüglich Ausdauer, Höhe und Nutzlastgewicht heran. Aber die Existenz der U-2 war streng geheim; auf die U-2 hatte damals nur die CIA Zugriff und nicht die USAF.

Erst mit dem noch leistungsfähigeren Aufklärungssystem der Vereinigten Staaten für große Höhen, der U-2, war der Überflug über Teile des sowjetischen Riesenreichs möglich und sie war das erste Aufklärungsmittel, das es erlaubte, mehr Transparenz vom Inneren der UdSSR zu erhalten. Die U-2 wurde, mit Einverständnis von Präsident Eisenhower, von C. L. *Kelly* Johnson bei Lockheed in den Advanced Development Projects Office, den *Skunk Works,* in Burbank, Kalifornien, als *Black Program* entwickelt und am 4. August 1955 zum ersten Testflug gestartet.

Ein Vorteil der in großer Höhe fliegenden strategischen Aufklärungsflugzeuge gegenüber Aufklärungssatelliten liegt in dem nicht vorhersehbaren Zeitpunkt ihrer Zielannäherung und in ihrem Flugkurs. Sie können ihre Geschwindigkeit und Kurs beliebig variieren, sie können Wolken unterfliegen, zu Zielgebieten mehrmals zurückkehren und sich in einem Zielgebiet mit gedrosselten Triebwerken solange aufhalten, bis sich für die Erfassung einer interessanten Information eine Gelegenheit ergibt. Dies ist besonders vorteilhaft für die Signalerfassung von Radaremissionen, beim Abhören der Kommunikation und bei der Aufzeichnung von Telemetriedaten. Ein weiterer wesentlicher Vorteil der luftgestützten strategischen Aufklärung gegenüber der raumgestützten Aufklärung sind die anfallenden Kosten. Die Beschaffung einer U-2 lag, je nach Ausrüstung, in der Größenordnung zwischen 30 und 40 Mio. $ und sie konnte über viele Jahre immer wieder eingesetzt werden. In den frühen 80er Jahren kostete dagegen der Start eines Fotoaufklärungssatelliten (wie z. B. ein KH-11) mit einem Titan 34D Booster, der den Satelliten auf einen 185 km LEO bringen sollte, ca. 60 Mio. $. Wogegen die Kosten für den Start und den Transport eines SIGINT-Satelliten (wie z. B. eines *RHYOLITE* oder *Chalet,* auf die später noch eingegangen wird) in einen GEO bei einer Größenordnung von 125 Mio. $ lagen. Diese Kosten beruhten zusätzlich auf der Annahme der Beschaffung von mindestens sechs Titan-34D Booster pro Jahr. Fügt man die Kosten des Satelliten selbst hinzu, der je nach Anwendung in eine Größenordnung von etwa 100 Mio.$ bis 300 Mio.$ reichen konnte, dann summierten sich damals die Kosten eines Aufklärungssatelliten, bis er in einem Orbit zur Verfügung stand, im Bereich zwischen 160 Mio.$ und 425 Mio.$ auf. Man muss also annehmen, dass der Verlust eines Aufklärungssatelliten, der durch Startprobleme oder durch andere Ausfälle verursacht sein konnte, im Mittel mit etwa 250 Mio. $ zu saldieren war. Dies erklärt die Aussage von Präsident Lyndon B. Johnson vom März 1967 in Nashville, Tennessee, dass bis dahin ca. 35

Mrd. $ bis 40 Mrd. $ für die raumgestützte Aufklärung ausgegeben wurden.

Das gesamte strategische Nachrichtenwesen beruhte auf zwei Pfeilern, den Erkenntnissen aus HUMINT (Spionage) und aus TECHINT (Technical Intelligence). Beide waren im Prinzip immer sehr eng verknüpft. HUMINT war in der Zeit des Kalten Kriegs ein wichtiges Mittel zur frühen Informationsbeschaffung bzw. für Hinweise. So wusste angeblich die US *Intelligence Community* manchmal über die Absicht der Entwicklung neuer sowjetischer ICBMs Bescheid, bevor überhaupt ein erster Strich auf dem Zeichenbrett entstand. Die Aufgabe von TECHINT war es dann u.a. die technische Leistung der ICBMs oder IRBMs in Erfahrung zu bringen. Ähnliches geschah auch bei anderen Bedrohungen. So hat die raumgestützte Aufklärung der USA erst Terroristen in Ausbildungslagern im Mittleren Osten oder in Nordafrika (Lybien) genauer unter die Lupe nehmen können, nachdem es HUMINT-Hinweise auf deren Existenz gegeben hatte. Erst nach einer Zielentdeckung durch die RGA konnte dann der Einsatz von luftgestützten Systemen angeordnet werden.

Mit dem Abschuss von Gary Powers U-2 am 1. Mai 1960, war die luftgestützte strategische Aufklärung mit sehr hochfliegenden strahlgetriebenen Plattformen noch nicht am Ende. National-China (Taiwan) begann ab Anfang 1960 Aufklärungsflüge mit von der US Regierung bereitgestellten U-2 über Festland-China durchzuführen. Diese erfolgten insbesondere über dem chinesischen Nukleartestgelände in Lop Nor, Provinz Sinkiang und über den IRBM-Testeinrichtungen bei Jiuquan, am Rand der Wüste Gobi, in der Provinz Kansu. Heute befindet sich in Jiuquan der chinesische Raumfahrtbahnhof. Die damaligen Überflüge über Festland-China verliefen für die taiwanesischen U-2-Piloten nicht immer problemlos. Peking behauptete, neun U-2 bei diesen Versuchen abgeschossen zu haben.

Die Geschichte der U-2 ist bemerkenswert. Als die U-2 1955 ihren Erstflug antrat, war nicht abzusehen, dass dieser Höhenaufklärer über mehr als fünfzig Jahre im Dienst der CIA und der USAF eingesetzt werden würde.

Die ersten U-2-Flüge, die im Zeitraum von 1956-1960 über der Sowjetunion stattfanden, hatten von der CIA den Auftrag erhalten, die folgenden sieben Zielkategorien aufzuklären[5]:

- Sowjetische Bomberflotte, d.h. die Feststellung der Anzahl verfügbarer Bomber und deren Stationierungsbasen
- ICBM-, IRBM-Programme, d.h. Beobachtung von Tests in Zentren wie Tjuratam und Kapustin Yar und anderen Orten mit Industrieanlagen
- Stand der Atomenergie Programme, d.h. Beobachtung von Testvorbereitungen auf den nuklearen Testzentren in Semipalatinsk und Novaya Semlia, von Fortschritten in der Entwicklung von nuklearen Gefechtsköpfen in der Nähe von Alma Ata, der Ausbeutung von Uranminen und der Urantransport zu den Anreicherungsanlagen für U235 sowie zu Brutreaktoren, die der Gewinnung von Plutonium Pu239 dienen
- U-Boot Flotte, d.h. Status, Stationierung der Flotte, Feststellung der Orte mit U-Bootwerften inklusive der Entwicklung neuer Boote
- Luftverteidigung, d.h. die Aufstellung von neuen Luftabwehr-Raketensystemen, von Radarstationen für Früherkennung und Feuerleitung sowie die Einrichtung von neuen Flugplätzen
- Anti Ballistic Missiles (ABM), d.h. Entdeckung einer neuen Stationierung, inklusive deren Testeinrichtungen wie z. B. in Sary Shagan
- Feststellung neuer Marinebasen und Abhöreinrichtungen.

Verschiedene Sensoren konnten in der modular austauschbaren U-2-Nase und der Q-Bay, einem Ausrüstungsschacht hinter dem Cockpit, untergebracht werden, wie z. B. diverse optische Kameras auch mit langbrennweitigen Teleoptiken und andere Sensoren, wie das erste Synthetic Aperture Radar (SAR) 1972. Hinzu kam später der Hochleistungs-SAR Sensor, das ASARS-2 von Hughes AC, Culver City, Kalifornien. Zur Übertragung der ASARS-2-Daten wurde eine breitbandige bidirektionale Data Link, mit einer maximalen Datenrate von 274 Mbps *Downlink* und 200 kbps *Uplink,* entwickelt - die *MIDL/MIST* von UNISYS, Salt Lake City, USA. Später wurde UNISYS von LORAL und noch später von L3Com übernommen. UNISYS besaß lange das US-Monopol bei breitbandigen digitalen Data Links. 1967 führte die um etwa 30% größere U-2R ihren Erstflug durch. Zur Unterbringung von ELINT Antennen und Empfängern erfolgte etwa ab etwa 1975 die Installation von *Superpods* an zwei Flügelaußenstationen.

Von den verschiedenen Auswertestationen, die für die U-2 entwickelt wurden, ist die Bodenauswertestation für ASARS-2 die Auswerteanlage *Tactical Reconnaissance Exploitation Development System* (TREDS) hervorzuheben, die ab 1985 eingeführt wurde. TREDS war als eine transportable Bodenstation der USAF für das *Tactical Reconnaissance System* (TRS) vorgesehen, die neben dem oben genannten Bodenterminal der Data Link unter anderem über ein *Mission Control Element* (MCE), einen SAR-Prozessor und ein ausgeprägtes Kommunikationsinterface verfügte. TREDS wurde während des Kalten Krieges in Westdeutschland aufgestellt und mit revolutionären Fähigkeiten in der Auswerterunterstützung ausgestattet. Der Zeitpunkt ihrer Einführung gilt allgemein als Beginn des Aufbaus der Vernetzung.

Neben der verlegbaren TREDS wurde für NATO *Central Europe* die TR-1 *Groundstation* (TR1GS), eine Bodenanlage in einem gehärteten Bunker gebaut, die ebenfalls Daten der TRS-Sensoren (wie ASARS-2, SYERS (EO), HR-329, IRIS-III (beides optische Sensoren), *Senior Spear* und *Senior Ruby* (COMINT- und SIGINT-Ausrüstung)) empfangen, prozessieren und vorauswerten sollte. Mit TR1GS konnten sowohl der Flugweg als auch die TRS-Sensoren der TR-1, eine Variante der U-2R für die taktische Aufklärung in Europa, im Flug umprogrammiert werden. Die TR-1 wurde 1981 eingeführt und besaß gegenüber der U-2R noch größere *Wing Pods.*

Für die US Army wurde 1990/91 eine mobile Bodenstation, *Tactical Radar Correlator* (TRAC) genannt, zum Empfang von ASARS-2 Daten entwickelt. Sie diente zur quasi Echtzeitprozessierung, Softcopy-Darstellung der empfangenen SAR-Bilder und der weiteren Verteilung der Bilder an die Nutzer. TRAC und die verbesserte Version E-TRAC wurde danach mit Kabinen auf Sattelaufliegern weltweit eingesetzt. Unter anderem erhielt das 5. US Korps in Deutschland im Februar 1996 eine neue Anlage, die ETRAC-2 genannt wurde.

Die verhältnismäßig geringe Fluggeschwindigkeit der U-2 und ihre lange Zeit *On Station* waren besonders günstig für die Erfüllung von Aufgaben wie Signal Intercept, Radaremitteranalyse und für die Telemetrieaufzeichnung bei der Erprobung sowjetischer ballistischer Raketen. *Senior Spear* wurde ein neuer COMINT-Sensor von Melpar genannt, der 1971 eingeführt wurde. 1977 kam der SIGINT Sensor *Senior Ruby* hinzu, dessen Antennen und Empfänger in Pods am Flügel untergebracht wurden. 1996 wurden *Senior Spear* und *Senior Ruby* zusammengefügt und als *Senior Glass* in die Superpods der U-2R installiert.

Mit dem Abschuss der U-2 über Russland war ab 1960 dringend ein Nachfolger erforderlich geworden. Es war von der Bedrohung (durch SAM wie SA-6 und Abfangjäger vom Typ MiG-25) her gesehen offensichtlich, dass bei einem Nachfolger die Flughöhe nochmals deutlich angehoben werden musste. Darüber hinaus sollte die neue Plattform, falls es überhaupt in absehbarer Zeit eine Boden-Luftlenkwaffe geben würde, die diese Höhen erreicht, nur sehr kurz in deren Schussbereich verweilen dürfen. Deutlich größere Flughöhen als die U-2 waren nur mit hoher Überschallgeschwindigkeit zu erreichen. Eine solche Plattform war notwendig, wenn man an der bemannten Aufklärung von strategischen Zielen in der Sowjetunion festhalten wollte.

Aber auch weitere Entwicklungsschritte an der U-2 blieben nicht aus. Im Zeitraum von 1980 bis 1981 wurde, wie erwähnt, die Version TR-1A (taktische Aufklärungsversion der U-2R) entwickelt und davon bis 1989 37 Flugzeuge beschafft[24]. Die Flügelspannweite der TR-1 erhöhte sich gegenüber der alten U-2 von 24 m auf 30,9 m und ihre maximale Flughöhe bei Höchstgeschwindigkeit auf fast 27 km. In den Jahren 1994 bis 1999 sind Maschinen mit einem neuen Triebwerk ausgestattet worden, dem F-118-101 von GE, die dann U-2S genannt wurden.

Die Sowjetunion erprobte ein der U-2 vergleichbares strategisches Aufklärungssystem in Ramskoje, die RAM-M. Von einer Beschaffung in größeren Stückzahlen hat die Sowjetunion aber Abstand genommen.

C. L. *Kelly* Johnson arbeitete bei Lockheed bereits ab ca. 1956 an einer neuen Überschallplattform für die bemannte Aufklärung aus großen Flughöhen. Zunächst wurde das Projekt CL-400 vorangetrieben, ein 49 m langes mit Wasserstoff angetriebenes Flugzeug, das bis in 30 km Höhe eingesetzt werden sollte. Das Vorhaben kam aber nicht über das Entwurfsstadium hinaus. Das Flugzeug sollte zweieinhalbfache Schallgeschwindigkeit erreichen können und über eine Reichweite von 4000 km verfügen. Aber das Projekt scheiterte am Treibstoffproblem; die erforderlichen Tanks für flüssigen Wasserstoff wurden zu groß. Wasserstoffantrieb kam in Mode, als die Sowjetpropaganda behauptete, ein Jagdflugzeug mit Wasserstoff-

Lockheed SR-71 Blackbird. (USAF)

antrieb zu entwickeln, um zukünftigen US-Versuchen des Überflugs ihres Territoriums mit bemannten Aufklärungsmitteln unmöglich zu machen. Auch dieses trat nie in Erscheinung.

SR-71 'Blackbird'

Im Zeitraum von April 1958 bis September 1959 hat Lockheed etwa 12 Entwürfe zu einem Überschall-Höhenaufklärer im US-DoD und bei der USAF abgegeben. Am 29. August 1959 wurde der Vorschlag A-12 *Oxcart* zum Gewinner eines Wettbewerbs erklärt[102]. A-12 Oxcart war der unmittelbare Vorläufer der SR-71 *Blackbird* (von den Piloten Habu genannt). Von der A-12 wurden 13 Exemplare gebaut. Diese sahen 1967 und 1968 Einsätze über Vietnam und Korea. Der Erstflug des einsitzigen *Oxcart* Prototyps fand am 26. April 1962 statt. Das Projekt konnte lange geheim gehalten werden. Erst am 25. Juli 1964 hat Präsident Johnson die Existenz des Projekts bekannt gegeben. Zum Erstflug startete dann die zweisitzige SR-71 am 22. Dezember 1964 und die Indienststellung der ersten Maschine erfolgte schon am 7. Januar 1966. Sie war länger und schwerer als die A-12. Die SR-71 wurde als Teil der US *National Technical Means* (NTM) eingestuft. Die Maschine stellte einen Meilenstein in der Geschichte der Luftfahrt dar und sie spielte über fast dreieinhalb Jahrzehnte eine ganz wichtige Rolle in der bemannten strategischen Aufklärung für die USA.

Die Form der SR-71 *Blackbird* ist beeindruckend; sie erinnert an einen Manta mit Kobrakopf. Mit einer Länge von 32,7 m und einer Spannweite von 16,9 m verfügte sie über eine beachtliche Größe. Charakteristisch ist der sich an beiden Seiten zuspitzende Rumpfquerschnitt *(Chins)*. Ursprünglich hätte die Maschine RS-71A getauft werden sollen. Die Zahl 71 ergab sich durch die Nachfolge in der USAF-Zählweise zu dem früher von North American gebauten Überschall-Bomber B-70 *Valkyrie.* Als Präsident L. B. Johnson die Existenz dieses Flugzeugs bekannt gab, verwechselte er die Buchstaben und fortan hieß sie SR-71.

Ein technisches Wunderwerk ist der Antrieb. Die beiden J-58 Turbo-Ramjets mit je 16 t Schub verfügen über eine interne variable Geometrie und arbeiten mit zunehmender Überschallgeschwindigkeit als Staustrahltriebwerke. Die Triebwerke sind mittig in den stark gepfeilten Flügel integriert. Der lange Einlaufkonus, oder Spike, der in Längsrichtung verstellbar ist, konnte immer so an die augenblickliche Machzahl angepasst werden, dass im Überschallflug ein Teil des Luftdrucks optimal rückgewonnen wurde, der zum Betrieb des Ramjets (Staustrahltriebwerk) in großer Höhe notwendig war. Mit zunehmender Überschallgeschwindigkeit erzeugt dieser Antriebstyp zunehmend Schub und damit eine immer noch höhere Geschwindigkeit. Es bestand bei der SR-71, für den Fall einer Fehlfunktion der Triebwerksregler, immer die Gefahr der Strukturüberhitzung.

Im Juli 1976 wurde mit der SR-71 ein einzigartiger Weltrekord mit einer Geschwindigkeit von 3529,5 km/h in 25,5 km Höhe aufgestellt. Ein Flug von New

York nach London dauerte weniger als zwei Stunden. Diese Daten wurden allerdings erst 14 Jahre nach dem Erstflug bekannt gegeben. Hinter der Veröffentlichung dieser Flugleistungen durch das SAC, das die SR-71 betrieb, steckte natürlich ein Stück Eigenwerbung. Experten glauben aber, dass die SR-71 auf bis etwa Mach 4 (über 4000 km/h) beschleunigt werden und dabei Höhen bis zu 30 km erreicht konnte. Den offiziellen Höhenrekord von Düsenflugzeugen im Horizontalflug von 26213 m hält die SR-71 bis heute.

Die Aufheizung der umströmten Oberflächen ist bei diesen Geschwindigkeiten extrem hoch. Aus diesem Grund bestand die Rumpfstruktur aus Titan, das wesentlich hitzebeständiger ist als Aluminium. Die Oberflächentemperatur steigt bekanntlich quadratisch mit der Machzahl an und so war die Überwachung dieser Größe eine permanente Aufgabe der Besatzung. Aber das Temperaturproblem existiert nicht nur auf der Rumpfoberfläche, die sich bei der operationellen Geschwindigkeit (nicht Höchstgeschwindigkeit) auf ca. 270°C erhitzte, sondern auch an der Triebwerksverkleidung (ca. 565°C) und im Bereich der Düsen (ca. 650°C) sowie an dem Cockpitfenster aus Plexiglas (ca. 330°C). Als Treibstoff wurde JP-7 verwendet, das einen höheren Flammpunkt aufweist als das handelsübliche JP-4.

Das Flugzeug wurde als Tandem-Zweisitzer mit Pilot und *Reconnaissance System Officer* (RSO) geflogen. Der RSO beobachtete die Funktion der Sensoren und der Navigation und unterstützte den Piloten bei der Beobachtung der Flugzeugsubsysteme. Dabei gab es viele Messgrößen zu beobachten; wie z. B. die Triebwerksdrehzahlen, Temperaturen, Drücke, Stellung der beiden Einlaufkonusse, Machzahl, Flughöhe, Stabilisierung.

Die SR-71 war unbewaffnet. Ihr Schutz bestand in ihrer hohen Fluggeschwindigkeit, der extremen Flughöhe, Radarwarnempfänger, ECM, IR-Detektoren gegen Lenkwaffen und dem Überraschungsmoment. Die SR-71 war wahrscheinlich eines der ersten Flugzeuge, an dem durch Formgebung *Stealth*-Eigenschaften erprobt wurden. Der geringe Radarquerschnitt sollte die SR-71 sowohl für Frühwarn- und Luftabwehrradare als auch für Kampfflugzeugradare schwer erfassbar machen. Es wird berichtet, dass der geringe Radarquerschnitt in der Praxis nicht bestand. Die FAA wies darauf hin, dass sie die SR-71 mit ihrer Radaranlage aus großer Entfernung erfassen konnte. Erklärt wurde dies damit, dass das Radar durch den heißen Abgasstrahl im Hochgeschwindigkeitsbereich ein Echo erhält.

Trotzdem müssen alle Schutzmaßnahmen zusammen sehr wirksam gewesen sein. Nach einem Beschuss durch die Nord-Koreaner mit einer Luftabwehrrakete im August 1981 bemerkte C. L. *Kelly* Johnson, ihr Konstrukteur, dass während der ganzen Einsatzzeit der SR-71 bis dahin etwa tausend solcher Angriffe ausgeführt wurden. Die meisten während des Kriegs in Vietnam. Aber keiner dieser Angriffe war erfolgreich. Seit anfangs 1966 waren zwanzig SR-71 bei Unfällen verloren gegangen, doch nicht eine einzige Maschine durch Feindeinwirkung.

Der Einsatz der SR-71 muss im Zusammenhang mit der sich im Aufbau befindenden raumgestützten Aufklärung gesehen werden, die Mitte der 60er Jahre noch erhebliche Lücken aufwies. Die SR-71 wurde daher vornehmlich gegen strategische Ziele eingesetzt, die mit den raumgestützten Sensoren nicht mit der notwendigen Auflösung oder Wiederholrate abgedeckt werden konnten. Solange aber noch kein Radarsensor für Aufklärungssatelliten zur Verfügung stand, kam es insbesondere dort häufig zu Einsätzen der SR-71, wo Ziele in Gebieten mit lang anhaltender Wolkenbedeckung oder schlechtem Wetter lagen und von wo in bestimmten Intervallen aktuelle SAR-Aufnahmen erhalten werden mussten.

Die SR-71 verfügten über eine modulare Nase mit austauschbarer Sensor Suite. Der Austausch der Sensornase dauerte hierbei etwa eine Stunde. Wogegen die Vorbereitung einer Nase mit der Installation und Ausrichtung der Sensoren, je nachdem, welche Sensorkombination installiert wurde, etwa acht Stunden dauern konnte. Die Hauptsensorik der SR-71 bestand im Wesentlichen aus[5]:

- SAR/SLR: Ein hochauflösendes Side-Looking Radar (SLR), das bei jedem Wetter, Tag und Nacht bildhafte Information von Zielen, die sich sowohl auf der rechten als auch auf der linken Seite vom Flugzeugkurs befanden, liefern konnte. Die verwendeten SLRs waren bereits *Synthetic Aperture Radare* (SAR). Während der langen Zeit, in der die SR-71 eingesetzt worden war, sind immer wieder verbesserte SAR Sensorversionen eingebaut und betrieben worden. Die folgenden Varianten kamen wahrscheinlich zwischen 1962 und 1989 zum

Einsatz: im Zeitraum 1962-70 das Radar KP-1 (mit ca. 9 m Auflösung bei Mach >3), ab etwa 1968-1970 PIP, ab etwa 1971-77 CAPRE (mit 3 m Auflösung) und ab etwa 1977-89 ASARS-1, das Multimode Radar der Firma Goodyear (später LORAL)[14], in Phoenix, Arizona. Nach der Reaktivierung blieb ASARS-1 bis 1998 an Bord.

ASARS-1 war für die 80er Jahre ein sehr leistungsfähiger SAR-Sensor, der speziell für die SR-71 entwickelt wurde. Als Antenne diente eine gefaltete *Rotman Linse,* die einen elektronischen Schwenkwinkel von -30° bis +37,5° in Azimut zuließ. Sie war in einem bedruckten Zylinder untergebracht. Die Antennen-Apertur war schätzungsweise 1,38 m lang und ca. 46 cm hoch und konnte mechanisch nach beiden Flugzeugseiten um mehr als 180° gedreht werden. Die Elevation wurde mechanisch gesteuert und stabilisiert. Es gab einen Radar-Rekorder zur Aufzeichnung der Radarrohdaten und ein In-Flight Prozessor für die Bilddarstellung im Cockpit. Insgesamt wurden ca. 16 Radarsysteme für den Betrieb hergestellt sowie drei Bodenstationen.

ASARS-1 ermöglichte die Abdeckung eines Seitenabstands von ca. 80 km bis zu einer maximalen Reichweite von ca. 200 km im SAR-Streifenmode. Mit einer Streifenbreite von 18 km bis 36 km (SAR Swath) konnte dabei eine Bildauflösung von ca. 3 bzw. 6 m erhalten werden. Im Spotlight Betrieb betrug die Reichweite ca. 20 bis 85 nm (37 bis 157 km); die Auflösung lag dann im Bereich von ca. 0,3 bis 1 m (bei Abbildungsflächen von 1,85 km x 1,85 km bzw. 1,85 km x 0,56 km). ASARS-1 erlaubte als erstes Radar *Spotlight* Abbildung im Kurvenflug *(Imaging in Turns).*

Als wesentliche Systemmerkmale von ASARS-1 sind die rechnergestützte Missionsplanung mit programmierbaren Einschalt- und Ausschaltzeitpunkten des Radars sowie die Automatisierung der Antennenausrichtung, die Radar-Datenaufzeichnung, die operationell verlegbare Prozessierungsstation, die große Bildauswertestation (ABLE-2R) und die vorbildliche Wartung/Instandsetzung zu erwähnen. Insgesamt hat die USAF in die ASARS-1-Entwicklung ca. 380 Mio. $ investiert.

Der SAR-Sensor wurde bei der SR-71 besonders intensiv verwendet, um beispielsweise die sowjetischen U-Booteinrichtungen und Hafenanlagen in der Umgebung von Murmansk oder Petropawlowsk abzubilden, also in Gebieten mit häufig schlechtem Wetter.

Lockheed SR-71 TEOC Camera. (Boeing)

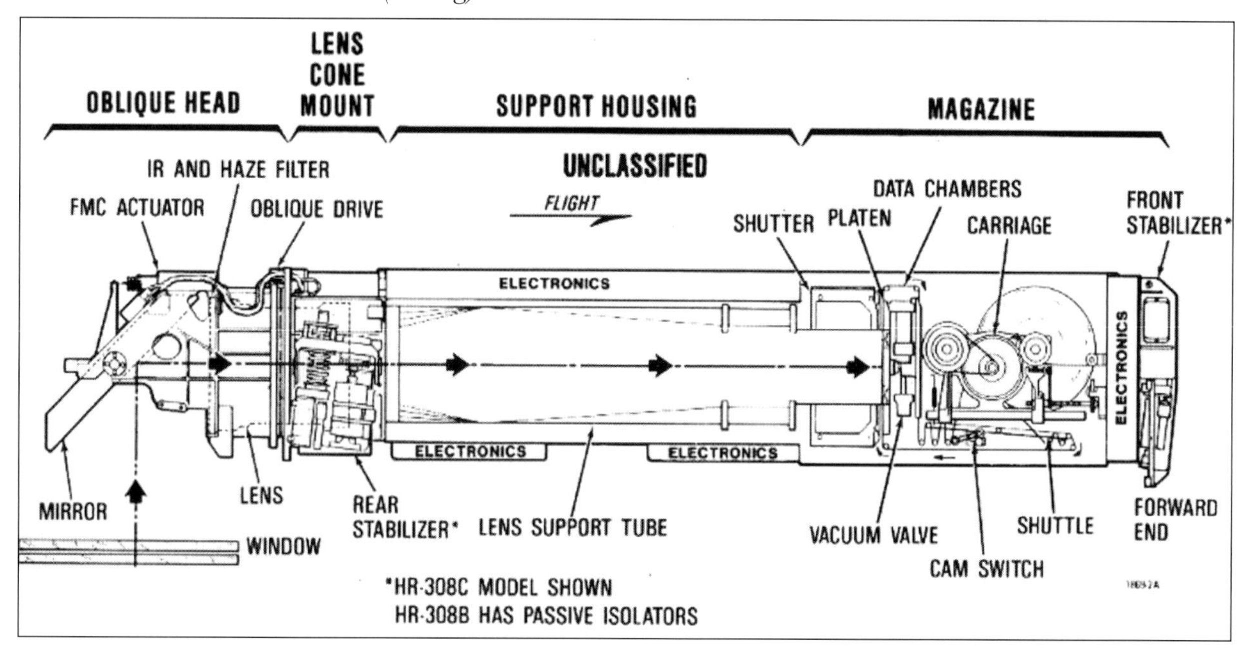

- Optischen Hochauflösungs-Kameras: zwei HYCON *Technical Objective Cameras* (TEOC) mit 48 in (121 cm) Brennweite, die seitlich hinter dem Cockpit untergebracht waren. Sie ermöglichten sowohl kleine Bildausschnitte als auch überlappende Bilder des Geländes unmittelbar unter dem Flugzeug bis zu 45° Schwenkwinkel, nach beiden Seiten zu erfassen. Dabei erfasste die linke Kamera den linken und die rechte Kamera den rechten Geländebereich bis maximal 20 nm (37 km) seitlich des Flugpfades. Ein Vertikalbild (Schwenkwinkel 0°) deckte dabei etwa 2,8 km x 2,8 km aus etwa fast 25 km Höhe ab und erreichte dabei eine Auflösung von etwa 15 cm. Bei einem Kameraschwenkwinkel von 45° wurde eine rautenförmige Fläche von 9,25 km x 11,2 km mit einem Zentrum bei 25,9 km erfasst. Als Länge der Aufnahmestrecke waren 1540 km bis fast 3000 km möglich, je nachdem wie die Kameras betrieben und welche Flughöhen dabei eingenommen wurden. Beide Kameras erlaubten Schwarz-Weiß, Farb- oder IR-Aufnahmen und die Filmlänge etwa 1820 Bilder sowohl bei mono als auch stereoskopischen Aufnahmen. Jedes Bild verfügte über ein 9 in x 9 in (22,8 cm x 22,8 cm) Format. Der Kamerabetrieb bezüglich Ausrichtung der optischen Achse und Einschaltzeitpunkt erfolgte in der Regel vollautomatisch, nach Inputs aus dem Astronavigationssystem. Im Rahmen der Flugwegplanung konnten an bestimmten Wegpunkten vor und nach einem Ziel die Kameras vorprogrammiert ein- und ausgeschaltet werden. Der RSO konnte aber auch manuell die Kameras ausrichten und aktivieren. Mit diesen Kameras wurden hauptsächlich Direktüberflüge von Zielen in Ländern des Mittleren Ostens, Afrikas, große Teile Asiens und Lateinamerikas (im Wesentlichen Kuba und Nicaragua) durchgeführt. Diese Länder verfügten über keine Luftabwehr, die der SR-71 hätten gefährlich werden können.
- Weitbereichs Panorama-/Seitensicht-Kamera: Die ITEK *Optical Bar Camera* (OBC) war eine hochauflösende Panorama Kamera, die in der auswechselbaren Rumpfnase anstelle des Radars installiert war. Im Betrieb konnte die Kamera kontinuierlich fotografische Aufnahmen erzeugen, während die Optik einen Bereich senkrecht zur Flugrichtung fast von Horizont zu Horizont abtastete. Sie war mit einem einer Brennweite von 30 in (76 cm) so ausgelegt, dass man Schrägsichtaufnahmen aus der Distanz von Ländern machen konnte, deren Grenzen respektiert werden mussten. Das Magazin dieser Kamera erlaubte die Aufnahme eines 3150 m langen Films, mit dem 1600 Bilder in Schwarz-Weiß, Farbe oder IR, in Mono oder Stereo mit etwa 12 in (30 cm) Auflösung bei mittleren Entfernungen erzeugt werden konnten. Als Bildabmessungen wurden beeindruckende 73,3 in x 4,5 in (186,2 cm x 11,4 cm) angegeben, die eine etwas über 130 km breite Panoramaabbildung möglich machten. Mit dieser Kamera konnte die SR-71 einen Landstreifen von etwa 2730 bis 5460 km Länge aufzeichnen.
  Daneben wurden anfänglich auch eine Reihe anderer Kamerakonfigurationen entsprechend der Aufgabenstellung eingebaut. Itek und Hycon wurden aber die wesentlichen Lieferanten der optischen Kameras. Die verwendeten Kodak-Filme bestanden aus extrem dünnen Folien (Mylar) mit Emulsionen von sehr kleiner Korngröße. Dadurch konnte eine große Geländeabdeckung pro Film bei sehr guter Auflösung erreicht werden.
  Anfänglich war eine *Terrain Objective Camera* (TROC) von Fairchild und eine *Infrared Tracking Camera* von HRB Singer eingebaut, die aber ab 1970 nicht mehr verwendet wurden. Beide dienten zur Einsatzdokumentation.
- Neben dem Radar und den Kameras wurde ein ELINT-System mit über 700 km Reichweite mitgeführt. Die große Flughöhe ließ große Erfassungsreichweiten zu, aber die Beobachtungsdauer war, wegen der hohen Fluggeschwindigkeit, natürlich sehr kurz.

Stationiert waren die SR-71 beim SAC, 9th Strategic Reconnaissance Wing, in Beale AFB, Kalifornien, dem sie auch unterstellt waren. Von hier aus wurden Aufklärungsflüge nach Mittelamerika und Kuba durchgeführt. Das SAC in Beale beherbergte darüber hinaus einige U-2R und später auch die Tactical Reconnaissance TR-1A-Version. Beale verfügte weiter über eine KC-135Q Tankerflotte, die zum Betrieb der SR-71 erforderlich war. Der hohe Kraftstoffverbrauch der SR-71 beschäftigte die US-Tankerflotte bei allen ihren Einsätzen.
Die Auswertung der von den verschiedenen Sensorplattformen zurückgebrachten Ergebnisse, d.h. der

U-2R, der TR-1A und der SR-71, erfolgte ebenfalls in Beale AFB in einer streng überwachten Auswertezentrale, die in einem soliden Betonbunker untergebracht war.
Ein weiterer Einsatzort der SR-71 war RAF Mildenhall, UK, von wo aus Flüge im Bereich des sowjetischen Polarkreises (Halbinsel Kola, Murmansk, Olenegorsk und der Barentssee) und über den Heimatgewässern der sowjetischen Nordflotte, durchgeführt wurden. Die SR-71, die oft von Mildenhall nach Akrotiri auf Zypern verlegt wurden, betrieben Aufklärung im Mittleren Osten, aber auch in den Ostblockländern. Im August 1968 wurde z. B. die Vorbereitung des sowjetischen Aufmarschs gegen die Tschechoslowakei von einer SR-71 beobachtet.
Viele Einsätze der SR-71 erfolgten auch von Kadena AFB, auf Okinawa, aus. Deren Flugwege führten über die östliche UdSSR, Vietnam, Korea und über China. Bei den Einsätzen von Kadena überflogen die SR-71 die Insel Sachalin und fotografierten dabei Luftstützpunkte, Boden-Luftlenkwaffen- und Radarstellungen sowie U-Boot-Stützpunkte der sowjetischen Pazifikflotte. Die Aufzeichnung des Funkverkehrs und der Radarsignaturen während dieser Einsätze muss beeindruckend gewesen sein.
Von russischer Seite wird ebenfalls behauptet, dass die SR-71 durch ihre Frühwarnradare ortbar gewesen sein sollen und so wurden MiG-25R, MiG-31 und Su-27 Jagdflugzeuge zur Abfangjagd eingesetzt. Sie konnten manchmal die SR-71 abdrängen; folgen konnten sie ihr aber nicht. Weder im Nachschuss, noch im Gegenschuss waren ihre Lenkwaffen erfolgreich. Während den 25 Jahren ihres Einsatzes lieferte die SR-71 sowohl der USAF als auch dem US-Nachrichtenwesen viele wichtige Hinweise über neue Entwicklungen der Rüstung in den überflogenen Ländern. Sie ergänzten die Erkenntnisse der RGA für das US-Nachrichtenwesen in vielen Bereichen. SR-71 Einsätze wurden sowohl von USAF- als auch CIA-Piloten geflogen.
Schon bald nach der Einführung der SR-71 begann man bei Lockheed mit der Entwicklung eines Konzepts, den Aufklärungsbereich der SR-71 zu erweitern. Dazu wurde eine Drohne entwickelt, die die Bezeichnung D-21 erhielt und die im Huckepack auf dem Rücken der SR-71 zwischen den Seitenleitwerken mitgeführt werden konnte. Die Idee war, die Drohne kurz vor dem Erreichen eines durch Luftabwehr stark geschützten Feindgebietes zu starten und sie dann mit der vierfachen Schallgeschwindigkeit, mit Kameras oder SIGINT Empfängern ausgerüstet, penetrieren zu lassen. Die Drohne war als Verlustgerät konzipiert. Nach dem Rückflug wurde das Sensorpaket an einem Fallschirm hängend abgeworfen und ähnlich, wie bei den Filmkapseln der CORONA Satelliten, durch Flugzeuge mit einem speziellen Schleppgeschirr geborgen. Die Drohne sollte nach jedem Einsatz ins Meer stürzen. Es wurden 38 D-21 von den Lockheed *Skunk Works* gebaut. Zwei SR-71 (A-12) wurden als Träger für die D-21 umgebaut. Nach einem Unfall beim Start der D-21 im Juli 1966, bei der sowohl eine D-21 als auch eine SR-71 zerstört wurden, beendete die USAF die Huckepackflüge der D-21. Es wurde in der Folge versucht, die übrigen D-21 unter den Flügeln eines B-52H Bombers aufzuhängen und sie gegen das kommunistische China einzusetzen. Es sollen mehr als ein Dutzend Flüge durchgeführt worden sein, bevor auch diese D-21 Flüge endgültig eingestellt wurden. Grund für die Einstellung war in diesem Fall die problematische Bergung der Nutzlast.
Die Anzahl der jemals gebauten SR-71 war lange streng geheim gehalten worden. Offiziell wurden 32 Maschinen beschafft, von denen 20 verunglückt sind. Die USAF beendete die SR-71 Flüge am 22. November 1989 erstmals, reaktivierte sie aber 1993 und stellte sie 1998 endgültig außer Dienst. Die Einsätze waren zu teuer geworden und die gewonnene Information stand nicht in nahezu Echtzeit zur Verfügung, wie es immer mehr von den Nutzern gewünscht wurde. Auch stand der Radarsatellit *Lacrosse* vor der Einführung und damit war die strategische, allwetterfähige Aufklärung abgesichert.
Ende der 80er Jahre wurde bekannt, dass in der Sowjetunion neue Luftabwehrraketen, die SA-12A *Gladiator* und SA-12 B *Giant*[25] erprobt wurden, von denen man annahm, dass sie die SR-71 hätten abfangen können. Dies mag auch ein weiterer Grund für die Außerdienststellung gewesen sein. Aber die raumgestützte Aufklärung war inzwischen so weit fortgeschritten, dass die SR-71 als überholt galt. Die Maschinen wurden außer Dienst gestellt und Luftfahrt-Museen überlassen. Eine Maschine betrieb die NASA nach der Ausmusterung noch zu Forschungszwecken weiter. Von einem Nachfolger, der Lockheed *Aurora*, die angeblich Hyperschall-Geschwindigkeit (M>5)

erreichen sollte, wurde in der Folge in der einschlägigen Literatur berichtet. Eine offizielle Bestätigung durch die US Regierung für ein solches Vorhaben erfolgte aber nicht.
Als Gegenstück zur SR-71 und etwa zeitgleich dazu wurde von der Sowjetunion die MiG-25R *Foxbat B*[123] als hoch fliegende Plattform für die abbildende Aufklärung eingesetzt, u.a. auch über Westdeutschland. Ursprünglich war diese Maschine als Abfangjäger gegen den Bomber B-70 *Valkyrie* geplant worden, den die USAF aber nicht beschafft hatte. Der Erstflug des Aufklärungsprototyps fand am 6. März 1964 statt. Als Abfangjäger und als sehr hoch fliegender Aufklärer wurde die MiG-25 ab 1969 eingeführt. Die Fähigkeiten der MiG-25 wurden im Westen erst bekannt, nachdem der Überläufer Viktor Belenko 1976 mit einer Maschine nach Japan flüchtete. Die maximale Fluggeschwindigkeit dieser Maschine lag bei etwa Mach 3 und die Flughöhe bei etwa 20 km. Für die Aufklärung wurden mehrere Varianten eingesetzt. Die Foxbat B wurde mit drei Kameras, eine für Vertikalaufnahmen und zwei für die Seitensicht, ausgerüstet. Zwei Kameratypen sollen zur Verfügung gestanden haben, mit Brennweiten von 65 cm und 130 cm. Diese erlaubten eine Streifenabbildung von 100 bzw. 50 km Breite. Der Foxbat B folgte der Aufklärungsbomber Foxbat RB. Für Allwetter-, Tag- und Nachteinsatz wurden die MiG-25 RBS und die Version RBSch mit einem Seitensicht-Radar (SLAR) ausgerüstet. Die letztere Version soll auch Bewegtzielerkennung ermöglicht haben. Zur elektronischen Aufklärung wurden die Versionen MiG-25 RBK und RBF mit ELINT Nutzlasten ausgerüstet. Weiter modernisierte MiG-25 Aufklärungsvarianten befinden sich bis heute im Inventar der russischen Streitkräfte.

SIGINT

Wie erwähnt, wurde Fernmeldeaufklärung bereits im Ersten Weltkrieg betrieben[8]. Im Zweiten Weltkrieg kam mit dem Einsatz von Radar die elektronische Aufklärung hinzu. Die Bedeutung von *Signal Intelligence* (SIGINT) während des Kalten Krieges ist nicht hoch genug einzuschätzen. SIGINT diente während des Kalten Krieges zur Indikationsgewinnung über krisenhafte Entwicklungen in einem Interessengebiet (als Beitrag zur strategischen Aufklärung) und als Ergänzung zur Feststellung der gegnerischen Lage auf allen Führungsebenen. SIGINT umfasst sowohl die Fernmeldeaufklärung (Communication Intelligence (COMINT)) als auch die elektronische Aufklärung *(Electronic Intelligence* (ELINT)). Insbesondere in den kritischen Phasen dieser Epoche, wie z. B. beim Volksaufstand am 17. Juni 1953 in der DDR, dem ungarischen Aufstand im Oktober 1956, der Kuba-Krise 1962 und bei der Niederschlagung des Prager Frühlings am 20. August 1968 diente COMINT als wesentliche Frühwarneinrichtung für alle westlichen Nachrichtendienste.
Darüber hinaus trägt SIGINT zur Erkenntnisgewinnung über die Führungs- und Einsatzgrundsätze fremder Streitkräfte und zur Aufklärung von technischen Leistungen (Telemetrie-Erfassung) bei. Elektromagnetische Signale von Führungs-, Kommunikations-, Leit-, Lenk-, Ortungs- und Waffensystemen sowie die, die von anderen technischen Einrichtungen gewollt oder ungewollt abgestrahlt werden, können durch spezielle Empfänger erfasst werden. Die Gewinnung von Informationen durch SIGINT war neben IMINT zur Zeit des Kalten Krieges überlebenswichtig.
Aufgabe von COMINT ist die Erfassung, Ortung, Analyse bzw. Bearbeitung und Aufzeichnung von Signalen des nachrichtenbezogenen Funkverkehrs, d.h. im Wesentlichen des Sprech- und Datenfunks. Dabei steht die Dechiffrierung des Signalinhalts, d.h. der inhaltlichen Nachricht, welche im Funksignal in codierter Form enthalten ist, im Mittelpunkt des Interesses. Die Inhalte der Fernmeldeaufklärung unterscheiden sich folglich grundsätzlich von denen der Elektronischen Aufklärung und damit auch die Leistungsanforderungen an die beiden Systeme. Am Anfang stehen bei COMINT die Grundlagenermittlung bzw. die Grunddaten. Eine Analysefähigkeit muss vorhanden sein, um eine taktische Lage zu erstellen. Mit der Fähigkeit der Ortung lassen sich Netzbezeichnungen und Verkehrsbeziehungen herstellen. Diese über Richtungsmessung zu bestimmen und Bereiche zu klassifizieren ist eine besondere Herausforderung.
Zur Aufgabe eines Fernmelde-Aufklärungssystems gehören also ganz allgemein die:
- Missionsplanung der zeitlichen Erfassung bestimmter Frequenzbänder
- Signal- bzw. Emittererfassung im Frequenz- und Zeitbereich

– Entzifferung und Analyse der erfassten Emitter-Signale und Speicherung,
– Richtungsermittlung (Peilung) und Lokalisierung der Emitter
– Signalinhaltsextraktion und Inhaltsbewertung
– Weiterleitung der Aufklärungs-/Lagedaten an das gemeinsame Auswertesystem der Fernmelde-elektronischen Aufklärung.

Neben den bodengestützten Netzen galt es auch den Flugfunk zu erfassen, um Indikationen über gegnerische Aktivitäten zu gewinnen. Fangschaltungen auf Schlüsselworte herzustellen und möglichst genau die Position eines Senders zu bestimmen, waren neue Herausforderungen. An der automatischen Erkennung von Schlüsselworten wurde intensiv geforscht, um eine sichere Erkennung bei unterschiedlichen Aussprachen und Stimmlagen zu erreichen[135].
Die rechnergestützte Auswertung der erfassten Kommunikationssignale bezüglich Richtung, Übertragungsverfahren, Dichte, Inhalt etc. erlaubt es den Auswertern Abschätzungen zur Dislozierung sowie die unmittelbaren oder langfristigen Absichten eines Gegners abzuleiten und diese Informationen an das Nachrichtenwesen weiterzuleiten. Die Fernmeldeaufklärung setzt Abhörarbeitsplätze bzw. Übersetzerarbeitsplätze für Sprachspezialisten im jeweils beobachteten Gebiet voraus.
Erst die systematische elektronische Signalerfassung und -analyse (ELINT) ermöglichte es elektronische Gegenmaßnahmen (Electronic Counter Measures (ECM)) zu vermessen, aber auch neue Gegenmaßnahmen zu entwickeln. ECM stellte immer eine große Bedrohung für den Betrieb von Radaren dar. Ihre Wirksamkeit gegen Radare wurde in Deutschland im Zweiten Weltkrieg erstmals 1943 beim englischen Großangriff auf Hamburg mit dem ersten Düppelabwurf sehr schmerzlich erfahren, als nämlich die verfügbaren *Freya*- und *Würzburg*-Geräte unwirksam gemacht wurden. Seither wurden auf allen Seiten Maßnahmen zur Täuschung und Störung von gegnerischen Radaranlagen ständig weiterentwickelt. Rausch- und Pulsstörer waren eine der neuen wirkungsvollen Maßnahmen, der man dann wieder mit Frequenzsprungverfahren begegnete. Im Gegenzug folgte jeder Gegenmaßnahme wieder eine Gegen-Gegenmaßnahme. Die bekannten Methoden und Technologien hier aufzuführen, würde den Rahmen dieses Buches sprengen. Erst die ständige Beobachtung gegnerischer Emitter im Rahmen von ELINT ermöglicht die Analyse gegnerischer Radare und die Beobachtung neuer Entwicklungen. Aufgabe der elektronischen Aufklärung ist die Vermessung vieler Parameter wie beispielsweise Betriebsfrequenzbänder, Pulsfolgefrequenzen, Pulslängen, Intrapulsmodulationen, Agilitäten und Abtastcharakteristiken. Dies ist Voraussetzung, bevor neue Gegenmaßnahmen entworfen werden können. Der Wettlauf um die besten Gegenmaßnahmen wird wohl nicht zu Ende sein, solange es Radare gibt.
Bei der USAF waren während des Kalten Krieges, neben verschiedenen Versionen der U-2 und der SR-71, viele Maschinen, wie die RC-135 *Rivet Joint,* kontinuierlich rund um den Erdball bei Tag und in der Nacht mit der Erfassung von Kommunikationsaktivitäten befasst. Hierzu zählten die Telemetriesignale von ballistischen Raketen und von Lenkwaffentests, aber auch Radarsignaturen und Emissionen beim Betrieb von elektrischen Generatoren. Der Hauptoperationsbereich dieser Maschinen erstreckte sich zu dieser Zeit rund um die Sowjetunion, d.h. von der sibirischen Küste bis zur Barents See und an anderen sowjetischen Grenzenregionen, wie der pazifischen Küste und in den Grenzgebieten vom Iran bis zur Türkei.
Der primäre US Kunde für die Erkenntnisse der strategischen luftgestützten Aufklärung war zur Zeit des Kalten Krieges beispielsweise die *National Security Agency* (NSA) in Fort George Meade, Maryland (SIGINT City) und in der Bundesrepublik der BND in Pullach. Die RC-135 wurde ebenfalls wie U-2 und SR-71 von dem SAC betrieben. Neben anderen Flugzeugen hat die USAF die RC-135 und die EC-135 mit ELINT- und COMINT-Sensorik ausgerüstet und auf der viermotorigen Boeing 707 als Träger eingesetzt. Dabei waren der vordere Teil der Maschinen mit ELINT und der hintere Teil mit COMINT Auswertearbeitsplätzen bestückt. Die RC-135 wurde seit ihrer Einführung im Jahre 1965 unzählige Male verbessert und in vielen Spezialversionen verwendet. Trotz der Größe der Boeing 707 waren alle 18 Maschinen vollgestopft mit Empfängern, Datenaufzeichnungsgeräten, Rechnern und Speichern, Auswerte- und Abhörarbeitsplätze. Die Rumpfaußenseite und die Flügel waren belegt mit einer großen Anzahl der unterschiedlichsten schmal- und breitbandigen Antennen-

typen für rundum und sektorale Erfassung sowie für die Ziellokalisierung, aber auch für die Kommunikation. Die Besatzung, die oft aus bis zu 21 Mann bestand, setzte sich nicht nur aus den vier oder mehr ELINT- und COMINT-Auswertern an Konsolenarbeitsplätzen zusammen, sondern auch aus Abhörspezialisten, einem Wartungs- und Instandsetzungstechniker, Ersatzpiloten und Ablösepersonal. Die RC-135-Einsätze gingen mindestens über 10, aber mit Luftbetankung oft über 18 Stunden. Die mittlere Fluggeschwindigkeit dieser Maschinen liegt bei etwa 900 km/h und die Flughöhe bei etwa 10 km. Die RC-135 wurde im sicheren Abstand zu Flugabwehrstellungen eingesetzt, dabei konnte sie jedoch lange Zeit in einem interessanten Zielgebiet *on Station* verweilen. Obwohl die RC-135 sowohl im Bereich der Warschauer-Paktstaaten als auch im Bereich der nordöstlichen Angrenzung der UdSSR an den Pazifik eingesetzt war, wurden während des Kalten Krieges keine Zwischenfälle mit russischen Jagdflugzeugen bekannt.

Auf der Gegenseite, d.h. von der Sowjetunion, wurden während des Kalten Krieges genauso intensiv SIGINT-Einsätze sowohl gegen die USA als auch gegen die NATO-Verbündeten in Westeuropa betrieben. Die Sowjetunion setzte die Tu-95D *Bear* und die Tu-16 *Badger* als ELINT/COMINT-Flugzeuge ein. Routineflüge der Tu-95D wurden beobachtet, wie sie das Nordkap passierten und Richtung Grönland flogen und dabei NATO-Radarsignale und den Funkverkehr erfassen sollten. Danach schwenkten sie nach Süden an Kanada und der Ostküste der USA vorbei nach Kuba, wobei sie über die gesamte Distanz SIGINT Information sammeln konnten. Dabei haben

Boeing RC-135 Rivet Joint.
(USAF)

diese Flugzeuge, das sowjetische Gegenstück zur RC-135, mehrmals die US *Air Defense Identification Zone* (ADIZ) sowohl an der Ostküste als auch um Alaska penetriert und wurden von US Jagdflugzeugen abgefangen und abgedrängt. Allein im Jahre 1982 gab es beispielsweise 28 solcher Zwischenfälle und 11 im Jahre 1983. Andere Erkundungsflüge erfolgten auf dem Rückflug von Kuba aus und verliefen entlang der Ostküste der USA. Allerdings wird behauptet, dass während der Dauer des Kalten Krieges kein einziges sowjetisches Aufklärungsflugzeug in den US Luftraum eingedrungen sein soll.

Der Heimatflughafen der RC-135 war die Offutt Air Force Base, Nebraska, dem Hauptquartier der 55th *Strategic Reconnaissance Wing.* Daneben fanden RC-135-Einsätze, genau wie solche der U-2 oder der SR-71, von Mildenhall (England), von Kadena (Japan) und von Hellenikon (Griechenland) aus statt. Andere Einsätze von der Eielson Air Force Base in Alaska und von der Insel Shemya in den Aleuten betrafen den nordöstlichen Bereich der UdSSR. Mildenhall war der Stützpunkt der Flüge über der Ostsee und der Barentssee. Von Alaska aus wurde das Gebiet um die Tschuktschen und die Kamtschatka Halbinsel beflogen. Die Kamtschatka Halbinsel, die als Zielgebiet für Waffentests sowjetischer ballistischer Raketen diente, war natürlich einer der wichtigsten Gebiete zur Erfassung der Telemetriesignale von anfliegenden Gefechtskopfattrappen beim Wiedereintritt und zur Feststellung der Treffgenauigkeit. Die ballistischen Raketen, die von U-Booten im Weißen Meer, der Barentssee oder landgestützt von Plesetsk und Tjuratam aus gestartet wurden, flogen bis in 250 km Höhe über Russland hinweg und erreichten dabei Geschwindigkeiten von fast 28 000 km/h. Aus der Endanflugbahn konnte auf den Einschlagsort geschlossen werden. Die Endanflugbahn war, sowohl mit Radar als auch mit IR-Sensoren und Kameras, zu orten. Bei der hohen Geschwindigkeit wird in der Wiedereintrittsphase die Luft im Bereich der Flugkörperspitze so hoch erhitzt, dass sie dissoziiert oder gar ionisiert. Die Rekombinations- und Deionisationsvorgänge im Plasma des Nachlaufs dieser Gefechtsköpfe sind mit Leuchterscheinungen verbunden, die sich über einige Kilometer hinweg ausdehnen[101]. Diese können mit IR-Sensoren oder Kameras bei ausreichender Flughöhe und Sicht festgehalten werden.

Eines dieser RC-135-Flugzeuge, die auf der Insel Shemya stationiert waren, befand sich in der Nähe jener B-747 der *Korean Air Lines* (KAL 007), die in der Nacht des 1. September 1983 irrtümlich von sowjetischen Jagdflugzeugen über der Kamtschatka Halbinsel abgeschossen wurde. Die RC-135 hatte die gesamte Kommunikation der sowjetischen Jagdflugzeuge mit ihren Einsatzleitstellen aufgezeichnet und so den Vorfall westlichen Medien zugänglich gemacht.

Die SIGINT-Einsätze von Kadena, auf Okinawa, dienten der Überwachung des Bereichs von Wladiwostok über Komsomolsk bis über die Insel Sachalin hinaus. *Rivet Joint* Einsätze von der Hellenikon Air Base, bei Athen, waren mit der Signalerfassung im Gebiet des Schwarzen Meers, der südwestliche Sowjetunion, dem Balkan und dem Nahen Osten beauftragt. Zwei RC-135 mit der Typenbezeichnung 'U' flogen im Rahmen des Programms *Combat Sent* ständig im Bereich der osteuropäischen Länder und an speziellen Abschnitten an der Peripherie der Sowjetunion.

Bei diesen Einsätzen wurden nicht nur die Signaturen von bodengestützten, sondern auch von luftgestützten Radaren des Warschauer Pakts erfasst und aufgezeichnet. Jedes Radar bekam eine NATO-Bezeichnung und wurde unter so illustren Namen wie *Back Net, Dog House, Fan Song, Flap Wheel, Gecko, Gun Dish, Hen Nest, Knife Rest, Long Track, Spoon Rest, Squint Eye, Straight Flush* etc. bekannt. Nicht nur für die Radarwarnsysteme der USAF-Flugzeuge, sondern auch für die Kampfflugzeuge der NATO, für ESM und für Gegenmaßnahmen waren die Parameter dieser Radare interessant und überlebenswichtig. Natürlich wurden alle möglichen Maßnahmen auf beiden Seiten angewandt, um den Gegner zu täuschen. Aber aus bestimmten charakteristischen Eigenschaften der Emissionen ließen sich Hinweise auf die Art des Radars schließen und es identifizieren. Auch eine Änderung der Betriebsparameter, vom Friedensbetrieb zum Betrieb im Ernstfall, hätte daran nicht viel geändert.

Deutschland hat für SIGINT Einsätze im Bereich NATO Central Europe die BR ATL1 M-Version mit Ausrüstung von E-Systems, Greenville, Texas beschafft. Stationiert waren die Flugzeuge in Nordholz. Frankreich betrieb *Gabriel* auf der C-160 Transall und SARIGUE mit einer DC-8 als SIGINT Systeme mit der Empfängertechnologie von Thomson CSF. Die britische Regierung verwendete ab 1974 drei NIMROD R1 für ELINT/COMINT. Ein wesentlicher Beitrag, den die Bundeswehr während des Kalten Krieges zur Kommunikationsaufklärung des Warschauer Pakts von festen Fernmelde-Türmen entlang der innerdeutschen Grenze aus leistete, sollte nicht unerwähnt bleiben.

Die US-Navy beschaffte für die elektronische Überwachung in ihrem Verantwortungsbereich die EP-3E *Aries,* eine Langstrecken-Maschine, basierend auf der Lockheed P-3 *Orion.* Auch hier sind die Antennenarrays über und unter dem Rumpf verteilt angebracht. Sie wird hauptsächlich zur Erkennung feindlicher Schiffe eingesetzt (Radar und Kommunikation). Die EP-3E ist in der Lage den *Fingerabdruck* eines jeden Radars, das auf Schiffen installiert ist, zu erstellen und zu identifizieren. Hiermit waren Schiffe, auch bei Nacht und schlechtem Wetter, einfacher zu klassifizieren. Viele der Antennen und Empfänger von SIGINT-Flugzeugen dienen in einer Nebenaufgabe der Erfassung ungewollter Abstrahlungen wie z. B. von Radargeräten in Bereitschaftsschaltung, die eigentlich im Stand-by Betrieb nicht aktiv senden sollten. Ende der 90er Jahre befanden sich noch 12 EP-3E im Dienst, die gleichmäßig auf die Atlantik- (Squadron VQ-2) und die Pazifikflotte (Squadron VQ-1) aufgeteilt waren. Wie auch die RC-135 verfügt die EP-3E über Störsender, mit denen sie einerseits einen Gegner zum Einschalten seiner elektronischen Geräte animieren, andererseits aber auch sich selbst schützen konnte. Seit, nach einer Provokation durch ein chinesisches Jagdflugzeug, eine EP-3E am 1. April 2001 in China notlanden musste, hat dieses Land Einblick in die modernste US-Empfängertechnologie erhalten.

Mit der Außerdienststellung der Breguet Atlantic ATL1 wird auch etwa ab 2010 die Messversion *ausgephast.* Damit geht eine SIGINT Epoche der Bundeswehr mit bemannten Plattformen zu Ende, die ihren Ursprung im Kalten Krieg hatte. Ein neues, leistungsfähigeres System wird entwickelt und als Nachfolgesystem zur *Signalerfassenden luftgestützten weiträumigen Überwachung und Aufklärung* (SLWÜA) ab 2011 eingeführt werden. Die Ausrüstung wird von der nationalen Industrie bezogen. Als Trägerplattform ist der unbemannte RQ-4B *EuroHawk* von Northrop Grumman vorgesehen, der Flughöhen von über 18 km erreichen und mit einer Flugdauer von über 30 h eingesetzt werden kann. Fünf Träger sollen beschafft werden. Die Datenübertragung wird über etwa die gleichen stör- und abhörsicheren Kanäle erfolgen wie bei *Global Hawk.*

Neben der luft- und raumgestützten Fernmelde- und elektronischen Aufklärung (FmEloA) wird sowohl in anderen Streitkräften als auch in der Bundeswehr bodengestützte FmElo Aufklärung betrieben. Hierzu gehören die ortsfesten und mobilen Einrichtungen aller Teilstreitkräfte und der Nachrichtendienste (z. B. BND). Sie liefern strategische Informationen (u.a. Indikationen) für die politische und oberste militärische Führung sowie operativ-taktische Informationen für Führung, Waffeneinsatz und Elektronische Kampfführung (EloKa).

FmElo Aufklärungssysteme müssen ständig an neue abzudeckende Frequenzbereiche, Modulationsformen, Signaltypen, Pulsdichten, Antennencharakteristiken, Suchgeschwindigkeiten und vieles mehr angepasst werden, um den Emitterentwicklungen folgen zu können. Neue Entwicklungen bei Signaltypen, wie z. B. der Mobilfunkverkehr GSM, frequenzagile Sender und *Spread Spectrum* Signale, erfordern ebenfalls ständige Anpassung.

Seegestützte Aufklärung gewinnt FmEloA-Information nicht nur für das eigene Schiff, den Schiffsverband und die über See operierenden eigenen Flugzeuge, sondern auch für die Befehlshaber an Land. Sie liefert darüber hinaus Beiträge zur Frühwarnung, zur Lagefeststellung und Zielbekämpfung sowie für die Erarbeitung von Grundlagenmaterial. Neben Radar, Sonar, EO-Sensoren verfügen speziell ausgerüstete Schiffe der Marine über elektronische Unterstützungsmaßnahmen EloUM bzw. ESM Systeme sowie über FmElo Aufklärungssensoren. Ähnlich ausgerüstete Schiffe, von den Sowjets oft als Fischtrawler getarnt, waren während des Kalten Krieges auf allen Weltmeeren, insbesondere im Küstenbereich, anzutreffen.

ELINT- und COMINT-Empfängerentwicklungen

Erfolge und Misserfolge auf dem Gebiet der fernmelde-elektronischen Aufklärung gehen einher mit der Verfügbarkeit geeigneter Empfänger. Alle Aktivitäten im Bereich der luftgestützten, signalerfassenden

Aufklärung, d.h. die Entwicklung und Erprobung von Antennen, Empfänger, Auswerteverfahren, Plattformen, Kommunikation etc., unterliegen bei allen Nationen strengster Geheimhaltung[8, 80]. Aber auch auf diesem Gebiet gibt es seit den frühesten Abhöreinrichtungen aus dem Ersten Weltkrieg eine kontinuierliche Weiterentwicklung der Technologie. Diese folgt in der Regel der Überwindung von Maßnahmen, die bei gegnerischen Sendern getroffen wurden, um sie schwerer erfassbar zu machen. Aufgrund dieses ständigen Wechsels von Maßnahmen und Gegenmaßnahmen kam es zu Entwicklungen, von denen einige kurz dargestellt werden sollen.
Zusammen mit einer speziellen Anordnung bandbreiter Antennen dienen ELINT-Empfänger zur Entdeckung, Peilung/Ortung, Verarbeitung und Vermessung der Signale von Ortungs-, Lenk- und Leitsystemen im Frequenzbereich von 0,05-18 GHz sowie im Sendeleistungsbereich von 10 W-1000 kW. Wäre es zu einer Auseinandersetzung zwischen NATO und Warschauer Pakt gekommen, so wäre für den Schutz eigener Flugzeuge die Entdeckung, Lokalisierung und Identifizierung von Luftraumüberwachungsradaren die vordringlichste Aufgabe der elektronischen Aufklärung gewesen. In der Priorisierung folgten die Zielverfolgungsradare für die Feuerleitung der Flak (bzw. *Anti-Aircraft Artillery* (AAA)) sowie die Zielbeleuchter für die halbaktiven Boden-Luft-Lenkwaffen. Es ging bei ELINT primär um die Entwicklung von Gegenmaßnahmen, die an die Bedrohung anzupassen waren. Die erste Generation der halbaktiven Luft-Luft- und Boden-Luft-Lenkflugkörper (Surface-to-Air Missiles (SAM)) verwendete *halbaktive* Radarzielsuchköpfe (z. B. SA-6, *Hawk* etc.). Zu diesem Zweck mussten leistungsstarke Sender das Ziel beleuchten, wozu eine Antenne mittels Radar ständig auf das Ziel auszurichten war. Der Suchkopf der Lenkwaffe nutzte das vom Ziel reflektierte Signal für die Lenkphase und den Zielendanflug. Da die frühen Zielbeleuchter ein *Dauerstrichsignal* (continuous wave (CW)) verwendeten, war die Entdeckung dieses CW-Signals an Bord eines Kampfflugzeuges für den Piloten überlebenswichtig. Dieses Signal, z. B. Dauerbeleuchtung, war ein Indikator, dass eine Lenkwaffe unterwegs war. Neben den halbaktiven SAM wurden Ende der 50er und Anfang der 60er Jahre bei den Abfangjägern der sowjetischen Luftstreitkräfte wie z. B. an der MiG-23 *Flipper,* ebenso wie auch bei der USAF und einigen europäischen NATO-Luftwaffen, halbaktive Luft-Luft-Lenkwaffen eingeführt *(Aspide* in der italienischen Luftwaffe, *Magic 550* bei der französischen Armée de l'Air, *Skyflash* bei der RAF und AIM-7 *Sparrow* an der F-4C *Phantom* der USAF). Zur Zielbeleuchtung wurden auch hier teilweise CW-Sender an Bord der Lenkwaffenträger genutzt, die mit der Antenne des Feuerleitradars verbunden waren.
Eine weitere Aufgabe von ELINT war es, unterschiedliche Signalquellen und Betriebsarten von Radaren zu erfassen und Abläufe der *Hand Over* Prozeduren von der Zielsuche, Zielerfassung, Zielverfolgung bis zur Zielbeleuchtung zu analysieren. Durch Vergleich der aktuell erfassten Signalparameter mit denen in einer Emitterbibliothek sollte eine schnelle Identifikation der aktuellen Betriebsart des Emitters und damit die Erkennung des Grades der Bedrohung ermöglicht werden. Falls diese Emitter-Parameter nicht bekannt waren, mussten diese gemessenen Daten neu in die Emitter-Bibliothek aufgenommen werden. Diese Daten wurden dann u.a. bei Radarwarnempfängern und ESM-Systemen verwendet, um Piloten oder Besatzungen vor einem Angriff zu warnen. Des Weiteren diente diese Information vor allem zur Erstellung einer *Electronic Order of Battle* (EOB), d.h. der frühzeitigen Erkundung der Position von Luftraumüberwachungs- und von Zielverfolgungsradaren am Boden und in der Luft.
Wie bereits erwähnt, zeichnet sich jeder Radartyp, auch bei der Wahl unterschiedlicher Betriebsarten durch charakteristische Parameter wie z. B. Frequenz, Pulsbreite, Pulsfolgefrequenz, Intrapulsmodulation, Keulenbreite und Nebenzipfel der Antennencharakteristik sowie bestimmte Abtastverfahren aus. Um die Größen dieser Parameter messen zu können, muss ein ELINT-Empfänger über spezifische Eigenschaften verfügen. Moderne ELINT Receiver zeichnen sich durch hohe Peilgenauigkeit, exakte Parametervermessung, Echtzeit-Signalanalyse, Emitter- und Plattformidentifikation sowie ein modernes *Mensch-Maschinen Interface* (MMI) aus. Die Messgenauigkeit und Auflösung der Signalparameter muss so hoch sein, dass eine Identifizierung sichergestellt und später evtl. damit die zuvor erwähnten wirksamen Gegenmaßnahmen gegen den Betrieb eines gegnerischen Radars eingeleitet werden können. Gekennzeichnet ist ELINT weiter durch den Einsatz der

augenblicklich modernsten verfügbaren Technologien, wobei die analogen Techniken zur Zeit des Kalten Krieges immer mehr durch digitale Lösungen ersetzt wurden. Auf der Nutzerseite waren natürlich Breitbandtechnologien im gesamten Frequenzbereich für Empfänger und Peiler, hohe Empfindlichkeit bei großer Dynamik, hohe Signalerfassungswahrscheinlichkeit auch bei hoher Signaldichte, kurze Signalerfassungszeit und hohe Auflösung gewünscht. Aber dies brauchte seine Zeit.
Getrieben durch immer neue Radartechnologien bei luftgestützten Systemen, wie z. B. zur Reduzierung der eigenen Erfassung *(Low Probability of Intercept* (LPI)), durch hohe Pulsfolgefrequenzen, aber auch durch die gewaltige Zunahme der Anzahl an Radargeräten und damit auch der Pulsdichte, hat der ELINT-Receiver eine interessante geschichtliche Entwicklung durchschritten, die sich an das immer komplexer werdende Radarszenario während des Kalten Kriegs anpassen musste. Diese Entwicklung sollte an einigen Beispielen kurz nachvollzogen werden, die aber auch zeigen, weshalb die Missionsausrüstung von fliegenden SIGINT Aufklärungsflugzeugen und die von Satelliten einer ständigen Modifikation unterworfen war.

Kristallvideo-Empfänger
Zu den ersten breitbandigen Empfängertypen, die in Flugzeugen eingesetzt wurden, gehört der *Crystal Video Receiver* (CVR). Dieser auch als *Geradeausempfänger* bezeichnete Typ kann auf eine lange Historie zurückblicken. Erste Kristalldetektoren als Empfangsgleichrichter sind bereits 1891 von F. Braun an der Universität Straßburg entwickelt worden. Als breitbandiger Radarwarnempfänger (RHWR) im Frequenzbereich zwischen 0,5-40 GHz fand er aber Anfang der 50er Jahren breite Anwendung, da er mit geringen Abmessungen gebaut werden konnte, eine hohe Signalerfassungswahrscheinlichkeit aufweist, einfach zu handhaben und relativ preisgünstig zu beschaffen war. Prinzipiell verfügt der CVR nur über ein Mikrowellen-Bandpassfilter, einen Mikrowellen-Vorverstärker, einen *Quadratischen Detektor* und einen *Logarithmischen Videoverstärker.*
Nachteil des CVR ist sein Unvermögen die Frequenz des erfassten Signals exakt festzustellen. Die Frequenzinformation des Signals geht beim Durchlaufen des *Quadratischen Kristalldetektors* verloren. Das vor dem Detektor installierte Mikrowellen-Bandpassfilter bestimmt die Genauigkeit der Frequenzermittlung. Da die Bandbreiten von feindlichen Radaren jedoch eine oder mehrere Oktaven umfassten, war die Genauigkeit der Frequenzmessung des CVR nicht hinreichend und so war abzusehen, dass der CVR für die elektronische Aufklärung nicht infrage kam. Die Emitterfrequenz ist jedoch ein ganz wesentliches Merkmal zur Erkundung eines bestimmten Radartyps. Die nutzbaren Signalmerkmale beim CVR sind die Impulsbreite, die Pulsfolgefrequenz und die Signalankunftsrichtung, die aus einer geeigneten Antennenanordnung ermittelt werden kann. Als Radarwarnempfänger versah er viele Jahre seinen Dienst in einer großen Anzahl von westlichen Kampfflugzeugen.
Im Laufe des Kalten Krieges wurde die Technologie der elektronischen Störmaßnahmen (EloGm/ECM) auf beiden Seiten ständig weiterentwickelt und so konnten bereits einfache Störer, wie z. B. Rauschstörer, die Empfängerleistung eines eigenen Radarsystems stark beeinträchtigen. Mit dem Aufkommen einer immer größeren Anzahl von Radaren und damit auch einhergehend einer zunehmend hohen Pulsdichte oder sogar sich überlappender Impulse sowie von Dauerstrich (CW)-Signalen bei Zielbeleuchtern, waren die Grenzen des CVR erreicht. Um diese Nachteile auszugleichen, hat die Industrie einige Modifikationen entwickelt. Hierzu gehören der abstimmbare CVR, der zusätzlich mit einem über die gesamte Empfangsbandbreite abstimmbaren Bandpassfilter ausgerüstet wurde. Diese Methode erlaubte eine Verbesserung bei der Isolation von Einzelsignalen und eine Reduzierung des Empfängerrauschens, verbunden mit einer Verbesserung der Empfängerempfindlichkeit. Auch mit der verringerten Bandbreite ging eine Verbesserung in der Frequenzbestimmung einher. Dieser Empfängertyp wurde unter dem Begriff *Tuned Radio Frequency* (TRF) Receiver bekannt. Ein wesentlicher Nachteil erwuchs nun aber in der signifikanten Reduktion der Signalerfassungswahrscheinlichkeit über die genutzten Frequenzbänder hinweg, da er augenblicklich immer sehr schmalbandig arbeitete. Weitere Verbesserungen zur Erhöhung der Leistung wurden versucht, wie z. B. die Einführung eines abstimmbaren Kerbfilters *(notch-filter),* eines schmalbandigen Sperrfilters, das die Ausblendung schmalbandiger Signale und CW-Emitter ermöglichte. Alle diese Verbesse-

rungsmaßnahmen konnten jedoch letzten Endes die Ablösung des klassischen CVR Ende der 50er Jahre als ELINT Empfänger nicht mehr verhindern.

Sofortfrequenzmess-Empfänger

Auch während der frühen 60er Jahre gab es noch signifikante Probleme bei der Erfassung von Mikrowellensignalen. Daher wurden intensiv Weiterentwicklungen beim CVR betrieben, um das Problem der exakten Frequenzbestimmung zu lösen. Eine dieser Weiterentwicklungen führte zum Sofortfrequenzmess-Empfänger oder *Instantaneous Frequency Measurement* (IFM)-Receiver.

Als *Instantaneous Frequency Measurement* (IFM) Receiver bzw. Sofortfrequenz-Empfänger wird eine bestimmte Klasse von CVR für die elektronische Aufklärung bezeichnet. IFM – Empfänger können, im Gegensatz zum klassischen CVR, die Frequenz von empfangenen Radarsignalen sofort von Puls zu Puls ermitteln. Mittels einer Mikrowellen-Verzögerungsleitung kann eine frequenzabhängige Phasenverschiebung *(Dispersion)* erzielt werden. Nach dem Antennenverstärker wird das Eingangssignal amplitudenbegrenzt, gefiltert und dann mittels Leistungsteiler in zwei gleiche Anteile aufgespaltet. Ein Teil wird über eine Verzögerungsleitung und der andere Teil direkt einem Phasendiskriminator zugeführt. Der Phasendiskriminator vergleicht die Phasendifferenz der beiden Signale und ermittelt so die Frequenz des erfassten Signals.

Die erwähnte Amplitudenbegrenzung erlaubt aber keine Amplitudenmessung beim IFM-Empfänger. Um einen Phasenvergleich zu ermöglichen, müssen beide Signale die gleiche konstante Amplitude aufweisen. Da Phasendifferenzen von mehr als 2π zu Mehrdeutigkeiten in der Frequenzermittlung führen, beschränkt sich der IFM-Empfänger auf den Bereich einer Oktave, d.h. von 2-4 GHz oder 4-8 GHz oder von 8-16 GHz etc.

Die wesentlichen Komponenten des IFM-Empfängers sind neben dem Leistungsteiler die Mikrowellenverzögerungsleitungen und die Phasendiskriminatoren. Zur Erhöhung der Frequenz-Messgenauigkeit und der Auflösung konnten mehrere Verzögerungsleitungen unterschiedlicher Länge und damit unterschiedlicher Verzögerungsdauer eingesetzt werden.

Auch der IFM-Empfänger kann eines der wesentlichen Probleme des CVR nicht lösen, d.h. das Problem der Diskriminierung sich überlappender Impulse bei zunehmender Pulsdichte. Bei mehreren, sich zeitlich überlappenden Signalen am Empfängereingang, wird nur das stärkere Signal vermessen. Das schwächere Signal geht jedoch verloren. Liegen etwa gleichzeitig zwei fast gleich starke Signale vor, so wird der Mittelwert der beiden Radarfrequenzen dargestellt. Die Probleme bei CW-Signalen sind beim IFM-Empfänger ähnlich, wie beim CVR, er wird übersteuert. Zwei gleichzeitige CW-Signale können einen IFM-Empfänger beschädigen. Mit der zunehmenden Radardichte und der damit einhergehenden Erhöhung der Pulsdichte kam bald auch das Ende des IFM-Empfängers.

Überlagerungsempfänger

Der Überlagerungsempfänger oder *Superheterodyne-Receiver* begann den CVR abzulösen, da er viele der gravierenden Defizite ausgleichen konnte. Erste Superhet Empfänger wurden bereits 1938 in Bodenanlagen verwendet. Der *Superheterodyne-Receiver* (oder kurz *Superhet)* besteht aus den Baugruppen Mikrowellen-Bandpassfilter, Mischer, Lokaloszillator (LO), ZF-Verstärker, ZF-Filter, Detektor und Videoverstärker. Die Emitterfrequenz wird mit der Frequenz des LO überlagert. Aus dem dabei entstehenden Gemisch von unendlich vielen Zwischenfrequenzen wird durch Herabmischen die Differenz oder durch Heraufmischen die Summe der beiden Mikrowellenfrequenzen herausgefiltert und am ZF-Verstärker verstärkt. Für die Leistung eines Überlagerungsempfängers spielt die Wahl der ZF-Bandbreite eine wichtige Rolle, da sie die

- detektierbare Mindest-Pulsbreite
- Frequenzmessgenauigkeit bzw. die Frequenzauflösung
- Empfängerempfindlichkeit
- Erfassungsfähigkeit von frequenzagilen Radaren

beeinflusst. Problematisch war aber, dass anfänglich weder Transistorverstärker noch Oszillatoren für den Mikrowellenbereich kommerziell zur Verfügung standen. So mussten *Travelling Wave Tube* (TWT) Verstärker und andere Baugruppen mit großen Abmessungen eingesetzt werden, die Platz- und Gewichtsprobleme aufwarfen und den Einbau in kleineren Plattformen verbot.

Überlagerungsempfänger können breitbandig mit einer festen oder schmalbandig mit einer abstimmbaren LO-Frequenz betrieben werden. Für ELINT/ESM Anwendungen werden meist abstimmbare (scanning) Überlagerungsempfänger gewählt. Dabei wird der gesamte Empfangsfrequenzbereich nach einer vorprogrammierbaren Sequenz mit dem Frequenzfenster abgesucht. Da während dieses Vorgangs Signale in anderen Frequenzfenstern nicht gleichzeitig erfasst werden können, ist die Anwendung intelligenter Suchstrategien notwendig, um die Wahrscheinlichkeit einer Signalerfassung nicht erheblich zu verschlechtern. Der Betrieb dieses Empfängertyps setzt ein Vorwissen über die eingesetzten Radare in einem Operationsgebiet voraus.

Die Breguet Atlantic ATL 1 der Bundesmarine verfügte beispielsweise ab 1978 über ein ESM-System mit *Superheterodyne-Receiver* von Loral, USA.

Weitere Firmen, die zu dieser Zeit Superhet-Entwicklungen vorantrieben, waren RACAL in Großbritannien, Watkins-Johnson in den USA, Wandel & Goltermann, Rhode & Schwarz und AEG in Deutschland.

Mehrkanalempfänger

Wie die Entwicklungen im Zweiten Weltkrieg gezeigt haben, deckten die damals verwendeten Radare bereits den Frequenzbereich vom VHF- bis zum X-Band (z. B. die britischen ASV-Seeraumüberwachungsradare arbeiteten bereits im Bereich von ca. 250 MHz bis 9,7 GHz) ab. Die Entwicklung der Radarwarnempfänger in deutschen U-Booten konnte den Entwicklungssprüngen oft nicht mehr folgen. Aber die genannten Frequenzbereiche relevanter Emitter wurden zur Zeit des Kalten Krieges noch auf das Ku- und später sogar bis zum Ka-Band (d.h.12-18 GHz bzw. 27-40 GHz) ausgeweitet. Um mit einem ELINT-System den gesamten Bedrohungsbereich abzudecken, waren schon sehr früh der Einsatz von Mehrkanalempfänger oder *Channelized Receiver* notwendig geworden. Jeder der einzelnen Kanäle sollte einen anderen Frequenzbereich abdecken. Da diese Empfangskanäle alle gleichzeitig aktiv waren, entsprach die Summe der einzelnen Frequenzbereiche dem gesamten Überwachungsbereich. Erst die moderne Miniaturisierung von digitalen und HF Schaltkreisen hat die Realisierung von Mehrkanal-Empfängern in Flugzeugen überhaupt erst möglich gemacht.

Als Mehrkanal-Empfänger oder Channelized Receiver wurden sowohl CVR-, IFM- als auch Superheterodyne-Empfänger in der beschriebenen Art parallel betrieben. Bezüglich Suchgeschwindigkeit und Dynamikbereich waren diese Suchempfänger führend; dennoch machte der komplexe Aufbau diesen Empfängertyp in der Beschaffung sehr teuer.

Filterbankempfänger

Mit dem Einsatz von *Channelized Receivern* wurde das Problem der Abdeckung des gewünschten Frequenzbereichs gelöst. Damit war aber der Bedarf nach deutlich höherer Frequenzauflösung noch nicht ausreichend befriedigt und dies wurde durch die ständig zunehmende Vielfalt und Anzahl von Radaren, sowohl im zivilen als auch im militärischen Bereich, in den häufig genutzten Frequenzbändern notwendig.

Um eine Verbesserung in der Frequenzauflösung zu erreichen, führten die Entwickler zur Signaltrennung im Frequenzbereich eine Filterbank ein. Es wurden auch Filterbankempfänger zur genauen Frequenzermittlung bei Überlagerungsempfänger im ZF-Bereich verwendet. Hinter jedem Filter war z. B. ein Quarzdetektor installiert. Die Empfängereigenschaften werden dann im Wesentlichen durch die Filtereigenschaften (d.h. Filterbandbreite, Dämpfung etc.) bestimmt. Filterbankempfänger können zu Breitband-Empfänger ausgebaut werden. Ab Mitte der 70er Jahre stand die Technologie des *Channelized Superheterodyne*-Empfängers mit Filterbank zur Verfügung. Es ergaben sich nun aber Probleme bei hohen Pulsdichten, die die Zuordnung der einzelnen Pulszüge zu einem Radar erschwerten. Es gelang erst nach einer gewissen Zeit, dieses Problem der *Pulse Train Separation* durch SW Entwicklungen zu lösen. Dabei mussten alle empfangenen Pulse systematisch analysiert und zu Pulsdatensätzen (PDS) zusammengefasst werden.

Impuls-Kompressionsempfänger

Aus der Weiterentwicklung des *Superheterodyne-Empfänger* (Überlagerungsempfänger) entstand der Impuls-Kompressionsempfänger *(Compressive* oder *Microscan Receiver* (MSR)). Es war Ziel dieser Weiterentwicklung den interessierenden Frequenzbereich innerhalb von Mikrosekunden abtasten zu können. Dazu wird über eine Verzögerungsleitung

bzw. über ein Kompressionsfilter der abgetastete Frequenzbereich im Mikrosekundenbereich komprimiert.
Anders als beim *Superheterodyne-Receiver,* wo die Signaldetektion durch Herabmischung des Emittersignals in den ZF-Bereich erfolgt, wird die beim *Microscan Receiver* ausgeführte Mischung (Signalüberlagerung) mit einer gleichzeitigen Frequenzmodulation des ZF-Signals verbunden. Zur Frequenzmodulation werden VCOs *(Voltage Controlled Oscillators)* oder abstimmbare YIG *(Yttrium Iron Garnet)* Oszillatoren verwendet. Die Frequenzmodulation kann sowohl linear als auch sägezahnförmig erfolgen. Die rechnergesteuerte Abtastzeit wird hierbei durch die kürzeste Pulslänge der zu entdeckenden Signale festgelegt.
Die Frequenzmodulation findet also innerhalb dieser Pulslänge statt. In der Verzögerungsleitung wird das frequenzmodulierte Signal zu einem schmalen Puls komprimiert.

Oberflächenwellenempfänger
Mit dem Aufkommen der *Surface Acoustic Wave* (SAW) Technologie in den frühen 90er Jahren wurden viele bisher mit analogen Bauelementen durchgeführte Funktionen (z. B. Bandpassfilter, dispersive Filter, Verzögerungsleitungen, Richtkoppler, Oszillatoren, Resonatoren etc.) durch SAW-Elemente ersetzt. Bei diesen *akustischen Oberflächenwellen* (AOW), die sich auf der Oberfläche von polierten kristallinen Festkörpern mit piezoelektrischen Eigenschaften wie akustische Wellen ausbreiten können, d.h. mit vertikalen als auch horizontalen Auslenkungen zur Kristalloberfläche, handelt es sich um mechanische bzw. elastische, erzwungene Oszillationen von Teilchen im piezoelektrischen Festkörper (Substratmaterial). Die Anregung dieser Teilchenoszillation erfolgt elektromechanisch über elektroakustische Wandler, die durch ein einfallendes hochfrequentes elektromagnetisches Feld ausgelöst wird. Diese Technologie zeichnet sich durch kleinste Abmessungen der Bauteile, große Dynamikbereiche, linearen Phasenverlauf und hohe Zuverlässigkeit aus. So werden Bandpassfilter bei *Channelized Receiver* oder dispersive Verzögerungsleitungen bei *Mikroscan-Empfänger (Compressive-Receiver)* in SAW Technologie eingesetzt.

Akusto-optische Empfänger
Bereits in den 60er Jahren wurde der akustooptische Empfänger als die allumfassende Lösung aller Empfängerprobleme propagiert. Die Funktion des akustooptischen Empfängers oder *Bragg Cell Receiver* beruht auf der quantenmechanischen Wechselwirkung zwischen EM-Wellen und Schallwellen. Mithilfe der *Bragg Cell* können Amplitude und Phase einer EM-Welle mit Hilfe von Schallwellen moduliert werden. Der *Bragg Cell Receiver* besteht aus folgenden Bauteilen:
- Antennen Anordnung mit HF-Verstärkern
- Piezoelektrischer Wandler, der auf einem Substrat (häufig Lithium-Niobat) installiert ist (die *Bragg Cell)*
- Laserquelle zur Beleuchtung des Substrats mit dem installierten piezoelektrischen Wandler
- Linsensystem zur Fokussierung der abgelenkten Laserstrahlen auf eine Detektoranordnung
- Detektoranordnung zur Erfassung der Position der Laserstrahlen.

Die EM-Welle des Eingangssignals wird mittels Überlagerungsempfänger auf ca. 1 GHz herunter- oder heraufgemischt. Der piezoelektrische Wandler formt das EM-Eingangssignal in eine Ultraschallwelle um, die im anregbaren Substrat ein optisches Gitter erzeugt. Beleuchtet man dieses optisch transparente Gitter mit dem Laserstrahl, so wird dieser entsprechend der Frequenz der Ultraschallwelle, d.h. entsprechend des einfallenden Mikrowellensignals, proportional gebeugt. Der gebeugte Strahl wird über ein Linsensystem auf eine Detektoranordnung abgelenkt, die die Funktion eines Spektrumanalysators ausübt. Bei mehreren gleichzeitig ankommenden Signalen spaltet die *Bragg-Cell* den Laser-Strahl auf. Diese Strahlen werden von der Detektoranordnung erfasst und dem Prozessor zur Auswertung zugeführt. Der *Akusto-optische* Empfänger ermöglicht also die gleichzeitige Auswertung mehrerer Emitter; er hat eine kurze Reaktionszeit und verfügt theoretisch über eine 100% Signal-Erfassungswahrscheinlichkeit.
Ein gewichtiger Nachteil der *Bragg-Cell,* der limitierte Dynamikbereich, wurde erst im Laufe der Zeit offenkundig. SIGINT-Empfänger müssen schwache Signale auch bei Anwesenheit von starken Signalen im Band entdecken können. Daher ist ein Dynamikbereich von 60-120 dB typischerweise

notwendig. Der Dynamikbereich von realisierten *Bragg-Cell Receivern* liegt aber nur bei etwa 20 dB.

Digitaler Empfänger
Mit der Verfügbarkeit von schnellen *analog-digital Wandlern* (ADW) mit ausreichender Bit-Tiefe und sehr schnellen Signalprozessoren, war es ab Mitte der 90er Jahren möglich, mit Channelized Receivern den gesamten interessierenden Frequenzbereich mittels *Fast Fourier Transformationen* (FFT) zu analysieren[120]. Man erreichte eine nie zuvor gekannte Auflösung des zuvor heruntergemischten Zeitsignals in Frequenz und Amplitude und damit eine vereinfachte Trennung von Radarsignalen und Pulszügen auch bei extrem hohen Pulsdichten und überlappenden Pulsen. In seiner einfachsten Form verfügt der digitale Empfänger über ein analoges Frontend, eine Digitalisierungseinheit (ADW) und einen Prozessor.
Vergleicht man die geschilderten Such- und Empfangsprinzipien bezüglich Geschwindigkeit, Dynamikverhalten und Aufwand, so schneidet der digitale Empfänger sehr gut ab. Daher werden heute moderne ELINT- und COMINT-Systeme mit digitalen Empfängern ausgestattet.

Antennen für die Elektronische Aufklärung
Antennen für die elektronische Aufklärung zeichnen sich durch eine hohe Bandbreite aus, d.h. von 0,5 bis 18 GHz mit Erweiterung auf bis zu 40GHz. Für die Akquisition von Emittern werden oft omnidirektionale Antennen verwendet, denen drehbare richtungsfindende Antennen mit hohem Gewinn *(Direction Finding High Gain Spinning Antenna)* beigeordnet sind. Diese können mit variablen Umdrehungen bis über 200 UpM betrieben werden. Zur genauen Winkelmessung im Azimut wird häufig eine Interferometer-Anordnung verwendet, die mit dem Empfänger verbunden ist. Obwohl ein Antennenpaar genügt, wird in der Regel für einen bestimmten Frequenzbereich eine Gruppe von drei bis vier Antennen verwendet, die in einer Reihe angeordnet sind. Zur Bestimmung der Signalankunftsrichtung wird die Phasendifferenz der empfangenen elektromagnetischen Welle eines Emitters gemessen. Mit dem Interferometer kann ein Winkelbereich von etwa 120° erfasst werden. Zur Rundum-Abdeckung ist eine aus mindestens 3 Interferometern bestehende Anordnung notwendig. Die *Cavity Backed* planare Spiralantenne ist, wegen ihrer hohen Bandbreite (z. B. 2-40 GHz), die am häufigsten eingesetzte Antenne. Ihr Antennengewinn ist frequenzabhängig, aber wegen der geringen Abmessung nicht besonders hoch, daher wird zur Erfassung schwacher Signale häufig die oben genannte drehbare Rundsuch-Antenne, d.h. eine Parabolantenne oder eine logarithmisch periodische Antenne mit hohem Antennengewinn, eingesetzt.

Visualisierung, Aufzeichnung, Ausgabe
Neben den Empfangsgeräten erfordert die FmElo-Auswertung einige zusätzliche technische Ausrüstungssätze für die Signaldarstellung (Panoramazusätze, Oszilloskope, Monitore etc.), für die Signalaufzeichnung (Bandgeräte, digitale Speicher etc.), für die Signalanalyse und zur Ausgabe von Signalen (Kopfhörer, Drucker etc.).
In der traditionellen Nachrichtentechnik wurden *Spektrumsanalysatoren* (SA), neben Oszilloskopen (die Signale im Zeitbereich darstellen), ursprünglich dazu verwendet, die Frequenzanteile der amplituden- (AM) oder frequenzmodulierten (FM) Signale darzustellen. Insbesondere wurden Signalleistung und Signalfrequenz von spektralen Komponenten (Oberwellen, Intermodulation und Störsignale) gemessen. *Spektrumsanalysatoren* wurden bereits in den 40er Jahren entwickelt. Ursprünglich dienten sie zur Überwachung bzw. Vermessung der von gegnerischen Radaren erzeugten elektromagnetischen Strahlung, bevor diese auch für die Analyse der Sprech- und Datenfunksender in Labors eingesetzt wurden. Sie wurden zu zuverlässigen Universalmessgeräten mit vielfältigen Einsatzmöglichkeiten entwickelt. Spektrumsanalysatoren werden zur Signalklassifikation, zur Messung von Frequenzhüben, von Linien-, Rausch- und Impulsspektren im Zwischenfrequenz- und Niederfrequenzbereich verwendet. Moderne Spektrums-Analysatoren ermöglichen die Messung absoluter Frequenz- und Amplitudenwerte mit sehr hoher Genauigkeit.
Die Visualisierung von ELINT- und COMINT-Daten erfolgt auf Spezialmonitoren. Dargestellt werden neben den Signalparametern aus der spektralen Analyse und Messungen im Zeitbereich sowie auch Inhalte von Emitterbibliotheken zur Emitteridentifikation. Zur Positionsbestimmung von Emittern wurden moderne Trackalgorithmen entwickelt, die aus dem Fluggeschwindigkeitsvektor und der Änderung der

Peilrichtung zum Emitter, während des Flugs, kinematisch die Entfernung bestimmt. Aus Sichtlinie und Entfernung ergibt sich die wahrscheinliche Position des Emitters. Dieser Vorgang kann gleichzeitig gegen mehrere Emitter ausgeführt werden.
Die Auswertesoftware wurde ständig an neue Forderungen angepasst; sie ist ausschlaggebend für eine erfolgreiche Analyse.

COMINT Empfänger
Die Entwicklung der Empfänger für die Fernmeldeaufklärung kann natürlich auf eine viel längere Geschichte hinweisen, als die elektronische Aufklärung von Radaremittern. Auf die Entwicklung von funktechnischen Sendern und Empfänger seit etwa 1900 ist mehrfach hingewiesen worden. Fernmeldeaufklärung ist fast so alt wie die Funktechnik selbst und bezog sich seit Anfang an immer auf die Aufklärung feindlicher Funk- und Richtfunkstellen und der feindlichen Funk- und Richtfunkbeziehungen. Die Historie der Empfängertypen ist lang. Ähnliche Technologien sind später sowohl bei ELINT- als auch bei COMINT-Anwendungen genutzt worden. Bei modernen luftgestützten COMINT-Systemen erfolgt die Erfassung, Peilung, Ortung und Klassifikation von Funksignalen im Bereich von 15 MHz - 45 GHz. Realisierte militärische Fernmeldeaufklärungssysteme wiesen Ende des Kalten Krieges etwa die nachfolgend aufgeführten Leistungsmerkmale auf[80]:

- Messbereich in den Frequenzbändern von ELF bis UHF (1-500 MHz)
- Frequenzauflösung z. B. im HF-Bereich etwa 1 kHz und im VHF/UHF-Bereich 5-25 kHz
- Frequenzmessgenauigkeit im Bereich von 100 bis 500 Hz
- Empfängerdynamikbereich von 80 bis 100 dB
- Amplitudenmessgenauigkeit im Bereich 1 bis 2 dB
- Richtungsmessgenauigkeit ca. 1-2° rms[8].

Die lange technologische Entwicklungsgeschichte von Funkempfänger war u.a. geprägt von immer neuen militärischen Anforderungen. Zunächst standen Peilverfahren im Mittelpunkt des Interesses, die Überwindung von Stör- und Abhörsicherung folgte und am Ende stand die inhaltliche Auswertung. Immer neue Verfahren, wie die direkte Spreizung (PN PSK), Frequenzspringen, Chirp und Zeitsprung, wurden in der Funktechnik während des Kalten Krieges eingeführt, um sich einer Erfassung zu entziehen. Die Empfängertechnologie musste Methoden entwickeln, um diese Hindernisse zu kompensieren. Für luft- und raumgestützte Anwendungen mussten spezielle Lösungen gefunden werden, um die räumlichen Einschränkungen, denen diese unterworfen sind, zu überwinden.
Eine neue Entwicklung im *FmAufkl* Bereich ist die digitale Breitbandauswertung. Charakteristische Leistungparameter einer modernen Anlage sind z. B. eine Echtzeitbandbreite von 800 kHz, Suchgeschwindigkeit bis zu 50 MHz/s, Filterbank mit z. B. 6400 Kanälen à 125 Hz Bandbreite. Zur Lokalisierung von Emittern werden Watson-Watt-Peiler oder Interferometer mit Blattantennen eingesetzt, deren Genauigkeit in der Regel nicht zu einer direkten Bekämpfung ausreicht. Es werden Algorithmen zur Datenreduktion angewandt. Ein Klassifikationspool mit 6 MHz Breitbandempfangskopf und Schmalbandempfängern wurde bereits in den 80er Jahren von der Industrie zur Verfügung gestellt. Die Güte von Auswerteverfahren hängt auch hier von der verfügbaren Software ab, deren Wert höher als die verwendete Hardware einzuschätzen ist. Dies betrifft die Verkehrs-, Betriebs- und Peilauswertung. Darüber hinaus wird vor allem auf die Auswertung von Inhalten sowie die technische und taktische Auswertung Wert gelegt.
Für die COMINT-Aufklärung ist von Bedeutung, dass die Datenkommunikation und Datenverteilung bei luftgestützten Systemen häufig das L-Band sowie das Ku-Band benutzt. Daher kommt diesen Bändern besondere Aufmerksamkeit zu. Die Bereiche für die Sprachkommunikation sind eng belegt, und zwar vom HF-Führungsfunk (etwa 2-10 MHz), vom VHF-Truppenfunk (etwa 30-80 MHz), vom Flugfunk und der Flugsicherung (etwa 108-144 bzw. 225-400 MHz) und vom Satellitenfunk (UHF- und SHF/EHF Band, etwa 300 MHz-300 GHz). Das bedeutet für COMINT die Abdeckung eines riesigen Frequenzbereichs.
COMINT-Aufklärung über See erfolgt gegen Verbindungen wie z. B. von Schiffen zum Land mittels SHF SatCom und über HF (weltweite Flottenführung auf und über Wasser), die Verbindung Schiff zu Schiff über UHF, HF, INMARSAT und LINK 11,16 (22) und die Verbindung U-Boot zum Land über VLF (3-30 kHz). U-Boote brauchen dazu nicht mehr aufzutauchen.

Auch die raumgestützte ELINT/COMINT bedient sich der oben beschriebenen Empfängertechnologien und Ausrüstung, allerdings mit speziellen Härtungsmaßnahmen gegen die Raumstrahlung.
Mit dem Aufwuchs und der Verfügbarkeit der digitalen Informationsverarbeitung stieg im Verlauf des Kalten Krieges der Umfang der Auswerteunterstützung durch Datenverarbeitung gewaltig an, und zwar durch den Aufbau von Datenbeständen in Datenbanksystemen und deren Verwaltung. Leistungsfähige Zentralrechner wurden als Steuerrechner für die Peripherie eingeführt. Workstations und PCs wurden über Gateways und LANs mit diesen vernetzt. Neue Netzwerkarchitekturen entstanden und Abläufe wurden zeitkomprimiert. Aber mit dem Aufwuchs der digitalen Informationsverarbeitung ging auch ein immer größerer Aufwand für die Datensicherheit einher, der immer noch ständig zunimmt.

Abbildende raumgestützte Aufklärung der USA

Am 22. Januar 1958 gab der nationale Sicherheitsrat der USA ein Action Memorandum 1846 heraus, welches der Entwicklung eines operationellen Aufklärungssatelliten für das technische Nachrichtenwesen höchste Priorität einräumte. Wie zuvor erwähnt, genehmigt Präsident Eisenhower der CIA am 7. Februar 1958 die Entwicklung eines eigenen Aufklärungssatelliten, den DISCOVERER[130], der von der CIA mit dem Decknamen CORONA[151] versehen wurde und von der USAF betrieben werden sollte. Die Kontrolle oblag aber der CIA. Aufgabe der USAF war es dabei, die Satelliten mit ihren Boostern für den Betrieb in einer Umlaufbahn bereitzustellen, evtl. Manöver auszuführen, die Kamera und andere Systeme in enger Zusammenarbeit mit Mitarbeitern aus der Industrie zu betreiben und die am Fallschirm hängende Filmkassette zu bergen. Die Auswertung und die Analyse der Bildinformation waren der CIA vorbehalten.
In einem veröffentlichten Dokument NSC 5841/1 *Preliminary U.S. Policy in Outer Space* der US Regierung vom Sommer 1958, das sowohl die Ziele des zivilen Raumfahrtprogramms als auch des militärischen Teils beschreibt, wurden im Detail die SAMOS-, MIDAS- und CORONA-Programme erwähnt. Ungeklärt blieb dabei die Rechtssituation. Es waren Einsprüche der Sowjetunion zu erwarten. Wem gehört der Raum? Kann ein Land seine Souveränität bis ins Unendliche des Raums über seinen Landesgrenzen beanspruchen? Diese Fragen sollten noch rechtsverbindlich gelöst werden, bevor der erste US Aufklärungssatellit gestartet werden konnte. Gegen den zivilen Überflug von Erdbeobachtungssatelliten gab es keine Einwände. Was wäre aber, wenn ein ziviler NASA-Satellit, der der zivilen Rechtsprechung oblag und der nicht für nachrichtendienstliche Zwecke eingesetzt wird, eine Aufnahme des Raketentestgeländes von Tjuratam macht? Auch russische Satelliten hatten bereits Überflüge gemacht. Wie hätte Luna 2 die Rückseite des Mondes fotografieren können, wenn sie nicht mit einer Kamera ausgerüstet worden wäre, die auch auf die Erde gerichtet werden könnte? Um die Sowjetunion nicht zu provozieren, wurde das WS-117L/Pied Piper-Programm der USAF offiziell als beendigt erklärt. Natürlich besagte dies nicht, dass die Programme SAMOS (früher SENTRY) und MIDAS vollständig aufgegeben werden würden.
Das DISCOVERER Programm, wie CORONA öffentlich genannt wurde, sollte weißgewaschen und zukünftig, nur für die biomedizinische Forschung eingesetzt werden. Entsprechend wurde in den Medien beichtet. So kam es, dass die neu gegründete *Advanced Research Projects Agency* (ARPA) zunächst für die DISCOVERER Satellitenserie verantwortlich zeichnete. Der ARPA folgte die *Air Force Space Systems Division,* die dann ebenfalls für die Verbreitung in den Medien, die Aufgaben der DISCOVERER Satelliten als ein längerfristiges Forschungsprojekt ausgaben. Es sollte nochmals daran erinnert werden, dass die US-Informationspolitik bei der raumgestützten Aufklärung keineswegs offen war. Es bestehen seit den Anfängen der RGA bis heute immer noch erhebliche Abweichungen zwischen den Aussagen unterschiedlicher Quellen. Unter diesem Vorbehalt sind die nachfolgend beschriebenen Programme einzuordnen.
Der Start des ersten DISCOVERER/CORONA Satelliten sollte am 21. Januar 1959 erfolgen. Aber es kam zunächst zu einem Startabbruch. Der tatsächliche Start fand dann am 28. Februar 1959 statt, der aber nicht von Erfolg gekrönt war, da wegen Ausfall des Stabilisierungssystems der Satellit zu taumeln begann. DISCOVERER 2 gelangte dann in eine Umlaufbahn. Es wurde aber versehentlich ein vorzeitiges

Ausstoßsignal gesendet und damit die Filmkapsel zu früh ausgelöst. Sie ging irgendwo an der Nordspitze von Norwegen nieder und wurde nie gefunden. Am 3. und am 25. Juni 1959 wurden DISCOVERER 3 und 4 gestartet; sie kamen erst gar nicht auf eine Umlaufbahn. Bei DISCOVERER 5, der am 13. August gestartet wurde, wurde es besonders ärgerlich für die Beteiligten bei der CIA, der USAF und den Auftragnehmern. Es funktionierte alles einwandfrei, die Umlaufbahnen stimmten, die Filme mit den Fotoaufnahmen in der Kapsel eingeschlossen und die Trennbolzen der Kapsel zur rechten Zeit gezündet. Dann setzte die Retrorakete ein, die die Kapsel vor dem Wiedereintritt abbremsen sollte. Diese gab der Kapsel aber einen Impuls in die falsche Richtung, sodass sie auf eine noch höhere Umlaufbahn gelangte und nie geborgen werden konnte. Nummer 6 kam zwar in eine Umlaufbahn wie der Vorläufer und löste die Kapsel rechtzeitig aus. Leider funktionierte das Bakensignal nicht, sodass das Bergungsflugzeug, eine C-119, die zur Bergung der Kapsel aufgestiegen war, sie beim Abstieg nicht mehr fand. Nummer 7 hatte ein Stabilisierungsproblem wie Nummer 1. Nummer 8 wurde am 20. November 1959 gestartet und gelangte auf eine höhere Umlaufbahn als erwartet. Daher kam die Kapsel weit vom vorausgeplanten Zielgebiet ab und konnte nie gefunden werden. Bei Nummer 9 wurde eine Thor-Boosterstufe gewählt, die einen viel früheren Brennschluss einleitete, als es vorgesehen war. Der Satellit gelangte nicht auf eine Umlaufbahn. Er erreichte aber wenigstens eine größere Höhe als Nummer 10, der etwa in 7 km Höhe vom Kurs abkam und gesprengt werden musste. Nummer 11 wurde am 15. April 1960 gestartet und gelangte in eine perfekte Umlaufbahn. Die Kapsel wurde zwar erfolgreich getrennt, aber sie verschwand. Nummer 12 kam am 29. Juni 1960 fast in eine Umlaufbahn, als eine Fehlfunktion in der elektrischen Energieversorgung das Lageregelungssystem der Agena außer Funktion setzte. Trotz allen Rückschlägen ging es beharrlich weiter.

Die DISCOVERER- oder CORONA-Satelliten waren sehr komplexe Systeme und bei jedem Fehlstart war man zur Ursachenfindung auf die Interpretation der Telemetriedaten angewiesen. Nach dem Abschuss

Präsentation der Re-entry Filmkapsel von DISCOVERER/CORONA vor Präsident Eisenhower. (Dwight D. Eisenhower Library)

konnte keine Hardware des Satelliten mehr geborgen werden. Erst der 13. Start, der am 10. August 1960 erfolgte, war wirklich erfolgreich. DISCOVERER stieg auf eine elliptische Umlaufbahn und die Filmkapsel ging nach der Trennung etwa 530 km nordwestlich von Honolulu auf der Insel Oahu, Hawaii, herunter. Obwohl die C-119 die am Fallschirm schwebende Nutzlast verfehlte, konnten Froschmänner der US-Navy, die mit Helikopter zum Landeort auf See gebracht worden waren, die Nutzlast bergen. Endlich, acht Tage später konnte die Kapsel von DISCOVERER 14 von der Schleppeinrichtung erfolgreich in der Luft erfasst und geborgen werden. DISCOVERER 15 und 16 wurden als Ausfälle bezeichnet. Aber DISCOVERER 17 am 12. November und DISCOVERER 18 am 7. Dezember 1960 brachten schon ganz brauchbares Bildmaterial zurück. Danach wurden, von wenigen Ausnahmen abgesehen, die Ergebnisse immer besser.

Die Nutzlast der ersten DISCOVERER bestand aus einer vertikal blickenden Panorama-Kamera von Itek, die einen Winkel von 70° senkrecht zur Flugbahn abtasten konnte. Die Bildauflösung lag in den ersten Jahren bei 35-40 ft (10,5 m-12 m). Eastman Kodak entwickelte für die raumgestützte Aufklärung einen speziellen hochauflösenden Film. Als die Agena-A-Stufe durch die Version B ersetzt wurde, die etwa 1,80 m länger war und eine deutlich schwerere Nutzlast aufnehmen konnte, gelang die Installation einer verbesserten Kamera und die deutliche Erhöhung der fotografischen Qualität der Bilder. Etwa 1972 standen der CIA Abbildungen mit einer Auflösung im Bereich von 6 ft - 10 ft (1,8 m – 3 m) zur Verfügung.

Bis zum letzten *Launch* am 27. Februar 1962 sind etwa 38 DISCOVERER-Satelliten gestartet worden, wobei, nach den vielen Ausfällen bis dahin, nur 26 Starts erfolgreich waren. Als mittlere Inklination der Flugbahn waren anfangs bei diesem Satellitentyp 82.3° gewählt worden, die später erhöht wurde. Die Lebensdauer eines Satelliten lag im Mittel bei ca. 108 Tagen. Bei der elliptischen Umlaufbahn erreichten die Satelliten ein mittleres Perigäum von 220 km und ein Apogäum von etwa 704 km.

Nachdem die CIA erst Ende der 50er Jahre Interesse an der raumgestützten Aufklärung zeigte und sich um das von der USAF als viel zu kompliziert eingestufte System bemühte, wurde dieser Teil des WS-117L/ Pied Piper von der USAF an die CIA abgegeben. Die CIA hat dann, wie erwähnt, DISCOVERER in CORONA (bzw. später in Keyhole KH 1-4) umbenannt. Der CIA kam es bei der Rückführung des belichteten Films weniger auf Echtzeit als in erster Linie auf eine gute Bildqualität mit hoher Auflösung an. Der Re-entry Vorgang war für die Filmkapseln, wegen der thermischen Aufheizung, nicht ungefährlich, da immer die Gefahr bestand, dass die Kapsel beim Wiedereintritt verglüht. Man hatte aber im Laufe der Zeit bei der Erprobung des Re-entry Vorganges von Gefechtsköpfen so viel Erfahrung mit Bahnsteuerung und ablativer Kühlung gewonnen, dass der Vorgang sicher beherrscht werden konnte. Bereits am 30. August 1961 gelang es der CIA mit DISCOVERER 29 bei Plesetsk die ersten sowjetischen ICBM-Stellungen zu entdecken. Einige der früher vermuteten Raketenstartplätze konnten ausgeschlossen werden und die Zahl der tatsächlich verfügbaren SS-6 (R-7) konnte, entgegen den früheren Prognosen, auf zwischen 10 und 14 reduziert werden. Die USAF betrieb parallel hierzu ihr eigenes System SAMOS weiter, das aus SENTRY (WS-117L/Pied Piper) hervorging.

Das zuvor genannte Satellitensystem SENTRY wurde aus unbekannten Gründen von der USAF in *Satellite and Missiles Observation System* (SAMOS) umbenannt. SAMOS 1 wurde am 11. Okt. 1960 beim Start zerstört. SAMOS 2 konnte am 31. Jan. 1961 erfolgreich mit einer Atlas-Agena A gestartet werden und war der erste operationelle USAF-Aufklärungssatellit. Die nachfolgenden zwei Starts waren erfolglos. Mit dem Start der zweiten Generation SAMOS-Satelliten begann die Zeit der streng geheimen Programme *(Black Programs).* Bis zum 5. August 1962 hat die USAF 10 SAMOS-Satelliten gestartet. Als Träger dienten bei diesen Starts als erste Stufe die ATLAS LV-3A, mit der Agena-B von Convair als Zweitstufe (wie bei den ICBMs). Insgesamt erfolgten bis zum 27. Nov. 1963 ca. 30 Starts von Vandenberg, Kalifornien, aus.

Die SAMOS-Satelliten arbeiteten insgesamt nicht sehr zuverlässig. Am Ende wurde als Ergebnis festgestellt, dass die Auflösung nie befriedigende Ergebnisse lieferte und mit SAMOS 30 wurde die Einstellung des SAMOS-Programms von der USAF beschlossen. Wie viel Satelliten tatsächlich gestartet wurden, wurde nie öffentlich bekannt gegeben. Es werden ca. 25 erfolgreiche Starts vermutet. Die

SAMOS-Satelliten wiesen eine mittlere Inklination von 76°, eine Lebensdauer von 35 Tagen und ein Perigäum zu Apogäum Verhältnis von beispielsweise 216 zu 419 km auf.
Jeder SAMOS-Satellit war mit einer der nachfolgenden Nutzlasten ausgerüstet[132]:

- E-1 Kamera mit elektronischer Einzelbild-Abtastung, 183 mm Brennweite, 30 m Auflösung und 161 km x 161 km Bodenabdeckung pro Bild
- E-2 Kamera mit elektronischer Einzelbild-Abtastung, 910 mm Brennweite, 6 m Auflösung und 27 km x 27 km Bodenabdeckung pro Bild
- E-5 Panorama Film-Kamera mit 1670 mm Brennweite, 1,5 m Auflösung und 98 km Streifenbreite
- E-6 Panorama Film-Kamera mit 900 mm Brennweite, 2,4 m Auflösung und 370 km Streifenbreite.

Mit der elektronischen Zeilenabtastung des Films bei den Einzelbildkameras E-1 und E-2 wurden nur wenige Satelliten ausgerüstet. Die Auflösung war nicht befriedigend. Nach dem 5. Start kamen die Filmkameras E-5 und E-6 zum Einsatz, deren Filmkapseln wie bei DISCOVERER ausgestoßen und mit Flugzeugen geborgen werden mussten.
Ob die genannten Nominalwerte der Auflösung je erreicht wurden, muss bezweifelt werden. So werden bei unterschiedlichen Autoren die Brennweiten der E-1 bis E-4 Kameras mit unterschiedlichen Längen angegeben.

Aufgabe des SAMOS-Programms war es, Weitwinkelaufnahmen für die Kartierung zu erhalten und potenzielle Ziele für die USAF SAC im Falle eines Gegenschlags zu orten. Durch SAMOS konnte z. B. die Härtung der sowjetischen ICBM-Stellungen, die ABM Stellungen um Leningrad sowie der Bau einer Anreicherungsanlage für spaltbares Material in China entdeckt werden[58].
Die DISCOVERER/CORONA-Satelliten wurden im Zeitraum zwischen 1959 und 1964 unter der neuen Bezeichnung KH1-4, zwischen 1963 und 1969 als KH-4A und zwischen 1967 und 1972 als KH-4B betrieben. Die ansteigende Zahl kennzeichnet die Änderung in der DISCOVERER-Ausrüstung, wie z. B. der Wechsel von der einzelnen auf zwei Panorama-Kameras. Von Mai 1966 bis Februar 1972 sind etwa 32 Serienstarts erfolgt. Wobei der letzte Start am 25. Mai 1972 stattfand und die letzte Kapsel am 31. Mai 1972 erfolgreich geborgen werden konnte. Die Satelliten wurden im Laufe der Zeit auf quasi polare Orbits gebracht. Ihre Lebensdauer war infolge der geringen Bahnhöhe nur kurz. Das Verhältnis Perigäum zu Apogäum lag, ähnlich wie bei SAMOS der USAF, bei ca. 210 zu 340 km.
Insgesamt haben die USA mit etwa 120 Foto-Aufklärungssatelliten eine Fläche von 1932 Mio. km^2 der UdSSR und von China abgebildet. Von den ersten DISCOVERER bis KH-4B wurden die fotografischen Kameras ständig verbessert. Dabei erhöhte sich die Bildauflösung von etwa 12 m bei KH-1 auf 7,5 m bei KH-2, auf 3,6-7,5 m bei KH-3, auf 3-7,5 m bei KH-4, auf 2,7 -7,5 m bei KH-4A und auf etwa 1,5-1,8 m bei KH-4B. Mit diesen Einsätzen erhielt die CIA eine bessere Übersicht über die UdSSR als mit allen vorausgegangenen U-2-Flügen zusammen.
Innerhalb einer Woche nach dem Start von DISCOVERER 17, am 12. November 1960, wurden im sowjetischen International Affairs Journal wieder Warnungen ausgesprochen, dass die Überflüge ihres Territoriums, in welcher Höhe sie mit

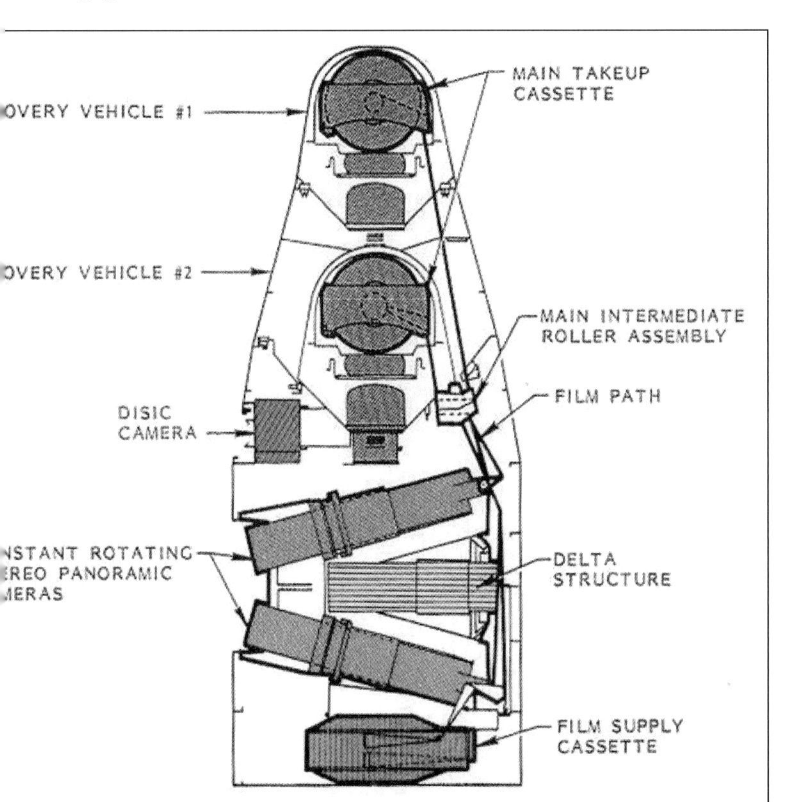

CORONA Spysat camera system (KH-4B). (Wikipedia)

KH-4 Aufnahme des russischen Flugplatzes Mineral'nye Vody. (NARA/CIA)

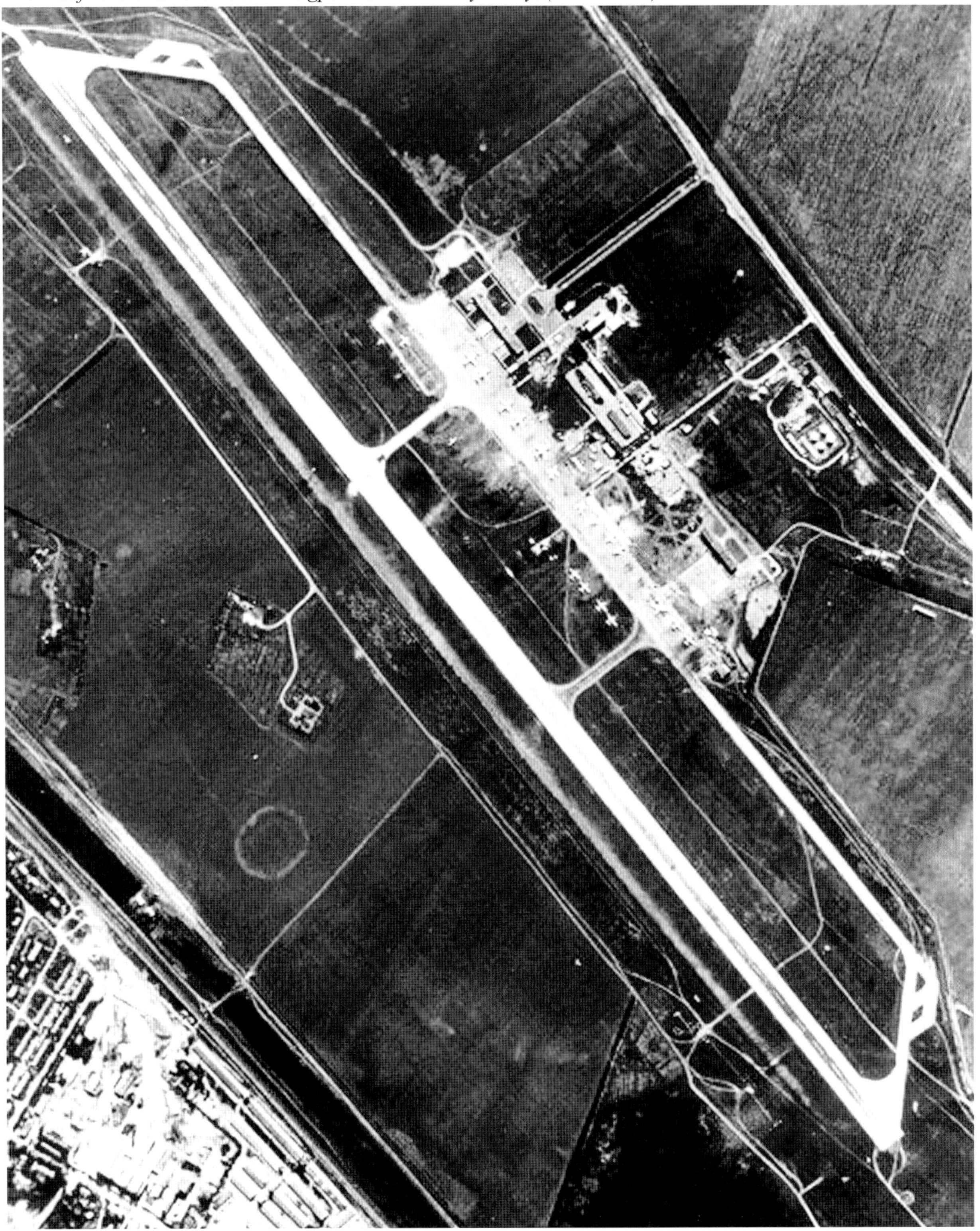

DISCOVERER, SAMOS und MIDAS auch immer stattfinden, von der UdSSR nicht hingenommen werden und man die Eindringlinge ebenso herunterholen würde wie Gary Powers vor sieben Monaten.
Mit diesem Artikel wurde von der Sowjetunion die erste Runde einer hasserfüllten Kampagne eröffnet, mit dem Versuch, die US *Raumgestützte Aufklärung* (RGA) als ungesetzlich hinzustellen. Dies geschah so lange, bis man die eigene Technologie bei COSMOS bezüglich Kameras, Filmqualität, Stabilisierung etc. ebenfalls ausreichend beherrschte und auf eine Stufe gebracht hatte, die dieselben Aufklärungsaufgaben, wie die amerikanischen Satelliten, durchzuführen erlaubte.
Mit KH-5 und KH-6 begann die zweite Generation der Keyhole-Satelliten, wobei KH-5, eine Art Super-SAMOS, zur Flächenaufklärung und KH-6 zur Nahaufklärung verwendet werden sollten. Von 12 zwischen dem 17. Februar 1961 und 21. August 1964 gestarteten 1150 bis 1500 kg schweren KH-5 ARGON konnten nur 5 erfolgreich ihre Mission erfüllen[132].
Ein Autor behauptet, dass zwischen Februar 1963 bis März 1967 etwa 46 KH-5 gestartet wurden[5]. Nachdem das Programm sich stabilisiert hätte, sei etwa jeden Monat ein Start erfolgt. KH-5 war ein Satellitenprogramm der USAF mit dem demonstriert wurde, dass die USAF nicht zum *Droschkenkutscher* der von der CIA in Entwicklung gegebenen Satelliten degradiert werden möchte. Bezüglich der Bildübertragung gibt es ebenfalls unterschiedliche Aussagen verschiedener Autoren, die von der Filmabtastung an Bord und Funkübertragung der Bildpunkte zum Boden bis zur ausgestoßenen Filmkapsel und Bergung der Kapsel nach Wiedereintritt durch Flugzeug bei den KH-Satelliten variieren.
Die erste Stufe beim Start eines KH-5 bestand aus einem Thor-Booster mit drei angeschnallten Feststoffboostern. Zunächst wurde die Agena-B Zweitstufe verwendet, der die neue Agena-D Zweitstufe folgte. Sie verfügte über mehr Schub als die Vorgängerin, eine längere Brenndauer und ihr Antrieb konnte mehrmals aus- und wieder eingeschaltet werden.
Die letztere Fähigkeit erlaubte die Lebensdauer des Satelliten zu erhöhen und ihn wieder auf eine höhere Umlaufbahn zu bringen, wenn er zuvor infolge der Reibung zu sehr abgebremst wurde und an Bahnhöhe verloren hatte.
KH-5 war nicht nur der erste manövrierfähige Satellit sondern auch der Erste für die Aufgabe *Area Surveillance.* Dies bedeutete, dass er große Flächen abzudecken vermochte. Die verwendete Weitwinkelkamera mit einer Brennweite von 76 mm und die nachfolgende Bergung der Filmkassette, wie bei den DISCOVERER-Typen, erlaubte die Abbildung eines breiten Panoramas unter dem Satelliten. Die Auflösung soll im Bereich von 138 m gelegen haben. Es entstanden im Rahmen von KH-5 etwa 38 600 Aufnahmen und damit riesige Datenbanken vom abgebildeten Gebiet in der Sowjetunion, China und anderen Ländern. Der Bildvergleich mit der Abbildung nachfolgender Umläufe erlaubte die systematische Anwendung von *Change Detection* Methoden. Haben an einer interessanten Stelle Änderungen stattgefunden, so konnte man einen *Close Look* Satelliten (einen KH-6 oder einen der älteren aus der KH-1 bis KH-4A Serie) ansetzen, um Details zu erkunden.
Die systematische Kartierung der UdSSR wurde zwischen 1962-1964 unter anderem mit dem KH-5-ARGON von der *National Imagery and Mapping Agency* (NIMA) fortgesetzt. Jeder Satellit hatte eine durchschnittliche Lebensdauer von 23 Tagen. Die mittlere Inklination dieser Satelliten lag bei 78,7°, mit einem Verhältnis des mittleren Apogäums zum Perigäum von 391 zu 183 km. Der Start dieser Satelliten erfolgte von Vandenberg und Sunnyvale, Kalifornien, aus.
Es war vom CIA[5] beabsichtigt, den KH-6 LANYARD als leistungsstärkeren Nachfolger der CORONA-Satelliten aus dem ursprünglichen DISCOVERER Programm zu beschaffen. Als erste Antriebsstufe genügte eine Thor SLV-2A ohne Boosthilfe, da der Satellit als *Close Look* Satellit nicht die höhere Erdumlaufbahn des *Area Surveillance* Satelliten einnehmen musste. Als Zweitstufe wurde ebenfalls eine Agena-D verwendet, wie zuletzt bei KH-5. Die primäre Aufgabe von KH-6 war es, sowjetische Raketenbasen und andere strategische Ziele in Estland zu orten. Im Mittel wies KH-6 ein Perigäum von etwa 150 km und ein Apogäum von etwa 310 km auf. Die Kamera des KH-6 war mit einer langbrennweitigen Optik (von ca. 167 cm) ausgestattet. Sie bildete eine Fläche von 8,2 x 65 km am Boden ab. Bei einer Bahnhöhe von etwa 160 km lieferte der 125-mm-Film mit hoher Auflösung (160 Linien/mm) theoretisch eine Auflösung von 60-70 cm am Boden, die bei stereosko-

Bergung einer Keyhole Kapsel mit C-119. (USAF)

pischen Abbildungen angeblich die Erkennung eines Gewehrs zuließen. Andere Autoren berichteten jedoch, dass tatsächlich nur eine Auflösung von 1,80 m[132] erreicht wurde; diese lag aber auch bereits schon bei KH-4B vor. Die Bildqualität dieser KH-6 Panoramakamera wurde trotzdem gelobt. Dies wurde 1963 speziell bei der Beobachtung eines ICBM Silos bei Tallinn (früher Reval, Estland) bemerkbar. KH-6 war aber mit so vielen Problemen behaftet, dass nach drei Starts zwischen 18. März 1963 und 31. Juli 1963 das Programm, nach nur einer erfolgreichen Mission, beendet wurde.

Diese 2. Generation von abbildenden Satelliten, der KH-5 der USAF und der KH-6 der CIA waren als Kombination geplant, da sie Flächenaufklärung *(Area Surveillance)* in Verbindung mit Detailaufklärung *(Close Look)* ermöglichen sollten. Die KH-5-Bilder mit niedriger Auflösung (von ca. 138 m) reichten für die Kartierung von möglichen Zielanflügen für die Bomber des SAC, aber auch für die Herausarbeitung von Zielen und zur Abzählung von Schiffen und anderen größeren militärischen Objekten aus. Diese Informationen gingen in die Aufbereitung der Lageeinschätzung des US Intelligence Boards ein. Falls ein Zielgebiet besonders interessant erschien, sollte kurzfristig ein KH-6 oder einer der älteren KH-4A/B in eine Umlaufbahn gebracht werden, der dann die gewünschten hoch aufgelösten Bilder des Zielobjekts liefern sollte.

Der Tradition der CORONA-Satelliten folgend, wurde auch bei KH-6 die belichtete Filmkapsel ausgestoßen, sodass sie nach dem Re-entry, am Fallschirm hängend, bei Hawaii von Transportern vom Typ C-119 oder JC-130Bs mit ihrem Schleppgeschirr aufgefangen werden konnte. Die Filmkapsel wurde zunächst wieder nach Honolulu, Hawaii, gebracht, von wo sie den Weg zum *National Photographic Interpretation Center* (NPIC) in Washington, d.h. zur Filmentwicklung, Auswertung und Verteilung nahm.

NPIC ist bereits 1961 als zentrale Auswertestelle eingerichtet worden, weil im Laufe des *Aufklärungskriegs* zwischen CIA und USAF offenkundig wurde, dass sich die individuelle Auswertung der gesammelten Bildinformation parallel als eine Vergeudung von Mitteln und eine Quelle für ständige Verwirrung darstellte. Es bestand durchaus die Gefahr der Fehlinformation, sowohl für die Nachrichtenseite als auch für die Militärs, da die Bewertung einer Information aus nachrichtendienstlicher Sicht vollkommen von der militärischen abweichen kann. Die US Regierung, das National Security Council, Außen- und Verteidigungsministerium sowie das Bureau of Budget hatte bereits aus früheren Erfahrungen gelernt. Vor der Einrichtung von NPIC hatten CIA und USAF vollkommen getrennt voneinander die Auswertung ihrer gesammelten Information betrieben. Nun führte das NPIC die Bildanalyse durch, erstellte die zugehörigen Reports, lagerte den Originalfilm und gab Duplikate des Films oder später auch digitalisierte Bilder zusammen mit den Reports an die zweite Ebene, d.h. an die obersten USAF-Nachrichteneinheiten, wie z. B. an das 544th Strategic Intelligence Wing des SAC in Offutt AFB oder an die CIA bzw. DIA weiter. Von dort aus folgte die Verteilung an die dritte Ebene, z. B. an die Luftwaffenaufklärungsgeschwader, Nachrichtenzentren der Navy und Hauptquartiere höherer Kommandostellen der US-Army.

NPIC verwaltete eine gewaltige Datenbank, die ständig mit der eingehenden Informationsflut wuchs. Neue Bilder mussten archiviert und mit alten verglichen werden, um Änderungen festzustellen. Mit dem Eintreffen digitaler Bilder von KH-11-Satelliten, ab Januar 1977, stieg der Informationsschwall erneut weiter so an, dass er nur durch den Zugriff auf Supercomputer mit ihren riesigen Datenbanksystemen bewältigt werden konnte.

Bereits in den 70er Jahren begann, mithilfe zunehmender Rechnerunterstützung und der Einführung von Bildverarbeitungsverfahren, eine Umwälzung bei der Bildauswertung gegenüber den Abläufen, wie sie seit dem Zweiten Weltkrieg bekannt waren. Filme wurden digitalisiert und die Fotointerpreten wurden nach und nach mit neuer Software, die Kontrastanhebung, Konturverstärkung, Zielvermessung, automatischer Zielerkennung, Verbesserung von Bildstörungen, Aufbau von Zieldatenbanken etc. zuließ, unterstützt. Es erschienen die ersten *Falschfarben-Bilder,* in denen entweder die spektralen Eigenschaften oder Oberflächenstrukturen bestimmter Bildmerkmale hervorgehoben werden konnten. Durch die Verwendung von Radar- oder IR-Bildern konnten später die fotografischen Bilder im sichtbaren Bereich ergänzt werden, wenn diese durch Wolken oder zu geringer Helligkeit gestört waren. Die Bildüberlagerung, Bilddrehung und Bildvergrößerung mit Rechnerunterstützung machte dies möglich. Auch *Change Detection* konnte weitgehend automatisiert werden, sodass damit eine große Entlastung für den Auswerter einherging und er nur auf das aufmerksam gemacht wurde, was sich wirklich in zeitlich aufeinanderfolgenden Bildern verändert hatte. Die Bildinterpretation wurde dadurch erheblich beschleunigt und die Veraltungszeit einer Information erheblich verkürzt, bevor sie einen Nutzer erreichte. Der nächste Schritt war, dass man mithilfe der automatischen Mustererkennung ein gesuchtes Ziel wie z. B. Raketensilos, Brücken, Eisenbahnschienen, Überlandleitungen der Stromversorgung etc. viel schneller fand, als dies mit dem konventionellen visuellen Absuchen möglich gewesen wäre. Nachdem die Standorte der Fabriken bekannt wurden, konnte man die Anzahl der gebauten ICBMs und der SLBMs mit Rechnerunterstützung besser abschätzen. Mittels automatischer *Change Detection* und Mustererkennung erfolgte ein Alarm und die Bildauswerter, die oft sehr spezialisierte Ingenieure waren, konnte die Erhöhung des Bestandes bestätigen. Genauso konnte die Installation der Raketen in Silos oder in U-Booten beobachtet werden. Die Auswerteverfahren wurden im Laufe der Zeit immer weiter verfeinert und die Unterstützungssoftware immer raffinierter. So kam es, dass die Analysten der unterschiedlichen nachrichtendienstlichen und militärischen Einrichtungen ihre eigenen Methoden und Verfahren der Bildinterpretation entwickelten und sie gegenüber anderen geschützt hielten, und zwar ganz unabhängig von der neutralen Rolle des NPIC. NPIC blieb die Bilddatenbank für den gesamten Nutzerkreis.

Als erfolgreiche Weiterentwicklungen von CORONA können die GAMBIT-Satelliten KH-7 und KH-8 eingestuft werden. Beide als *Close Look* Satelliten der 3. Generation entwickelt, verfügten sie über eine höhere fotografische Auflösung als ihre Vorgänger. Allerdings gibt es ab KH-7 praktisch keine von der US Regierung offiziell freigegebenen Bilder und Details mehr. Insgesamt sollen im Zeitraum vom 12. Juli 1963 bis 4. Juni 1967 38 KH-7 in rascher Folge gestartet worden sein; davon waren 34 Starts erfolgreich, aber nur 30 Missionen lieferten einen brauchbaren Film, woraus etwa 19 000 Bilder archiviert wurden.

Zu Beginn der KH-7 Missionen soll die Auflösung bei etwa 1,20 m gelegen haben, die dann ständig bis 1966 auf 60 cm verbessert wurde. Es existieren aber in der Literatur auch Hinweise auf eine noch höhere Qualität zwischen 30 und 60 cm. Die Kamera, eine Kodak *Advanced Lens Drive Scanning Optical Bar Camera* mit gefalteter Optik, bestand aus einer zylindrischen Außenhülle von 111 cm Durchmesser, die längs zur Flugrichtung des Satelliten eingebaut war. Als Brennweite werden 180 cm genannt. Die Kamera verfügte weiter über einen unter 45° zur Längsachse eingebauten Primärspiegel, der eine Umlenkung des optischen Strahlenganges von 90° bewirkte und so erst eine Abbildung von Bodenzielen ermöglichte. Dieser erlaubte weiter eine Schwenkung des Strahlengangs um 15°, sowohl rückwärts als auch vorwärts, für Stereoaufnahmen. Weiter war die Spiegelachse so seitlich schwenkbar, dass das augenblickliche Gesichtsfeld der Kamera einen Bereich von etwa 120° senkrecht zur Bewegungsrichtung des Satelliten abdecken konnte. Mit dieser gefalteten Optik wurde dann der standardisierte 9 in x 9 in (22,8 cm x 22,8 cm) Bildausschnitt des Films belichtet.

Die KH-7 wurden auf elliptischen Orbits mit einem Perigäum von durchschnittlich etwa 140 km und einem Apogäum von etwa 300 km, bei einer mittleren Inklination von etwa 98°, betrieben. In einem Ausnahmefall, beim Start am 6. Juli 1964 soll die Orbithöhe auf 122 und am 12 März 1965 gar auf 93 km heruntergegangen sein. Infolge der starken Abbremsung in dieser niedrigen Flughöhe, durch die zunehmende Dichte von Sauerstoff- und Stickstoff-Molekülen und die daraus folgende Aufheizung war die Lebensdauer dieses Satelliten sehr kurz; nur etwa 5 Tage, bei einem Durchschnitt von 7 Tagen bei den übrigen KH-7 Satelliten. Diese niedere Bahnhöhe im Perigäum wurde dann gewählt, wenn von einem besonders wichtigen Ziel Bilder mit höchster Auflösung gewonnen werden mussten.

Mit diesem Satellitentyp KH-7 wurden Ende 1963 festgestellt, dass die UdSSR Startsilos für ihre ICBMs vom Typ SS-7 und SS-8 errichtet hatte. Weiter wurde der Bau des ersten nuklear getriebenen U-Boots entdeckt, dessen struktureller Aufbau den Abschuss ballistischer Raketen ermöglichte. Als man das gesamte Informationsmosaik, von Verfolgungsstationen in der Türkei, im Iran und in Pakistan, den Telemetrieaufzeichnungen auf dem Land, in der Luft und vom Raum aus mit den Abbildungen der KH-7, zu einem Bild zusammensetzte, konnte der CIA dem nationalen Sicherheitsrat und der militärischen Führung der USA berichten, dass die neuen sowjetischen SS-7 und SS-8 nukleare Gefechtsköpfe mit einer Sprengkraft von fünf Megatonnen TNT über mehr als 10 500 km transportieren können. Man wusste darüber hinaus, dass die Treffgenauigkeit der Gefechtsköpfe nicht besonders hoch war. Aber diese Ungenauigkeit in der Navigation wurde durch die ungeheure Zerstörungskraft des Gefechtskopfes wettgemacht. Die Ausrüstung von U-Booten mit *Sea Launched Ballistic Missiles* (SLBM), die ebenfalls nukleare Gefechtsköpfe, wie die SLBM vom Typ *Polaris* und *Poseidon* der US Navy, trugen und die sowohl vom Atlantik als auch vom Pazifik her die USA überraschend angreifen konnten, brachte den Amerikanern in den 70er Jahre eine neue Dimension ihrer Bedrohung in das Bewusstsein. Diese Information hätte ohne den Einsatz des KH-7 nicht bereitgestellt werden können.

KH-7 Abbildung des Eiffelturms vom 20. März 1966. (NARA/NGA)

Der nächste Satellitentyp, GAMBIT oder KH-8 genannt, erforderte wegen des Gewichtsanstiegs auf über 3000 kg zunächst eine neue Trägerrakete, die Titan-IIIB mit Agena-D Zweitstufe. Zwischen 29. Juli 1966 bis 17. April 1984 wurden insgesamt 60 Satelliten gestartet. Anfänglich fanden etwa 8 Satellitenstarts pro Jahr statt. Erst als 1972 die neue Serie der KH-9 HEXAGON Aufgaben der GAMBITs übernahmen, sank die Startrate ab 1972 auf 3 Satelliten pro Jahr.

KH-8 hatte zwar eine ähnliche Auflösung, von etwa 50 cm, wie sein Vorgänger dank einer etwas vergrößerten Brennweite. Die signifikante Veränderung gegenüber den Vorgängern lag aber in der deutlich erhöhten Lebensdauer von nunmehr 30 Tagen. Die erheblich größere Treibstoffmenge, die für den Satellitenantrieb erforderlich war, um die niedrige Umlaufbahn einzuhalten, erklärt dieses Mehrgewicht. Möglicherweise wurde auch die Zahl der Filmkapseln von einer auf zwei erhöht. Zur Erzeugung der Energie wurde der KH-8 mit Solarpanels ausgerüstet, da diese erhöhte Lebensdauer nicht mehr mit Batterien zu bewältigen war.

Beide Satelliten KH-7 und KH-8 sollen bereits mit IR und multispektralen Sensoren ausgerüstet worden sein. Bei KH-7 wird angenommen, dass in ihm bereits ab 1966 ein IRLS-System installiert gewesen sein und er mithilfe eines verbesserten Data Link-Systems IR-Bilder zur Bodenstation übertragen haben soll. Über die Qualität der IR-Bilder in dieser Anwendung gibt es wenige, aber unterschiedliche Aussagen. Bekannt ist aus dieser Zeit, dass für den nahen Infrarotbereich anfänglich zur Entdeckung sehr heißer Ziele Bleisulfid (PbS) Detektoren verwendet wurden. Für die

Abbildung im mittleren und fernen IR-Bereich haben sich dann Detektoren wie Indium-Antimonid (InSb) und Quecksilber-Kadmium-Tellurit (MCT) als geeignet erwiesen. Alle genannten Detektoren bedürfen der extremen Kühlung. Zur Verminderung der IR Signaldämpfung mussten reflektive Optiken verwendet werden. Wichtig war für die Abbildung von Objekten am Boden, dass bereits geringe Temperaturgradienten festgestellt werden konnten. Theoretisch hätte man bei Nacht und ausreichender Sicht abgestellte Flugzeuge, Fahrzeuge, Gebäude und eventuell auch Menschen erkennen müssen. Infrarotfarbfilme, die auch als Falschfarbenfilme bekannt sind, können ebenfalls Wärmeemissionen aufzeichnen und ihnen Farben zuordnen, die nichts mit den Farben im visuellen Bereich zu tun haben. In wenigen freigegebenen Bildern wurde beispielsweise gesunde Vegetation rot, absterbende oder abgestorbene Vegetation rosafarben bzw. blau dargestellt. Technologisch ist besonders bemerkenswert, dass mit diesen Satelliten der Schritt zur Aufklärung von Zielen auch bei Nacht beschritten wurde.

Im Bemühen immer mehr Information zur technischen Analyse aus Bildern herauszuholen, wurden neue Anforderungen an die Sensoren gestellt. Ein weiterer Sensortyp wurde in dieser Zeit bekannt: der *multispektrale Scanner* (MSS). Raumfahrttaugliche Instrumente sind von der in Massachusetts beheimateten Firma Itek gebaut worden. Dabei wurden mehrere Optiken, Filter und Detektoren verwendet, mit denen in abgegrenzten Bändern des sichtbaren und infraroten Spektrums Bilder derselben Szene aufgenommen werden konnten. Bei rotierenden Satelliten war die Optik fest eingebaut. Beim sogenannten Pushbroom-Scanning wird eine lineare Anordnung von Detektoren rechtwinklig zur Bewegungsrichtung des Satelliten ausgerichtet. Satelliten, die mit Pushbroom-Scanning arbeiten, rotieren nicht. Die Detektoren bauen die Bildmatrix auf, während der Satellit sich auf seiner Umlaufbahn weiterbewegt. Es war mit dem MSS möglich, charakteristische Wellenlängen, die von einem bestimmten Material abgestrahlt wurden, abzuschirmen, auszusortieren und zu analysieren. MSS erlaubte die Unterscheidung zwischen Aluminium, Titan und Stahl. Damit war es ein ideales Hilfsmittel z. B. bei der Bestimmung der Struktur von Flügeln, Leitwerken, Rümpfen und Triebwerksdüsen sowjetischer Kampfflugzeuge.

Zwar konnte, aufgrund der besonderen Bauweise, sowohl mit dem IRLS als auch mit dem MSS nicht die Auflösung erreicht werden wie mit dem optischen Hauptsystem. Aber beide Sensoren leisteten auch bei schlechterer Auflösung eine wesentliche Ergänzung zur Gesamtinformation über ein Ziel. Um diesen zusätzlichen Informationsgewinn zu erhöhen, sollen bei den KH-7- und KH-8-Satelliten *Thematic Mapping Kameras* eingesetzt worden sein[5]. Der *Thematic Mapper,* eine Weiterentwicklung der MSS, verfügten über eine etwa dreifach bessere Auflösung als die MSS und über ein erweitertes Spektrum in den IR-Bereich hinein. Die Entwickler dieses Sensors verwendeten einen beweglichen Umlenkspiegel, der in die Brennebene des Satellitenteleskops eingebracht werden konnte, sodass der Strahlengang auf eine Gruppe von sieben Spektralkanälen ausgerichtet werden konnte, die mittels Spektraldetektoren je eine Abtastreihe bilden. Bei der Spiegeldrehung wird die elektromagnetische Energie in den individuellen Bändern blau, grün, rot und im nahen, ersten mittleren sowie im fernen IR-Bereich in individuelle Bilder umgesetzt. Es wird angenommen, dass in jedem einzelnen Bildpunkt die Intensität des Lichts quantisiert wurde und so jedes individuelle Bild in einem spezifischen spektralen Band als digitalisierter Datensatz zur Verfügung stand. Alle Punkte überlagert lieferten ein sehr detailliertes Bild der Materialien, aus denen die betrachteten Zielobjekte bestanden. Einige dieser so gewonnenen Falschfarbenaufnahmen sind später veröffentlicht worden. Zusammen mit den hoch aufgelösten optischen Bildern des Hauptsensors ergaben sich wichtige Hinweise für die technische Aufklärung.

Als KH-8 am 29. Juli 1966 in Vandenberg von der Startrampe abhob, war er der erste Satellit, der mit einem wiederholt startbaren Aerojet-Triebwerk ausgestattet war. Er sollte zwei Tage nach dem Start in eine 158 zu 250 km elliptische Erdumlaufbahn gebracht werden. Wahrscheinlich erreichte er diese Bahnhöhe nicht. Durch die enorme Aufheizung in der niedrigeren Bahnhöhe zerlegte sich der Satellit nach etwa einer Woche und endete als Feuerball. Die Lebensdauer des KH-8 konnte nur dadurch erhöht werden, dass man die Hauptachse der Ellipse verlängerte und die Nachfolger auf eine Bahn mit vergrößerter Perigäumshöhe verbrachte.

KH-8-Satelliten wurden in der Regel nur bei Bedarf eingesetzt, wenn entweder mit einem *Area Surveillance* Satelliten oder durch eine andere Quelle etwas entdeckt wurde, das einer detaillierteren Untersuchung bedurfte. Beispielsweise wurde am 21. Januar 1982 ein KH-8 gestartet, mit einem niedrigen Perigäum von nur 141 km Höhe im Grenzgebiet zwischen Lybien, dem Tschad und dem Sudan. Dieser Start erfolgte, nachdem M. Gaddafi libysche Truppen vermutlich für einen möglichen Angriff auf eines der beiden Länder zusammengezogen hatte und nachdem anzunehmen war, dass sowjetische Bomber vom Typ Tu-22 *Blinder* für eine mögliche Luftunterstützung eingesetzt werden sollten. Der Angriff fand aber nicht statt. Der KH-8 wurde nach einigen Erdumläufen auf eine höhere Umlaufbahn von einer mehr kreisförmigen Bahn mit einem Perigäum zu Apogäum von 528 km zu 665 km angehoben. Das war weit über der für die Fotografie sinnvollen Höhe. Danach erfolgte bis zum 30. Januar 1982 mit seinem Eigenantrieb eine weitere Änderung auf eine noch höhere Bahn mit einem Perigäum von fast 625 km (Apogäum 648 km). Im März wurden drei Subsatelliten und im Mai ein Vierter ausgelöst und auf ähnliche Orbits gebracht. Es ist sehr wahrscheinlich, dass es sich dabei um *Ferrets* gehandelt hat, d.h. um Satelliten zur Signalaufklärung, die günstiger in höheren Orbits operieren als abbildende Satelliten.
KH-8 war, wie seine *Close Look* Vorläufer, mit rückführbaren Filmkapseln ausgestattet, die nach der Belichtung etwa über der Arktis ausgestoßen wurden und im Pazifik im Gebiet der hawaiianischen Inseln niedergingen und von Flugzeugen geborgen wurden. 54 KH-8 Satelliten sind bis 17. April 1984 gestartet worden, um kritische Entwicklungen wie z. B. in Lybien, Polen, Nikaragua und Afghanistan, aber auch Katastrophen, wie die Explosion eines Munitionsdepots in Severomorsk, Mitte Mai 1984, zu fotografieren.
Bei allen Verbesserungen, die seit 1959 stattgefunden haben, standen die Nutzer in den USA auch Ende der 60er Jahre noch vor den gleichen Problemen wie zu Beginn der RGA. Es gab zwei Typen von Sensorplattformen, die *Area Surveillance* Typen, die großflächige Bildinformation geringerer Auflösung, je nach Bedarf, auch durch Funk zum Boden übertragen konnten. Daneben gab es die *Close Look* Typen, die Bildinformation hoher Qualität bei kleinen Bildausschnitten erzeugten, die jedoch erst verspätet, nach einem riskanten Re-entry-Vorgang der Filmkapseln, einer Bergung durch Flugzeuge in der Luft und nach einem Transport von Hawaii nach Washington den Nutzern vorgelegt werden konnte. Mehr als je zuvor war die Entwicklung eines Satelliten gefordert, der sowohl Übersichts- als auch Detailbilder hoher Qualität in Echtzeit zum Boden senden konnte.
Als echte Neuentwicklung (d.h. Satellit der 4. Generation), in der Nachfolge der CORONA-Klasse von Aufklärungssatelliten, kann der KH-9-HEXAGON oder *Big Bird,* wie er inoffiziell von den am Programm Beteiligten genannt wurde, bezeichnet werden. Dieser Satellit basierte auf einem NRO-Konzept und tat zwar einen Schritt in die richtige Richtung, aber er konnte alle Träume der Nutzer noch nicht ganz erfüllen. Begonnen wurden die Studien zu KH-9 bereits etwa ab 1965 mit einem Auftrag der NRO an Lockheed in Sunnyvale. Das Projekt erhielt den Namen Program 612. 1967 beauftragte die USAF Martin Marietta mit der Entwicklung einer geeigneten leistungsfähigen Booststufe, der Titan IIID. Nach den Vorstellungen der NRO sollte eine bisher noch nie da gewesene Breite an Sensorfähigkeit in den KH-9 integriert werden, so z. B. sowohl eine *Area Surveillance* als auch eine *Close Look* Fähigkeit.
Von der Masse her (ca. 11 400 kg) ist der KH-9 etwa eine Größenordnung schwerer als die ersten CORONAs. Der Satellitenbus baute auf der bewährten Agena-E-Zweitstufe auf, die dazu auf ca. 15 m verlängert und mit einem Durchmesser von 3 m versehen werden musste. Die Lebensdauer betrug zwischen 52 und 275 Tage.
Als Primärsensoren dienten zwei Kameras mit je einem Cassegrain Teleskop von Itek, das von Perkin Elmer[5] mit einer optischen Brennweite von etwa 6 m und einem Primärspiegel mit 1,52 m Durchmesser versehen wurde. Dieser Primärspiegel reflektierte das Licht zu einem Sekundärspiegel, der sich etwa 2,40 m vor dem Primärspiegel befand. Von dort wurde das Licht erneut reflektiert, gebündelt und zu einer Öffnung im Zentrum des Primärspiegels zurückgespiegelt, hinter dem sich die Brennebene dieses reflektiven Optiksystems befand und auf der die Bilder von der Erdoberfläche scharf dargestellt wurden. Die *Cassegrain* Optik erlaubt durch die Faltung eine kurze Bauweise bei großer Brennweite. Das in der Brennebene scharf abgebildete Zielobjekt kann nun durch eingebrachte Spiegel oder Prismen den speziellen

Sensoren zugeführt werden, die um die Brennebene herum angebracht waren. Zum Erhalt von Fotografien auf beiden Seiten der Satellitenspur waren die Optiken wahrscheinlich in einem dem Hubble-Teleskop ähnlichen Zylinder untergebracht. Die optische Ausrichtung konnte so überlappt werden, dass stereoskopische Abbildungen ermöglicht wurden. Ein dünner, sehr feinkörniger Film kam zur Anwendung, der sich nach der Belichtung zu vier bzw. sechs Filmkapseln transportiert ließ. Jede ist nach der Befüllung abgetrennt und für den Wiedereintritt und nachfolgender Bergung ausgestoßen worden; wie dies bereits früher bei den CORONA-, den KH-7- und KH-8-Satelliten erfolgt war. Die Auflösung dieses neuen *Close Look* Systems lag bei etwa 30 cm.

Die Kontrolleure des *Big Bird* in Sunnyvale, Kalifornien, konnten durch ein Kommando den Sensoreinsatz rechnergestützt so steuern, dass z. B. durch eine Änderung der Spiegelanordnung die Strahlung auf eine *IR-Detektor-Array* traf. Ähnlich war es möglich durch Kommandos Modifikationen des Strahlengangs so herbeizuführen, dass *multispektrale Scanner, Thematic Mapper* und andere Sensoren wie *Foto-Vervielfacher* für Nachtaufnahmen bei gutem Wetter eingesetzt werden konnten.

Big Bird verfügte neben dem *Close Look* auch über ein *Area Surveillance System.* Die dafür notwendigen Kameras wurden von Kodak entwickelt. Eines der Systeme wurde für die Panorama-Abbildung mit geringerer Auflösung aber etwa 360 km Streifenbreite gebaut. Das Kodak-Kamerasystem verfügte ebenfalls sowohl über ein eigenes IR als auch über ein multispektrales Scannersystem. Die gewonnenen Bilder wurden elektronisch abgetastet und auf Band aufgezeichnet, bevor sie an geeigneter Stelle zu einer Bodenstation übertragen werden konnten. Für diese Übertragung wurde entweder ein Relais-Satellit verwendet oder es wurde direkt zu einer der vielen Bodenempfangsstationen übertragen, die von der US Regierung in der Zwischenzeit weltumspannend auf den Seychellen, auf Guam, auf der Kodiak Insel im Golf von Alaska, auf Oahu, Hawaii, bei Vandenberg, Kalifornien, in New Hampshire oder New Boston aufgebaut wurden.

Die Größe von *Big Bird* hing nicht allein von den genannten Sensoren und Aufzeichnungssystemen, den Kommunikationseinrichtungen mit riesigen faltbaren Antennen, den Satellitengrundsystemen für Energieversorgung, mit den großen Solarkollektor-Paneelen, von der Lageregelung und Steuerung, dem Thermalsystem und dem Antrieb ab. Es kamen SIGINT Einrichtungen mit den entsprechenden Antennensystemen hinzu sowie die notwendigen Telemetrie- und Telecommand-Ausrüstungen. Da in der Regel drei bis vier Ferret-Satelliten mitgeführt wurden, mussten auch die dafür notwendigen Halterungen und Schnittstellen installiert werden. HEXAGON benötigte für horizontale und vertikale Orbitmanöver eine große Kraftstoffmenge. Er konnte aber auch wesentliche Bahnänderungen durchführen, wenn es erforderlich war, ein bestimmtes Ziel möglichst kurzfristig zu fotografieren. Dazu musste dann das Triebwerk in einem Intervall von sieben bis zehn Tagen erneut gestartet werden, wenn wegen der steten Absenkung der Bahn, infolge der aerodynamischen Reibung, eine erneute Bahnanhebung erforderlich war.

Wie erwähnt, verfügte diese Satellitenklasse über eine gute Auflösung (von ca. 30 bis 60 cm), gepaart mit einer deutlich höheren Geländeabdeckung als die der CORONA-Satelliten. Der erste Start erfolgte am 15. Juni 1971 mit einer Titan IIID auf eine mäßig elliptische Umlaufbahn zwischen Perigäum und Apogäum von etwa 183 zu 300 km, bei einer Inklination von 96,4°. Diese Bahn ermöglichte *Big Bird* einen Erdumlauf in etwa 89 Minuten und innerhalb von 24 h den Überflug über einen Ort auf der Subsatellitenspur einmal am Tage und einmal bei Nacht. Der erste HEXAGON war 52 Tage im Weltraum. In dieser Zeit wurde sein Sensorbetrieb, die Steuerung und Stabilisierung, die Kommunikation und das Antriebssystem getestet. Zur Kalibrierung wurden spezielle Referenzziele in den USA überflogen, deren Merkmale genau bekannt waren. Der letzte erfolgreich gestartete KH-9 brachte es auf 275 Tage im Orbit.

Zwischen 1971 und 1986 fanden 20 HEXAGON Satellitenstarts statt, bei nur einem Ausfall, und so war dieser Satellitentyp für fast anderthalb Dekaden das wichtigste Arbeitspferd der US RGA. Das Kamera-System des KH-9 war mit deutlich mehr Film ausgestattet als seine Vorgänger und damit ging eine erheblich größere Geländeabdeckung als bei der CORONA-Klasse einher. Zu den Leistungen der hochauflösenden fotografischen Kameras, dem IRLS und Multispektralkameras wurde mehrfach berichtet[59]. Zur Bahnanhebung wurde *Big Bird* mit einem

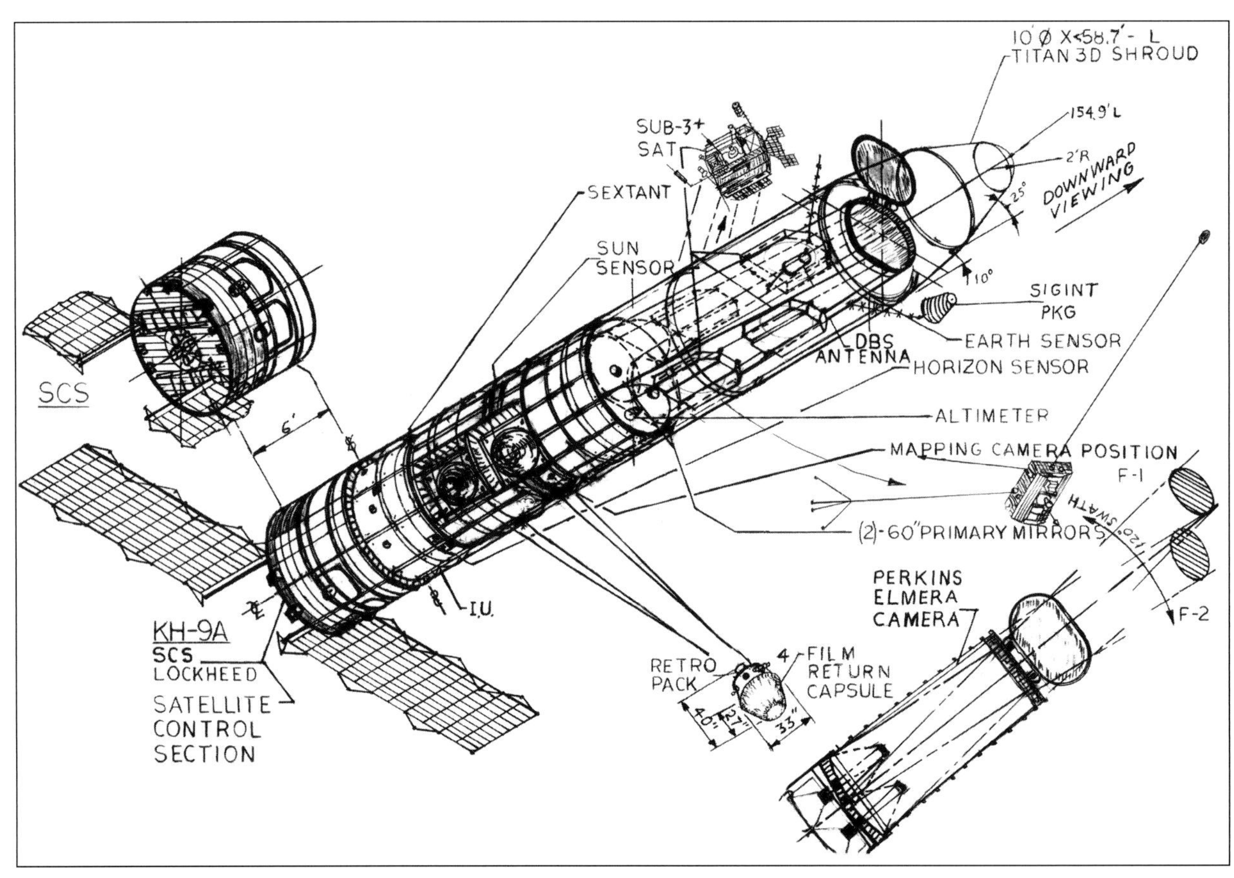

Möglicher Aufbau des KH-9, Hexagon (Big Bird). (© Charles P. Vick, All Rights Reserved)

Hydrazinantrieb mit Mehrfachdüsen versehen, wodurch bei einem *Low Earth Orbit* (LEO), mit einem Verhältnis Perigäum/Apogäum von beispielsweise 190 km/309 km, seine Lebensdauer erheblich verlängert werden konnte. Die Sensorprodukte (Filme) wurden entweder durch Kapselabwurf oder nach elektronischer Abtastung der Bildinformation mittels Data Link zur Bodenstation übermittelt. KH-9-Abbildungen sind übrigens auch zur Programmierung des Flugwegs von *Tomahawk* Cruise Missiles verwendet worden. Nach Unterzeichnung des SALT I Abkommens vom 26. Mai 1972 diente der dritte *Big Bird,* der am 7. Juli 1972 gestartet wurde, als National Technical Means (NTM) unter anderem zur Verifikation dieses Abkommens. Eine wichtige Aufgabe von KH-9 war es, Information zum Stand der Entwicklung der sowjetischen ICBMs wie SS-16, -17, -18 und -19 zu beschaffen. Es ist anzunehmen, dass der KH-9 vor dem Erststart der SS-19 im Januar 1977 Bilder von den Startvorbereitungen geliefert hat und dass der SIGINT-Satellit RHYOLITE, über den später berichtet wird, alle Telemetriedaten des Erstfluges erfassen konnte.

Mithilfe des KH-9 gelang die Entdeckung der Entwicklung eines großen *Phased Array* Radars im ABM-Testzentrum in Sary Shagan und die Beobachtung eines U-Boot Baus unter großen Zeltdächern in Severomorsk. Im Lauf des Sommers von 1974 wurde festgestellt, dass die Russen heimlich den Bau von weiteren ICBM Silos vorantreiben. Im Winter desselben Jahres wurde die Installation der ersten SS-18 festgestellt. Bei einer Zählaktion in den folgenden Monaten wurde die Stationierung von 10 SS-17 und ebenso vielen SS-18 sowie 50 SS-19 notiert. *Big Bird* war ebenfalls an der Entdeckung und der Beobachtung von Tests mit einer neuen IRBM-Generation beteiligt, der mobilen SS-20. Im Juli 1976 konnte, bei einem Perigäum von etwa 160 km, eine weitere bedrohliche Beobachtung gemacht werden. Die Russen begannen die etwa 600 IRBMs, die auf die NATO-Länder und auf China gerichtet waren, mit Mehrfachsprengköpfen *(Multiple Independently Targeted Reentry Vehicles* (MIRV)) umzurüsten. Bei einer neuerlichen Zählaktion mit dem zwölften KH-9 wurde ein weiterer Aufwuchs der ICBMs festgestellt: 40 SS-17, mehr als 50 SS-18 und 140 SS-19 in gehärteten Silos. KH-9 trug dazu bei, dass in den Vereinigten Staaten die Übersicht über die sowjetische und chinesische Rüstung mit strategischen Waffen immer auf einem aktuellen Stand gehalten werden konnte.

Die Abdeckung des Gebiets der UdSSR und China mit abbildenden Sensoren ist mit KH-9 wesentlich verbessert worden. Trotzdem gab es führende Personen im US-Nachrichtenwesen, denen die aktuelle Abdeckung durch die RGA noch keineswegs perfekt erschien. Es wurde festgestellt, dass eine 365 Tage Abdeckung der UdSSR mit abbildenden Sensoren erst im Jahr 1977 erreicht war. Beispielsweise gab es diese 1971, als der erste KH-9 gestartet wurde, nur an 158 Tagen. In den Jahren 1973-75 stieg dieser Wert auf 300 Tage an, um 1976 wieder auf 248 Tage zurückzufallen. Dies bedeutete, dass während 117 Tagen im Jahr keine komplette Abdeckung der Sowjetunion existierte. Was wäre geschehen, wenn gerade an diesen Tagen etwas unbemerkt geblieben wäre, das für die USA und seine Verbündeten hätte gefährlich werden können? Grund für diese reduzierte Abdeckung war die Ausdünnung der verfügbaren KH-8- und KH-9-Aufklärungssatelliten, bedingt durch die ungeheuren Summen, die die Entwicklung der fünften Generation von CIA-Aufklärungssatelliten, der KH-X, verschlang. Obwohl bisher im günstigsten Fall ein Film mit höchster Auflösung aus dem Orbit in vier bis fünf Tagen dem *National Photographic Interpretation Center* (NPIC) übergeben werden konnte, dauerte es in der Regel drei bis vier Wochen, bis die ausgewertete Information den Nutzern vorlag. Im Falle eines Krieges hätte dies eventuell bedeuten können, dass dieser bereits vorüber gewesen wäre, bevor die Bilder vom Anfang überhaupt einem Kommandeur hätten bereitgestellt werden können. Die Zeit der *Film-Return* Satelliten näherte sich ihrem Ende und die Breitband-Datenübertragung in Echtzeit erschien am Horizont.

Der letzte *Big Bird* Satellit wurde wahrscheinlich am 18. April 1986 mit einer neuen Titan 34D gestartet. Die Mission war jedoch nicht erfolgreich.

Bereits im Jahre 1963 ließ das US DoD die Möglichkeit der bemannten Aufklärung aus Umlaufbahnen untersuchen. Im Rahmen des Programms KH-10-DORIAN sollte ein raumgestütztes Labor eingerichtet werden, das *Manned Orbiting Laboratory* (MOL)[103]. Das Vorhaben wurde 1969 wegen Kostenüberzüge, Budgetproblemen während des Vietnamkrieges und wegen etwaiger Folgen, die sich bei der Rückführung und Bergung der Zweimannbesatzung mittels Mercury Kapseln hätten einstellen können, abgebrochen. Vom CIA gestützte Befürchtungen, dass die Sowjetunion möglicherweise Anti-Satelliten Waffen (ASAT) gegen einen bemannten Aufklärungssatelliten einsetzen könnten, mögen die Entscheidung zum Abbruch noch beschleunigt haben.

Als einen Quantensprung in der technologischen Entwicklung der abbildenden Aufklärung kann man KH-X, den Nachfolger des KH-9, den KENNAN/CRYSTAL bezeichnen[5, 133]. Der Name ist von Programm 1010 später in KH-11 umgewandelt worden. Dieser Satellitentyp wurde von der NRO ab 19. Dezember 1976 bis 6. November 1988 eingesetzt. Die Starts erfolgten von Vandenberg, Kalifornien, aus. Die Entwicklung dieses ersten elektro-optischen Aufklärungssatelliten fand bei Lockheed, Sunnyvale, Kalifornien statt. Er gehörte zu der 5500er Serie. Die Startmasse des neuen Satelliten erhöhte sich gegenüber KH-9 weiter auf nunmehr 13 500 kg und die Lebensdauer auf 987 bis 1175 Tage, d.h. auf etwa drei Jahre. Damit ergab sich eine Lebensdauerverlängerung, gegenüber KH-9 *Big Bird,* um über 500 Tage. Von 9 KH-11 Starts waren 8 erfolgreich. Als Launcher dienten Titan III-D und Titan-34D. Zwei KH-11 befanden sich immer gleichzeitig in einer sonnensynchronen Erdumlaufbahn. Nach vier Tagen überflog ein jeder der beiden Satelliten erneut den gleichen Ort am Boden. Durch die zwei Satelliten konnte die Wiederholrate eines Zielüberfluges auf zwei Tage verkürzt werden. Als Bahndaten wurde zunächst für den ersten KH-11 ein Verhältnis von Perigäum zu Apogäum von etwa 274 zu 515 km, bei einer mittleren Inklination von 97°, gewählt. Der am 14. Juni 1978 gestartete zweite KH-11 (5502) funktionierte über 1166 Tage einwandfrei. Nr. 5503 wurde am 7. Februar 1980 gestartet. Er arbeitete 993 Tage, wobei er allerdings, wegen eines Fehlers, die

Anfänge des Krieges zwischen Irak und Iran fotografisch nicht abdecken konnte. Nr. 5505, der am 17. Nov. 1982 in eine Umlaufbahn geschossen wurde, übertraf die Lebensdauer von Nr. 5502 um eine Woche. Nr. 5506 wurde am 4. Dezember 1984 mit einer Inklination von 98° gestartet, mit einem Perigäum von 335 km und einem Apogäum von 758 km. Nr. 5507 explodierte am 28. August 1985 mit dem Titan 34D-Booster kurz nach dem Start. Spätere Satelliten wie der KH-11 Nr. 5507-Nachfolger, der am 26. Oktober 1987 und Nr. 5508, der am 6. November 1988 gestartet wurde, sollen bei einer Inklination von 98° ein Perigäum von 300 km und ein Apogäum von 1000 km aufgewiesen haben. Die letzteren Satelliten brachten es auf 14,76 Erdumläufe pro Tag und wiederholten ihren Überflug auf der Subsatellitenspur alle vier Tage.

Mit KH-11 *Crystal* gelang es erstmalig nahezu Echtzeitaufklärung aus Erdumlaufbahnen zu demonstrieren. Die Zeit, von der Erstellung einer Aufnahme bis zur Vorlage bei einem Auswerter, soll nur noch etwa 90 Minuten betragen haben. Das war ungeheuer schnell gegenüber Tagen und Wochen bei der Rückführung von Filmkapseln und der Bildinterpretation beim *NPIC,* wie es etwa bei CORONA und noch bei den Nachfolgern KH-7, -8 und KH-9 der Fall war. Auch die Auflösungsqualität soll wesentlich besser gewesen sein als z. B. die der KH-5 Nachfolgertypen, die noch auf CORONA/DISCOVERER zurückzuführen waren. Zum ersten Mal wurde hier eine digitale Breitband-Data Link zur Bilddatenübertragung verwendet. Zeitlich fiel die Übertragung der ersten KH-11 Bilder etwa zusammen mit der Amtseinführung von Präsident Jimmy Carter am 21. Januar 1977 und die CIA versäumte es natürlich nicht, diesen Erfolg dem neuen Präsidenten gebührend darzustellen.

Möglicher Aufbau des KH-11 Kennan/Crystal. (© Charles P. Vick, All Rights Reserved)

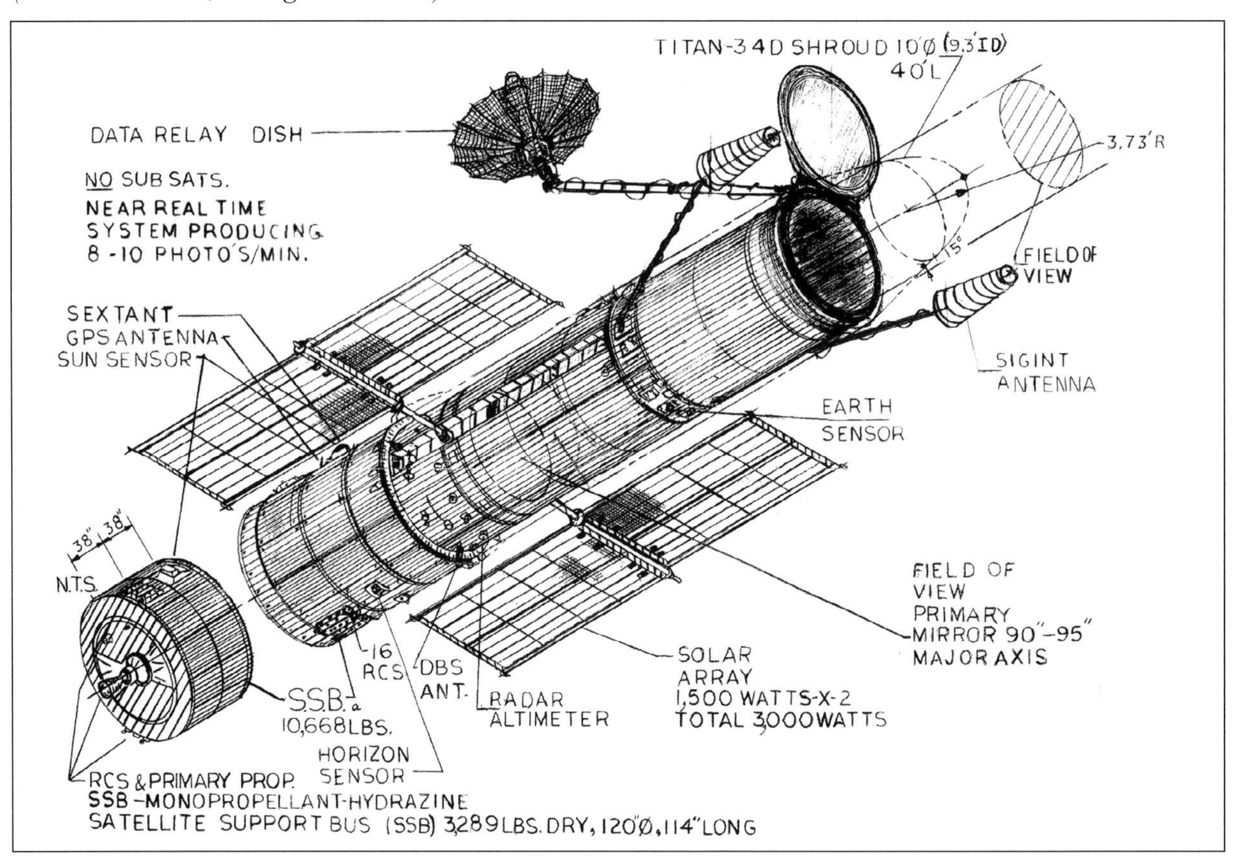

Dieser neuartige Satellit erfüllte mit der quasi Echtzeitübertragung von Bildern erstmals eine Forderung, die für die USA bereits seit dem *Sechstage Krieg* bestand, der zwischen Israel und der Allianz aus Ägypten, Syrien und Jordanien im Juni 1967 geführt wurde. Damals hätten sich die US Regierung und das Pentagon eine wesentlich zeitaktuellere Lagedarstellung gewünscht.

Der KH-11 verfügte über eine *Schmidt-Cassegrain Optik* mit einem Spiegeldurchmesser von 2,34 m [5] (nach Abbildungen von C.P. Vick war er noch größer). Bei einem Perigäum von 270 km lässt sich damit eine theoretische Auflösung im sichtbaren Bereich, z. B. bei 0,55 mm Wellenlänge, von etwa 12 cm errechnen. Da diese Auflösung durch atmosphärische Störungen verschlechtert wird, müssen Methoden der Kompensation von atmosphärischen Störungen zur Verfügung gestanden haben, sonst müsste die Bildqualität im besten Fall eher in einem Auflösungsbereich von 13 bis 15 cm gelegen haben. Da KH-11 sowohl für *Area Surveillance* als auch für *Close Look* eingesetzt wurde, musste das Teleskop auch über Zoomeigenschaften verfügt haben. Jedenfalls ist davon auszugehen, dass die neuesten wissenschaftlichen Erkenntnisse bezüglich der Verformung des Primärspiegels zur Kompensation von atmosphärischen Störungen in den Entwurf eingeflossen waren. Dies war notwendig, da KH-11 für die Verifikation des SALT II Abkommens eingesetzt worden war, bei dem vereinbart wurde, dass vorhandene ICBMs um nicht mehr als 5% verändert werden dürfen. Das kleinste sowjetische ICBM war zum damaligen Zeitpunkt die SS-11, eine dreistufige Rakete mit MIRV Gefechtsköpfen und einem Durchmesser von etwa 1,80 m. 5% entsprachen in diesem Fall 9 cm und Änderungen in diesem Bereich mussten festgestellt werden können.

Beim elektro-optischen Sensor des KH-11 könnte erstmals in der Brennebene der Kameraoptik eine CCD-Matrix, eventuell bestehend aus 800 x 800 (640000 Pixels) hochempfindlicher Silizium Fotodioden, eingeführt worden sein. Dieser CCD-Matrix Typ wurde damals von Texas Instruments hergestellt. Diese CCD-Matrix hätte in Echtzeit ausgelesen und kodiert elektronische Bilder erstellen und für die Übertragung bereitstellen können – vorausgesetzt eine Einrichtung zur Bewegungskompensation wäre zur Verfügung gestanden. Bei einer 6-Bit-Auflösung, für 2^6 bzw. 64 Grauwertabstufungen, liegt der Informationsumfang zunächst bei 3,8 Megabit pro Bild. Da sich die Anzahl der Pixel bei CCDs seither sprunghaft erhöht hat, gilt diese Annahme nur für den Anfang. Es ist aber davon auszugehen, dass bei jedem KH-11-Neustart die jüngste Chipgeneration installiert wurde. Möglich wäre aber auch, dass nur wenige längere CCD Zeilen verwendet wurden und die Abbildung in der früher erwähnten *Time Delay and Integration* (TDI) Methode erfolgt ist, d.h. Zeile für Zeile entsprechend der Vorwärtsbewegung des Satelliten (Push Broom). TDI war notwendig, da die Belichtungszeit einer Zeile bei der Satellitengeschwindigkeit von 7 km/s bei einer Auflösung von ca. 15 cm etwa 1/47000 sec beträgt und diese kurze Belichtungszeit mit den frühen CCDs nicht beherrscht wurde. Mit der Verfügbarkeit einer zunehmenden Anzahl von Pixels pro CCD-Zeile ergaben sich beispielsweise für 6000 Bildpunkte pro Zeile und 6000 Bildpunkte pro Spalte mit einer 6-Bit-Auflösung ein wesentlich höherer Informationsumfang von 216 Megabit pro Bild, der in diesem Fall zu übertragen war. Es entstand daher ein dringender Bedarf nach Bildkompressionsverfahren.

Schon die frühen CCDs waren hochempfindlich und erlaubten viel kürzere Belichtungszeiten als der Filmbetrieb. Aber es scheint anfänglich Einschränkungen bei der Bildübertragung gegeben zu haben, die die Übertragung von nur 8-10 Bilder pro Minute mittels der verfügbaren digitalen Data Link zu einem höher fliegenden militärischen Kommunikationssatelliten zuließen. Diese gehörten zum Relaisnetzwerk des *Satellite Data System* (SDS), deren Relais-Satelliten sich in stark elliptischen *Molniya* Bahnen mit hohem Apogäum im Norden und niedrigem Perigäum im Süden bewegten. Die SDS-Orbits erlaubten lange Relais-Dauern speziell auf den nördlichen Breiten. Die typischen Molniya Bahnen haben eine Inklination von 63,4° und eine Umlaufdauer von 12 h. Die Bilddatenübertragung erfolgte dann von einem SDS-Relaissatelliten zur Bodenstation in Fort Belvoir, Virginia. Diese so angewandte Übertragungsmethode war abhörsicher und machte es für die Sowjetunion fast unmöglich die übertragenen Bilder zu erfassen. So kam es, dass die Sowjetunion lange den KH-11 überhaupt nicht als Aufklärungssatelliten wahrnahm, bis der CIA-Wachoffizier W. P. Kampiles das Handbuch des KH-11 für 3000 $ an den KGB verkauft hatte.

Die in Fort Belvoir vorausgewertete Bildprodukte wurden an die CIA-Zentrale nach Langley übertragen. Es war möglich, die Bilder sowohl auf Film als auch digitalisiert auf Band zu speichern. Bereits die damaligen Anfänge der digitalen Bildverarbeitung erlaubten die Bilder zu verbessern, Objekte zu vermessen und bestimmte Merkmale hervorzuheben. Die Energieversorgung des Satelliten erfolgte durch fotovoltaische Solar Panels. Anfänglich soll die Datenübertragung mehr Leistung verbraucht haben als ursprünglich angenommen. Dies würde wohl die Einschränkungen bei der Bildübertragung erklären. Die Bildqualität des KH-11 soll dann aber bereits 1984 diejenige des KH-9 erreicht bzw. übertroffen haben.

Das gesamte Sensorsystem des KH-11 soll aber noch aus weiteren Anteilen bestanden haben, die die Energie des riesigen Spiegelteleskops nutzten, wie z. B. aus einem IR-Scanner, einer Fotoverstärkerröhre für den Nachtbetrieb, einem *Thematic Mapper* oder multispektralem Scanner inklusive der zugehörigen Spiegel, Filter und Prismen[5].

Darüber hinaus war mit KH-11 ein weiterer erfolgreicher technologischer Schritt gegenüber KH-9 gelungen. KH-11 wies eine bessere Manövrierfähigkeit auf und konnte so flexibler über ausgewählten Zielen, vor allem in einer Krise, eingesetzt werden[55]. Das Auflösungsvermögen der Sensoren wurde weiter verbessert. Einige der wenigen veröffentlichen KH-11 Bilder zeigten die Prototypen der Jagdflugzeuge MiG-29 und der Su-27 und des bislang größten Überschallbombers Tu-160 *Blackjack* sowie einen im Bau befindlichen nuklear getriebenen Flugzeugträger auf der Werft 444 in Nikolaiew am Schwarzen Meer, aus dem Jahre 1984[5].

In die Betriebszeit der KH-11 fiel auch der US-Angriff auf Libyen am 15. April 1986. Hierzu lieferten die KH-11 Bilder zur Vorbereitung des Angriffs und später zur Wirkungsabschätzung der Bombardierung. Kaum zwei Wochen später zeigte der KH-11 erste Bilder von dem explodierten Reaktor in Tschernobyl und dem brennenden Graphit Moderator. Obwohl der KH-11 im Falkland Krieg zwischen Großbritannien und Argentinien im Frühjahr 1982 die Falklandinseln überflog und behauptet wurde, dass Washington London mit KH-11 Information versorgt hätte, ist dies unwahrscheinlich, da damals fast über die gesamte Zeitdauer eine geschlossene Wolkendecke in diesem Teil des Südatlantiks geherrscht hatte. Diese Wolken konnten EO-Sensoren nicht durchdringen.

Die Aufnahmen sowohl von ICBM Silos als auch von anderen Zielen, wie z. B. von der besetzten US-Botschaft in Teheran, vom April 1980, wurden bisher der Öffentlichkeit nicht zugänglich gemacht. Seit einem Erlass von Präsident Clinton, vom 22. Februar 1995, besteht eine Tendenz zur Freigabe des *NIMA* Archivs von 860 000 Bildern aus den Anfängen der RGA. Diese Bilder betreffen den Zeitraum von 1960 bis 1972 und beziehen sich auf Ergebnissen von CORONA-, ARGON- und LANYARD-Missionen. Mit GAMBIT endete diese Offenheit.

Zur Zeit der Einführung des KH-11 waren noch die beiden KH-8 und KH-9, die letzten der unterschiedlichen *Close Look* und *Area Surveillance* Satelliten in Umlaufbahnen. Alle zusammen bildeten für fast weitere 10 Jahre die Pfeiler der US RGA. Ein wesentliches Problem kam mit KH-11 zum Vorschein. Die Beschaffungskosten waren einerseits so hoch, dass aus Budgetgründen Personal am Boden entlassen werden musste. Andererseits lieferten die beiden KH-11, die immer gleichzeitig im Orbit sein sollten, eine solche Menge bildhafter Information, dass am Boden das Personal hätte eher aufgestockt als abgebaut werden sollen. Mit den reduzierten Mannschaften war die vollständige Auswertung nicht mehr zeitgerecht zu bewältigen.

Über Methoden, die Betriebskosten von Aufklärungssatelliten zu verringern, wurde schon lange nachgedacht und eine Möglichkeit der Erprobung ergab sich 1984. In Space Shuttle-Flügen der NASA konnte nachgewiesen werden, dass schwere Satelliten vom Shuttle aus gestartet, geborgen, repariert (z. B. *Solar Max)* und evtl. wieder zur Erde zurückgeholt werden können. Auch die Betankung von Satelliten mit Hydrazin wurde demonstriert. Voraussetzung hierfür wäre aber ein langfristig abgesicherter Weiterbetrieb des Space Shuttles oder eines ähnlichen Bergesystems gewesen. Gerade die Forderung nach solch einem Nachweis hat aber auch gezeigt, dass es in den Vereinigten Staaten keine klare Trennung zwischen zivilen und militärischen Einrichtungen zur Unterstützung der raumgestützten Aufklärung gab. Dies heißt wiederum, dass die zivile NASA gewichtigen Einfluss auf den Entwurf von militärischen Satelliten hätte nehmen können. In diesem Fall hätten diese Satelliten natürlich *Shuttle kompatibel* ausgelegt werden müssen.

Die USAF hat während des Kalten Krieges immer wieder angedeutet, dass eine hohe Wahrscheinlichkeit besteht, von der Sowjetunion hinter das Licht geführt zu werden. Wie gut auch die Bildqualität der RGA geworden war, es bestand ständig die Tendenz nicht an das zu glauben, was die Bilder hergaben, sondern ständig die Furcht durch eine Maskerade getäuscht zu werden. Die Russen waren Meister der *maskirovka,* des Verheimlichens, des Verbergens und des Verwirrens. So entstand der Argwohn, dass entweder etwas verborgen war, das man nicht sah oder im Gegensatz hierzu ein *Potemkin'sches* Dorf aufgebaut wurde, hinter dessen Fassade sich nichts befand. Beides war möglich. Die US-RGA stand in dieser Zeit unter ständigem Erfolgsdruck, sowohl vonseiten der Teilstreitkräfte als auch von der CIA, nämlich Ergebnisse der Technische Aufklärung zum aktuellen Stand der Rüstung der UdSSR und des Warschauer Pakts zu liefern, Zieldaten zu aktualisieren und die Umgebungsbedingungen von Zielen, wie Überwachungsradare und die Luftabwehr zu erkunden. Daneben gab es eine weitere Herausforderung durch das US-Department of State, nämlich die Rüstungskontrollvereinbarungen, die mittlerweile zwischen den USA und der UdSSR verbindlich geworden waren, zu verifizieren. Es ging dabei vor allem um Abschätzungen der Waffenwirkung und um die Zählweisen von ICBMs und deren nuklearen Gefechtsköpfen.

Nach dem Ende des Kalten Krieges wurde im Rahmen einer funktionalen Reorganisation im Jahre 1992 die CIA durch die NRO als Exekutive für alle IMINT-Flugzeuge und -Satelliten, die USAF als Exekutive für alle SIGINT-Flugzeuge und -Satelliten und die US-Navy als Exekutive für alle Flugzeuge und Satelliten für die Ozeanüberwachung benannt. Es wurden daraufhin drei getrennte Divisions für IMINT, SIGINT und OCEANICINT eingerichtet.

Das US DoD verfügte über zwei Organisationen, die sich mit raumgestützter Aufklärung befasste, das US *Space Command* (SPACECOM) und die NRO. Vor 1992 war die SPACECOM für den Start und die Wartung der *White World* Satelliten zuständig. Das sind die Satelliten, deren Start und Existenz in einer Umlaufbahn vom DoD öffentlich bekannt gemacht wurden. Das NRO war für Start und den Betrieb aller *Black World* Satelliten in einer Umlaufbahn zuständig, deren geheime Aufträge zur Nachrichtenbeschaffung dienten, deren Starts und deren Existenz in Umlaufbahnen aber nicht bekannt werden sollten. Im Jahre 1992 wurde vom US-DoD entschieden, die Existenz der NRO bekannt zu geben und damit auch die Existenz einiger Satelliten.

Als unmittelbaren Nachfolger des KH-11 sollte der KH-12 (Nr. 5600) von Lockheed-Martin entwickelt werden, das militärische Gegenstück zum H*ubble Space Telescope.* Ziel dieser Entwicklung war es, eine weitere Verbesserung der Echtzeitabbildung und eine sehr lange Lebensdauer bzw. hohe Manövrierfähigkeit zu realisieren. Neben dem optischen Sensor sollte insbesondere die IR-Abbildung erheblich verbessert und eine minimale SIGINT-Fähigkeit hinzugefügt werden. Es war geplant, den KH-12 auf einer 277 km (150 nm) hohen sonnensynchronen Umlaufbahn mit 98° Inklination zu betreiben. Er sollte aber auch in größeren und geringeren Bahnhöhen betrieben werden können. Im Falle, dass eine hohe Auflösung gefordert wird *(Close Look),* musste die Möglichkeit einer niedrigeren Umlaufbahn vorgesehen werden. Dazu musste der auf 2,9-3,1 m Durchmesser vergrößerte optische Primärspiegel rechnergestützt fokussiert werden *(Rubber Mirror),* um bei geringster Bahnhöhe die geforderte Auflösung von unter 8 cm (3 in) zu erreichen.

Als Startgewicht waren zunächst ca. 14 500 kg (32 000 lb) geplant, das dann auf 15 400 kg (34 000 lb) und noch etwas später sogar auf über 18 000 kg (40 000 lb) anstieg. Die wesentlichen Gewichtserhöhungen rührten wahrscheinlich von der größeren Kraftstoffmenge her, die für die erhöhte Manövrierfähigkeit erforderlich gewesen wäre. Dieses Endgewicht lag jedoch über dem Nutzlastgewicht dessen, was eine Titan IV oder auch das damalige Space Shuttle hätte transportieren können. Mit der Wiederbetankungsmöglichkeit durch das Space Shuttle sollte der KH-12 eine fast unendlich lange Einsatzdauer erlangen. Wegen des hohen Treibstoffanteils am Gesamtgewicht des KH-12, hätte dieser aber nur mit dem Space Shuttle gestartet werden können.

Es war geplant immer vier KH-12 gleichzeitig einzusetzen, und zwar in einer Anordnung, die günstig für Vormittags- und für Nachmittagsüberflüge war. Theoretisch hätte diese Anordnung, bei der in etwa alle 22,5 min. (z. B. im Falle eines 300 km LEO und 4 Satelliten) eine neue Erdumrundung abgeschlossen wäre, es ermöglichen können, in weniger als drei Stunden nach Erteilung eines Auftrages von jedem

Punkt der Erde ein Echtzeitbild zu erhalten. Ähnlich wie der KH-11 sollte KH-12 zunächst auch seine Daten an das SDS und andere Kommunikations-Satelliten übertragen können.

Am 28. Januar 1986 explodierte die Raumfähre *Challenger* kurz nach dem Start von Cape Canaveral, bei der die gesamte Mannschaft ums Leben kam. An Bord befand sich, so wurde in den Medien spekuliert, der erste KH-12. Obwohl der KH-12 von Lockheed ganz auf eine Shuttle-Integration ausgelegt war, erwies sich diese Katastrophe und die folgende NASA-Absage aller Shuttle Starts über einen langen Zeitraum für die USAF als Argument, dass das Space Shuttle nicht als einziger Launcher für die raumgestützte Aufklärung in Betracht kommen könne. Mit dieser Tragödie verschob sich der Erststart des KH-12 auf unbestimmte Zeit.

Mit den beiden Fehlstarts von KH-11 (5507) und KH-12 (5601) trat 1986 ein erhebliches Problem für die zeitliche Abdeckung strategischer Ziele in der Sowjetunion ein. Zwischenzeitlich war nur noch ein KH-11 (5506) im Orbit. Die NRO entschied sich, den letzten verbliebenen KH-9 *Big Bird* zu starten, um den einzigen funktionsfähigen KH-11 zu ergänzen. Aber auch dieser Startversuch mit einer Titan 34D endete am 18. April 1986 mit einem Fehlschlag. Mit diesem dritten Fehlschlag innerhalb von acht Monaten befand sich nur noch ein KH-11 in einer Erdumlaufbahn und damit war die US RGA zeitweise auf einem Auge blind.

Im März 1985 hatte die USAF Martin Marietta beauftragt, einen schubstärkeren Nachfolger der Titan 34D, die Titan IV, zu entwickeln. Die USAF nannte diesen neuen Booster *Complementary Expandable Launch Vehicle* (CELV) und beauftragte die Produktion von 10 Boostern. Dieser Booster war befähigt, eine leichtere Version des KH-12 in eine Umlaufbahn zu transportieren. Der Name KH-12 als KH-11 Nachfolger ist bisher nicht offiziell bestätigt worden.

Der Nachfolger – modifizierter KH-12-*Ikon* oder *Advanced* KH-11 oder *Improved* CRYSTAL/KH-11B, wie er auch manchmal genannt wurde – soll mit verbesserter Elektronik und noch höherer Auflösung (kleiner 10 cm, wie bei den späten *Film Return* Kameras der CORONA-Klasse) sowie mit quasi Echtzeitübertragung der Bilder über Kommunikationssatelliten (wie SDS oder Milstar) zur Bodenauswertestation ausgerüstet worden sein. Er wird seit 1992 bis heute eingesetzt. Mit der Abkehr von der Idee Space Shuttle als Launcher, für Wartung, Betankung und evtl. auch für die Bergung zu verwenden, gingen erhebliche Modifikationen einher. Deshalb spricht man heute besser von einem *Advanced* KH-11 als von einem KH-12. Der erste Start fand am 28. November 1992 statt, der Zweite am 5. Dezember 1995 und der Dritte am 20. Dezember 1996 mit einer Titan-404A. Alle Starts erfolgten von Vandenberg, Kalifornien, aus. Am 5. Oktober 2001 ging der Vierte und am 19. Oktober 2005 der bisher letzte *Advanced* KH-11 in eine Erdumlaufbahn. Als Booster dienten bei den beiden letzten Titan IV B Varianten. Sein Kamerasystem verfügt über einen periskopartigen Spiegel, der die Strahlen auf einen Primärspiegel reflektiert. Er funktioniert auch bei hohen Schrägsichtwinkeln und kann auf beiden Seiten der Satellitenbahn Bilder von Zielen aufnehmen, die Hunderte von Kilometer von der Sub-Satellitenspur entfernt liegen. Es wurde berichtet, dass die CCD Array Galliumarsenid anstelle von Silizium verwendet, wodurch eine höhere Empfindlichkeit, bessere Auflösung sowie schnellere Schaltvorgänge erreicht werden. Der KH-12 oder Advanced KH-11 kann mehr Treibstoff mit sich führen, als der ursprüngliche KH-11 (bis zu etwa 7 Tonnen, bei einer angenommenen Gesamtmasse von 19 600 kg). Hieraus ergeben sich eine längere Lebensdauer und eine höhere Manövrierfähigkeit. Als Einsatzdauer werden 10-12 Jahre angenommen. Bisher waren 5 von 5 Einsätzen erfolgreich. Die Kosten pro Satellit werden auf etwa 1,5 Mrd. $ geschätzt und der Start mit der Titan IVB auf ca. 400 Mio. $.

Die *Advanced* KH-11 befinden sich auf Umlaufbahnen mit einer 250-300 km Perigäumshöhe und einem 950-1200 km Apogäum. Es muss von sonnensynchronen Bahnen ausgegangen werden, da nur diese täglich gleiche Beleuchtungsbedingungen erfüllen.

Es wird von Experten vermutet, dass seit einiger Zeit an einem KH-13 *Misty* entwickelt wird, der als Nachfolger des KH-12 gelten soll. Aber die Zukunft der abbildenden Satelliten wird im Rahmen der *Future Imagery Architecture* diskutiert; auf diese wird später eingegangen.

Ein wesentlicher Nachteil aller Keyhole Satelliten bestand in ihrer Unfähigkeit, Wolken oder Staub zu durchdringen. Darüber hinaus gab es keine Einsatzmöglichkeit ihrer hoch auflösenden CCD-Kameras bei Nacht. Die Forderung nach einem allwetterfähigen abbildenden raumgestützten Aufklärungssystem, das auch eine Überwachung der oft monatelang, im Herbst und im Winter, von Wolken bedeckten nördlichen Teile von Osteuropa und der UdSSR ermöglicht, kam aus der Erfahrung der Nachrichtendienste und der Militärs aus dem jahrelangen Betrieb der RGA. Initiiert wurde die Entwicklung eines Radarsatelliten bereits 1976 von George Bush, während seiner Amtszeit als CIA-Präsident. Ein Prototyp namens *Indigo* wurde 1982 fertiggestellt und erprobt. Aber die offizielle Zustimmung zur Entwicklung des operationellen Radarsatelliten Lacrosse wurde erst danach im Jahre 1983 erteilt, der dann die industrielle Entwicklung ab 1986 folgte.

Zuvor mussten die Funktionen des Radarsatelliten erprobt werden. Im Oktober 1984 wurde ein Testradar, SIR-B, mit der Challenger Mission STS 41-G in eine Erdumlaufbahn gebracht. Die Antennenapertur dieses Radars soll bei etwa 11 m x 2.10 m gelegen haben. Zur Abschätzung der realisierbaren Hochauflösung wurden *Synthetic Aperture Radar* (SAR) Betriebsarten erprobt. Sie ermöglichten kartenähnliche Abbildungen von Streifen am Boden, SAR *Swath* genannt, durch eine seitwärtsblickende Antenne. Zur Auflösung wurden keine Aussagen gemacht. Viele Bilder der ersten Erprobung erfolgten gegen Objekte am Boden, die unter Wolkenbedeckung lagen. Die kanadische Stadt Montreal gehörte zu einem der ersten Testobjekte. Bei Regen und Wolken, wenn IR-Sensoren keine Information liefern, erbrachte das Radarbild einwandfreie Konturen. Grundsätzliche Untersuchungen zu Rückstreueigenschaften, zur Auflösung etc. wurden bei diesen Tests durchgeführt, wobei auch die Seeraumüberwachung eine Rolle spielte, wo insbesondere Wellenstrukturen in den Ozeanen und das Rückstreuverhalten bei unterschiedlichem Seegang weiter erforscht wurden.

Über die Ausrichtung der Antenne waren keine Angaben zu erhalten. Da mit einem Synthetic Aperture Radar, bei einer Antennenlänge von 11 m in Flugrichtung, im Falle einer Streifenabbildung höchstens eine Auflösung von 5,5 m erreicht werden kann, muss angenommen werden, dass hier bereits auch der *SAR Spotlight* Betrieb erprobt wurde, der eine deutlich höhere Auflösung in einem durch den Antennenstrahl begrenzten Bereich zulässt. Der Spotlight Betrieb setzt eine kontinuierliche Nachführung des Antennenstrahls über eine bestimmte Zeit auf das Zielobjekt voraus. Die Beobachtungszeit bestimmt unter anderem die Auflösung. Da eine mechanische 11 m lange Antenne im Space Shuttle nicht einfach auf ein Objekt am Boden nachgeführt werden kann, hätte diese Testantenne bereits über eine elektronische Strahlschwenkung, d.h. über eine Phased Array verfügt müssen, die eine elektronische Strahlschwenkung in Azimut zuließ. Dies konnte nicht bestätigt werden. Jedoch die beiden Radarbetriebsarten Swath und Spotlight ermöglichen die erwünschte Durchführung von *Area Surveillance-* und *Close Look*-Fähigkeiten mit einem Sensor.

Die abgetasteten Radarrohdaten wurden an Bord gespeichert. Am Boden erfolgten die Prozessierung und die Erzeugung der Bildprodukte. Die militärische Forderung nach quasi Echtzeitbilderstellung war ein Treiber in der Prozessortechnologie und der parallelen Verarbeitung. Auch hier sind wahrscheinlich, nach Vorlage der ersten digitalen Bilder, die bis dahin bekannten Methoden der Bildverarbeitung angewandt und angepasst worden. Hierzu gehört die Bildverbesserung bei SAR-Bildern wie Multi Look, Kontrast- und Kantenhervorhebung, aber auch die Entzerrung, Merkmals- oder gar Mustererkennung und automatische Zielklassifikation. Die erforderliche Technologie bei Signalprozessoren machte in den frühen 80er Jahren in den USA beeindruckende Quantensprünge, sodass anzunehmen ist, dass hochaufgelöste Radarbilder in kurzer Zeit erstellt werden konnten.

Die Forderung der Nutzer nach immer höherer Auflösung von Bildern bei Radarsensoren machte immer größere Bandbreiten bei der Echtzeitübertragung sowohl von Rohdaten als auch von fertigen Bilddaten zu den Auswerteeinrichtungen und Direkt-Nutzern am Boden notwendig. Es mussten leistungsfähige Kompressions- und Verschlüsselungsalgorithmen entwickelt werden, die die zu übertragenden Datenmengen reduzierten und Verbesserungen in der schnellen, stör- und abhörsicheren Übertragung ermöglichten. Es stellte sich dabei heraus, dass besonders geschützte separate Netze zur Kommunikation besonders zu schützender Daten *(Special Information)* für die RGA zu erstellen waren. Die schnelle Informationsweitergabe erforderte aber neben der Übertragung durch Kommunikationssatelliten (wie SDS, Milstar oder

Tracking and Data Relay Satellite System (TDRSS)) auch integrierte terrestrische Netze zur Kommunikation zwischen ortsfesten und mobilen Auswerteeinrichtungen und den Nutzern.

Der Radarbetrieb benötigte erheblich mehr elektrische Primärleistung als alle anderen Sensorsysteme in der RGA. Die USAF und die DARPA haben zunächst vor allem die Technologie der Energieerzeugung durch nukleare Kleinreaktoren vorangetrieben. Dabei war man in den USA aber entschlossen, dass sich solche Ereignisse, wie beim Absturz des russischen Ozeanüberwachungssatelliten RORSAT und der nachfolgenden Umweltverschmutzung und Gefährdung durch radioaktives Material, nicht mehr wiederholen dürfen.

Vieles ist für die Erhöhung der Zuverlässigkeit von Satelliten getan worden. Kritische Systeme wurden redundant ausgelegt und mit Rechnerunterstützung Ausfallerkennung und Isolation der ausgefallenen Komponenten vorangebracht. Zur Stör- und Abhörsicherung der Datenübertragung wurden neue Verfahren entwickelt und die Verschlüsselung verbessert. Gleiches gilt auch für die Trackingstationen am Boden, die die Satellitenbahnen verfolgen und Korrekturdaten zum Satelliten übertragen. Sie müssen ebenfalls vor physikalischen Einwirkungen, aber auch vor Softwareangriffen geschützt werden. Grundsätzlich ist ein Angriff auf ihre RGA von den Vereinigten Staaten während des Kalten Krieges ständig befürchtet worden. Nicht nur durch ASAT, sondern auch durch Hochenergie-Laser, Teilchenstrahlung *(Particle Beam Weapons)* und elektromagnetischen Puls. Und so wurden viele Gegenmaßnahmen wie z. B. Härtung, erhöhte Manövrierfähigkeit für Ausweichmanöver, Tarnung und Täuschung entwickelt, deren Fähigkeiten aber niemals öffentlich diskutiert wurden.

Der erste operationelle Aufklärungssatellit Lacrosse mit SAR-Sensor hoher Auflösung wurde als *Lacrosse* I (1988 - 106B 19671) am 2. Dezember 1988 mittels Space Shuttle (STS-27) gestartet. Dieser Satellitentyp erhielt aber zur Steigerung der allgemeinen Verwirrung noch andere Codenamen wie ONYX, VEGA, INDIGO und andere. Die Bahndaten, bzw. die Bahnhöhe von Lacrosse I wurde mit etwa 440 km angegeben, bei einer Bahninklination von 57°. Dieser Satellit konnte noch keine Manöver ausführen. Der Wiedereintritt dieses Satelliten in die Erdatmosphäre erfolgte 1997. *Lacrosse* II (199–A) wurde am 8. März 1991 von Vandenberg aus mit einer Titan IV-A gestartet und auf einen Orbit von 662 x 420 km mit 68° Inklination gebracht. Diesem folgte *Lacrosse* III (199 – A 1), der am 24. Oktober 1997 mit dem gleichen Launcher, einer Titan IV-A, ebenfalls von Vandenberg in eine Umlaufbahn mit einer Inklination von 57° geschickt wurde. Das Verhältnis von Apogäum zu Perigäum war in diesem Fall 679 x 666 km. Dieser *Lacrosse* III sollte *Lacrosse* I ersetzen, der am Ende seiner Lebensdauer angekommen war. Ein *Lacrosse* IV wurde am 17. August 2000 mit einer Inklination von 68° gestartet und in eine Umlaufbahn von 695 x 689 km gebracht. Es wurde berichtet, dass dieser Satellitentyp, mit einer Masse von ca. 14 500 kg[32], als einer der schwersten damals eingesetzten Aufklärungssatelliten galt. Die Solar-Arrays sollen eine Spannweite von ca. 150 ft (45 m) aufgewiesen und eine elektrische Leistung von 10-20 kW erzeugt haben. Der Start des letzten, d.h. fünften *Lacrosse* Satelliten, 2000-047A USA-152, mit etwa 16 000 kg erfolgte am 30. April 2005 ebenfalls von Vandenberg aus. Zu den Bahndaten wurden folgende Angaben gemacht: Höhe im Perigäum 712 km und im Apogäum 718 km, eine Umlaufzeit von 98 min. und eine Inklination von 57°. Als Launcher diente ein Titan IV-B Booster. Die Kosten pro *Lacrosse* wurden auf etwa 1 Mrd. US Dollar veranschlagt.

Möglicher Aufbau des Radarsatelliten Lacrosse.[157]
(© Charles P. Vick, All Rights Reserved)

Das von der Firma Harris, Florida, entwickelte Radar soll über eine parabolische Drahtgitter-Antenne mit einem Durchmesser von etwa 50 ft (15 m) und einer Phased Array Feed Anordnung[157] verfügen. Ab Lacrosse II sollen zwei Radarantennen eingesetzt worden sein.

Mit diesem Satellitentyp konnte zum ersten Mal eine kombinierte Nacht- und Allwetterfähigkeit erreicht

und von Gebieten mit wochenlanger Wolkenüberdeckung Aufnahmen mit Fotoqualität verfügbar gemacht werden. Es wird angenommen, dass der Sensor in verschiedenen Betriebsarten sowohl Streifenabbildung als auch Spotlightbilder höchster Auflösung erzeugen kann.
Die tatsächliche Auflösung des Radars ist geheim, jedoch scheint eine Auflösung bei Spotlight Bildern von unter 1 m (d.h. bis ca. 2 - 3 ft.) realisierbar zu sein. Über die dafür notwendigen Datenlinks, Algorithmen, Signalprozessoren und schnellen Speicher verfügte die Industrie der USA. Objekte mit großen Radarrückstreuquerschnitten am Boden, wie z. B. Panzer und Luftabwehrraketen, können durch *Lacrosse* bei Tag, in der Nacht und bei Schlechtwetter entdeckt werden, selbst wenn sie im Wald versteckt sind. Bisher werden alle Lacrosse Einsätze als Erfolg gewertet.

Technische Herausforderungen bei raumgestützten Radar-Sensoren

Beim Entwurf von Satelliten mit Radarsensoren galt es eine Vielzahl von Problemen zu lösen, die sich bei fotografischen und signalerfassenden Systemen als weniger gravierend darstellten. Es beginnt bei der Leistungserzeugung der Primärenergie. Zur Abdeckung der großen Radarreichweiten von bis zu 1000 km, für die ein solcher Sensor auszulegen ist, musste beispielsweise von einem Wanderfeldröhrenverstärker (TWT) eine hohe Sendeleistung von einigen kW im Pulsbetrieb erzeugt werden. Der Gewinnung von Primärenergie aus Solarzellen sind Grenzen gesetzt, sodass anfänglich nur Reaktoren infrage zu kommen schienen. Doch wegen der potenziellen radioaktiven Gefahr nahm die US RGA Abstand von einer Anwendung. Solarzellen aus Silizium wandeln die Sonnenstrahlung in Strom um. Während die Solarstrahlung etwa 1353 W/m^2 beträgt, liegt der Umwandlungswirkungsgrad bei etwa 10%. Neben der Erzeugung der Primärenergie bedeutet die Abführung der entstehenden Wärme bei der Auslegung des Thermalhaushaltes eines Satelliten eine wesentliche Rolle. Im Zusammenhang mit der hohen Sendeleistung ist der zusätzliche Aufwand für die Herstellung der elektromagnetischen Verträglichkeit, mit der übrigen Satellitenelektronik zu beachten.
Eine weitere Herausforderung ist der Entwurf der Radarantenne, die möglichst für den Betrieb links und rechts von der Subsatellitenspur sowie für die Ausleuchtung variabler Abstände ausgelegt werden muss. Auch die Steuerung der Antennencharakteristik in der Elevation ist von Bedeutung, da Streifen in unterschiedlichen Entfernungen von der Subsatellitenspur erzeugt werden sollen. Elektronische Azimutsteuerung für Spotlight und Elevationssteuerung setzt *Active Electronically Steering Array* (AESA) Antennen voraus. Bei AESA Antennen werden viele einzelne Sende-/Empfangsmodule (TRM) möglichst nahe bei den Strahlerelementen installiert. AESA Antennen waren anfänglich schwer und bedürfen der Flüssigkeitskühlung. Vom ursprünglichen *Plankdesign* ging man mit zunehmender Miniaturisierung und zunehmendem Wirkungsgrad der TRMs auf Tiles über, eine Bauweise mit quadratischen Kacheln (von z. B. einer 3x3 cm^2 oder 6x6 cm^2 Abmessung) die eine wesentliche Reduzierung des Gewichts erlaubte. Die Raumfahrt verwendete u.a. zur Vermeidung von Gewichtsproblemen und zur Reduzierung des elektrischen Leistungsbedarfs ausgedünnte Arrays mit eingeschränkter Strahlsteuerung. Die Strahlsteuerung erfolgt durch einen Beamsteering Computer, der die Einzelsender in den TRMs mit solchen Phasenverzögerungen ansteuert, dass eine Strahlablenkung erzeugt wird. Bei Lacrosse scheint eine kleine aktive Antenne einen großen Parabolspiegel zu beleuchten, der als Reflektor dient und eine schmale Antennenkeule mit hohem Antennengewinn bewirkt.
Bei der Bilderzeugung spielt die Frage nach Bord- oder Bodenprozessierung eine wesentliche Rolle. Bordprozessierung erfordert erneut hohe Primärenergie; sie erleichtert aber die Zwischenspeicherung und reduziert die Datenraten der Bildübertragung zum Boden. Rohdatenspeicherung an Bord und Prozessierung am Boden stellt hohe Anforderung an die Zwischenspeicherung und an die breitbandige Data Link zur Übertragung. Falls kein Netz von Kommunikationssatelliten existiert, das hohe Datenraten übertragen kann, muss direkt zum Boden übertragen werden. Eine Zwischenspeicherung an Bord ist notwendig, da zur Datenübertragung zu einer Bodenstation gewartet werden muss, bis der Satellit auf seiner Umlaufbahn eine Sichtlinie zu einer Bodenstation erreicht und in den Bereich der Übertragungsreichweite der Data Link gelangt. Wie zuvor erwähnt, besitzen die Vereinigten Staaten aber, neben der militärischen Satellitenkommunikation, weltweit

verteilt, solche Bodenstationen. Bei der begrenzten Zeit für die Datenübertragung zu einer Bodenempfangsstation, von etwa 10 bis 15 min., muss sichergestellt sein, dass die Datenraten so hoch sind, dass alle Rohdaten bzw. Bilddaten übertragen werden können.

Raumgestützte Signalerfassung SIGINT

Neben der raumgestützten abbildenden Aufklärung und Überwachung wurde im Kalten Krieg sowohl von den Vereinigten Staaten als auch von der Sowjetunion damit begonnen, Satelliten zur signalerfassenden Aufklärung zu betreiben. Sowohl die Mittel der Erfassung als auch die Erkenntnisse aus der raumgestützten Signalerfassung, gleichgültig ob bei ELINT, COMINT oder TELINT, gehören sowohl in den USA als auch in Russland zu den bestgehüteten Geheimnissen. Preisgegeben wurde daher auch in den USA auf diesem Gebiet nur das, was häufig unabsichtlich in die Öffentlichkeit gelangt war. Es wird nachfolgend versucht, aus den Mosaiksteinen offener Quellen ein plausibles Bild zu erstellen, das aber nicht beansprucht vollständig zu sein.
In den USA ist das *National Reconnaissance Office* (NRO) die verantwortliche Behörde und der Betreiber der SIGINT Satelliten. Das *Request Tasking,* bzw. die Beauftragung, als auch die Analyse erfolgt aber durch die CIA, DIA, NSA und durch weitere Dienste. Nach der Einstellung des eigenen raumgestützten *Zircon* SIGINT-Programms[135] im Jahre 1987 hat sich die britische Regierung am US-SIGINT Programm finanziell beteiligt und sich damit auch das Recht der eigenständigen Beauftragung eingekauft. Offiziell sind die NSA und CIA die wesentlichen Empfänger der erfassten US SIGINT Daten. Die NSA betrieb die für SIGINT Satelliten vorgesehenen Kontroll- und Empfangsanlagen u.a. in Pine Gap bei Alice Springs, in Australien, Menwith Hill[134], bei Harrogate, UK und Fort Meade[54], Maryland, USA. Aber auch von Bad Aibling in Bayern aus sollen die beiden CANYON-Satelliten kontrolliert worden sein, auf die noch später einzugehen ist. Die Sammlung von SIGINT Information war im Kalten Krieg auf vielen Gebieten eine gemeinsame Unternehmung der amerikanischen NSA, der australischen DSD und *Great Britain's Government Communication Headquarters* (GCHQ). In Pine Gap befand sich z. B. die Bodenempfangsstation des ersten US SIGINT Satelliten auf einem geosynchronen Orbit, dem RHYOLITE.
Aufgabe der raumgestützten SIGINT ist es, großräumig Aktivitäten von Kräften, Mitteln, Führungs-, Informations- und Kommunikationssystemen sowie Systeme der Ortung (wie Radare der Luftabwehr), der Lenkung und Leitung (wie ABM und Raketenstreitkräfte) aus deren elektromagnetischen Abstrahlungen aufzuklären. Sehr wichtig für die USA war insbesondere der Empfang von Telemetriesignalen während den Tests von ballistischen Raketen. Zum Aufgabenbereich gehören aber auch das Abfangen und die Dekryptierung von Regierungs- und Diplomatenkommunikation. Dieser Aufgabenbereich wird zukünftig im Rahmen der Terrorbekämpfung erweitert werden müssen. SIGINT Satelliten können aber auch als Relais für Agenten in fremden Ländern genutzt werden. Bei raumgestützten SIGINT-Systemen kamen generell Antennen-, Empfänger- und Datenaufzeichnungs-Systeme zur Anwendung, die sich bereits bei luftgetragenen SIGINT Systemen bewährt haben. Die Ergebnisse der raumgestützten Signalerfassung wurden analysiert und ausgewertet und zur Erstellung eines kontinuierlichen Lagebildes (inkl. Erstellung einer *Electronic Order of Battle* (EOB) bzw. *Communication Order of Battle* (COC)) verwendet. Aus der Telemetriedatenerfassung (TELINT) konnte während des Kalten Krieges mittels technischer Analyse auf Reichweite, Wurfmasse, Zielgenauigkeit von ICBMs geschlossen werden. Die raumgestützte SIGINT Aufklärung der USA ist nur ein Teil ihrer Signalerfassung, aber insbesondere der, der den Zentralbereich der Sowjetunion abdecken konnte. Daneben standen immer luft-, boden- und seegestützte Systeme für die Peripherie zur Verfügung. Einschränkungen der raumgestützten SIGINT Aufklärung sind vor allem durch die atmosphärische Dämpfung der elektromagnetischen Wellen gegeben. Frequenzen zwischen 0,5 und 15 MHz können die Ionosphäre nur selten durchdringen. Im Mikrowellenbereich sinken die Dämpfungswerte erheblich ab. Bei GEO-Satelliten beträgt die Signaldämpfung im X-Band immer noch 200 dB. Zur Aufklärung von Radarsignalen sind daher niedrigere Umlaufbahnen zwischen 300 und 900 km günstiger als geostationäre.
Erst am 17. Juni 1998 gaben die US Naval Research Labs und die NRO bekannt, dass die Satelliten des

Programms *Galactic Radiation and Background* (GRAB) die ersten operationellen US SIGINT Satelliten waren. Der erste *GRAB* Satellit wurde bereits am 22. Juni 1960 in einen LEO gestartet. Entwickelt wurde er in den Naval Research Labs. *GRAB* hatte offiziell einen wissenschaftlichen Auftrag, nämlich die Erfassung und Messung der solaren Röntgenstrahlung (SOLRAD). Daneben hatte der Satellit aber eine geheime Mission, nämlich die Erfassung und Lokalisierung der sowjetischen Luftabwehrradare. Hierzu war er mit speziellen ELINT-Antennen und -Empfängern ausgestattet worden. Die empfangenen Signale wurden auf Magnetbändern aufgezeichnet, zum Boden übertragen und später von der NSA und dem *Strategic Air Command* (SAC) prozessiert und analysiert. Erwähnenswert bei diesen Einsätzen ist u.a. die Entdeckung eines sowjetischen Radars, das für ein mögliches ABM-System vorgesehen war. Die GRAB-Missionen waren insgesamt nicht sehr erfolgreich, da nur zwei von fünf Satellitenstarts erfolgreich verliefen.

Ferret Aufklärungssatelliten wurden von der USAF in den 60er Jahren zur Ergänzung der Fotosatelliten eingesetzt, und zwar sowohl mit Empfängern zum Abhören des militärischen Sprechfunks als auch zur Überwachung der Radaraktivitäten der sowjetischen Streitkräfte. Es gab zwei Klassen von *Ferret* Satelliten. Zunächst die schweren *Ferrets,* die mit Atlas Agena-B und Thor Agena-D Stufen gestartet wurden und später leichtere Empfangssysteme, die im Huckepackverfahren auf Fotosatelliten aufgesattelt in Umlaufbahnen gebracht wurden. Aus den Orbits ihrer Trägersatelliten konnten sie mit Eigenantrieb auf höhere Bahnen gelangen (bis zu 600-1300 km). Die schweren *Ferrets* hatten eine Masse von etwa 1000 bis 2000 kg, wogegen die leichteren, schmalbandigen Ferret-Empfangssysteme nur einige 10 kg wogen.

Siebzehn schwere *Ferrets* wurden ab 15. Mai 1962 gestartet, und zwar über eine ganze Dekade hinweg. Der erste schwere Ferret-Satellit wurde in einen fast polaren Orbit mit 82.3° Inklination, einem Perigäum von ca. 290 km und einem Apogäum von ca. 645 km Höhe gebracht. Wogegen die nachfolgenden schweren *Ferrets* eher auf kreisförmigen Bahnen von etwa 480 km Höhe betrieben wurden. Durch die höhere Umlaufbahn erhöhte sich die Lebensdauer auch auf fast 500 Tage und war damit deutlich länger als die in geringeren Bahnhöhen eingesetzten abbildenden Satelliten.

Die *Sub-Satelliten,* d.h. die leichteren Ferrets, wurden etwa ab 1963 bis in die Mitte der 70er Jahre hinein eingesetzt. Die KH-4, -7 und -8 jener Zeit trugen in der Regel einen Sub-Satelliten. KH-9 konnte bereits zwei dieser Sub-Satelliten mit sich führen. Insgesamt sollen es 35 gewesen sein, die mit KH-Satelliten in eine Umlaufbahn gebracht wurden.

Das Empfängersystem eines schweren *Ferret,* mit einer mittleren Bahnhöhe von 480 km, kann theoretisch Radar- und Funkemissionen auf fast 2500 km (LOS) Entfernung erfassen. Bei allen Umläufen pro Tag konnte also ein solcher Satellit im günstigsten Fall eine große Anzahl von Emittern von der Westgrenze Russlands bis nach China abdecken, wobei natürlich die zeitliche Abdeckung im Minutenbereich sehr kurz ist. Daraus folgt, dass sich zu einer zeitlich längeren Abdeckung viele schwere *Ferrets* gleichzeitig auf Umlaufbahnen befinden mussten. Da schwere *Ferrets* mit Thor Agena-D in eine Umlaufbahn gebracht werden mussten, war eine gute zeitliche Abdeckung eine kostspielige Angelegenheit. Also war die Beschaffung leichterer, miniaturisierter und empfindlicherer Empfänger notwendig, die in einem Mini-Satelliten untergebracht werden konnten. Weit kostengünstiger war es daher, das Ziel einer guten zeitlichen Abdeckung mit den leichten Subsatelliten *Ferrets* zu erreichen, die Huckepack auf den KH-Satelliten mitgeführt werden konnten.

Ein weiterer Schwerpunk für die schweren *Ferrets* während des Kalten Krieges war die Aufklärung der sowjetischen Führungssysteme. Mit den Subsatelliten, deren Empfangsbandbreite begrenzt war, konnten wahrscheinlich nur die Emittersignale und die Position der Luftabwehr- und der ABM-Radare sowie Techniken von elektronischen Gegenmaßnahmen (ECM) erfasst werden. Aber mit der Funkaufklärung konnte auch Größe, Aufstellung und Bereitschaftsgrad militärischer Einheiten festgestellt und Raketentests aufgeklärt werden[55]. Das Hauptproblem dieser *Ferrets* lag in der jeweiligen kurzen Beobachtungszeit. Der Frequenzbereich der zu beobachtenden Radare war sehr breit und die Radare wurden oft nur zeitweilig betrieben. Lokalisierung und Signalvermessung brauchen Zeit und diese steht bei quasi polaren Überflügen in den genannten Umlaufbahnen oft nicht ausreichend lange zur Verfügung. Wenn aber eine Erfassung erfolgreich war, dann waren das Ergebnis, die Analyse und die Lokalisierung äußerst präzise. Aber nicht nur die ELINT-Analysten in Fort Mead standen vor diesem Problem der kurzen Beobachtungszeit. Ganz ähnlich war auch die COMINT-Situation mit dem *Ferret* auf niedrigen Umlaufbahnen. Während der paar Minuten, in denen sie sich im Empfangsbereich des Sprech- oder Datenfunks befanden, konnten länger dauernde Übertragungen von Botschaften nicht erfasst werden. Daher verlangten CIA und NSA die Satelliten für bestimmte Aufgaben entweder auf stark elliptische Umlaufbahnen *(High Inclined Orbits* (HIO)) oder sie gar auf GEO anzuheben. Der CIA hatte wegen dieser Handicaps der Ferrets, bis zum Betrieb von RHYOLITE, kein besonderes Interesse an SIGINT Satelliten gezeigt.

Ein weiterer Nachteil der *Ferrets* in niedrigen Orbits war darüber hinaus, dass russische und chinesische Radare die Satelliten entdecken und verfolgen konnten. Damit waren ihre Umlaufbahnen bekannt und man konnte ihre Empfänger stören oder täuschen. Aber man konnte auch Radare einfach abschalten und abwarten, bis ein SIGINT-Satellit wieder über den Horizont verschwunden war.

Die Erfahrung mit den *Ferret* Satelliten zeigte, dass zu einer effektiveren Erfassung von Kommunikationskanälen der Satelliteneinsatz von höheren Orbits, d.h. von geostationären oder ausgeprägt elliptischen Umlaufbahnen (z. B. *Molniya* Bahnen, mit einem 12 h-Orbit bei einem Perigäum von 600 km aber einem Apogäum von 39 000 km und einer Inklination von 68°) aus, erfolgen sollte. Dies gilt insbesondere dann, wenn eine kontinuierliche Überwachung der Signale im Funkbereich oder eine ausreichende Ortungsgenauigkeit erforderlich ist. Bei Verwendung eines größeren Satelliten und höheren Orbits, als bei *Ferret,* konnte man auch ELINT- und COMINT-Funktionen in einem Satelliten kombinieren.

Der erste kombinierte USAF ELINT-/COMINT-Satellit wurde CANYON genannt. Der erste CANYON wurde im August 1968 und ein Zweiter kurze Zeit später gestartet. Beide wurden von der US-Bodenstation in Bad Aibling, Bayern, kontrolliert. Die Funktion dieses Satelliten konnte über einen gewissen Zeitraum verschleiert werden, da er für die Öffentlichkeit als Prototyp zukünftiger Frühwarnsatelliten ausgegeben wurde. Tatsächlich wurden die CANYONs aber für die Überwachung der Kommunikation von Befehlszentren sowie zwischen den Stäben hochrangiger Kommandeure in den sowjetischen Streitkräften eingesetzt, speziell der strategischen Raketenverbände. CANYON hatte eine Masse von ca. 270 kg und eine Antenne mit 10 m Durchmesser. Der Hersteller war TRW. CANYON war bereits ein SIGINT Satellit der zweiten Generation.

CANYON-Satelliten bestätigten die vermuteten Vorzüge von *quasi stationären* Orbits, die dann auch bei nachfolgenden SIGINT-Satelliten verwendet wurden. Anstelle des geostationären Orbits in etwa 36 000 m Höhe haben die *quasi stationären* Orbits ein Apogäum von 39 000 bis 42 000 km und ein Perigäum von zwischen 30 000 und 33 000 km bei einer Inklination zwischen 3 bis 10°. Bei einer solchen Umlaufbahn bewegt sich der Satellit auf einer komplexen elliptischen Trajektorie, die einerseits die Abdeckung vergrößert aber auch andererseits erlaubt, die Winkelablage von Emittern von verschiedenen Punkten aus im Orbit zu messen, um dadurch die Ortungsergebnisse zu verbessern.

Die ersten vier CANYON-Satelliten blieben fest mit der Agena Stufe verbunden. Allerdings war der vierte Start ein Fehlschlag. Bei den folgenden drei Starts bis 1977 wurde jeweils die Agena-Stufe vom Satelliten getrennt.

Die erste Version der geosynchronen CIA SIGINT Satelliten wurden RHYOLITE bezeichnet. Nachdem die Existenz dieses Satelliten bekannt wurde, ist der Name in *Aquacade* geändert worden. Auch andere Decknamen fanden Verwendung, wie etwa Programm 720 oder 472. RHYOLITE (RH) war eines der bis dahin am strengsten geheim gehaltenen Satellitenprojekte überhaupt. Entwickelt wurde er bei TRW im Auftrag der CIA. Die Existenz der RHYOLITE Satelliten[56] wurde erst bestätigt, als 1977 im Rahmen der Gerichtsverhandlung bekannt wurde, dass zwei Amerikaner A. D. Lee und C. J. Boyce Details zu diesem Satelliten und seinen Aufgaben an den sowjetischen Geheimdienst KGB verraten hatten. Christopher Boyce war ein einfacher Angestellter der TRW, der alle Sicherheitsüberprüfungen des CIA bestanden hatte und so Zugang zu den Unterlagen erhielt.

Den RHYOLITE Satelliten wurde die Kennnummer 7600[5] zugewiesen, was sie den Satelliten für Telemetriedatenerfassung (TELINT) zuordnete. 7604 ist z. B. der 4. Satellit der modernisierten Serie, der am 7.

April 1978 gestartet wurde. RHYOLITE gilt ebenfalls als SIGINT Satellit der zweiten Generation. Ganz allgemein hatten US SIGINT Satelliten die Seriennummern 7000, ELINT 7500 und TELINT 7600. In der Literatur sind auch Hinweise zu finden, dass zwischen 19. Juni 1970 und 7. April 1978 insgesamt 8 RHYOLITE gestartet wurden. Dabei werden die ersten vier als Satelliten der ersten Generation und die letzten vier als RHYOLITE-M oder auch AQUACADE bezeichnet.

Als der erste RHYOLITE Satellit am 19. Juni 1970 mit einer Atlas Agena-D gestartet wurde, befand er sich zunächst auf einer extrem elliptischen Umlaufbahn mit einer Perigäumshöhe von 178 km und einer Apogäumshöhe von etwa 33 685 km bei einer Inklination von 28,2°. Diese Bahn wurde später in eine quasi geostationäre Bahn verändert, mit jeweiligen Höhen im Perigäum von 31 680 km und im Apogäum von 39 860 km und einer Inklination von 9,9°. Der zweite Start erfolgte am 6. März 1973 (der erste voll operationelle Satellit), der dritte am 11. Dezember 1977 und der vierte am 7. April 1978; alle auf quasi geostationären Orbits. Eine Experimentalversion von RHYOLITE wurde wahrscheinlich bereits 1970 erprobt, und zwar im selben Jahr als die US-australische *Joint Defense Space Research Facility* in Pine Gap, Australien, eingerichtet wurde, von wo aus RHYOLITE kontrolliert wurde.

Hauptaufgabe des RHYOLITE war die Erfassung von ELINT und Telemetriedaten (TELINT) sowohl von ballistischen Raketentests der UdSSR als auch von Tests der Volksrepublik China sowie bestimmter Telekommunikationssysteme anderer Länder. Hierbei hatte RHYOLITE, ähnlich wie die RC-135, insbesondere die Telemetriesignale von Raketen, die von Kapustin Yar, Tjuratam und Plesetsk aus zur Kamtschatka Halbinsel oder in den Pazifik geschossen wurden, zu erfassen. RHYOLITE zeichnete die Daten der mehr als 50 UHF- und Mikrowellenkanäle auf, die die Russen für ihre Telemetriedatenübertragungen nutzten. RHYOLITE wirkte für die Funkaufklärung wie ein COMINT-Staubsauger; insbesondere im VHF-, UHF- und Mikrowellenband erfasste er dabei auch den Fernsprechverkehr über der Sowjetunion. So war der wichtigste RHYOLITE Erfolg die Erfassung der vernetzten militärischen Mikrowellenverbindungen, die über die gesamte Sowjetunion ausgebreitet waren. Angeblich sollen auch Walkie-Talkie Gespräche aus Übungen der Roten Armee, aber auch Gespräche in China, Vietnam, Indonesien, Pakistan, Libanon etc. erfasst worden sein. Die dabei gewonnene Datenmenge war so groß, dass die NSA und CIA die Auswertung dieser Informationsmenge nicht mehr allein bewältigen konnten, sodass das britische GCHQ bei der Auswertung eingeschaltet wurde. Der erste Satellit soll, nach einer Bahnänderung, in ca. 35 590 km Höhe über Borneo in einem GEO stationiert worden sein[5]. Als Bodenstation wurde Pine Gap in Australien gewählt, von wo die Information kodiert zum NSA- Hauptquartier nach Fort Meade, USA, zur Analyse übertragen wurde. Hierdurch war gesichert, dass weder die UdSSR noch China die erfassten Gespräche in der *Down link* Phase wieder abhören konnten.

Die RHYOLITE Satelliten hatten eine zylindrische Form und waren etwa 1,50 m lang mit einer Masse von etwa 680 kg. Die parabolische Hauptempfangsantenne soll, ab RHYOLITE 2, einen Durchmesser von etwa 20 m aufgewiesen haben. Dies erlaubte z. B. im X-Band, einen Bereich von ca. 50 km Durchmesser im Äquatorialbereich der Erde gezielt zu erfassen. Aber selbst dieser Spotdurchmesser erwies sich noch als zu groß und war nicht ausreichend selektiv. Das RHYOLITE Satellitensystem war wahrscheinlich nach 1986 nicht mehr in der vollen operationellen SIGINT Version vorhanden.

RHYOLITE/*Aquila* ist nicht das einzige SIGINT Satellitensystem, das die USA in einen quasi geostationären Orbit schickte. Noch während der Gerichtsverhandlung gegen Lee und Boyce wurde das SIGINT Satellitensystem CHALET entwickelt. Dieser Satellitentyp wurde noch schwerer als der RHYOLITE. Seine Masse stieg auf 1800 kg und der Antennendurchmesser wurde auf ca. 38 m vergrößert. Der erste CHALET, ein COMINT Satellit der 3. Generation, wurde am 10. Juni 1978, der zweite am 1. Oktober 1979 und der dritte am 31. Oktober 1981 von der USAF gestartet. Nach Bekanntwerdung der Existenz dieses Satelliten in der Öffentlichkeit, durch einen Artikel in der *New York Times,* wurde der Name in Vortex umgeändert. Es folgten im Zeitraum von 1984 bis 1989 weitere drei *Vortex* Satelliten in GEO Orbits, die wahrscheinlich mit weiter verbesserten Empfängern ausgestattet waren. Es sollte erwähnt werden, dass drei CHALET/*Vortex* Satelliten für eine weltweite Abdeckung der Erfassung des gesamten

UHF Funkverkehrs genügten. Diese Satelliten wurden bis zum Ende des Kalten Krieges betrieben. Man nimmt an, dass der Durchmesser der Parabolantenne weiter auf 40 m angewachsen war; mit dem Erfolg, dass der Spotdurchmesser auf der Erde gegenüber RHYOLITE etwa halbiert werden konnte.
Der Erste, der dritten Generation, der CHALET/Vortex Satelliten, wurde ab 1994, d.h. nach Ende des Kalten Krieges, gestartet und getestet. Er erhielt den Decknamen MERCURY unmittelbar, nachdem seine Existenz öffentlich bekannt wurde. Der zweite Start erfolgte 1996. Es wird angenommen, dass der dritte Satellit in der Reihenfolge zerstört wurde, als am 12. August 1998 der Titan 34D Booster 42 sec nach Abheben explodierte. Der Schaden wurde damals in den Medien mit 1Mrd. $ beziffert.
Den Namen MAGNUM erhielt die Satellitenserie der CIA, die die RHYOLITE Satelliten ersetzen sollte. MAGNUM war ein noch besserer Signalsammler als der Vorgänger. Auch in diesem Fall wurde der Name durch eine vollkommen unerwünschte Veröffentlichung in den Medien, geändert, und zwar in *Orion* und *Mentor*. Da MAGNUM mit dem Space Shuttle gestartet werden sollte, wurden die anwesenden Journalisten in einer Pressekonferenz bereits einen Monat vor dem Erststart ausdrücklich von dem damaligen USAF-Direktor für Öffentlichkeitsarbeit, General Richard Abel, gewarnt, dass der Start des Space Shuttles als auch die Art der Nutzlast höchster Geheimhaltung unterliege und dass jeder Bruch, wegen Gefährdung der Nationalen Sicherheit, der Strafverfolgung unterliege. Damit war natürlich das Interesse der Journalisten geweckt. Der *Washington Post,* der dieser Schleier des Geheimnisvollen über einen NASA-Start als Präzedenzfall erschien, war das zu viel und veröffentlichte.
Der erste MAGNUM-Start erfolgte dann am 24. Januar 1985 und MAGNUM ging mit dem Space Shuttle *Discovery* erfolgreich auf eine Umlaufbahn. Er wird, laut *New York Times,* auf einen sehr ungewöhnlichen Parkorbit geschickt, mit einer Perigäumshöhe von ca. 340 km, einer Apogäumshöhe von ca. 34 660 km und einer Inklination von 28,4°. Dieser stark elliptische Orbit war für einen SIGINT Satelliten höchst ungewöhnlich und er wurde wenig später in einen geostationären Orbit geändert. Nach einer internationalen Abmachung müssen die Anfangsumlaufbahnen von Satelliten den *Vereinten Nationen* (VN) mitgeteilt werden. Dabei werden bei militärischen Satellitenstarts in den USA die anfänglichen Charakteristiken der Umlaufbahn von der USAF an das State Department und von dort zu den VN weitergeleitet. Durch die Angaben zur anfänglichen Umlaufbahn versuchte man auf beiden Seiten häufig, das Geheimnis des Auftrags zu verschleiern.
Drei MAGNUM-Satelliten genügten für das Abhören des weltweiten Mikrowellenfunkverkehrs. Jedoch behielt, wie bei RHYOLITE, nach wie vor die Erfassung und Überwachung der Telemetriedaten von ballistischen Raketentests eine hohe Priorität. Ein zweiter Satellit der ersten Generation wurde 1989 gestartet. Der Durchmesser der Empfangsantenne vergrößerte sich nun angeblich auf 40 m und die Masse auf 2700 kg. Die verbesserte Empfindlichkeit des Empfängers und der erhöhte Antennengewinn machten es möglich, dass auch Übertragungen mit niedrigen Leistungspegeln erfasst sowie Senderpositionen mit erhöhter Genauigkeit ermittelt werden konnten.
1995 erfolgte der Start des ersten MAGNUM/Orion der zweiten Generation (der USA-110). Es wird angenommen, dass er über eine noch größere Antenne verfügt (mit einem Durchmesser von ca. 80 m). Der Satellit USA-139, der im Mai 1998 in eine Erdumlaufbahn geschickt wurde, ist wahrscheinlich der zweite Satellit dieser Serie.
Für spezielle ELINT-Aufgaben folgte für die USAF ein neuer Typ, JUMPSEAT genannt; nunmehr ein Satellit der dritten Generation. JUMPSEAT Satelliten (Bezeichnung auch AFP-711) wurden in stark elliptische 12 h Bahnumläufe mit hoher Inklination geschossen, und zwar mit einem Perigäum von ca. 320 km im Südpazifik zwischen Argentinien und Neu Seeland und einer Apogäumshöhe von etwa 38 900 km über Sibirien). Diese Bahnparameter wurden gewählt, um eine gute Abdeckung und lange Beobachtungsdauer (von etwa 8 Stunden) der nördlichen Regionen über der UdSSR zu erhalten. Bekannt wurden solche exzentrische HEO-Bahnen durch die russischen *Molniya* Kommunikationssatelliten, die sich mit einem Apogäum von 39 000 km, einem Perigäum von 600 km, einer Inklination von 63° und einer Umlaufdauer von 12 Stunden auszeichnen. Die JUMPSEAT Bahncharakteristiken ähnelten etwa denen der SDS, die als Relais Satelliten für den KH-11 dienten. Für die sowjetischen Verfolgungsradare sah JUMPSEAT also wie ein Kommunika-

tionssatellit des SDS aus, diente aber in Wirklichkeit der Signalaufklärung.
Die ersten beiden JUMPSEATs wurden 1971 und 1973 gestartet und das letzte Paar in den Jahren 1980 und 1983. Sie ähneln sehr den RHYOLITE-Typen, und zwar dadurch, dass sie wie diese etwa 1500 kg wogen und über eine Antenne mit 20 m Durchmesser verfügten.
Der Aufgaben-Schwerpunkt von JUMPSEAT lag vermutlich bei der Erfassung der Radaremissionen von Hochleistungs-Phased-Array Radaren, die für sowjetische ABM Abwehrsysteme zur Entdeckung und Verfolgung von Raumfahrzeugen und Gefechtsköpfen im Gebiet der Sowjetunion installiert wurden. Mit der Entdeckung derartiger Radaremissionen und der Lokalisierung des Radars sollten zwei Fragen beantwortet werden: Verletzt die individuelle Radar-Aufstellung den ABM Vertrag und können, im Fall eines Krieges, solche Wiedereintrittsbahnen der nuklearen Gefechtsköpfe des SAC und der Navy gefunden werden, ohne frühzeitig von diesen großen Radaranlagen erfasst zu werden.
Mit TRUMPET erscheint bei der USAF, nach Beendigung des Kalten Krieges, ein weiterer Typ eines signalerfassenden Satelliten, dessen Entwurf und Entwicklung noch in die Epoche davor reichte. Es sind seit 1994 drei dieser TRUMPET Satelliten in Bahnen hoher Inklination, d.h. für eine globale Abdeckung, geschossen worden. Wie mit JUMPSEAT sollen ebenfalls stark elliptische 12 h Bahnumläufe gewählt worden sein. Dieser Satellitentyp sollte die JUMPSEAT Satelliten ablösen. Es wird angenommen, dass der Durchmesser der TRUMPET Parabolantenne auf > 100 m angestiegen war. Geht man davon aus, dass die Empfangshörner auf einem Gittermast im Fokus der Antenne, d.h. in einer Höhe von etwa dem halben Antennendurchmesser über dem Fußpunkt, angebracht wurden, so ist die Antennenanlage ein riesiges Gebilde. Man muss jedoch dabei beachten, dass durch den technologischen Fortschritt beim Bau solch großer Antennen die spezifische Masse erheblich reduziert werden konnte, z. B. von RHYOLITE zu TRUMPET von wahrscheinlich 0,4 auf 0,06 kg/m2. Ziel beim Bau dieser großen Antennen ist die starke Bündelung der Empfangskeule über den gesamten interessierenden Frequenzbereich, um sehr selektiv bestimmte interessierende Bereiche geringen Durchmessers auf der Erde erfassen zu können.

Auch die US-Navy blieb nach GRAB nicht untätig. Sie hatte die Aufgabe der Ozeanüberwachung übernommen. Dazu wurde das *White Cloud Naval Ocean Surveillance System* (NOSS), ein SIGINT Satellitensystem, entwickelt. Neben der Ozeanüberwachung war die Erfassung und Lokalisierung des Sprach- und Datenfunks sowie von Radaremittern auf Schiffen eine wesentliche Herausforderung. Auf die Identität von Schiffsverbänden kann durch Analyse der Betriebsfrequenzen und der Sendeschematik der Emissionen geschlossen werden. Bei jedem NOSS-Start in eine LEO-Bahn wurden neben dem Primärsatelliten drei kleinere Subsatelliten so verzögert freigegeben, dass sie mit dem Primärsatelliten eine Kette bildeten. Mit dieser Anordnung konnte durch Triangulation die Position von Funk- und Radarsender in kürzester Zeit festgestellt werden. Zwei Starts, jeweils am 9. Februar 1986 und am 15. Mai 1987, sind bekannt geworden.

Frühwarnung

Die Entwicklung des Missile Defense Alarm System (MIDAS)[5] erhielt, wie zuvor erwähnt, bereits Ende der 50er Jahre für die USAF hohe Priorität. Wegen der sich damals abzeichnenden möglichen nuklearen Bedrohung durch sowjetische Gefechtsköpfe, die mit Hilfe von interkontinentalen Trägerraketen (ICBMs) irgendwo in dem riesigen Staatsgebiet der UdSSR hätten gegen die USA gestartet werden können, wurde die Dringlichkeit der Einrichtung eines solchen raumgestützten Frühwarnsystems bei den Entscheidungsträgern der USA schnell offenkundig. Nur die Erfassung der Raketen unmittelbar nach dem Start hätte eine maximale Vorwarnzeit und die Möglichkeit eines Gegenschlags mit eigenen ICBMs garantiert. Im Falle eines sowjetischen Angriffs mit ICBMs würde die Frühwarnung etwa fünf Minuten nach dem Start in Washington eintreffen. Diese Frühwarnung würde aber weder ausreichend Zeit für die Information noch für die Verbringung der Bevölkerung in sichere Bunker genügen. MIDAS war natürlich als Abschreckung für die Sowjetunion gedacht, und zwar wegen der damit gegebenen Zweitschlagfähigkeit aufseiten der USA. Diese Strategie war in der Zeit des Kalten Krieges möglich, weil die Logik der USA und der Sowjetunion bezüglich des Überlebens in einem Angriffsfall sehr nahe beieinanderlag. Diese *Mutual*

Assured Destruction (MAD) Zusicherung erhielt letztlich den Frieden. Dass diese Logik einer bloßen Zweitschlagsfähigkeit gegenüber Ländern, die durch einen religiösen Fanatismus oder Ideologie geprägt sind und die den Tod und die Zerstörung ihrer Städte in Kauf nehmen, nicht mehr sinnvoll sein kann, ist naheliegend. In diesem Sinn sind auch heute die Architekturüberlegungen der USA zur Abwehr von ballistischen Raketen (ABM) neu zu bewerten.
MIDAS war als flächendeckendes Satellitensystem angelegt, das mit Sensoren von AeroJet Electrosystems ausgestattet war, die im nahen IR-Bereich arbeiteten. Aufgabe war es, die heißen Abgasstrahlen sowjetischer Raketen unmittelbar nach einem Start, der nicht vorangekündigt war, in der Aufstiegsphase zu entdecken und einen Alarm auszulösen. MIDAS war mehr als Überwachungs- und weniger als Aufklärungssystem gedacht. MIDAS wurde durch eine Reihe von bodengestützten Großradar-Anlagen, Flugzeugen und Teleskopen ergänzt, die sowohl die möglichen Einflugskorridore von ICBMs über den nordamerikanischen Kontinent als auch die von sowjetischen SLBMs vom Pazifik und Atlantik her überwachen sollten. Die nordamerikanische Luftraumüberwachung liegt in der Verantwortung einer binationalen Organisation zwischen USA und Kanada, der *North American Aerospace Defense Command* (NORAD). Der *Commander-in-Chief* von NORAD (C-in-C NORAD) wird von dem US-Präsidenten und dem kanadischen Ministerpräsidenten ernannt und ist diesen beiden persönlich verpflichtet. Das NORAD-Hauptquartier befindet sich in der Peterson Air Force Base und das *Command and Control Center* in der Cheyenne Mountain Air Station; beide im US-Staat Colorado. In dieser zentralen Sammel- und Koordinationseinrichtung laufen alle weltweiten Sensorinformationen zusammen, sodass dem C-in-C NORAD und den nationalen Befehlsautoritäten der USA und Kanada jederzeit ein genaues, aktuelles Lagebild der nuklearen Bedrohung aufbereitet und auf einer Großleinwand dargestellt werden kann.
Organisatorisch war für das US DoD der Direktor NRO, in seiner zusätzlichen Eigenschaft als *Assistant Secretary of the Air Force* (Space), für die Koordination des US-Frühwarnsystems zur Entdeckung von Lenkwaffen-Starts, die gegen die USA gerichtet sein könnten, zuständig. Das US *Space Command* unterstützt NORAD's Aktivitäten durch Bereitstellung von Information der Frühwarnsysteme und der raumgestützten Aufklärung.
Der erste Satellit im Rahmen MIDAS wurde am 26. Februar 1960 von Cape Canaveral aus mit einer Atlas-Agena A gestartet und endete mit einem Fehlschlag. MIDAS II wurde am 24. Mai 1960 gestartet und erreichte auch den Orbit (Bahndaten 473 zu 494 km, Inklination 33°). Jedoch versagte schon nach zwei Tagen die Datenübertragung. MIDAS III wurde am 12. Juli 1961 erfolgreich mit einer Atlas-Agena B von Vandenberg aus gestartet und war bis dahin der schwerste Satellit, der jemals in einen Orbit gelangte. Die Bahndaten waren nun im Perigäum 3343 km und im Apogäum 3540 km. Die Inklination betrug 91,1°, also ein quasi polarer Orbit. Weitere Satellitenstarts folgten, ebenfalls mit Bahndaten von etwa 3500 km Höhe und quasi polaren aber versetzten Orbits. Der 12. MIDAS-Satellit wurde am 5. Oktober 1961 mit einer Atlas-Agena D ebenfalls von Vandenberg aus gestartet. Die Bahndaten lagen bei 3656 km zu 3721 km, bei einer Inklination von 90°.
Wie bei SAMOS wurde auch bei MIDAS ab 1962 der Schleier der Geheimhaltung über das gesamte System ausgebreitet. Zwischen den Starts der Satelliten wurden bei AeroJet Electrosystems vier unterschiedliche, immer weiter verfeinerte IR-Sensorsysteme entwickelt. Diese Verbesserungen wiesen dann auch den Weg zur Entwicklung, dem Bau, Start und Betrieb des nachfolgenden *Integrated Missile Early Warning System* (IMEWS), des bereits früher erwähnten *Defense Support Programs* (DSP)-647. MIDAS arbeitete insgesamt nicht sehr zufriedenstellend. Eine kontinuierliche Gesamtabdeckung der UdSSR mit einem System auf polaren Orbits in der genannten Bahnhöhe war nicht möglich und das bedeutete eine Gefahr für die USA.
Als Nachfolger wurde der DSP-647 geplant, der neben den MIDAS-Funktionen auch Nukleartests registrieren und über meteorologische Aufzeichnungsfähigkeiten verfügen sollte. Auf diese Informationen sollten nur die Militärs einen Zugriff haben[5]. Eine Angebotsaufforderung an die Industrie wurde 1966 von der USAF *Space System Division* herausgegeben. Das Team von TRW (heute NGC) und Aero Jet-General gewann den Auftrag gegen Lockheed. Das Projekt erhielt zunächst die Bezeichnung Program 949. Vier experimentelle Vorläufer wurden gestartet und wurden von Pine Gap, Australien, kon-

TRW DSP-647 Early Warning Satellite. (Wikimedia)

trolliert. Später ging die Kontrolle nach Nurrungar über, das etwa 800 km südlich von Pine Gap liegt. Nurrungar wurde ab 1969 speziell für die Bodendienste der *TRW Defense Support Program Code 647 Satellites* aufgebaut. In diese Zeit fiel auch die Entscheidung zur Bekanntgabe der Existenz dieses Satellitensystems durch das Pentagon. Der Erste, der unter der Kontrolle von Nurrungar gestarteten Satelliten, erreichte die vorgesehene Umlaufbahn nicht. Erst der zweite Versuch am 5. Mai 1971 mit einer Titan IIIC war erfolgreich.

In Nurrungar befindet sich die Bodenempfangsstation für den DSP-647, der sich in einem GEO über Borneo befindet. Die Kommunikation von Warnungen, d.h. *up* und *down link* erfolgte über eine riesige 12 m Durchmesser Cassegrain Antenne, AN/MSC-46, von Hughes zu den *Defense Satellite Communication Systems* (DSCS) Satelliten, und zwar mit einer vier Horn Monopuls Anordnung zur präzisen Ausrichtung der Bodenantenne auf den Satelliten. Die DSCS-Satelliten bilden ein globales Netzwerk und sind von höchster Bedeutung für die Sicherheit der Vereinigten Staaten. Vom Präsidenten bis zu Spezialkommandos verlassen sich alle bei der globalen Breitband-Kommunikation auf DSCS. Jeder DSCS-Satellit verfügt über einen *Broadcast* Kanal, der im Ernstfall Botschaften an die nuklearen Streitkräfte übermitteln kann. Der erste etwa 50 kg schwere DSCS-Satellit wurde bereits 1966 in einen GEO befördert. Die zweite Generation von DSCS wurde ab 1971 eingesetzt. Die dritte Generation, der inzwischen auf fast 1200 kg angewachsenen DSCS, wurde ab 1982 gestartet. DSCS 3-B6, gelangte am 29. August 2003 in eine Umlaufbahn, obwohl der Start zusammen mit 3-A3 mit dem Space Shuttle im Januar 1986 geplant war. Das Challenger Unglück verhinderte jedoch diesen Plan. DSCS 3-B6 und 3-A3 wurden modifiziert. DSCS 3-A3 war schon zuvor am 10. März 2003 in seine geostationäre Umlaufbahn befördert worden. Somit war der 3-B6 der 65. und letzte der DSCS-Satelliten. Diese stellen das Rückgrat des militärischen Breitband-Kommunikationsnetzwerkes der Vereinigten Staaten dar. Das im SHF-Band arbeitende System erlaubt weltweit Sprach- und Datenkommunikation zwischen Rüstungsbeamten, Kommandeuren, Bodentruppen, Flugzeugen, Schiffen, dem State Department und dem Weißen Haus.

Eine zweite ähnliche Anlage wie in Nurrungar existierte auf der Buckley Air National Guard Base, in der Nähe des großen Granitbunkers in den Cheyenne Mountains, das außerhalb und etwas oberhalb Colorado Springs gelegen ist und zu NORAD gehört. Zunächst war im Jahr 1966 vorgesehen, die DSP-Satelliten auf 800 km hohe polare Orbits zu schicken. Dies wurde jedoch bald in geosynchrone Orbits geändert. Im März 1969, nach der Vorstellung des ersten integrierten Satelliten beim Pentagon, wurde der Programmname in DSP-647 geändert. Es waren ständig mindestens drei DSP-647 in geostationären Orbits geparkt, und zwar ein Satellit, der DSP East über dem Indischen Ozean und die beiden anderen, die DSP West, die sich über dem Atlantik und über dem Pazifik befanden. Damit war eine kontinuierliche Gesamtabdeckung der Erde gegeben. Bei einem Alarm durch einen Raketenangriff auf die USA, von Land oder durch U-Boote von der See, würde dieser von einem der drei Satelliten zuerst entdeckt und unmittelbar nach Nurrungar oder Buckley zu NORAD und von dort über DSCS zu den obersten Kommandobehörden in Washington gemeldet werden. Diese Meldungen könnten bei DSP-647 Alarmen innerhalb von drei bis fünf Minuten nach Beginn eines sowjetischen Raketenstarts von ICBMs, IRBMs oder SLBMs erfolgen. Neben NORAD existieren wesentliche weitere DSP-647 Nutzer, nämlich das *Strategic Space Command, Air Combat Command, National Military Command Center* und das Nachrichtenwesen.

Fünf Generationen von DSP-647 Satelliten sind seit 1970 gebaut worden. Ein DSP-647-Satellit der ersten Generation war etwa 6,5 m hoch und hatte einen Durchmesser von etwa 2,7 m. Sein Gewicht lag, je nach Sensorpaket, zwischen ca. 765 und 1170 kg. Die Energieversorgung des DSP-647 erfolgt über Solar Arrays. Er war mit einem Hydrazin-Antrieb ausgestattet, der zur Anpassung der geostationären Position diente. Daneben war ein Heißgasantrieb installiert, der zur Stabilisierung um die drei Achsen und gegen Taumeln vorgesehen war. Die Satellitenachse wurde auf die Erde ausgerichtet. Zu den installierten Sensoren gehörten neben dem IR-Sensor, wie bei *Vela Hotel,* eine Messeinheit zur Erfassung nuklearer Strahlung, eine Lagemesseinheit, ein Sonnensensor zur Orientierung des Satelliten, ein UV Sensor und eine TV-Kamera. Die TV-Kamera wurde zur Ergänzung des Hauptsensors, des großen IR Teleskops eingesetzt. Sowohl die Reflexion des Sonnenlichts an hohen Wolken als auch andere Phänomene hätten im ungünstigsten Fall vom IR-Teleskop als ein Einzel- oder als ein Mehrfachstart von Raketen, als Nuklearexplosion oder sogar als Versuch, den Sensor mit einem Laser zu blenden, interpretiert werden können. Durch die simultane Übertragung eines TV-Bildes und gleichzeitiger Übertragung des IR-Bildes konnte mittels Plausibilitätschecks vermieden werden, dass möglicherweise gefährliche Falschalarme an NORAD geschickt wurden.

Der Hauptsensor, das Infrarot Teleskop, das von Aero Jet-General gebaut wurde, bestand zunächst aus einem Wasserstoff gekühlten PbS-Detektorsystem, das ab 1995 durch ein CdHgTe-Detektorsystem ersetzt wurde, einer Schmidt-Cassegrain Optik von etwa 3,6 m Länge, einer Apertur von fast einem Meter Durchmesser und einem Öffnungswinkel von etwa 7,5°. Die Optik wurde seitlich durch Schirme gegen Sonnenlichteinfall geschützt. Die IR-Strahlung eines Raketenstarts trifft nach der Mehrfachreflexion an der Spiegeloptik auf das lineare Detektorsystem, einer Matrix, die ursprünglich aus etwa 2300 Zellen bestand, die ab dem Jahr 1995 auf 6000 erhöht wurde. Die Strahlungsenergie, die auf die Detektor-Matrix fällt, erzeugt eine Spannung am Ausgang eines jeden betroffenen Elements. Diese werden ausgelesen, umgewandelt und als Datensignal zur Bodenstation gesendet. Die optische Achse weist gegenüber der Satellitenachse einen Schielwinkel von wenigen Grad auf. Da der Satellit sich mit einer Drehzahl von etwa sechsmal pro Minute dreht, wird z. B. mit dem DSP East das Gebiet der gesamten Sowjetunion inkl. der 26 Silo-Komplexe der sowjetischen ballistischen Langstreckenraketen, die in einem Streifen entlang der Transsibirischen Eisenbahn eingerichtet waren, mit ausreichender Wiederholrate (alle 10 s) abgetastet. Doch DSP-647 ist nicht unverwundbar. Die Sensoren können Wolkenbedeckung nicht durchdringen und können in diesem Fall frühestens einen Raketenstart erkennen, wenn die Rakete in der Aufstiegsphase die Wolken durchstößt. Dadurch wären bei einem Überraschungsangriff wichtige Sekunden verloren gegangen. Es würde auch bei DSP-647 die Vorwarnzeit, genauso wenig wie bei MIDAS, ausgereicht haben, die Bevölkerung der Vereinigten Staaten zu warnen und in sichere Bunker zu verbringen. Aber sie hätte der USAF und der US-Navy ausreichend Zeit für einen Gegenschlag gegeben. Die Abschreckung durch *Mutual Assured Destruction* blieb auch mit diesem Frühwarnsystem abgesichert.

DSP-647 hatte noch andere Überwachungsaufgaben zu erfüllen. So sollte das mitgeführte Sensorsystem auch zur Entdeckung nuklearer Explosionen dienen. Daher befanden sich neben dem IR-Instrument auch Sensoren zur Entdeckung eines nuklear elektromagnetischen Impulses (NEMP) und Messeinrichtungen für Neutronen-, Gamma- und Röntgen-Strahlung auf jedem DSP-647, die die Entdeckung und Sammlung von Daten unterirdischer Tests in der Sowjetunion, aber auch überirdischer Tests von Frankreich und China ermöglichen sollten. Zeitlich aufeinanderfolgende DSP-647 Satelliten auf der *East Position* haben tausende Teststarts von Langstreckenraketen, Raketenstarts der zivilen Raumfahrt und Boden-Tests schubstarker Raketentriebwerke in der Sowjetunion beobachten können. Die DSPs auf den Positionen West sollten heiße Abgasstrahlungen im Atlantik, Pazifik und im Golf von Mexiko entdecken helfen, die als Indiz für einen SLBM-Angriff von U-Booten aus auf die USA hätten dienen können. Die Vorwarnzeiten für diese SLBMs liegen, je nach Position des Abschussortes, ebenfalls im Bereich von fünf bis zehn Minuten.

Die DSP-647 haben mit ihrer Positionierung darüberhinaus die Aufgaben der *Vela Hotel*[152] Satelliten übernommen, die zur Einhaltung des Teststoppabkommens *(Limited Test Ban Treaty)* vom 5. August 1963, zwischen den USA, der UdSSR und Großbritannien, über die Einstellung von Kernwaffentests im Raum und in der Atmosphäre zu wachen hatten. Sie waren mit Sensoren zur Messung der Röntgen- und Gammastrahlen sowie mit Neutronen-Detektoren ausgestattet. Die beiden *Vela Hotel* Satelliten befanden sich in einer Umlaufbahn in 103 000 bis 115 000 km Höhe[153], d.h. deutlich über dem Van Allen Gürtel. Sie waren paarweise auf entgegengesetzten Seiten des Globus so angeordnet, dass das raumgestützte Segment das Abkommen über nukleare Tests überwachen konnte. Weiter war damit auch die Einhaltung der 150 kt Begrenzung, im Rahmen des nuklearen Teststoppabkommens von 1974, zu verifizieren. Das Programm *Vela* ging aus einer Empfehlung eines Expertengremiums in Washington bereits im Jahre 1959 hervor. Das Ereignis einer Explosion wurde tatsächlich am 22. September 1979 durch einen *Vela* Satelliten über dem Indischen Ozean gemeldet. Der Verursacher konnte nie ermittelt werden. Man vermutet heute eine außerirdische Gamma-Strahleneruption.

In *Vela* waren neben den USA auch Norwegen und Australien involviert. Es diente sowohl zur Rüstungskontrolle als auch für das militärische Nachrichtenwesen. Neben dem Raumsegment gab es zusätzliche Bodensegmente, die mit seismischen Detektoren und speziellen Empfängern für die Entdeckung eines *nuklear elektro-magnetischen Pulses* (NEMP) von atmosphärischen und exoatmosphärischen Nuklearexplosionen ausgerüstet waren. Aus *Vela* entwickelte sich später die Idee für das *Integrated Operational Nuclear Detection System* (IONDS) bzw. noch später für NDS. Zwischen 1971 bis 2004 sind mit dem Start des DSP-22 am 14. Febr. 2004 etwa 20 DSP-Satelliten in GEO Positionen gebracht worden. Während die Lebensdauer bis DSP-18 noch mit 3-5 Jahren angegeben wurde, soll sie bei DSP-20 bis -22 auf 10 bis 15 Jahre gestiegen sein. Der letzte DSP-23 wurde am 10. November 2007 mit einer Delta IV *Heavy* von Cape Canaveral in eine Umlaufbahn gebracht. Seine Kosten werden auf etwa 400 Mio. $ geschätzt.

Auch das DSP-647-Programm soll in naher Zukunft ersetzt werden. Das US DoD plant deshalb bereits seit geraumer Zeit eine neue Architektur eines Frühwarnsystems, das sich an die veränderten Anforderungen nach dem Kalten Krieg anpasst. Die Vereinigten Staaten gehen davon aus, dass zukünftig die Zeit zwischen einem Raketenstart und der Warnung für eine Gegenaktion viel kürzer als einst bei der Planung von DSP-647 sein wird. Dabei wird als *Worst Case* angenommen, dass zukünftig ein potenzieller Gegner weniger rational handeln und sich eher für einen Nuklearangriff entscheiden könnte, als die frühere Sowjetunion, und sich vor einem Zweitschlag nicht fürchtet. Das Programm, das eventuell DSP-647 ersetzen soll, ist unter der Bezeichnung *Space Based Infra Red System* (Sbirs) bekannt geworden. Die neue Architektur zur Frühwarnung sieht zwei Satelliten in stark elliptischen HEO oder *Molniya-Bahnen (Sbirs Low)* sowie vier Satelliten in geostationären Bahnen (GEO) (Sbirs High) vor. Das System soll etwa 11 Mrd. $ kosten. Lockheed Martin ist der Hauptauftragnehmer und Northrop Grumman, Asuza, Kalifornien, der Sensor-Entwickler. Zwei Sensortypen, ein *Scanner* (abtastendes System) und ein *Starer* (direkt abbildendes System), sollen installiert werden, die kardanisch aufgehängt sind und ferngesteuert ausgerichtet werden können. Die erste Auslieferung eines Satelliten war für 2001 geplant. Seither gab es viele Verzögerungen und Kostenüberzüge.

2005 stand das Sbirs-System kurz vor dem Abbruch. Falls Sbirs scheitern sollte, wurde vorsorglich vom Pentagon bereits ein *Alternate Satellite System* (AIRRS) als Rückfallposition erwogen, das mindestens die derzeitigen Leistungen des DSP-647 erfüllt. Die Firmen SAIC, General Dynamics und Northrop Grumman lieferten dazu Konzeptvorschläge. Der Start eines ersten Sbirs-Sensors zu Testzwecken erfolgte am 27. Juni 2006 auf einem klassifizierten Gastsatelliten. Die Sensorergebnisse, die seit November 2006 zur Verfügung stehen, waren zufriedenstellend, sodass weitere Sbirs-Sensortests beauftragt werden konnten. Im August 2007 wurde von Northrop Grumman die erste operationelle GEO-Nutzlast an Lockheed Martin ausgeliefert, die für den Start des ersten GEO Satelliten im Jahr 2009 vorgesehen ist. Damit scheint Sbirs auf einem sicheren Wege zu sein.

Man erwartet, dass durch die globale Abdeckung mit Sbirs eine genauere Ortung der Startposition, eine präzisere Flugbahn- und Einschlagortsbestimmung sowie eine verbesserte direkte Bekämpfung von Raketen als mit DSP zu erzielen ist. Das geplante Sbirs-System wird voraussichtlich erst ab 2016 operationell werden.

Des Weiteren wurde in den USA als Ergänzung in Betracht gezogen, eine 24 Satelliten Konstellation (evtl. GPS IIR) in niedrige Umlaufbahnen (LEO) zu verbringen, das dann als *Space and Missile Tracking System* (SMTS) für bereits gestartete Raketen eingesetzt werden könnte. Erste Starts von SMTS Anteilen waren für 2004 geplant.
Bei den bekannten kurzen Reaktionszeiten ist es nicht mehr ausreichend, nur über eine ausgezeichnete Fähigkeit zu verfügen, um einen Raketenstart entdecken zu können, sondern auch diese Information schnell den operationellen Führungsebenen zugänglich zu machen und ggf. dagegen reagieren zu können. Aus diesem Grunde haben die US-Army und die US-Navy gemeinsam eine *Joint Tactical Groundstation* (JTAGS) entwickeln lassen, die die Kommandeure im Ernstfall in Operationsgebieten mit Informationen von DSP Satelliten oder deren Nachfolger versorgt. Diese JTAGS sollen es ermöglichen, dass Jagdbomber und die Raketen-Artillerie z. B. *Transporter Erector Launcher* (TEL) angreifen können. Diese JTAGS-Einrichtungen waren schon vor dem Golfkrieg geplant, standen aber zu diesem Zeitpunkt noch nicht zur Verfügung.

Organisation der US Raumgestützten Aufklärung

Dass die Informationsbeschaffung durch die weltumspannende raumgestützte Aufklärung für so unterschiedliche militärische und nachrichtendienstliche Interessengruppen, wie sie in den Vereinigten Staaten bestehen, eines erheblichen organisatorischen Aufwandes bedurfte, steht außer Frage. Bis gegen Ende des Kalten Krieges waren etwa die nachfolgend beschriebenen Organisationsstrukturen der US Raumgestützten Aufklärung erkennbar. Das *National Reconnaissance Office* (NRO)[119], dessen Existenz viele Jahre, bis 1992, nicht bekannt werden durfte, war verantwortlich für den Entwurf, die Entwicklung und die Beschaffung aller US Aufklärungssatelliten und den Betrieb in Erdumlaufbahnen. Das Hauptquartier befindet sich als eigenständige Organisation innerhalb des Pentagons in Washington. Es hatte aber auch Außenstellen gegeben. Bereits 1958 wurde das NRO-Budget auf 5 Mrd. $ geschätzt und ist damit das höchste aller nachrichtendienstlichen Organisationen in den USA.

In Ausübung seiner Verantwortung sollte das NRO direkt mit dem *Defense Space Operations Committee* (DSOC) bezüglich Budgetplanung und Erstellung von Anforderungen an zukünftige Programme zusammenarbeiten. Weiter sollte das NRO Verbindung mit dem *US Intelligence Board* (USIB), den *Joint Chiefs of Staff* (JCS), der DIA und anderen DoD- Einrichtungen halten, die in spezifischen Projekten involviert waren. Das NRO hatte sowohl direkte Verbindungen mit dem CIA *Directorate of Science and Technology* (DS&T), dem *Office of SIGINT Operations* (OSO), dem *Navy Space Projects Office* als auch zur NSA. Alle diese Einrichtungen reichten ihre technischen Forderungen an zukünftige US Aufklärungssatelliten an die NRO weiter.
Wie bereits erwähnt, war von 1992 an das *Space Command* (SPACECOM) für den Start und die Wartung aller unter dem Begriff *White World* bekannt gewordenen Satelliten verantwortlich.
Die USAF *Satellite Control Facility* (SCF) in Sunnyvale, Kalifornien, war, wie der Name sagt, für die Satellitenkontrolle zuständig. Im SCF arbeiten sowohl Soldaten der USAF und der Navy als auch Angestellte der Herstellfirmen zusammen, die die unterschiedlichen Satellitenvarianten für Aufklärung und Überwachung, Kartierung, Kommunikation, Datenrelais, Navigation und Wettervorhersage gebaut haben. Beteiligt sind weiter die Unterauftragnehmer der Hersteller, die für die Ausrüstung der Lageregelung, Navigation, Antriebssektion, Thermalhaushalt, Energieerzeugung, abbildende und signalerfassende Sensoren sowie Sende- bzw. Empfangseinrichtungen der Daten-Kommunikation verantwortlich waren.
Das USAF *Special Projects Office* befand sich in El Segundo, Kalifornien, und war technisch der USAF *Space Division* unterstellt. Da hier aber der Bedarf abgeschätzt wurde und die Ideen für neue Satellitenprojekte entstanden sowie die technischen Forderungen an die Industrie formuliert wurden, war dieses Office eigentlich ein Teil des NRO. In diesem Office fand auch der Dialog der Ingenieure mit den Haupt- und den Unterauftragnehmern sowie mit Experten aus der Luft- und Raumfahrtindustrie im Großraum Los Angeles statt.
Bis Ende der 80er Jahre war die 21st *Space Wing* die primäre USAF-Einheit für *Orbital Surveillance, Missile Warning* und *Space Control Operations.* Ihr Hauptquartier befand sich bei der Peterson AFB, Co-

lorado. Weitere Standorte waren die nahe gelegene Cheyenne Mountain Air Force Station (AFS), Colorado sowie Thule AFB, Grönland und Clear AFS, Alaska.
Nach Aufkündigung des ABM-Vertrags durch die USA im Jahre 2002 hat das Thema *Missile Warning* in den USA wieder einen höheren Stellenwert erhalten. Missile Warning hängt auch heute in erster Linie von zwei Sensortypen ab, den DSP-Satelliten und einer Reihe von Bodenradaren. Wie zuvor erwähnt, senden die DSP-Satelliten die Alarme ihrer IR-Sensoren an das US/kanadische *North American Air Defense Command* (NORAD) in den Cheyenne Mountains und an das Operationszentrum des *US Strategic Command* (USSTRATCOM) zur Offutt AFB, Nebraska. Mithilfe der Radareinrichtungen *Pave Phased Array Warning System* (Pave Paws), *Ballistic Missiles Early Warning System* (BMEWS) und *Perimeter Attack Radar Characterization System* (PARCS) werden cross Checks zur Bestätigung der DSP Entdeckungen gemacht. Satelliten, Hauptquartiere und Bodenradare sind über redundante Kommunikations-Einrichtungen eng verknüpft.
Das *Cheyenne Mountains Command Center* ist, wie bereits erwähnt, seit 1966 im Betrieb. Aufgabe ist die Datenfusion und die Kommunikation mit den Kommandeuren des *North American Aerospace Defense Command, US Northern Command* und das *US Strategic Command,* um möglichst frühzeitig warnen und um Gegenmaßnahmen einleiten zu können. USSTRATCOM ist für die Kontrolle der Nuklearwaffen aller US-Streitkräfte sowie für Weltraumaktivitäten und die *National Missile Defense* zuständig. Die Entscheidung für den Einsatz von US Nuklearwaffen liegt in den Händen des amerikanischen Präsidenten.
Am Ende des Kalten Krieges wurde deutlich, weshalb es ständig Spannungen zwischen USAF und CIA um die Vorherrschaft bei der raumgestützten Aufklärung gab. Es war wahrscheinlich nicht nur eine Frage, wer erhält Priorität und welches Budget? Es war hauptsächlich auch eine Frage, wer erhält zuerst den Zugriff auf eine Information? Denn Informationsvorsprung ist auch mit den Begriffen Prestige und Macht zu verbinden. Aber die Interessenlage der wesentlichen Kunden: State Department, CIA, USAF, US Army und US-Navy war sehr unterschiedlich. Dem State Department ging es z. B. um die Einhaltung von Abrüstungsvereinbarungen, der CIA um die Sammlung von Details der Technischen Aufklärung, der USAF um aktuelle Ziele für das SAC, eingeschlossen dessen Schutz und sichere Anflugwege und der Marine um die Kontrolle der Meere. Demgegenüber stand doch insgesamt nur eine begrenzte Anzahl von Satelliten zur Verfügung. Und diese sollten möglichst auch noch zeitaktuelle Information bereitstellen, was natürlich eine geschlossene Abdeckung und eine hohe Wiederholrate bei der Beschaffung eines Bildes oder der Überwachung eines Gebiets notwendig machte. Die Durchsetzung der Beauftragung eines Satellitensystems mit einer bestimmten Aufgabe war für den individuellen Bedarfsträger ungeheuer wichtig und wahrscheinlich eine ständige Ursache von Interessenkonflikten. Einerseits stand man als Kunde in der Warteschlange, andererseits gab es auch immer wieder neue Prioritäten und man wurde in der Reihenfolge zurückgestuft. Aber wer konnte objektiv Prioritäten einschätzen? Um dieses Problem zu lösen, wurde ein *National Foreign Intelligence Board* (NFIB), das *Committee on Imagery Requirements and Exploitation* (COMIREX), das SIGINT Committee und das National Reconnaissance Executive Committee (NREC) einberufen. Auf deren Entscheidungsbefugnisse soll hier nicht eingegangen werden. Es sollte nur verkürzt angedeutet werden, wie komplex der formale Aufwand wurde, Kriterien für eine Entscheidung zu einer Reihenfolge in der Beauftragung der RGA herzustellen und welche riesige Organisation hinter der raumgestützten Aufklärung der Vereinigten Staaten stand.

Résumé

Abschließend ist zu bemerken, dass nach einer groben Abschätzung die Vereinigten Staaten bis zum Ende des Kalten Krieges die beeindruckende Summe von etwa 500 Mrd. $ für die raumgestützte Aufklärung ausgegeben haben.
Es wird weiter geschätzt, dass im Zeitraum von 1958 bis 1984 insgesamt 2219 Satelliten gestartet wurden. Etwa 75% dienten für militärische Einsätze und davon waren wiederum ca. 55% Aufklärungssatelliten[48].

Raumgestützte Aufklärung in der Sowjetunion

Es ist davon auszugehen, dass die Sowjetunion ebenfalls bereits seit 1962 satellitengestützte, abbildende Aufklärung betrieben hat, wobei eine Unterscheidung zwischen militärischen und zivilen Missionen oft nur schwer zu treffen war. Das gesamte sowjetische Programm blieb ebenfalls streng geheim. Zur Verschleierung der Missionen einzelner Satelliten wurde ihnen der Name COSMOS mit einer zusätzlichen Seriennummer gegeben. Wenigen Publikationen ist zu entnehmen, dass sowjetische Fotosatelliten in drei Gruppen eingeteilt werden können. Zur ersten Gruppe gehören die Satelliten der dritten Generation (aus der Zenit-Familie)[138] mit mittlerer Auflösung, kurzer Lebensdauer, die in LEOs mit 70-73° Inklination verbracht wurden. Zur zweiten Gruppe zählen die Aufklärungssatelliten der vierten und fünften Generation mit hoher Auflösung. Auch dies befanden sich in LEOs mit 65-67° Inklination, waren manövrierfähig und zeichneten sich durch eine lange Lebensdauer aus. Die dritte Gruppe diente der Gebietsüberwachung, Landkartenherstellung und der Erforschung von Bodenschätzen; sie wurden ähnlich eingesetzt, wie der französische SPOT oder die US Landsat 4 Satelliten, die für die *Defense Mapping Agency* (DMA) Karten und geodätische Daten zur Verbesserung der Zielkoordinaten für ICBM, SLBM und ALCM sowie SLCM bereitstellen sollten. Da sich die Sowjetunion hauptsächlich durch US ICBMs, Bomber des SAC, U-Boote mit *Polaris* und *Poseidon* SLBMs bedroht fühlte, galt diesen Zielen in erster Linie die Aufmerksamkeit der raumgestützten Aufklärung und Überwachung.

Russischer Aufklärungssatellit COSMOS (Zenit-2).

Die sowjetischen Spionagesatelliten, die zwischen 1961 und 1994 gestartet wurden, gehörten zur Zenit-Familie, d.h. Zenit-2, -2M, -4, -4M, -4MK, -4MT, -6U, -8 und Resurs-F. In diesen 33 Jahren hat die Sowjetunion schätzungsweise über 500 Satelliten aus dieser Familie von Tjuratam (Baikonur) oder Plesetsk aus in eine Umlaufbahn gebracht.

Es wird angenommen, dass 30% aller bis 1984 gestarteten sowjetischen Satelliten (ca. 1580) für die abbildende und signalerfassende Aufklärung verwendet wurden[60]. Die Entwurfsphilosophie bei Fotosatelliten in der Sowjetunion unterschied sich anfänglich sehr von der Vorgehensweise in den Vereinigten Staaten. Offensichtlich befassten sich die Entwurfsbüros zunächst mit kleineren und wesentlich kostengünstigeren Satelliten in geringeren Bahnhöhen mit kurzer Lebensdauer von ca. zwei Wochen [61].

Der erste erfolgreiche Zenit-2 Start, mit COSMOS 4, soll am 26. April 1962 erfolgt sein und der Letzte mit COSMOS 344 im Jahre 1970. Bei 81 Starts sollen 58 Satelliten erfolgreich in eine Umlaufbahn gelangt sein. Neben 11 weiteren, nur als teilweise erfolgreich gewerteten Starts, ergaben sich 12 Ausfälle. Vier Kameras mit 100 und 20 cm Brennweite sollen dabei verwendet worden sein. Man kann davon ausgehen, dass aus einer Orbithöhe von etwa 200 km mit der höher auflösenden Kamera etwa 1500 Bilder bei einer Abdeckung von je 60 km x 60 km eine Auflösung von etwa 10 bis 15 m erreicht werden konnte. Bereits 1968 erhielt die Zenit 2M neue Kameras mit höherer Auflösung. Dabei soll mit COSMOS 208 der erste Start dieser neuen Version erfolgt sein. Der letzte Flug

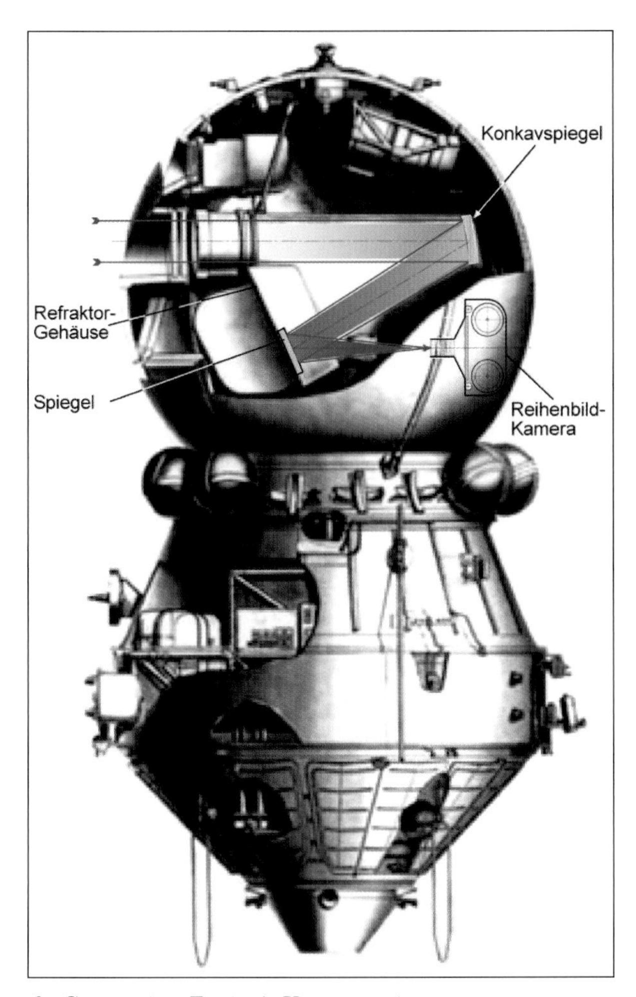

2. Generation Zenit-4, Kamera mit gefalteter Optik vom 12. Juli 1965. (K. Zuckermann Modifikation)

einer Zenit 2M wird COSMOS 1044 im Jahre 1978 zugeschrieben.

Zenit-4 wird als erster hochauflösender Aufklärungssatellit im Bereich der 1 bis 2 m Klasse bezeichnet. Der Erstflug soll mit COSMOS 22 bereits am 16. November 1963 stattgefunden haben. Die Brennweite der hochauflösenden Kamera wurde dazu auf 300 cm erhöht. Der optische Strahlengang musste hierzu gefaltet werden. Zur Gewinnung von Übersichtsbildern wurden zusätzlich Kameras mit 20 cm Brennweite installiert. Diese Zenit-4 wurde bis 1970 eingesetzt (COSMOS 365) und dabei ständig verbessert. Zwischen 1968 und 1974 kamen die Version 4M und zwischen 1970 und 1980 die Versionen MK und MKM, deren Auflösung noch weiter gesteigert wurde, zum Einsatz. Die Orbits wurden dazu noch tiefer gelegt und die Satelliten mit Triebwerken zur Bahnanhebung ausgestattet, wenn sie zu stark abgebremst wurden. Der letzte 4MKM Flug wird COSMOS 1214 zugeschrieben. Eine Version Zenit-4MT war mit einer topografischen Kamera ausgerüstet und wurde zwischen 1971 (COSMOS 470) und 1982 (COSMOS 1398) eingesetzt.

96 Satelliten der Version Zenit-6U kamen zwischen 1976 (mit COSMOS 867) und 1985 (mit COSMOS 1685) in niedrige Umlaufbahnen, mit denen erneut eine Verbesserung der Auflösung erreicht werden sollte.

Fotos von COSMOS 1571 bis 2281 (z. B. Zenit-8), in den Jahren 1984 und 1994, zeigen zwei optische Kameras, wogegen RESURS-F, ein dem Zenit-8 ähnlicher Satellit, mit 6 Kameras ausgerüstet war.

KFA-3000 Kameras der russischen Zenit-8.

RESURS-Satelliten wurden auch für zivile Aufgaben nach dem Ende des Kalten Krieges eingesetzt.
Um ein gewisses Maß an Abdeckung zu erreichen, wurde die kurze Lebensdauer der frühen sowjetischen Satelliten durch wesentlich kürzere Startintervalle kompensiert. Die Sowjetunion startete von 1977 bis 1981 etwa sechzehn Mal so viele militärische Satelliten wie die USA[62]. Die *on Station Zeit* der sowjetischen Fotosatelliten lag bis 1982 immer noch deutlich unter der der US-Satelliten.
Bei den frühen sowjetischen Aufklärungssatelliten nimmt man an, dass bis etwa 1982 die aufgezeichneten Filme erst nach Rückkehr des gesamten Satelliten geborgen, entwickelt und ausgewertet werden konnten. Ein wesentlicher Nachteil dieses Verfahrens war aber, dass in Krisenzeiten, ähnlich wie bei den DISCOVERER/CORONA Satelliten und deren Nachfolger, man Tage warten musste, bis eine gewünschte Information vorlag.
Bekannt wurden die Zenit-Satelliten und einige ihrer Einsätze bei internationalen Konflikten. Dieser Satellitentyp wurde ursprünglich nicht als Aufklärungssatellit entworfen. Die strukturelle Grundlage war die bewährte Wostok-Raumkapsel, die seit 1967 im Einsatz war und die im Prinzip aus drei Teilen, dem Orbital-, Rückkehr- und Antriebsmodul, bestand. Der Antriebsmodul erhielt einen Tank, kleine Booster zur Bahnänderung und eine große chemische Batterie zur Energieversorgung der Sensoren.
Die COSMOS-Satelliten für die Aufklärung erhielten keine Solarpanels zur Energieversorgung. Batterien reichten für die kurze Betriebszeit. In den Rückkehrmodul wurden Filmkapseln und andere Ausrüstungsgegenstände eingebaut. In dem runden Orbital-Modul ist die Kamera und sind weitere Sensoren installiert worden. Wie das bemannte Gegenstück hatte die Aufklärungsversion der Wostok etwa eine Länge von 7,40 m, einen Durchmesser von 2,30 m und ein Gewicht von etwa 5,8 t. Entsprechend den bemannten Versionen wurden die abbildenden Satelliten mit zuverlässigen A-2 Boostern gestartet. In dieser Konfiguration konnten Satelliten mit Weitwinkeloptiken, entsprechend denen bei US *Area Surveillance* Satelliten bzw. mit mittlerem Gesichtsfeld und sehr schmalem Gesichtsfeld mit hoher Auflösung, wie bei den US *Close Look* Satelliten, ausgestattet werden.
Die Sowjetunion startete im Oktober 1973[33] in kurzen Intervallen sieben[5] Satelliten aus der Zenit-4M-Familie und beobachtete die entscheidenden Phasen des Yom-Kippur Kriegs zwischen Israel und Ägypten. Die Satelliten wurden jeweils nach sechs Tagen am Fallschirm gelandet, die Filme geborgen und ausgewertet. Diese Verzögerung ermöglichte es allerdings den sowjetischen Beratern der militärischen Führung in Ägypten, nur ein wenig aktuelles Lagebild vorzulegen. Dokumentiert sind die Überflüge von COSMOS 537.
Am 19. September 1980 wird COSMOS 1210 gestartet und u.a. für Überflüge des Grenzbereichs zwischen Irak und Iran während der kriegerischen Auseinandersetzungen genutzt, die am 22. September 1980 begonnen hatten[34]. Danach blieb dieser Konflikt für den KGB ebenfalls unter ständiger Beobachtung.
COSMOS 1221, eine modifizierte Wostok mit Fotokameras startete zur Beobachtung des etwa zu diesem Zeitpunkt beginnenden US-ägyptischen Manövers *Bright Star* am 12. November 1980 von Plesetsk. Ägypten hatte sich in der Zwischenzeit unter Präsident Anwar As Sadat wieder dem Westen zugewandt und so wurden derartige Manöver möglich. Die Bahndaten der COSMOS-Satelliten unterschieden sich deutlich von denen der US-Satelliten. Die Inklination lag bei 72,9° und war damit erheblich niedriger als bei den TITAN III D-Boostern, die die KH-Satelliten in polare Orbits beförderten. In weniger als 24 h nach dem Start überflog COSMOS 1221 etwa 40 km östlich von Kairo in etwa 225 km Höhe Ägypten und konnte so den Beginn des Manövers mit Hubschraubern, Fahrzeugen, Zelten und die übrige Ausrüstung aufzeichnen, die aus den gelandeten US C-141 Starliftern entladen wurden. Am folgenden Tag überflog derselbe Satellit die Gegend etwa 40 km westlich von Kairo und konnte dabei die Truppen beobachten, die sich nordwestlich von Kairo in das Manövergebiet begaben. Am 17. November kam noch COSMOS 1218 (wahrscheinlich ein Zenit-6U) hinzu, ein Satellit mit noch höherer Auflösung, der am 30. Oktober 1980 von Tjuratam (Baikonur) aus gestartet worden war. Er überflog Kairo um 8:00 Uhr Ortszeit in einer Höhe von etwa 185 km und konnte dabei Details des bereits stattfindenden Manövers festhalten. COSMOS 1221 wurde am 26. November aus der Umlaufbahn zurückgeführt, am Fallschirm gelandet und die mitgeführte Filmkassette zur Entwicklung und Auswertung nach Moskau geflogen. COSMOS 1218 blieb noch länger, bis zum 12. Dezember, in einer Umlaufbahn.

In diesem Zeitraum richtete sich das sowjetische Interesse aber hauptsächlich auf den Verlauf des Kampfgeschehens zwischen Iran und Irak, die am 22. September 1980 einen Krieg begannen, der bis 20. August 1988 dauern sollte. COSMOS 1218 führte Bahnänderungen durch, die ihn in etwa 160 km Höhe über das Gebiet westlich von Chorrahmschar und Ahwas brachte, wo zu Beginn des Krieges wesentliche Kampfhandlungen stattfanden.

Diese beiden Beispiele zeigen die grundsätzlich unterschiedlichen Ansätze der US und der sowjetischen raumgestützten Aufklärung. Den beiden US KH-11-Starts im Jahre 1980 stehen 35 Starts von sowjetischen Aufklärungssatelliten gegenüber. Im Gegensatz zu den teueren Keyholes waren die sowjetischen Aufklärungssatelliten verhältnismäßig einfach aufgebaut, wiesen niedrigere Umlaufbahnen auf und konnten in großen Stückzahlen hergestellt werden. Über die Bildqualität der Zenit-Satelliten wurde oft spekuliert. Ein direkter Vergleich der Fotoqualität ist, wegen der fortdauernden Geheimhaltung auf beiden Seiten, noch nicht möglich. Von der Bildqualität sowjetischer Wettersatelliten oder von Bildern der Weltraummissionen zum Mond oder Mars auf die Qualität der Bilder von Aufklärungssatelliten zu schließen, erscheint nicht zulässig. Denn auch die Sowjets mussten für die Verifikation der Abrüstungsvereinbarungen, wie SALT II, ihre Zenit-Satelliten für fotografische Aufnahmen der US ICBM Silos einsetzen. Es ist daher anzunehmen, dass die Bilder in der Auflösung denen der USA nicht viel nachstanden, zumal sich die hochauflösenden Zenit-Satelliten in der Regel auf niedrigeren Bahnhöhen als die der Keyholes bewegten.

Die sowjetische raumgestützte Aufklärung war sehr flexibel und konnte gegebenenfalls rasch auf ein Ereignis, z. B. eine Weltkrise, reagieren, einen Satelliten starten und nach Durchführung des Auftrags schnell wieder bergen. Die Lebensdauer lag etwa zwischen 8 und 30 Tagen, gegenüber 70 bis 1200 Tage der US Satelliten. Die Zenit-Bahnen wiesen eine Inklination von 62-82° auf und verliefen elliptisch, wogegen die Inklinationswinkel der US KH Satelliten im Bereich von etwa 97° lagen und dabei polaren Orbits der Vorzug gegeben wurde[50]. Die geringere Inklination hatte noch einen Vorteil gegenüber den polaren Orbits der US Satelliten. Die Satellitenstarts waren billiger, da sie eine Komponente der Erddrehung bei einem Start nach Osten mitnahmen. Die US KH-Satelliten wurden dagegen auf *sonnensynchrone* Bahnen mit 97° Inklination befördert, d.h. ein Start noch gegen die Erddrehung. Diese letzteren Bahnen sind aber für die Bildauswertung zu bevorzugen, da die Sonneneinstrahlung immer von der gleichen Richtung erfolgte und Bilder mit dem gleichen Schattenwurf einfacher bezüglich eingetretener Änderungen und schneller auszuwerten waren.

Die viel kostengünstigeren Zenit-Satelliten hatten einen weiteren wirtschaftlichen Vorteil gegenüber den Keyholes, dass nämlich bei den Sowjets ein Fehlstart eher zu verkraften war als bei einem der wenigen extrem teueren KH-11 in den USA. Im August 1985 trat der Fall ein, dass ein KH-11 zerstört wurde, als eine Titan 34D-Raketenbooster bei einem Fehlstart in Vandenberg zerstört wurde. Es war nur noch ein älterer KH-11 im Orbit. Bei TRW gab es zwar ein Demonstrationsmodell, das für Sensortests genutzt wurde, das aber nicht schnell zur Verfügung stand. Der Start eines US-Satelliten kann, wegen der komplizierten Logistik, nicht nur Wochen, sondern Monate dauern. Als im folgenden April ein weiterer KH-9 verloren ging, war, wie bereits erwähnt, die US RGA nahezu blind.

Während des Krieges um die Malvinas/Falklandinseln zwischen Argentinien und Großbritannien, vom 2. bis 14. April 1982, gab es tägliche Zenit-Überflüge von sieben Satelliten (bekannt gegeben wurden COSMOS Nummer 1347, 1350, 1352, 1368, 1370, 1373 und 1377) sowohl über die Falklandinseln als auch über die britischen Inseln[35]. Allerdings führte in diesem Zeitraum die CIA ebenfalls mit den *Big Bird*-Satelliten 1980-10A und 1981-85A über den Falklandinseln und der argentinischen Küste tägliche Überflüge durch. Während die *Big Bird*-Aufnahmen für Großbritannien sicher von großem Wert waren, wurde nicht bekannt, dass die Sowjetunion Argentinien irgendwelche Informationen, die durch Zenit-Satelliten gewonnen wurden, zur Verfügung gestellt hätten. Die fast während des ganzen Konflikts herrschende geschlossene Wolkendecke in diesem Gebiet des Südatlantiks verhinderte ohnehin fast jegliche Art einer kontinuierlichen Aufklärung mit Fotosatelliten.

In der Folge konzentrierte sich das öffentliche Interesse auf die Karibikinsel Grenada. Nach dem Sturz der Regierung, am 25. Oktober 1983, durch eine linksradikale Gruppe von Armeeangehörigen, besetzten US-Truppen die Insel Grenada. Nach offiziellen

Verlautbarungen aus dem Weißen Haus ist die militärische Intervention auf Wunsch karibischer Staaten erfolgt. Es wurden danach häufige Überflüge der Karibik und Grenada durch COSMOS 1504 (mit Zenit-6U) im Zeitraum Okt./Nov. 1983 registriert[36]. Die Karibik lag zu dieser Zeit offensichtlich immer noch im Zentrum des politischen Interesses der Sowjetunion und diese erklärte die militärische Intervention als eine neue Form des *Yankee-Imperialismus.*

Am 24 Juli 1984 betrieb die Sowjetunion, lt. *The Soviet Year in Space: 1984,* sechs abbildende Aufklärungssatelliten gleichzeitig, und zwar zwei Erderkundungssatelliten, einen Aufklärungssatelliten mittlerer Auflösung, einen mit hoher Auflösung, einen in niedriger Umlaufbahn und kurzer Lebensdauer sowie einen der neuen mit langer Lebensdauer. Dies zeigt, dass sie in der Lage waren, gleichzeitig eine solche Ansammlung von Satelliten zu betreiben. Auch für den Fall, dass von der US-Regierung ASATs gegen Satelliten eingesetzt worden wären, hätte dieses sowjetische Modell einen hohen Grad an Redundanz aufgewiesen.

Bei der folgenden Serie von russischen Aufklärungssatelliten, d.h. die der 4. und 5. Generation, haben die Entwickler in der Sowjetunion nicht nur die Lebenszeit der Satelliten auf bis zu 8 Monaten gesteigert sondern auch eine nahezu Echtzeitfähigkeit bei der digitalen Bilddatenübertragung über die Kette vom Sensor, Datenübertragung bis in die Bodenstation und zur KGB-Zentrale in Moskau erreicht[63]. Kein Wunder! Nachdem der frühere CIA-Mitarbeiter W. Kampiles 1977 eine Kopie des technischen Handbuches des KH-11 für 3000 $ an den KGB verkauft hatte[64], war der weitere Weg vorgezeichnet.

Anfangs 1984 wurde festgestellt, dass COSMOS 1543, 1552 und 1608 (wahrscheinlich Zenit-6U) mit einem Relaissatelliten in einem GEO etwa über dem Küstenbereich von Westafrika in ähnlicher Weise kommunizieren konnten, wie die KH-11, die ihre Bildinformation über SDS Satelliten, die sich allerdings auf extrem elliptischen Bahnen befanden, weiterleiteten. Es wurde weiter beobachtet, wie der am 29. März 1984 gestartete hoch fliegende COSMOS 1546 mit den sich auf niedrigeren Orbits befindlichen Aufklärungsplattformen Daten austauschte. Die Umlaufbahn von COSMOS 1546 erlaubte ebenfalls Daten-Kommunikation mit Aufklärungssatelliten, die laufend Nord-Süd bzw. Süd-Nord Überflüge der USA ausführten. Es ist denkbar, dass die Kommunikation zu dem Relaissatelliten über Westafrika oder zu einem Zweiten über der UdSSR ebenfalls eine nahezu Echtzeit Bildübertragung von Zielen in den USA nach Moskau zuließ. Etwa 1984 dürfte auch der Zeitpunkt gewesen sein, zu dem die Sowjetunion entweder eigene CCDs entwickelt oder hochauflösende CCDs beschafft hatte und ihr damit auch digitale Kameras zur Verfügung standen.

Es war auffallend, wie schnell die Sowjets auf politische Ereignisse mit Bahnänderungen ihrer Aufklärungssatelliten reagieren konnten. Die Bahn von COSMOS 1548 wurde im April 1984 so angepasst, dass der bevorstehende Sturmangriff von einer halben Million Iraner gegen den Irak sowie Luftangriffe auf Öltanker im Persischen Golf beobachtet werden konnten. Viele derartige Einsätze und Bahnänderungen wurden beobachtet, denn die Erdumlaufbahnen aller Aufklärungssatelliten wurden von der jeweiligen Gegenseite, in diesem Fall die USA, argwöhnisch verfolgt.

Neben der abbildenden raumgestützten Aufklärung verfügte die Sowjetunion ebenfalls über Frühwarnsatelliten und eine ähnlich strukturierte fernmeldeelektronische Aufklärung mit Satelliten, wie sie in den Vereinigten Staaten zur Verfügung stand.

Der erste sowjetische SIGINT Satellit, COSMOS 148, wurde wahrscheinlich am 16. März 1967 gestartet. Dies allerdings mit einem Verzug von fünf Jahren gegenüber dem ersten *Ferret* der USA. Etwa 64 dieser COSMOS SIGINT-Satelliten aus der *Tselina*-Familie der ersten Generation wurden bis 1977 in Umlaufbahnen gebracht, und zwar mit einem typischen Perigäum von etwa 160 km, einem Apogäum von etwa 300 bis 500 km und einer Inklination von 71°. Sieben Monate nach dem Start von COSMOS 148 wurde bereits die zweite Generation mit dem schweren COSMOS 189 von Plesetsk gestartet, dem etwa 40 weitere Satelliten dieses Typs folgten. Diese wurden immer in Gruppen zu viert eingesetzt, um durch die Überlagerung der individuell ermittelten Peillinien zu den Emittern eine verbesserte Lokalisierung durch Triangulation zu erreichen. Der erste einer dritten Serie von SIGINT Satelliten, COSMOS 895, wurde am 26. Februar 1977 mit einem A-1 Booster in eine Erdumlaufbahn geschossen. Auch diese Serie erwies sich wieder größer und schwerer als die vorausgegangene. Sie wogen etwa zwischen

2,5 und 4 t und waren 4,8 m lang und wurden in Orbits von fast 600 km Höhe bei einer Inklination von 81,2° und einer Umlaufzeit von etwa 97 min. betrieben. Das besonders hervorstechende Merkmal dieser *Tselina*-D-Satelliten war, dass sie sich in einer Konfiguration von sechs Satelliten auf einem Kreis bewegten, der durch ihre Orbitebene aufgespannt wurde, mit einer Winkeldifferenz von 60° äquidistant zueinander. Dadurch war auf einer Breite, die praktisch der Sichtlinie zum Horizont entsprach, d.h. auf jeweils 2800 km links und rechts der Satellitenspur, eine kontinuierliche SIGINT Abdeckung mit einer Wiederholrate von etwa 16 min. gegeben.

Wiederum ein ganz neuer schwerer ELINT-Satellitentyp, *Tselina*-2, ging am 28. September 1984 mit der damals leistungsstärksten Rakete, der *Proton,* in eine Umlaufbahn. Die *Proton* konnte eine etwa 20 t schwere Nutzlast in einen LEO transportieren. COSMOS 1603 wurde zunächst in einen 185 km *Parkorbit* mit kleiner Inklination von unter 52° befördert. Danach wurde er am nächsten Tag mit dem eigenen Antrieb auf eine kreisförmige Umlaufbahn in eine Höhe von etwa 850 km gebracht, wobei die Inklination auf 66° erhöht wurde. Mit einem weiteren Manöver wurde dann eine Inklination von 71° herbeigeführt. Die Größe des COSMOS 1603 war nicht nur auf die erhöhte Treibstoffmenge zurückzuführen, die erforderlich war, um diese Bahnhöhe und diese Manöver zu realisieren. Da der geplante *Zenit*-Launcher aus entwicklungstechnischen Problemen nicht zur Verfügung stand, musste die schubstärkere *Proton* verwendet werden und so kam es zu diesen komplizierten Manövern.

Ein weiteres Gebiet der raumgestützten Aufklärung hatte hohe Priorität bei der sowjetischen Marine, nämlich die Ozeanüberwachung. Sowohl die Atlantik- als auch die Pazifikflotte der US-Navy wurde von der Sowjetunion als größere Bedrohung empfunden als umgekehrt. Die US-Navy mit ihren Flugzeugträgern und ihren mit Polaris, Poseidon und Trident SLBM bestückten U-Booten verfügte über ein wesentlich höheres Angriffspotenzial als die sowjetische Flotte. Und so war es selbstverständlich, dass eine sowjetische Ozeanüberwachung etabliert werden musste, die die Bewegungen sowohl der US-Navy als auch die der NATO-Schiffsverbände ständig verfolgen konnte. So kam es, dass die UdSSR bereits zwei Jahre vor dem US-Gegenstück, *Classic Wizard,* mit dem Aufbau der satellitengestützten Seeraumüberwachung begann.

Die Sowjetunion setzte zwei sehr unterschiedliche Typen von Satelliten zur Ozeanüberwachung ein, die sich aber ergänzten. Einerseits konnte der *Radar Ocean Reconnaissance Satellite* (RORSAT) mit seinem leistungsfähigen Abtastradar, mit zwei 10 m langen Antennen für die Abdeckung der linken und rechten Seite, Schiffsziele entdecken. Andererseits ermöglichten die *Electronic Ocean Reconnaissance Satellites* (EORSAT) die Emissionen von Schiffsradaren und Kommunikationssystemen abzufangen und die Emitter zu lokalisieren.

Der Einsatz der Radarsatelliten RORSAT zur Ozeanüberwachung war nicht frei von Rückschlägen. Durch zwei spektakuläre Unfälle, bei denen die Teile der Satelliten in Kanada und im Indischen Ozean einschlugen, wurde dieser Satellitentyp erst bekannt. Insbesondere als die Kanadier feststellten, dass die Trümmer des RORSAT radioaktiv waren. Der Radarbetrieb erfordert, wie bereits dargestellt, viel mehr elektrische Energie als der signalerfassende EORSAT und der Bedarf überstieg die elektrische Leistung, die durch die damals verfügbaren *Solar Panels* erbracht werden konnte, bei Weitem. Aus diesem Grund wurden die sowjetischen RORSAT mit Nuklearreaktoren zur elektrischen Energieerzeugung ausgestattet. Dabei wurde angenommen, dass es sich um den kleinen *Romaschka* Typ handelte (andere Quellen sprechen von einem *BES-5* Typ oder einem Buk-Reaktor), der etwa 50 kg angereichertes U-235 verwendete, um 10 kW elektrische Leistung zu erzeugen. Die Ingenieure, die den RORSAT entwarfen, standen vor dem Dilemma, dass ein Nuklearreaktor in einem Satelliten nicht nur eine wirksame Abschirmung der Strahlung gegenüber den Mitarbeitern in der Industrie erforderte, die die Integration und Tests der Ausrüstung vornehmen mussten, sondern auch gegen die Instrumente des Satelliten. Diese mussten ebenfalls so weit wie möglich vor radioaktiver Strahlung geschützt werden, wollte man nicht einen vorzeitigen Ausfall riskieren. Dies führte aber zu einem signifikanten Problem. Während die Teile normaler Satelliten beim Wiedereintritt durch die Reibungshitze zerlegt wurden und verglühten, widerstand die feste Abschirmung des Reaktors der Reibungshitze. Durch Ablation wurde zwar eine geringe Schicht der Abschirmung abgetragen, aber der Rest genügte, dass der

Reaktor quasi unbeschadet am Boden ankam und erst dort zerschellte.
Die Russen fanden nach den beiden Unfällen einen Weg, das Problem zu lösen. Die RORSATs sollten am Ende ihres Einsatzes in drei Teile zerlegt werden. Zwei Teile davon sollten ein übliches Re-entry Manöver durchführen und in der Atmosphäre verglühen. Der dritte Teil, der Reaktor, war mit kleinen Raketen versehen, deren Schubdüsen die Reaktoren nach oben in einen *Lager-Orbit* verbringen sollten, aus denen sie innerhalb der nächsten 500 Jahre nicht zurückkehren würden.
Dieses Verfahren schien befriedigend zu arbeiten, bis zu COSMOS 954. Er wurde am 18. September 1977 gestartet und schien problemlos zu arbeiten, bis zum 6. Januar 1978. An diesem Tag geriet er außer Kontrolle. Wegen der wilden Drehungen, die er nach dem Beginn der Taumelbewegungen annahm, gelang es nicht mehr den Reaktor, der zu diesem Zeitpunkt besonders radioaktiv war, vom Rest des Satelliten abzutrennen. Dann am 24. Januar 1978 trat der schlimmste Fall ein, den gerade die Entwickler vermeiden wollten. Der Satellit fiel aus dem Orbit und begann abzusteigen. Dabei zerlegten sich alle Teile bis auf den geschirmten Reaktor. Dieser wurde erst in den tieferen Schichten der Atmosphäre durch die Wirkung von Reibungshitze und Staudruck auseinandergerissen. Dabei hinterließ er eine lange Spur von radioaktiven Trümmerteilen im Gebiet des Großen Sklaven-Sees in der kanadischen Tundra.
Nach diesem Unfall wurde von der Sowjetunion über zwei Jahre hinweg kein weiterer Radarsatellit mehr gestartet. Während in einem ähnlichen Fall die US-Ingenieure eine mehrfach redundante Auslegung der Steuerung und Stabilisierung durchgeführt hätten, schlugen die russischen Entwickler einen anderen Lösungsweg ein. Sie modifizierten den Entwurf des Reaktors dahin gehend, dass am Ende eines Einsatzes oder im Falle eines Ausfalles die Brennstäbe ausgestoßen wurden. Der leere Moderator mit seiner Reststrahlung blieb durch das geschirmte Reaktordruckgefäß geschützt. Wogegen die radioaktiven Brennstäbe beim Wiedereintritt vollständig verglühten. Mit dem neuen Verfahren des Ausstoßens der Brennstäbe wurde etwa 1980 begonnen und das Verfahren wurde bis 1983 so weit perfektioniert, bis ein weiterer RORSAT, COSMOS 1402, erneut außer Kontrolle geriet. Man stellte fest, dass er anstatt in drei nur in zwei Teile zerbrach und keines dieser Teile konnte in eine Umlaufbahn zur Langzeitlagerung geschossen werden. Der zerstörte Satellit ging am 23. Januar 1983 im Indischen Ozean nieder. Da der Reaktor mit einer eutektischen Natrium-Kalium (NaK)-Flüssigmetalllegierung gekühlt wurde, trat diese bei der Entfernung der Brennstäbe aus. Diese NaK-Tropfen stellen bis heute einen nicht unbedeutenden Anteil des Weltraummülls dar.
Die 4,5 t schweren signalerfassenden EORSATs wurden paarweise auf eine nahezu kreisförmige Umlaufbahn mit einem Perigäum von etwa 426 km und einem Apogäum von etwa 450 km eingesetzt. Die Inklination betrug 65° und damit deckten sie alle wichtigen Wasserflächen auf der Erde ab. Die Verfolgung eines fahrenden Schiffes mit den passiven Sensoren des EORSAT setzte große Präzision voraus. EORSAT war mit Mikroschubdüsen ausgerüstet, die es erlaubten, die Bahnhöhe und die Umlaufperiode von 93,3 Minuten exakt einzuhalten. Mit einem EORSAT wäre die Zielverfolgung sehr schwierig gewesen. Ein Schiffsziel, mit einer Fahrt von etwa 35 kn nach Osten, bewegt sich im Bereich des Äquators während eines Umlaufs (Erddrehung und Fahrt) gegenüber der Relativposition auf der vorangegangenen Subsatellitenspur um ca. 2700 km weiter. Eine Positionsfindung im zweiten Umlauf wäre schwierig. Durch Verwendung von zwei und mehr EORSATs in derselben Bahnebene konnte die Bestimmung der Position eines Schiffsziels, seiner Fahrt und seines Kurses bei einem Überflug durch Triangulation wesentlich vereinfacht werden. Der Radarhorizont bei dieser Flughöhe liegt bei etwa 2800 km. Falls die Reichweite des ELINT-Empfängers auf diese Entfernung angepasst war, erfasste der Satellite nach etwa 8 Umläufen (12,44 h) dasselbe Ziel, das er zuvor auf einer aufsteigenden Bahn entdeckt hatte, erneut auf einer abwärtsgerichteten Bahn. Wobei vorausgesetzt ist, dass das Ziel seinen anfänglich eingeschlagenen Kurs fortsetzt. Um kürzere Überflugintervalle zu erreichen, mussten allerdings mehrere Satellitenpaare in versetzten Bahnebenen betrieben werden.
Die Sowjets versuchten die beiden Satellitentypen EORSAT und RORSAT, wegen ihrer Komplementarität, möglichst zusammen in präzisen unveränderlichen Bahnen zu betreiben. Falls ein Schiff sowohl bezüglich Radar als auch Kommunikation stumm geschaltet worden wäre, hätte es RORSAT entdeckt.

Hätte dasselbe Schiff RORSAT mit einem Jammer stören wollen und auch können, so wäre es ein dankbares Ziel für EORSAT geworden. Bei einer Bahnhöhe des RORSAT von etwa 250 km ergeben sich eine Umlaufzeit von ca. 89 min und 16,17 Umläufe pro Tag. Die Subsatellitenspur ist am Äquator nach jedem Umlauf ca. 2470 km versetzt. Falls das Radar Schiffsziele, d.h. Ziele mit großem Radarquerschnitt von ca. 500 -1000 m^2, in einer Entfernung von über 1200 km links und rechts der Sub-Satellitenspur entdeckt, wären nach 12 h alle Schiffe in den interessanten Bereichen der Ozeane einmal erfasst worden.
Die EORSATs wiederholten ihren Erdumlauf über demselben Ort alle 96 h (4 Tage); wogegen die RORSATs in einer Bahnhöhe von etwa 250 km denselben Ort erst nach 168 h bzw. 7 Tage wieder überflogen. Obwohl die Zeit zwischen dem Überflug von einem Paar EORSAT und eines RORSAT aufgrund ihres Auftrags variierte, blieb das Zeitintervall innerhalb des jeweiligen Einsatzes fest. Berücksichtigt man die Sensorreichweite, so ergibt sich, dass die Satelliten einen bestimmten Bereich der Ozeane innerhalb eines relativ kurzen Zeitintervalls überfliegen und damit die aktuellen Positionen der interessierenden Schiffe, ihre Fahrt und ihren Kurs mit guter Genauigkeit bestimmen konnten. Es gibt Hinweise, dass EORSAT die Position von Schiffszielen mit einer Genauigkeit von 2 km bestimmen konnte. Die Lebensdauer der EORSAT war mit 18-24 Monaten allerdings noch relativ kurz.
Die COSMOS-Serie wurde fortgesetzt. Beispielsweise wurden auch noch nach dem Kalten Krieg zwischen dem 3. Mai 2000 und 15. Februar 2002 COSMOS 2370, 2384 und 2385 bis 2387 gestartet. Dabei sollten die ersten beiden Satelliten in der Gewichtsklasse von etwa 6,6 t gelegen haben, während die letzteren drei mit etwa 2,34 t angegeben werden. Einer der jüngeren COSMOS Satelliten, der 2405, wurde am 28. Mai 2004 gestartet. Als Lebensdauer für diese letzten sechs Satelliten werden 3-5 Jahre genannt. Die zuvor genannten jüngeren COSMOS Aufklärungssatelliten wurden in sonnensynchrone LEOs gebracht.
Die UdSSR startete erst 1972 den ersten Frühwarnsatelliten auf eine *Molniya* Bahn, deren extrem elliptische Bahndaten mit einer Perigäumshöhe von 500 km und einem Apogäum von 40 000 km bei 65° Inklination angegeben wurden. Mit dieser Umlaufbahn befinden sich solche Satelliten in einem Bereich, in dem die nördliche Halbkugel im Allgemeinen und die Aktivitäten bei den US ICBM-Silos im Besonderen lange überwacht werden konnten (bis zu 12 h in einem Umlauf). Die *Molniya* Umlaufbahnen waren typisch für solche Aufgaben und wurden ähnlich auch von den USA später übernommen. Für die neueren russischen Frühwarnsatelliten vom Typ *Oko* (Serie 35 bis 40), die zwischen dem 9. April 1997 und dem 18. Februar 2004 in elliptische Orbits verbracht wurden, wird eine Entwurfslebensdauer von 3-5 Jahren genannt. Ebenfalls wird das sowjetische Frühwarnsystem durch Großradaranlagen und Schiffsradare ergänzt[57].

Chinesische Satelliten

Mit der Verfügbarkeit eigener Launcher hat China seit dem 26. November 1975 mit FSW 0-1 eigene Fotoaufklärungssatelliten gestartet und in Erdumlaufbahnen gebracht. Über die Qualität der Abbildungserfolge gibt es keine Hinweise. Man kann annehmen, dass etwa ab 1982 die raumgestützte Aufklärung in China die operationelle Reife erhielt. Eine signifikante Rolle bei der raumgestützten Aufklärung spielte China während der Zeit des Kalten Krieges noch nicht.
Bekannt wurden erst spätere Starts, wie der 2000-050A Zi Yuan-21 (Jian Bing-3), mit einer ca. 1500 kg schweren Nutzlast, der im Sept. 2000 in eine quasi polare Umlaufbahn (Inklination ca. 97°) gebracht wurde. Die Orbithöhe betrug ca. 500 km und die Umlaufzeit ca. 94 min. Diese Höhe ist für Fotoaufklärung noch interessant und es ist anzunehmen, dass damit Bilder mit einer Auflösung von ca. 70 cm erhalten werden können. Mit diesem Satelliten sollen erstmals Bilder zur Erde übertragen worden sein. China hatte aber noch während des Kalten Krieges schubstarke Trägerraketen für ICBMs und Nuklearwaffen entwickelt.

Kanadischer RADARSAT

Kanada hat noch während des Kalten Kriegs zur Sicherung seiner Souveränität ein satellitengestütztes Erdbeobachtungssystem, das RADARSAT-1 genannt wurde, entwickelt und am 4. November 1995 mit einem amerikanischen Delta II-Launcher in eine

sonnensynchrone Umlaufbahn gebracht. Der Orbit war zirkular auf einer Bahnhöhe von 798 km und einer Inklination von 98,6°. Eine Erdumrundung dauert ca. 101 min. Der SAR-Sensor ist seitlich schwenkbar und deckt dabei einen Bereich von 250 bis 500 km ab. Er arbeitet im C-Band (Frequenz 5,3 GHz, Wellenlänge 5,6 cm) und kann bei Hochauflösung 8 m, bei einer mittleren Auflösung 30 m und 50 m sowie beim Weitwinkelbetrieb mit 100 m Auflösung unterschiedliche Streifenbreiten abtasten.
Neben der Beschaffung von militärischer Information wird das System zur Überwachung der Fischereizonen und der Eisbewegung verwendet. Kanada verfügt über drei große Auswertestationen, die über das Land verteilt sind.

Israelische Aufklärungssatelliten

Die israelische Space Agency (ISA) ist Teil der israelischen Defense Forces (israelische Armee) und wurde 1983 mit dem Ziel gegründet, für Israel Aufklärungssatelliten zu entwickeln und in eine Umlaufbahn zu bringen. Am 19. September 1988 startete die ISA ihren ersten Satelliten *Ofeq 1* erfolgreich mit einer dreistufigen *Shavit* Rakete vom Luftwaffenstützpunkt Palmachim aus, der südlich von Tel Aviv am Mittelmeer gelegen ist. Der zweite Aufklärungssatellit, *Ofeq 2,* wurde am 3. April 1990 gestartet und diente, wie der erste, der Technologieerprobung, insbesondere der Kommunikationsübertragung.
Ofeq 3 war der erste operationelle Aufklärungssatellit, der am 5. April 1995, also erst nach dem Ende des Kalten Krieges, erfolgreich in eine Umlaufbahn gebracht wurde. Diesem folgte am 28. Mai 2002 der *Ofeq 5* mit einem Perigäum von 262 km, einem Apogäum von 774 km mit einer ungewöhnlichen Inklination von 143,5°. Diese ungewöhnliche Inklination ist erforderlich, da aus Sicherheitsgründen israelische Satelliten gegen Westen gestartet werden müssen. Man will vermeiden, dass ausgebrannte Raketenstufen auf eines der Nachbarländer fallen. Zur Auflösung des optischen Sensors von *Ofeq 5* gibt es Hinweise, dass diese etwa bei 5 m lag. Bei *Ofeq 6,* der am 6. September 2004, in eine Umlaufbahn geschossen werden sollte, trat schon beim Start ein Fehler auf und wurde zerstört. *Ofeq 7,* der am 11. Juni 2007 mit einer Shavit 2 Trägerrakete erfolgreich in eine Umlaufbahn gebracht wurde, ist der neueste abbildende Aufklärungssatellit mit einer Auflösung besser als 70 cm. Sein Gewicht liegt bei 660 lb (297 kg) und das Verhältnis Perigäum zu Apogäum bei 308 zu 595 km. Er dient zur Überwachung der Bedrohungen insbesondere aus dem Iran und aus Syrien. Hersteller des Satelliten ist IAI mit Unterstützung der Firmen El-Op, IMI, Raphael, Tadiran, Elisra und andere.
Für zivile und wahrscheinlich auch militärische Anwendungen betreibt Israel aber zusätzlich zu *Qfeq* noch zwei abbildende Satelliten vom Typ *Eros B.*
TechSAR oder *Polaris* wird ein bereits operationeller SAR-Satellit bezeichnet, der im August 2007 mit einer indischen PSLV-Trägerrakete gestartet werden sollte. Ein Start in Indien erlaubt die Einnahme einer quasi polaren Umlaufbahn, wie sie von Palmachim aus nicht möglich gewesen wäre.

Abbildende, satellitengestützte Aufklärung für Europa

Während des Kalten Krieges bestand für die europäischen NATO-Nationen keine dringende Notwendigkeit des Aufbaus einer eigenständigen raumgestützten Aufklärung. Falls es zu einem Konflikt mit den Warschauer Pakt Staaten gekommen wäre, hätten die USA die zur Verteidigung von *NATO Central Europe* notwendigen strategischen Informationen aus der eigenen raumgestützten Aufklärung geliefert.
Doch mit zunehmender Entspannung begann sich Westeuropa (insbesondere Frankreich) mit dem Gedanken zu befreunden, eine eigenständige und unabhängige Erdbeobachtung für die zivile Nutzung aufzubauen. Das Thema Eigenständigkeit und direkter Zugriff auf Information von Aufklärungssatelliten beschäftigte immer mehr Politiker und auch die Industrie. Trägerraketen standen aus zivilen Programmen zur Verfügung und Erfahrung mit der Raumfahrttechnologie wurde schon zuvor durch den erfolgreichen Start und Betrieb vieler wissenschaftlicher Satelliten gewonnen. Der erste Erdbeobachtungssatellit mit Radar, der 1991 gestartete *ERS 1,* wurde unter dem Systemführer Dornier in Immenstaad integriert. Als Erdbeobachtungssatellit beleuchtete er einen Streifen von 50 km bei einer Auflösung von etwa 20 m. Diese Auflösung war für die militärische Aufklärung zwar nicht ausreichend. Jedoch wurde hier bereits die ganze Abbildungskette in nahezu Echtzeit demonstriert. Es folgte ein identischer *ERS 2.*

Für den nächsten Schritt, der höheren Auflösung, die aus nachrichtendienstlicher oder militärischer Sicht notwendig gewesen wäre, war das Know-how aus parallelen Technologieprogrammen vorhanden.

SPOT (FR)
Die französische Raumfahrtbehörde CNES hatte sich bereits 1977 entschieden, das *Système Probatoire d'Observation de la Terre* (SPOT) als eigenen Erderkundungssatelliten zu entwickeln und Bilder an ausgewählte Kunden zu verkaufen. Als Vertriebsgesellschaft wurde die SPOT Image Corp. gegründet und der Verkauf der Bilder kommerziell für Erderkundung und Kartierung betrieben. An der Entwicklung des Satelliten waren neben der französischen Industrie, unter Führung von Matra, vor allem Firmen aus Schweden und Belgien beteiligt. SPOT ist ein Satellit der 2 Tonnen Klasse mit faltbaren Solarpaneelen an einer Seite und zwei hochauflösenden Kameras, die parallel zueinander installiert waren. Am 21. Februar 1986 wurde der erste SPOT erfolgreich mit einer Ariane 2 von Kourou in Französisch Guayana gestartet, und zwar in eine ähnliche sonnensynchrone Umlaufbahn mit 98,3° Inklination wie der KH-11. Bei einer Bahnhöhe von 828 km (zirkular) betrug die Umlaufdauer 101 Minuten. Dies ergab 14 Umläufe pro Tag und einen Überflugszyklus der gleichen Orte, von 26 Tagen. Der Start von SPOT 2 verschob sich vom Jahr 1988 auf 22. Januar 1990. SPOT 3 folgte im September 1993 und SPOT 4 am 24. März 1998. Launcher waren jeweils Ariane 2 und 3. Bei SPOT 5, der am 4. Mai 2002 gestartet wurde, war das Gewicht des Satelliten so angewachsen, dass eine Ariane 4 als Launcher verwendet werden musste.
Die beiden CCD-Kameras von SPOT 1-4 konnten Farbbilder in drei spektralen Bändern mit einer Auflösung von 18 m und Schwarz-Weiß Bilder mit einer Auflösung von 9 m aufzeichnen. Alle Satellitentypen verfügten über einen NIR-Kanal, wobei SPOT 4 aber noch zusätzlich einen Kanal im mittleren Infrarotbereich erhielt. Die Optik verfügte über eine Brennweite von 1,10 m mit 6000 Detektorelementen pro CCD Arrayzeile[65]. Durch Schwenken der Eintrittsspiegel können auch Bilder seitlich der Subsatellitenspur, bis etwa 400 km links als auch rechts, aufgenommen werden, die, bei geeigneter Überlappung, stereoskopische Aufnahmen ermöglichen. Dabei erwiesen sich die stereoskopischen Aufnahmen dieser

SPOT 5 Satellit.
(CNES)

Bilder von so exzellenter Qualität, dass sie sich für die Detailauswertung anboten. Bei SPOT können Bilder sowohl an Bord gespeichert als auch unmittelbar zum Boden übertragen werden, wenn eine Sichtlinie zu einer Bodenstation besteht. Zur Aufzeichnung der Fotoaufnahmen stehen zwei Bandgeräte zur Verfügung.
Mit SPOT 5 wurde die panchromatische (schwarzweiß) Auflösung auf 2,5 m x 2,5 m bzw. 5 m x 5 m und der multispektrale Bereich auf 10 m x 10 m erhöht. SPOT 5 war ebenfalls wie SPOT 4 mit Detektorarrays im nahen und mittleren Infrarotbereich ausgestattet.
Es sollte nicht unerwähnt bleiben, dass die SPOT-Bildprodukte auch für die Militärs verschiedener Nationen, die zuvor keinen eigenen Zugriff auf solche Bilder hatten, von großem Interesse waren. Konnten doch größere Ziele wie Bereitstellungsräume, Schiffe, Häfen, Küsten und Landebuchten, Eisenbahnanlagen, städtische Anlagen und aufgetauchte U-Boote jederzeit beobachtet werden. Bodenauswertestationen wurden an ausgewählte militärische Nutzer verkauft, die ihre Bildprodukte direkt vom Satelliten erhielten.
Bei den zivilen, abbildenden Satelliten existierte vor SPOT nur der von der NASA entwickelte Landsat, der 1972 als Teil des *Earth Resources Technology Satellite* (ERTS) Programms entstanden ist. Da der NASA un-

tersagt war, hochauflösende Sensoren im Landsat Programm zu verwenden, durfte sie bzw. die Betreibergesellschaft *Earth Observation Satellite Company* (EOSAT) nur Bilder mit einer Auflösung von 27 m (90 ft) herausgeben. Zwischenzeitlich existiert die 7. Generation von Landsat-Satelliten.

Die Vereinigten Staaten versuchten zunächst, gegen den Bildvertrieb von SPOT zu intervenieren. Denn die Auflösung lässt die Verwendung der Bilder für bestimmte Aufgaben der Aufklärung interessant erscheinen, wenn keine extrem hohe Auflösung gefordert ist. Jedem akzeptierten Kunden steht offen, Bilder von Orten seiner Wahl zu bestellen. Die Vereinigten Staaten sahen ihre nationale Sicherheit beeinträchtigt, wenn plötzlich US-Bereitstellungsräume am Abend vor einem Einmarsch in den Zeitungen veröffentlicht würden. Neben der Unterstützung der Land- und Forstwirtschaft, der Städteplanung, Seenforschung etc. kann SPOT natürlich auch Werften, Stellungen von ballistischen Raketen und Flughafenanlagen aufnehmen. Am 1. Mai 1986 nahm SPOT 1 beispielsweise panchromatische Bilder des explodierten Nuklearreaktors von Tschernobyl für einen kommerziellen Kunden auf, der sich für die Folgen der gewaltigen nuklearen Verseuchung im Umfeld des Reaktors interessierte. Danach fotografierte er die Anlagen für Nukleartests in Semipalatinsk und die Einrichtungen für das russische Space Shuttle *Buran* in Tjuratam (Baikonur) für Zeitungen. Bilder, selbst mit der limitierten Auflösung eines SPOT, lieferten wichtige aktuelle Erkenntnisse.

Aufgrund der langjährigen Erfahrung des US-Nachrichtenwesens mit der raumgestützten Aufklärung war abzusehen, dass die USA ihre Monopolsituation im Westen nicht aufzuteilen gedachte und eine Konkurrenz verhindern wollte. Die Informationsdominanz sollte aufrechterhalten werden, denn frühes Wissen ist Macht. Was könnte geschehen, wenn SPOT-Bilder andere Aussagen liefern, als sie vom Weißen Haus verkündet werden? Daneben darf man aber auch versichert sein, dass sich das französische Nachrichtenwesen der Dienste von SPOT-Image bediente, solange sich der eigene hochauflösende HELIOS-Satellit noch nicht in einer Umlaufbahn befand.

HELIOS (FR)

Da die SPOT-Bilder für die militärische Auswertung und für das Nachrichtenwesen, d.h. für die technische Analyse, keine ausreichende Auflösung ermöglichten, hat Frankreich Ende der 80er Jahre beschlossen, ein eigenständiges, hochauflösendes, raumgestütztes, optisches Aufklärungssystem zu entwickeln, das auf den Erfahrungen von SPOT aufbauen sollte. Italien hat sich daran mit 14% und Spanien mit 7% beteiligt.

Der Start des ersten HELIOS-1A mit EO-Sensor erfolgte am 7. Juli 1995 von Kourou aus auf einer Ariane-40. Dabei wurde der Satellit auf eine sonnensynchrone Umlaufbahn und auf eine Bahnhöhe von 680 km gebracht. Es wird geschätzt, dass dieser Satellit Bilder mit etwa 1 m Auflösung erzeugen kann, wobei die Streifenbreite mit 10 km erheblich geringer ist als bei SPOT. Die französische Regierung war sich bewusst, dass SPOT und HELIOS in der Kombination als Area *Surveillance* und *Close Look* Satelliten verwendet werden können.

Der Nachfolger HELIOS-1B wurde am 3. Dezember 1999, zusammen mit einem elektronischen Mikro-Aufklärungssatelliten *Clementine,* ein Satellit der 50 kg Klasse, ebenfalls von Kourou aus mit einer Ariane-40 gestartet. Die Bahndaten von HELIOS-1B sind etwa die gleichen wie bei HELIOS-1A. Als Entwurfslebensdauer waren vier Jahre angegeben worden. Es wird angenommen, dass Frankreich mit *Clementine* dem US-Vorbild der ersten Ferret ELINT Satelliten folgte. Der leichte Mikro-Aufklärungssatellit wurde nach der Trennung von HELIOS-1B auf eine eigene Umlaufbahn gestartet. Es kann angenommen werden, dass dieser Start auch zur Erprobung von *Clementine* selbst diente.

Am 18. Dezember 2004 wurde der verbesserte HELIOS-2A zusammen mit nunmehr 6 Mikrosatelliten in einen sonnensynchronen Orbit geschickt. HELIOS-2A wird voraussichtlich bis 2009 betrieben werden können. Mit 6 Mikrosatelliten in einer Bahnebene erhöht sich, wie bereits erwähnt, die Peilgenauigkeit von Emittern erheblich.

Die Satelliten der HELIOS-2 Generation sollen über eine noch bessere Auflösung, aber insbesondere über IR-Sensoren für den Nachteinsatz und einer Daten Link mit erhöhten Datenübertragungsraten verfügen. Ein HELIOS-2B steht bereit und kann nach Bedarf gestartet werden. Das HELIOS Bodensegment befindet sich in Creil, nordöstlich von Paris.

Es war schon sehr früh nach Einführung des HELIOS zwischen Deutschland und Frankreich diskutiert worden, diesem einen allwetterfähigen Satelliten mit

SAR-Sensor, den HORUS, von der damaligen DASA beizustellen und die Informationen aus beiden Satelliten den Regierungen zur Verfügung zu stellen. Dies Vorhaben scheiterte an den Kosten.

SAR-Lupe
Deutschland verfügte bis dahin über kein abbildendes oder signalerfassendes Aufklärungssatellitensystem für sicherheitspolitische und militärische Zwecke. Die deutschen Nutzer konnten in der Vergangenheit u.a. Daten kommerzieller oder wissenschaftlicher Satelliten kaufen (wie z. B. von SPOT, ERS, Space Imaging, GeoEye (Ikonos) und Earth Watch (Quick Bird)) oder sie wurden von dritter Seite beigestellt. Fähigkeiten zur Satellitenbilddatenauswertung waren bei BND, ANBw und AmilGeo vorhanden. Das Fehlen einer eigenständigen satellitengestützten Aufklärung bedeutete aber für Deutschland fortwährende Abhängigkeit von Aufklärungsergebnissen anderer Nationen und mangelnde Kompetenz bei der Mitwirkung in internationalen sicherheitspolitischen Gremien.
Erst nach Beendigung des Kalten Krieges, hat der Bundessicherheitsrat (am 4. Mai 1994) beschlossen, Deutschland an einem europäischen System von Aufklärungssatelliten zu beteiligen. Der deutsch-französische Sicherheitsrat empfahl am 31. Mai 1994 ein gemeinsames raumgestütztes Aufklärungssystem (RGA) zu entwickeln, mit HELIOS (EO)- und HORUS (SAR)-Satelliten. Letzterer sollte von Deutschland beigetragen werden. Beide Regierungen gaben dazu eine gemeinsame Willenserklärung ab. 1997 wurde auf dem deutsch-französischen Gipfel diese Absicht erneut bekräftigt, die Umsetzung jedoch aus haushaltstechnischen Gründen zurückgestellt. Jedoch bereits im Verlaufe des Jahres 1998 stellte die deutsche Regierung ihre Beteiligung an einer europäischen RGA in der vorliegenden Form ein. National versuchte man in Deutschland, ab 1999 ein kostengünstigeres Radarsatelliten-System als HORUS zu realisieren. So entstand die Idee zur SAR-Lupe. Den Auftrag erhielt OHB in Bremen.
SAR-Lupe ist seit dem Start des fünften Satelliten am 2. Juli 2008 als Flotte komplett und Ende September 2008 hat die Bundeswehr das allwetterfähige Satellitensystem in Betrieb genommen. Das SAR-Lupe-System besteht aus fünf identischen Kleinsatelliten und einer Bodenstation zur Satellitenkontrolle und zur Bildauswertung. Der SAR-Sensor soll SAR Streifenabbildung, als auch Spotlight Bilder hoher Auflösung (Lupenfunktion) erzeugen. Die Leistungsanforderungen bezüglich Auflösung und Streifenbreite bzw. Spot-Durchmesser sind geheim. Für die Datenübertragung zur Bodenstation wird die Radarantenne verwendet, wobei der Satellit zuvor auf eine Bodenstation ausgerichtet werden muss.
Alle 5 Satelliten wurden in einen polaren Orbit gebracht. Es wird angenommen, dass die Bahnhöhe bei etwa 600 km liegen wird. Nach der Planung sollte der erste Start Anfang 2005 erfolgen. Das Programm erfuhr eine deutliche Verzögerung durch die Änderung technischer Forderungen und so kam es erst im Dezember 2006 zum ersten Satellitenstart. Startort war das russische Kosmodrom Plesetsk.
Die Bodenanlage mit Missionsplanung, Satellitenkontrolle mit Bodenkontrollsegment und Bildauswertung wird in Gelsdorf bei Bonn aufgebaut. Datenaustausch mit Frankreich (HELIOS) ist vorgesehen. Weitere Einzelheiten zur SAR-Lupe entnehme man Kap. 17.

Kommunikationssatelliten für die Bundeswehr
Erst nach dem Kalten Krieg waren für die Bundeswehr militärische Kommunikationssatelliten nutzbar. Diese waren INMARSAT, TriMilSat (mit Frankreich und Großbritannien, von 1990 bis 1997) und MilSatCom (mit Frankreich, von 1997 bis 1999). Während SATCOMBw Stufe 0 und Stufe 1 auf angemieteten Satellitenverbindungen basierte, bindet das neue System SATCOMBw Stufe 2 eigene Satelliten ein. Diese Systeme erlauben die Übertragung von Sprache, Fax und Daten. SATCOMBw kann zusätzlich Video- und Multi Media Anwendungen übertragen.

Verfolgung und Abbildung von Satelliten in Erdumlaufbahnen

Während des Kalten Krieges erfolgte wahrscheinlich kein Start eines Satelliten in einen LEO, MEO, HEO oder GEO, der einem der beiden Protagonisten entgangen wäre. Die weltweite Verfolgung von Satelliten mit Radaren war von Anfang an ein zentrales Instrument der Kontrolle der eigenen und der Beobachtung der gegnerischen Satelliten. Die Betreiber von Satelliten müssen zu jedem Zeitpunkt genau wissen, wo sich ihr Satellit aktuell befindet. Ein Bild höchster

Qualität von einem strategischen Ziel nützt wenig, wenn man es nicht exakt lokalisieren kann. Da jede Seite ihre eigenen Satelliten verfolgen konnte, waren sie natürlich auch in der Lage, dies mit den Satelliten der Gegenseite tun. Es wurde parallel zum Aufbau der RGA die *Tracking-Verfahren* sowohl bezüglich der eigenen als auch der gegnerischen Satelliten laufend verbessert. Beide Seiten begannen Datenbanken über Startzeitpunkt, Bahndaten, Einsatzauftrag und Überflugzeiten von sensitiven Gebieten durch gegnerische Satelliten aufzubauen. Alle Mittel des Tarnens und Täuschens wurden dabei eingesetzt. So wurden z. B. Satelliten in einsatztypische Bahnen geschossen, jedoch mit Sensoren für eine ganz andere Mission ausgerüstet. Bahnen wurden geändert. Erfahrene Operateure auf beiden Seiten waren aber wahrscheinlich schwer zu täuschen.

In den USA war das *Space Defense Operations Center* (SPADOC) dem *North American Aerospace Defense* (NORAD) verantwortlich für die Überwachung des Raums, der Einschätzung des Auftrags aller fremden Raumfahrzeuge und der Entdeckung eventueller Bedrohungen für die USA. Alle Neuankömmlinge wurden genau geortet und verfolgt sowie ihre vermutliche Aufgabe analysiert. So war beispielsweise der Start des bereits erwähnten COSMOS 1603 am 28. September 1984 so ein besonderes Ereignis, das man in dieser Art noch nicht beobachtet hatte. Für NORAD war zunächst der riesige Radarquerschnitt ein Hinweis auf einen sehr großen Satelliten, über dessen zukünftige Aufgabe große Verwirrung herrschte. Es handelte sich um den bereits erwähnten Prototyp der Tselina-2 ELINT Satelliten. Jedes der folgenden Bahnmanöver und Änderungen der Inklination ergab Probleme nicht nur bezüglich der Einschätzung seiner Verwendung, sondern auch bei der Bahnverfolgung. Man verlor den Satelliten einige Male, bis er endlich eine stabile Bahn in einer Höhe von 850 km bei einer Inklination von 71° einnahm. SPADOC sah viele Satelliten kommen und gehen und die Abschätzung der Verwendung erwies sich auch meist zutreffend. Katastrophen wie der unglückliche RORSAT, COSMOS 1402 mit dem erwähnten Reaktorproblem, wurde mit vielen Radaren verfolgt bis zum Absturz. Aber auch andere Satellitenstarts wurden erfasst und verfolgt, wie z. B. einer der ersten chinesischen Aufklärungssatelliten, der am 9. September 1982 in eine Umlaufbahn geschossen wurde und der keinen Zweifel daran ließ, was seine Aufgabe war.

Zuverlässige Bahndaten von Satelliten können nur durch ein weltweites Netz von Radaren, optischen Teleskopen und Funkortungseinrichtungen erhalten werden. In den USA erhielt SPADOC seine Satellitenbahndaten vom *National Space Surveillance Control Center* (NSSCC) aus Hanscom Field in Bedford, Massachusetts. Das Sensornetzwerk selbst wird *Space Detection and Tracking System* (SPADATS) genannt. Bereits Mitte der 80er Jahre führte SPADATS etwa 30 000 Satellitenbeobachtungen am Tag durch, die an die Datenbank des NSSCC weitergeleitet wurden, wo die einzelnen Tracks mit den Charakteristiken ähnlicher Satelliten verglichen und für Referenzzwecke gespeichert wurden. Zwischen 4500 und 5000 Objekte wurden Tag für Tag mit dem globalen Netzwerk der SPADATS mit höchster Präzision verfolgt. Hierzu gehören sowjetische, chinesische und eigene US Satelliten sowie Satelliten anderer Nationen, Navigationssatelliten, Wettersatelliten, bis hin zu Frühwarn- und Kommunikations-Satelliten sowie Weltraummüll, wie z. B. ausgebrannte Booster.

Um bei allen Täuschmanövern bessere Hinweise über den Auftrag von Satelliten zu bekommen, wurde versucht, gegnerische Satelliten vom Boden aus abzubilden. TRW baute dafür das *Ground-Based Electro-Optical Deep Space Surveillance System* (GEODSS), das Abbildungen von Satelliten in LEOs bis zu geosynchronen Orbits erlaubt. GEODSS besteht aus zwei Teleskopen mit einer Eintrittsapertur von 1,02 m und einer *Low Light Level TV* (LLLTV) Kamera. GEODSS ist ein rechnergestütztes elektrooptisches System mit CCD-Arrays; es wurde nur nachts eingesetzt. Wie bei jedem optischen System zur Sternbeobachtung wird die Erddrehung kompensiert und die Sichtlinie zu einer bestimmten Satellitenbahn ausgerichtet, die zuvor durch ein Trackingradar bestimmt wurde. Die Optik wird auf den Sternenhimmel als Hintergrund ausgerichtet. In einer Auswertung von Bildfolgen werden rechnergestützt alle Sterne ausgeblendet, sodass die sich bewegenden Objekte im Raum hervortreten. GEODSS wurde auch in der Suchfunktion nach neuen Objekten im Raum eingesetzt. Es wurde in Gegenden mit guter optischer Sicht aufgestellt, wie z. B. auf dem Haleakala der Hawaii-Insel Maui, in Socorro, New Mexico, in

Diego Garcia im Indischen Ozean und in Taegu bzw. später in Choe Jong San, Süd-Korea. Weitere eingestufte EO Systeme kamen hinzu, wie z. B. Teal Amber in Malabar, Florida und Teal Blue ebenfalls auf Maui mit je zwei hochauflösenden Teleskopen.
Es kann angenommen werden, dass die Sowjetunion und andere Nationen ähnliche Anstrengungen unternommen haben, Satelliten in ihren Umlaufbahnen abzubilden. Voraussetzung hierzu sind nicht nur leistungsfähige EO-Sensoren, sondern auch gute Sicht. Mit *Inverse Synthetic Aperture Radaren* (ISAR) geeigneter Größe und leistungsfähigen Prozessoren ist es ebenfalls möglich, Satelliten auch bei schlechter Sicht abzubilden. Durch die geringen Doppler-Frequenzverschiebungen an Satellitenteilen, die durch die kleine Rotationsbewegung hervorgerufen werden, die ein Satellit beim Erdumlauf macht, gelingt es eine Abbildung hoher Auflösung, wie bei Spotlight, herzustellen. Diese Fähigkeit besitzt in der Bundesrepublik, für einen eingeschränkten Breitenbereich, die FGAN, in Wachtberg-Werthhoven, mit ihrem riesigen Radioteleskop, dem *Tracking und Imaging Radar* (TIRA). Frankreich versucht schon über längere Zeit, europäischen Partner für die Einrichtung eines bodengestützten Raumüberwachungssystems zu gewinnen. In einem ersten Schritt hat Frankreich im Dezember 2005 in *Broye-les-Pesmes,* östlich von Dijon, ein als Graves bezeichnetes bistatisches Radar mit vier Sendeantennen aufgestellt[155], das zunächst als Testeinrichtung diente. Die Empfangsantennen hierzu befinden sich 400 km südlicher auf dem Plateau d'Albion. Angeschlossen ist dies an einen 60-Gflop/s Prozessor, der die Umlaufparameter von etwa 2200 Objekten im Raum festgestellt hat. Das System ist auf Objekte nördlich des 35. Breitengrads beschränkt. Obwohl weitere Einschränkungen bezüglich Objektgrößen und Bahnhöhen (bisher nur LEO) bestehen, wurde ein erster erfolgreicher Schritt gemacht. Erweiterungen, die auch optische Systeme einbinden sollen, werden von der ONERA untersucht. Weitere Partner für eine Systemerweiterung sind notwendig, wie z. B. die ESA oder die Bundesrepublik.

10. Rüstungskontrolle, Akzeptanz von gegenseitiger Überwachung aus Erdumlaufbahnen

Ohne eine zuverlässige Verifikation wären Rüstungskontrollabkommen zwischen so unterschiedlichen Allianzen, wie es einerseits die NATO und andererseits der Warschauer Pakt zur Zeit des Kalten Krieges darstellten, vollkommen wertlos. Dies galt natürlich besonders im bilateralen Verhältnis der USA mit der UdSSR, den beiden Weltmächten. Dabei war es zunächst vollkommen unklar, ob eine Verifikation der Einhaltung von vielen Rüstungskontrollvereinbarungen durch den Einsatz technischer Mittel der Fernaufklärung überhaupt gelingen könnte. Mit dem Aufbau einer raumgestützten Aufklärung zur strategischen Beobachtung und zur gegenseitigen Rüstungskontrolle konnte erst nach der Verfügbarkeit von Trägern, Sensoren und Kommunikationsmitteln auf beiden Seiten begonnen werden. Die USA bezeichneten ihre Systeme der Fernerkundung als *National Technical Means* (NTM), und zwar alle, die zur laufenden Beobachtung der Einhaltung der Bestimmungen gegenseitiger Abkommen erforderlich waren. Diese umfassten neben Satelliten auch Flugzeuge, Schiffe und bodengestützte Anlagen.

Politiker und Rechtswissenschaftler der UdSSR kritisierten *Space Based Reconnaissance* zunächst (bis 1962, nach dem Start der eigenen Zenit-2 Aufklärungssatelliten, d.h. nach COSMOS 10 und 11) als ungesetzlich und beantragten beim Weltraumkomitee der UNO ein Verbot. Als Begründung wurde vorgebracht:

„Durch eine einseitige Satellitenaufklärung könnte, wegen der dann bestehenden Möglichkeit des Überraschungsangriffs und der Ausschaltung der gegnerischen strategischen Raketen mit ICBMs in der ersten Angriffswelle, eine echte Erstschlagsfähigkeit ohne Bestrafung realisiert werden. Weil mit der Zerstörung der Raketensilos die Zweitschlagfähigkeit der anderen Seite vollkommen eliminiert werden würde, wäre die stabilisierende Wirkung der Mutual Assured Destruction (MAD) aufgehoben".

Auch nach dem Abschied von Präsident Eisenhower von seinem Amt, im Jahre 1961, wurde vom US-Department of State die Idee des früheren Open Skies-Ansatzes aufrechterhalten. Und es wurde über lose Kooperationen mit der UdSSR nachgedacht; natürlich nicht auf Gebieten, die die eigene raumgestützte Aufklärung tangierten. Der beste Weg für diesen Ansatz war über die *Vereinten Nationen* (VN). Im September 1958 hatte der damalige US Außenminister John Foster Dulles den VN vorgeschlagen, ein Raumkomitee zu gründen, um eine internationale Zusammenarbeit auf Gebieten aufzubauen, die die nationale Sicherheit nicht beeinträchtigen. Die VN bildeten daraufhin ein ad hoc *Committee on Peaceful Use of Outer Space* (COPUOS), welches *Space Laws* für die Zukunft aufstellen sollte. COPUOS diente aber den Vereinigten Staaten auch dazu, andere Länder zu motivieren eine entspanntere Haltung gegenüber den Aktivitäten der US Raumfahrt einzunehmen; dies wiederum begünstigte die USA ihren technologischen Vorsprung aufrecht zu erhalten. In diesem Zusammenhang wurden nun eine Reihe gemeinsamer Programme aufgelegt, insbesondere während des *Internationalen Geophysikalischen Jahres,* das am 1. Juli 1957 begann. Dabei wurden Ergebnisse und Erkenntnisse aus vielen Experimenten mitgeteilt, die aber alle abseits von den Erfahrungen mit der beginnenden raumgestützten Aufklärung lagen. Vielleicht sollten sie auch gezielt andere Länder davon ablenken, sich mit dieser Materie zu beschäftigen.

Die erklärte Politik des Weißen Hauses verlief in dieser Zeit nach dem Motto *Keep low Profile* bzw. versah alle Aktivitäten der raumgestützten Aufklärung mit einem so hohen Einstufungsgrad in der Geheimhaltung, dass keine Information nach außen gelangen konnte. Dennoch ließ die US Regierung neue Aufklärungssatelliten und Trägerraketen entwickeln und diese dann in die unterschiedlichsten Orbits schießen, sodass schließlich – zumindest zeitweise – ein enges, teilweise redundantes Netz von US Aufklärungssensoren mit einer quasi kontinuierlichen Abdeckung der Sowjetunion entstand[40].

William. E. Colby wurde 1973 als *Director Central Intelligence* (DCI) berufen. Mit dieser Berufung wurde er nicht nur der Leiter der CIA, sondern auch von der NSA and der DIA sowie von weiteren US militärischen Sicherheitseinrichtungen. Er hatte während des Vietnam-Krieges für die CIA gearbeitet und war 1971 aus Saigon zurückgekehrt. Mit seinem Namen ist ein großer Teil der Anstrengungen verbunden, um erfolgreich die Verifikation von Rüstungskontrollvereinbarungen zu realisieren. Colby war überzeugt, dass die alleinige Verifikation der Rüstungskontrollvereinbarungen aus dem Weltraum nicht ausreichen würde, um ihre Einhaltung nachzuprüfen. Aber er sah auch keine Alternative. Wegen Vorwürfen, die noch aus der Zeit des Vietnam-Krieges stammten, wurde er im November 1975 von Präsident Gerald Ford durch George Bush, dem späteren US Präsidenten, ersetzt.

Anti Satelliten Waffe

Von der sowjetischen Regierung wurden nicht nur die Aufklärungssatelliten DISCOVERER/CORONA (1959-72, für die CIA), SAMOS (1960-63, für die USAF) und MIDAS (1960-71, ebenfalls für die USAF) sondern auch der Wettersatellit TIROS (1961) als Spionagesatelliten bezeichnet. Der sowjetische Ministerpräsident Nikita S. Chruschtschow drohte 1962 erneut alle US-Satelliten auszuschalten. Für die USA bildeten diese Satelliten das Kernstück ihrer strategischen Aufklärung und waren von ungeheurer sicherheitspolitischer Bedeutung, sodass sie mit allen Mitteln geschützt werden mussten. Ein Angriff auf diese Aufklärungssatelliten wäre von den USA als Kriegshandlung verstanden worden.

Die UdSSR beanspruchte ihrerseits das Recht eines Staates, Spionagesatelliten über seinem Territorium zu zerstören und begann mit der Entwicklung von Hunter-Killer-Satelliten, insbesondere gegen amerikanische LEO Aufklärungs-Satelliten. Heimlich wurden von sowjetischer Seite, aber ebenfalls auch in den USA, mögliche Anti-Satelliten (ASAT) Waffensysteme untersucht. Die US-Regierung ließ verschiedene Methoden analysieren, mit denen möglicherweise die UdSSR US-Satelliten stören oder zerstören könnten. Dabei spielten boden- oder raumgestützte LASER-Angriffe, Minen im Raum, Killer-Satelliten, elektronische Störung oder Umprogrammierung von Satelliten *(Softkill)* eine Rolle. Alle möglichen Alternativen wurden in einer losen Blatt-Sammlung, der *Space Threat Environment Description,* beim SPADOC gesammelt, um auch einen eventuellen Ernstfall gegen US-Satelliten schnell erkennen zu können.

Bereits in den 50er Jahren, noch bevor überhaupt ein Satellit gestartet war, glaubten einige Verteidigungsplaner in den USA ein eigenes ASAT-System zu benötigen. Zumindest am Anfang dieser Überlegungen im Jahre 1957 stand, dass deren möglicher Einsatz nicht allein auf die Zerstörung von Aufklärungssatelliten beschränkt sein könnte, sondern auch gegen Waffen auf Umlaufbahnen. Es bestand zu dieser Zeit in den USA noch die Befürchtung, dass die UdSSR nukleare Gefechtsköpfe in eine Umlaufbahn schicken würde, die dann auf Knopfdruck abgebremst und zur Zerstörung von US Städten eingesetzt werden könnten. Noch im Dritten Reich haben Eugen Sänger[92] bei der DFL in Trauen und Wernher von Braun in Peenemünde an der Idee eines *Antipoden Bombers,* auf der Basis einer geflügelten Super V-2 und einer zweistufigen A9/A10 gearbeitet. Beide hatten das Ziel über der Atmosphäre fliegend Washington, New York und Pittsburgh (das damalige Zentrum der Stahlproduktion) zu erreichen und zu bombardieren. Man ging in den USA davon aus, dass die bei der Eroberung von Peenemünde von den Russen zwangsverpflichteten deutschen Ingenieure diese Idee möglicherweise weitergegeben haben. Dass diese Befürchtungen nicht so ganz weit hergeholt waren, bestätigte sich etwa 1966, als die US-Nachrichtendienste feststellten, dass die UdSSR tatsächlich solch ein *Fractional Orbital Bombardement System* (FOBS) getestet hatten. Es wurde angenommen, dass mit der SS-9 als Träger Gefechtsköpfe in eine niedrige Umlaufbahn geschossen werden sollten, von wo sie nach gezielter Abbremsung, im Falle eines Konflikts, als Pfadfinder für reguläre ballistische Raketen hätten eingesetzt werden können. Es wurde von der US Regierung angenommen, dass das primäre Ziel der UdSSR die Ausschaltung der Radare für den Einsatz der US *Anti Ballistic Missiles* (ABM) ist. Dies hätte kurz vor einem sowjetischen Raketenüberfall stattfinden müssen. Insgesamt wurden angeblich 18 sowjetische FOBS-Tests durchgeführt. Das Programm wurde aber etwa im August 1971 nach dem letzten Test eingestellt. Der Grund für den Programmabbruch ist nicht ganz klar; ob es an einer eventuell unzureichenden Trefferleistung lag oder ob die Fortschritte bei den SALT-I-Vertragsverhandlungen dazu führten, dass man sich auf beiden Seiten zunächst für eine Beschränkung auf je zwei ABM-Starteinrichtungen (später sogar auf nur noch eine) einigte, konnte bisher nicht öffentlich geklärt werden.

Die erste und am besten bekannt gewordene sowjetische ASAT-Waffe ist das *Ko-orbitale Abfangsystem,* das 1968 getestet wurde. Ein entsprechend ausgerüsteter Satellit wurde anfänglich mit einer SS-9 auf eine Umlaufbahn gebracht. Die Inklination der Umlaufbahn des ASATs sollte der gleiche wie sein Opfer sein; jedoch bei etwas geringerer oder größerer Bahnhöhe. Der Killersatellit sollte sein Ziel während eines oder zwei Umläufen verfolgen und dann mit einem Radar- oder IR-Suchkopf an das Ziel herangeführt werden. Nach Annäherung auf einen letalen Abstand sollte er zur Explosion gebracht werden, wobei die Splitter oder Schrapnells den angegriffenen Satelliten zerstört hätten. Man nahm an, dass, bei der Schrapnelldichte moderner konventioneller Gefechtsköpfe, ein Abstand von einem Kilometer genügt hätte, einen Satelliten sicher zu zerstören.

Zwanzig ko-orbitale ASATs sollen in zwei Phasen von Tjuratam aus getestet worden sein. Die Zielsatelliten wurden in Plesetsk gestartet. In der ersten Phase zwischen 20. Oktober 1968 und 3. Dezember 1982 wurden von der Sowjetunion 7 Tests mit dem radargesteuerten Satellitenabwehrsystem durchgeführt[41]. Sechs der dreizehn ASAT-Tests der zweiten Phase waren mit einem IR- und sieben mit Radarzielsuchkopf ausgestattet. Die Erfolgsquote lag zunächst bei 45% (9 Treffer). Nach Einsatz eines Radarzielsuchkopfes erhöhte sich die Trefferquote auf 64%. Die größte Umlaufhöhe, die mit ko-orbitalen ASATs erreicht wurden, lag bei etwa 2250 km und damit wären sie für alle US fotografischen Aufklärungssatelliten, die Ozeanbeobachtungssatelliten vom Typ *White Cloud* NOSS, einige Ferrets, das Space Shuttle sowie die SDS- und JUMPSEAT-Satelliten zur Gefahr geworden.

Die Motivation der USA eine eigene ASAT-Fähigkeit zu besitzen, galt einerseits dem Schutz der eigenen Aufklärungssatelliten vor Zerstörung, aber mehr noch der eigenen Fähigkeit sowjetische raumgestützte Aufklärungsmittel im Ernstfall ebenfalls ausschalten zu können. Auch fühlten sich die US-Kommandeure genauso unwohl bei dem Gedanken von oben ausspioniert zu werden, wie ihre sowjetischen Gegenüber. Bei dem Versuch ein effizientes System zu entwickeln, wurden in den USA viele mögliche Lösungen von Killer-Satelliten, mit nuklearen und konventionellen Gefechtsköpfen in Betracht gezogen. Sogar mit Radarzielsuchkopf ausgerüsteten Trägerraketen vom Typ *Nike-Zeus* und *Thor* wurden Tests ausgeführt. Aber auch das ABM-System Minuteman I versprach ausreichendes Potenzial.

Die USA starteten neben den Entwicklungen von bodengestützten ASATs, auch die Entwicklung einer 5,6 m langen und 1200 kg schweren Lenkwaffe mit IR-Zielsuchkopf, die von einer F-15 in etwa 15 km Höhe gestartet werden konnte. Nach der Trennung von der F-15 wurde die zweistufige Rakete auf fast 50 000 km/h beschleunigt. Danach trennte sich die konusförmige Abdeckung an der Spitze und gab ein *Miniature Homing Vehicle* (MHV) frei. Dieses MHV besaß einen komplexen IR-Suchkopf mit 8 kleinen Teleskopen, wurde durch einen LASER-Kreisel stabilisiert und mit 56 kleinen Einzelpuls-Feststofftriebwerken angetrieben. MHV verfügte über keinen Gefechtskopf sondern war auf Direkttreffer ausgelegt. Bei der hohen Kollisionsgeschwindigkeit wäre ein Satellit völlig zerstört worden. Die USAF verwendete für den ersten Test am 13. September 1985 einen noch funktionierenden Satelliten namens P78-1, der mit Gammastrahlungs-Spektrometer zur Beobachtung der Sonnenkorona ausgerüstet war. MHV traf und zerlegte den Satelliten laut SPADOC in etwa 150 Teile. Die F-15, die für den ASAT eingesetzt worden wären, gehörten zu dem USAF *Tactical Air Command* (TAC). Im Ernstfall wären die F-15 durch SPADOC auf einen Kollisionskurs gegen den Satelliten geführt worden. Das F-15 ASAT System ist seit 1987 einsatzbereit[105].

Alle drei US-Teilstreitkräfte entwickelten ihre eigenen Ideen für ASATs. In der UdSSR und in den USA spielte neben den genannten, auf mechanische Zerstörung ausgelegte ASATs, auch Hochenergie-Laser und elektromagnetische Interferenzeffekte eine Rolle. Auch über Wege sich in die gegnerische Uplink einzuschalten und gezielt Fehler in der Software des Rechnersystems eines Satelliten zu generieren, wurde

vielfach spekuliert. Wäre es gelungen, hätte nur schwer festgestellt werden können, ob der Ausfall eines Satelliten durch eine eigene Fehlfunktion oder durch Fremdeinwirkung hervorgerufen worden wäre. Ein erfolgreicher Versuch wurde nicht bekannt.
Als die Sowjetunion selbst über ein eigenes raumgestütztes Aufklärungsprogramm verfügte, zog sie den Verbotsantrag von 1963 zurück. Auch im späteren Weltraumvertrag von 1967 blieb ein Verbot von Aufklärungssatelliten unerwähnt[40]. Das brachte aber auch das Ende der Überlegungen und Aktivitäten zu ASAT. Man hatte auf beiden Seiten erkannt, dass die raumgestützte Aufklärung eine stabilisierende Rolle in der Politik spielen kann.

Limited Test Ban Treaty

Nach Jahren der Konfrontation kam endlich neue Bewegung in die internationalen Beziehungen, und zwar durch Überlegungen zur Rüstungskontrolle bei der nuklearen Bewaffnung. Damit zusammenhängend begannen Gespräche zwischen den Großmächten über die Reduzierung und Kontrolle von nuklearen Tests. Obwohl die Sowjetunion sich bereits im Mai 1955 für ein Testverbot von Nuklearwaffen ausgesprochen hatte, wurde dieser Vorschlag von Washington zurückgewiesen, da er auch eine Reduzierung der konventionellen Bewaffnung vorsah, bei der die Sowjetunion damals weit überlegen war. Im Oktober 1956 schrieb der sowjetische Ministerpräsident Nikolai Bulganin einen Brief an den amerikanischen Präsidenten Eisenhower, in dem er ihm erneut ein gegenseitiges Testverbot vorschlug. Dabei wies er auf die gewaltige Explosionsenergie dieser Waffen hin, deren Druckwelle mit gewöhnlichen seismischen Sensoren, die überall auf der Welt verteilt werden sollten, entdeckt werden können. Damit, so glaubte er, versteckte Tests von beiden Seiten auszuschließen. Die Präsidentenberater rieten jedoch von einer Zustimmung ab, da sie nicht von einer sicheren Kontrolle mit seismischen Sensoren überzeugt waren. Aber der Dialog war jedoch zunächst einmal angestoßen.
Daraufhin konnte im Sommer 1958 eine Expertenkonferenz in Genf einberufen werden, an der die USA, die UdSSR, Großbritannien, Frankreich, Kanada, Polen, die Tschechoslowakei und Rumänien teilnahmen. Dabei wurde eine Reihe, von beiden Seiten akzeptierten, Verifikationstechniken festgelegt. Dazu gehörten 180 seismische Überwachungsstationen, 10 Schiffsstationen und Flüge zur Sammlung von radioaktiven Teilchen, die durch eine Übergrundexplosion in die Atmosphäre gelangen würden.
Obwohl es noch fünf Jahre dauern sollte, bis das *Limited Test Ban Treaty* (LTBT) ratifiziert werden konnte, war der Anfang für die Verifikation von solchen zukünftigen Vereinbarungen über die Reduzierung und das Verbot von Nukleartests eingeleitet. LTBT hatte das Verbot von Nukleartests in der Atmosphäre, unter Wasser und im Weltraum zum Ziel. Tests im tieferen Erdreich waren erlaubt. Als im August 1963 die USA und die UdSSR dieses LTBT-Abkommen in Moskau unterzeichneten, waren beide überzeugt, dass die Überwachung mit ausreichender Genauigkeit durchgeführt werden kann.
Bei der Überwachung verließen sich die USA nicht nur auf seismische Sensoren und das Sammeln von Fallout Teilchen, sondern auch auf die noch junge raumgestützte Aufklärung und Überwachung. Es wurde, wie bereits in Kap. 9 erwähnt, in Übereinstimmung mit dem LTBT-Abkommen ein raumgestütztes Überwachungssystem *Vela-Hotel* entwickelt, das mit Sensoren ausgerüstet war, um Nuklearexplosionen auf der Erde, in der Atmosphäre und im Raum entdecken zu können. Die beiden Satelliten, die dafür vorgesehen waren, sollten aus einem Höhenbereich von über 100 000 km die Erde beobachten. Satelliten dieser Art, die zur Einhaltung des LTBT notwendig waren, trugen auch wesentlich dazu bei, dass das Thema ASAT begraben wurde. Das gesamte Überwachungssystem Vela bestand aus drei Elementen. Neben dem raumgestützten *Vela Hotel* gab es *Vela Uniform,* mit seismischen Detektoren sowie *Vela Sierra* mit erdgestützten Sensoren auf der Basis von Riometern. Ein *Relative Ionospheric Opacity* (RIO) Meter ist eigentlich ein spezieller Empfänger im VHF-Band (bei ca. 30 MHz) und dient zur kontinuierlichen Aufzeichnung des kosmischen Rauschens. Der elektromagnetische Impuls, der mit einer nuklearen Detonation sowohl über Grund als auch im Raum einherging, hätte damit entdeckt werden können.
Es folgte 1974 eine weitere Vereinbarung, das *Yield Threshold Test Ban Treaty* (YTTBT), das sich auf eine Obergrenze bei Gefechtskopftests von entsprechend 150 kt TNT beschränkte. *Vela Hotel* war in der Ausbaustufe ebenfalls geeignet, dieses Abkommen zu verifizieren. Die USAF war für das gesamte *Vela-*

Programm verantwortlich. 12 Satelliten wurden gebaut. Davon gehörten sechs bereits zur zweiten, verbesserten Generation *(Advanced Vela Design).*

Strategic Arms Limitation Talks

Friedliche Abrüstung, Atomwaffensperrvertrag, die *Mutter aller Konventionen,* waren die Schlagworte, die Anfang der 70er Jahre die Runde machten und große Hoffnungen geweckt hatten. 1970 trat das bereits 1968 beschlossene Reformwerk endlich in Kraft. Darin wurde festgelegt, dass der Klub der Nuklearmächte (USA, UdSSR, China, Frankreich und UK) auf fünf begrenzt bleiben soll und dass keiner dieser Nationen die Bombe oder technisches Know-how weitergeben darf. Die Atomstaaten verpflichteten sich gegenüber den *Habenichtsen,* bei der Nutzung der zivilen Kernenergie mit Know-how und technischer Unterstützung zu helfen. Aber sie verpflichteten sich auch, ihre eigenen Arsenale abzurüsten.
Nach langwierigen Verhandlungen erreichten die USA und die UdSSR 1972 ein erstes Abkommen über die Begrenzung strategisch nuklearer Waffen und über den *Anti Ballistic Missile* (ABM) Vertrag sowie über ein Interimsabkommen zu den ICBMs. Die beiden Großmächte verständigten sich im Rahmen dieser *Strategic Arms Limitation Talks* (SALT) auf das SALT-I-Abkommen vom 26. Mai 1972, und zwar beim ABM-Vertrag mit dem Zugeständnis von je 2 *Anti Ballistic Missiles* (ABM) Launch Sites in den beiden Ländern. Bereits 1960 hatten die Vereinigten Staaten ein ABM-System mit der Bezeichnung Nike Zeus erfolgreich getestet. Die USAF drängte auf die Einrichtung eines umfassenden ABM Schirms gegen einen sowjetischen Überraschungsangriff[43]. In der Sowjetunion wurde ein ähnliches System entwickelt, das 1966 als ABM-System *Galosh* zum Schutze Moskaus aufgebaut wurde. Daraufhin bot der damalige US-Sectretary of Defense, Robert McNamara, den Sowjets generell einen Verzicht auf ein ABM-System an. Er befürchtete, dass ein dichter ABM-Abwehrschirm um alle strategisch wichtigen Orte der Sowjetunion einen US-ICBM Angriff neutralisieren könnte. Trotzdem bewilligte der US Kongress, u.a. auf Drängen der Vereinigten Stabschefs, im Jahre 1968 Mittel zur Finanzierung eines *Sentinel* genannten ABM-Systems. 1969 empfahl Präsident Richard Nixon sogar die Aufstellung von 12 ABM-Stellungen, verteilt über dem gesamten Gebiet der USA, das unter der Bezeichnung *Safeguard* bekannt wurde. Später wurde das ganze geplante Netz vertraglich auf die vereinbarten zwei ABM-Stellungen reduziert.
Zusätzlich sollte in einem Interimsabkommen die Zahl der ICBM-Systeme auf dem gegenwärtigen Stand eingefroren werden[44], und es wurden dann tatsächlich die Anzahl der ICBM-Abschussvorrichtungen limitiert, d.h. 2358 ICBMs auf Sowjetseite gegen 1710 aufseiten der USA. Die USA konnte diese Unterzahl hinnehmen, da sie in der Zwischenzeit ihre ICBMs und SLBMs bereits mit Mehrfachsprengköpfen *(Multiple Independently Targetable Re-entry Vehicles* (MIRV)) ausgerüstet hatten und somit das Verhältnis der Gefechtsköpfe tatsächlich bei 7200: 2400 zu ihren Gunsten lag. Teil des Vertrags war ein Verbot der Umrüstung der vor 1964 gebauten Launchsilos für die neuen schwereren ICBMs. Mit der Mehrfachangriffstechnik MIRV hätten die USA wahrscheinlich die damaligen sowjetischen ABM-Abwehreinrichtungen in die Knie zwingen können.
Die Zahl der *Sea Launched Ballistic Missiles* (SLBM) auf U-Booten sollte auf die im Jahr 1972 einsetzbaren und im Bau befindlichen U-Boote begrenzt bleiben. Ein weiterer Artikel des Vertrags regelte die Modernisierung und den Austausch von Missiles und Launchsilos nach dem Jahr 1964.
Im *Anti Ballistic Missiles* (ABM) Vertrag wurden den USA und der UdSSR je zwei ABM-Systeme mit jeweils 100 Abfangraketen zugestanden. Ein ABM-System war für den Schutz der Hauptstadt und das Zweite für den Schutz von ICBM-Stellungen vorgesehen. Beide müssen mindestens 1300 km voneinander entfernt sein. Diese Limitierungen sollten ständig überprüft werden können, und zwar durch *National Technical Means* (NTM) und durch die Schaffung einer ständigen Beraterkommission. Die ABM-Aufstellung über der gesamten Sowjetunion konnte mit US-Fotosatelliten und durch elektronische Überwachung (SIGINT-Satelliten) verifiziert werden. Die raumgestützte Überwachung von ABM Tests durch die USA konzentrierte sich in der Folge insbesondere auf das Testgelände bei Sary Shagan in der Nähe des Balchasch Sees in Kasachstan.
Zur Überwachung dieser Vereinbarungen machte sich ab etwa 1972 bei beiden Supermächten verstärkt die Erkenntnis breit, dass die raumgestützte Aufklärung

notwendig ist und einen stabilisierenden politischen Einfluss bewirken kann.
Die zweite kommunistische Großmacht im Osten, die Volksrepublik China, unternahm in dieser Zeit ebenfalls große Anstrengungen, um mit seiner Rüstung zu den beiden Großmächten aufzuschließen. Die USA wollten natürlich auch von dieser Seite keinerlei bedrohliche Überraschungen erleben. Die Überwachung von Festland China erfolgte zunächst von Taiwan aus, und zwar mit chinesischen U-2. In diesem Fall stand insbesondere *Lop Nor,* das chinesische nukleare Testzentrum und die IRBM Test Range, in *Chen-Chuan,* im Mittelpunkt des Interesses. Im Laufe der Zeit wurden aber bei diesen Einsätzen ca. 9 U-2 Aufklärungsflugzeuge aus Taiwan von der Volksrepublik China mittels sowjetischer Boden-Luft Raketen abgeschossen.
Bereits ein Jahr nach der Verhandlung des Moskauer SALT-I-Abkommens begannen 1973 neue Verhandlungen, die zu einem SALT II Abkommen führen sollten, mit dem eindeutigen Ziel, einen Nuklear-Krieg zu verhüten. Bereits in dieser Zeit wurde in der Sowjetunion ebenfalls an MIRV-Systemen entwickelt und es bestand nun für die USA die Gefahr, dass bei einer Ausrüstung aller sowjetischen ICBMs mit Mehrfachsprengköpfen keine Ausgewogenheit in der Anzahl der Gefechtsköpfe mehr bestehen würde. Weiter sollten die strategischen Bomber in das Zahlenwerk eingeschlossen werden. Die Sowjetunion war aber nicht willens den gerade neu entwickelten Tu-22M *Backfire* Bomber in diese Aufrechnung einschließen zu lassen. Es ging um die Streitfrage, ob der *Backfire* als schwerer Bomber eingestuft werden kann. Per Definition war als schwerer Bomber derjenige zu klassifizieren, der eine interkontinentale Reichweite aufwies, Nuklearwaffen oder Marschflugkörper in die USA bzw. umgekehrt in die UdSSR transportieren und wieder zurückfliegen konnte. Die Sowjets lehnten ab und forderten im Gegenzug den Einschluss aller US *Cruise Missiles* (CM) mit einer Reichweite von mehr als 600 km.
Nach langen Verhandlungen wurde am 18. Juni 1979 der SALT II Vertrag von dem US-Präsidenten J. Carter und dem sowjetischen Ministerpräsidenten L. Breschnew in Wien unterzeichnet. Die Gesamtzahl der strategischen Nuklearwaffenträger sollte ab 1. Januar 1981 auf 2250 begrenzt und der ICBM-Bestand eingefroren werden. Die Höchstzahlen der Wiedereintrittsflugkörper bzw. der Mehrfachsprengköpfe sind bei ICBMs auf 10, bei SLBM auf 14 und bei *Air-to-Surface Ballistic Missiles* (ASBM) auf 10 zu begrenzen. Insgesamt dürfen in den ALCM bei schweren Bombern nicht mehr als 28 Gefechtsköpfe pro Flugzeug mitgeführt werden. Die Reihe der Festlegungen setzt sich fort. Trotzdem ratifizierte der US-Senat das SALT II Abkommen jedoch nicht. Die Ablehnung erfolgte aufgrund der nicht akzeptablen Festschreibung einer sowjetischen Überlegenheit bei den strategischen Waffensystemen. Obwohl das SALT II – Abkommen, wegen der Blockade durch den US-Senat, nie in Kraft getreten ist, wurde es trotzdem von beiden Seiten weitestgehend eingehalten.
Beide SALT-Abkommen wären ohne eine effiziente Möglichkeit der Verifikation durch raumgestützte Aufklärung nicht wirksam geworden. Den Vereinigten Staaten waren die vier wesentlichen sowjetischen Entwurfsbüros für die ICBM-Entwicklung bekannt. Sie kannten die Produktionsstandorte und die Unterauftragnehmer. Sie beobachteten ICBM Tests, zeichneten deren Telemetriedaten auf und kannten die Orte der ICBM-Stationierung. Eine Verifikation des Vertragsinhaltes war für die USA unabdingbar, zumal ein verdeckter Bruch des Abkommens durch eine Seite die Sicherheit der anderen Seite hätte massiv beeinträchtigen können[42]. Für die USA war der ungehinderte Einsatz ihrer Aufklärungssatelliten für die Verifikation eine Grundvoraussetzung ihrer Bereitschaft zur Unterzeichnung des SALT II Abkommens. Eine ernsthafte Gefährdung der US-Aufklärungssatelliten bestand zu dieser Zeit noch nicht, da die sowjetischen ASAT-Systeme, bei einer kontinuierlichen Weiterentwicklung, erst ab 1982 einsatzbereit gewesen wären.
Bei der Realisierung der Verifikation ergaben sich jedoch neue Fragestellungen, die zunächst technologisch schwer lösbar erschienen. Wie sollte zum Beispiel eine Nachrüstung von ICBMs mit Mehrfach-Gefechtsköpfen (MIRV) festgestellt werden? Wie kann die Reichweite von *Air Launched oder Sea Launched Cruise Missiles* (ALCM und SLCM) oder des *Backfire* Bombers Tu-22M nachgewiesen werden? Mit welchen Maßnahmen sind die Nachladefähigkeit von ICBM-Silos und die Anzahl der mobilen ICBM-Systeme nachprüfbar? Der damalige technologische Stand der Satellitenaufklärung hätte nur eine begrenzte Überprüfbarkeit zugelassen. Daher

mussten bei SALT II Zusatzvereinbarungen getroffen werden. Als einige Beispiele seien genannt[39]:

- Verbot der Verschlüsselung von Telemetriedaten bei der ICBM-Erprobung und Verbot der Verwendung von Schutzbauten über ICBM Launchsilos
- Bekanntgabe der gegenseitigen Raketentestgebiete
- Festlegung von Zählregeln bei MIRV und ASBM sowie erkennbarer bezogener Unterscheidungsmerkmale (speziell für die Bomber Bison und Bear in der Einsatzrolle Aufklärer und Tanker) etc.

Im Falle des Tu-22M *Backfire* Bombers analysierten CIA und DIA alle verfügbaren Bilder, die z. B. von KH-8 zur Verfügung standen, sehr sorgfältig, d.h. Größenabmessungen wie etwa die Flügelspannweite, Rumpflänge, Formgebung des Rumpfes, der Flügel und der Leitwerke, Einläufe, Triebwerksdetails, Luftbetankungsfähigkeit etc. Dies setzte die Verfügbarkeit stereoskopischer Vertikal- und Schrägaufnahmen hoher Auflösung voraus, aus denen dann Auswerter mittels Fotogrammetrie die genannten geometrischen Informationen herausholen konnten. Aus IR-Aufnahmen konnten die Dimensionen der Flügeltanks und interner Tanks ermittelt werden. Diese Daten bildeten dann die Grundlagen für Flugzeugexperten, die unter dem Einbezug des eigenen Wissens über den Stand der sowjetischen Triebwerkstechnologie, über deren spezifischen Kraftstoffverbrauch und über Nutzlastannahmen die Reichweiten der Bomber in verschiedenen Höhenbereichen und bei verschiedenen Fluggeschwindigkeiten zu berechnen versuchten. Nach den Studien der CIA und der DIA hätte der *Backfire* theoretisch die Möglichkeit gehabt aus den arktischen Gebieten der UdSSR mit Luftbetankung die USA zu erreichen und wieder zurückzukehren, wenn er dabei zur Minimierung des Kraftstoffverbrauchs in sehr großer Flughöhe eingedrungen wäre. Die Reichweitenberechnung der CIA ergaben 4000 bis 5000 km; die der DIA 3360 bis 3960 km. Das Frühwarnradarnetz über Grönland und Kanada war aber so dicht, dass eine Penetration in großer Höhe nicht unbemerkt geblieben und für den Bomber tödlich ausgegangen wäre. Ein extremer Tiefflug hätte zwar die Erfolgsaussichten erhöht, jedoch wäre damit ein Kraftstoffverbrauch verbunden gewesen, dem eine mangelnde Tankkapazität entgegenstand. Also wurde die Tu-22M *Backfire* (Versionen B/C wurden auch als Tu-26 bezeichnet) letztendlich als Mittelstreckenbomber akzeptiert und unterlag damit nicht mehr SALT II. Falls ein Verdacht bestünde, dass die festgelegten Bestimmungen nicht eingehalten werden würden, konnte dies auf die Tagesordnung des *Standing Consultative Committee* (SCC) einer neuen ständigen Beratungskommission, die zweimal jährlich tagte, gebracht werden. Die Sitzungsprotokolle blieben allerdings geheim, sodass bisher öffentlich keine Details bekannt wurden.

In den USA änderte sich während der Ratifizierungsdebatte die Einschätzung des SALT-II-Abkommens von der Zustimmung durch Präsident J. Carter in 1979 bis zur Ablehnung durch Präsident R. Reagan im Jahre 1980. Präsident Reagan war, wie viele US-Bürger, davon überzeugt, dass durch SALT II die Verteidigungsbereitschaft der USA geschwächt würde. So kam es, dass im Dezember 1981 der bis dahin höchste Verteidigungshaushalt in der US-Geschichte, von umgerechnet ca. 460 Mrd. DM, beschlossen wurde. Reagan war einerseits überzeugt davon, dass es die Sowjetunion bei den Rüstungsvereinbarungen nicht so genau nimmt und zu täuschen versucht. Andererseits hat die Reagan-Administration oft beklagt, dass die Rüstungskontrollvereinbarungen nicht angemessen verifizierbar seien. Hier ergibt sich ein Widerspruch. Obwohl die Abbildungen eindeutige Beweise lieferten, verkündete das Weiße Haus eine andere Botschaft. Wenn also die Vereinigten Staaten nicht über die hochauflösenden Aufklärungsmittel verfügten, die eine genaue Überwachung der Rüstungsvereinbarungen zuließen, wie konnte man dann so sicher sein, dass sie gebrochen worden sind? Die Debatte in Washington ging zu Zeiten von Präsident Reagan immer um die Themen Vertragsüberwachung und Verifikation. Nach dem damaligen Verständnis hat Vertragsüberwachung etwas mit Beobachtung und Aufzeichnung, d.h. Entdeckung, Identifikation, Vermessung von allen Entwicklungen zu tun, die in den gesperrten Gebieten abliefen. Dies ist die Aufgabe von Technikern im Nachrichtenwesen der USA. Die Verifikation hat demgegenüber ausschließlich mit der Rüstungskontrolle zu tun, wobei politische Einschätzungen darüber erfolgten, ob die Bedingungen eines bestimmten Vertragsabsatzes eingehalten werden oder nicht. Dabei wurden Entscheidungen auf der Basis subjektiver Einschätzungen getroffen, die wiederum aus den Ergebnissen von Erkenntnissen gewonnen wurden, die auch aus der Beobachtung, d.h. aus der

Aufklärung, stammen. Die Verifikation war aber immer für politische Verzerrungen empfänglich und diejenigen, die für die Verifikation zuständig waren, tendierten bewusst oder unbewusst zur Manipulation. Die Debatte wurde nicht mehr ohne ein hohes Maß an Semantik geführt. Die Reagan Administration sah nur das, was sie sehen wollte.

Im Sommer 1983 wurde beispielsweise durch Aufklärungssatelliten der Bau eines riesigen *Large Phased Array Radars* (LPAR) bei Abalakowa in der Gegend von Krasnojarsk in Süden von Zentralsibirien erkannt. Nach Meinung von US-Experten war die Ausrichtung des Abtastbereiches so in das Landesinnere nach Norden gerichtet, dass das Radar nur zur Erfassung von möglichen ballistischen Raketen aus den USA dienen konnte und damit eindeutig gegen den ABM-Vertrag von 1972 verstieß. Demgegenüber versuchte die sowjetische Seite die Bedeutung dieser Einrichtung herunterzuspielen und erklärte, dass der alleinige Zweck des Radars der Entdeckung und Verfolgung von Objekten im Raum und als nationale technische Einrichtung zur Verifikation dienen würde. Die *LPAR*-Stationierung in der Nähe von SS-11- und SS-18-ICBM Silo-Komplexen gab jedoch ausreichend Anlass für jeden Opponenten von Rüstungskontrollvereinbarungen im US-Kongress oder US-Senat zur Behauptung, dass die Sowjets absichtlich jede dieser Vereinbarungen brächen, wann immer es ihnen zur Verfolgung ihrer eigenen Interessen dienen würde. Nach dem ABM Vertrag durften Radare vom *LPAR*-Typ an den Landesgrenzen nur nach außen gerichtet sein. In diesem Fall also nach Süden. Dies traf hier jedoch eindeutig nicht zu.

Intermediate Range Nuclear Forces

Nach einer fast zweijährigen Verstimmungsphase, in den Jahren 1980 und 1981, fanden erst Ende 1981 wieder weitere Gespräche zwischen den Außenministern A. Haig (USA) und A. Gromyko (UdSSR) statt. Es ging, im Rahmen von SALT, eine Begrenzung der Mittelstreckenwaffen in Europa herbeizuführen. So begannen am Rande der UN-Vollversammlung Ende 1981 Verhandlungen zu den *Intermediate Range Nuclear Forces* (INF). Hierbei handelt es sich um strategische Waffensysteme, die nicht in SALT II einbezogen wurden (z. B. Backfire Bomber, SS-20 und alle Forward Based Systems, wie der F-111 Bomber der USAF). Die SS-20 war eine zweistufige Rakete mit drei Gefechtsköpfen und einer Reichweite von 5000 km, die damit gerade 500 km unter der SALT-Grenze lag. Sie wurde von einem mobilen Launcher aus verschossen, war nachladefähig und konnte mit den US NTMs nur schwer erfasst werden. Bis 1979 waren 100 SS-20 Systeme von den sowjetischen Streitkräften beschafft worden, die damit die europäischen NATO-Länder bedrohten. Die NATO verfügte aber über keine vergleichbare Waffe.

Anlässlich der Sondersitzung der NATO-Außen- und Verteidigungsminister am 12. Dezember 1979 kam es zu dem NATO-Doppelbeschluss. Er bedeutete, dass, falls Gespräche zu einer kontrollierten Begrenzung der Mittelstreckenraketen in Europa nicht zustande kommen oder scheitern sollten, die NATO die in Westeuropa stationierten Mittelstreckenraketen modernisieren würden. Danach sollten ab Ende 1983 108 Pershing-II-Raketen und 464 bodengestützte Marschflugkörper (GLCM) in Westeuropa stationiert werden, um das bestehende Ungleichgewicht der Militärblöcke wiederherzustellen. Für die Sowjetunion gab es aber im Jahre 1983 nur eine akzeptable Lösung, dass nämlich bei einer Ermittlung des Gleichgewichts die britischen und französischen strategischen Nuklearsysteme in die Zählung einbezogen werden sollten und paritätisch zu der Anzahl von SS-20 Raketen zu berücksichtigen seien. Ende 1983 lief die vierjährige Frist für den NATO-Doppelbeschluss ab. Aufgrund der erfolglosen Verhandlungen beschloss die neue CDU/FDP Koalition in Bonn die Genehmigung zur Aufstellung der 108 Pershing-II in Deutschland. Die UdSSR brach daraufhin die INF-Verhandlungen ab. Erst vier Jahre später unterzeichneten Präsident R. Reagan und der sowjetische Ministerpräsident M. Gorbatschow, während des Gipfels in Washington vom 7. bis 10. Dezember 1987, das Abkommen zur Vernichtung der Mittelstreckenraketen längerer (IRBM und MRBM, d.h. 1000-5000 km) und kürzerer Reichweite (SRBM, d.h. 500-1000 km)[45]. Auf dem Gipfeltreffen zwischen R. Reagan und M. Gorbatschow am 1. Juni 1988 in Moskau wurden dann die INF-Ratifizierungsurkunden ausgetauscht.

Mutual Balanced Force Reduction

Bei der NATO-Außenministertagung 1968 in Reykjavik, Island, konnte ein Kommuniqué verabschiedet werden, das dem Warschauer Pakt eine beidseitige und ausgewogene Truppenverminderung *(Mutual Balanced Force Reduction* (MBFR)) anbot[89]. Die Antwort des Warschauer Paktes erfolgte im März 1969 mit der Budapester Erklärung[90]. Die Intentionen der beiden Militärblöcke unterschieden sich jedoch erheblich. Die NATO war an einem Dialog über militärische Sicherheit und Truppenverminderung interessiert, der Warschauer Pakt dagegen an der Sicherheit durch Zusammenarbeit in Europa. Den vom Westen angestoßenen MBFR Gesprächen folgte dann später die von der Sowjetunion initiierte Konferenz für die Sicherheit und Zusammenarbeit in Europa (KSZE).

Die MBFR-Verhandlungen begannen am 30. Oktober 1973 in Wien. Gegenstand war die Obergrenzenfestlegung der Land- und Luftstreitkräfte. Die Erzielung einer Vereinbarung wurde jedoch dadurch erschwert, da auf beiden Seiten unterschiedliche Daten über die vorhandenen Streitkräfte der jeweiligen Gegenseite vorlagen und die Verifikationsfrage offenblieb. Nach groben Schätzungen befanden sich damals auf beiden Seiten in Europa insgesamt etwa 75 000 schwere Kampfpanzer, 60 000 Artilleriegeschütze, 30 000 Schützenpanzerwagen und 12 000 Kampfflugzeuge. Im März 1989 wurden in Wien im Rahmen von KSZE die Verhandlungen über die konventionellen Streitkräfte in Europa (VKSE) aufgenommen, wodurch die erfolglosen MBFR-Gespräche abgebrochen werden konnten. NATO und Warschauer Pakt stimmten darüber ein, dass die Fähigkeit des Überraschungsangriffs bei beiden Seiten ausgeschlossen werden muss und insgesamt ein wesentlich geringeres militärisches Niveau der Streitkräfte in Europa anzustreben sei.

Konferenz über vertrauens- und sicherheitsbildende Maßnahmen und Abrüstung in Europa

In der Schlussakte der KSZE Verhandlungen in Helsinki, am 1. August 1975, waren vertrauensbildende Maßnahmen vereinbart worden, die zur Verminderung der Gefahr von bewaffneten Konflikten und von Missverständnissen oder Fehleinschätzungen militärischer Aktivitäten beitragen sollen.

Der Warschauer Pakt, vor allem die Sowjetunion, war an Abrüstung, Sicherheit und am Erhalt des Status quo, der Teilung Europas, interessiert. Wogegen es der NATO um die Durchsetzung der Menschenrechte in Gesamteuropa und um vertrauensbildende Maßnahmen ging. Zwei Folgetreffen wurden abgehalten, und zwar 1977/78 in Belgrad und in Madrid 1980/83. Dabei wurde in Madrid beschlossen, eine *Konferenz über vertrauens- und sicherheitsbildende Maßnahmen und Abrüstung in Europa* (KVAE) abzuhalten, die am 17. Januar 1984 in Stockholm begann. Die KVAE endete am 22. September 1986 mit dem Ergebnis, dass größere Manöver anzumelden und Beobachter der Gegenseite zugelassen werden müssen. Im sowjetischen Territorium wurde das Gebiet bis zum Ural einbezogen. Jedes Land musste drei Inspektionen im Jahr zulassen, wobei Sperrgebiete ausgeklammert waren. Diese Inspektionen können sowohl zu Lande als auch aus der Luft *(Open Skies)* erfolgen.

Strategic Arms Reduction Treaty

Im Jahre 1982 wurden die festgefahrenen SALT-Gespräche weitergeführt. Aber der Begriff *Limitation* war nicht mehr angemessen und sollte durch den Begriff Reduction ersetzt werden. So entstand die neue Bezeichnung *Strategic Arms Reduction Treaty* (START). Die Verhandlungen hierzu wurden als *Strategic Arms Reduction Talks* bekannt. Die ersten START-Verhandlungen begannen am 29. Juni 1982 in Genf. Gegenstand der Verhandlungen war die Limitierung der Obergrenze der strategischen Trägersysteme (ICBM, SLBM und Bomber), die Reduzierung der Anzahl der nuklearen Gefechtsköpfe auf ICBMs, die Zähleinheiten für Fernbomber und die Verifikation des Vertrags (wie z. B. die Übernahme der kurzfristigen Inspektionen vor Ort entsprechend dem INF-Vertrag). Die Verhandlungen erlebten Höhen und Tiefen. Sowohl bei der schwierigen Frage der Überprüfung beweglicher ICBMs auf Eisenbahnwagen, wie der LGM-118A *Peacekeeper* (frühere Bezeichnung *MX-Missile)* auf der US Seite und der sowjetischen R-36M/SS-18 *Satan,* als auch bei der Zählmethode von ALCMs, gelangten beide Seiten zu einer Einigung.

Am 31. Juli 1991 wurde vom sowjetischen Staatschef Michail Gorbatschow und dem damaligen US Präsidenten George H. W. Bush der *START I Vertrag* unterzeichnet, der eine Reduzierung der Waffensysteme mit einer Reichweite von mehr als 5500 km (d.h. ICBMs) um 25 bis 30% vorsieht. Dabei mussten die UdSSR und die USA jeweils ihre nuklearen Gefechtsköpfe auf 6000 und die Trägersysteme auf 1600 vermindern. Weiter war die Halbierung der verfügbaren sowjetischen SS-18 ICBMs gefordert. Eine Obergrenze von 4900 Nukleargefechtsköpfe auf ICBMs und SLBMs wurde für beide Seiten verbindlich vereinbart. Eine lückenlose gegenseitige Überprüfung durch Inspektionen und ein ständiger Austausch von Informationen sollte die Einhaltung des Vertrags garantieren. Darüber hinaus waren Raketen-Testflüge mit verschlüsselten Daten verboten. Erst nach dem Ende der Sowjetunion ist START I am 5. Dezember 1994 in Kraft getreten. In einem Zusatzprotokoll wurden die vertraglichen Vereinbarungen über die USA und Russland hinaus auch von Weißrussland, Kasachstan und der Ukraine übernommen. Am 11. Dezember 2000 unterzeichneten die Verhandlungsführer der beteiligten Nationen Dokumente, die die Vernichtung aller Atomwaffen in Weißrussland, Kasachstan und der Ukraine vorsahen.

Zu Beginn der 90er Jahre zeichnete sich in den Verhandlungen ein weiteres Abkommen *START II* ab. Am 3. Januar 1993, nach dem Zusammenbruch der UdSSR, unterzeichnete Russlands Präsident Boris Jelzin und der US Präsident George H. W. Bush in Moskau das *START-II*-Abrüstungsabkommen, das eine weitere Reduktion der nuklearen Gefechtsköpfe herbeiführen sollte. Dieses Abkommen sah vor, dass bis zum Jahre 2007 der vorhandene Bestand an Gefechtsköpfen um 50% reduziert werden sollte. Dazu sollten alle ICBMs mit Mehrfachsprengköpfen (MIRV) deaktiviert werden. Sowohl die US *Peacekeeper* als auch die russische SS-18 konnten mit 10 Mehrfachsprengköpfen ausgerüstet werden und mussten daher vernichtet werden. Darüber hinaus konnte eine Einigung bei der Reduktion der nuklearen Gefechtsköpfe auf jeweils 3000 bis 3500 auf beiden Seiten erzielt werden. Der US-Senat ratifizierte das Abkommen am 26. Januar 1996 und die russische Duma erst nach einer langen Verzögerung am 14. April 2000, jedoch unter dem Vorbehalt des Verbleibs der USA im ABM-Vertrag. Die USA kündigte den ABM-Vertrag jedoch wenig später, sodass *START II* nicht in Kraft trat.

Es war geplant nach Inkrafttreten von *START II* mit Verhandlungen für einen *START III* zu beginnen, das eine Reduktion auf 2000 bis 2500 strategische Nuklearwaffen für jede Partei bis 31. Dezember 2007 vorsah. Jedoch verloren beide Parteien in der Folge ihr Interesse an einem solchen Vertrag. Der wesentliche Gesichtspunkt für die USA war die Modifikation des ABM-Vertrages. Diese Modifikation sollte es den USA erlauben, ein Verteidigungssystem gegen ballistische Raketen zu errichten. Diesem Vorhaben steht Russland aber bis heute deutlich ablehnend gegenüber.

Später wurde statt *START III* über ein *Strategic Offensive Reduction Treaty* (SORT) verhandelt. Dieses SORT-Abkommen wurde von US Präsident George W. Bush und dem russischen Präsidenten Wladimir Putin bei ihrem Gipfeltreffen im November 2001 beschlossen und auf einem weiteren Gipfeltreffen in Moskau am 24. Mai 2002 unterzeichnet. Beide Seiten erklärten sich bereit, anstelle des Abschlusses von *START II,* einseitig die nuklearen Gefechtsköpfe zu reduzieren. Anders als bei *START II* bezieht sich SORT jedoch nicht auf Trägersysteme, sondern auf einsatzbereite Gefechtsköpfe. Eingelagerte oder sich in der Wartung befindliche nukleare Gefechtsköpfe werden dabei weder erfasst noch abgerüstet. Darüber hinaus fehlen bei SORT ein Verifikationsmechanismus und ein detaillierter Zeitplan.

Verifikation

Um die technische Herausforderung an die raumgestützte Aufklärung zu verstehen, was nämlich Entdeckung bzw. Identifikation der bei SALT verhandelten strategischen Waffen damals bedeutete, muss daran erinnert werden, dass diese bei einer ICBM etwa eine Auflösung von 3 m für die Entdeckung bzw. 15-60 cm für die Identifikation, bei einem strategischen Bomber etwa 4,5 m bzw. 90 cm und bei wesentlichen Komponenten von Nuklearwaffen etwa 2,4 m bzw. 30 cm erforderlich machte. Dies bedeutet, dass das Auflösungsvermögen der Sensoren bei etwa 30 cm liegen musste, um die bei den SALT-Abkommen definierten Waffensysteme zu klassifizieren. Von einem Aufklärungssatelliten aus waren zunächst nur die Durchmesser der Raketensilos zu beobachten, die natürlich etwas größer als die Durchmesser der installierten Raketen sein mussten. Die in der Diskussion stehenden Raketen hatten z. B. etwa folgende Durchmesser: SS-13 etwa 1,8 m, SS-16 etwa 2,0 m,

SS-17 etwa 2,3 m und die SS-18 etwa 3,0 m. Daneben stellte, nach Aussagen der sowjetischen Regierung, die SS-X-25 nur eine modernisierte Version der SS-13 dar und passte somit in die Startsilos der SS-13. Dies bedeutete aber, dass zur Verifikation der Vereinbarungen über die Anzahl dieser Raketenklassen bzw. Silos ein Sensor mindestens eine Auflösung im Bereich von 10-15 cm aufweisen musste. Eine solche Verifikation wäre anfangs der 70er Jahren mit CORONA nicht möglich gewesen, da man annehmen muss, dass deren Kamera je nach Bahnhöhe, über eine Auflösung zwischen 1,8 und 3 m verfügte. Es kann daher weiter angenommen werden, dass die USA erst mit der Verfügbarkeit der Satelliten KH-9 und KH-11 tatsächlich eine genaue ICBM-Identifikation durchführen konnten. Als die Sowjetunion den Ersatz der veralteten SS-11 gegen die neu einzuführende SS-19, nach Unterzeichnung des SALT-I-Abkommens, ankündete und die Vereinigten Staaten akzeptierten, konnte man auf die hohe Qualität der US raumgestützten Aufklärung schließen. Offenbar war es möglich, SS-11- von SS-19-Silos deutlich zu unterscheiden[88].

Offensichtlich ist es den Vereinigten Staaten gelungen, mittels Fotosatelliten die vertragsrelevanten Ziele in den Sperrgebieten der UdSSR zu verifizieren, die selbst dem gewöhnlichen Sowjetbürger verschlossen waren. Allerdings hatte die Fotoaufklärung mit Satelliten ihre Grenzen, wenn Nacht, Schlechtwetter und geschlossene Wolkendecke die Sicht zum Boden verhinderten. Bekanntlich haben die nördlichen Teile der Sowjetunion im Winter nur sehr kurze Tage. Die wichtige Marinebasis Murmansk liegt etwa am 69. nördlichen Breitengrad und hat über sieben Wochen Polarnacht. Selbst wenn das Wetter es auch bei Nacht ermöglicht hätte mit IR-Sensoren aufzuklären, so muss doch darauf hingewiesen werden, dass die Auflösung der IR-Sensoren, z. B. eines IRLS, fast eine Größenordnung schlechter ist als die des vergleichbaren Fotosensors bei gleicher Orbithöhe, d.h. etwas unter 1 m. Dennoch waren IRLS zunächst der einzig verfügbare abbildende Sensor für den Tag- und Nachteinsatz, bis die ersten IR-CCDs eingeführt wurden. Wie erwähnt, wird angenommen, dass der Fotosatellit KH-11 sowie der Advanced KH-11 mit der jeweils modernsten IR-CCD-Technologie ausgestattet waren. Über lange Zeit geschlossene Wolkendecken (während 60-70% im Jahresgang), die auch IR-Sensoren nicht durchdringen können, sind typisch für weite Teile Osteuropas und des nordöstlichen Teils der UdSSR. Die für die NATO wichtige Panzerfabrik bei Charkow liegt fast das ganze Jahr unter Wolken. Für diese Regionen musste aus einem Fotomosaik aus Bildern vieler Satellitenumläufe ein Lagebild erstellt werden. Hierbei waren die Aufnahmen der Wettersatelliten wertvoll, da aus ihnen wolkenfreie Regionen für die Ausrichtung der Fotokameras vorhergesagt werden konnten.

Die Durchdringung der Wolken war mit den Radaren von US NTMs möglich. Bevor die ersten raumgestützten Radare eingesetzt werden konnten, waren es anfangs die Überflüge der U-2 und später die der SR-71, die beide über SAR-Sensoren verfügten. Die höchste Auflösung dieser Sensoren lag im Spotlightbetrieb wahrscheinlich unter 1 m. Synthetic Aperture Radare erreichten zwar nicht die Auflösung der raumgestützten Fotosensoren, waren aber den IRLS ebenbürtig bis überlegen und darüber hinaus allwettertauglich.

Von Vorteil für die verfügbare Fotosensorik der Aufklärungssatelliten war der Umstand, dass viele, für die Verifikation der SALT-Abkommen wichtigen Gebiete der Sowjetunion, in denen Raketensilos installiert waren, in ihrem südlicheren Teil, insbesondere in Kasachstan lagen, mit im Allgemeinen besseren Wetterbedingungen.

Da die im Rahmen der MBFR-Verhandlungen getroffenen Vereinbarungen bezüglich Truppenstärken und taktischen Waffensystemen durch wesentlich kleinere Abmessungen gekennzeichnet waren als die bei SALT, hätten sich extreme Anforderungen an die Überwachung und das Auflösungsvermögen von raumgestützten Sensoren ergeben. Abziehende Truppenteile hätten an Kontrollpunkten gezählt und verbleibende Truppen hätten inspiziert werden müssen. Da bei MBFR der Warschauer Pakt aber einer Vor-Ort-Inspektion, wie bei KVAE, nicht zugestimmt hatte, war eine Überprüfung nicht möglich. Bei bestimmten Gefechtsfahrzeugen lag die Identifikation durchaus im Bereich des Möglichen. Die erforderliche Sensorauflösung, z. B. für die Identifikation eines Panzers, liegt bei etwa 15 cm. Weil sich Truppenteile ohne Begleitfahrzeuge kaum bewegen, hätte man diese auf dem Marsch zu oder von Übungsplätzen zurück überwachen müssen. Das Zählen von einzelnen Soldaten ist raumgestützt nicht realisierbar. Zudem befand sich das von den MBFR-Vereinbarun-

Advanced Cruise Missile (ACM) AGM-129. (USAF)

gen betroffene Gebiet in Europa während etwa 60-70% der Zeit unter einer dichten Wolkendecke. Truppenbewegungen finden darüber hinaus überwiegend während der Nacht statt. Eine Verifikation der bei den MBFR-Verhandlungen diskutierten Vereinbarungen durch NTMs hätte sich sehr schwierig gestaltet.
So ist der Fortschritt in den gegenseitigen Beziehungen nicht hoch genug einzuschätzen, dass nämlich zur Überprüfung der Einhaltung des *KSZE-Vertrages,* am 24. März 1992, 24 Nationen den *Open Skies*-Vertrag unterzeichnet haben, der gegenseitige Überflüge durch Flugzeuge mit abbildenden Sensoren und Truppeninspektionen zulässt.

Cruise Missiles

Die Entdeckung und Verifikation von Marschflugkörpern *(Cruise Missiles* (CM)) ist in höchstem Masse unbefriedigend, selbst mit den derzeitigen US NTMs. Deutlich wurde dies während des Irak-Kriegs im Jahre 2003, im Zusammenhang mit dem Einsatz von fünf irakischen *Silkworm* CM gegen US-Einrichtungen, als diese weder von der USAF E-3 noch von der bodengestützten Luftraumüberwachung entdeckt und von der Luftabwehr abgefangen werden konnten. CM sind verhältnismäßig klein (ca. 6 m lang) und können verdeckt gelagert werden. ALCMs sind eventuell visuell zu entdecken, wenn sie an einem Bomber extern aufgehängt sind. Bei interner Aufhängung ist das nicht der Fall. Es ist sowohl eine Unterscheidung zwischen strategischen oder taktischen CMs als auch zwischen Trägern konventioneller, chemischer, biologischer oder nuklearer Gefechtsköpfe mit gegenwärtig verfügbaren Mitteln nicht zu erreichen. Die Beobachtung von CM-Tests, die von fliegenden Plattformen (ALCM), von Schiffen oder von U-Booten (SLCM) oder vom Boden (GLCM) aus gestartet werden, müssen nicht notwendigerweise einen Hinweis auf ihre tatsächliche Reichweite geben. Selbst mit nur teilweise gefüllten Kraftstofftanks kennt nur der Hersteller und der Nutzer ihre tatsächliche Reichweite bei vollen Tanks, die er leicht aus dem Verbrauch über die kürzere Reichweite extrapolieren kann. Es gibt derzeit keine zuverlässige Methode, aus externen Beobachtungen die tatsächliche Reichweite eines feindlichen Cruise Missiles zu ermitteln.
Die Entwicklung von CMs geht stetig weiter. China und Nordkorea verfügen über einen großen Marktanteil. Es ist anzunehmen, dass auch die nicht-westlichen CM-Entwicklungen im Laufe der Zeit *Stealth*-Entwurfsmerkmale aufweisen werden, die ihre Entdeckung noch weiter erschweren. Auch die Verfolgung der Entwicklung und Produktion von CMs insbesondere in China und Nord-Korea ist eine große Herausforderung.

Résumé

Zusammenfassend ergibt sich zum Thema Rüstungskontrolle und Verifikation etwa folgendes Bild: Die USA gingen anfangs der 80er Jahre davon aus, dass ihre sich teilweise überschneidenden Methoden der Überwachung genügen, um jeden Betrug, der Dimensionen annehmen und die USA militärisch bedrohen könnte, ausgeschlossen werden kann (Les Aspin[88]). Das Sensornetzwerk und seine Qualität wurde in den folgenden Jahren weiter ausgebaut und die Informationskanäle vervielfacht und verfeinert, sodass angenommen werden konnte, dass es für die Verifikation genüge. Es hatte bewiesen, dass keine wesentliche sowjetische Waffenentwicklung unbemerkt geblieben ist und dass wahrscheinlich kein Nukleartest durchgeführt wurde, der nicht aufgezeichnet und dessen Stärke nicht nach längerer Anlaufzeit relativ gut abgeschätzt werden konnte. Selbst Wolkenbedeckung und

Nacht konnten nicht verhindern, dass auch zu Zeiten, wo es nur optische Aufklärungssatelliten gab, jeder Neubau von ICBM-Silos entdeckt wurde. Kein wesentliches Waffensystem der Sowjetunion wurde eingeführt, ohne dass es vorher lange getestet und damit von der US RGA erfasst werden konnte. Auch wenn Gebäudedächer verbergen, was darin entwickelt wird, können doch Fahrzeuge, die Teile anliefern und Produkte abholen gezählt und verfolgt werden – auch durch raumgestützte Aufklärung.

Die UdSSR wurde mehrfach beschuldigt, den ABM Vertrag nicht nur durch den Bau des gigantischen Phased Array Radars *LPAR* bei Abalakowa sondern auch durch den Test einer schnellen Nachladefähigkeit der SH-08 *Gazelle,* einer Hyperschall Boden-Luft Abfangrakete des S-225 ABM-Systems, verletzt zu haben. Die SH-08 wurde gegen mögliche über den Nordpol angreifende US ballistische Raketen entwickelt. Schnelle Nachladefähigkeit war nach Artikel 5 des ABM-Vertrages ausgeschlossen. Weiter wurde die UdSSR beschuldigt, die Bestimmungen des SALT II Vertrages, wegen der Aufstellung der SS-X-24 und der SS-25 sowie wegen der Kryptierung der Telemetriedaten bei den Tests dieser beiden ballistischen Raketen, verletzt zu haben. Darüber hinaus wurde am 1. Februar 1985 von der Reagan-Administration ein Bericht herausgegeben, der die UdSSR einer Übertretung des *Yield Threshold Test Ban Treaty* (YTTBT) wegen Überschreitung der 150 kt Schwellwerts bei unterirdischen Nukleartests, in mehr als acht oder neun Fällen seit 1976, beschuldigte. Dabei wurde aber vergessen, dass zuvor seismische Experten der CIA, des Departments of Energy und von mehreren Universitäten darauf hingewiesen hatten, dass die in den USA angewandte Methode zur Abschätzung einer Schwellwertüberschreitung die tatsächliche Stärke eines unterirdischen Tests weit überschätze. Falls man die Methode korrigiere, würde man feststellen, dass die Russen in Übereinstimmung mit dem Vertrag gehandelt haben. Zum ersten Mal im Kalten Krieg wurde durch diese gegenseitigen Anschuldigungen einer breiten Öffentlichkeit bewusst gemacht, welcher Bedrohung sie über eine lange Zeit ausgesetzt war.

Präsident Reagan hat nach seinem Wahlsieg am 6. November 1984 mehrfach die Vertragsverletzungen insbesondere von SALT II durch den Kreml angeprangert. Die gemeinsamen Stabschefs widerlegten diese Aussage zwar in einem Fall[106]. Worauf die Reagan-Administration diese in die Schranken wies und erklärte, dass die sowjetischen Übertretungen der Rüstungskontrollvereinbarungen eine politische und keine militärische Angelegenheit seien. Die Administration handelte im Prinzip richtig. Aber die Art des Handelns machte auch deutlich, in welcher Weise von der Regierung Daten des technischen Nachrichtenwesens auf eine sehr selektive Art benutzt wurden, um die Einstellung der Öffentlichkeit und des Kongresses gegenüber der Sowjetunion und deren Rüstungskontrollpolitik zu beeinflussen.

Die russische Seite wies diese Anschuldigungen prompt zurück und beklagte sich ihrerseits, dass die USA Geheimabsprachen im Rahmen der *Standing Consultative Commission* (SCC) leichtfertig nach außen tragen. Weiter wiesen sie auf einige SALT II Verletzungen hin, die durch die USA begangen wurden, wie z. B. die Aufstellung der Pershing II sowie von bodengestützten Cruise Missiles in Westeuropa. Weiter wurde ebenfalls auf eine Verletzung des ABM-Vertrags durch die Aufstellung des großen *Cobra Dane* Phased Array Radars auf der Aleuten-Insel Shemya hingewiesen, das von den USA zur Beobachtung von sowjetischen Raketentests in der Endanflugphase auf Kamtschatka eingerichtet wurde. Besondere Besorgnis rief im Kreml aber die Durchführung der Studie zu einer S*trategic Defense Initiative* (SDI) hervor[107], denn diese eröffnete wieder ein ganz neues Szenarium.

SDI wurde von Präsident R. Reagan ins Leben gerufen und am 23. März 1983 als Initiative zum Aufbau eines Abwehrschirms gegen eine ganze Flotte sowjetischer ICBMs angeordnet. Da die Technologie für den Aufbau eines geschlossenen Abwehrschildes gegen eine Vielzahl gleichzeitig angreifender Raketen oder deren Mehrfachgefechtsköpfe nicht zur Verfügung stand, wurden erhebliche Mittel für die Forschung freigegeben. In den USA wurde mit Schwerpunkt auf dem Gebiet der *Directed Energy Weapons* geforscht. Hierunter sind u.a. Hochenergie-LASER, Mikrowellen- und Teilchen-Strahlenwaffen zu verstehen, mit denen, weitgehend raumgestützt, sowjetische ICBMs während der Start-, in der mittleren Flug- und in der Endanflugphase zerstört werden sollten. In der Öffentlichkeit wurde diese Initiative als *Star Wars* bezeichnet. Bis 1988 investierte die US Regierung rund 29 Mrd. $ in dieses Vorhaben. Als die Ergebnisse weit hinter den Erwartungen zurückblieben, strich der Kongress die Finanzmittel. Unter Präsident Clinton wurde 1993 SDI in das Nachfolgeprogramm *Ballistic Missile Defense* (BMD) überführt. Später wurde das Vorhaben *National Missile Defense* (NMD) bezeichnet. In der Folge der Namensänderung ging auch eine Abkehr von den weltraumgestützten Energiewaffen einher, mit der neuen Konzentration auf Anti-Raketen-Raketen.

Mit den Warnungen an das *Evil Empire,* wie Reagan die Sowjetunion zu bezeichnen pflegte, wollte er ausdrücken, dass er auf eine strikte Einhaltung der früheren Rüstungskontrollvereinbarungen achten wolle. Reagan war überzeugt, dass die UdSSR, unter dem Mantel der bisherigen Vereinbarungen, ständig neue Waffensysteme entwickeln und die USA naiv an der Einhaltung der Vereinbarungen festhalten würde. Obwohl für vier Vorgängerregierungen die vorhandenen NTMs, zur Verifikation der Rüstungskontrollvereinbarungen, als voll angemessen erschienen und für diesen Zweck als ausreichend angesehen wurden, sollte dies bei der Reagan-Administration überraschenderweise nicht mehr gelten. Reagan wollte das ganze Thema der Rüstungskontrolle unter einem anderen Licht ganz neu bewertet sehen.

Am 11. März 1985 übernimmt Michail S. Gorbatschow in Moskau das Ruder und wird Generalsekretär. Am 19. November treffen sich Gorbatschow und Reagan das erste Mal in Genf und damit kommt neuer Schwung in die erkalteten Beziehungen zwischen den beiden Supermächten. Am 12. Oktober 1986 treffen sich Gorbatschow und Reagan erneut wieder zu Abrüstungsgesprächen in der isländischen Hauptstadt Reykjavik mit dem Ziel, der Reduzierung der strategischen Atomwaffen. Zwar werden die Erwartungen der Weltöffentlichkeit enttäuscht, da Reagan unnachgiebig an seinen Plänen festhält, SDI zu verwirklichen. Am 8. Dezember 1987 treffen sich Reagan und Gorbatschow erneut in Washington und unterzeichnen ein Abkommen über die Verschrottung von Mittelstreckenraketen. Damit ist das erste Abrüstungsabkommen zwischen den beiden Supermächten geschlossen und damit sind auch die START-Verhandlungen von 1982 beendet. Am 31. Juli 1991 unterzeichnen der sowjetische Staatschef Michail Gorbatschow und der US Präsident George Bush im *Wladimir Saal* des Kremls den START-Vertrag zur Reduzierung der ICBM-*Atomraketen* mit einer Reichweite von mehr als 5500 km. Dadurch verringert sich zum ersten Mal die Zahl der strategischen Waffensysteme um etwa 25-30%.

Mit den Vorortinspektionen trat im Laufe der Zeit die Bedeutung der raumgestützten Verifikation in den Hintergrund. Nach dem Zusammenbruch der Sowjetunion im Dezember 1991 waren auch die USA geneigt, bei den Ausgaben für die RGA kürzerzutreten. Dennoch hat man weder in den Vereinigten Staaten noch in Russland auf die Aufklärungssatelliten für die Verifikation verzichten wollen, da Inspektionen vor Ort immer möglichst dort anzusetzen waren, wo sich aus dieser Art der Aufklärung Verdachtsmomente ergaben.

Die Bush Administration kündigte 2002 den ABM-Vertrag einseitig auf, da er für die Vereinigten Staaten als Relikt des Kalten Krieges gilt. Präsident George W. Bush sieht neue Bedrohungen heraufziehen und möchte wenigstens die Fähigkeit erhalten, mit ABM einzelne angreifende Raketen bekämpfen zu können. Er meint in diesem Zusammenhang insbesondere Nord-Korea mit seiner 3-stufigen TAEPO DONG Rakete und der nicht eingestellten Atombombenentwicklung, sowohl hier als auch im Iran, die er beide als mögliche neue Bedrohungen der USA betrachtet. Experten gehen jedoch davon aus, dass vor 2015 keine Langstreckenraketen aus Iran oder Nord-Korea drohen. Daher wurde im Frühjahr 2007 bei der Mehrheit der europäischen NATO-Partner die Pläne zur Stationierung eines Raketenabwehrsystems durch die USA, mit Abfangraketen in Polen und Radaranlagen in Tschechien, als ungewöhnlich empfunden. Solange weder im Iran noch in Nord-Korea eine wirkliche Bedrohung durch Langstreckenraketen existiert, empfinden sowohl diese Nationen als auch Russland einen solchen Entschluss als voreilig. Die Reaktion Russlands ließ nicht lange auf sich warten. Präsident Putin versteht diese Maßnahme als neue Bedrohung Russlands und verfügte am 14. Juli 2007 über eine einseitige Aussetzung des KSE Vertrages mit Wirkung vom 12. Dezember 2007 und drohte mit einer ebenfalls einseitigen Aussetzung des INF-Vertrages.

11. Überwachung des Luft- und Seeraums

Luftgestützte Frühwarnung

Die *Airborne Early Warning* (AEW) Geschichtsschreibung beginnt ab Ende des Zweiten Weltkrieges aus der Erkenntnis heraus, dass boden- oder seegestützte Luftraumüberwachungsradare tief und schnell fliegende Angreifer wegen der Abschattungseffekte durch Erdkrümmung, Gelände, Bewuchs und Bebauung erst sehr spät entdecken können. Infolge der kurzen Reaktionszeit wäre eine Bekämpfung dieser Ziele oft praktisch unmöglich. Mit AEW Radaren, die in Höhen bis zu 10 km betrieben werden können, hoffte man dieses Defizit beheben zu können. AEW liefert einen wichtigen Beitrag zur weiträumigen Aufklärung und Überwachung des Luftraums. Neben der ursprünglichen Aufgabe der Luftraumüberwachung kamen dann erst später neue Aufgaben, wie Jägerleitung und Luftkampfführung (Air Battle Management) hinzu, als man nämlich herausfand, dass eigene Flugzeuge genauso zu entdecken und zu verfolgen sind wie die gegnerischen.

Historisch gesehen gab die US-Navy den Anstoß zur Entwicklung von AEW Flugzeugen, da insbesondere ihre Flugzeugträger gegen Überraschungsangriffe von Tieffliegern abgesichert werden mussten. Bereits 1945 flog die Grumman *Avenger* mit dem APS-20A Radar der US-Navy Luftraumüberwachungseinsätze[67]. Mit späteren Versionen dieses Radars wurde eine Reihe von Trägerflugzeugen ausgerüstet. Darunter befanden sich u.a. die britische Fairey *Gannet,* aber auch große landgestützte Flugzeuge, wie die Lockheed EC-121 *Big Eye* aus dem Vietnam Krieg sowie die britische Avro *Shackleton* AEW2. Die AEW2 wurde durch die RAF erst am 1. Juli 1991 außer Dienst gestellt. Obwohl die AEW-Rolle in Europa zuerst durch die Royal Navy mit der Douglas *Skyraider* AEW 1 im Jahr 1951 eingeführt wurde, datiert die erste landgestützte Fähigkeit der RAF Squadron No. 8 aus dem Jahr 1972. Der Versuch der US-Navy im Jahr 1956 mit Luftschiffen AEW zu betreiben, hat sich als nicht erfolgreich herausgestellt. Diese *Airship AEW Squadron* setzte zwei Helium gefüllte Prallluftschiffe ZPG-2W und ZPG-3W *(Blimps)* mit 80 Stunden Flugdauer ein, die mit einer 12-m-Radarantenne ausgestattet waren und 5 Tonnen Elektronik zu tragen vermochten[68].

Einen wesentlichen Meilenstein in der Entwicklung von AEW Flugzeugen stellte die Modifikation der noch mit Kolbenmotoren ausgestatteten Grumman E-18 für die US-Navy dar, die mit der Radar-Neuentwicklung APS-82 ausgerüstet wurde. Der Erstflug fand 1957 statt. Bereits 1961 folgte dann das Radar APS-96, dessen rotierende Antenne auf der zweimotorigen Turboprop Grumman E-2A *Hawkeye* installiert wurde. Die *Hawkeye* war das erste Flugzeug, das von Beginn an speziell für die AEW&C Rolle auf Flugzeugträgern ausgelegt wurde.

Notwendige Voraussetzung für eine erfolgreiche Entdeckung von Tieffliegern war die Entwicklung von Puls-Doppler Radaren, die eine kohärente Verarbeitung ermöglichten und eine Trennung des Zielechos von See- oder Boden-Clutter zuließen. Kohärent heißt in diesem Zusammenhang, dass jeder einzelne Impuls phasengleich und mit hoher spektraler Reinheit gegenüber den vorausgegangenen Pulsen gesendet wird. Aufgrund des Dopplereffektes werden die Echos, die ein luftgestütztes Radar von einem fliegenden Ziel erhält in der Frequenz gegenüber seiner Sendefrequenz verschoben, und zwar in Abhängigkeit von der Annäherungsgeschwindigkeit des Ziels. Da diese Dopplerverschiebung sich von der Dopplerverschiebung durch Bodenechos oder einer Regenfront unterscheidet, kann das Zielecho herausgefiltert und das unerwünschte Störecho (vom Boden, Seeoberfläche, Regen etc.) unterdrückt werden. Dieses Verfahren erhielt den Namen *Moving Target Indication* (MTI). Die prinzipielle Entwicklung dieser Radarsignalverarbeitung, die die Doppler-Frequenzverschiebung des fliegenden Ziels gegenüber dem Hintergrundecho ausnutzt, begann Ende der 40er Jahre. Aber erst etwa 1960 entwickelte Westinghouse eines der ersten *Airborne Moving Target Indicator* (AMTI) Radare mit einer *Look-down* Fähigkeit gegen tief fliegende Ziele.

Northrop Grumman E-2C Hawkeye.
(US Navy)

Die US-Navy erhielt im Jahr 1980 zur Einführung (IOC) die Group 0 Version der E-2 *Hawkeye* mit einem stark verbesserten Radar. Bereits 1988 kam dann die nächste kampfwertgesteigerte Variante (Group 1) heraus, mit einem weiter leistungsgesteigerten Radar, dem APS-139. Diesem folgte die Version Group 2 im Jahre 1991, die mit dem Lockheed-Martin APS-145 Radar ausgerüstet wurde. Nach der 170sten E-2C wurde die Produktionslinie in Bethpage, auf Long Island, geschlossen und nach St. Augustine, Florida, verlegt.

Der Entwurf der APS-145 Radare war sowohl für die Einsätze über See als auch über Land ausgerichtet. Sie erlauben die Überwachung eines Volumens von 3 Mio. sm³ (12 Mio. km³)[115] sowie die gleichzeitige Verfolgung von 2000 Zielen. Das Radar arbeitet im UHF-Frequenzbereich (0,3 -1 GHz), u.a. zur Minimierung des See-Clutters, und verwendet eine lineare Gruppe von Yagi Antennen mit Monopuls Summen- und Differenzkanälen zur genauen Winkelmessung. Dabei sind insgesamt zehn Strahlerelemente, in Gruppen von je fünf, auf gegenüberliegenden Reihen im Rotodom angebracht, die alle eine Wellenlänge voneinander entfernt installiert wurden. Diese Gruppenantenne ist in dem rotierenden Radom mit 24 ft (7,2 m) Durchmesser untergebracht, der mit einer Drehzahl von 5 Umdrehungen pro Minute rotiert. Wegen der rotierenden Antennenausrichtung werden so Ziele in einem Intervall von 12 sec abgetastet. Als Sender wird ein kohärenter Hochleistungsverstärker (Master-Oscillator Power Amplifier (MOPA)) verwendet. Zur Vermeidung von *dopplerblinden* Zonen werden drei unterschiedliche Pulsfolgefrequenzen verwendet. Die notwendige Auflösung wird durch Pulskompression mittels linearer Frequenzmodulation (Chirp) erreicht. Zur Entdeckung von Zielen mit einer geringen Komponente der Annäherungsgeschwindigkeit wurde bei diesem Radar erstmals mittels *Displaced Phase Center Antenna* (DPCA) und einem *Double-Delay Canceller* der *Hauptkeulen-Clutter* weitgehend unterdrückt. Nach der Clutter-Unterdrückung und einer ausreichenden Integrationszeit von Echo-Impulsen *(Coherent Processing Interval)* wird die Annä-

E-2 Hawkeye

Die ersten E-2A kamen 1964 zur Einführung und hatten nach vierzig Jahren bei der US-Navy über eine Million Flugstunden angesammelt. Die E-2 *Hawkeye* ist das einzige der frühen AEW&C Flugzeuge, das nach stufenweisen Verbesserungen bis heute auf Flugzeugträgern Verwendung findet. Bis 1971 wurden alle E-2A zur E-2B kampfwertgesteigert. Die nachfolgende E-2C Hawkeye II hatte 1971 ihren Erstflug durchgeführt und wurde dazu mit dem neu entwickelten Radar APS-120 sowie den leistungsstärkeren Allison T56 Turboprop-Triebwerken ausgerüstet. Ihre Indienststellung erfolgte ab 1973 bei der US-Navy. 1976 wird das neue Radar APS-125 erprobt, das mit einer zusätzlichen *Ground Moving Target Indicator* (GMTI) Betriebsart für die Aufklärung von sich bewegenden Zielen am Boden ausgestattet wurde. Da sich Bodenziele (Fahrzeuge, LKWs, Panzer) mit wesentlich geringerer Geschwindigkeit als Flugziele bewegen und daher die Dopplerverschiebung kleiner, gegenüber dem Bodenecho, ausfällt, ist die Trennung der Ziele vom Boden-Clutter schwieriger als bei AMTI. Bei GMTI kann die radiale Komponente des Zielechos im Boden-Clutter eingebettet sein. Um Ziele mit geringer Annäherungsgeschwindigkeit trotzdem zu entdecken, mussten spezielle Methoden entwickelt werden. Diese Methoden wurden unter den Begriffen *Displaced Phase Center Antenna* (DPCA), *Clutter Nulling oder Space Time Adaptive Processing* (STAP) bekannt[115].

herungsgeschwindigkeit in jedem Entfernungstor mittels FFT ermittelt.
Neben der US-Navy, mit 69 E-2Cs, haben dieses Flugzeug die Regierungen von Ägypten (7), Frankreich (3), Israel (4), Japan (13), Singapur (4) und Taiwan (6) beschafft.
Im Jahre 1999 wurde vom Pentagon das mehrjährige Produktionsprogramm für die neue *Hawkeye 2000* beschlossen. Dabei sollen zwischen 1999 und 2006 27 *Hawkeye 2000* hergestellt werden. Die erste der neuen *Hawkeye 2000* mit neuer Avionik wurde im Oktober 2001 ausgeliefert.
Die nächste Stufe nach *Hawkeye 2000* ist von der US-Navy bereits lange geplant. Sie wurde unter der Bezeichnung E-2D *Advanced Hawkeye* seit Anfang April 2005 entwickelt, und mit einem weiteren Modernisierungsprogramm des Radars versehen. Neben dem neuen Radar erhält der Missionsrechner neue Software. Fortgeschrittene Kommunikationstechnologie unterstützt die Verbesserung der Vernetzung. Durch eine in vielen Teilen neue Struktur soll die Lebensdauer der Zelle verlängert und eine Erhöhung des Landegewichts ermöglicht werden. Die zusätzlichen Verstärkungen werden auch ein weiteres Nutzlastwachstum zulassen.
Das *Advanced Hawkeye Radar,* das ebenfalls im UHF-Frequenzband arbeiten soll, wird eine Antenne mit 18 Strahlerelementen aufweisen, die im Abstand einer halben Wellenlänge zueinander installiert werden sollen. Die Anordnung mit neun Strahlungselementen auf jeder Seite, ermöglicht elektronische Abtastung von 120° im Azimut. Es erlaubt daher zwei neue Abtastmöglichkeiten, die simultan elektronische und die mechanische Abtastung und eine ausschließlich elektronische Abtastung bei stehender Antenne. Hierdurch ist eine größere Fokussierung der Energie auf ein Ziel (z. B. gegen Cruise Missiles) möglich.
Der Erstflug der E-2D hat am 3. August 2007 stattgefunden. IOC ist für das Jahr 2011 vorgesehen. Mit der E-2D *Advanced Hawkeye* ist die Transformation von *Platform Centric* zu *Network Centric Warfare* gelungen. Durch die Vernetzung mit der EA-18G *Growler,* F-35 JSF und der F/A-18F sowie mit den Führungssystemen der anderen Teilstreitkräfte, kann die US-Navy zusätzlich zu den klassischen Luftraumüberwachungseinsätzen über See, Einsätze im Küstenbereich und über Land sowie bei *Theater and Missile Defense* (TAMD) unterstützen.

E-3A AWACS

Etwa acht Jahre nach der US-Navy beauftragte die USAF im Jahr 1972 die Boeing Aerospace Co. mit der Entwicklung der E-3A *Sentry* zur Luftraumüberwachung. Dies geschah, nachdem sich auch bei der USAF die Erkenntnis durchgesetzt hatte, dass aufgrund der Fortschritte beim Terrainfolgeflug von Jagdbombern, die in der Nähe der Schallgeschwindigkeit eindringen können, die Wahrscheinlichkeit einer Zielentdeckung und -bekämpfung durch bodengestützte Luftraumüberwachungsradare und Lenkwaffen nicht mehr garantiert ist. Die Prototypenfertigung, Erprobung und Bewertung der ersten Maschine begann im Oktober 1975. Im März 1977 erhielt die USAF, d.h. die 552nd Airborne Warning and Control Wing, Tinker Airforce Base, Oklahoma, die ersten E-3As. Insgesamt beschaffte die USAF in der Nachfolge 29 fliegende Systeme. Pacific Air Forces erhielten 4 E-3As, die von der 961st *Airborne Air Control Squadron* (AACS), Kadena Airbase, Japan und von der 962nd AACS, Elmendorf, Alaska betrieben wurden.
Das NATO Defense Planning Committee entschloss sich, sechs Jahre später, im Jahre 1978, zur Beschaffung von 18 Boeing E-3A luftgestützte Frühwarn- und Führungssysteme *(Airborne Warning and Control Systems* (AWACS)) für NATO Central Europe. Beteiligt waren am Anfang die zwölf Nationen Belgien, Dänemark, Deutschland, Griechenland, Italien, Kanada, Luxemburg, die Niederlande, Norwegen, Spanien, Türkei und die USA. Besonders die Bundesrepublik Deutschland zögerte lange der NATO AWACS Einführung zuzustimmen, zumal sie die Hauptlast der Beschaffung und des Betriebs unter den europäischen NATO-Ländern zu finanzieren hatte. Aber letztendlich gab es für den damaligen Verteidigungsminister Georg Leber keine Alternative. Das britische Verteidigungsministerium hatte am 31. März 1972 eine eigene Entwicklung einer Nimrod *AEW 3* beschlossen. Frankreich nahm zunächst einen Beobachterstatus ein. Eine *NATO Airborne Early Warning and Control* (NAEW&C) *Programme Management Organisation* (NAPMO) wurde vom NATO-Rat eingesetzt und mit der Programmdurchführung beauftragt. Als Aufsichtsgremium wurde ein Beirat *(Board of Directors* (BOD)) aus den zwölf beteiligten Ländern bestellt. Der NAPMO unterstellt sind die *NATO AEW&C Programme Management Agency* (NAPMA) in Brunssum, in den Niederlanden, die *NATO Ma-*

NATO Airborne Early Warning and Control System E-3A.
(Thomas Krohm / www.luftfahrtfotografie.de)

nagement and Supply Agency (NAMSA) in Luxemburg, bestehend aus einem *Legal, Contracts and Finance* (LCF) Committee und einer *Depot Level Maintenance* (DLM) Steering Group.
Im Oktober 1980 wurde innerhalb des Supreme Headquarters Allied Powers (SHAPE), in Mons, Belgien, das *NATO Airborne Early Warning Force Command* (NAEW FC) durch die NAPMO eingerichtet. Zusätzlich zum Hauptquartier wurde in Geilenkirchen, in der Nähe der deutsch- niederländischen Grenze, die NE-3A *Main Operating Base* (MOB) aufgebaut, wo die 18 Maschinen gewartet und instand gesetzt werden.
Weitere Beschaffungen folgten durch Großbritannien (IOC am 1. Juli 1992) mit der Beschaffung von 7 E-3D Sentry und Frankreich mit 4 E-3F, die ab 19. Juni 1992, bei der 36. Airborne Detection and Surveillance Squadron eingeführt wurden. Danach folgte Saudi Arabien mit 5 E-3A Systemen.
Zuvor war in Großbritannien der Versuch, den *Nimrod* als *AEW 3* zu entwickeln, aufgegeben worden, nachdem über eine Milliarde britische Pfund ausgegeben waren und die avisierten Leistungen bei Weitem nicht erreicht wurden. Der hauptsächliche Grund, weshalb es zum Start dieses eigenen Programms kam, war für die britische Regierung der Erhalt von Arbeitsplätzen bei Hawker Siddeley und bei Marconi Elliot das Verbleiben im AEW-Radargeschäft. Hawker Siddeley (später Teil von BAe) sollte elf Comet 4C für den Einbau des Radars modifizieren und Marconi Elliot (später GEC-Marconi) das Radar entwickeln und herstellen. Es kam zur Entwicklung eines S-Band Radars mit zwei riesigen Antennen an Bug und Heck der Comet 4C, die jeweils über 180° im Azimut abtasten konnten und die mit zwei entsprechend ausladenden Radomen abgedeckt waren. Das Radar sollte bis zum Horizont Ziele entdecken und 400 davon verfolgen können. Das erste strukturell modifizierte Flugzeug hatte am 16. Juli 1980 Roll-out. Die Probleme begannen jedoch mit dem Missionssystem, der Integration der Baugruppen und dem viel zu klein dimensionierten Missionsrechner. Er war zu langsam und zu schnell überlastet. Das Radar erreichte die geforderte Leistung weder in der Reichweite noch in der Zielverfolgungsfähigkeit. Dies war letztlich der Grund für den Programmabbruch im Jahre 1986.
Die UK AWACS, d.h. die E-3D *Component,* die dann ab 1992 beschafft wurden, sind bei der Royal Air Force, in Waddington, stationiert. Infolge der Einsätze

bei den Operationen *Maritime Monitor* und *Sky Monitor* in der Adria sowie bei *Deny Flight* über Bosnien-Herzegowina, bei der die *Squadron 8* der RAF sofort voll in die NATO-Operationen eingebunden wurde, blieb kaum Zeit für einen geordneten Aufbau und systematische Ausbildung. So konnte die volle operationelle Fähigkeit (FOC) der *Squadron 8* erst am 31. Dezember 1994 erklärt werden. Durch die NATO-Assignierung der britischen E-3Ds (in England *Sentry* AEW Mk. 1 bezeichnet) wuchs die NAEW-Flotte auf insgesamt 25 Flugzeuge auf. Tatsächlich sind es gegenwärtig nur 23 Flugzeuge. Die NATO verlor eine Maschine durch Unfall und die britische Regierung hat nur 6 Maschinen der NATO assigniert. NAEW ist die einzige NATO *owned, multinational, operational force,* die voll in die Kommandostruktur integriert ist, und die als eines der erfolgreichsten gemeinsamen Unternehmungen im Bündnis betrachtet wird. Es ist bisher gelungen, die Interoperabilität in allen Modernisierungsstufen zwischen den E-3-AWACS Maschinen aufrecht zu erhalten. Dies war und ist eine Grundvoraussetzung bei allen Koalitionseinsätzen.

Der zentrale Sensor aller E-3A Flotten ist ein weitreichendes S-Band Radar, das AN/APY-2, mit elektronisch/mechanischer Abtastung, das auf dem Rumpf des Trägerflugzeuges Boeing 707 installiert wurde. Der Azimut wird durch kontinuierliche Drehung der Antenne mechanisch und die Elevation mittels Phased Array elektronisch abgetastet. Der Rotodom macht 6 Umdrehungen pro Minute und hat einen Durchmesser von 9,1 m. Er ist im Mittenbereich 1,8 m hoch und wird durch zwei Stützen mit je 3,33 m Länge über dem Rumpf gehalten. Als Antennenabmessungen des AN/APY-2 werden 24 ft x 5 ft (Breite 7,20 m x Höhe 1,50 m) genannt. Der E-3A Radarsensor AN/APY-2 ist eine Westinghouse Entwicklung (heute Northrop Grumman) mit den Technologien aus der Zeit um 1970. Es war für diese Zeit ein genialer Entwurf, der sich bis heute durch seinen langen Einsatzzeitraum und hohe Leistung auszeichnet. Besonders ist hervorzuheben[154]:

– Bei einer Einsatzhöhe von 30 kft (9 km) kann das Radar tieffliegende Ziele und Seeziele bis zu Entfernungen von 215 nm (ca. 400 km) entdecken. Es vermag Ziele in gleicher Flughöhe bis 430 nm (ca. 800 km) und Ziele über dem Horizont aus noch größeren Entfernungen zu erfassen.
– Es werden nicht nur Phasenschieber für die Abtastung in der Elevation eingesetzt, sondern auch für ein Off-set des Strahls zur Kompensation des Zeitverzugs zwischen Senden eines Pulses und dem Empfang des Echos von weit entfernten Zielen während der Elevationsabtastung. Grund hierfür ist die extrem geringe Halbwertsbreite der Antennencharakteristik im Azimut.
– Die Sendekette besteht aus einem Halbleiter Treiber, einer TWT für eine mittlere Verstärkung und einem Hochleistungs-Klystron-Verstärker. Aus Redundanzgründen ist die ganze Sendekette duplex ausgeführt
– Die Radare der APY-2 Serie verfügen über die folgenden 6 Betriebsarten[137]:
  - *High-PRF Pulse Doppler Non-Elevation Scan* (PDNES), zur Entdeckung von Zielen im Boden-Clutter (Tiefflieger)
  - *High-PRF Pulse Doppler Elevation Scan* (PDES), zur Elevationsabdeckung und der Messung von Zielelevationswinkeln
  - *Low-PRF Puls-Radar Beyond-The-Horizon* (BTH), zur Entdeckung von Zielen jenseits des Horizonts
  - *Passive Scanning* (PS), zur Entdeckung von Störern
  - Low-PRF Puls-Radar *Maritime Surveillance* (MS), zur Entdeckung von Schiffszielen. Wobei extreme Pulskompression und adaptive Signalverarbeitung eingesetzt werden, um sich an Variationen des See-Clutters anzupassen sowie mittels digitaler Karten Landechos auszublenden.
  - *Stand-by* (STBY).

PDNES und MS sowie PDES und MS oder BTH können dabei im schnellen Wechsel, d.h. quasi zeitgleich, betrieben werden. Jede 360°-Azimutabtastung kann in 32 einzelne Sektoren unterteilt werden, in denen unterschiedliche Betriebsarten eingestellt werden können, und zwar von Abtastung zu Abtastung. In den *Pulse Doppler* Betriebsarten kann der detektierbare Geschwindigkeitsbereich durch die Festlegung der minimalen und maximalen Durchlassfrequenzen des Bandfilters bestimmt werden. Setzt man einen detektierbaren Geschwindigkeitsbereich von 15 bis 1000 m/s (M > 3) voraus, dann dürfte im S-Band die untere Grenze der Durchlassfrequenz des Bandpassfilters bei etwa 300 Hz und die obere bei 20 kHz liegen.

Die Radar- und IFF-Antennen sind in dem rotierenden Radom in einer *Back-to-Back* Anordnung installiert. Ergänzt wird diese Sensorik durch eine umfangreiche Missionsausrüstung für Navigation (redundante INS, inkl. GPS in Planung), Kommunikation (u.a. Link 11, 16 (JTIDS) *Tactical Data Link* (TDL)), elektronische Aufklärung durch ESM (AN/AYR-2), Datenverarbeitung und Informationsdarstellung.
Das Radar kann über 360° fliegende Ziele von der Bodennähe bis in die Stratosphäre entdecken, identifizieren und verfolgen. Es kann darüber hinaus Schiffsziele erfassen und verfolgen. In der Führungsfunktion können eigene Abfangjäger an die Ziele herangeführt werden, ohne ihr eigenes Radar einschalten zu müssen. Zur Unterstützung von Luft-Boden-Einsätzen kann die E-3A Informationen für Aufklärungsflugzeuge, wie z. B. JSTARS, aber auch für Airlift und für Luftnahunterstützung (CAS) bereitstellen.
Die Einsatzdauer der NE-3A erlaubt den Betrieb in einem Missionsprofil von über 9 h ohne Luftbetankung. Bei einem Einsatzradius von 300 nm (555 km) kann die NE-3A über 8 Stunden im Einsatzgebiet *(On Station)* verbringen. Eine Verlängerung der Einsatzdauer kann durch Luftbetankung erreicht werden. Obwohl die NE-3A eine maximale Transitgeschwindigkeit von über 800 km/h erreichen könnte, hat man herausgefunden, dass in einer Einsatzhöhe von 29 kft (8,78 km) der Bereich der optimalen Einsatzgeschwindigkeit *On Station* eher bei etwa 660 km/h (360 mph bzw. ca. Mach 0,6) liegt. Als maximale Reichweite werden etwa 9250 km und als maximales Abfluggewicht 147 429 kg[71] angegeben.
Das Missionssystem der NE-3A, mit Radar, ESM, Operations- and Control (O&C) Arbeitsplätzen, Missionsrechnern, Sprach- und Datenkommunikation etc. wurde in die hierfür modifizierte Boeing 707-320 sehr erfolgreich integriert. Die Einsätze werden mit 17 Mann Besatzung geflogen, wobei die NE-3A von vier Pratt&Whitney TF33-PW-100A Turbofan-Triebwerken mit je 21 000 lb Schub angetrieben wird. Die Dornier Reparaturwerft GmbH in Oberpfaffenhofen, erhielt 1980 den Auftrag, den Einbau, die Integration, die Boden- und Flugabnahmetests der gesamten Einsatzelektronik für die 18 AWACS-Maschinen der NATO durchzuführen. Das erste Einsatzflugzeug wurde im Januar 1982 geliefert und bereits im folgenden Februar begann der Flugbetrieb. Offiziell wurde am 28. Juni 1982 die NE-3A Komponente aktiviert, d.h., es wurde ihr die Abnahme der *Initial Operational Capability* (IOC) von der NATO ausgesprochen. Die volle Einsatzfähigkeit oder *Full Operational Capability* (FOC) war dann aber erst Ende 1988, nach Auslieferung der letzten Maschine, hergestellt.
Eingesetzt wurden die Maschinen für Überwachungsflüge gegen Ende des Kalten Krieges an der *innerdeutschen Grenze* (IGB). Danach kam es zu Luftraumüberwachungseinsätzen zum Schutz der Türkei im Rahmen von *Desert Shield* sowie *Desert Storm* (s. Kap. 13) von den Forward Operating Bases (FOB) Trapani, in Italien, von Aktion, in Griechenland und von Konya, in der Türkei aus. Später kam es zum Einsatz bei *Allied Force* ab 1992, d.h. bei der Überwachung der Adria bis 1994 im Bosnien Konflikt, bei *Enduring Freedom* und zuletzt bei *Iraqui Freedom* im Krieg gegen den Irak. Letzteres insbesondere zum Schutz des NATO-Mitglieds Türkei (s. Kap.16). Daneben wurden die NE-3A Maschinen immer wieder zur Überwachung des Luftraums bei verschiedenen Großveranstaltungen, wie z. B. G8-Treffen, bei Präsidenten- und Papstbesuchen, eingesetzt.
Schnelligkeit, Zuverlässigkeit und Verfügbarkeit der Daten- und Informationsübertragung bestimmen maßgeblich den Wert einer Frühwarneinrichtung. Um Interoperabilität zu erreichen, hat die NATO bestimmte Standards entwickelt (STANAG) und standardisierte Schnittstellen vorgegeben. Kommunikationsverbindungen/-strukturen in der Aufklärung zur Übermittlung von Sensordaten und Übertragung von Requests sind die Nervenstränge der Informationsbeschaffung, Informationsverteilung und Beauftragung. AWACS ist mit anderen Flugzeugen (auch mit einem zukünftigen AGS-System) durch LINK 16 (JTIDS, MIDS), SatCom, HAVE Quick SECURE verbunden. Dies sind ebenfalls wesentliche Kommunikationsschnittstellen zum CAOC und CRC. Die Kommunikation zwischen AWACS und Schiffen erfolgt über HF und über LINK 11/16.
Die Radare der E-3 AWACS Maschinen wurden 2005 dem *Radar System Improvement Program* (RSIP) unterzogen. Dies ist ein gemeinsames US/NATO-Kampfwertsteigerungsprogramm, das Verbesserungen und Modifikationen im Hardware- und Software-Bereich des Radars vorsah, die u.a. die Entdeckung von Zielen mit kleinem Radarquerschnitt verbessern sollte. Der mittlere Rückstrahlquerschnitt von konventionellen Kampfflugzeugen liegt im Bereich zwi-

schen 1 und 20 m²; seit dem Erscheinen von Stealth-Kampfflugzeugen und Cruise Missiles ist die Erfassung von Zielen mit deutlich kleineren Radarquerschnitten als 1 m² interessant geworden.
Im Rahmen eines *Midterm Modernization Programms,* das u.a. ein Multi Sensor Integration (MSI) zum Inhalt hatte, wurden erst in jüngerer Zeit durch die Datenfusion von Radar, ESM, IFF und anderer Quellen die Zielverfolgung, Identifikation und Klassifikation deutlich verbessert. Die notwendige Soft- und Hardwaremodifikation im Missionsrechnerbereich erfolgte durch die EADS, Ulm.
Nach dem Ende des Kalten Krieges sind weitere Nationen der NAPMO beigetreten. Dies sind die Tschechische Republik, Ungarn, Polen und Portugal.
Im Jahre 1991 wurde die letzte B-707 hergestellt. Danach kündigte Boeing an, dass die zukünftige AWACS Produktion auf die B-767-200ER umgestellt werden soll. Das installierte Missions-Avionik System sollte dabei voll interoperabel mit dem der E-3A sein. Das neue Programm wurde 1993 gestartet. 4 E-767-27C wurden von der japanischen Regierung für die *Air Self-Defence Force* beschafft und sind seit 2000 operationell. Sie dienen neben den 13 E-2Cs für die japanische Luftraumüberwachung. In der Standardausrüstung sind 9 Operator-Konsolen installiert. Bis zu fünf weitere können installiert werden. Der Entwurf lässt bis zu 19 *Mission Specialists* zu. Die modifizierte Boeing E-767, in der AWACS-Konfiguration, verfügt über zwei General Electric CF6-80C2B6FA Triebwerke mit 61 500 lb Schub. Ihre maximale Transit-Geschwindigkeit liegt ebenfalls bei etwas über 800 km/h. Als Einsatzhöhe wird der Höhenbereich zwischen 34 bis 40,1 kft (bzw. 10,4 bis 12,2 km) genannt. Bei einem 300 nm (550 km) Einsatzradius kann die Maschine mehr als 9,25 h im Einsatzgebiet verbringen. Die 21 köpfige Crew besteht neben den erwähnten 19 AWACS *Mission Specialists* nur aus Pilot und Kopilot. Ob die E-767 den Erfolg der E-3 wiederholen kann, ist unklar, obwohl Saudi Arabien bereits als möglicher weiterer Kunde für die E-767-27C genannt wurde.
Die USAF war in der Zukunftsplanung des AWACS bis 2006 noch unentschlossen, welchem Weg gefolgt werden sollte, d.h. entweder ein *Re-Platforming* durchzuführen, wie von Boeing vorgeschlagen, oder die AEW&C Rolle in ein zukünftig mögliches E-10A *Multi Sensor Command and Control Aircraft* (MC2A) zu integrieren. Neueren Veröffentlichungen[95] zur Folge wird wohl aus Budgetgründen die Planung der USAF einen Betrieb ihrer E-3A Flotte bis etwa 2035 vorsehen müssen, wobei in absehbarer Zeit die alten Pratt&Whitney TF33-PW-100A Turbofan Triebwerke möglicherweise durch geräuschärmere und leistungsstärkere ersetzt werden sollen. Der geplante Block 40 Upgrade der US AWACS Maschinen zur E-3G mit u.a. neuen Missionsrechnern und Erweiterung der Kommunikationsausrüstung, wird die Transformation in Richtung *Net Centric Warfare* beschleunigen. Die NATO plant ebenfalls einen Betrieb ihrer NE-3A Flotte bis 2035. Dagegen bestehen aber erhebliche Bedenken seitens der britischen und französischen Nutzer. Sie sind der Auffassung, dass der Betrieb ihrer E-3D/F ab 2020 mit der vorhandenen B-707 Plattform nicht mehr wirtschaftlich sein könne.
Der Plan eine Boeing 767 mit einem neuartigen *Multi-Platform Radar Technology Insertion Program* (MP RTIP) Radar mit aktiver Antenne auszurüsten und als E-10A für Testzwecke zu verwenden u.a auch zur Erprobung der Erfassung und Verfolgung von *Cruise Missiles* mit kleinem *Radar Querschnitt* (RCS) auf große Entfernung, hat im Verlauf des Jahres 2006 einen Dämpfer erhalten und man hat von einem Abbruch auszugehen.

Russische AEW&C Aktivitäten

Als Gegenstück zur E-3A hatte die UdSSR während des Kalten Krieges über einen längeren Zeitraum 10 Tu-126 *Moss* (NATO Bezeichnung) im Einsatz. Diese erste luftgestützte AEW-Entwicklung der Sowjetunion aus dem Jahre 1970 war weniger erfolgreich als die amerikanische E-3A. Als Plattform diente die Tupolew Tu-126, eine viermotorige Turboprop-Maschine mit gegenläufigen Metallpropellern. Es wurde, wie bei der E-3, ein Radar mit Rotodom zur 360°-Abtastung installiert. Im Vergleich zur E-3 erschienen die Stützen zur Halterung des Rotodoms über dem Rumpf, etwas kurz ausgefallen zu sein. Offensichtlich ergaben sich durch die acht Propeller solche Interferenzen mit dem Radar, dass dieses System nach einer gewissen Zeit durch ein neues ersetzt werden musste. Im Jahre 1984 kam dann das AEW-System Beriev A-50 (mit Shmel Radar auf der Ilyuschin Il-76MD Plattform und später auf der Il-78) zur Einführung; davon wurden wahrscheinlich 23 Systeme beschafft. Shmel ist ein mechanisch abtastendes Radar, dessen

Beriev A-50 (Ilyushin Il-76) Mainstay AWACS. (Wikipedia)

Antenne innerhalb eines Rotodoms installiert ist (wie das AN/APY-2 bei der E-3A AWACS). Die Besatzung bestand aus 15 Mann, zwei Piloten, je einem Flugingenieur und Navigator sowie zehn Systemingenieuren. Von der NATO erhielt die Maschine die Bezeichnung *Mainstay*. Sie war mit IFF, ECM und ein umfangreiches Navigationssystem ausgerüstet und wurde in Orbits in der Form einer liegenden Acht betrieben. Ohne Luftbetankung war die Maschine nur etwa vier Stunden *On-Station* einsetzbar. Die Ausrüstung soll sehr spartanisch und intern soll es ziemlich laut gewesen sein.

Israelische Aktivitäten mit Phalcon

Aufgrund der besonderen Bedrohungssituation hat sich Israel schon früh mit dem Aufbau einer eigenständigen luftgestützten Frühwarnflotte beschäftigt. Das EL/M-2075 *Phalcon* (Phased Array Conformal) Radar der Firma Elta, Ashdod, Israel, wurde bereits im Jahr 1987 angekündigt. Bei diesem Radar war zur 360°-Azimutabdeckung die Installation von 6 Antennen am Rumpf vorgesehen, wobei je zwei Phased Array Antennen an beiden Flugzeugseiten und je eine an Bug und Heck einer B-707 vorgesehen waren. Die Integration der Missionsausrüstung erfolgte bei IAI in Tel Aviv. Es konnten 11 Operator-Konsolen installiert werden. Es wird angenommen, dass sich zwei dieser Maschinen im Besitz der israelischen Air Force befinden (wobei die vier älteren E-2C Hawkeye ersetzt wurden). Südafrika hat ebenfalls zwei Maschinen beschafft. Chile erhielt im Jahr 1995 die *Condor* aus Israel, eine B-707, mit *Phalcon* Antennen.

Nach dem Ende des Kalten Krieges hat die russische Regierung im Jahre 1997 einer Vereinbarung mit IAI ELTA für eine gemeinsame Entwicklung eines AEW&C Systems, basierend auf dem russischen A-50, zugestimmt. Hierbei sollte jedoch die israelische *Phalcon* EL/M-2075 Phased Array Antenne anstelle des mechanisch abtastenden Rotodoms des russischen Shmels verwendet werden. Dieses neue Radar wurde A-50I genannt. Die chinesische Luftwaffe interessierte sich ebenfalls für dieses Projekt und es kam zu Vertragsverhandlungen zwischen Israel und China. Jedoch intervenierte die US Regierung, die die israelische Regierung davon überzeugte, von einer Vertragsunterzeichnung mit China Abstand zu nehmen. Hintergrund waren die US Verpflichtungen gegenüber Taiwan. Die US Regierung stimmte jedoch dem Verkauf des Radars nach Indien zu. In diesem Fall behielt die A-50I die Form der fliegenden Untertasse bei, wobei drei elektronisch gesteuerte Antennen zur Azimutabtastung installiert wurden. In dieser Anwendung ist das Radom festgehalten; eine mechanische Rotation erübrigt sich. Sektoren können getrennt voneinander abgetastet werden und falls notwendig, kann in einem Sektorbetrieb ausreichend Sendeleistung für schwer erfassbare Ziele und hohe Wiederholraten der Abtastung für die Zielverfolgung bereitgestellt werden. Dadurch vereinfachte sich auch der Sensor insgesamt, da die zuverlässige Informationsübertragung bei rotierenden Antennen über Schleifringe nicht einfach zu realisieren ist.

Bei der koreanischen Air Show 2004 hat IAI eine Gulfstream G 550 (der *Nachson* Familie) mit einer *Phalcon* Version, *Conformal AEW* (CAEW EL/W-2085) genannt, vorgestellt, die die Bezeichnung EITAM (Seeadler) erhielt. EITAM basiert auf der L-Band Sidelooking ESA Antenne der *Phalcon* Serie. Die IFF-Antennen sind in die Primärarray integriert. Zur Azimutabdeckung nach vorne und nach hinten wurde im Rumpfbug und im Heck je eine S-Band-ESA-Antenne installiert. Die israelische Air Force kündigte die Beschaffung von 3 Maschinen an. Süd-Korea wurde lange Zeit als weiterer potenzieller Kunde genannt.

Boeing 737 AEW&C

Nach dem Ende des Kalten Krieges interessierten sich viele Länder an einer kleineren und kostengünstigeren AEW&C-Version im Vergleich zur aufwendi-

Boeing E-737 Wedgetail AEW. (Boeing)

gen B-707 E-3-Klasse. Diesem Wunsch kam entgegen, dass auch in der Zwischenzeit auf dem Technologiebereich, insbesondere bei der elektronischen Strahlsteuerung von Radaren, erhebliche Fortschritte erfolgt sind.
Der gegenwärtige Marktführer Boeing hat auf diesen Bedarf reagiert und bei den mittleren Systemen eine neue AEW&C Generation auf der Plattform B-737 realisiert. Die B-737 AEW&C, die die B-737-700IGW Plattform mit dem Northrop Grumman *Multi-Role Electronically Scanned Array* (MESA) Radar verbindet, repräsentiert den modernsten Stand der AEW-Technologie. Dieses L-Band Radar weist eine auf den Rumpf montierte Finne mit seitwärtsblickenden AESA Antennen in Back-to-Back Anordnung und kleine endmontierte Antennen im S-Band (*Top Hat* genannt) für den vorderen und hinteren Bereich auf. Zusammen gewährleisten sie eine 360°-Abdeckung. Ein Zwei-Mann Cockpit und sechs Operator Stationen bilden die Arbeitsplätze für die Besatzung. Das Radar kann mehr als 3000 Ziele gleichzeitig verfolgen (d.h. Trackspuren bilden), und zwar auch von Jagdflugzeugen bei bis zu 6g Ausweichmanövern. Dieses System gewann im Jahre 1999 den von der australischen Luftwaffe ausgeschriebenen *Wedgetail* Wettbewerb.

Es war geplant, dass die australische Luftwaffe (RAAF) ab Februar 2007 sechs Wedgetail B-737-700 (IGW) mit dem etwas größeren Flügel der Boeing 737-800 erhält. Verzögerungen in der Entwicklung ergaben aber eine Verschiebung, sodass mit den Tests der ersten australischen *Wedgetail* Maschine erst am 6. Juni 2007 begonnen werden konnte. Dadurch verzögerte sich die Auslieferung des ersten Flugzeugs in das Jahr 2009. Von dem System wird erwartet, dass damit große Teile der *North East* Territorien im Ernstfall permanent abgedeckt werden können. Die Kosten pro Maschine sollen angeblich unter 200 Mio. $ liegen (bei etwa dem halben Preis einer B-767 AWACS). Die Türkei schloss ebenfalls im Juni 2002 einen Vertrag für vier B-737 AEW&C mit einer Option auf zwei weitere Flugzeuge ab. Italien ist offenbar auf dem Weg dahin (ab 2010), und zwar aus Gründen der Kommunalität mit der geplanten Beschaffung einer B-737 *Multi Mission Aircraft* (MMA) Flotte, die als Nachfolger für die Breguet Atlantic ATL1 geplant ist. Sowohl die Türkei als auch Italien sind als NATO-Mitglieder am Betrieb und den Kosten der NAEW E-3A Flotte beteiligt. Boeing sieht insgesamt eine gute Chance, weitere 30 B-737 AEW&C Flugzeuge innerhalb der nächsten zehn Jahre herstellen und verkaufen zu können.

Ericcson Erieye

Schweden, als neutrales Land am Rande des Ost-West Spannungsfeldes, verfügt für seine Landesverteidigung über eine schlagkräftige Luftwaffe. Der Aufbau einer eigenständigen Radarindustrie bei Ericcson schien notwendig, um im Falle eines Konfliktes mit modernster Radartechnologie gerüstet zu sein. So war es naheliegend, dass sich Ericcson auch mit der Entwicklung von luftgestützten Frühwarnsystemen beschäftigte.

Die schwedische Luftwaffe hat für ihr Einsatzgebiet ein AEW-System spezifiziert, das gegenüber den großen Systemen am unteren Ende der Leistungsskala einzuordnen ist. Dennoch kann Schwedens Ericcson als Marktführer bei kleineren AEW Systemen bezeichnet werden. Ericcson ist der Hersteller des *Erieye* Radars. Schwedens Luftwaffe hat sechs PS-890 Radare für die Installation auf Maschinen des Typs Saab 340B bestellt. Das hieraus resultierende System wird S100B *Argus* genannt. Dieses System wurde, beginnend im Jahr 1997, in Dienst gestellt. Die AEW-Flugzeuge werden in Schweden mit einer Zwei-Mann Besatzung betrieben. Die Radarinformation wird über eine online Datenlink an eine Bodenstation zur Analyse übertragen. S100B kann jedoch mit 3 Operator Konsolen für Auslandseinsätze ausgerüstet werden. Die auf der Rumpfoberseite installierte Phased Array Antenne soll einen Bereich von je 150° auf beiden Flugzeugseiten abtasten können. Das Gebiet in Flugrichtung und in der entgegengesetzten Richtung ist durch diese Antennenanordnung weniger gut abgedeckt.

Trotz dieses Defizits hat Brasilien fünf *Erieye* Systeme bestellt, die jedoch dort auf den eigenen Twin Jets von Embraer, der EMB 145SA, installiert werden sollen. Die beiden ersten *Erieye* Systeme wurden bereits im Jahr 2002 geliefert. Die EMB 145SA verfügt über fünf Operator-Stationen.

Mexiko hat ein ähnliches Flugzeug geordert, das neben den von Israel beschafften vier E-2C *Hawkeye,* ebenfalls für *Anti-Schmuggel* Einsätze eingesetzt werden soll.

Gegen Jahresende 1999 hat Griechenland einen Vertrag im Umfang von 600 Mio. $ für vier ähnliche EMB 145H's unterzeichnet, die dem Land eine Interim AEW&C Fähigkeit geben soll. Als NATO-Mitglied ist Griechenland ebenfalls am Betrieb der NAEW E-3A beteiligt.

Embraer EMB 145SA mit Ericsson Erieye AEW Radar. (Embraer)

Helikopter Einsatz
Die UK-Navy betreibt von ihren Flugzeugträgern eine hubschraubergestützte AEW-Variante. Dazu sind Sea King Helikopter mit einem Thales *Searchwater 2000* AEW Radar ausgerüstet worden.
Russland hat ebenfalls für den Einsatz von Flugzeugträgern Prototypen eines Kamov Ka-29RLD Hubschraubers entwickelt, der mit einem Rundsuchradar für AEW ausgerüstet ist. Die Hubschrauber sind für diese Aufgabe mit einer großen rechteckigen Antenne am Rumpf ausgestattet, die für Start und Landung einziehbar ist und dazu an der Rumpfunterseite angelegt wird. Die indische Marine hat bis 2001 neun dieser Kamov Ka-31 für AEW beschafft.

Tendenzen
Die zuvor erwähnten Einsätze der NAEW&C haben die Notwendigkeit verbundener Operationen innerhalb der NATO und befreundeter Nationen deutlich gemacht. Auf die Notwendigkeit der Erhaltung oder Verbesserung der Interoperabilität wird großer Wert gelegt. Zur Verstärkung dieser Forderung in der AEW-Welt hat NAEW Force Command eine Koordinationsrolle übernommen, die Interoperabilität zwischen den AWACS-Flugzeugen und anderen AEW-Kräften zu verbessern, die möglicherweise innerhalb der NATO-Einflusssphäre eingesetzt werden können. Dies schließt die USAF E-3A und die französische E-3F Flotten sowie die US-Navy E-2C Einheiten und die britische AEW Sea King Helikopter Squadron ein. Diese Bemühungen werden gezielt zur Verbesserung der Kooperation auf allen Gebieten wie Ausbildung und Training, Übungen, Modernisierung und Betrieb verfolgt. Mit dem Aufkommen neuer Plattformen aber, wie z. B. der B-737 AEW&C und damit neuen Fähigkeiten, erhöht sich die Gefahr, dass die Interoperabilität bei Koalitionseinsätzen nicht mehr voll gewährleistet ist. Um effektiv zusammenarbeiten zu können, gehört hierzu nicht nur die Übertragung von Daten und Information über gemeinsame Schnittstellen, sondern auch der Austausch von Material und von Dienstleistungen. Diese Problematik besteht aber immer beim Übergang zu einer neuen Generation von Aufklärungs- und Überwachungssystemen.
Im Verlauf des letzten Irak Krieges wurde die Bedrohung durch Cruise Missiles besonders offenkundig. Einige irakische *Silkworm* Lenkwaffen wurden so modifiziert, dass sie als Cruise Missiles eingesetzt werden konnten. Fünf *Silkworm* CMs wurden durch die irakischen Streitkräfte gestartet. Davon haben zwei von ihnen nur knapp ein US-Headquarter und eine USMC-Basis verfehlt. Weder die USAF E-3A noch die US Missile Defense haben vier dieser tieffliegende Ziele entdecken und abfangen können. Zukünftig werden *Stealthy Cruise Missiles* aber auch *Stealthy UCAV* eine zunehmende Gefahr sowohl für die US Truppen als auch für die NATO darstellen. Start-Signaturen von Cruise Missiles sind wahrscheinlich zu schwach, als dass sie von DSP Satelliten oder dem Early-Warning Nachfolgesystem *Sbirs* entdeckt werden können. Cruise Missiles sind bestens geeignet, Gefechtsköpfe mit chemischen oder biologischen Kampfstoffen zu transportieren. Gegenwärtig verfügbare AEW Einsatzsysteme, insbesondere deren Radarsensoren, müssen entweder in ihrem Kampfwert gesteigert oder müssen durch neue Systeme ersetzt werden, um dieser neuen Bedrohung entgegenwirken zu können. Mit dem Aufwuchs der Cruise Missiles- und der UAV/UCAV-Bedrohung werden neue Methoden der Entdeckung und Verfolgung sowie verbesserter Kommunikation zwischen AWACS und Luftabwehrbatterien für die Aufgabe *Missile Defense* erforderlich werden. Bisher ist nur bekannt, dass sich die USAF mit der Entwicklung von MP RTIP und der E-10 auf diese neue Bedrohung einzustellen plant. Dabei war beabsichtigt worden, die Radarleistung so zu erhöhen, dass das CM direkt bekämpft werden kann. Die USAF hat aber noch keine positive Entscheidung über die Weiterentwicklung und Einführung des E-10 Multi Sensor Command and Control Aircraft getroffen. Ein vollständiger Abbruch ist wahrscheinlich.
Es erscheint in den USA gegenwärtig ein wichtiges Ziel zu sein, gewisse Fähigkeiten evtl. auch auf verteilten Plattformen wie AWACS, JSTARS und SIGINT zu belassen, deren Technologien weiterzuentwickeln, aber deren Wirksamkeit durch einen hohen Grad der Vernetzung zu vervielfachen[69]. Hierzu gehört auch die Verbindung mit Satelliten-Kommunikationssystemen (z. B. Milstar) und Breitband-Kommunikation mit Jagdflugzeugen, Jagdbombern und der Flugabwehr (z. B. Patriot). Das Milstar Satelliten-Kommunikationssystem ist ein streitkräfteübergreifendes, abhör- und störsicheres Kommunikationssystem. Es besteht aus fünf Satelliten, die sich auf geosynchronen Umlaufbahnen befinden. Milstar er-

laubt weltweit die verschlüsselte Sprach-, Daten-, Fernschreib- und Fax-Kommunikation. Der erste Milstar-Satellit wurde am 7. Februar 1994 gestartet.

Luftgestützte Seeraumüberwachung

Die Fortschritte in der technologischen Entwicklung der luftgestützten Seeraumüberwachung (MPA) und der U-Bootbekämpfung (ASW) waren insbesondere durch den Zweiten Weltkrieg geprägt. Jedoch gingen auch danach Entwicklungen von teilweise sehr großen Systemen mit Spezialisierung auf Seeraumüberwachung und U-Jagd stetig weiter. Wie bereits schon früher erwähnt, wurde mit der Lockheed P2V-5 *Neptune* die Beschaffung der großen, mit Suchradar ausgestatteten Flugzeuge zur Seeraumüberwachung und für die U-Jagd eingeleitet, die große Marschflugphasen zurücklegen und lange *On-Station* Zeiten durchhalten konnten. Eine Fähigkeit, die sich auf die U-Bootbekämpfung im Zweiten Weltkrieg zurückverfolgen lässt. Der letzte Vertreter dieser Neptune Typen ist die P-2H, die bis 1962 von Lockheed produziert wurden[31].

Lockheed P-3 Orion

Als Nachfolger der P-2V Neptune startete am 25. November 1959 bei Lockheed der operationelle Prototyp YP-3A zum Erstflug. Die erste Serienmaschine der P-3A hatte am 31. März 1961 ihre Premiere. Gegen Ende des Jahres 1962 wurde dann die P-3A *Orion* als Seeraumüberwachungs- und U-Jagdflugzeug, ein Langstreckenflugzeug mit vier Turboprop-Triebwerken bei den US-Navy Squadrons VP-8 und VP-44 in Dienst gestellt. 24 Maschinen wurden noch im selben Jahr an die *Patuxent River Naval Air Station* geliefert. Die Einsatzdauer im Patrouillenflug war auf 14 bis 18 h ausgelegt. Ihr maximales Abfluggewicht liegt bei 64 t (zum Vergleich die ATL1 bei 43,5 t). Bereits 1962 erprobte die US-Navy *Mission Stretching Techniques,* bei der durch Abschaltung von zwei Motoren die Zeit On Station verlängert werden konnte. Die P-3A war mit einem vorwärts- und einem rückwärtsblickenden Radar (AN/APS-137) für die Seeraumüberwachung und Periskop-/ Schnorchelentdeckung von U-Booten ausgerüstet. Mitte der 90er Jahre wurde die *Synthetic Aperture Radar* (SAR) Betriebsart verbessert, sodass neben der Seeraumüberwachung und Periskopentdeckung auch SAR Streifen- und

Lockheed P-3C Orion.
(Lockheed Martin)

Spotlightabbildungen von Festzielen auf Land sowie ein *Inverse Synthetic Aperture Radar* (ISAR) Betrieb, d.h. eine 3-D Abbildung von Schiffszielen, ermöglicht wurde. Bei ISAR wird die Dopplerverschiebung an den Schiffsaufbauten infolge der Schiffsbewegung in den drei Drehachsen genutzt, um ein hoch aufgelöstes Bild des Schiffs zu erstellen. Weitere Radarmoden wurden entwickelt, die im Schwerpunkt dem Thema *Combat Identification* gewidmet waren. Für die Unterwasser-Kriegsführung verfügte die P-3A Orion über ein Sonarsystem mit abwerfbaren Sonarbojen und zur präzisen U-Bootlokalisierung einen weiterentwickelten MAD-Sensor.

Ein deutlicher technologischer Fortschritt konnte bei der Sonarbojenentwicklung seit Ende des Zweiten Weltkriegs festgestellt werden. Zu den bisherigen passiven omnidirektionalen LOFAR-Bojen, die ein Geräusch feststellen konnten, aber keine Richtung, kamen DIFAR Bojen hinzu, die eine Messung der Richtung einer Geräuschquelle zuließen. Während z. B. bei einer *Choke Point Barrier* von LOFAR-Bojen nur in etwa die Anwesenheit eines U-Boots festgestellt werden konnte, erhielt man über eine DIFAR-Peilung mit zwei Bojen schon eine ungefähre Positionsbestimmung. Da die Genauigkeit der Positionsbestimmung durch die mäßige Genauigkeit der Peilwinkel Wünsche offen ließ, wurden aktive CASS-

Bojen entwickelt, die die Entfernung zu einem U-Boot über die Laufzeit eines abgegebenen Geräuschimpulses messen konnten. Nachteil dieser Bojen war, dass man drei Bojen einsetzen musste, um eine eindeutige Zielposition zu ermitteln.
Erst als die direktionale aktive Boje, die DICASS, zur Verfügung stand, konnte man mit einer Boje mit eingeschränkter Genauigkeit, aus Winkel- und Entfernungsmessung, die Position eines U-Bootes bestimmen. Da die Schallausbreitung neben dem Salzgehalt, vom Druck und von der Temperatur in der Tiefe abhängt, ist für ein Gebiet, dessen Temperaturverlauf unbekannt ist, das Mitführen eines weiteren Bojentyps erforderlich, des *Bathythermografen.* Die Anzahl der mitgeführten Bojen war und ist aus Platzgründen in allen MPA/ASW Plattformen ein Problem. Ziel ist es, bei jedem Einsatz, mit einer minimalen Anzahl von Bojen auszukommen. Durch die Verwendung dieser unterschiedlichen Bojentypen erhöhte sich aber die Komplexität des akustischen Systems an Bord einer MPA/ASW Plattform erheblich. In der P-3 *Orion* wurde in mehreren Aufrüstschritten der Einsatz der genannten Bojentypen ermöglicht.
Zur Entdeckung von Radaremittern waren in den Flügelspitzen der P-3A die Empfangsantennen des ESM-Systems installiert. Ein *Searchlight* befand sich im Bereich der Spitze des Steuerbordflügels. Die Bewaffnung bestand aus mit konventionellen oder nuklearen Gefechtsköpfen ausgestatteten Lenktorpedos sowie *Lulu* Wasserbomben, die im Bombenschacht untergebracht waren. Des Weiteren konnten an sechs von acht Pylonen unter dem Flügel ungelenkte Zuni Raketen und weitere Lenktorpedos aufgehängt werden.
Die P-3 hat viele Entwicklungsstufen erlebt. Es wurden seit den frühen 60er Jahren über 740 Flugzeuge gebaut, davon allein über 100 von Kawasaki für die japanische Marine. Nach über 40 Jahren im Dienst der US-Navy, beabsichtigt diese ihre P-3C *Orions* durch die Boeing P-8A *Multi Mission Aircraft* (MMA) auf einer B-737 Plattform zu ersetzen. Als Einführungstermin (IOC) wird das Jahr 2013 genannt. 108 P-8A sollen bis 2019 beschafft werden. Es ist anzunehmen, dass die P-8A u.a. eine *Cruise Missile Defense* Rolle erhält. Es wird diskutiert, diese Maschine mit einer AESA-Antenne auszurüsten, die als Back-to-Back Antenne ausgeführt, mit je 3000 T/R Module je Seite bestückt werden soll. Die US-Navy plant die P-8A als *Multi Mission Aircraft* sowohl als MPA als auch für die ASW-Rolle einzusetzen. Die Anzahl der Arbeitsplätze soll von 4 auf 6 erhöht werden. Ein grober Systempreis, in der Größenordnung von 300 Mio. $, wurde schon mehrfach in der einschlägigen Literatur erwähnt.

Lockheed S-3A Viking.
(US-Navy)

Lockheed S-3 Viking
Die Einführung schneller und tief tauchender sowjetischer Atom-U-Boote veranlasste die US-Navy die Entwicklung einer neuen Generation von U-Jagdflugzeugen zu beauftragen, die kompakt genug für den Betrieb auf Flugzeugträgern waren. So erhielt Lockheed nach einer Ausschreibung von der US-Navy den Auftrag für die Entwicklung der S-3A *Viking.* Lockheed wurde dabei unterstützt von Ling-Temco-Vought (LTV) und dem Rechnerhersteller UNIVAC.
Die Lockheed S-3A *Viking* ist ein Flugzeug, das speziell zur Bekämpfung feindlicher U-Boote (ASW) aber auch zur Beobachtung von Schiffsbewegungen (MPA) verwendet wird. Flugzeugträger und ihre Begleitschiffe sind Primärziele für feindliche Jagd U-Boote und daher dienen die S-3A *Viking* wesentlich dem Schutz eines Schiffsverbands in der US Navy. Eine Variante, die ES-3 *Shadow,* ist speziell für die elektronische Kriegsführung und Aufklärung (SIGINT) ausgerüstet.

Die S-3A *Viking* ersetzte in der US-Navy die Grumman S-2 *Tracker*. Ihr Erstflug fand am 21. Januar 1972 statt und im Februar 1974 folgte die Indienststellung in den aktiven Flottendienst. Der Einsatz von Flugzeugträgern aus schränkte die Baugröße der Maschine von Anfang an ein.
S-3A-Einsätze müssen viersitzig mit Pilot, Kopilot, der gleichzeitig als Taktischen Koordinator (TACCO) fungiert, einem Akustiksensor-Operator und einem Zielkoordinator durchgeführt werden. Daher verfügt sie über ein, für die frühen 70er Jahre, bemerkenswert hoch automatisiertes Waffensystem. Dieser hohe Automatisierungsgrad wurde durch die Einbindung der damaligen Rechnerfirma UNIVAC Federal Systems und LTV Aeronautics in die Entwicklung des Missionssystems ermöglicht. Beide Firmen waren als Mitauftragnehmer an der Entwicklung beteiligt. Der Aktionsradius der S-3A *Viking* kann, falls notwendig, durch Luftbetankung erweitert werden. Die S-3A *Viking* verfügen über zwei unter dem Flügel installierte Turbofan-Triebwerke. Aus Platzgründen sind die Flügel für die Unterbringung unter Deck so konstruiert, dass sie je Seite zur Hälfte hochgeklappt werden können.
Die letzte der 187 S-3A wurde 1978 ausgeliefert. Zwischen 1987 und 1994 wurden alle S-3A auf den technischen Stand S-3B nachgerüstet. Sie verfügen über ein modernes Seeraumüberwachungsradar (AN/APS-116), ESM-System, akustisches System und Sono-Bojen Abwurfanlage. Des Weiteren wurde bei dieser Kampfwertsteigerungsmaßnahme ein modernisierter Mission-Computer mit einem Waffenablieferungssystem integriert, das den Einsatz von AGM-84 *Harpoon* Anti-Schiffsflugkörper ermöglichte. Die weitere Bewaffnung umfasste die Luft-Boden-Lenkwaffe AGM-65 *Maverick,* Torpedos, Minen und Tiefenladungen (Wasserbomben), die in einem Waffenschacht und an zwei Flügelstationen mitgeführt wurden.
Sechzehn S-3A wurden zur ELINT-Version ES-3 *Shadow* umgebaut. Integriert wurde eine auf dem *Aries* II-System basierende Avionik und einer Antennen Array mit fast 60 Elementen. Die Besatzung besteht bei der ELINT-Version aus einem Piloten, einem NFO und zwei Operateuren für das *Aries*-System.
Die S-3 verfügt über eine Reichweite von 3700 km (Überführungsreichweite über 5560 km). Die Höchstgeschwindigkeit liegt bei 834 km/h und die Dienstgipfelhöhe bei über 10 670 m.

Breguet BR 1150 Atlantic
Das U-Jagd- und Seeraumüberwachungsflugzeug (ASW/MPA) Breguet *BR 1150 Atlantic, ATL1,* wurde, nach einer NATO-Ausschreibung, im Rahmen eines internationalen Gemeinschaftsprogramms entwickelt und gebaut. Die *ATL-1* wurde für die Seeraumüberwachung und U-Boot-Jagd von der deutschen, der französischen, der italienischen, der niederländischen und der pakistanischen Marine ab Mitte der 60er Jahren beschafft. Der Erstflug des ersten Prototyps reicht auf den 1. November 1961 zurück.
Der Entwurf der Maschine stammt ursprünglich von der französischen Firma Breguet aus dem Jahre 1959, der später von Dassault Aviation übernommen wurde. Ein europäisches Konsortium, die SECBAT, bestehend aus Dassault in Frankreich, Dornier und Siebel in Deutschland und Fokker in den Niederlanden, bauten in den 60er Jahren 87 Maschinen. Ihre letzten Flugzeuge erhielt die Bundesmarine Ende 1970.
Die Bundesmarine setzte die ATL1 seit 1965 beim Marinefliegergeschwader 3 (MFG3) *Graf Zeppelin* in Nordholz, mit zwei unterschiedlichen Typen ein, und zwar ursprünglich 15 Flugzeuge in der Rolle MPA/ASW und 5 Flugzeuge in der SIGINT Aufgabe (bzw. als Messversion). Insgesamt gingen zwei Maschinen durch Unfälle verloren. Einsatzgebiet der deutschen Marine zur Zeit des Kalten Kriegs war hauptsächlich der Nordatlantik, d.h. die Überwachung des Gebietes zwischen den britischen Inseln und Island sowie die Ostsee. Natürlich erfolgten diese Einsätze zusammen mit anderen NATO MPAs. Die Ausrüstung der ATL1 MPA/ASW Version bestand

Breguet BR 1150 Atlantic ATL 1 MPA/ASW.
(Hans Rolink)

im Wesentlichen aus einem 360° Rundsicht Seeraumüberwachungsradar, einem ESM-System zur Entdeckung elektromagnetischer Abstrahlung auf große Entfernung, einem akustischen System mit Bojenwerfer und Sonarbojen zur Entdeckung von U-Booten, einem Magnetfeldanomalie-Detektor (MAD) zur Feinortung von U-Booten und einem etwa 1 m x 1 m großen taktischen Tisch. An Letzterem, zwar sehr veraltet, wurden alle Sensorinformationen von allen Kontakten mit einem Ziel zusammengeführt und der Taktische Koordinator (TACCO) entschied dann über alle Folgeaktionen. Er ist der Einsatzkommandeur an Bord und berichtete alle Ergebnisse per Sprechfunk oder Fernschreiber an die Lagezentren weiter. Bewaffnet werden konnte die ATL1 mit Tiefenladungen (Wasserbomben und 250 kg Minen), Mk 46 Torpedos, Anti-Schiffs-Raketen vom Typ AS-12, AS-20, AS-30 und AS-37 Anti-Radiation Raketen. Die deutsche Marine flog gegen Ende des Kalten Krieges nur mit minimalster Bewaffnung. Zur Besatzung zählten neben den beiden Piloten noch weitere zehn Mann Besatzung, die mit Auswertearbeiten von Sensordaten an den seitlich untergebrachten Arbeitsplätzen beschäftigt waren.
Die deutsche SIGINT- oder FmEloAufkl-Version wurde von E-System, Greenville, Texas, ausgerüstet und verfügte sowohl über Antennen und Empfänger für die Fernmelde- als auch für die Radaraufklärung sowie Auswertestationen und Speichermedien.
Nachdem die deutsche Marine sich nicht zu einer Beteiligung an der Entwicklung des ATL1-Nachfolgers, der ATL2, zusammen mit der französischen Marine, entschließen konnte, musste ab 1978 ein *Kampfwertsteigerungsprogramm* (KWS) in Angriff genommen werden. Nach 15-jähriger Einsatzzeit erfuhr die deutsche ATL1-MPA/ASW Version dann ab 1982 bis Ende 1983 ihre erste Kampfwertsteigerung (KWS). Dornier, Immenstaad, wurde Hauptauftragnehmer.
Eine Modernisierung der Avionik und Ausrüstung war notwendig geworden, wenn die Marine weiterhin ihre Rolle innerhalb der NATO im Nordatlantik wahrnehmen wollte. Erneuert werden mussten die folgenden Untersysteme:

- Rundsicht-Radar
  (durch AN/APS-134 von Texas Instruments)
- ESM (durch EW 1017A von LORAL)
- Magnetband-Rekorder und
- Bojenwerfer.

Modernisiert werden sollten weiter die:

- Unterwasserortungsanlage bzw.
  das akustische System (SONAR) und die
- Trägheitsnavigation.

Die KWS verlief zunächst entsprechend der Planung, bis bei Testflügen festgestellt wurde, dass das ESM-System der hohen Pulsdichte in der Nordsee nicht gewachsen war, insbesondere bei schlechtem Wetter, wenn alle Fischerboote ihre Radare eingeschaltet hatten. Die notwendige SW-Änderung wurde für die Firma Dornier, die in diesem Fall Hauptauftragnehmer war, sehr kostspielig, da sich der Unterauftragnehmer LORAL nicht in der Lage sah, das SW-Problem zu lösen. Doch Dornier meisterte diese Herausforderung.
Die Bundeswehr hat sich 2004 entschieden, ihre Rolle der luftgestützten Seeraumaufklärung und Unterwasserkriegsführung (ASW) innerhalb der NATO aufrechtzuerhalten. In der Folge ist beschlossen worden, die *Breguet Atlantic ATL 1* durch gebrauchte P-3C *Orions* der niederländischen Marine zu ersetzen, die zuvor einem *Capabilities Upkeep Program* (CUP) unterzogen wurden. Dabei wurde die Kommunikation (UHF und SatCom) verbessert, ein neues ESM-System installiert und das Radar AN/APS-137 R(V)5 integriert, das mit SAR und ISAR Fähigkeiten ausgestattet ist.

Sea Lynx Mk 48, Sea King Mk 41 und NH90
Die deutsche Marine setzt von ihren Fregatten aus zur Seeraumüberwachung und U-Bootbekämpfung Hubschrauber des Typs Sea Lynx Mk 48 und für Rettungseinsätze den Sea King Mk 41 ein. Als Nachfolger ist der NH90 von Eurocopter vorgesehen, der in einer europäischen Kooperation zwischen Deutschland, Frankreich, Italien und den Niederlanden realisiert wurde.

Umweltüberwachung
Die deutsche Marine betreibt aktiv die Überwachung von Umweltverschmutzung, insbesondere durch Öl, in der Nordsee. Sie koordiniert die Einsatzgebiete und dokumentiert festgestellte Verschmutzer. Die Einsätze selbst erfolgen mit einer hierfür speziell ausgerüsteten DORNIER Do 228 LM. Die Spezialausrüstung umfasst einen Mikrowellensensor (der DLR), einen LASER-Fluorosensor (von Optimare), EO Kameras,

ein Überwachungsradar, einen SLAR-Sensor und einen Auswertearbeitsplatz.

Breguet Atlantic ATL 2

In Frankreich war die Firma Breguet und später Dassault Aviation maßgeblich an der Entwicklung der *BR 1150 Atlantic ATL1* beteiligt. Die französische Marine betrieb dieses Flugzeug bis in die 80er Jahre, bevor es durch die ATL2 ersetzt wurde. Im Wesentlichen hatte die ATL2 ein gegenüber der ATL1 modernisiertes Avioniksystem (z. B. ein verbessertes Radar vom Typ *Iguane* von Thomson CSF, einen digitalen TACCO-Konsolenarbeitsplatz, TANGO FLIR etc.). Die Struktur wurde an moderne Bauweisen angepasst und korrosionsempfindliche Baugruppen neu konstruiert.

Nimrod

Der BAC *Nimrod* diente als Mehrzweckaufklärungsflugzeug in der Royal Air Force (RAF) in verschiedenen Versionen. Die viermotorige Maschine ist seit 1969 sowohl als Seeaufklärer und U-Bootjäger (MPA und ASW) als auch als SIGINT-Aufklärungsflugzeug im Dienst.

Die Entwicklung der *Nimrod MR 1* begann 1964 als Nachfolger der Avro *Shackleton* für die Jagd auf sowjetische U-Boote. Die RAF betrieb den *Nimrod MR1* als erstes viermotoriges Strahlflugzeug in dieser Aufgabe sowie den Nachfolgertyp, *MR2,* bis heute. Beide bauen auf dem modifizierten ehemaligen Airliner vom Typ de Havilland COMET 4C auf, der bereits im Oktober 1959 seinen Erstflug absolvierte.

Der *MR 2* erhielt kraftstoffsparende Turbofan-Triebwerke von Rolls-Royce, die speziell für den Tiefflug ausgelegt wurden. Die Ausrüstung war technologisch ähnlich wie die der P-3C oder der ATL1. Die Maschinen erhielten ein neu entwickeltes Radar und Sensoren für die Seeaufklärung. In den Rumpf wurde ein Waffenschacht integriert, der für den Einsatz von Torpedos und Luft-Boden-Raketen umkonstruiert wurde. Die RAF orderte 46 Maschinen. Drei Flugzeuge wurden der Serie entnommen und für die strategische Aufklärung ausgerüstet. Diese als Nimrod R 1 bezeichneten Maschinen wurden, unter strenger Geheimhaltung, für SIGINT Aufklärung umgerüstet. Ihre Existenz wurde erst etwa 1994 öffentlich bekannt gegeben.

In den 90er Jahren suchte die RAF Ersatz für den alternden MR 1. Nach einer Ausschreibung, an der auch Boeing mit der B-737 und Dassault mit der ATL3 teilnahm, wurde British Aerospace Systems (BAe) als Hauptauftragnehmer ausgewählt und erhielt im Jahr 1996 von der Royal Airforce den Auftrag zum Bau des neuen *Nimrod MRA 4,* für 3,59 Mrd. Pfund Sterling. Dieses Nachfolgemuster des *MR 1,* immer noch auf der Comet 4C Plattform aufbauend, sollte neue stärkere Turbofan-Triebwerke erhalten, die zu Neukonstruktionen im Flügel- und Rumpfbereich und damit zu erheblichen Veränderungen und Verzögerungen führten. Die neuen MRA 4 MPAs werden somit erst 2009, etwa 6 Jahre nach dem ursprünglichen Zeitplan und mit einem erheblichen Kostenüberzug, in Dienst gestellt werden können. Im August 2004 hat BAe Systems mit der Flugerprobung begonnen. Die Missionsausrüstung liefert Boeing im Unterauftrag. Insgesamt sollten ursprünglich 18 *MRA 4* gebaut werden.

Die sowjetische MPA und ASW Flotte

Die Sowjetunion setzte in den 70er Jahren die zweimotorige Beriev Be-12 für die Rollen MPA und ASW ein. Die sowjetische Marine beschaffte davon etwa 60 Flugzeuge. Die Be-12 war ein Amphibium, das mit Radar, MAD und Sonarbojen ausgestattet war. Wahrscheinlich konnte sie

Tupolew Tu-95 Bear D der sowjetischen Marine. (US-Navy)

auf See aufsetzen und ein spezielles Unterwasserhorchgerät ausfahren. Die Maschinen standen sowohl im Dienst der Nordmeer- als auch der Schwarzmeerflotte.
Später ersetzte die sowjetische Marine diese Maschinen durch die Tu-22 (NATO-Bezeichnung *Blinder)* als Seeaufklärer. Die Sowjetunion verwendete die Langstreckenflugzeuge Tupolev Tu-16 *Badger* und insbesondere die Tu-95 *Bear D* als Naval Reconnaissance A/C und *Bear F* für die Aufgabe ASW.
Natürlich bezog die sowjetische Marine von ihren Ocean Surveillance Satelliten EORSAT und RORSAT für die gesamte Seeraumüberwachung in den Weltmeeren Daten zur Lagedarstellung des Schiffsverkehrs. Zusammen mit den Aufklärungsergebnissen ihrer MPAs konnten so die sowjetischen U-Bootverbände mit aktueller Information über die Positionen westlicher Schiffe und Schiffsverbände versorgt werden.

Shin Meiwa

Japan entwickelt in den 70er Jahren ein eigenes Flugboot, das Amphibium PS-1 *Shin Meiwa,* das auf See aufsetzen konnte und über ein sehr leistungsfähiges Unterwasserhorchgerät verfügte, das von der Rumpfbasis in größere Tiefen heruntergelassen werden konnte. Die Maschine hat sich aber nicht durchgesetzt. Die japanische Marine betreibt für die Seeraumüberwachung und U-Bootabwehr eine große Flotte von mehr als 100 aus den USA beschafften Lockheed P-3C Orion.

Sea Launched Ballistic Missiles
und Unterwasserortung

Während des Kalten Krieges betrieb die sowjetische Marine die weltgrößte U-Bootflotte mit strategischen Lenkwaffen *(Sea Launched Ballistic Missiles* (SLBM)). Obwohl sich darunter noch einige ältere Boote befanden, lag die Mehrzahl der reaktorgetriebenen U-Boote in der Klasse der modernen DELTA I, II und III. Ihre mit nuklearen Gefechtsköpfen bestückten SLBMs, mit interkontinentaler Reichweite, stellten eine hohe Bedrohung für die USA dar, zumal für den Fall eines Angriffs nahe dem US-Kontinent nur eine geringe Reaktionszeit verblieben wäre.
Die Verifikation der Einhaltung von SALT bezüglich *Sea Launched Ballistic Missiles* (SLBM) war eine besondere Herausforderung für die USA. Anfang bis Mitte der achtziger Jahre wurden bei der sowjetischen Marine U-Boote des Typs TYPHOON, DELTA IV und OSCAR eingeführt. Diese wurden mit zielgenaueren und noch weiter reichenden interkontinentalen Lenkwaffen ausgestattet als die Boote des Typs DELTA I bis III. Die neuen SLBMs auf den U-Boottypen TYPHOON, DELTA IV und OSCAR waren mit MIRV Gefechtsköpfen bestückt. Diese Lenkwaffen konnten auch aus gesicherten sowjetischen Gewässern gestartet werden. Jedes OSCAR Boot konnte mit 24 SS-N-19 Anti-Schiff-Raketen mit einer Reichweite von 550 km beladen werden.
Es gab, wie mehrfach erwähnt, in der Sowjetunion zwei große U-Boot-Stützpunkte, davon lag der erste für die Nordmeerflotte in Poljarny, nördlich von Murmansk, auf der Kola Halbinsel und der zweite für den Pazifik in Petropawlowsk, am östlichen Rand der Kamtschatka Halbinsel. Für die Schwarzmeerflotte wurde ein kleinerer Stützpunkt bei Sewastopol auf der Krim, ausgebaut. Die beiden großen Flotten, Nordmeer und Pazifik, waren mit SLBMs mit mehr als 3000 nuklearen Gefechtsköpfen ausgestattet. Um bei einem möglichen Konflikt diese U-Boote bekämpfen zu können, bevor sie in der Lage gewesen wären ihre SLBMs zu starten, mussten die sowjetischen Boote ständig verfolgt werden. Sowjetische strategische U-Boote mit dem Ziel Operationsgebiet Atlantik mussten von Poljarny aus durch den 225 nm (ca. 400 km) breiten Kanal zwischen dem Nordkap und den Bäreninseln, südlich von Spitzbergen, hindurch. Sie mussten dann weiter die relativ flachen Gewässer zwischen Schottland und Island passieren, bevor sie in den tiefen Nordatlantik gelangen konnten. U-Boote von Petropawlowsk haben zwar einen schnelleren Zugang zum Pazifik, aber sie müssen zwischen Hokkaido in Nordjapan und den Aleuten hindurch. Wenn sowjetische U-Boote beim Auslaufen Informationen absetzten, konnten ihre Meldungen von SIGINT Satelliten oder Horchposten in Norwegen, Japan, Okinawa und den Philippinen empfangen werden.
In wenigen Einzelfällen gelang es, diese U-Boote auch durch abbildende Aufklärungssatelliten zu entdecken. Dies war nur dann möglich, wenn die U-Boote, wie z. B. solche der TYPHOON Klasse mit 170 m Länge, beim Bau in nach oben offenen Werften einsehbar waren oder wenn sie in den engen Meeresarmen, die vom oder zum Anlegeplatz im Heimathafen führten, aufgetaucht fahren mussten. Es ist

anzunehmen, dass diese Art der Bildinformation, wenn sie zur Verfügung stand, direkt zum Operations-Department des *Navy Operational Intelligence Center* (NOIC) bei Washington übertragen wurde. Dort wurden alle Informationen über den weltweiten Einsatz von U-Booten, d.h. über die eigenen, die der Allianz und die der Gegenseite gespeichert und zeitaktuell auf einer riesigen Lagekarte dargestellt. Diese Information wurde dann unmittelbar an die *US-Navy Command Operations-Centers* in Europa und Asien weitergeleitet.

Die wesentliche Signatur, die getauchte U-Boote mit Reaktorantrieb aufweisen, sind die Geräusche der Propeller, der Grenzschicht an der Hülle, interne Geräuschquellen wie Turbinen, Propellerschaft und die Kühlwasserpumpen. Die Intensität dieser Geräusche erhöht sich signifikant, wenn ein U-Boot seine Fahrt von einer mittleren Fahrgeschwindigkeit auf Höchstgeschwindigkeit erhöht. Unterwassergeräusche können mittels passiven Sonars, d.h. Bojen oder Hydrophon-Arrays erfasst werden. Sowohl U-Boote als auch Kampfschiffe sind mit diesen Hydrophon-Arrays ausgestattet. Hydrophone sind akustoelektrische Wandler, die bereits im Zweiten Weltkrieg eingesetzt wurden. Diese wandeln den auf das Hydrophon einwirkenden Schallwechseldruck in eine proportionale Wechselspannung um. Als akustoelektrischer Wandler kommen hauptsächlich Piezomaterialien, aber auch Verfahren, die andere physikalische Effekte ausnutzen, infrage. U-Boote der US-Navy versuchten, die auslaufenden sowjetischen U-Boote mithilfe ihres Sonars über ihren gesamten Einsatz zu verfolgen. Allerdings ist die Entdeckung dieser U-Bootgeräusche nicht trivial, da die Entfernung und viele Störgeräusche, verursacht durch Wind, Wellen, Unterwasser-Lebewesen, Überwasserschiffsverkehr sowie durch Gegenmaßnahmen des U-Boots selbst, die Entdeckung eines Nutzsignals erschweren. Von der US-Navy wurden aber seit dem Ende des Zweiten Weltkriegs systematisch Methoden und Sensoren kontinuierlich weiterentwickelt, die, trotz dieser Störquellen, eine Entdeckung von U-Bootgeräuschen und ihre Verfolgung auf große Entfernung ermöglichten. Diese Methoden und Verfahren gehören jedoch zu den streng gehüteten Geheimnissen der US-Navy.

Russisches SSBN U-Boot des Typs Typhoon. (Wikipedia / Bellona Foundation)

Eine weitere Methode der Ortung feindlicher U-Boote steht mit dem aktiven Betrieb des Sonars zur Verfügung. Diese wurde bereits im Zweiten Weltkrieg durch die Royal Navy (ASDIC) angewandt. Hier werden aktiv Schallwellen ausgesandt und das Echo, das von der U-Bootoberfläche reflektiert wird, empfangen. Aus der Laufzeit zwischen Senden und Empfangen wird der Abstand gemessen. Die Richtung kann durch Auswertung einer Hydrophon-Array, d.h. aus den Phasenunterschieden des empfangenen Echos zwischen einzelnen Kanälen, bestimmt werden. Aber auch gegen aktives Sonar gelang es durch bestimmte Oberflächenbehandlung des U-Boot-Rumpfes, z. B. Belegung mit schallabsorbierenden Schichten, Gegenmaßnahmen zu ergreifen, die eine Reduzierung der Stärke des Echos und somit eine Reichweitenreduzierung des aktiven Sensors bewirken.

Auf eine weitere US-Maßnahme sowjetische U-Boote in den flacheren Seegebieten beim Auslaufen oder bei der Rückkehr zu ihrem Heimathafen zu orten, das *Sound Surveillance Systems* (SOSUS), ist bereits hingewiesen worden. Im Rahmen des SOSUS sind hochempfindliche Hydrophon-Arrays in schützenden Tanks auf dem Meeresboden verlegt worden. Die ersten SOSUS-Hydrophonketten wurden von Western Electric hergestellt und in den 50er und 60er Jahren auf dem Kontinentalschelf vor der Ost- und der Golfküste der USA im Rahmen des geheimen *Caesar* Programms verlegt. Auf der Pazifikseite wurde eine weitere SOSUS-Kette im Rahmen des *Colossus* Programms zwischen Vancouver im Norden und Baja California im Süden installiert. Später kamen im Rahmen der Programme mit den Decknamen *Barrier* und *Bronco* SOSUS-Abhörsysteme hinzu, die die U-Boote von und nach Poljarny und Petropawlowsk akustisch erfassen sollten. Für die Boote nach Poljarny sind zwei SOSUS-Arrays verlegt worden, und zwar eine zwischen Norwegen und der Bären Insel und die andere zwischen Grönland, Island und UK (im *GIUK-Gap).* U-Boote mit Heimathafen Petropawlowsk wurden durch Hydrophonketten, die sich von der Südostspitze von Hokkaido entlang einer parallelen Linie zu den Kurilen nach Nordosten bis vor die Küste der Aleuten erstreckt, erfasst. Noch andere SOSUS-Ketten wurden von der Südküste Japans zu den Philippinen verlegt, die die Anfahrtswege nach China und Indonesien überwachen sollen. Weitere SOSUS-Installationen liegen auch in Europa vor Gibraltar, zwischen Korsika und Italien, vor der Mündung des Bosporus sowie vor Diego Garcia im Indischen Ozean und um Hawaii. Die genaue Lage der Sensorketten hält die US-Navy natürlich streng geheim. Es ist anzunehmen, dass die Sowjetunion dem SOSUS ähnliche Ketten verlegt hat.

Trotz der langen Entwicklungsgeschichte der Schallisolierung erzeugen auch alle modernen U-Boottypen individuelle Geräuschspektren (Fingerprints), die allerdings schwierig zu erfassen sind, aber für Identifikationszwecke genutzt werden. Erfassung, Spektralanalyse und Identifikation eines bestimmten U-Boottyp zählen wiederum zu den bestgehüteten Geheimnissen jeder Marine. Aber auch das Geräuschspektrum der eigenen U-Boote muss natürlich in jedem akustischen System eines ASW Flugzeug bekannt sein. Die Aufzeichnung und Zuordnung der Signatur eines feindlichen U-Bootes ist komplex und bedarf des Zusammenwirkens mehrerer Parteien.

Die systematische Erfassung von U-Bootsignaturen über SOSUS und die Typenzuordnung wird vereinfacht, wenn die Verfolgung eines Bootstyps vom Auslaufen bis zum Überfahren der SOSUS-Array gelingt. Überlief beispielsweise ein sowjetisches U-Boot der OSCAR-Klasse die SOSUS-Array zwischen der norwegischen Küste und der Bäreninsel, so wurde das gesamte Geräuschspektrum erfasst. Über das *Fleet Satellite Communication* (FLTSATCOM) System, einem geostationären Satellitensystem mit fünf Satelliten, das rund um den Globus verteilt ist, wurde das aufgenommene Zeitsignal zur Signalprozessierung der US-Navy gesendet. Dort standen Hochleistungsrechner, wie z. B. die in den 70er und 80er Jahren legendäre *Illiac* 4, zur Verfügung, die in quasi Echtzeit eine Spektralanalyse der übertragenen Signale und anschließend eine Korrelation mit gespeicherten U-Bootsignaturen zur Identifikation des Typs ausführen konnten. Somit war garantiert, dass die Identität eines jeden U-Boots, das die SOSUS-Array überlief, festgestellt und damit auch Rückschlüsse auf Auftrag, Einsatzprofil und Fähigkeiten gezogen werden konnten.

Mit den langen fest eingerichteten SOSUS-Arrays konnte eine Richtcharakteristik aufgebaut werden und sie ließen, wie bei einer breiten Antenne, einen hohen Signalgewinn und eine exakte Richtungsbestimmung zu. Damit konnten U-Boote auf große Entfernung erfasst und verfolgt werden. Nach einer Abschätzung des *Massachusetts Institute of Technology* (MIT)[78] war es unter idealen Bedingungen möglich, ältere, d.h. laute U-Boote, theoretisch auf 10 000 Meilen (16 500 km) mit einer Genauigkeit von 10 Meilen mittels SOSUS-Arrays zu orten und in den meisten realen Fällen eine Ortungsgenauigkeit von 25 Meilen über mehrere Tausend Meilen zu erreichen. Bereits 1961 konnte die USS *George Washington* durch die vor der US-Ostküste liegenden SOSUS-Array vom Auslaufen aus Norfolk, Virginia, bis nach England verfolgt werden. Für eine der ersten SOSUS-Ketten, die zwischen Grönland, Island und UK durch die US-Navy und die Royal Navy verlegt wurde, ist ein *Naval Facility Engineering Command* (NAVFAC) in Keflavik, Island, eingerichtet worden. NAVFAC wurden die Hauptquartiere für die einzelnen Ketten genannt. Sie führten auch die erste Analyse der erfassten Signale durch. Ab 1962 wurden dort die ersten sowjetischen Diesel- und nuklear angetriebene U-Boote erfasst und verfolgt. Mit SOSUS konnten aber auch die Orte von U-Bootkatastrophen wie z. B. der USS *Thresher* (1963) oder USS *Scorpion* (1968) und andere, auf sowjetischer Seite, schnell festgestellt werden. Auf eine Schwierigkeit bei der Zielverfolgung muss hingewiesen werden. Ein beispielsweise in 200 nm (370 km) mit 20 kn (37 km/h) fahrendes U-Boot wird von einer SOSUS-Anlage erst nach etwa 254 s (4,25 min.) erfasst (bei einer Schallgeschwindigkeit von 1450 m/s). Das U-Boot ist aber zu dem Zeitpunkt von der Erfassung bereits

2620 m weiter, wenn man konstante Fahrt voraussetzt. Das bedeutet, dass die Prädiktion einer aktuellen U-Bootposition nicht trivial war.
Zwischenzeitlich haben aber Forschung und Entwicklung, insbesondere auch in der sowjetischen U-Bootindustrie, Maßnahmen ergriffen die Boote leiser zu machen sowie die Tauchtiefen durch Verwendung von Titan zu erhöhen. Die Mannschaften wurden ausgebildet tiefer zu tauchen sowie physikalischen Gegebenheiten in den Ozeanen, wie die Ausnutzung von Reflexion der Schallwellen an Salinitäts- und Temperaturschichtung (d.h. *Sound Channels,* Konvergenzzonen und Schattenräume), zu nutzen, um sich der Erfassung zu entziehen. Es wird aber behauptet, dass die US-Navy trotz aller Gegenmaßnahmen während der ganzen Zeit des Kalten Krieges ständig die Position aller sowjetischen U-Boote gekannt haben soll und sie im Ernstfall hätte angreifen können.
Es standen der US-Navy, neben SOSUS, noch weitere Mittel zur Verfügung, die es ermöglichten sowjetische U-Boote im Nahbereich zu orten, wie z. B. eigene Jagd-U-Boote oder die erwähnten P-3 *Orion* und S-3A *Viking* mit Sonar-Bojen, Hubschrauber mit Dipping Sonar und Oberflächenschiffe mit geschleppten Hydrophon-Arrays. Hinzu kamen die MPA/ASW Flugzeuge der europäischen NATO-Nationen im Atlantik sowie die der Japaner im Pazifik. Des weiteren hat die abbildende raumgestützte Aufklärung (mit EO, IR, und Radar Sensoren) Wege gefunden unter günstigen Bedingungen die Veränderung der Oberflächenwellenformen zu analysieren, die durch U-Boote erzeugt werden, auch wenn sie in großen Tauchtiefen fuhren. Weiter wurde der blaugrüne LASER für die U-Bootentdeckung entwickelt und für die Feinortung eingesetzt. Jedoch muss angenommen werden, dass die SOSUS-Arrays wahrscheinlich der Erfolgsfaktor war, die sowjetischen U-Boote zu erfassen und weltweit zu verfolgen.
Abschließend noch eine Bemerkung zur Kommunikation und zum FLTSATCOM-System. Es war das Ziel des US DoD durch diese Entwicklung ein weltumspannendes satellitengestütztes Netzwerk für die US-Navy und die USAF bereitzustellen. Daher ist die Übermittlung von SOSUS-Daten von den NAVFACs über FLTSATCOM nur eine der Funktionen dieser Kommunikationssatelliten. Das System sollte eine stör- und abhörsichere UHF und SHF Verbindung zwischen allen Schiffen und U-Booten der USN sowie zwischen deren Flugzeugen und Küstenstationen herstellen. FLTSATCOM verbindet den US-Präsidenten und den Verteidigungsminister *(Secretary of Defense)* mit Kommandeuren auf der ganzen Welt. Darüber hinaus werden 12 der 23 FLTSATCOM UHF und SHF Kanäle von der USAF zur Kommunikation zwischen den SAC Hauptquartieren und der strategischen Bomberflotte sowie zu ihren ICBM-Installationen genutzt. Mittels Hydrazin-Antrieben in den FLTSATCOM-Satelliten können notwendige Orbitalmanöver zur Einhaltung ihrer geostationären Orbits vorgenommen werden. Der erste FLTSATCOM Satellit, von insgesamt fünf, wurde im Februar 1978 als Teil des US-C3-Systems in einem GEO stationiert. Ohne eine leistungsfähige Kommunikation zwischen diesen unterschiedlichen Aufklärungs-Sensoren wäre eine kontinuierliche Lagedarstellung der Position aller militärischen Schiffsbewegungen über und unter Wasser, wie sie während des Kalten Krieges bestanden hat, nicht möglich gewesen.

12. NATO Central Europe

Am 4. April 1949 wurde in Washington D.C. die *North Atlantic Treaty Organization* (NATO) als Defensivallianz von 10 europäischen Nationen (Belgien, Dänemark, Frankreich, Großbritannien, Island, Italien, Luxemburg, den Niederlanden, Norwegen und Portugal) sowie den USA und Kanada gegründet. Herausforderung war die drohende Sowjetexpansion, der sich verschärfende Ost-West-Konflikt (Berliner Blockade) und die als Bedrohung empfundene militärische Präsenz der Sowjetunion in der DDR, der Tschechoslowakei, in Ungarn und Polen. Am 18. Februar 1952 trat Griechenland und die Türkei bei und am 5. Mai 1955 folgte die Bundesrepublik Deutschland[22, 23]. Dem Beitritt Spaniens stimmte die NATO erst am 30. Mai 1982 zu.

Follow-on Forces Attack

Die NATO war seit den frühen 80er Jahren mit dem fundamentalen Problem befasst, wie man in den durch Politik und Geografie gegebenen Grenzen in NATO *Central Europe* (d.h. im Bereich der westdeutschen Grenze zur DDR und der Tschechoslowakei) eine glaubwürdige Abschreckung gegen den numerisch überlegenen und technisch modernst ausgerüsteten *Warschauer Pakt* (WP) aufbauen sollte. Nuklearwaffen bildeten über viele Jahre davor die wesentliche Komponente der NATO-Abschreckung. Aber die Militärplaner der NATO fühlten sich unwohl bei dem Gedanken, dass im Konfliktfall ihre Truppen durch die Überzahl der WP-Streitkräfte eventuell so schnell aufgerieben und überwältigt werden könnten, dass die nukleare Schwelle sehr früh überschritten werden müsste. Es wurde innerhalb des NATO-Hauptquartiers SHAPE sogar befürchtet, dass es, bei einer kurzen Mobilisierungsphase der WP-Kräfte, womöglich erst gar nicht mehr dazu kommen könnte, eigene taktische Nuklearwaffen einzusetzen.

In den späten 70er Jahren beschäftigten sich daher sowohl die US-Army als auch die USAF mit Studien, wie einem eventuellen Angriff der Warschauer Pakt Staaten durch Luftschläge in der Tiefe begegnet werden könnte. Grund hierfür waren Erkenntnisse aus dem arabisch-israelischen Sechs Tage Krieg im Jahre

LOCKHEED TR-1A mit ASARS-2 (U-2R/S). (Jim Rotramel)

1973. Dabei verloren die arabischen und israelischen Streitkräfte in kurzer Zeit zusammen mehr Panzer und Kanonen, als die US Streitkräfte in Europa stationiert hatten. Im Jahr 1982 entwickelte die US-Army eine neue Doktrin, AirLandBattle genannt, die aber auf Ablehnung der europäischen Partner stieß. Ebenfalls im Jahre 1982 präsentierte SHAPE seine ersten Studienergebnisse zur Bekämpfung der zweiten Welle des Warschauer Pakts, den *Follow-On Forces*. Der damalige NATO *Supreme Allied Commander Europe* (SACEUR), General B.W. Rogers, initiierte weitere Untersuchungen zur Lösung des Problems, wie man sich durch den Einsatz neuer Technologien der Kräfte dieser zweiten Welle der Warschauer Paktstaaten erwehren könnte. Unter Follow-On Forces sind die Bodenkräfte der WP-Staaten zu verstehen, die die Aufgabe hatten, die Geländegewinne und Erfolge der ersten Welle gegen die NATO-Verteidiger abzusichern[24]. Nach dem Verständnis der NATO reichten die eigenen Kräfte zwar aus, die erste Welle eines Angriffs der WP-Staaten im *Close Battle* aufzuhalten, jedoch wurde von so hohen eigenen Verlusten ausgegangen, dass man den Angriff der zweiten Welle nicht überstehen würde. Als eine besondere Schwachstelle für einen WP-Durchbruch wurde die Gegend bei Fulda *(Fulda Gap)* bekannt. Es war also dringend notwendig, über neue Technologien nachzudenken, wie eine wirksame Bekämpfung der schnell nachfolgenden gepanzerten WP-Verbände der zweiten Welle bis 150 km jenseits der *Forward Line of Own Troops* (FLOT) realisiert werden könnte.

In einem ersten Ansatz des *Follow-On Forces Attack* (FOFA)-Konzepts, das etwa 1984 vertieft entwickelt wurde, spielte natürlich das Thema echtzeitfähige Aufklärung in der Tiefe, Überwachung, Zielakquisition und -verfolgung sowie Führung eine Schlüsselrolle. Daneben stellten die Präzisionswaffen, die zur Zielbekämpfung auf die Distanz hätten eingesetzt werden müssen, eine weitere Herausforderung dar. Verschiedene FOFA-Konzepte wurden anhand der Zielklassen diskutiert, die es primär zu bekämpfen galt. Die USA favorisierten eine direkte Bekämpfung der sich schnell annähernden gepanzerten WP-Kampfeinheiten der zweiten Welle, deren Nachschub und anderer hochwertiger Ziele. Einige europäische NATO-Nationen sahen eine mögliche Lösung in der Erzeugung von Flaschenhälsen insbesondere bei Transportsystemen, und zwar durch die Zerstörung von Brücken oder durch das Legen von Minensperren. Die dann entstehenden Flaschenhälse sollten gezielt durch bemannte Kampfflugzeuge angegriffen und die Nachfolgekräfte bekämpft werden.

Erschwert wurde das Verteidigungskonzept der NATO generell dadurch, dass NATO *Central Europe* in 9 Korpsabschnitte aufgeteilt war, die von den Korps der Alliierten (d.h. 5. und 7. US Korps, 1. bis 3. deutsches Korps, je ein britisches, ein belgisches und ein niederländisches Korps sowie im Norden die Allied Forces Northern Europe) zu verteidigen waren. Es kam hinzu, dass die Streitkräfte dieser Nationen einen sehr unterschiedlichen Ausrüstungsstand aufwiesen.

Das Konzept der Vereinigten Staaten schien sehr geschlossen. Es barg allerdings Risiken in den technologisch anspruchsvollen Elementen, die diesem Konzept zugrunde lagen und die zuerst einmal realisiert werden mussten. Als Beispiele seien hier aus der Abstandsaufklärung das *Tactical Reconnaissance System* (TRS) und das *Precision Location Strike System* (PLSS) genannt. Zur präzisen Zieleinweisung ihrer Kampfflugzeuge und zur Unterdrückung der gegnerischen Luftabwehr wurde bei Lockheed aus der U-2 die um etwa ein Drittel größere TR-1A entwickelt, die als Träger für das hoch fliegende Überwachungs- und Aufklärungssystem TRS und für das PLSS dienen sollte. Im Rahmen TRS war das *Advanced Synthetic Aperture Radar System* (ASARS) 2, ein Hochleistungssensor für die allwetterfähige abbildende Abstandsaufklärung, in den Bug der TR-1A installiert. Mit einer angenommenen Reichweite von über 200 km war dieses Radar der Schlüsselsensor für alle Festziele (z. B. Flugplätze, Bereitstellungsräume, SAM und SSM Stellungen etc.). Die Radarrohdaten wurden über eine *Interoperable Air Data Link* (IADL), einer breitbandigen Data Link mit einer maximalen Datenrate von bis zu 274 Mbps, zu der transportablen TREDS-Bodenstation oder zur verbunkerten *TR-1 Ground Station* (TR1GS) für die Prozessierung und nachfolgender Auswertung übertragen. Im Rahmen von SENIOR SPAN/SPUR hat die USAF ein Satellitenkommunikationssystem für die *Beyond Line of Sight* (BLOS) Übertragung von ASARS-2 und SYERS Bilddaten beschafft. Lockheed hat dazu in den frühen 90er Jahren auf dem Rumpfoberteil einiger U-2R eine SatCom-Antenne angebracht. Bis Oktober 1989 wurden 37 TR-1 von Lockheed geliefert. Die für den Bereich NATO Central

Europe bereitgestellten TR-1A wurden auf dem RAF-Stützpunkt Alconbury, einer USAF-Einrichtung im Südosten Englands, stationiert.
PLSS sollte zur Unterdrückung der gegnerischen Luftabwehr dienen und war als Schutz für die eigenen Kampfflugzeuge gedacht. Es bestand aus einem elektronischen Überwachungssensor (ESM) mit hoher Peilgenauigkeit, einer PLSS *Ground Station* (PLSS GS) und einem Führungssystem. Die Aufgabe von PLSS war die Entdeckung, Identifikation und präzise Lokalisierung von Radaremissionen (insbesondere von SAM Einheiten) und von Radarstörern durch Triangulation in Echtzeit. Diese Lokalisierung sollte von drei fliegenden Plattformen aus erfolgen. Hinzu kam der Einsatz von Waffen oder die Führung von Kampfflugzeugen mit der notwendigen Präzision zur erfolgreichen Bekämpfung dieser Ziele. Doch sehr bald kam der US-Kongress im Jahr 1987 zum Beschluss, PLSS einzustellen, weil im Truppenversuch die geforderte Genauigkeit in der Ziellokalisierung nicht nachgewiesen werden konnte. Diese Fähigkeit der präzisen Emitterlokalisierung war also zu keiner Zeit des Kalten Krieges vorhanden.
Die europäischen NATO-Nationen hatten 1984 in allgemeiner Form dem FOFA-Konzept zugestimmt und es begannen dann ab dem Jahre 1987 im NATO-Hauptquartier in Brüssel Verhandlungen zwischen den europäischen, kanadischen und US-Rüstungsexperten über eine zukünftige Realisierung. Wie hoch man die damalige Bedrohung durch die Sowjet Union in den USA einschätzte (z. B. 49 000 Kampfpanzer (MBT) und 41 000 Artilleriegeschütze auf der WP-Seite gegen 24 250 MBT und 18 350 Artilleriegeschütze bei der NATO), wird in vielen Publikationen[25] dokumentiert. Aber es kam zunächst zu keiner Einigung.
Im US-Kongress wurde bereits Mitte der 80er Jahre sehr kontrovers über eine Zustimmung zur Entwicklung und Beschaffung eines Weitbereichsüberwachungssystems, des *Joint Surveillance/Target Attack Radar Systems* (JSTARS), zur Entdeckung und Verfolgung der Panzer und Fahrzeuge der 2. Welle aus der Distanz sowie über das *Army Tactical Missile System* (ATACMS) diskutiert. Die Idee zu JSTARS entstand aus dem von der USAF in Konkurrenz zum US-Army *Stand-off Target Acquisition System* (SOTAS) vorgeschlagenen PAVE MOVER Programm. Als klar wurde, dass weder das Office of the *Secretary of Defense* (OSD) noch der Kongress zwei getrennte Systeme für USAF und US-Army zu finanzieren gewillt waren, stimmten die führenden Persönlichkeiten von USAF und US-Army einer gemeinsamen Systementwicklung zu. Die bereits in Europa stationierten und von der USAF betriebene OV-1D Mohawk, mit einem seitwärtsblickenden Moving Target Indicator (MTI) Radar auf einer Turboprop-Plattform, war wegen der zu geringen Reichweite und nicht schwenkbarer Antenne *(Schnappschuss* MTI) für FOFA ungeeignet. JSTARS E-8A, auf modifizierten B-707 Plattformen, sollte als Gefechtsfeldüberwachungssystem mit einem weitreichenden MTI/SAR-Sensor ausgerüstet werden. Hauptaufgabe des JSTARS war es, mit der Radarbetriebsart *Ground Moving Target Indication* (GMTI) die gefürchteten WP-Panzerkolonnen auf große Distanz zu entdecken und zu verfolgen sowie speziell für ATACMS Zielkorrekturen, noch während des Zielanflugs (über 100 km), zu liefern. Beide Entwicklungen, JSTARS und ATACMS, waren bereits vor der FOFA-Diskussion in Europa als *Black Program* in den USA gestartet worden. Beide Systeme waren technologisch sehr anspruchsvoll, sollten doch Panzerziele auf 150 km punktgenau getroffen werden.
Die E-8C ist der luftgestützte Teil der USAF/US-Army *Joint Surveillance Attack Radar Systems* (JSTARS), dessen Radar, das AN/APY-3, zur Kosteneinsparung in gebrauchte Boeing B-707 installiert wurde. JSTARS sollte neben einem weitreichenden Bodenüberwachungssystem auch eine lange Einsatzdauer aufweisen. Die nominelle Einsatzhöhe sollte bis 42 kft (12,6 km) reichen. Im Missionssystem dieser Plattform wurden in den 80er Jahren modernste Radar-, Rechner- und Kommunikations-Technologien zusammengeführt, um ein leistungsfähiges Überwachungs-, Ziellokalisierungs- und Gefechtsfeldführungssystem bereitzustellen. Die große rollstabilisierte Phased-Array Radarantenne mit elektronischer Strahlsteuerung in Azimut und mechanischer Ausrichtung und Stabilisierung in Elevation ist in einem kanuförmigen Radom unter dem vorderen Rumpfteil der B-707 untergebracht. Die digitale Signalverarbeitung erfolgt mit mehreren Signalprozessoren. Die Radardaten und die Signalprozessoren wurden durch ein verteiltes, auf VAX basierendem Datenverarbeitungssystem gesteuert, das individuelle Prozessoren in jedem der 17 Arbeitsplätze umfassenden *Operations- and Control* (O&C)-System integrierte.

Northrop Grumman JSTARS E-8A.
(USAF)

JSTARS arbeitet im Wesentlichen mit drei Primär-Betriebsarten[115]:
- Weitbereichs-GMTI Abtastung zur Überwachung und Lageerfassung
- Sektorabtastung mit GMTI zur Gefechtsfeldaufklärung
- Hochauflösende SAR-Spotlight Abbildung, zur Entdeckung stehen gebliebener Bewegtziele.

Wie der Name sagt, werden die GMTI-Betriebsarten benutzt, um sich bewegende Ziele am Boden zu lokalisieren, möglichst zu klassifizieren und zu verfolgen. Wenn ein fahrendes Ziel zu einem Halt kommt, kann unmittelbar in den SAR-Spotlight Mode umgeschaltet und ein hoch aufgelöstes Bild des Fahrzeuges und seiner Umgebung erzeugt werden. Damit können auch Intentionen eines Gegners festgestellt und weitergemeldet werden. Da sowohl an Bord als auch in den über Data Link verbundenen Bodenstationen der US-Army die Ergebnisse der Radarabtastung in nahezu Echtzeit vorliegen, kann mit Hilfe von *Radar Service Requests* (RSR), die von den Bord-, aber auch von den Bodenarbeitsplätzen gestellt werden können, der Radarbetrieb flexibel an den Informationsbedarf angepasst werden.

Bei Weitbereichs-GMTI-Abtastungen werden den Auswertern die Bewegtziele als Punkte auf einer hinterlegten digitalen Karte dargestellt, die sich mit jeder neuen Abtastung der Ziele weiterbewegen. Anstelle von digitalen Karten lassen sich auch Satellitenbilder oder SAR Karten als Hintergrund verwenden; wobei die Letzteren von JSTARS direkt an Bord erzeugt werden können. Jeder einzelne MTI-Plot wird gespeichert und annotiert (Ort, Zeitpunkt). Zur Unterstützung der Auswerter wird auf der Bildschirmdarstellung mit Farbcodierung gearbeitet. So wurden anfänglich sich annähernde Ziele orange und sich entfernende Ziele rot dargestellt. Die Darstellung der Plots im Zeitraffer *(time compression)* oder die Überlagerung vieler Plots *(time integration),* ergeben wichtige Rückschlüsse und Hinweise für den Auswerter, wie z. B. Koordinaten von Bereitstellungsräumen, Artillerieaufstellungen oder häufig frequentierte Logistikzentren. Eine automatische Zielklassifikation unterstützt den Auswerter, um innerhalb eines Konvois zwischen Rad- und Kettenfahrzeugen unterscheiden oder einen Hubschrauber identifizieren zu können.
JSTARS verfügt über eine hohe Abstandsfähigkeit von über 250 km in flachem Gelände und kann mit

dem Radar tief in feindlichem Gebiet sich bewegende Ziele wie Panzer, Lkws und andere Fahrzeuge entdecken, lokalisieren und identifizieren. Dabei tastet der Radarstrahl bei der Weitbereichssuche das Interessengebiet des Korps, die *Ground Referenced Coverage Area* (GRCA), kontinuierlich ab und erzielt dabei ausreichende Wiederholraten, sodass sowohl Fahrzeugkolonnen und Einzelfahrzeuge als auch Hubschrauber und langsame Flächenflugzeuge kontinuierlich verfolgt werden können. In der Betriebsart Weitbereichserfassung ermöglicht das Radar eine Geländeabdeckung von fast 50 000 km^2. Im Synthetic Aperture Spotlight Mode liefert das Radar eine Abbildung des Geländes, von Gebäuden und festen Zielen von wenigen Kilometer Ausdehnung mit einer Auflösung von etwa 3 m x 3 m. Aus mehreren Spotlightabbildungen, die zu einem Mosaik zusammengesetzt werden, kann so die erwähnte Kartenabbildung entstehen.

Die JSTARS Besatzung besteht aus Pilot, Copilot, Flugingenieur, Navigator/Selbstschutz-Operateur und bis zu 17 USAF und US-Army Operateuren. Sie haben über großflächige Monitore an den Grafikkonsolen Echtzeitzugriff auf die Radardaten und den Radarbetrieb sowie auf die Kommunikation. Gleichzeitig werden alle Radardaten über eine sichere Data Link (SCDL) zu den hochmobilen US-Army Bodenstationen (GSM) und zu USAF Kommandozentren übertragen. Die Standardbesatzung umfasst eine Mannschaft von 21 Soldaten. Diese kann für längere Einsätze auf 34 aufgestockt werden.

Der normale JSTARS Einsatz dauert 11 Stunden. Dieser kann aber mit Luftbetankung auf 20 Stunden erhöht werden. Im Januar 1990 wurden die zwei E-8A Prototypen, obwohl immer noch mitten in der Entwicklung und Erprobung, zur Unterstützung der Koalitionstruppen bei *Desert Shield* und *Desert Storm* in den Irak abkommandiert. Die erfolgreiche Entwicklung von JSTARS, die mit vielen Hindernissen belastet war, ist mit dem Namen *Martin Dandridge,* dem damaligen Programmleiter, eng verbunden.

Die USA verfügten also über ein eigenes FOFA-Konzept für die Aufklärung, Überwachung, Zielakquisition, Lageermittlung und Führung sowie der Zielbekämpfung von Bewegtzielen im Bereich zwischen 5 und 150 km vor den eigenen Truppen (FLOT). Es bestand im Wesentlichen aus den beschriebenen abbildenden Elementen Tactical Reconnaissance System (TRS mit ASARS-2 SAR-Sensoren) und *Joint Surveillance/Target Attack Radar Systems* (JSTARS) mit GMTI-Sensoren.

Zur Signalerfassung diente der US-Army GUARDRAIL/Common Sensor (GR/CS), ein SIGINT-System für den taktischen Bereich, auf Korpsebene. Guardrail ermöglichte sowohl präzise Funkortung als auch ELINT mit einer RC-12K/N/P/Q Plattform (modifizierte Beechcraft Super King Air). Aufgabe war die Signalerfassung und -klassifikation, schnelle

Joint STARS GMTI-Bild auf Fotohintergrund. (USAF)

GUARDRAIL/Common Sensor.
(US Army)

Peilung, möglichst präzise Emitterlokalisierung und nahezu Echtzeit Informationsverteilung über eine *Integrated Processing Facility* (IPF) an taktische Kommandeure. Ein System verfügte über zwölf Flugzeuge, die jeweils als Dreier-Gruppen eingesetzt wurden.

Daneben betrieb die USAF mit der McDonnell RF-4C *Phantom,* dem *Tactical Electronic Reconnaissance System* (TEREC), taktisches ELINT, d.h. Lokalisierung, passive Entfernungsmessung und Bedrohungsidentifikation. Dafür war die Phantom mit je einer Interferometerantenne im Bug (anstelle der SAR Antenne), Superhet-Empfänger, einer Datenaufzeichnung (Bandgerät) und einer Echtzeitdatenübertragung zum Bodenprozessor ausgerüstet.

Im *All Sources Analysis System* (ASAS), einem Nachrichtenfusionszentrum der US-Army, wurden mit einer quasi automatischen Verarbeitung die Information aus allen Quellen für den taktischen Bereich zusammengeführt, um den Kommandeuren ein aktuelles Lagebild zu vermitteln.

Mit dem *Enemy Situation Correlation Element* (ENSCE), der ASAS-Entsprechung in der USAF, wurden alle Informationen aus ihren Quellen von *Reconnaissance, Surveillance und Target Acquisition* (RSTA) fusioniert. Durch ENSCE wurde für die USAF die aktuelle Lage bereitgestellt und war damit die Grundlage der Planung für den Luftangriff (z. B. *Interdiction Missions).*

Die Zielakquisition und die Angriffssteuerung im Bereich von 5-30 km vor der FLOT sollte durch das unbemannte Kleinfluggerät Aquila von Lockheed und durch das Führungssystem *Advanced Field Artillery Tactical Data System* (AFATDS) der US-Army abgedeckt werden.

Zielinformation im Bereich zwischen 30 – 80 km sollte durch JSTARS und im Bereich zwischen 80 und 150 km durch TRS/TR-1/ASARS-2 bereitgestellt werden und an das *Ground Attack Control Capability* (GACC) Führungssystem übertragen werden. GACC stellte das Interface zum *Tactical Air Command Control* (TACC) Center dar, das die Air Interdiction Einsätze kontrollierte. JSTARS hätte, im Falle einer Krise oder eines Konflikts, mit einem Sicherheitsabstand von größer als 100 km in drei 300 km langen Orbits parallel zur innerdeutschen Grenze und der Grenze zur Tschechoslowakei eingesetzt werden und NATO Central Europe abdecken können. Dadurch wären die Interessenbereiche aller acht NATO-Korpsabschnitte abgedeckt gewesen. Die JSTARS-Plattform war mit den *Ground Station Modules* (GSM) der US-Army über das Surveillance and Control Data Link (SCDL) verbunden. Hersteller der GSM war Motorola in Scottsdale, Arizona. 24 GSMs waren pro Korps vorgesehen. Mit dem *Joint Tactical Information Distribution System* (JTIDS) sollte die Command/Control (C^2) Kommunikation mit weiteren Nutzern der USAF betrieben werden, wobei Bedrohungswarnungen und Kurs-Informationen von AWACS und anderen Luftverteidigungselementen mit JSTARS ausgetauscht werden sollten.

Zur Aufklärung in der Tiefe von 150 bis 800 km hatten die USA ihre nationalen Systeme (NTM), wie die SR-71 und die Satelliten der RGA, zur Verfügung. Hiermit hätten vor allem das Eisenbahnnetz, Militärtransporte, Brücken etc. bis tief in die Sowjetunion hinein überwacht werden können.

Es war im Konfliktfall weiter geplant im Bereich von 30-150 km Ziele mit ATACMS und F-16, im Bereich von 150 km bis 350 km mit F-15E und F-111 und im Bereich von 350 km bis 800 km mit B-52 und entsprechenden Punktzielwaffen anzugreifen. Da es schon damals das Ziel der USAF war, die Zeit zwischen Zielerfassung und Bekämpfung zu minimieren, wurde von der TR-1A zum Jagdbomber F-15E ein *Recce Attack Interface* (Gold Pan) erprobt, das die Sensor-to-Shooter Verbindung Realität werden lassen sollte. Unterschiedliche Punktzielwaffen waren für die US Truppen geplant: Im Nahbereich von 5-30 km z. B. MLRS/TGW, von 30-80 km und von 80-150 km neben ATACMS die Modular Stand-off Weapon (MSOW) mit SKEET/TGMS Submunition und über die Distanz die AGM-86 C, das *Conventional Air*

Launched Cruise Missile (CALCM), das von der B-52 gestartet werden konnte. Das in dieser Phase geplante Vorhaben MSOW wurde später als NATO-Programm nicht realisiert.
Die USA drängten die europäischen NATO-Partner, möglichst ihr FOFA-Konzept zu übernehmen. Aber einige der NATO-Nationen hatten sich zu diesem Zeitpunkt bereits für eigene Lösungswege bezüglich ihrer Aufklärungs- und Überwachungssysteme zur Lageermittlung, für die Zielakquisition und Führungs- bzw. Angriffssteuerung in der Tiefe entschieden. So hatte sich Frankreich für die Entwicklung des hubschraubergetragenen ORCHIDÉE GMTI-Radarsystem (heute HORIZON) von LCT, Großbritannien für ASTOR (ASTOR-I für GMTI und ASTOR-C für SAR) von Racal und Italien für das GMTI/ESM System CRESO von FIAR entschlossen. Mit einer Reichweite von etwa 150 km, z. B. bei ORCHIDÉE, wurden die europäischen hubschraubergestützten Aufklärungssysteme jedoch von dem US DoD nicht als vollwertige FOFA-Sensoren akzeptiert.
Erst 1985 erfolgte eine Festlegung des Führungsstabs der deutschen Luftwaffe das bisherige Konzept der FmEloAufkl zu überarbeiten und ein nationales luftgestütztes Aufklärungssystem zur Ergänzung der BR. 1150 Atlantic *Peace Peek* zu beschaffen. Am 15. August 1986 wird die TAF für eine hoch fliegende FmEloA-Komponente vom Inspekteur der Luftwaffe gebilligt und die Entwicklung von *EGRETT* offiziell bekannt gegeben. Der Name *EGRETT* ist ein Kunstwort, das sich aus Teilen der am Projekt beteiligten Firmen zusammensetzte: E-Systems (Sensorik), USA, Grob (Flugzeugzelle), Mindelheim und Garett (Triebwerk), USA. Das BMVg in Bonn beauftragte ab 1987 die Industrie mit der Entwicklung dieses *Luftgestützten Aktiv/Passiv Aufklärungssystem* (LAPAS I und II). LAPAS I war für die Signalaufklärung (SIGINT) und LAPAS II für die allwetterfähige abbildende Aufklärung vorgesehen.
Für die Zielaufklärung/Zielakquisition in Echtzeit mittels RPV bis 30 km vor FLOT waren in Deutschland, Frankreich und Italien gemeinsame Forderungen erstellt worden, wonach eine gemeinsame deutsch/französische Lösung für ein *Kleinfluggerät für Zielortung* (KZO) auf Regierungsebene beschlossen wurde. Für den Korpsbereich hatten Deutschland und Frankreich die CL-289 beschafft. Das britische Heer beabsichtigte für die Artillerieortung ab 1988 *Phoenix* einzuführen und Italien die *Mirach* 26 von Meteor.
Es sollte in diesem Zusammenhang an das US-RPV *Aquila* von Lockheed erinnert werden. Die Entwicklung der *Aquila,* als erstes US-Army RPV für die Zielortung der Artillerie, begann etwa 1975. Nach einem Aufwuchs der Entwicklungskosten auf über 2 Mrd. $ in 12 Jahren und unbefriedigenden Leistungen bei der Truppenerprobung, hat das *House Armed Services Subcommittee* empfohlen, für das Fiskaljahr 1987 dem Vorhaben *Target Acquisition, Designation, and Aerial Reconnaissance System* (TADARS), unter dem *Aquila* entwickelt wurde, die Mittel zu sperren. Dies war ein herber Rückschlag für die US RPV Entwicklung und für die Echtzeitzielortung.
Diese Entscheidung betraf auch indirekt Dornier, wegen seiner Beteiligung an der Entwicklung des Netzlandesystems. Es war dann in der Folge von der US Regierung beabsichtigt, evtl. ausländische RPVs zu beschaffen. Israel hatte 1982 während des Krieges im Libanon, den Nutzen des *Pioneer* Vorläufers *Scout,* als Artillerieorter, in der Bekaaebene im Libanon erfolgreich demonstriert.
Die US-Navy, Army und Marines beschafften dann anstelle von *Aquila* einige *Pioneer*- und *Hunter*-Versionen von IAI in Israel. Diese RPV waren robust ausgelegt, verfügten über einen kombinierten TV/FLIR-Sensor auf einer stabilisierten Plattform, der in Azi-

IAI Pioneer im Landeanflug neben Bodenkontrollstation. (IAI-Malat)

mut und Elevation steuerbar war sowie über eine zuverlässige bidirektionale Datenübertragung und eine einfach zu bedienende Bodenkontrollstation *GCS-2000.* Für die US-Marines wurde der *Pioneer* für den Schiffseinsatz, d.h. mit Boosterstart und Netzlandung, nachgerüstet und auf dem Schlachtschiff Iowa erfolgreich erprobt und später bei Desert Shield/ Desert Storm auch eingesetzt.

Die NATO RPV Entwicklungen für den Bereich der Rohr- und Raketen-Artillerie waren verbunden mit der Entwicklung des *Multiple Launch Rocket Systems* (MLRS), das etwa eine Reichweite von 30 km aufwies, dem zugehörigen *Terminal Guided Warhead* (TGW) sowie den entsprechenden Führungssystemen. Das deutsche Heer hatte für die Artillerieortung das *Kleinfluggerät für Zielortung* (KZO) vorgesehen sowie für die Zielbekämpfung im Interessenbereich des Korps die *Kampfdrohne des Heeres* (KdH). KdH war als Waffe gegen gepanzerte Ziele geplant, die autonom Zielakquisition und Angriff ausführen sollte. Vorgesehen war als Zielsuchkopf ein mm-Wellen-Radar der EADS, Ulm. Dieser sollte Zielsuche, Zielakquisition und Zielverfolgung bis zum Endanflug ermöglichen. Eine weitere autonome Waffe, die Zielsuche, Zielverfolgung und Zielbekämpfung durchführen sollte, war die *Drohne Anti Radar* (DAR) von Dornier, die die feindliche Luftverteidigungsradare während eines 3 h Überwachungsflug aus 3000 m Höhe aufspüren und autonom angreifen sollte, sobald diese eingeschaltet wurden.

Fest steht, dass in den frühen 80er Jahren die Aufklärungs-, Überwachungs-, Führungs- und Kommunikationsfähigkeiten der NATO, inklusive der vorhandenen Prozeduren, nicht in der Lage waren, zeitgerechte Information über die präzise Position von sich bewegenden Zielen einer zweiten Welle bereitzustellen. Ein weiteres Defizit war, dass die vorhandenen Waffen und Munition (sowohl flugzeuggetragene als auch die der Artillerie) nicht in der Lage gewesen wären, gepanzerte Fahrzeuge in einer signifikanten Größenordnung punktgenau anzugreifen und zu zerstören. Der Versuch der US Regierung, sich etwa ab 1987 für eine gemeinsame Beschaffung von JSTARS für die NATO einzusetzen, vergleichbar mit dem NATO AWACS Modell, war wegen der verschiedenen Eigeninitiativen der europäischen NATO-Partner und den Kosten zum Scheitern verurteilt.

Widerstand hierzu kam auch vonseiten des BMVg in Bonn. Die Bundesrepublik Deutschland hatte neben den bereits erwähnten Entwicklungen für FOFA den MW-1 Dispenser mit Submunition für den Tornado entwickelt und hatte schon vor 1987 zur Absicherung des Tornadoeinsatzes eine eigenständige nationale Lösung der Aufklärungsproblematik mit dem zuvor erwähnten *Luftgestützten Aktiv Passiv Aufklärungssystem* (LAPAS) geplant. Das LAPAS I Konzept erinnerte an das zuvor erwähnte TRS/PLSS der USAF. Als Trägerplattform für LAPAS war die D-500/G-520 EGRETT von Grob, Mindelheim, vorgesehen, ein Mitteldecker mit einem Flügel großer Spannweite (von 33 m). Das maximale Abfluggewicht lag bei etwa 4,7 t mit einer Nutzlast von etwa 900 kg. Als Dienstgipfelhöhe wurden 16 000 m, als Reisegeschwindigkeit 300 km/h und als Einsatzdauer 6 bis 9 h angegeben. Der Erstflug des *EGRETT-1* erfolgte bereits am 24. Juni 1987. LAPAS I sollte elektromagnetische Ausstrahlungen erfassen, rechnergestützt verarbeiten, analysieren und den Informationsgehalt der Luftwaffe verzugslos als wichtige Grundlage einer Lagefeststellung in ihrem C^3I-System zur Verfügung stellen. Nach Empfang, Aufbereitung und Codierung der Signale an Bord sollten diese über die LOS-Datenlink an die Bodenstation übertragen werden. Die Bodenstation hatte die Aufgabe die Empfänger an Bord über den Uplink zu steuern, die empfangenen Signale zu bearbeiten und zu analysieren sowie formatisierte Meldungen zu erstellen und diese an die Auswertezentralen weiterzuleiten.

LAPAS II sollte zur allwetterfähigen abbildenden Abstandsaufklärung dienen, und zwar sowohl von festen als auch von sich bewegenden Zielen. Er sollte mit einem SAR/GMTI-Sensor ausgestattet werden und die Ergebnisse in nahezu Echtzeit an eine Bodenstation übertragen. Dabei wurde an eine Radarleistung gedacht, die nach Vorstellung der deutschen Luftwaffe im Bereich des ASARS-2 der TR-1A hätte liegen sollen.

Auch bei den Punktzielwaffen bestand wegen der bereits eingeleiteten Vorhaben KdH, DAR und MW-1 Dispenser in Deutschland kein weiteres Interesse an ATACMS der US Army.

Generell wurde jedoch von allen unmittelbar beteiligten NATO-Nationen im Bereich der Abstandsaufklärung das Ziel, eine Interoperabilität zwischen JSTARS, ASTOR, ORCHIDÉE (später HORIZON) und Creso sowie deren Bodenstationen herzustellen, angestrebt. Die Standardisierung von Schnittstellen, Datenformaten und Datenübertragungseinrichtungen stand viele Jahre auf der Agenda der NATO Air Group IV in Brüssel. Um die Interoperabilität dieser Systeme und der Schnittstellen zu demonstrieren, wurde 1995 ein *Alliance Ground Surveillance* (AGS) Demonstrator-Auswertesystem von der beteiligten Industrie bei *Shape Technical Centre* (STC) in Den Haag erstellt und erfolgreich erprobt. Im Auftrag des BMVg stellte Dornier zwei moderne digitale Auswertestationen bei, die beide für die Auswertung des GMTI- und SAR-Betriebs geeignet waren.

Die europäischen Regierungen sahen generell im Kauf oder in der Lizenzproduktion von in den USA entwickelten Technologien keine Lösung für die eigene problematische Technologieförderung. Mehr noch, es wurden die US Verteidigungsinitiativen wie FOFA, *Strategic Defense Initiative* (SDI) und *Emerging Technologies* von den Europäern als Bedrohung ihrer Technologiebasis empfunden. Dabei wurde einerseits befürchtet, dass durch diese US-Programme kompetente Forscher und Entwickler aus Europa in die USA abgeworben werden könnten. Andererseits waren aber die Europäer auch nicht in der Lage, neben wenigen Ausnahmen, eine gemeinsame Verteidigungspolitik, gemeinsame Entwicklungen und eine Standardisierung ihrer Waffensysteme zu erreichen.

US Studien zeigten, dass die Entwicklungs- und Beschaffungskosten einer homogenen FOFA-Fähigkeit zwischen 20 und 50 Mrd. $, über einen Zeitraum von 10 Jahren, betragen hätten[24]. Dies wäre ein finanzielles Problem für viele Finanzbudgets der europäischen Verteidigungs-Etats geworden, da Aufwüchse in dieser Größenordnung (z. B. etwa 30% davon allein für die Bundesrepublik) in den Budgets der beteiligten Nationen nicht vorgesehen waren. Weiter kam es auch zu politischen Meinungsverschiedenheiten über den offensiven Charakter von FOFA in einer im Wesentlichen defensiv eingestellten Verteidigungsallianz und über die mögliche Reaktion der Sowjetunion sowie über die befürchtete Anhebung der nuklearen Schwelle.

So kam es, dass die NATO *Conference of National Armaments Directors* (CNAD) und die *Defense Science Board* FOFA II *Task Force* bis zum Zusammenbruch der Sowjetunion, im Dezember 1991, zu keiner abgestimmten FOFA-Lösung kamen.

Operativ taktische Aufklärung

Der Begriff *operativ taktische* Aufklärung wurde in der Bundeswehr in den 70er Jahren eingeführt und auch so bei anderen europäischen NATO-Partnern verwendet. Verstanden wurde darunter die Aufklärung im gesamten Operationsraum.

Wegen der numerischen Überlegenheit der Warschauer Pakt Kräfte und ihrer hohen Mobilität, die von den Vereinigten Staaten manchmal als *Blitzkriegsfähigkeit* bezeichnet und von allen Nationen West-Europas und der USA, besonders in den 80er Jahren, als eine hohe Bedrohung empfunden wurde, erhielt die *operativ taktische Aufklärung* des Gefechtsfeldes eine herausragende Rolle. Damals erschien insbesondere in der Bundesrepublik, aber auch bei allen NATO-Nationen, die entlang der innerdeutschen Grenze Verantwortungsbereiche zugeordnet bekamen, die Bedrohung durch die Nachfolgekräfte der zweiten Welle so hoch, dass in jeder Nation über die für seine Streitkräfte geeigneten Mittel nachgedacht wurde, die es erlaubten in der Krise die Bereitstellungsräume dieser WP-Folgekräfte festzustellen und im Konflikt die herannahenden Truppen der zweiten Welle, d.h. im Wesentlichen Panzerverbände, verfolgen und frühzeitig bekämpfen zu können.

Es ging darum, wie in einer Krisensituation, die es während des Kalten Krieges häufig gegeben hatte, eine sichere Indikationsgewinnung über Entwicklungen im jeweiligen Interessengebiet eines Korps hätte realisiert und wie eine Feststellung und Gesamtbeurteilung der gegnerischen Lage auf allen NATO-Führungsebenen ohne Zeitverzug hätte herbeigeführt werden können. Hohe Priorität erhielt die frühzeitige Beschaffung von Erkenntnissen über die Führungs- und Einsatzgrundsätze sowie der Einsatzverfahren der WP-Truppen. Die weitreichende, abstandsfähige Informationsgewinnung und kontinuierliche Überwachung von Land- und Seegebieten sowie des Luftraums erschien als eine wesentliche Voraussetzung, um auf eine Konfliktentwicklung vorbereitet zu sein. Außer den USA, mit ihren *National Technical Means,* konnten bekanntlich keine der übrigen NATO-Nationen eine vollständig eigenständige Aufklärung in der Tiefe der westlichen WP-Staaten durchführen. Selbst ein Minimum an abbildender Abstandsaufklärung im Frieden und in der Krise war bei ihnen

zunächst nicht vorhanden. Im Ernstfall wäre, nach Beginn eines Konflikts, nur die Option der Penetration der DDR und der Tschechoslowakei mit den eigenen Aufklärungsmitteln, verblieben.
Als eine Grundvoraussetzung für die erfolgreiche Verteidigung stand fest, dass in einer solchen Konfliktsituation die folgenden Funktionen in der Tiefe des gegnerischen Raumes hätten beherrscht werden müssen:

- Unterdrückung der gegnerischen Luftabwehr (SEAD)
- Überwachung und Aufklärung in der Tiefe
- Schnelle Lageermittlung
- Zielakquisition der gepanzerten Verbände und des Nachschubs
- Präzise Zielverfolgung
- Angriffssteuerung, Einsatzführung
- Waffeneinsatz
- Zielzerstörung auch von stark gepanzerten Zielen und
- Schnelle Wirkungskontrolle.

Allerdings konnte die operativ taktische Aufklärung der Bundeswehr nur einige spezifische Forderungen hieraus erfüllen. Nach Einschätzung des US DoD jedoch nicht in der ausreichenden Tiefe.

SEAD

Zur Unterdrückung der feindlichen Luftabwehr *(Suppression of Enemy Air Defense* (SEAD)) war vor allem die Störung bzw. Neutralisierung gegnerischer Flugabwehrstellungen, d.h. von Luftraumüberwachungs- und Zielverfolgungsradaren notwendig. Nur mit luftgestützten elektronischen Störsystemen, wie etwa dem Waffensystem EA-6B Prowler der USA oder durch Waffeneinsatz (z. B. durch den *Electronic Combat Reconnaissance* (ECR) Tornado mit *High Speed Anti-Radiation Missiles* (HARM)) hätte diese Aufgabe gelöst werden können. Grundvoraussetzung für den Erfolg solcher Einsätze wäre aber die Ermittlung der aktuellen Lage *(Electronic Order of Battle* (EOB)) durch leistungsfähige ELINT-Systeme gewesen, die bereits vor einem Einsatz der ECR-Tornados hätten Aufschluss über den Ort der wahrscheinlichen Aufstellung der Luftabwehr, den Typ der Bedrohung und die technischen Abläufe geben müssen. Über die Qualität, der für diese Aufgabe eingesetzten SIGINT Mittel, ist allerdings nie öffentlich berichtet worden. Mit der Entwicklung der *Drohne Anti Radar* (DAR) hatte die Luftwaffe einen neuartigen Weg eingeschlagen, gegnerische Bodenradare permanent zu überwachen und unmittelbar nach deren Aktivierung zu bekämpfen.

Überwachung und Aufklärung
GMTI

Als *Überwachung* im operativ-taktischen Bereich wurde die routinemäßige Erfassung von Information im Verantwortungsgebiet eines Korps für die Lageermittlung, Zielakquisition, Angriffssteuerung und für spezifische Hinweise zur detaillierten Aufklärung verstanden. Wie schon mehrfach erwähnt, wurde J(S)TARS als ein typischer Vertreter für die abstandsfähige Weitbereichsüberwachung von Bewegtzielen entwickelt und zur Führungsunterstützung mit den Kommandeuren am Boden vernetzt. Bei der Bundeswehr bestand aber zu keiner Zeit ein Interesse, JSTARS zu beschaffen.
Bewegtziele über eine große Entfernung entdecken zu können war eine der großen Herausforderungen der operativ-taktischen Aufklärung. Voraussetzung für die GMTI-Auswertung war die Verfügbarkeit von luftgestützten Puls-Doppler-Radaren, die erst die Entdeckung der Dopplerverschiebung von Bewegtzielen am Boden zuließ. Mit der Auswertung dieser Verschiebung verlegte sich die Radarsignalverarbeitung vom Zeitbereich in den Frequenzbereich. Es war daher ein weiterer wichtiger technologischer Schritt, die kohärente Verarbeitung in Radargeräten zu entwickeln, denn sie setzte die Verfügbarkeit sehr frequenzstabiler Sendeverstärker mit hoher spektraler Reinheit, wie die *Travelling Wave Tube* (TWT), voraus. Zur Unterdrückung des Bodenechos wurden dabei Bandpassfilter, zur Entdeckung und Messung der Geschwindigkeit schmalbandige Filterbänke sowie zur Entfernungsmessung Entfernungstore implementiert. Die Entdeckung der Bewegtziele erfolgt innerhalb eines jeden individuellen Entfernungstores nach einem kohärenten Integrationsintervall. Zur schmalbandigen Filterung der gesammelten Zeitsignale wurde, seit dem Aufkommen schneller Prozessoren, die *digitale Fourier Transformation* (DFT) angewandt. Damit war für jede Auflösungszelle, in der ein Bewegtziel entdeckt wurde, die radiale Annäherungsgeschwindigkeit bestimmt. Auf die Problematik der

Zielentdeckung bei sehr kleinen radialen Komponenten der Zielgeschwindigkeit ist bereits in Kap.11 hingewiesen worden.
Aus Furcht, dass die Übertragungen von GMTI- und Bilddaten zu Bodenstationen mit Data Links gestört werden könnten und somit Kommandeuren am Boden der Zugang zur Radar-Weitbereichsinformation abgeschnitten würde, veranlasste unter anderem die USAF und die US-Army zur Zusammenarbeit in einer bemannten Trägerplattform. Es galt ein gemeinsames Radar mit GMTI- und SAR-Fähigkeiten auf einem großen Passagierflugzeug mit Auswerte- und C3I Ausrüstung zu kombinieren, das sowohl Auswerter der USAF als auch der US-Army sowie Kommandeure mit sich führen konnte. Grumman entwickelte nach Beauftragung durch die USAF das *Joint Surveillance Target Acquisition Radar System* (JSTARS) mit dem AN/APY-3 dual-mode Radar von Norden/Westinghouse[121]. Es ist mit einer etwa 7,20 m langen Phased Array Antenne ausgerüstet, die einen Azimut Schwenkwinkel von etwa 120° zulässt und in der Elevation mechanisch stabilisiert und zum rechts/links Betrieb um die Längsachse über 180° gedreht werden kann. Das Radar ermöglichte es als Erstes seiner Art, zwischen SAR- und GMTI-Betrieb umzuschalten. Diese Kombination beider Fähigkeiten auf einer fliegenden Plattform ermöglichte es luftgestützten Kommandeuren erstmals, dynamische Gefechtsfeldvorgänge in Echtzeit zu überwachen und darauf zu reagieren. Es wurde dazu eine sichere omni-direktionale *Surveillance and Control Data Link* (SCDL) von der Firma Cubic entwickelt, die die Kommunikation zu Bodenstationen, den *Ground Station Modules* (GSM), ermöglichte. Diese GSM wurde von Motorola, Scottsdale, Arizona, im Auftrag der US-Army entwickelt und geliefert. Hiermit konnte sowohl an vielen Hauptquartieren am Boden als auch an den Bordarbeitsplätzen dieselbe Abbildung der Bewegung auf dem gesamten Gefechtsfeld dargestellt werden. Für die US Army gilt dies von der Korps- bis zur Brigadeebene. Andererseits konnten vom Boden aus der Radarbetrieb durch *Radar Service Requests* (RSR) auf den aktuellen Bedarf eines Nutzers angepasst werden. Hier ging es, im Falle eines Staus von nicht ausgeführten Aufträgen, dann eher um die Klärung von Prioritäten beim Radarbetrieb. Diese Klärung fand an Bord zwischen USAF und US Army statt.

Die Aufgabe eines *Ground Moving Target Indication* (GMTI) Radars, wie z. B. bei JSTARS oder HORIZON, ist vor allem die Entdeckung von Bewegtzielansammlungen, der Messung der Zielgeschwindigkeit, aber auch der Verfolgung von Einzelzielen und von Kolonnen. Hinzu kam die hochauflösende Konturmessung *(High Range Resolution* (HRR) *Length Measurement)* und die spektrale *Klassifikation* von sich bewegenden Teilen eines Zieles (z. B. Räder, Ketten, Haupt- und Heckrotor eines Hubschraubers, rotierende Antennen). Nur luftgestützte GMTI-Radare können mit Azimutabtastung des Antennenstrahls große Gebiete mit ausreichender Häufigkeit nach sich bewegenden Fahrzeugen absuchen, die sich bei stumm geschalteter Kommunikation in der Nacht und bei schlechtem Wetter annähern. Hierbei liefert das Radar einen wichtigen Beitrag zu *Measurement and Signature Intelligence* (MASINT). Natürlich können auch GMTI-Radare keine Ziele entdecken, die durch Gelände oder Vegetation maskiert sind.
Bei der Zielverfolgung (Tracking) wurde Mitte der 80er Jahre bei JSTARS noch davon ausgegangen, dass in Mitteldeutschland mit einem Abtastintervall von 30 s eine kontinuierliche Zielverfolgung von kleinen Formationen (bis zu 10 Fahrzeugen) möglich ist; wogegen ein 60-sec-Intervall ausreichend wäre, größere Formationen (z. B. Kolonnen mit etwa 50 Fahrzeugen) zu verfolgen. Später stellte man jedoch fest, dass mit zunehmender Verkehrsdichte und kleineren Zielabmessungen sowie bei Straßenabzweigungen, die Abtastung für eine zuverlässige Zielverfolgung in wesentlich kürzeren Intervallen erfolgen sollte.
Die wesentliche Herausforderung bei der Überwachung von sich bewegenden Bodenzielen ist die Erfassung von Zielen mit geringer Annäherungsgeschwindigkeit. Eine wichtige Entwurfsgröße wurde die *Minimum Detectable Velocity* (MDV) im Frequenzbereich außerhalb des Hauptkeulen-Clutters. Da GMTI-Radare nur die radiale Komponente des Geschwindigkeitsvektors eines Ziels erfassen können, ist diese MDV ein wesentliches Kriterium für die Güte des Sensors, eine möglichst hohe Anzahl der Bewegtziele tatsächlich zu entdecken. Um wirklich einen großen Teil dieser Ziele zu erfassen, müssen GMTI-Radare Fahrzeuge am Boden, die sich mit einer Annäherungskomponente von mindestens 5 km/h bewegen, entdecken können. Dies setzt im X-Band

(10 GHz) eine Frequenzmessgenauigkeit von etwa 10^{-8} voraus. Um bei schnell fliegenden Plattformen, wie bei der Boeing 707, diese Werte zu erreichen, wurden verschiedene Techniken angewandt. Eine der Techniken ist die *Displaced Phase Center Antenna* (DPCA), bei der die Antenne in mehrere Phasenzentren unterteilt wird und die Pulsfolgefrequenz so mit der Fluggeschwindigkeit gesteuert wird, dass der Sendeort eines Pulses und der Empfangsort des Echos maximal nur eine halbe Distanz zwischen den Phasenzentren ausmachen darf. Man erreicht dadurch einen Effekt, der die Fluggeschwindigkeit scheinbar verlangsamt, und das Clutterspektrum somit deutlich schmaler werden lässt. Die JSTARS-Antenne verfügt über drei Phasenzentren, da zur präzisen Winkelmessung noch ein drittes Phasenzentrum erforderlich ist[115].
Die Halbwertsbreite des Antennenstrahls reduziert sich umgekehrt proportional zur Länge seiner Antenne im Azimut und somit auch die Breite des *Hauptkeulen-Clutters,* dessen Amplitude in der Regel größer als die des Zielechos ist. Diese Clutterbreite ist von der Fluggeschwindigkeit und der Antennenlänge abhängig. Zunächst erlaubt die Verwendung einer langen Antenne eine starke Strahlbündelung und eine reduzierte Vorwärtsgeschwindigkeit eine geringere Clutterspreizung. Da sich aber hochfliegende Starrflügler mit hoher Unterschallgeschwindigkeit bewegen müssen, ergibt sich aus der Geschwindigkeitsreduktion kein Ausweg. Um Ziele außerhalb des *Hauptkeulen-Clutters* der Antenne erfassen zu können, mussten also die Antennen sehr lang gebaut werden (zum Vergleich 7,20 m bei JSTARS in einer B-707 gegenüber ca. 3 m bei HORIZON im *Cougar* Hubschrauber). Wie bereits erwähnt, war die Einführung der Technik mit *Displaced Phase Center Antennen* (DPCA) zu arbeiten ein erster Schritt zur Reduzierung des Hauptkeulen-Clutters. Aber seit schnelle Prozessoren zur Verfügung stehen, die das *Space Time Adaptive Processing* (STAP) in Echtzeit zuließen, einem weiteren Verfahren zur Verringerung der MDV, kann man auch mit kürzeren Antennen eine akzeptable MDV erreichen. In Europa kommen der FGAN in Wachtberg-Werthoven bei der Entwicklung der wichtigsten STAP-Algorithmen große Verdienste zu[124].
Die französische Armee beschaffte zwischen 1996 und 1998 zur weiträumigen Überwachung von Bewegtzielen vier HORIZON-Radarsysteme von Thompson-CSF (später Thales), die mit einer faltbaren Antenne ausgestattet, am Eurocopter AS 532 UL *Cougar* Helikopter installiert sind. Das X-Band HORIZON-Radar ermöglicht mit seiner 3 m langen drehbaren Antenne eine allwetterfähige Weitbereichsaufklärung sowohl von Landfahrzeugen, Hubschraubern als auch von Schiffen. Jedes Bewegtziel wird lokalisiert, automatisch analysiert und klassifiziert. Jeder Hubschrauber verfügte über drei Operatorkonsolen. Die Reichweite dieses Systems liegt jedoch mit etwa 150 km deutlich unter der des JSTARS. Durch die eingeschränkte Flughöhe von 4000 m und einer Einsatzzeit von nur 4 Stunden ist es JSTARS unterlegen. Noch geringer lag die Entdeckungsreichweite von gepanzerten Zielen mit 70 km beim italienischen System CRESO, ein GMTI-Radar, das auf einem AB 412 Hubschrauber installiert wurde. Bei CRESO war der Radarbetrieb sehr eng mit einem zusätzlichen ESM-System verknüpft. Vor dem Radarbetrieb ermöglichte das ESM die Ermittlung einer Radarbedrohung. Sowohl HORIZON als auch CRESO waren

Eurocopter HORIZON Groundsurveillance System. (SPG Media Ltd.)

über Data Link mit Auswertebodenstationen verbunden. Für HORIZON wurde ein stör- und abhörsicheres Data Link mit der Bezeichnung *Agatha* entwickelt. Diese arbeitet im Ku-Band und verfügte über eine Datenrate von etwa 60 kbps und über eine Reichweite von 150 km.
Wegen der reduzierten Reichweite hätten beide Hubschrauber HORIZON und CRESO im Falle eines Konflikts in Frontnähe eingesetzt werden müssen. Daher betrieben beide Systeme ihre Radare nur in

Intervallen. Dazu flogen die Hubschrauber sehr tief ins Einsatzgebiet an und stiegen in einem Pop-up Manöver nur kurzzeitig auf Einsatzhöhe, um eine Radarabtastung (bei HORIZON ein Gebiet von ca. 20 000 km^2 in 10 s) durchzuführen. Danach tauchten die Hubschrauber sofort wieder ab, um der gegnerischen Luftabwehr zu entgehen. Die Bewegtziele werden bei HORIZON als Plot den Straßen überlagert auf einer digitalen Karte dargestellt, dabei wird der einsehbare Terrainbereich gekennzeichnet. Digitale Höhendaten werden hierzu durch das *Digital Landmass System* (DLMS) bereitgestellt. Zieltyp, Geschwindigkeit und die Richtung der Bewegung sind farbcodiert. Eine kontinuierliche Zielverfolgung ist mit dieser Art des Betriebs allerdings nicht zu bewerkstelligen.

In diesem Zusammenhang sei nochmals auf die Definition für *Aufklärung* hingewiesen, die insbesondere bei der Bundeswehr als die Erfassung von Information für die militärische Lagefeststellung, der taktischen Führung in ihrem Verantwortungsbereich und für die Bereitstellung von zeitkritischen Informationen über Kräftegruppierungen bzw. über einen (politischen) Gegner definiert wurde. Auch JSTARS war für diese zweite Aufgabe ausgestattet. Sein dualmode Radar AN/APY-3 ermöglichte es, neben der Bewegtzielerfassung auch eine Abbildung stationärer Ziele mittels der hochauflösenden SAR-*Spotlight* Betriebsart in nahezu Echtzeit herbeizuführen. Durch Mosaikierung mehrerer Spots nebeneinander können, wenn erforderlich, eine Kartierung größerer Geländeabschnitte bei guter Auflösung in einem Gefechtsgebiet erzeugt werden. Bei JSTARS diente diese *Spotlight*-Betriebsart im Wesentlichen dazu Aktivitäten festzustellen, wenn ein spezielles Ziel oder eine Zielgruppe zu einem Halt gekommen ist und GMTI, wegen Unterschreitung der MDV-Grenze, keine Information mehr liefern kann. Aber die Kartierung erwies sich auch als wichtiges Hilfsmittel, wenn kein aktuelles Kartenmaterial vorliegt. Dass dann innerhalb einer so erstellten Karte auch Bewegtziele dargestellt werden können, ist selbstverständlich.

Der luftgestützte Primärsensor der USAF für die Abbildung in der Tiefe war aber in der Zeit der Ost-West Konfrontation die TR-1A mit dem Radar ASARS-2, die SAR Abbildungen hoher Qualität bis über 200 km Entfernung erzeugen konnte.

SAR

Nachdem US Kommandeuren in Europa die Fähigkeit der SLAR-Technologie etwa aus dem Vietnamkonflikt gezeigt wurde, verlangten sie ein leistungsfähigeres System, mit dem sie einen drohenden Aufmarsch, die Aufstellung und Zusammensetzung der sowjetischen Streitkräfte im Weitbereich in Richtung und zeitlichem Ablauf beobachten konnten. Hieraus ergab sich anfangs der 80er Jahre der Antritt zur Entwicklung eines *Synthetic Aperture Radars* (SAR) hoher Auflösung und großer Reichweite. Die Hughes Aircraft Corporation in Culver City wurde von der USAF zur Entwicklung des ASARS-2 beauftragt und ab 1985 die Verwendung dieses Radars in der TR-1, einer weit fortgeschritteneren Version der betagten U-2, beschlossen. Zum ersten Mal war es möglich, dass Kommandeuren am Boden in nahezu Echtzeit hochaufgelöste Bilder vorgelegt werden konnten, wie sich eigene und gegnerische Truppen aufstellen und aufeinander zu bewegten. US Kommandeure waren von dieser Fähigkeit so begeistert, dass sie dafür sorgten, dass die Produktionslinien der U-2 wieder eröffnet und 25 neue, modernisierte U-2R Flugzeuge gebaut wurden, denen man dann zur Unterscheidung den Namen TR-1A, für *Tactical Reconnaissance* gab. Gekennzeichnet waren die Maschinen durch einen langen Rumpfbug und große Pods *(Superpods)* an den Flügeln. Alle Daten von ASARS-2 waren seit Einführung des Sensors streng geheim eingestuft worden. Man kann heute, nach mehr als 25 Jahren etwa rekonstruieren, welch bemerkenswerte Leistungsmerkmale dieses Radar schon damals aufgewiesen hat.

Es wurden für die U-2 und später TR-1A mobile Bodenstationen gebaut, um die in nahezu Echtzeit zum Boden übertragenen SAR-Rohdaten prozessieren und auswerten zu können. Dazu war die Entwicklung einer breitbandigen Data Link mit Richtantennen notwendig. Erst sehr viel später, ab Dezember 1995, als schnelle Prozessoren zur Verfügung standen und Bilder an Bord prozessiert werden konnten, konnte auch mit einer schmalbandigeren Data Link gearbeitet werden und so kam die Möglichkeit einer SatCom Übertragung hinzu, die nun Bild-Übertragungen von fast jedem Ort auf der Welt direkt in die USA erlaubten. Zuvor war im ASARS Improvement Program (AIP) von 1999 bis 2001 ein GMTI-Betriebsmode eingeführt worden, mit dem auch Bewegtziele in Entfernungen bis etwa 160 km erfasst werden konnten.

ASARS-2 ist ein moderner SAR-Sensor mit großer Abstandsfähigkeit für die hochfliegenden Aufklärungssysteme TR-1A bzw. U-2R/S. ASARS-2 wurde aufgrund der fortschreitenden Prozessortechnologie im Laufe der Zeit realzeitfähig und liefert hochaufgelöste SAR Bildinformation aus Entfernungen von über 200 km, die EO-Sensoren bei Weitem übertreffen. Aus systematischen Versuchen der DERA, Malvern, UK, ist bekannt, dass SAR-Bilder erst mit einem Einstrahlwinkel > 5° militärisch nutzbar sind. Man kann daher annehmen, dass mit der TR-1A bei 5,1° Einstrahlwinkel aus 21 km (70 kft) Flughöhe auswertbare SAR Abbildungen bis in eine Entfernung von etwa 230 km erzeugt werden können. Die Bildprozessierung wurde über viele Jahre ständig weiterentwickelt, und zwar nicht nur über die Optimierung von Algorithmen, wie z. B. Bewegungskompensation, Autofokussierung, sondern auch durch die ständige Leistungserhöhung der Signalprozessoren und schnellen Speichern. In den USA hat hier besonders Mercury Computer Systems bemerkenswerte Beiträge geliefert.
ASARS-2 war zunächst mit einer *Dual Planar Array* Antenne ausgestattet worden, die nick- und rollstabilisiert war und nach beiden Seiten blicken konnte. Der azimutale Schwenkwinkel wird auf 30° geschätzt. Die *Aperture* der Antenne war elliptisch, mit einer geschätzten Breite von 1,50 m und einer Höhe von ca. 80 cm.
Mitte der 80er Jahre wurde eine *Phased Array* Antenne entwickelt und ab Juni 1987 in die TR-1A eingebaut, die eine elektronische Strahlsteuerung im Azimut erlaubte. Mit dieser elektronisch steuerbaren Antenne (ESA) konnte nun die Blickrichtung sehr schnell geändert werden und der Schwenkbereich wurde signifikant auf 120° erweitert.
Die letzten ASARS-2-Versionen haben vier Betriebsarten SAR *Swath,* SAR *Spotlight* und GMTI-Scan, wobei MTI Plots einem SAR Swath- oder einem Spotlight-Bild überlagert werden konnten. Die Betriebsart GMTI, die erst zwischen 1999 und 2001 eingeführt wurde, ist nicht nur bezüglich der Entdeckung von Zielen mit geringer radialer Annäherungsgeschwindigkeit sondern auch in der Reichweite dem JSTARS AN/APY-3 dual-mode Radar unterlegen.
Da 3-D Abbildungen eine wesentliche Hilfe bei der Auswertung von Zielen sein können, wurde Ende der 80er Anfang der 90er Jahre mit Versuchen zur interferometrischen Darstellung mit SAR-Sensoren begonnen. Dazu ist es erforderlich, dass zwei bahnparallele SAR-Bilder von demselben Gelände erstellt werden. Interferometrische Abbildungen mit ASARS-2 wurden geheim gehalten. Die ersten frei veröffentlichten interferometrischen SAR-Bilder waren etwa ab 1995 am Markt erhältlich. In Deutschland hatte Dornier etwa zu dieser Zeit erste interferometrische SAR-Bilder mit Do-SAR erflogen, prozessiert und publiziert.

Lageermittlung
Analyse und Verknüpfung von unterschiedlichen Sensordaten sind notwendig, um in einer zuverlässigen *Lageermittlung* auf feindliche Aktivitäten und Intentionen schließen und reagieren zu können. Verschiedene nationale Führungssysteme, die von den Streitkräften der NATO-Nationen in Europa eingesetzt wurden, sollten über ein *Battlefield Information Collection and Exploitation System* (BICES), einem in der NATO einzuführenden Nachrichten-Fusionssystem, verbunden werden. Da die beteiligten NATO-Nationen über sehr unterschiedliche Mittel der Informationsbeschaffung verfügten, war zur jeweiligen Lageermittlung auf Korpsebene eine Korrelation und Fusion von Daten aus unterschiedlichen Quellen (z. B. aus IMINT, ELINT, COMINT und GMTI MASINT) erforderlich. Die NATO hoffte aus dieser Fusion, Beiträge sowohl zur *Order of Battle* im Allgemeinen als auch zur *Electronic Order of Battle* im Besonderen gewinnen zu können. Insbesondere wurde erwartet, dass man aus diesen Informationen die Nachfolgekräfte *(Follow-On Forces)* zuverlässig erkennen und verfolgen sowie möglichst die Größe und Zusammensetzung von Einheiten zahlenmäßig abschätzen kann.
Es wurde mit Hochdruck an der Verbesserung von Führungs-/Informationssystemen an vielen Stellen in der Industrie und in Forschungsinstituten gearbeitet. Ziel war die Entwicklung von effizienten Fusionsalgorithmen. Wesentliche Informationen sollten aus diesen Erkenntnissen auch für den eigenen EloKa-Einsatz beschafft werden. Allerdings hätte eine schnelle Reaktion der EloKa eine Multisensorausrüstung mit möglichst automatisierter Erfassung, Klassifizierung und Identifizierung sowie Peilung und Lokalisierung von Emittern und weitgehende

automatisierte Analyse der Emitterparameter und *Fingerprinting* vorausgesetzt. Diese Fähigkeit war aber nicht bei allen beteiligten NATO-Nationen in einer standardisierten technischen Ausprägung vorhanden. Ähnliches galt für die Verkehrs- und Betriebsauswertung sowie für die technische Analyse der Fernmelde-Ausstrahlung. Jede NATO-Nation behielt sich darüber hinaus vor, die Mittel für die signalerfassende Überwachung und Aufklärung möglichst national zu beschaffen und die eigenen Erkenntnisse daraus höchstens im Austausch mit Erkenntnissen eines Partners weiterzugeben, nach dem Motto: *do ut des.*

Zielakquisition

Zusätzliche Information, die über das für Entdeckung und Erkennung eines Ziels notwendige Maß hinausgeht, ist für die *Zielakquisition* notwendig. Dies ist zuerst die ausreichende Genauigkeit der Lokalisierung und Aktualisierung von Zieldaten für einen Angriff. Auch in einer Zeit, in der eine Reihe von Präzisionswaffen bereits eingeführt war, spielte die Genauigkeit der Vorhersage einer Zielposition für die präzise Zielbekämpfung eine bedeutende Rolle. Natürlich hängt die erforderliche Genauigkeit von dem Zieltyp und der Disposition der Ziele (d. h. stationär oder in Bewegung) sowie von der Art der Munition, der Waffe und der Waffenplattform für den Einsatz ab. JSTARS ist z. B. ebenfalls für die Aufgabe der Zielakquisiton entwickelt worden, und zwar durch die Fähigkeit der Verfolgung sich bewegender Ziele sowie der Prädiktion der zukünftig wahrscheinlichen Zielposition zur Zeit der Bekämpfung.

Das Risiko im Falle eines Konfliktes bei der Zielakquisition irrtümlich alliierte Truppen oder Zivilisten zu bekämpfen bzw. zu treffen, ist tief im Bewusstsein aller NATO-Streitkräfte verankert. Es wurden verschiedene Methoden der Gefechtsfeld-Identifikation erprobt, aber eine Einigung auf einen gemeinsamen Standard war nicht zu erreichen. Theoretisch wäre es sicher mit hoher Zuverlässigkeit möglich gewesen, aus einer Fusion von GMTI- und IMINT-Information, fahrende militärische Einheiten von zivilem Verkehr unterscheiden zu können. Voraussetzung wäre aber eine gleichzeitige Verfügbarkeit dieser Information in allen Kommandoebenen gewesen. Eine solche Annahme ist aber in der Regel unrealistisch. Es war naheliegend zu fragen, über welche Möglichkeiten die Radartechnologie zur Identifikation von Bewegtzielen verfügt. Aus dieser Fragestellung heraus entstand der Anstoß zur Forschung auf dem Gebiet der *spektralen Klassifikation* von Bodenzielen (Rotor, Rad, Kette), der hochauflösenden Längenmessung *(High Range Resolution* (HRR)) und der *Inverse Synthetic Aperture* (ISAR) Abbildung von sich bewegenden Zielen. Aber auch an den Möglichkeiten die *Zeitkompression* und *Zeitintegration* von GMTI Scans für die Identifikation von Zielen zu nutzen, wurde intensiv gearbeitet. Zu einem standardisierten IFF von Bodenzielen kam es aber bisher nicht.

Zur Akquisition von stationären Zielen, wie z. B. in Bereitstellungsräumen, sind hochaufgelöste Bilder erforderlich. Diese können von optischen Reihenbildkameras (RbK), Elektro-optischen (EO) und vorwärtsblickenden Infrarot (FLIR)-Kameras, Infrarot Zeilenabtaster (Infrared Line Scanner (IRLS)), IR-Kameras mit IR-CCD oder von SAR Streifen- oder Spotlight-Bildern geliefert werden. Zeitaktuelle bildhafte Information muss für einen erfolgreichen Angriff zur Verfügung stehen, wobei es zunächst unerheblich ist, von welchem Sensor diese Bilder stammen. Für die Aufgabe der weitreichenden abbildenden Abstandsaufklärung im Rahmen von FOFA hätte die USAF in Europa die TR-1 mit ASARS-2 eingesetzt, die sowohl für Überwachungsaufgaben *(Area Surveillance)* als auch für Erstellung von SAR-*Spotlight* Detailaufnahmen zur Verfügung stand. Das deutsche und französische Heer hatte für den Korps-Bereich CL-289 vorgesehen. Die französische Luftwaffe verfügte über ein System, bestehend aus dem Raphael TH SAR-Pod von Thompson-CSF an der Mirage F 1 und einer speziellen Auswertestation. Britische Anstrengungen das *Corps Airborne Standoff Radar* (CASTOR) einzuführen, wurde nach dem Fall der Berliner Mauer aufgegeben. Das deutsche Vorhaben LAPAS I und II kam ebenfalls nicht zustande und wurde am 3. Februar 1993 eingestellt.

Die Ortskoordinaten von permanenten Brücken sind bereits zu Friedenszeiten bekannt. In Kriegszeiten können mobile Brücken kurzfristig permanente Brücken unterstützen oder zerstörte Brücken ersetzen. Beschädigte Brücken können repariert werden und es ist Aufgabe der abbildenden Aufklärung bzw. der Überwachung festzustellen, ab welchem Zeitpunkt sie wieder aktiv genutzt werden können.

Da sich Ziele in Bereitstellungsräumen über längere Zeit aufhalten können, ist die präzise Ziellokalisierung in der Regel nicht zeitkritisch. COMINT-Daten allein sind nicht ausreichend für den Angriff auf gegnerische Kampfeinheiten in Bereitstellungsräumen, weil die Kommunikationsantennen meistens einige Kilometer disloziert aufgestellt werden.
Ähnliche Probleme existieren bei der Entdeckung von getarnten Kommandozentren. Diese sind besonders schwer zu entdecken und zu identifizieren. Man versprach sich mit der Methode der GMTI-Zeitintegration, Erkenntnisse über Bewegungen von und zu Kommandozentren zu ermitteln. Dies setzt aber eine kontinuierliche Überwachung voraus. Die primäre Aufklärung der Kommunikation (und anderer Emissionen), die auf ihre Existenz hinweisen, erfolgt durch COMINT. Allerdings ist auch hier zu beachten, dass die Kommunikations-Antennen disloziert zu den eigentlichen Kommandozentren aufgestellt werden. Obwohl die Fahrzeuge von Kommandozentren sich nicht von denen anderer Divisionsfahrzeuge unterscheiden, wird behauptet, dass erfahrene Auswerter Kommandozentralen aufgrund des speziellen Musters der Fahrzeugzusammensetzung und -aufstellung erkennen können. Da auch Kommandozentren ihre Stellungen verändern, ist für ihre Entdeckung und Identifikation aktuelle Bildinformation hoher Qualität erforderlich.

Zielverfolgung

Die Bekämpfung von sich bewegenden Zielen erfordert Rechtzeitigkeit aufseiten des Angreifers. Echtzeitabdeckung bzw. Echtzeitverfolgung können luftgestützte GMTI-Sensoren (z. B. JSTARS, HORIZON, CRESO) aus dem Abstand oder EO- bzw. FLIR Sensoren von UAVs (z. B. Pioneer, KZO) penetrierend leisten. Um eine sichere Zielverfolgung mit einem Radar im GMTI-Betrieb zu erreichen, ist eine hohe Wiederholrate der aktuellen Zielposition durch häufige Abtastung erforderlich. Tatsächlich hängt das Gelingen einer zuverlässigen Zielverfolgung von der Zieldichte und den möglichen Verzweigungen der Fahrtroute ab. Für die Zielverfolgung von Bodenzielen mit GMTI sind spezielle Tracking-Algorithmen entwickelt worden, die sich erheblich von den Tracking-Algorithmen für die Verfolgung von fliegenden Zielen (wie z. B. bei AWACS) unterscheiden.

Um eine Zielverfolgung wirksam umsetzen zu können, spielt die Automatisierung der Datenkommunikation mit Führungssystemen eine wichtige Rolle; ebenso wie eine zeitgerechte Zieldaten-Übertragung von Waffeneinsatzsystemen zu Waffenplattformen. Die USAF prägte den Begriff der schnellen *Sensor to Shooter* Übertragung. Extrapolation der wahrscheinlichen Position eines Bewegtziels zur Zeit des Überflugs ist Voraussetzung für einen Zielangriff mit taktischen Kampfflugzeugen, da sich die Zeit zwischen Angriffsbefehl und tatsächlichem Zielangriff so lange verzögern kann, dass evtl. eine Zielpositionsaufdatung im Cockpit auf dem Anflugweg erfolgen muss. Auf die lange Distanz kann auch eine Zielpositionsaufdatung bei Raketen erforderlich sein (z. B. ATACMS sollte ein *midcourse update* von JSTARS erhalten). Es war schon lange bekannt, dass es zur Realisierung einer gleichzeitigen Verfolgung verschiedenartiger Zieltypen und ihrer Bekämpfung einer engen Vernetzung von Aufklärung, Führung und Waffeneinsatzsystemen bedarf. An der Perfektionierung wird noch gearbeitet.

Wirkungskontrolle

Die Wirkungsabschätzung nach einem Angriff ist ebenso wichtig, wie die Entdeckung von Zielen zuvor. Mit der Wirkungskontrolle wurde bereits im Ersten Weltkrieg begonnen, als Flugzeuge eingesetzt wurden, um Treffer der Artillerie zu überprüfen. Im Zwei-

Beispiel für die Wirkungskontrolle durch CL-289 im Kosovo. (BWB)

ten Weltkrieg waren es besonders deutsche Industrieanlagen, deren Grad der Beschädigung nach jeder Bombardierung von den Alliierten festgestellt werden musste. Es ist die Verfügbarkeit von Mitteln der abbildenden Aufklärung ebenfalls für diese Aufgabe unbedingte Voraussetzung für eine erfolgreiche Gefechtsführung.
Schon bald nach dem Zusammenbruch des Warschauer Paktes wurde der Begriff *operativ-taktische* Aufklärung bei der Bundeswehr nicht mehr verwendet und durch den Begriff Aufklärung im Einsatzgebiet ersetzt.

Aktivitäten der Bundesrepublik Deutschland im Bereich Aufklärung/Überwachung

Im Januar 1956 beginnen sowohl die Bundesrepublik als auch die DDR mit der Aufstellung von Streitkräften. Offiziell billigte am 6. März 1956 das Parlament in Bonn die Änderung des Grundgesetzes hinsichtlich der Aufstellung von deutschen Streitkräften der zukünftigen Bundeswehr.
Die Bundeswehr erkannte, dass sie für den wirksamen Einsatz ihrer Kampfverbände in den drei Korpsabschnitten von *NATO Central Europe* eine schnelle und zuverlässige Aufklärung und Überwachung feindlicher Kräfte und Ziele braucht. Diese Aufklärung sollte den Verantwortungs- und den Interessenbereich des Korps abdecken und Aufschluss über die räumliche Verteilung des Gegners, seine Marschrichtung, bei Tag und Nacht und bei jedem Wetter geben. Die Art der Information und die Antwortzeit für einen Aufklärungsauftrag werden durch den Informationsbedarf der jeweiligen Führungsebene d.h. Korps, Division oder Brigade bestimmt. Die Verantwortungs- und Interessenbereiche dieser Führungsebenen korrespondieren mit der wirksamen Reichweite der eigenen Waffen. Die Antwortzeit ist in Relation zur Mobilität des Gegners im Bereich dieser Waffen zu setzen.
Die Verantwortungsbereiche des Heeres in der Tiefe des gegnerischen Raumes waren in den frühen 60er Jahren etwa wie folgt festgelegt worden:
- Brigade bis ca. 20 km
- Division bis ca. 50 km
- Korps bis ca. 150 km.

Diese Bereiche haben sich im Lauf der Zeit aufgrund wirksamerer Waffen verändert. Der Verantwortungsbereich der Brigade erhöhte sich auf 30 km und der der Division auf 75 km.
Von den eigenen Linien aus konnten der Direktbereich (optisch 6-8 km) und ein Teil des Nahbereichs auch bei Nacht und schlechtem Wetter beobachtet werden. Dies gelang zunächst durch ein Bodenradar (RATAC/RASIT mit Bewegtzielerkennung (GMTI)); doch später erschienen militärische Forderungen Bewegtziele von einer erhöhten Plattform aus größerem Abstand zu erfassen. Unbemannte Hubschrauber aber auch Flugzeuge mit Seitensichtradaren (SLAR) wurden in Erwägung gezogen. Letztere erlaubten den Betrieb von *Borderline Missions,* wie etwa die OV-1D *Mohawk* der US-Army. Deren SLAR, mit fest eingestellter Antennencharakteristik, erlaubte damals allerdings nur entweder GMTI Betrieb oder Festzieldarstellung (FTI) mit geringer Auflösung.
Der Mangel an Abstandsaufklärung in der Tiefe, während einer Krise, war ein früh erkanntes Problem. Die verfügbaren Mittel der abbildenden Aufklärung erlaubten eine Informationsgewinnung erst nach Beginn eines Konfliktes durch Penetration aus der Luft. Zunächst war dies allein die Aufgabe der Luftwaffe. Später erhielt das Heer eigene fliegende Aufklärungsmittel, um ihrer Führungsaufgabe gerecht zu werden. Da die Penetration einer Landesgrenze nur im Konflikt möglich war, hätte die Bundeswehr zur Zeit des Kalten Krieges über keine eigenen abbildenden Mittel aus dem Abstand verfügt, die es erlaubt hätten, in der Krise Intentionen des Warschauer Paktes frühzeitig bildhaft zu erfassen. Um über ein gewisses Maß an Frühwarnung zu verfügen, begann im Jahre 1956 der Aufbau der *Fernmelde-elektronischen Aufklärung* (FmEloAufkl) der Luftwaffe. Damit sollten in der Krise die Absichten der Gegenseite rechtzeitig erkannt werden und daher wurde damals der Schwerpunkt zunächst auf COMINT mit festen und mobilen Einrichtungen gesetzt.
Die Anstrengungen der Bundesrepublik Deutschland auf dem Gebiet der Aufklärung und Überwachung, die nachfolgend kurz zusammengefasst dargestellt werden, beziehen sich im Wesentlichen auf die Aufgaben, die ihr im Verteidigungsfalle von der NATO zugewiesen worden wären.

Kiebitz-Argus
Dornier begann schon in den frühen 60er Jahren mit der Entwicklung des ersten, einsitzigen Reaktionshubschraubers, der Do 32 E, der am 29. Juni 1962 in Oberpfaffenhofen zu seinem Erstflug startete. Dabei wurde, nach einem Patent von Claude Dornier[29], der Rotor durch Düsen an den Blattspitzen angetrieben. Als Luftlieferer diente ein Turbokompressor von BMW (Typ 6012). Das BMVg interessierte sich etwa ab 1963 für unbemannte Anwendungen. 1966 flog der ferngesteuerte Do 32 U zum ersten Mal, dann folgte 1967 die gefesselte Rotorplattform Do 32 K *Kiebitz.* Bei dieser Anwendung wurde sowohl die Kraftstoffversorgung des Triebwerks als auch die Steuerung des Hubschraubers durch das Fesselseil von einer mobilen LKW-Station aus gesichert. Damit konnte die Do 32 K in einer Flughöhe von 200 m als Beobachtungsstation stabil stationiert werden.
Eine wesentliche Verbesserung des Reaktionsantriebs versprach sich Dornier mit dem *Heißgas-Rotor,* der ab 1966 untersucht wurde. Statt kalter Pressluft sollte nun der heiße Abgasstrahl einer Gasturbine direkt durch den hohlen Rotormast in die Blätter und Blattspitzendüse geleitet werden. Davon erhoffte man sich eine Reduzierung der Verluste. Es wurde dann ab 1977 die gefesselte Rotorplattform Do 34 *Kiebitz* entwickelt. Diese bestand aus einem mobilen Trägersystem, d.h. einer autonomen, ferngesteuerten, gefesselten Rotorplattform und einer Bodenanlage. Die Rotorplattform sollte mit einer Nutzlast von 140 kg innerhalb weniger Minuten in einer Höhe von 300 m über Grund im Schwebeflug stationiert werden können. Als Nutzlast war ein GMTI-Radar vorgesehen, das dem deutschen Heer eine Gefechtsfeldüberwachung und eine Zielortung von bis zu 60 km ermöglichen sollte. Nach einer Regierungsvereinbarung mit Frankreich sollte das ORPHEE II GMTI Radar von LCT integriert werden. Das daraus entstehende System wurde *Autonomes Radar Gefechtsfeld Überwachungssystem* ARGUS genannt.
Die ARGUS-Entwicklung kam 1981 zur Truppenerprobung. Sie konnte aber die Erwartungen des BMVg und des Heeres, wegen unzureichender Flughöhe, nicht erfüllen. *ARGUS* wurde anfangs der 80er Jahre eingestellt.
Der dann folgende Vorschlag eines ungefesselten *ARGUS II* wird 1983/84 vom BMVg abgelehnt. Obwohl das deutsche Heer den Nutzen der abstandsfähigen Bewegtzielentdeckung und -verfolgung früh erkannte und vorantrieb, geriet diese Pionierleistung eines unbemannten GMTI-Systems mit dem Abbruch des *ARGUS* in Vergessenheit.

Dornier ARGUS/ Kiebitz mit ORPHEE II GMTI-Radar (ohne Radarverkleidung). (Dornier GmbH)

Marinefliegergeschwader
Am 19. März 1958 wurde die erste Mehrzweckstaffel des späteren Marinefliegergeschwaders 1 (MFG 1) in Lossimouth, Schottland, in Dienst gestellt. Bereits im März 1957 war dem Kommando der Marineflieger die Aufstellung dieser 1. Marinefliegergruppe befohlen worden[99]. Im Februar 1958 begann die Beschaffung der ersten HAWKER *Sea Hawks.* Die *Sea Hawk* 100 war eines der ersten strahlgetriebenen Hawker Kampfflugzeuge. Sie war für den Flugzeugträgereinsatz ausgelegt und hatte sich bei der Royal Navy bewährt. Flugzeugführer und Techniker der Bundeswehr waren zuvor in England ausgebildet worden. Am 22. Juli 1958 wurden die ersten *Sea Hawks* auf den Marinefliegerhorst Jagel bei Schleswig verlegt. Es dauerte dann bis zum 1. September 1961, bis dort die

FAIREY Gannet. (K. Zuckermann)

erste Aufklärungsstaffel der Marine mit der *Sea Hawk* einsatzbereit erklärt wurde. Schon im Jahre 1963 ersetzte die Marine die *Sea Hawk* durch den *Starfighter* F-104G, der ebenfalls eine Aufklärungskomponente erhielt. Die F-104 der Marine wurde bis zu ihrer Ablösung, durch den *Tornado* am 2. Juli 1982, geflogen. Mit der Übernahme der Marine-Tornados im Jahre 1993 durch die Luftwaffe ist seither in Jagel das Aufklärungsgeschwader (AG 51) stationiert. Neben der *Sea Hawk* beschaffte die Marine 1962 die FAIREY *Gannet* für die U-Jagd und stationierte diese auf dem Fliegerhorst Westerland auf Sylt beim Marinefliegergeschwader 2 (MFG 2).

In Nordholz, bei Cuxhaven, erfolgte am 1. Juli 1964 die Aufstellung des Marinefliegergeschwaders 3 (MFG 3 *Graf Zeppelin).* Von Nordholz aus wurden, wie bereits erwähnt, im 1. Weltkrieg 42 Zeppeline der damaligen Kaiserlichen Marine insbesondere gegen die englischen U-Boote eingesetzt. Bis 2005 beheimatete das vielseitigste Einsatzgeschwader der Bundeswehr die Waffensysteme Breguet (BR) 1150 *Atlantic* MPA, BR 1150 *Atlantic* Messversion *Peace Peek,* Westland MK 88A Sea Lynx, Dornier Do 228 LM und LT. Die Aufgaben des Geschwaders umfassen unter anderem die Seeraumüberwachung und Aufklärung, U-Boot-Suche und Bekämpfung, militärischer Such- und Rettungsdienst (SAR), Fernmelde- und elektronische Aufklärung (FmEloA) und luftgestützte Überwachung von Meeresverschmutzungen.

Nach dem Ende des Kalten Krieg waren von den ehemals 15 Breguet 1150 Atlantic MPA seit 1990 noch 12 fast ununterbrochen im Einsatz. Es begann mit der Seeraumüberwachung im Mittelmeer während des Golfkrieges *Desert Storm* und es folgten Einsätze in der Adria vor der ehemaligen jugoslawischen Küste (vom Sommer 1992 bis Sommer 1996) fast permanent von Sardinien und danach bis 2002 mit reduziertem Umfang von Nordholz aus. Als nächstes Ereignis kam es dann zum Einsatz im Rahmen *Enduring Freedom* von Mombasa in Kenia zur Unterstützung der deutschen Flotte im Bereich des Horns von Afrika. Im Jahr 2006 wurden die mittlerweile 40 Jahre alten BR 1150 Atlantic durch die P-3C der niederländischen Marine ersetzt.

Die Bundeswehr begann versuchsweise bereits im Sommer 1962 mit der luftgestützten Funkerfassung. Als Plattform diente zunächst eine Hunting *Pembroke C. Mk. 54.* Das Fernmelde-Lehr- und Versuchsregiment 61 führte die Tests mit Empfängern von Rohde & Schwarz und mit Unterstützung durch Erfassungspersonal vom FmSKt S in Feuchtwangen durch. Die Testflüge wurden entlang der innerdeutschen und der tschechischen Grenze geflogen, um russische, tschechische und deutsche (NVA) Sprechfunkverkehre zu erfassen[158]. 1963 beginnt der Aufbau der Fernmeldetürme und im Februar 1967 beteiligt sich die Luftwaffe erstmals an einem Aufklärungseinsatz auf Flottendienstbooten der Marine in der Ostsee. Nach Beendigung der Planungen für eine gemeinsame luftgestützte Erfassungskomponente FmElo Aufkl von Marine und Luftwaffe erhielt 1968 E-Systems, Greenville, Texas, den Auftrag zur Entwicklung, Herstellung und Installation der Erfassungsausrüstung für fünf BR 1150 *Atlanic* ATL1, die die Zusatzbezeichnung *Peace Peek* erhielten. Diese wurden ab November 1971 von Nordholz (MFG 3) aus eingesetzt. Sie unterschieden sich von der MPA-Version nur geringfügig, indem sie einen schwarzen Radom unter dem Rumpf und zusätzlichen Antennen auf den Tragflächen tragen. Ebenfalls wird im April 1971 in Trier der Fernmeldebereich 70 eingerichtet, wobei die Fernmeldesektoren N in Osnabrück und S in Feuchtwangen mit der Zentrale für Funkanalyse in Porz-Wahn zusammengefasst werden. Alle Einsätze der BR 1150 Atlantic SIGINT werden in Trier beim Fernmeldebereich 70 geplant und ausgewertet.

Von den ursprünglich fünf Messversionen der BR 1150 Atlanic ATL1 zur Fernmelde- und elektronischen Aufklärung für das *Kommando Strategische Aufklärung* (KSA) waren im Jahre 2005 noch zwei Maschinen im Dienst. Während des Kalten Krieges lieferten diese Maschinen wichtige Beiträge zur Erfassung, Klassifizierung sowie Auswertung der Radaremissionen und der drahtlosen Fernmeldeverbindungen an der innerdeutschen Grenze. Von 1995 an wurden die Maschinen zur Unterstützung der Krisenreaktionkräfte und der internationalen Bemühungen zur Stabilisierung des Balkans eingesetzt. Der erste tatsächliche Kampfeinsatz des MFG 3 mit der SIGINT-Version der *Atlantic* fand im Frühjahr 1999 im Rahmen des *Allied Force*-Einsatzes statt. Bis 2010 sollen die beiden SIGINT-Luftfahrzeuge außer Dienst gestellt und durch fünf hochfliegende, unbemannte Luftfahrzeuge vom Typ Northrop Grumman Global Hawk RQ-4B ersetzt werden. Dieses *EuroHawk* genannte *High Altitude Long Endurance Unmanned Air Vehicle* (HALE UAV) der Luftwaffe ist mit seiner Flughöhe von über 18 km und der damit verbundenen großen Erfassungsreichweite sowie seiner über 30 Stunden Einsatzdauer der Breguet ATL1 M weit überlegen. Kommunikation und Vernetzung ermöglichen es, die Steuerung der Empfänger und Auswertung vollständig auf den Boden zu verlagern.

Republic RF- 84F Thunderflash. (USAF)

RF-84F Thunderflash[125]
Aufgabe der Aufklärungsverbände der deutschen Luftwaffe war es, im Konflikt ein Lagebild über Stärke, Absichten und Bewegungen eines Gegners herzustellen. Dies beinhaltet die abbildende Aufklärung von:
- Land- und Seestreitkräften
- Kampfanlagen
- Führungs- und Versorgungseinrichtungen und
- Feststellung der eigenen Waffenwirkung.

Die Aufklärungsgeschwader waren in Stab, mit Unterstellung in Fliegende Gruppe mit 1. und 2. Staffel, Technische Gruppe und Fliegerhorstgruppe untergliedert.
Die Aufklärungsgeschwader der Luftwaffe sind in die Kommandostruktur der NATO eingebunden. Nach dem Neuaufbau der Luftwaffe musste zunächst mit der Schulung von Besatzungen begonnen werden. Etwa ab 1959 wurde neben der Fliegerwaffenschule der Luftwaffe 10 auch die Waffenschule der Luftwaffe (WaSLw) 50 aufgestellt[26]. Erste Basis war Erding in Bayern, wo der Verband mit der Aufgabe betraut wurde, die Aufstellung der Aufklärungsgeschwader AG 51, 52, 53 und 54 zu unterstützen.
Aus Teilen des Verbandes ging am 10. April 1959 das Aufklärungsgeschwader 51 mit der Republic RF-84F *Thunderflash* hervor. Zunächst teilte man sich den Standort Erding, bis das neue Geschwader in das nahe Manching bei Ingolstadt umzog. Zur gleichen Zeit gründete die Luftwaffe aus der 2. Staffel der Waffenschule 50 das nächste Aufklärungsgeschwader, das AG 52. Dieses wurde ebenfalls mit der RF-84F ausgerüstet und im Oktober 1960 nach Eggebeck in Schleswig Holstein verlegt.
Republic Aviation Corporation entwickelte die RF-84F spezifisch für die taktische Fotoaufklärung. Dies erforderte eine vollständige Umentwicklung. Der Vorläufer, der Jagdbomber F-84 verfügte noch über gerade Flügel und war damit gegen die MiG-15 im Koreakrieg ohne Chance. Republic änderte das Flugzeug komplett und rüstete es mit Pfeilflügel und einer vollständig modifizierten, verlängerten Nase aus, um die vorwärts-, seitwärts- und abwärtsblickenden Reihenbildkameras im Flugzeugbug unterzubringen. Der zentrale Triebwerkseinlauf musste in die Flügelwurzeln verlegt werden. Der Pilot erhielt eine Zusatzaufgabe als Kameramann und wurde zusätzlich mit einem *Viewfinder* und einer Kamerabedieneinheit ausgerüstet.
Die Produktion der Maschinen begann im März 1954. Es wurden in den USA insgesamt 715 Republic RF-84F *Thunderflash* Aufklärer gebaut, wobei davon 386 von den Alliierten und hiervon 108 von der Luftwaffe beschafft wurden.

Fiat G.91 R/3 Gina
Am 10. Oktober 1960 wurde in Erding das Aufklärungsgeschwader 53, ausgerüstet mit Fiat G.91 R/3 *Gina,* aufgestellt, welches aber bereits 1962 nach Leipheim verlegte. Zuletzt wurde am 1. April 1962 das Aufklärungsgeschwader 54 in Erding, ebenfalls mit Fiat G.91 R/3, aufgebaut, das aber im Dezember 1962 nach Oldenburg umsiedelte. In der Rumpfspitze waren bei der Fiat G.91 R/3 drei 70 mm Reihenbildkameras für Front- und Schrägsichtaufnahmen eingerüstet. Die noch vorhandenen RF-84F wurde an andere NATO-Nationen im Rahmen der Militärhilfe weitergegeben.

RF-104G
Die Einführung der RF-104G in der Aufklärerrolle erfolgte ab 1963 sowohl bei der Luftwaffe als auch bei

der Marine. Die Maschinen waren weitgehend mit der F-104G identisch. Um jedoch die optische Sensorausrüstung unterbringen zu können, musste die gesamte Maschinenkanonenanlage ausgebaut werden. Die Sensorausrüstung bestand aus drei Leica Kameras, die das Gelände unter dem Flugzeug in einen Winkel von 120°, d.h. bis zu 60° links und rechts des Flugwegs, erfassen konnten. Die Installation des Sensorpakets erforderte vom Piloten den direkten Zielüberflug. Die optische Kameraausrüstung erlaubte nur Aufklärungsflüge bei Tag und guter Sicht. Es waren zwar Überlegungen zu einem Sensorpod (ähnlich dem aktuellen *Recce Pod* von Tornado) angestellt worden, wobei der damals geplante IRLS-Sensor Tag- und Nachteinsätze möglich gemacht hätte. Aber dieses Vorhaben wurde nie realisiert.
Insgesamt haben die fünf beteiligten Industriepartner von der Arbeitsgemeinschaft (ARGE) F-104, die an der Herstellung beteiligt waren, 189 RF-104G gebaut. Die niederländische und die italienische Luftwaffe flogen ebenfalls die RF-104, aber mit dem *Red Baron* Recce Pod.
Die deutsche Luftwaffe verwendete die RF-104 in den Aufklärungsgeschwadern 51 *Immelmann* und AG 52. Jedoch waren auch einige Maschinen der WaSLw 10 in Jever (dem heutigen JaboG 38) zur Pilotenschulung überstellt. Die Dienstzeit der RF-104G endete jedoch bei den Aufklärungsgeschwadern schon nach 8 Jahren. Wesentlicher Grund war die unzureichende Leistung in der Aufklärungsrolle. Ersetzt wurde die RF-104G im Jahre 1971 durch das erste vollwertige Aufklärungssystem der Luftwaffe, der RF-4E Phantom II.
Es ist zu bemerken, dass in dieser Zeit des RF-104 G Einsatzes die Aufklärung des nahen und mittleren Bereiches des Heeres von den Lw Aufklärungsfähigkeiten abhing, die aber Tageinsatz und gutes Wetter voraussetzten. Eine taktische Aufklärung über 24 Stunden war also in Realität bei der Luftwaffe bis zur Einführung der RF-4E Phantom II nicht vorhanden.
Ebenfalls in dem Zeitrahmen des RF-104 G Betriebs fiel eine weitere Erprobung einer luftgestützten SIGINT Erfassungskomponente der Luftwaffe. Die Flugvermessungsstaffel des Fernmelde-Lehr- und Versuchsregiments 61, in Lechfeld, betrieb mit vier Maschinen des Typs DOUGLAS C-47 D (Militärversion der DC-3) unter der Deckbezeichnung *Schwarze Drossel,* mit Empfängern von Rohde & Schwarz und Telefunken, einen Testbetrieb entlang der innerdeutschen Grenze. Dabei waren je zwei Maschinen für den ELINT- und den COMINT-Betrieb ausgerüstet[158].

CL-89

Das deutsche Heer beschaffte von Canadair Ltd., Montreal, ab 1968 ein unbemanntes Fluggerät, die Drohne AN/USD-501 bzw. CL-89, zur Gefechtsfeldaufklärung für den Nahbereich, d.h. für die Divisionsebene, und zwar zusammen mit Italien und UK. Die Entwicklung der Drohne begann 1961 im Auftrag der kanadischen Regierung. Bis 1976 wurden mehr als 500 Drohnen produziert[27].
Die CL-89 ist eine Canard gesteuerte Drohne mit Kreuzleitwerk und Turboluftstrahltriebwerk (Williams Research WR2-6). Der Start erfolgte mittels Startrakete (mit einem Bristol Aerojet Wagtail Rocket

RF-104 G Starfighter. (EADS)

Booster) von einem kurzen Launcher aus, der auf einem LKW installiert war. Die Flügelspannweite der Drohne betrug 94 cm, der Rumpfdurchmesser 33 cm, die Gesamtlänge 3,73 m inkl. Booster bzw. 2,60 m ohne Booster. Das Nutzlastgewicht war auf 15,1 kg begrenzt, bei einem maximalen Startgewicht von 156 kg mit bzw. 108 kg ohne Booster. Die Geschwindigkeit im Marschflug lag bei etwa 740 km/h (Mach 0,6). Etwa 2,5 sec nach dem Raketenstart erfolgte die Boostertrennung. Flugwegsteuerung und Sensoreinsatz (RbK oder IRLS) waren vorprogrammiert. Zur Landung, nach einer letzten Positionsfeststellung durch einen Homing Beacon, wurde die Drohne durch einen Hilfs-Fallschirm *(Drogue-Chute)* abgebremst, bevor sich der Hauptfallschirm entfaltete. Während des Abstiegs konnte die Drohne dann durch den Fallschirm in der Luft so auf den Rücken gedreht werden, dass die Sensoren bei der Landung geschützt waren. Zur Dämpfung des Landestoßes fuhren automatisch am vorderen- und hinteren Segment der Drohne Luftkissen aus. Durch einen bodenseitigen *Homing Beacon* positionierte sich die Drohne im letzten Teil der Flugphase, um eine hohe Landegenauigkeit zu garantieren.

Zur Flugführung wurden Flugweg und -höhe sowie das Sensor Ein/Aus-Kommando von einem vor dem Flug eingestellten mechanischen Programmer gesteuert, der die Information über den zurückgelegten Weg von einer bordgestützten *Air Data Measuring Unit* (ADMU) erhielt. Er kombinierte diese mit der Eventsteuerung des eingegebenen Programms und steuerte so den Kurs. Zur Lagehaltung diente ein Lagekreisel und zur Kurssteuerung ein Kurskreisel als Referenz. Anfangs wurde ein elektromechanischer Programmer verwendet, der jedoch später durch einen elektronischen Programmer von Dornier ersetzt wurde.

Als Nutzlast dienten zwei Sensoren, die alternativ genutzt werden konnten, und zwar das KRb 8/24 Kamera System von Carl Zeiss, Oberkochen und das Hawker Siddeley Dynamics Type 201 *Infrared Linescan* (IRLS) System. Die Auswertung erfolgte in einem mitgeführten Shelter, der mit einem Leuchttisch zur Luftbildauswertung ausgestattet war.

Korps-Aufklärungsdrohne (KAD) und Aerodyne

Bei der Entscheidung zur Einführung der CL-89 war klar, dass die deutsche Heeresaufklärung eine Lücke im mittleren Bereich aufweist, und zwar genau in dem Feuerbereich der damals wirksamsten Waffen des Korps, der Artillerierakete *Sergeant* und anderer mittleren Artillerieraketen. Die Schließung der Aufklärungslücke im mittleren Bereich konnte nur durch ein allwetterfähiges Tag und Nacht einsetzbares Luftaufklärungssystem erfolgen. Die Situation mit den Einschränkungen der RF-104G war bekannt und vom Heer nicht zu akzeptieren.

Dornier erhielt 1966 den BMVg-Auftrag zu einer Durchführbarkeitsstudie für eine *Korps-Aufklärungsdrohne* (KAD) zur Gefechtsfeldüberwachung und Zielakquisition im mittleren Bereich des deutschen Heers, d.h. von 75 bis 150 km vor dem vorderen Rand der Abwehr (VRA). Nach den taktischen Forderungen (TAF) sollte die KAD, ein strahlgetriebenes unbemanntes Fluggerät, mit Mach 0,85 (d. h. 1000 km/h) im Tiefflug in etwa 100-1000 m Höhe über Grund penetrieren und dabei einen Gesamtflugweg von 400 km zurücklegen können. Start und Landungen sollten in bis zu 1000 m Höhe erfolgen. Ausgerüstet mit einer Reihenbildkamera von Zeiss, einem IRLS von Hawker Siddeley oder einem hochauflösenden SAR/SLAR Sensor (UPD-4 Variante) von Goodyear, Phoenix, Arizona, sollte sie sowohl der Forderung nach Hochauflösung als auch nach Allwetterfähigkeit bei Tag und Nacht nachkommen. Als Umrüstzeit zwischen den Sensorpaketen waren weniger als 10 min. gefordert. Das System sollte voll mobil und unabhängig von der Infrastruktur sein.

Aerodyne Erprobung auf der Hubinsel Barbara bei Eckernförde. (Dornier GmbH)

Zwischen 1968 und 1969 folgte die Definitionsphase und im Jahre 1969 der Beginn der Entwicklung. Die Forderung nach kurzer Reaktions- und Antwortzeit (25 bzw. 70 min.) führte zu einem Boosterstart und extrem hohen Forderungen an die Landegenauigkeit im Bereich der Bodenstation. Als *Reaktionszeit* ist die Zeit zwischen Auftragseingang bei der Flugplanung bis zum Start definiert. Demgegenüber wurde unter dem Begriff *Antwortzeit* die Zeit zwischen Auftragseingang und Vorlage des Ergebnisses *(Hot Report)* verstanden. Um diese Forderungen zu erfüllen, entschied man sich für eine Senkrechtlandung, d.h. für eine hubschrauberähnliche Rotorlandung. Es war vorgesehen, dazu den gesamten Leitwerksteil, mit Höhen- und Seitenleitwerk, in einen Rotor zu verwandeln. Das System sollte voll mobil und unabhängig von einer Infrastruktur sein. 6 Aufklärungsstaffeln wurden geplant, wobei eine Aufklärungsstaffel aus 6 Lenkflugkörpern (LFK) und aus der mobilen Bodenanlage für Flugplanung (Flugweg und Sensorstrecke) und Bildauswertung sowie für Wartung und Instandsetzung bestehen sollte. Es war eine Einsatzfrequenz von 1 Flug/h pro Staffel vorgesehen. IRLS- und SAR/SLAR-Daten sollten durch eine Datenfernübertragung zur Bodenstation übermittelt werden, um die Antwortzeit zu verkürzen. Um die Flugführung vor Störungen von außen zu schützen, war kein Uplink vorgesehen. Der LFK sollte mit einem Bordrechner ausgestattet werden, der in der Missionsplanung vorprogrammiert werden und im Flug als Autopilot dienen sollte. Für die Navigation war eine INS von Litef, Freiburg, vorgesehen. Kurs- und Höhenänderungen sowie Schaltbefehle für die Sensorsteuerung sollten in der Missionsplanung erarbeitet und in das Flugprogramm des Missionsrechners zur Flugwegsteuerung übernommen werden.

Das Projekt wurde am 20. Juli 1970 abgebrochen, da die Luftwaffe mit der Phantom RF-4E zukünftig auch den Heeresbedarf für den mittleren Bereich abzudecken versprach.

Auch an schnell fliegenden, senkrecht startenden und landenden Drohnen wurde experimentiert. Der *Aerodyne,* eine Drohne nach der Idee von Alexander Lippisch, einem der deutschen Flugzeugpioniere noch vor dem Zweiten Weltkrieg, wurde gebaut und im Schwebeflug erprobt. Der Aerodyne erzeugte im Wesentlichen seinen Auftrieb durch einen Ringflügel mit steuerbaren Umlenkklappen, mit der er auch hohe Fluggeschwindigkeiten erreichen konnte. Nach erfolgreichem Schwebeflug wurde das Projekt jedoch wegen Geldmangels eingestellt.

McDonnell RF-4E Phantom II.
(Deutsche Luftwaffe)

Phantom RF-4E

Die McDonnell Douglas RF-4E *Phantom II* war das erste Aufklärungssystem der Luftwaffe mit Allwetterfähigkeit und der Fähigkeit tief zu penetrieren. Die Luftwaffe bestellte die RF-4E im Januar 1969 und am 20. Januar 1971 übernahmen das Aufklärungsgeschwader AG-51 *Immelmann* in Bremgarten, bei Freiburg und am 17. September 1971 das AG-52 in Leck, Schleswig Holstein, je 42 Phantom RF-4E.

Die Flugzeuge waren mit Reihenbildkameras für Vorwärts- und Panoramaaufnahmen im Bug ausgestattet. Dabei war in *Bay 1* entweder eine Fairchild KS-87B oder eine KS-72 untergebracht. In *Bay 2* konnten drei KS-87 oder alternativ paarweise KS-72 oder KS-87 Kameras installiert werden. In die *Bay 3* wurde entweder eine KA-91 oder eine KS-55A oder zwei KS-87 Kameras eingebaut. Alternativ konnte in *Bay 3* auch eine KC-1 oder eine T-11 Kartierungskamera mitgeführt werden. Für Nachteinsätze waren bei der RF-4E Blitzlichtkartuschen vorgesehen, die vom Flugzeugheck per Ejektor ausgestoßen werden konnten.

Die RF-4E der Luftwaffe waren mit einem Luft-Boden Datenübertragungssystem und mit einer Filmentwicklung an Bord ausgestattet. Die entwickelten Filme konnten mit einer Kassette ausgestoßen werden, sodass Kommandeuren auf dem Gefechtsfeld theoretisch eine schnelle Echtzeitbildauswertung zur Verfügung stand.

Weitere Sensoren wie die AAS-18A IRLS und eine verbesserte Version des Goodyear UPD-4 SLAR, das UPD-6 oder AN/APD-11, waren in einem *Centerline Pod* mit fest installierten seitwärtsblickenden Antennen untergebracht[28].
Die ersten luftgestützten Synthetic Aperture Radarsysteme, die in der Mitte der 50er und in den frühen 60er Jahre entwickelt wurden und zu denen UPD-6 auch gehörte, verwendeten zur Bilderzeugung ein Verfahren, das optische Prozessierung genannt wurde. Dazu wurde ein intensitätsmodulierter Abtaster eingesetzt, der das kohärente Video-Eingangssignal des Radars in einem zweidimensionalen Rasterformat fotografisch auf Film aufzeichnete. Nach der Filmentwicklung am Boden wurde der Film mit kohärentem LASER-Licht durchleuchtet und mittels eines Linsensystems auf einen zweiten Film fokussiert, und zwar in einer Weise, dass Entfernungs- und Dopplerinformation, die im aufgezeichneten Video enthalten waren, in ein Bild verwandelt wurde. Der zweite Film enthielt dann die gewünschte SAR-Bildinformation. UPD-6 war geeignet sowohl hochauflösende Radar-Karten (Swath) links und/oder rechts des Flugwegs zu erstellen als auch sich bewegende Ziele, die eine Annäherungsgeschwindigkeit von mindestens 5 Knoten (9,25 km/h) aufwiesen, zu erfassen.
Die Radarechosignale wurden an Bord empfangen, auf Datenfilm gespeichert oder mit dem Luft-Boden Datenlink System übertragen und am Boden ausgewertet. Der große Vorteil dieser damals streng geheim gehaltenen Radaraufklärung lag vor allem in der uneingeschränkten Allwetterfähigkeit sowie in der großen Reichweite von bis zu 70 nm (ca. 130 km) im Hochflugeinsatz und im Entfernungsbereich zwischen 30 und 50 kft (d.h. zwischen 9 und 15 km) bei niedriger Flughöhe. Ursprünglich waren die Radarantennen links und rechts in der Fotonase eingebaut. Die Baugruppen für die Datenübertragung musste man aus Platzgründen extern unterbringen. Dazu wurde ein Centerline-Fuel-Tank verwendet, der auch später mit der Radar-Antennenanlage ausgerüstet wurde.
Im Hochflugeinsatz bei mehr als 11 km Höhe ergab sich bei der maximalen Radarreichweite von 70 nm ein Abbildungsmaßstab von 1:400 000. Die Streifenbreite betrug im Hochflug, abhängig von der Betriebsart, 20 bzw. 40 nm (37 km bzw. 74 km). Bei einer Streifenbreite im Hochflug von 20 nm, wurden die Bewegtziele von den ortsfesten Zielen getrennt und auf unterschiedlichen Filmkanälen aufgezeichnet. Der Signalinhalt des Radarfilms konnte weit über zweihundert Kilometer zu einer Bodenstation übertragen werden. In dieser kabinengestützten *Datenübertragungsstation* (DüStn) wurde das Sensorprodukt aufbereitet, ausgewertet und als Bild-Report dem Auftraggeber übermittelt. Beim Einsatz im Tiefflug, d.h. in etwa 0,5 bis 6 kft Höhe (d.h. zwischen 150 m und 1,8 km) reduzierte sich die Reichweite auf ca. 10 nm (18,5 km), bei einem Abbildungsmaßstab von 1:200 000 und 5 nm (9,25 km) Streifenbreite. Bei dieser geringen Flughöhe war, wegen der Abschattung, die Verwendung der Datenübertragung praktisch nicht möglich. Die Luftwaffe betrieb drei DüStn (Süd, Mitte, Nord). Diese DüStn sollten entsprechend der Einsatzplanung von den Stützpunkten der AGs disloziert werden. DüStn Nord verblieb jedoch bei dem AG 52 in Leck.
GMTI und FTI Aufzeichnung auf Film war auch im Tiefflug möglich, wobei die Antenne nur nach einer Seite ausgerichtet war. Die UPD-6 Ära erlebte das Ende der RF-4E nicht mehr. Die gesamte Ausrüstung wurde einige Jahre vor der Auflösung der RF-4E Verbände an die türkische Luftwaffe, im Rahmen der Verteidigungshilfe, übergeben. Die Qualität der Aufklärungsprodukte (Auflösung, Rauschen) war nicht mehr auf der Höhe des technischen Fortschritts. Dennoch wurden zwischen 1973 bis 1992 insgesamt 4344 SLAR-Einsätze geflogen.
Im Rahmen des *Peace Trout* Programms ließ das BMVg eine RF-4E mit einem ELINT-System ausrüsten, das auf dem Radarwarnempfänger APR-39 der Firma E-Systems, Greenville, Texas, basierte. Dazu wurden in der Rumpfnase anstelle der Kameras die Empfänger untergebracht. Diese RF-4E Version unterschied sich von den Versionen mit bildgebenden Sensoren durch deutliche Ausbuchtungen für die ELINT-Antennen im Bereich der Zugangsklappen für die Kameras.
Ab 1978 erfolgte eine umfassende Modernisierung der Aufklärungssysteme sowie der Selbstverteidigungsanlagen. Darüber hinaus sollten die Maschinen als Sekundärrolle mit einer gewissen Luftangriffsfähigkeit ausgestattet werden. In einem KWS-Programm wurden bis 1982 alle RF-4E durch Messerschmitt-Bölkow-Blohm (MBB) mit einem Waffenablieferungssystem ausgestattet, das einen Recce Strike

Einsatz mit bis zu 6 BL-755 Streubomben oder ähnlichen Lasten an den neu installierten Pylonen zuließ. Ebenfalls wurden modernere Kameras eingesetzt und zum Selbstschutz ein Tracor AN/ALE-40 *Chaff Dispenser* eingebaut.

In den Jahren 1993/94 sind sowohl das AG 51 *Immelmann* in Bremgarten als auch das AG 52 in Leck aufgelöst worden. Die RF-4E Phantom II der Luftwaffe wurden an die beiden NATO-Partner Türkei und Griechenland, im Rahmen der Militärhilfe, übergeben. Das AG-51 wurde nach Jagel verlegt und erhielt den Recce Tornado mit Sensorpod.

Erwähnenswert ist, dass im Zusammenhang mit der Verwendung des UPD-6 Radars die Regierungen der Nutzerländer USA, Großbritannien und Deutschland ein *SAR/SLAR-Steering Committee* eingerichtet haben, das jährlich eine gemeinsame Sitzung abhielt und bei dem Erfahrungen im Bereich der allwetterfähigen Aufklärung ausgetauscht wurden. Diesem Komitee trat später auch Kanada bei. Zu diesen Sitzungen wurden die einschlägige Industrie und die Forschungsinstitute der Nutzerländer eingeladen und es entwickelte sich im Laufe der Zeit ein interessanter Dialog, auf dem die neuesten Erkenntnisse und Ergebnisse der Forschung und Entwicklung auf dem Gebiet der Radartechnologie, der Prozessierung und der Auswertung, aber auch Einsatzerfahrungen vorgetragen wurden.

CL-289

Nachdem das deutsche Heer Anfang 1972 feststellen musste, dass die echtzeitnahe bildgebende Aufklärung im mittleren Bereich, d.h. im Verantwortungsbereich des Korps durch die RF–4E der Luftwaffe nicht geleistet werden konnte (u.a. wegen nicht ausreichender *Reaktions-* und *Antwortzeiten),* begann erneut die Diskussion über ein eigenständiges System. Im BMVg wurde die Entwicklung eines Gefechtsfeld-Aufklärungsdrohnensystems für das Heer beschlossen. Das Ergebnis war die AN/USD 502 bzw. die CL-289. Hierbei handelt es sich um ein Gemeinschaftsprogramm der Bundesrepublik Deutschland mit Kanada unter Beteiligung Frankreichs bzw. auf Industrieseite von Dornier, Canadair und SAT. Das System sollte die damaligen militärischen Heeresforderungen an die Lageaufklärung und Zielortung sowie an die Wirkungsabschätzung im Bereich der mittleren Eindringtiefe (bis 150 km) erfüllen. Dabei

Canadair/Dornier CL-289 Start. (Dornier GmbH)

sollte die Drohne tiefflugfähig sein und eine Reichweite von 400 km abdecken. Bei der Auslegung des Systems sollten die praktischen Erfahrungen, die man mit dem früheren Aufklärungsdrohnensystem AN/USD 501 (der CL-89) gemacht hatte, berücksichtigt werden.

Der Weg, der von der Entscheidung zur Entwicklung und Beschaffung sowie zum Betrieb der CL-289 führte, war lange und mühsam. Dieser Akquisitionsprozess war typisch für multilaterale Entwicklungen, auch in der Zeit des Kalten Krieges, insbesondere in Europa.

Im Februar 1972 begannen bei Dornier neue Studien zur Gefechtsfeldaufklärung im mittleren Bereich, und zwar zunächst auf der Basis der früheren *Taktischen Forderungen* (TAF) für die KAD. Mehrere Drohnenvarianten wurden analysiert, u.a. sowohl eine gestreckte als auch eine geometrisch skalierte Version der CL-89 sowie der *Aerodyne* und eine KAD-Version mit Fallschirmlandung. Schnell wurde aber erkannt, dass Abstriche von den taktischen Forderungen der KAD erforderlich waren, wie z. B. bei der Allwetterfähigkeit, Punktlandung und der zulässigen Informationsveraltung.

Bereits im März 1972 signalisierte die kanadische Regierung erstes Interesse. Voraussetzung war eine 50%-Beteiligung der Bundesrepublik an der Entwicklung, als Off-Set für die Stationierungskosten kanadischer Truppen in Deutschland. Auf der Industrieseite kam es im Mai 1972 zur ersten Kontaktaufnahme zwischen Dornier und Canadair Ltd. (heute Bombardier) in Montreal. Bereits am 19. Juni 1972

gab das BMVg seine Vorentscheidung für eine CL-289 (d.h. zur skalierten Version der CL-89, Vers. 2) bekannt. Auf der Basis eines Letter of Intent (LOI) des BMVg erstellte die Industrie daraufhin am 18. Juli 1972 eine erste Entwicklungskostenschätzung von ca. 100 Mio. DM für die Version 2. Bereits am 3. August 1972 wurden die militärischen Forderungen an die Kamera und an den Infra Red Line Scanner (IRLS) herausgegeben, wobei zu diesem Zeitpunkt beim IRLS noch an einen Seriensensor von Hawker Siddeley Dynamics (HSD) gedacht wurde.
Am 8. August 1972 wurde ein Kooperations-MOU zwischen Dornier und Canadair unterzeichnet. Dabei blieb noch offen, ob Version 1, die gestreckte CL-89 mit neuen Sensoren aber altem Nutzlastgewicht oder die Version 2, eine skalierte CL-89 mit 25 kg Nutzlastgewicht weiterverfolgt werden sollte. Bei Canadair lag die Präferenz eindeutig bei Version 1. Wogegen Dornier die vom BMVg bevorzugte Version 2 unterstützte. Obwohl die Konfiguration noch nicht feststand, kam es zu einer ersten Workshare Festlegung, wobei Dornier für den Anteil ab dem hinteren Kamera-Spant der Drohne zuständig sein sollte.
Am 23. November 1972 fand die erste gemeinsame Präsentation von Canadair und Dornier im BMVg in Bonn statt. Eine neuerliche Kostenschätzung ergab nun etwa folgendes Bild für die Entwicklung, Prototypenfertigung, Bau von 10 Versuchsmustern und Beschaffung der Sensoren, und zwar für die gestreckte Version 79 Mio. DM bzw. für die skalierte Version 89 Mio. DM. Hierbei waren die umfangreichen Bodenanlagen noch nicht einbezogen worden. Die skalierte Version war also teurer, aber auch flexibler.
Im Dezember 1972 fiel die Entscheidung zur Einrichtung eines Project Management Office (PMO) für die Regierungsvertreter in Ottawa. Im März 1973 wurde das deutsch/kanadische Regierungs-MOU abschließend verhandelt. Die *Militärisch Technische Zielsetzung* (MTZ)[109], das Grundlagenpapier des BMVg für die Definitionsphase, lag bereits im Entwurf vor.
Ein neuer Vertragsentwurf für die Definitionsphase mit Änderungen bezüglich der Überlebenswahrscheinlichkeit, neue Forderungen des *Musterprüfwesens der Bundeswehr für Luftfahrtgerät* (MBL), insbesondere mit Vorgaben zum Betrieb der CL-289 auf Truppenübungsplätzen und zur deutschen Logistik, kamen etwas verspätet am 8. Mai 1973 heraus.
Im Juni 1973 erfolgte die Unterzeichnung des deutsch/kanadischen Regierungs-MoU zur Implementierung einer gemeinsamen Projekt-Definitionsphase. Gleichzeitig begann auch die technische Zusammenarbeit mit der Einrichtung eines gemeinsamen Canadair/Dornier-Teams bei Canadair in Montreal. Die Vorarbeiten der Industrie waren so weit vorangeschritten, dass erste Windtunnel Tests beim NRL, Ottawa, stattfinden konnten, die die Grenzen der Skalierung aufzeigten.
Am 30. Juni 1973 wurde die MTZ unterzeichnet. Ab etwa 1. März 1974 startete bei der Industrie die Transitionsphase, d.h. der Übergang von der Definition in die Entwicklung. Im Juni 1975 wurden die *Militärisch Technischen Wirtschaftliche Forderungen* (MTWF) erstellt und damit war der Weg offen für das Regierungs-MOU zur Entwicklungsphase. Ein gemeinsames Angebot für die Entwicklung wurde erstellt; verbunden mit einer Überarbeitung des Workshare. Der Airborne Computer wurde z. B. Dornier-Anteil. Ein Bordrechner, auf der Basis der hauseigenen modularen Elektronik-Hardware (MUDAS) sowie die Software (SW) Entwicklung in Assembler, wird vorgeschlagen. Die Flugführung und die Doppler-Navigation übernimmt Canadair. Die geforderte Genauigkeit an die Doppler-Navigation stellte sich zu Beginn der Entwicklung als eine der großen technischen Herausforderungen an die CL-289 heraus.
Im Juni 1976 erhielt die Industrie den Entwicklungsvertrag vom *Joint Project Office* (JPO) in Ottawa, mit Canadair Ltd. als Hauptauftragnehmer und Dornier als Main Subcontractor.
Frankreich bekundete schon seit längerer Zeit Interesse an einer Beteiligung bei der CL-289-Entwicklung und so kam es im März 1977 zu einem trilateralen Regierungs-MoU. Firma SAT in Paris wird *Prime Contractor* in Frankreich und wird für die Entwicklung des IRLS (Corsaire), der Data Link (Transmitter-Encoder) zur Echtzeitübertragung von IR-Bildern zum Boden und für die Aufzeichnung der IR-Information auf einen *Dry Silver Film* am Boden verantwortlich. Die Übertragungsreichweite der Data Link liegt bei etwa 75 km. Zur Aufzeichnung der IR-Information an Bord der Drohne wurde ein Film mit 7 cm Breite mit einer LED belichtet. Als französische Systemfirma für alle an das französische Heer zu liefernden Systemanteile benennt das französische Amt DGA die Firma Aerospatiale.

Die Entwicklungsarbeiten schreiten nun schnell voran und bei Canadair und Dornier beginnen Komponentenversuche sowie die Integration funktioneller Modelle, mit der Qualifikation auf Baugruppenebene und die Integration von Prototypen für die Firmenversuche, die noch im Jahre 1978 stattfanden. 1979 startete die Produktion von HW/SW für den *Roll out* und damit konnte die Industrieerprobung beginnen.

Am 11. Januar 1980 fand der erste Flug der Drohne CL-289 in *Yuma Proving Grounds* (YPG), Arizona, statt. Von Januar bis März 1981 folgten weitere 31 Industrieflüge, der Beginn der E-Stellenerprobung und der Truppenversuch (CE/TT). Zwischen Okt.1981 bis Mai 1983 werden 34 CE/TT – Flüge in YPG durchgeführt. Die US-Army zeigte Interesse und so kommt es dort am 8. und 9. November 1982 zur Demonstration der CL-289 vor der US-Army. Die kanadische Regierung ließ aber schon zu diesem Zeitpunkt erkennen, dass sie sich nicht an einer Beschaffung der CL-289 beteiligen möchte.

Eine Canadair/Dornier Vereinbarung, über den Hauptauftragnehmer Canadair in der Produktions- und Nutzungsphase, wurde als Lösung für die festgefahrenen Regierungsgespräche von den Parteien akzeptiert. Im März 1984 wurde die Erklärung der technischen Einführungsreife erteilt und damit wurden technische Änderungen zur Vorbereitung der Bestätigungsflüge eingeleitet.

Es folgen Ausschreibungen für das *Missionsplanungsfahrzeug* (MPF) und die *Luftbildauswerteanlage* (LBAA) sowie eine abschließende Definition der Änderungen und der Vorbereitung der B-Flüge. Dornier gewann die Ausschreibung für MPF und LBAA. Die Drohne fliegt entsprechend der Missionsplanung den Flugweg nach vorprogrammierten Wegpunkten ab und schaltet die Sensoren rechnergesteuert an bestimmten Punkten ein und aus. Dies gilt auch für die Datenübertragung des IRLS. Zur Missionsplanung stehen digitale Karten als auch ein digitales Höhenmodell zur Verfügung. Nur über vorgeplante Steig- und Sinkphasen lässt sich ein Tiefflug realisieren. Die über das Doppler-Navigationssystem erhaltenen aktuellen Höhendaten über Grund reichen für einen Terrainfolgeflug nicht aus. Die LBAA, die ebenfalls über eine digitale Karte verfügt, erhält die Daten der Missionsplanung. Damit kann der Auswerter am Ende eines Einsatzes nach Vorlage der annotierten Filme auf dem Leuchttisch schnell auf der digitalen Karte an die Orte, an denen fotografische oder IR Aufnahmen erfolgten, heranfahren. Für die Bildauswertung stand anfänglich nur ein Stereokopf mit Lupenfunktion über dem Leuchttisch zur Verfügung. Die Reporterstellung erfolgte mit Rechnerunterstützung.

Im Oktober 1984 kommt es erneut zu einer BMVg Präsentation der CL-289 vor der US-Army in Meppen. Doch bereits zu dieser Zeit existieren im Pentagon andere Pläne für Aufklärung und Überwachung im Korpsbereich – nämlich JSTARS.

Im Januar 1985 wird das bisherige bilaterale *Project Management Office* (PMO) in Ottawa in ein trilaterales Joint Project Office (JPO), mit Frankreich als neuem Partner, umgewandelt.

Nach parlamentarischer Zustimmung erfolgte im Juli 1985 die Bewilligung der Einführung. Die Einführungsgenehmigung (EFG) wurde durch das BMVg/BWB erteilt. Dabei forderte das BMVg/BWB eine Direktbeschaffung der Zeiss-Kamera, des IRLS von SAT, der Triebwerke von KHD (später Rolls Royce) sowie der Start-Booster. Ein Übereinkommen zum *Workshare* in der Beschaffungsphase zwischen den beteiligten Industrien und Nationen wird erreicht.

Am 24. Dezember 1985 wurde endlich das trilaterale Regierungs-MOU für die Pre-Production Phase von Frankreich unterzeichnet. Im Januar 1986 folgte der deutsch-französische Industrievertrag. Zwischen Februar und Oktober 1986 fanden danach die Bestätigungsflüge bei der WTD 91 in Meppen statt, mit hervorragenden Ergebnissen bezüglich der Fotoqualität.

Die lang erwartete Unterzeichnung des trilateralen Regierungs-MOU über die Beschaffungsphase folgte im Oktober und der Industrievertrag hierzu im November 1987. Im Februar 1988 wurde eine Vereinbarung zwischen der NAMSA sowie der deutschen und der französischen Regierung zum Logistischen Support erreicht. Im Laufe des Jahres 1988 konnte daraufhin die Industrie mit der Auslieferung von Systemteilen in Frankreich und in Deutschland beginnen.

Nach Änderungsmaßnahmen finden dann zwischen Januar und März 1990 *System Validation Tests* (SVT) der endgültigen Serienkonfiguration in Meppen statt (19 Flüge). Die Auslieferung der ersten Produktionssysteme beginnt ab Juli 1990. Es folgen weitere SVTs mit erster Serienhardware auf dem Truppenübungsplatz in Bergen-Hohne und in der Folge die formelle Übergabe der CL-289 an das deutsche Heer und der

Zerstörte Ortschaften im Kosovo, CL-289 Fotoaufklärung. (BWB)

Beginn der Nutzung. Diese wird am 21. November 1990 mit dem offiziellen Rollout des ersten Seriensystems eingeleitet, d.h. siebzehn Jahre nach Beginn der Konzeptphase, kurz nach der deutschen Wiedervereinigung und genau an dem Tag, an dem der „Kalte Krieg" mit der KSZE-Charta von Paris formell beendet wurde.

Das deutsche Heer beschaffte 13 Systeme mit je 16 Drohnen und Frankreich 2 Systeme mit je 20 Drohnen. Etwa 250 Drohnen werden hergestellt. Die Bodenanlage jeder Drohnenbatterie umfasste u.a. die Luftbildauswerteanlage (LBAA), das Missionsplanungs-Fahrzeug (MPF), das Startfahrzeug mit Launcher, die Datenempfangsanlage, das Drohnentransportfahrzeug und Instandsetzungsfahrzeuge. Die MPF und LBAA sind über das Artillerieführungssystem ADLER mit dem Korps verbunden und erhalten von dort die Aufträge und liefern dem Korps nach der Auswertung Reports im *ADLER-Format.*

Ab Anfang 1991 begann das deutsche Heer mit der Aufnahme von Übungs-/Ausbildungsflügen und es kommt 1992 zum Erstflug beim französischen Nutzer. Das Jahr 1992 verstreicht mit der Abstellung von Anlaufproblemen. Im Januar 1993 beginnt der Zulauf der Zeiss Serienkamera und es wird die Erprobung der *Mobilen Kommando Bodenstation mit GPS* (MKBS/ GPS), einer Friedenszusatzausstattung für den Fall der Abweichung der Drohne vom geplanten Flugweg und zur Kommandierung eines Flugabbruchs, abgeschlossen. Es erfolgte im gleichen Jahr auch die Lieferung des 11. und letzten Produktionssystems.

Erst im Dezember 1993 kam es zur offiziellen Bekanntgabe an die Nutzernationen Deutschland und Frankreich, dass Kanada von einer Beteiligung im MOU-Nutzung Abstand nimmt. Daraufhin wurde im Juni 1995 die Auflösung des JPO in Ottawa eingeleitet.

Ihren ersten operationellen Systemeinsatz, im Rahmen der SFOR-Friedenstruppe in Bosnien, erfährt die CL 289 im Laufe des Jahres 1996 durch das französische Heer von Mostar aus[126].

Ab Februar 1997 ersetzte das deutsche Heer die französische Drohnenbatterie in Mostar mit einer von ihren noch verfügbaren neun Drohnenbatterien und blieb in Bosnien bis Februar 1998. Eine zweite Drohnenbatterie wird von Tetovo, Mazedonien, aus von Dezember 1998 bis Juli 1999 über dem Kosovo eingesetzt.

Zusammen führen die beiden deutschen Drohnenbatterien 376 operationelle Flüge auf dem Balkan erfolgreich durch. Insgesamt kommt es zu über 450 CL-289 Einsätze durch Franzosen und Deutsche. Dabei werden neben Zielen auch große Zerstörungen von Ortschaften und Massengräber entdeckt. Während des Balkaneinsatzes wurden die Wartungs- und Instandsetzungsarbeiten der Drohnenbatterien Frankreichs und Deutschlands im Auftrag der NAMSA von EADS/Dornier betreut. Erst im Jahr 1997, nach fast 25 Jahren seit Projektbeginn, wird EADS/Dornier CL-289-Systemfirma.

Es folgen im Oktober 1999 Verhandlungen zur Aufhebung des Regierungsabkommens, im Februar 2001 die industrielle Benachrichtigung über das MoU zur Nutzung und am 22. März 2001 der 1000. CL-289-Flug. Im Mai 2003 wird die Vereinbarung zur Aufhebung der Regierungsabkommen unterzeichnet und der Transfer der Systemverantwortlichkeit an EADS/Dornier abgeschlossen.

Modernisierung des Bordrechners (AOLOS)

Erste Bemühungen um eine Modernisierung des alten Bordrechners (MUDAS) begannen 1990. SW Pflege und Änderung waren, wegen der veralteten Assembler Sprache, nicht mehr möglich. Ein neuer Bordrechner, programmiert in der Hochsprache Ada und eine Stützung der Navigation durch GPS wird vorgeschlagen. Obwohl 1992 eine Angebotsaufforderung durch das BWB für die AOLOS *(Ada Operational Onboard Software)* Entwicklung erfolgte, kam es erst in den Jahren 1998 bis 2000 zur Entwicklung und ab November 2000 zur Serienherstellung. Die NAMSA beauftragte im Rahmen von AOLOS-289 anfangs 2001 EADS/Dornier mit der Modernisierung von 160 Drohnen mit neuen Bordrechnern, Ada Flugsoftware und GPS gestützter Navigation mit P/Y Code sowie einer verbesserten barometrischen Höhenmessung. Aufgrund von Obsoleszenzproblemen sowohl in Deutschland als auch in Frankreich und neuen Forderungen der Flugsicherheit wurde die NAMSA beauftragt, ein *Common Flight Control System* (CFCS) realisieren zu lassen. Das CFCS-Projekt betrifft eine Modernisierung der MKBS, d.h. des Flugaufzeichnungs- und des Drohnentelemetriesystems sowie eine neue digitale Kommando Data Link und eine gemeinsame Kommandobodenstation. Diese insgesamt verbesserten AOLOS-289 Systeme waren als Teil einer integrierten Aufklärungsumgebung zum Krisenmanagement und zur Konfliktverhütung für die NATO geplant.

Allwettersensor SWORD

Da sowohl bei den Nutzern als auch in der Industrie das Defizit der Drohne bei Schlechtwetter bekannt war, wurde seitens Dorniers ab etwa 1990 die Integration eines SAR Allwettersensors vorgeschlagen. Dies führte dann ab 1992 zu Verhandlungen zwischen dem BMVg und der französischen Rüstungsbehörde DGA in Frankreich über eine bilaterale Entwicklung eines allwetterfähigen SAR/MTI Sensors SWORD.
DGA benannte Thomson CSF als französischen Entwicklungspartner von Dornier. Bereits im August 1997 kam es zum erfolgreichen Erstflug auf dem Truppenübungsplatz Bergen-Hohne. Obwohl die Drohne kurz nach dem Start in den Wolken verschwand, können die anwesenden Soldaten des Aufklärungsbataillons kaum glauben, was ihnen die Großleinwand zeigt – die Bildwiedergabe des SAR-Sensors mit 60 cm Auflösung in Echtzeit von den abgebildeten Teilen ihres Truppenübungsplatzes mit Panzern und Fahrzeugen im Gelände.
Weitere erfolgreiche Flüge dieser gemeinsamen Sensorentwicklung erfolgten im November 1997 vor den beiden Auftraggebern und vor dem französischen und deutschen Heer in Bergen-Hohne. Trotz aller Industriebemühungen kommt es jedoch zu keiner Entscheidung für die Beschaffung des Allwettersensors SWORD oder zu einer allgemeinen Kampfwertsteigerung, denn es war entschieden worden, die CL-289 ab 2007 außer Dienst zu stellen.
Zuvor wurde jedoch noch eine neue digitale Luftbildauswertestation mit den modernsten Bildverarbeitungsverfahren zur Unterstützung der Auswerter bei EADS/Dornier entwickelt und vom BWB beschafft. Diese Anlage entstand in enger Anlehnung an die Recce Tornado Auswertestation AIES.

CL-289 mit SWORD-SAR in Bergen-Hohne. (EADS)

STN Atlas Elektronik KZO BREVEL. (Rheinmetall Defence)

Kleinfluggerät für Zielortung (KZO)

Ab Ende der 70er Jahre wurde von den Heereskommandeuren vieler NATO-Nationen für die Zielortung, Feuerleitung und Wirkungsabschätzung ihrer Artillerie im Bereich bis 40 km vor der FLOT ein RPV gefordert, das online genaue Zieldaten liefern und Korrekturen des Artilleriefeuers ermöglichen kann. Pioniere auf diesem Gebiet waren die israelischen Streitkräfte mit Scout, von IAI, die im Libanon Krieg 1975 diese Fähigkeit demonstriert hatten. Die US-Army ließ etwa ab Mitte der 70er Jahre das *Target Acquisition/Designation Aerial Reconnaissance System* (TADARS) mit *Aquila* als RPV entwickeln. Dornier hatte schon sehr früh eine Zusammenarbeitsvereinbarung bei *Aquila* mit Lockheed abgeschlossen. Es kam dann aber in den frühen 80er Jahren auf Regierungsebene zu gemeinsamen deutsch/französisch/italienischen Forderungen zum *Kleinfluggerät für Ziel-Ortung* (KZO). Italien schied früh als Kooperationspartner aus, da es eine eigene Entwicklung mit der *Mirach 26* bei Meteor betrieb. So blieb es bei einem deutsch-französischen Vorhaben.

MSG (später STN Atlas, heute Rheinmetall), Bremen, und Matra (heute EADS), Velizy, Frankreich, gewannen 1985 mit BREVEL den KZO-Wettbewerb. Die Entwicklungskosten sollten im Verhältnis 60 zu 40 zwischen Deutschland und Frankreich geteilt werden. Jedoch stieg Frankreich später aus der gemeinsamen Entwicklung aus.

Die technischen Herausforderungen in der Entwicklung des KZO lagen bei den hohen Genauigkeitsforderungen an die Zielortung und an der Geschwindigkeitsbestimmung sich bewegender Ziele sowie bei den Vorgaben zur Stör- und Abhörsicherheit der Data Link. Allein die Zielpositionsbestimmung über die Kette Azimutwinkel der Data Link-Antenne am Boden zum Fluggerät und Sichtlinienwinkel des Sensors zum Ziel ist nicht trivial, da jede der Messgrößen fehlerbehaftet ist. Die Data Link Antenne am Boden wird zur Richtungsbestimmung und der Empfänger zur Entfernungsmessung zum Fluggerät verwendet (*Rho/Theta*-Verfahren). Mit den gefundenen Verfahren erscheint eine Bekämpfung auch sich bewegender Ziele mit zielsuchender Munition möglich.

Bei KZO handelt es sich um ein *Remote Piloted Vehicle* (RPV), das mit einer stabilisierten FLIR/EO(TV)-Nutzlast am Bug, einem Bordrechner zur Flugführung und Sensorsteuerung sowie einer bidirektionalen, stör- und abhörsicheren Data Link ausgestattet ist. Durch diese Data Link, mit einer Reichweite von über 120 km, ist das KZO mit der Bodenkontrollstation verbunden; diese empfängt in Echtzeit das Sensorvideo von stehenden und fahrenden Zielen sowie Statusdaten des Fluggeräts und kann sowohl den Flugweg als auch die Sensoren steuern. Durch die Erhöhung der Data Link Reichweite ist der Einsatzbereich des KZO, gegenüber den ursprünglichen Forderungen, deutlich erweitert worden. Über das Führungssystem ADLER ist die KZO-Bodenkontrollstation mit der Artillerie verbunden. Sie erhält über ADLER die Aufklärungsaufträge und liefert nach einem festgelegten ADLER-Format Reports der Auswertung.

Die Fluggeschwindigkeit der Drohne liegt bei etwa 150 km/h, die Flugdauer beträgt etwa 3,5 h[126]. Die 161 kg schwere Nurflügler-Drohne wird mit Booster gestartet und mit Fallschirm gelandet. Zur Aufpralldämpfung sind zwei Luftsäcke installiert.

Das stabilisierte Wärmebildgerät (FLIR) Ophelius mit 8-fachem Zoom wurde bei Zeiss, in Oberkochen und die stör- und abhörsichere Data Link bei der EADS, in Ulm entwickelt.

Eine Produktionsautorisierung für sechs Systeme mit je 10 Fluggeräten und je zwei Bodensegmente ist Ende 2001 vom BWB erteilt worden. Ein Bodensegment verfügt neben der mobilen Bodenkontrollstation, über Fahrzeuge für die Data Link-Antenne, den Start, die Bergung und Transport des Fluggeräts, die Instandsetzung und die Betankung. Das erste Seriensystem wurde am 28. November 2005 von Rheinmetall an die Bundeswehr übergeben.

Drohne Anti Radar (DAR)
Zur Unterdrückung der gegnerischen Luftabwehr und zum Schutz insbesondere von Tornado und F-4F wurden ab Mitte der 70er Jahren nach einer Lösungsidee gesucht, die es erlaubte, Radare der WP-Luftabwehr permanent zu suchen, zu orten und autonom zu bekämpfen. Da man annehmen konnte, dass die Luftabwehrradare des WP, wegen der Bedrohung durch Anti-Radiation Missiles, in einem bestimmten Sektor quasi stochastisch betrieben werden, d.h. jedes einzelne Radar nur für kurze Zeit eingeschaltet war und dann den Suchbetrieb an ein benachbartes übergab, war eine neue Lösungsidee gefordert. Die Luftwaffe war überzeugt, dass nur in einem Schwarm von schwer ortbaren, aber permanent verfügbaren Drohnen, die über einem Einflugkorridor Suchmuster ausführen können, die Lösung des Problems für eine nachhaltige Unterdrückung der Luftabwehr liegt. Dornier entwickelte ab 1978 und erprobte eigenständig ein Mini-RPV für diese Aufgabe, das sowohl für einen 3 h Loiterflug (Suchschleifen) als auch für den schnellen Sturzflug aus 3000 m Höhe geeignet war. Es wurde eine Deltakonfiguration kleiner Streckung mit Winglets und Druckschraubenantrieb ausgewählt. Als Antrieb diente ein Zwei-Zylinder-Zweitakt-Boxermotor von Fichtel & Sachs mit einer speziellen Propellerkupplung, die nach einem Boosterstart aus einem Container den Propeller aktivierte. Eine weitere Herausforderung war die Entwicklung eines kompakten Breitbandzielsuchkopfes (Mini-ESM), der von der damaligen AEG-Telefunken (heute EADS, Ulm) angeboten wurde.
Dornier gewann den Wettbewerb bei der Drohne Anti-Radar (DAR). Die deutsche Luftwaffe und die RAF planten DAR in großer Stückzahl zu beschaffen (etwa 6000 Fluggeräte standen zur Diskussion). Die israelische Regierung war an dieser Lösung ebenfalls interessiert und IAI wurde Lizenznehmer von Dornier. IAI-MBT baute diese Drohne, im Rahmen der deutsch-israelischen Rüstungskooperation, unter der Bezeichnung *HARPY*, in einer großen Stückzahl nach und ELTA entwickelte einen eigenen Suchkopf hoher Genauigkeit.
Die Luftwaffe nahm aber nach der Wende im Jahre 1990 und nach der Auflösung des Warschauer Pakts 1991 Abstand von einer DAR Beschaffung. Daraufhin wurde die Entwicklung bei Dornier eingestellt.

GEAMOS
Nach Abbruch des Kiebitz-Argus-Vorhabens gab es weiterhin beim BMVg und beim Heer Befürworter einer höher fliegenden Rotorplattform mit GMTI-Radar zur Zielakquisition von bewegten Bodenzielen aus dem Abstand. Es fehlte Dornier jedoch zunächst das dynamische System einer solchen Rotorplattform und das BMVg war nicht willens, eine Eigenentwick-

GEAMOS Flugerprobung in Friedrichshafen-Löwental. (Dornier GmbH)

lung zu finanzieren. Die US-Navy hatte den QH-50, einen unbemannten Hubschrauber mit Koaxialrotorsystem, als schiffsgestützten Torpedoträger eingesetzt. Zuvor hatte sie in den 60er Jahren davon ca. 600 Fluggeräte beschafft. Sie war aber mit dem Hubschrauber nicht sehr zufrieden, da man damals automatisches Starten und Landen auf sich bewegendem Schiffsdeck bei Seegang nicht beherrschte und auch die Avionik noch sehr unzuverlässig war. Es gab viele Unfälle und die US Navy nahm Abstand von einem weiteren Betrieb. So gelang es Dornier 1986 für Erprobungszwecke von der Herstellerfirma Gyrodyne, ein nicht mehr flugfähiges System des QH-50 auszuleihen.
Dornier baute in den folgenden Jahren mit Eigenmitteln ein flugfähiges System für die Erprobung auf. Verwendet wurden für diese Flugversuche in Friedrichshafen-Löwental nur noch das dynamische System, d.h. Rotorblätter, Rotor, Getriebe und Triebwerk des QH-50. Vollkommen erneuert werden musste das Flugführungssystem (Inertialsensoren, Bordrechner und Steller), die Avionik, Data Link und die allgemeine Ausrüstung wie Hydraulik und Elektrik. Erste Testflüge wurden, soweit es die Zulassungsbehörde am Flughafen in Friedrichshafen-Löwental am Sicherungsseil zuließ, erfolgreich durchgeführt. Dornier konnte LCT in Frankreich zu einer Zusammenarbeit gewinnen. LCT modifizierte das Ro 2 GMTI Radar, einem Vorläufer von Orchidée/HORIZON, für die Demonstration des *Gefechtsfeldaufklärungs- und Ortungssystem* GEAMOS. Das Problem der Flughöhe war gelöst. Der Hubschrauber hätte bis auf 4000 m steigen können. Er war mit der Bodenstation nur über Data Link verbunden und damit nicht mehr mechanisch an die Bodenstation gefesselt wie zuvor bei Kiebitz.
1993 wurden die Arbeiten zu GEAMOS bei Dornier abgebrochen, da sich das BMVg und die Luftwaffe für die zuvor genannte Entwicklung von LAPAS I und II entschlossen hatte und somit die Aussichten auf einen Entwicklungsvertrag schwanden.

VTOL Demonstrator
Als die erfolgreichen GEAMOS Flüge auf dem Flughafengelände von Friedrichshafen-Löwental publik wurden, kam bei der deutschen Marine Interesse an einer Marinedrohne auf. Da sie für ihre Schnellboote und Korvetten ein allwetterfähiges Abstandsaufklärungssystem benötigte, das für den Einsatz ihrer Schiffs-Schiffs-Lenkwaffen weit über den Horizont hinaus Ziele erfassen konnte, kam diese kostengünstige Alternative äußerst gelegen.

VTOL Demonstrator über Schiffsdecksimulator. (EADS)

Durch die Erfahrungen der US-Navy vorgewarnt, bestand die Marine und das BMVg allerdings auf den Nachweis von mindestens 10 automatischen Starts und Landungen auf einer beweglichen Schiffsplattform, bevor eine Marinedrohnenentwicklung überhaupt in Erwägung gezogen werden konnte. Zur Entwicklung dieser automatischen Start- und Landefähigkeit erhielt Dornier im Jahr 1990 einen Auftrag vom BMVg/BWB. Von der Fluggesellschaft SAS in Stockholm konnten die Hydraulikssteller eines Flugsimulators beschafft und daraus ein programmierbarer Schiffsdecksimulator gebaut werden. Dieser ließ eine Simulation der Schiffsdeckbewegungen zu, die die Marine sowohl für das S-Boot als auch für die Korvette vorgab. Die Lageregelung des Hubschraubers und die Heranführung an die sich ständig ändernde Lage der Plattform war eine regelungstechnische Herausforderung.
Der Nachweis von 10 Demonstrationsflügen gelang Ende 1998 vor dem BMVg, dem BWB, der deutschen Marine und der Industrie. Der automatische Start und die automatische Landung einer Hubschrauberdrohne auf einer sich bewegenden Schiffsplattform war eine gelungene Pionierleistung.

SEAMOS

Das BWB erteilte nach diesem Nachweis einen Folgeauftrag für die Weiterentwicklung des VTOL-Demonstrators zu einem *See-Aufklärungs-Mittel und Ortungs-System* (SEAMOS). SEAMOS sollte für die Over-the-Horizon Entdeckung, Zielerfassung, Klassifizierung und Identifizierung von Überwasserzielen und zur Wirkungsaufklärung von der neuen Korvette 130 aus eingesetzt werden. Ausgestattet werden sollte er mit einem Seeraum-Überwachungs-Radar, EO- und FLIR Sensoren auf einem stabilisierten Rahmen sowie mit einer stör- und abhörsicheren Data Link.

Zur Demonstration einer kompletten Mission in Mehldorf, Schleswig-Holstein, erhielt SEAMOS ein neues Triebwerk, die Allison 250, die die Bundeswehr in der Bo 105 verwendete, und ein sehr präzises Trägheitsnavigationssystem von Honeywell mit GPS-Stützung. Die Vortests in Löwental, bei denen sehr extreme Schiffsbewegungen simuliert wurden, waren erfolgreich.

Da jedoch die geschätzten Kosten der Entwicklung und Beschaffung von SEAMOS über den Planzahlen der Marine lagen, wurde das Vorhaben nicht weiterverfolgt und abgebrochen.

Die neu beschafften Korvetten 130 könnten in einem Konfliktfall die Reichweite ihrer Schiff-Schiff Zielflugkörper ohne Fremdortung von dritter Seite nicht nutzen. Aus diesem Grund benötigt sie zur Bekämpfung von Schiffen jenseits des Horizonts von einer hoch fliegenden Plattform präzise Zieldaten *(Third Party Targeting)*. Die Kosten eines bemannten Hubschraubers, für diesen Zweck, liegen bekanntlich weit über denen eines unbemannten Systems.

ECR Tornado

Der seit 1982 bei der Luftwaffe eingeführte TORNADO ist ein zweisitziges, zweimotoriges Strahlflugzeug mit einem Flügel variabler Geometrie, das für folgende Zwecke eingesetzt wird:

- Jagdbomber (IDS-Version)
- Gegen Radar-Ziele (ECR-Version)
- Aufklärung (RECCE-Version).

Der TORNADO wurde als allwetterfähiges *Multi-Role Combat Aircraft* (MRCA) in deutsch-britisch-italienischer Zusammenarbeit entwickelt (Erstflug 1979) und bis in die 90er Jahre gefertigt. In der Variante ECR *(Electronic Combat Reconnaissance)* wird der Tornado zur Bekämpfung der radargelenkten Luftabwehr am Boden eingesetzt, wobei Flugkörper des Typs *High Speed Anti Radiation Missiles* (HARM) als Bewaffnung dienen. Diese speziellen Einsatzflugzeuge sind seit 1984 beim Jagdbombergeschwader 32 (JaboG 32) in Lagerlechfeld stationiert. Der ECR-Tornado entdeckt, identifiziert, stört und bekämpft feindliche Luftverteidigungsanlagen, die mit Radar Flugziele erfassen. Dazu verfügt er über ein *Emitter-Location-System* (ELS), ein *Forward Looking Infrared System* (FLIS), ein *Infrared-Imaging-System* (IIS) und ein *Operational-Data-Interface* (ODIN).

Mittels ELS können Emitter durch Dreieckspeilung lokalisiert werden. Über eine Datenbank, in der die Fingerprints gefährlicher Emittersysteme abgelegt sind, können Radargeräte in Echtzeit identifiziert werden.

Die Aufgaben des ECR Tornados können wie folgt beschrieben werden:

- Bekämpfung und Niederhalten der gegnerischen Luft-Verteidigung *(Suppression of Enemy Air Defense* (SEAD))
- Bekämpfung und Niederhalten der gegnerischen radargestützten Führungssysteme (CC3)
- Taktische Luftaufklärung Infrarot (TRI).

Diese dritte Aufgabenstellung wurde 1996 eingestellt und damit auch die dazugehörige Auswerteanlage AIIS außer Dienst gestellt. Der ECR-Tornado kam im Kosovo Konflikt erstmals gegen serbische Luftabwehrstellungen für die NATO zum Einsatz.

Abstandsaufklärung

Erste Überlegungen zu einer weitreichenden Abstandsaufklärung in Deutschland gehen etwa auf das Jahr 1985 zurück. Im Herbst dieses Jahres erhielt der damalige Dornier Vorstand Hans Ambos den Besuch von Martin Dandridge, Grumman, Melbourne, Florida, der mit der Entwicklung von JSTARS von der USAF beauftragt war und der Dornier eine Kooperation bei JSTARS vorschlug. Ohne eine Absichtserklärung des BMVg war aber an eine Kooperation nicht zu denken. Zur Klärung der Frage, wie ein zukünftiges Konzept der weitreichenden Abstandsaufklärung aussehen könnte, führte Dornier in der Folge ab 1986 unter dem Titel *Primäraufklärung Heer*

Studien im Auftrage des BMVg durch, die auch von Grumman unterstützt wurden. Aber es wurde in der Diskussion mit dem BMVg, dem Heer und der Luftwaffe schnell deutlich, dass bei der Bundeswehr eine andere Lösung (nämlich LAPAS I und II) für das FOFA Problem favorisiert wurde. In der Nachfolge hat dann Northrop Grumman bis 1998 zusammen mit der USAF vergeblich den Versuch unternommen, JSTARS als NATO *owned and operated Alliance Ground Surveillance System* (NOO AGS) in Brüssel durchzusetzen.

Wie bereits erwähnt, initiierte die Luftwaffe 1987 das Programm *Luftgestütztes Aktiv Passiv Aufklärungssystem* LAPAS I (SIGINT) und LAPAS II (IMINT, ELINT). Die Entwicklung der SIGINT-Variante LAPAS I sollte vollständig autonom von E-Systems, Greenville, Texas, durchgeführt werden. Es war beabsichtigt, die dazu vorgesehene Plattform EGRETT, eine Variante der Turboprop getriebenen D-500/G-520 von Grob, in Mindelheim, so zu modifizieren, dass die einsitzige Maschine möglichst schnell auf die unterschiedlichen Sensorpakete umgerüstete werden kann. Um auf 15 km Höhe zu steigen, brauchte die Maschine etwa 35 min. Das maximale Nutzlastgewicht war limitiert auf 900 kg. LAPAS II wurde auch als *Data Linked Synthetic Aperture System* (DSARS) bezeichnet. E-System plante den Einbau von ASARS-2, wobei jedoch bei der USAF die Freigabe von ASARS-2 für die Luftwaffe noch hätte geklärt werden müssen. Die damaligen DASA Firmen in Ottobrunn, in Friedrichshafen und Ulm bewarben sich bei LAPAS II, der IMINT – Variante, um Anteile bei der Integration, beim SAR-Sensor und bei der Bildauswertung. Über eine gemeinsam zu entwickelnde SAR/GMTI Sensorvariante wurde zwischen DASA/ Dornier, DASA Ulm, Thomson CSF, Frankreich und Selenia, Italien verhandelt. Jedoch wurde 1993 das Programm LAPAS I und II aus politischen Gründen abgebrochen.

Nach diesem Programmabbruch konnte Dornier beim BMVg erreichen, dass ein kleiner Anteil der Forschungs- und Entwicklungsmittel, die für LAPAS II geplant waren, für die Entwicklung moderner digitaler Auswerteanlagen von EO-, IR-, SAR- und GMTI-Sensorprodukten verwendet werden konnte. Ziel war es, eine moderne, für verschiedene Nutzer interoperable digitale Bodenauswertestation zu entwickeln. Die erste Auswertestation mit modernster Bildverarbeitungssoftware war der deutsche Beitrag für die NC3A-Anlage in Den Haag, bei der die *Common Groundstation Architecture* für ein NATO *Alliance Ground Surveillance System* (AGS) erarbeitet werden sollte. Über mehr als einem Jahr wurde die Interoperabilität einer gemeinsamen Auswertestationen für so unterschiedliche Systeme wie JSTARS, HORIZON, ASTOR und Creso für die Abstandsaufklärung in Den Haag entwickelt, erprobt und in Paris, anlässlich der Luftfahrtausstellung in Le Bourget, zusammen mit JSTARS und HORIZON erfolgreich demonstriert.

Weiter entstanden aus dieser neuen digitalen Auswertetechnologie die Tornado AIES, die Open Skies Auswerteanlage, die CL-289 LBAA (neu), und letzten Endes auch die SAR-Lupe-Bodenauswerteanlage.

Open Skies

Wie bereits erwähnt, einigten sich noch in den Zeiten des Kalten Kriegs der Warschauer Pakt und die NATO auf die Begrenzung ihrer gegenseitigen Rüstung. Zur Verifikation der Einhaltung des *KSZE-Vertrages* haben am 24. März 1992 24 Nationen den *Open Skies* Vertrag unterzeichnet, der gegenseitige Bildüberflüge von Vancouver bis Wladiwostok zulässt. Neben der militärischen und sicherheitspolitischen Vertrauensbildung ist die Überprüfung der Einhaltung des Abrüstungsabkommens Ziel dieses Vertrags. Kein anderes Rüstungsabkommen hatte bisher eine vergleichbar starke vertrauensbildende Wirkung.

Als Trägerplattform entschied sich die Bundesrepublik noch im Laufe des Jahres 1992 für eine Tupolew Tu 154M aus dem Bestand der vormaligen DDR-Fluggesellschaft INTERFLUG. Dornier wurde beauftragt das Gesamtsystem, d.h. die Missionsausrüstung und die Bodenauswerteanlagen für Open Skies zu konzipieren, zu entwickeln und zu beschaffen. Insgesamt waren die folgenden zehn Sensoren vorgesehen:

- 3 Reihenbildkameras (Zeiss LMK 2015) mit Spezialfilter
- 3 Videokameras (VOS 60)
- 1 Panorama Kamera
- 2 IRLS (AN/AAD-5)
- 1 SLAR/SAR-Sensor.

Die Entwicklung der Missionsplanung und das Sensormanagement war Teil des Auftrages. Die deutsche und die russische Regierung einigten sich auf die Beschaffung eines russischen Synthetic Aperture Radars Rossar der Firma Kulon, in Moskau, das mit einer vertragskonformen 3 m-Auflösung versehen wurde. EADS/Dornier entwickelte dazu eine Datenakquisitionseinheit an Bord und einen Bodenprozessor für die Bilderstellung. Die Modifikation der Tupolew 154M und die Installation der Missionsausrüstung inklusive der Sensoren an der Rumpfunterseite erfolgte bei den Elbeflugzeugwerken, einer EADS Tochter, in Dresden.

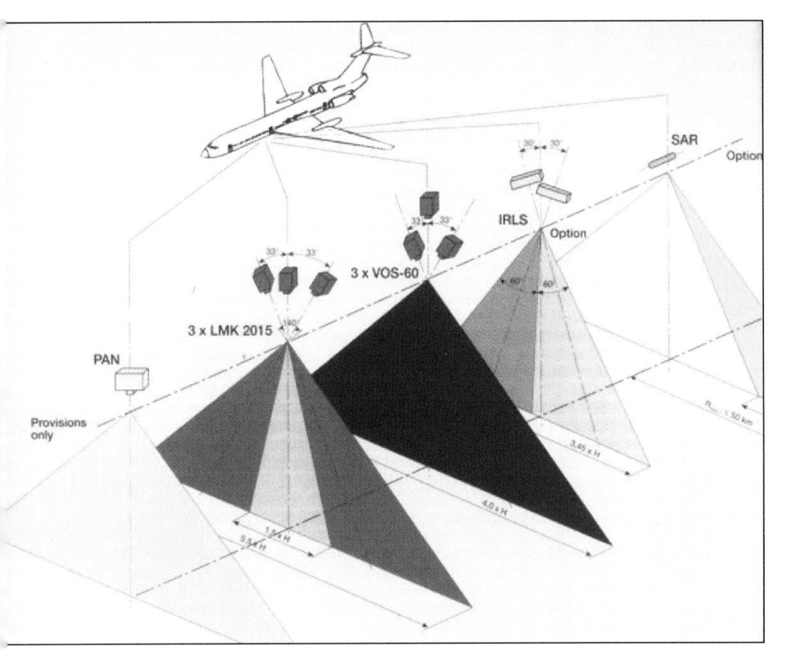

Sensorkonzept der Deutsche Open Skies Konfiguration.
(Dornier GmbH)

Leider verunglückte die Maschine am 13. September 1997 auf einem Flug nach Kapstadt durch eine Kollision mit einem USAF C-17 Starlifter über dem Süd-Atlantik, westlich von Namibia, mit tödlicher Folge für beide Crews und den Passagieren. Mit dieser Tragödie nahm die Bundesrepublik Deutschland Abstand vom Betrieb eines eigenständigen Open Skies Überwachungssystems, beteiligte sich aber an der vorläufigen Implementierung. Das Bodensegment mit einer Video Auswerteanlage (VAA)) für *Open Skies Reales Konzept* (OSRK) wurde aber erfolgreich realisiert und dem Zentrum für Verifikationsaufgaben der Bundeswehr übergeben. Am 1. Januar 2002 ist der OS-Vertrag in Kraft getreten.

Recce Tornado

Nach der Einstellung von LAPAS (1993) wurde es zunächst still um die allwetterfähige Abstandsaufklärung der Luftwaffe. Es gab zwar eine kurze Nachfrage zu einer penetrierenden Hochgeschwindigkeitsdrohne, ADROS genannt, die jedoch keinen Bestand hatte. Nach Ausmusterung der RF-4E im Jahr 1994 und Schließung der Standorte Bremgarten und Leck, wurde das AufklG 51 *Immelmann* in Jagel neu aufgestellt und mit Recce Tornados IDS für die Aufklärung im Einsatzgebiet ausgestattet[66].

Ab Juli 1995 waren Recce Tornados bei den UN-Operationen in Bosnien-Herzegowina eingesetzt. Zunächst waren sie mit Aufklärungspods der Marine und der italienischen Luftwaffe ausgestattet. Ein eigener Aufklärungsbehälter, der GAF Recce Pod und der GAF TELELENS-Pod mit integrierten optischen und IR Sensoren wurden dann aber bei der EADS in Ottobrunn entwickelt.

Der GAF Recce Pod wurde im Jahre 1998 und der GAF TELELENS-Pod im Jahr 2000 eingeführt. Insgesamt wurden 33 Pods hergestellt. Der Recce Pod ist für den Tiefflug und der GAF TELELENS Pod für größere Einsatzhöhen, d.h. im Prinzip bis zur Dienstgipfelhöhe von 15 000 m, vorgesehen[127]. Beide Pods verfügen über drei Sektionen, wobei in den ersten beiden die optischen Filmkameras und in der dritten ein IRLS-Gerät von Honeywell eingebaut ist. Im Recce Pod sind eine vorwärtsblickende KS-153 Trilens 80 Kamera, mit drei Linsen und einem Gesamtbildwinkel von 135° quer zur Flugrichtung sowie eine fünflinsige Panoramakamera (Pentalens) mit einem großen Öffnungswinkel von Horizont zu Horizont eingebaut.

Die TELELENS-Kamera (KS-153 Telelens 610) ist im vorderen Teil des GAF TELELENS-Pod installiert. Sie verfügt über eine Brennweite von 610 mm und kann mit 9 festen Positionen über einen großen Aspektwinkel für die Seitensicht eingesetzt werden. Der IRLS, der in beiden Pods verwendet werden kann, ist für Flughöhen von 60 bis 600 m optimiert. Sein Einsatzbereich wurde aber inzwischen erweitert. Die IRLS-Daten können online über das Recce Control Panel auf dem TV-Tab des Waffensystemoffiziers beobachtet werden. Zur Bildspeicherung der IR-Daten für die Auswertung wird ein digitales Bandaufzeichnungsgerät verwendet. Es erlaubt eine Aufzeichnungsdauer von etwa 65 min.

GAF Recce Tornado. (EADS)

Das Herz des Bodensegments ist die *Aerial Imagery Exploitation Station* (AIES); eine digitale Auswertestation, die über modernste Auswertesoftware verfügt und bei EADS/Dornier entwickelt wurde. Für die Auswertung werden die auf dem Film während des Einsatzes aufgezeichneten Flugdaten durch eine Leseeinheit erfasst. Diese erlaubt die automatische Positionierung der digitalen Karte in Übereinstimmung mit dem gerade gezeigten Bildausschnitt des Films. Der Filmausschnitt wird digitalisiert, ausgewertet und ein Report mit exakten Zielpositionen erstellt, der über EIFEL, das Luftwaffenführungssystem, verteilt wird. Einzelheiten zu unterschiedlichen Reportebenen werden später erläutert.

Weitere Teile der Bodenstation sind Einrichtungen für die Filmentwicklung, Stromerzeugung, Klimatisierung und die Anbindung an das Führungssystem der Luftwaffe. Neben der militärischen Nutzung wurde der Recce Pod auch für zivile Zwecke eingesetzt, wie etwa bei den Hochwasserkatastrophen an Elbe und Oder sowie bei der Personensuche.

1996 formulierte die Luftwaffe für den Allwettereinsatz einen Bedarf für einen Radarbehälter (RABE) für Tornado. Als Sensor war ein GMTI/SAR vorgesehen, bei dem möglichst nationales Technologie Know-how eingesetzt werden sollte. EADS/Dornier beschloss, zur Minderung der Risiken, diesen Sensor zusammen mit Thomson-CSF (heute Thales) zu entwickeln, da dort bereits einschlägige Erfahrungen bei der Entwicklung und dem Betrieb des *Rafael TH* Radarpods für die französische Luftwaffe gesammelt wurden. Der Sensor sollte dann bei EADS, Military Aircraft Systems, in den GAF Recce Pod, zusammen mit einer *Common Data Link* (CDL) von L3Com, installiert werden. Als Auswertestation wäre eine erweiterte Version der AIES zum Einsatz gekommen, die von Dornier auf SAR/MTI Auswertung erweitert worden wäre.

Dieses Vorhaben wurde im Juni 2000 von der Luftwaffe aus Budgetgründen abgebrochen.

SOSTAR-X

Als gegen Ende 1997 und Anfang 1998 offensichtlich wurde, dass die europäischen NATO-Rüstungsdirektoren die Beschaffung von JSTARS als NATO AGS aus Kostengründen ablehnen werden und um neue

Recce Tornado Auswertestation AIES. (EADS)

SOSTAR-X.
(SOSTAR GmbH)

Vorschläge der Industrie baten, war die Idee zur Entwicklung des europäischen *Stand-off Surveillance Target Acquisition Radars* (SOSTAR), hochwillkommen.

Die Regierungen von Deutschland, Frankreich, Italien, den Niederlanden und Spanien beschlossen Ende 2000 in einem ersten Schritt die Entwicklung des Technologiedemonstrators SOSTAR-X zu beauftragen.
Am 21. Februar 2001 wurde von den beteiligten Firmen:
- EADS Deutschland GmbH
- FIAR (jetzt Galileo Avionica), Italien
- Fokker Space (jetzt Dutch Space) zusammen mit TNO, in den Niederlanden
- Indra, Spanien
- Thales Airborne Systems, Frankreich

die SOSTAR GmbH gegründet.

Ziel des SOSTAR-X Demonstrators war es, die für ein *NATO Alliance Ground Surveillance System* (AGS) erforderliche Radartechnologie zu entwickeln. Nachdem das Regierungs-MoU für dieses multilaterale Programm von allen Nationen am 13. Dezember 2001 unterzeichnet war, konnte am 14. Dezember 2001 der Vertrag zwischen dem BWB, als Executive Agency für die SOSTAR Nationen, und der SOSTAR GmbH geschlossen werden.
Ein Schwerpunkt dieser Entwicklung war u.a. die *Active Electronic Steerable Array* (AESA) Antenne, deren Strahl in Azimut und Elevation quasi verzugslos geschwenkt werden kann. Ein anderer Schwerpunkt stellte die Entwicklung von Echtzeitsoftware für alle GMTI- und SAR-Betriebsarten im getrennten und im simultanen Betrieb (z. B. GMTI und SAR-Spotlight gleichzeitig) dar. Spezielle Software war aber auch für die Zielverfolgung und Zielklassifikation sowie für die Radarsteuerung und Auswertung erforderlich. Der Echtzeitbetrieb erforderte leistungsfähige Prozessoren, die von Mercury Computer Systems, USA, beschafft wurden. Jede der verschiedenen Betriebsarten, insbesondere der gleichzeitige Betrieb, machte komplexe Modulationsarten notwendig, die in einer speziellen Zentralelektronik realisiert wurden. Nach der Entwicklung des Radarsystems folgte die Integration und Test des Systems in einer Fokker 100.
Dabei wurden, neben den genannten Firmen, von der TNO in Den Haag und der FGAN, Wachtberg-Wert-

Simultanbetrieb von GMTI, SAR-Spotlight und deren Überlagerung auf digitaler Karte. (SOSTAR GmbH)

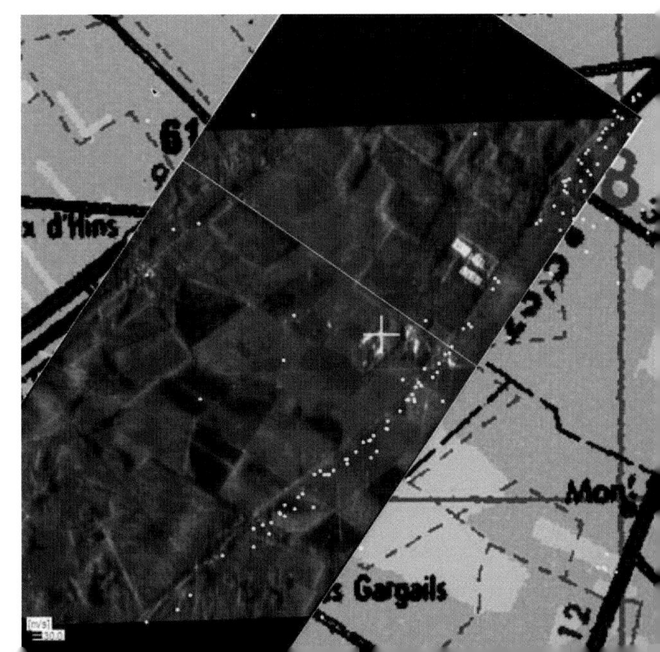

hoven, wichtige Teile zur komplexen Zielklassifikation beigetragen. Die Datenübertragung mit der *Tactical Common Data Link* (TCDL) von L3Com hatte die spanische Regierung beigestellt; sie wurde von der EADS-CASA, Madrid, als Auftragnehmer erfolgreich integriert. Als Erprobungsträger wurde eine Fokker 100 der Firma Fokker Services in Woensdrecht entsprechend modifiziert und während den Testflügen betrieben.

Das gemeinsame SOSTAR-X Projekt wurde von den beteiligten Firmen und Instituten im vorgegebenen Zeitraum entwickelt, die Funktion aller Betriebsarten demonstriert und über die Data Link mit der Bodenstation verbunden. Mit Erprobungsflügen ist Mitte 2006 begonnen und am 21. September 2007 die operationelle Demonstration in Cazaux, Frankreich, erfolgreich vor den beteiligten Regierungen durchgeführt und abgeschlossen worden.

Bereits im Jahr 2003 beschlossen in einem gemeinsamen Statement of Intent (SOI) die SOSTAR Nationen und US-Regierungsvertreter aus SOSTAR und der US MP RTIP-Technologie das *Transatlantic Co-operative AGS Radar* (TCAR) für NATO AGS zu entwickeln. Derzeit ist aber eine ausschließliche *Off-the Shelf*-Beschaffung des NATO AGS aus den USA beschlossen. Mit der SOSTAR-Entwicklung wurde durch die europäische Industrie ein Abstandsaufklärungs-System entwickelt und erprobt, das die NATO bereits seit den 80er Jahren gefordert hatte.

SLWÜA

Nach Ausmusterung der Breguet Atlantic ATL 1 Messversion in 2010 benötigt die Bundeswehr ein Nachfolgesystem zur *Signalerfassenden luftgestützten weiträumigen Überwachung und Aufklärung* (SLWÜA). Als Träger für dieses neue SIGINT System ist eine unbemannte Plattform vorgesehen, das HALE-UAV RQ-4B *Global Hawk* von Northrop Grumman (siehe auch Kap.17).

Eine erste erfolgreiche Demonstration eines Teils dieses Systems, dem *Global Hawk* RQ-4A mit einem ELINT-Sensor und einer ESM-Auswertestation von der EADS, erfolgte im Oktober/November 2003 in Nordholz. Dazu überquerte der *Global Hawk* erstmals in einem Non-Stop Flug den Atlantik von Edwards AFB in beiden Richtungen. Die Entwicklung des modernen SIGINT Systems ist vom BMVg/BWB Anfang 2007 beauftragt worden.

Entwicklungsschritte der abbildenden Auswertung

Als Auswertung wird der Prozess in der Aufklärung bezeichnet, bei dem schrittweise aus Sensordaten nutzergerechte strategische, operative, taktische bis zu nahezu Echtzeit *Sensor to Shooter* Information erzeugt wird. Wie zuvor gezeigt wurde, kann man die bildhafte Informationsbeschaffung und Auswertung in etwa fünf Kategorien unterteilen. Sie beginnt bei der visuellen Beobachtung und der Kommunikation des Ergebnisses. Und sie setzt sich fort bei der Auswertung von Fotos, Infrarot-, Radar- und elektro-optischen Bildern. Von der individuellen Fotoauswertung der unterschiedlichen Nutzer mit Lupe, Bleistift und Papier im Ersten Weltkrieg bis zur digitalen Auswerteanlage von heute, war es ein langer Weg.

Fotointerpretation hat seit ihrem Beginn im Ersten Weltkrieg damit zu tun, dass Annahmen gemacht werden aufgrund von Assoziation und Wahrscheinlichkeitsabschätzung. Auswerter sind fachmännisch ausgebildete Experten, die die Signifikanz von Veränderungen aus vielfältigen Zusammenhängen, von einfachen bis zu erstaunlich komplexen Vorgängen, zuordnen können. Die erfolgreiche Interpretation von Bildern, d.h. die Analyse, was ein Bild zeigt und die Voraussage der Konsequenz hieraus, hängt von der Tatsache ab, dass alle Kommandoorganisationen, vor allem alle militärischen, einem eng definierten und sorgfältig erprobten Muster ohne signifikante Variationen folgen. Militärische Organisationen werden nach strengen Regeln geführt, und zwar in der Art und Anzahl von Ausrüstungsgegenständen, Ausbildung und Training, Versorgung und operationellen Praktiken.

Die moderne Auswertung erfolgt auf verschiedenen Ebenen in unterschiedlicher Intensität und mit unterschiedlichem, nutzerorientierten Aggregations- und Integrationsgrad. Sie beginnt mit sensor- und quellenspezifischen Arbeitsschritten, die die Daten in eine verarbeitbare, d.h. *lesbare* Form für die Sofort-, End- und Langzeitauswertung umsetzen. Die weitere Auswertung befasst sich mit formalen und inhaltlichen Aspekten der Daten und Informationen. Durch Korrelation und Fusion von Daten und Informationen, auch aus anderen Quellen, wird ein umfassendes Lagebild über aufzuklärende Objekte und Sachverhalte erzeugt. Die Effizienz der Auswertung ist in hohem Masse abhängig vom Grad der Automatisierung und den verfügbaren Unterstützungswerkzeugen sowie der mög-

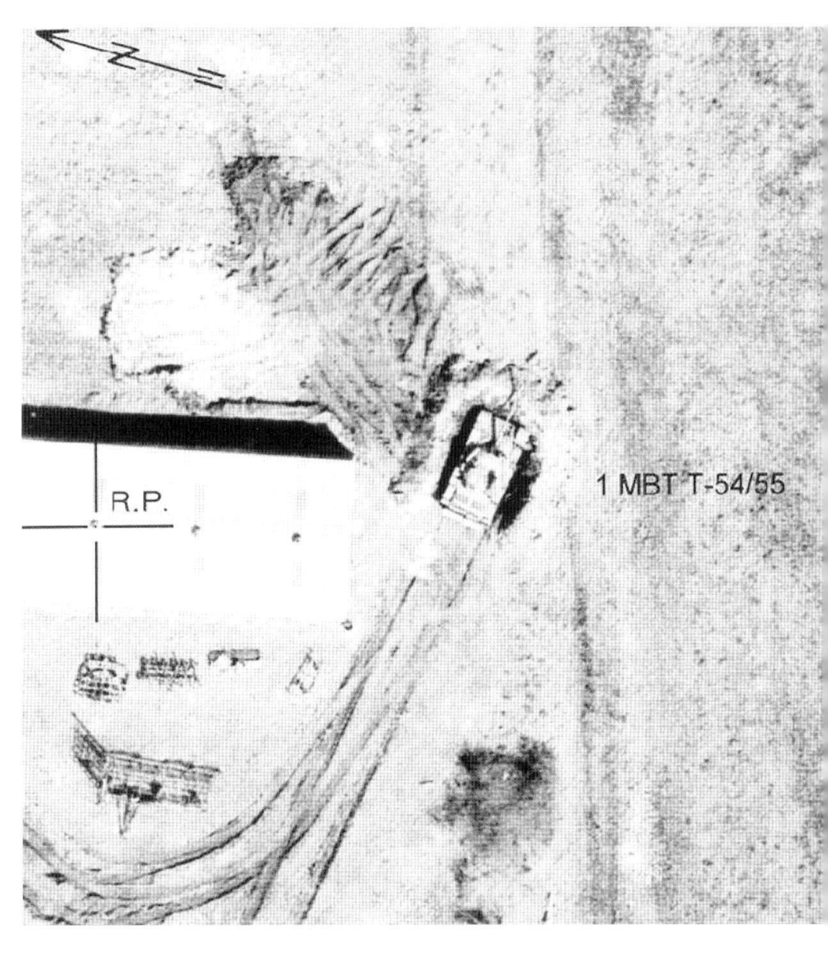

CL-289 Einsatz im Kosovo; Beispiel: Lokalisierung eines T-54/55. (BWB)

lichen interaktiven Prozesse im Bearbeitungsgang. Die Qualität der Auswertung bestimmt den Wert der Aufklärung insgesamt.
Eine der wesentlichen Aufgaben der Auswertung ist es, von Bildern aus der luft- oder raumgestützten Aufklärung und Überwachung die Entdeckung, die Erkennung, die Identifikation und eventuell eine technische Beschreibung von Zielen zu realisieren. Bei der Entdeckung geht es um die Lokalisierung eines militärischen Objekts (z. B. Flugzeug und Position) und bei der Erkennung um den Typenüberbegriff (z. B. Jagdbomber). Wogegen bei der Identifizierung der Einzeltyp zu bestimmen ist (z. B. MiG-25/FOXBAT). Die Beschreibung oder technische Analyse sollte die spezielle Waffencharakteristik ausweisen (z. B. MiG-31 FOXHOUND F/mit 4 AS-11 ARM beladen). Eine Zielentdeckung in optischen Bildern ist möglich, wenn die äußeren Dimensionen des Ziels mindestens etwa 4-mal größer sind als die minimale geometrische Sensorauflösung. Bei der Erkennung liegt dieser Faktor etwa bei 10 und bei der Identifikation bei etwa 20. Für eine genaue Zielbeschreibung ist bei kleineren Zielen eine Auflösung von wenigen cm notwendig[87].
Historisch begann die Auswertung von Plattenaufnahmen über spezielle Visualisierungseinrichtungen (mit der Lupe). Später kam die Visualisierung der Rollfilme auf Leuchttischen mit Vergrößerungs- und Stereooptiken hinzu. Als eine der frühen Methoden, die die Auswertung beschleunigten, war der Vergleich, bei der Bilder eines etwas älteren Datums mit einer aktuellen Aufnahme verglichen wurden, um darin Änderungen festzustellen (Change Detection).
Um genaue Zielkoordinaten ermitteln zu können, wurde die Zuordnung einer Abbildung zu einer geografischen Kartenreferenz unabdingbar. Kartografische Institute wurden mit der Herstellung von geeignetem Kartenmaterial beauftragt. Mit der Annotation der aktuellen Position und der Zeit der Aufnahme am Rand eines jeden Bildes, mit Daten aus dem Navigationssystem der Sensorplattform, konnte schnell der entsprechende Kartenausschnitt aufgerufen werden. Bildpunkte wurden mit der Kartenreferenz in Übereinstimmung gebracht und damit waren die Koordinaten von Bildobjekten genau bekannt. Hiermit war ein weiterer wichtiger Schritt zur Erhöhung der Auswertegeschwindigkeit vollzogen.
Eine erhebliche Qualitätsverbesserung bei der Auswertung von bildhafter Information trat mit der Bereitstellung digitaler Bild- und Kartendaten ein. Geografische Karten wurden beispielsweise in Deutschland zuerst von Dornier im Auftrag des *Amts für militärisches Geowesen* (AmilGeo) digitalisiert. Die daraus entstandene digitale Karte, GEOGRID, wurde u.a. für die Missionsplanung und Auswertung von Aufklärungsaufträgen verwandt.

Es war aber auch immer Sinn der Auswertung zeit-, bedarfs- und sachgerechte Zusatzinformation aus allen verfügbaren Quellen wie ELINT, COMINT oder Abbildungen in einem anderen als dem optischen Spektralbereich für unterschiedliche Zwecke und verschiedene Nutzer zur Verfügung zu stellen. Mit dem Einzug der Digitalisierung ergaben sich verbesserte Möglichkeiten der sensornahen Datenvorverarbeitung, der Korrelation und Fusion gleichartiger und unterschiedlicher Sensordaten (z. B. Abbildung von stationären und Bewegtzielen und Emittern). Mit Bildverarbeitungsmethoden wie Zoom wurden Maßstäbe angepasst, Bilder gedreht und Bilder von unterschiedlichen Quellen (z. B. multispektrale Bilder oder digitale Karten) überlagert. Eine Verbesserung der Bildqualität erhielt man beispielsweise durch Kontrastanhebung und Konturverschärfung. Es gelang, Ziele und Abstände zwischen Referenzmerkmalen genau auszumessen. Durch diese Maßnahmen gelang es, die Lagedarstellung übersichtlicher und die Aufbereitung für alle Befehlsebenen aktueller zu gestalten. Mit zunehmender Digitalisierung konnte die Archivierung von Massendaten (z. B. in Bilddatenbanken, Zielkatalogen) und Informationen zuverlässiger und zugriffsoptimiert organisiert werden. Die zeitgerechte Weitergabe von Information wurde insgesamt erheblich beschleunigt. Notwendig hierzu war eine offene Systemarchitektur und Aufwuchsfähigkeit in den fliegenden Plattformen und in den mobilen Systemen des Bodensegments sowie ein modularer Aufbau und Interoperabilität im nationalen wie im internationalen Aufklärungs- und Führungsverbund.

Am Ende der Auswertung steht bei IMINT die Erstellung eines Reports. Auf der taktischen Ebene unterscheidet man fünf unterschiedliche Reportebenen. Jede dieser Ebenen verfolgt einen anderen Zeck und muss vom Auftraggeber auch entsprechend angefordert werden.

Als Erstes wäre hier der *In-Flight Report* zu nennen, der bei bemannten Systemen noch im Flug abgegeben wird. Er stellt das Ergebnis einer visuellen Beobachtung dar. Dabei spielt es keine Rolle, ob diese Beobachtung tatsächlich von äußeren Ereignissen gemacht wurde oder als Analyse der durch Sensoren gewonnenen Ergebnisse, die auf einem Monitor im Flugzeug dargestellt werden. Diese Information sollte sehr zeitaktuell sein; sie gibt aber nur Auskunft über was, wo und wann.

Die nächste Stufe der Reporterstellung wird RECEXREP bezeichnet. Kein anderer Reporttyp wird so häufig in der NATO erstellt und automatisch an eine Adressliste der Anforderer verteilt, es sei denn, es gibt nur einen Auftraggeber eines Einsatzes. Der RECEXREP weist eine einfache Berichtsstruktur auf und enthält einen kurzen Einsatzbericht der Besatzung, der eine schnelle Durchsicht der Bilder folgt, um festzustellen, dass sie die Informationen enthalten, die angefordert wurden. Die für die Berichterstattung verantwortlichen Besatzungsmitglieder müssen dabei einen spezifischen Zeitplan einhalten. Sie haben nur 45 Minuten Zeit von *Engine-Shut-Down* (ESD) bis der Einsatzbericht komplettiert und dem Kommunikationszentrum zur Weiterleitung vorliegen muss. In diesen 45 Minuten ist die Filmentwicklungszeit eingeschlossen, die bei langen Einsätzen mit großen Filmlängen eine erhebliche Dauer in Anspruch nehmen kann. Man kann sich leicht vorstellen, dass dem Analysten wenig Zeit bleibt, den Film vertieft zu inspizieren und einen Bericht zu erstellen. Diese Prozedur klingt im Zeitalter der Echtzeitdatenübertragung zwar als veraltet, jedoch wird sie bei allen taktischen NATO-Aufklärungssystemen, die noch Filmkameras verwenden, bis jetzt so ausgeführt (z. B. beim Recce Tornado).

Ein weiterer Report-Typ wird RADAR EXREP bezeichnet. Es ist im Prinzip der gleiche Report wie der RECEXREP; wird jedoch von Radarbildern abgeleitet. Die Zeitvorgabe zum Abschluss des RADAR EXREP liegt ebenfalls bei 45 Minuten nach ESD oder 45 Minuten nach Beendigung einer Datenübertragung.

Initial Programmed Interpretation Report (IPIR) wird die nächsthöhere standardisierte Reportstufe der Bildauswertung genannt. Dieser Report sollte Information zur vorgegebenen Einsatzzielsetzung oder andere vitale nachrichtendienstliche Informationen enthalten, die im Umfeld dieser Zielsetzung identifiziert und zu denen bisher nicht berichtet wurde. Für diesen Report haben Analysten 4 Stunden Zeit, von ESD an gerechnet, ihn anzufertigen und abzuschließen und an das Kommunikationszentrum für die Weiterleitung abzuliefern. Dies kann ein sehr nützlicher Report sein, wenn man tiefere Details der Auswertung wünscht, es dabei jedoch keine Notwendigkeit besteht, über diese Information kurzfristig verfügen zu müssen.

Als oberste Stufe des Reportings gilt der *Supplemental Programmed Interpretation Report* (SUPIR), der Informationen über signifikante Ziele enthält, die in einem vorhergegangenen Report nicht enthalten sind oder zu denen Zusatzinformationen angefordert wurden. Das dafür verwendete Format ist im Prinzip dasselbe, wie bei IPIR, aber es enthält signifikant mehr Information.
Gewöhnlich wird dieser Report für die Ebene über dem Korps bereitgestellt. Ein SUPIR wird speziell von einem besonders ausgewählten Zielbereich erstellt.

Vorhandene Auswerteanlagen in Deutschland
Seit den Anfängen der Bundeswehr und dem Beginn einer eigenständigen Aufklärung wurden Auswerteanlagen im Ausland beschafft oder in Deutschland entwickelt und stehen in vielfältiger Ausprägung zur Verfügung. Im Folgenden sind davon einige Beispiele aufgeführt:

- Auswertekomponenten in den Lagezentren des Bundeskanzleramtes, des Außenamtes (AA) und des BMVg
- Auswerteorganisationen des BND (inkl. Lage- und Informationszentrum) und des militärischen Nachrichtenwesens im ANBw
- Lage- und Führungszentralen/-zellen bei Luftwaffe, Heer und Marine
- Satellitendatenauswertung bei BND und AmilGeo
- Luftbildauswertung (LbAA M12 und LbAA neu für CL-298. Es wurden 49 Anlagen zwischen 1991 und 1993 beschafft. AIIS für ECR-Tornado, von der 1994 zwei Systeme beschafft wurden. Video Auswerteanlage (VAA)) für Open Skies Reales Konzept (OSRK). AIES Systeme für den Recce Tornado; es wurden zwei Systeme mit je 9 Auswertestationen eingerichtet)
- KZO Bodenkontrollstationen von STN, Bremen, beim Heer
- Multi Sensor Auswertung bei Breguet Atlantic ATL1 (Radar, ESM, Sonar, FLIR) in Nordholz
- Radarauswertung (Luftraumüberwachung, Seeüberwachung) bei Luftwaffe, Heer und Marine
- AGS-Auswertesystem Demonstrator, von denen 1995 zwei Stationen dem Shape Technical Centre in Den Haag zu Testzwecken beigestellt wurden
- SAR-Datenauswertung bei Luftwaffe, Forschungseinrichtungen und in der Industrie.

Vorhandene multi-nationale Auswerteanlagen wurden von der Bundesrepublik unterstützt, wie z. B. die:

- Intelligence Cells in NATO HQs und NATO Commands
- Aufklärungszellen/-zentralen bei multinationalen Verbänden (ARRC, MND, Euro-Korps, STANAVFORLANT etc.)
- Auswerte- und Lagebearbeitung bei der integrierten Luftverteidigung der NATO (inkl. NAEW&C)
- WEU Satellite Center in Torrejon, bei Madrid.

Diese Auswerteanlagen mussten während ihrer Nutzung immer auf aktuelle Führungs-, Sensor- und Kommunikations-Technologien aufgerüstet und angepasst werden.
Als hybride Auswertesysteme werden solche bezeichnet, die noch analoge Anteile, wie Leuchttische und Filmauswertung enthalten, aber sich in der Auswertung und Reporterstellung moderner digitaler Werkzeuge bedienen. Hierzu zählen z. B. in der Bundeswehr die LbAA (neu) der CL-289 und die AIES des Recce Tornados. Bei der CL-289 erfolgt die Missionsplanung auf der Basis eines Auftrags, der über die *Adler*-Schnittstelle erteilt wird, in einem von der LbAA getrennten Shelter. Aber alle Daten der Missionsplanung liegen für die Auswertung in der LbAA vor. Nach einem Einsatz wird der Film entwickelt, getrocknet und auf den Leuchttisch gespannt. Relevante Bilder des auf dem Leuchttisch befindlichen Film werden vorausgewählt und einer Digitalisierung unterworfen. Mit der Zeit- und Positionsannotation am Filmrand können jedem auszuwertenden Bild schnell die entsprechenden Blätter der digitalen Karte zugeordnet, Zielkoordinaten festgestellt und ein Zielreport erstellt werden. Die Weiterleitung des Reports in einem spezifischen Format an das Heeresführungssystem *Adler* erfolgt über Datenfunk.
Bei Tornado sind die Abläufe der Beauftragung, Missionsplanung, Auswertung, Reporterstellung und Weiterleitung an das Führungssystem ähnlich. Jedoch besteht hier eine Anbindung an die Missionsplanung (DIPLAS) und an das Führungssystem der Luftwaffe (EIFEL).
Mit dem Aufkommen der Digitalisierung im Sensorbereich und der Vorlage digitaler Bildprodukte für die Auswertung entstand ein Bedarf für die Entwicklung komplett digitaler Missionsplanungs- und Auswerteanlagen. Mit der Entwicklung der notwen-

digen Technologie hierzu wurde zunächst in den USA begonnen, da die RGA, TR-1/U-2R, JSTARS und andere Systeme ab einem bestimmten Zeitpunkt nur noch Sensorprodukte in digitaler Form lieferten. Seit Beginn der ersten Diskussionen in der NATO zu einem *Alliance Ground Surveillance System* (AGS) Mitte der 90er Jahre, haben die britische, deutsche, französische, italienische und spanische Regierung, in Erwartung einer gemeinsamen interoperablen NATO-Bodenstation (NCGS)[110], ihre Industrien unterstützt, den technologischen Vorsprung der US Industrie auf diesem Gebiet einzuholen. Diese haben sich dann auch in einem Kooperationsabkommen auf diese Aufgabe eingestellt. Da sich die NATO-Planungen aber Ende der 90er Jahre änderten, scheiterte dieser Versuch.

Im Mittelpunkt der damaligen Technologieentwicklung stand die Multi-Sensor-Auswertefähigkeit für SAR, GMTI, E/O, EloAufkl (ELINT) und EloUM (ESM). Es entstanden moderne digitale Arbeitsplätze (Man Machine Interface (MMI)) mit speziellen Werkzeugen zur Auswerterunterstützung. Weitgehend automatisiert wurden die Auftragsanalyse und die Missionsplanung. Aufzeichnung und Speicherung von Rohdaten und Bildprodukten in Archiven und in Zielkatalogen wurden intelligent gelöst. Schnelle *Local Area Networks* (LAN) wurden installiert, um die Bilddaten kurzfristig aus dem Archiv abzurufen, die Bilddatenaufbereitung zu beschleunigen und wieder speichern zu können und um einen schnellen Zugriff auf die Daten eines integrierten *geografischen Informationssystems* (GIS) zu realisieren.

Die Bildauswertung verlangt zur Reporterstellung oft aktuelle Referenzdaten wie z. B. Lagedaten, Order of Battle, Bedrohung, Wetter, aber auch Höhendaten des Terrains (DTED) und Daten aus Archiven, wie z. B. Zielkataloge. Die Archivierung der vorhandenen Sensorprodukte, die für große Datenmengen ausgelegt werden mussten, erforderte eine intelligente Organisation.

Bei der SAR-Bildverarbeitung wurden interaktive, teilautomatische und automatische Verfahren entwickelt. Um eine räumliche Referenzierung von SAR-Bildern mittels Koordinaten zu erreichen, müssen SAR-Datensätze für eine raumbezogene Datenauswertung einer Geocodierung unterzogen werden. Verfahren zur strukturbasierten Klassifikation wurden entwickelt, um in Grautonbildern Strukturen hervorzuheben. Weiter wurden für SAR-Bilder spezielle Verfahren der Bildbearbeitung, wie die Unterdrückung des *Speckle*-Effekts, die Kontrastanhebung, Kantenhervorhebung, Zielhöhenbestimmung und eine Ziel-Klassifikation zur Hervorhebung von *man-made-objects* entwickelt. SAR-Bildscreening zur Unterstützung der Änderungsdetektion wurden laufend verbessert und die Falschalarme minimiert.

Die automatische Zielklassifikation/Objekterkennung aus SAR-Bildern war Gegenstand langwieriger wissenschaftlicher Studien; sie erhielt nach Erfolgen auch die notwendige Geheimeinstufung. Eine systematische Erstellung einer Datenbasis von SAR-Signaturen ist erforderlich, um den Klassifikations-/Identifikationsprozess zu beschleunigen. Mittels Interferometrie gelang darüber hinaus die 3-D Bildvisualisierung und damit eine weitere Verbesserung für die Auswertung.

Auch die Entwicklung der GMTI-Auswertung verlief in Stufen. Zunächst standen den Bildauswertern nur Bildpunkte der Radarechos von sich bewegenden Zielen auf den Bildschirmen gegenüber. Mit der Verfügbarkeit von digitalen Karten, einer Maßstabsanpassung, Bilddrehung und Verschiebung konnte der Auswerter die Radarechos (oder Plots) Straßen zuordnen. Durch die Verfügbarkeit von digitalen Höhendaten (DTED) war es möglich den Auswerter zu informieren, aus welcher Gegend, bei der aktuellen Position des Radars, infolge Abschattung keine Informationen zu erwarten sind. Zur weiteren Auswertung von Aktivitäten sich bewegender Bodenziele standen dann dem Auswerter mehrere azimutale GMTI-Abtastungen über ein bestimmtes Zeitintervall zur Verfügung. Diese Abtastungen *(Scans)* wurden archiviert und für einen schnellen Abruf abgelegt. Die Auswerter stellten dann fest, dass bei Scan-Wiederholraten im Bereich von 10 bis 30 s beim schnellen Abspielen der Scans Aktivitäten der Bewegtziele im Zeitraffer dargestellt werden konnten *(Time Compression)*. Eine Kolonnenbildung kann mittels Zeitintegration *(Time Integration)* entdeckt werden, wenn man viele Scans überlagert (integriert). Mit zunehmender Erfahrung war es möglich, Quellen, aus denen plötzlich Fahrzeuge losfuhren, als Bereitstellungsräume zu interpretieren. Senken stellten sich z. B. plötzlich als Aufstellungsräume von Panzern vor einem Angriff heraus. Die Zeitkompression half auch dem Auswerter, Kolonnen oder Fahrzeuggruppen schnell zu entdecken und manuell zu verfolgen. Die automatische Zielverfolgung aber erforderte spezielle Tracking-Algorithmen, die auch bei großer Zieldichte und Straßenabzweigungen zuverlässig arbeiten müssen. Als es gelang, Bewegtziele mit ausreichender Zuverlässigkeit zu verfolgen, konnte man mit dem Geschwindigkeitsvektor eines Ziels oder einer Kolonne eine Prädiktion des Zeitpunktes, an dem dieses Ziel oder die Kolonne an einem bestimmten Ort auf einer Strasse ankommt, vornehmen. Ebenfalls konnte man bestimmen, an welchem Punkt sich ein Ziel zu einem vorgegebenen Zeitpunkt befinden wird, wenn es mit einer konstanten Geschwindigkeit weiterfährt. GMTI-Auswertung erlaubt auch die Erzeugung von Alarmen, wenn Bewegtziele eine vorgegebene Grenze überschreiten und ein Zählalgorithmus kann auch die Anzahl der Überschreitungen von Grenzen feststellen. Die Verfügbarkeit digitaler Höhendaten ermöglichte nicht nur die Darstellung von durch Terrain abgeschatteten Gebieten, in denen keine GMTI-Echos zu erwarten sind, sondern auch die Nutzung dieser Daten zur Anlage von geeigneten Flugmustern (Orbits), die erst eine optimale Einsehbarkeit der Aufklärungssensorik ermöglichen. Bei modernen SAR/MTI Sensoren können GMTI Scans nicht nur digitalen Karten, sondern auch Satelliten- oder SAR-Bildern überlagert werden, falls keine zeitaktuellen Kartendaten vorliegen.

Da Radarechos von Fahrzeugstrukturen (Rad, Kette) oder von Helikopterrotoren, die in Bewegung sind, moduliert werden, wurden Methoden gefunden, diese Modulation zu messen und man fand Verfahren der spektralen Analyse, die eine nicht-kooperative Zielklassifikation zuließen. Voraussetzung für eine sinnvolle Verwendung dieser Information ist die Verfügbarkeit einer Zieldatenbank.

Im Golfkrieg musste festgestellt werden, dass Saddam Hussein seine SCUD-Raketen auf den Straßen zwischen dem übrigen Verkehr fahren ließ, wodurch es möglich war, sehr schnell zwischen vorgesehenen Abschussstellungen zu wechseln. So kam es auch zu Raketenabschüssen auf Israel und Saudi Arabien, ohne dass eine Chance bestand, diese zu verhindern. Es war naheliegend zu fragen, ob diese Erector-Launcherfahrzeuge nicht Merkmale aufweisen, die sie von anderen Fahrzeugen unterscheiden. Ein besonderes Merkmal war ihre Länge. Wie konnte man aber die Länge eines sich bewegenden Fahrzeuges messen, wenn die Entfernungsauflösung bei MTI immer mehrere Fahrzeuglängen ausmachte und wie kann man die Fahrzeuge mit Überlänge aus allen Bewegtzielen im Straßenverkehr herausfiltern? Dies führte zur Einführung der Längenmessung durch hochauflösende Entfernungsmessung von Bewegtzielen *(High Range Resolution* (HRR) *Length Measurement* genannt). Hierbei wird der gesamte Zielraum abgetastet und bei jedem Bewegtziel mit einer speziellen Modulationsart eine Längenmessung durchgeführt. Das Ergebnis dieser Messung lässt sich auf dem Konsolenmonitor darstellen, in dem Fahrzeuge mit Überlänge automatisch farbcodiert angezeigt werden und man es dem Auswerter überlässt, das Profil des Echosignals zu analysieren. Um abzusichern, dass es sich bei einem Fahrzeug mit Überlänge tatsächlich um den Launcher einer ballistischen Rakete handelt, wurde an Bildverarbeitungsmethoden gearbeitet, wie Inverse SAR (ISAR) gegen Bodenziele, die eine entsprechende Abbildung des Fahrzeuges erlauben. Es handelt sich hierbei um ein Abbildungsverfahren von sich bewegenden Fahrzeugen, das allerdings voraussetzt, dass diese auf einer gekrümmten Straße fahren. Aus den unterschiedlichen Dopplerechos, die aufgrund der Winkelgeschwindigkeit von Teilen am Fahrzeug entstehen, können dieses abgebildet werden. Erste Versuche sind Erfolg versprechend.

Die Weiterentwicklung der Bildverarbeitung und Auswertung bei EO- und IR-Bildern ist ein kontinuierlicher Prozess. Die Visualisierung der Bilddaten, Bildfilterung/-segmentierung, automatische oder unterstützte Zielentdeckung/-erkennung und -identifikation, Merkmalsextraktion und merkmalsbasierte Klassifikation, Bilddatenfusion, die GIS-gestützte Bildauswertung und die Führung des Auswerters zu interessanten Punkten durch einen Screening-Prozess, waren die wichtigen Themen der Entwicklung am Ende der 90er Jahre.

Die ELINT-Auswertung erfuhr ebenfalls eine Erweiterung ihrer Funktionalitäten mit der Einführung digitaler Arbeitsplätze. Hierzu gehörte beispielsweise die Darstellung von Emittersignalen, Auswahl und Vergleich mit Look-up Tabellen oder mit Sekundärinformation über ausgewählte Signale in einer Datenbank. Die Erstellung und die Führung einer effizienten Emitterdatenbank ist eine Grundvoraussetzung für eine erfolgreiche ELINT-Auswertung. Die Durchführung einer automatischen Triangulation zur Feststellung der Emitterposition zählt zu den Standardfunktionen. Der automatische Korrelationsprozess zwischen aktuell gewonnener ELINT Information und geografischer oder operationeller Information ist ein Gebiet, das ständiger Aktualisierung bedarf. Zu den wesentlichen Software-Hilfsmitteln, die zur Unterstützung des Auswerters entwickelt wurden, zählen z. B. die weitgehende Automatisierung zur Feststellung des Sensor Footprint, die Pulse Train Separation, d.h. Analyse von Pulsen und Zusammenfassung zu Pulsdatensätzen bei hohen Signal-/Pulsdichten, die Bestimmung des Fehlerellipsoids einer Emitterposition und die Klassifizierung der Emitter. Zur Erleichterung der Auswertung konnten ELINT Plots oder Peilrichtungen von vielen Emittern gleichzeitig auf digitalen Karten dargestellt werden und somit auch Emitter automatisch lokalisiert und verfolgt werden.

NATO nach 1990

Mit den ab 1990 in Europa einsetzenden Prozessen tief greifender politischer Veränderungen, die die ideologische und militärische Teilung Europas beendeten, ging auch ein Umdenkprozess in der NATO einher. Viele glaubten, dass die NATO in eine Sinnkrise stürzen könnte, als der Warschauer Pakt zerbrach. Dies war nicht der Fall. Die NATO als größtes Verteidigungsbündnis in der Welt blieb erhalten und war für die neuen Mitgliedskandidaten im Osten sehr attraktiv. Der Verbleib Deutschlands in der NATO nach der Wiedervereinigung wurde von einigen Nationen in Frage gestellt. Zunächst hatte Russland große Bedenken. Vor allem ist aber der Erhalt der Mitgliedschaft Deutschlands in der NATO den Bemühungen von US-Präsident George Bush zu verdanken. Der Warschauer Pakt wurde am 31. März 1991 aufgelöst und zuletzt brach die Sowjetunion selbst auseinander. Die Beendigung des Kalten Krieges hatte Auswirkungen auf die NATO. Neben grundlegenden strukturellen und politischen Änderungen blieb aber die Kernfunktion gewahrt, die Gewährleistung der Sicherheit ihrer Mitgliedsstaaten. Überall wurden die alten Vorhaben und ihr zukünftiger Bedarf unter einem neuen Licht geprüft. Viele Regierungen hatten in ihren Budgets schnell die *Peace Dividend* für anderes als das Verteidigungsressort verplant.

Die Zahl der NATO-Nationen wuchs. Aus den früheren Warschauer Pakt Mitgliedern Polen, Tschechien, Slowakei und Ungarn wurden die ersten Beitrittskandidaten.

Aber eines der zentralen Themen der NATO blieb und das ist die Gefahr des Verlusts der Interoperabilität der Streitkräfte der Verbündeten. Dieses Problem vergrößert sich eher noch mit steigenden Mitgliederzahlen. Deshalb war es wichtig, dass die NATO-Nationen auch im Bereich der Aufklärung und Überwachung ihre langjährigen Standardisierungsbemühungen beispielsweise in der NATO Air Group IV, nie infrage stellten. Es konnte doch erreicht werden, dass einige Standardisierungsbemühungen erfolgreich waren, wie z. B. bei den Bilddatenformaten (STANAG 7023 Air Reconnaissance Imagery Dataformat), bei der interoperablen Data Link (STANAG 7085 Interoperable Data Link for Imagery Systems), beim Bandgerät (STANAG 7024 Imagery Reconnaissance Tape Recorder), bei den Anforderungen an die Auflösung (STANAG 3769 Resolution Requirements) etc.

Zur Aufrechterhaltung und Schaffung von Interoperabilität in einer erweiterten NATO, auch mit Partnern aus dem früheren Warschauer Pakt, die früher anderen Standardisierungsbemühungen folgen mussten, können alle Schritte, die diesem Ziel folgen, nicht hoch genug eingeschätzt werden. Dieses Ziel galt es, in der Mitte der 90er Jahre zu erreichen.

13. Golf Krieg, Desert Shield / Desert Storm

Der Auslöser des 1. Irak Krieges bzw. des Golf Krieges (vom 2. August 1990 – 28. Februar 1991) war die Besetzung von Kuwait durch den Irak am 2. August 1990. Die militärische Operation wurde *Desert Shield/Desert Storm* (DS) genannt. Da die Vereinigten Staaten davon ausgingen, dass Saudi Arabien ebenfalls bedroht ist, kam es zu der Bezeichnung *Desert Shield,* für die erste Phase. Der Golfkrieg entwickelte sich zu einem Konflikt zwischen Irak und einer Koalition von 34 Nationen. Autorisiert von den Vereinten Nationen wurde er von den Vereinigten Staaten angeführt. Ziel war es, Kuwait wieder unter die Kontrolle des Emirs von Kuwait zurückzuführen.

Zum Kommandeur der alliierten Streitkräfte im Golf Krieg wurde General Norman Schwarzkopf von der US-Regierung ernannt. Die britischen Streitkräfte wurden von Peter de la Billière und die saudi-arabischen Streitkräfte von Khalid bin Sultan geführt. Die führenden Luftstreitkräfte, die USAF, unterstand dem Kommando von General Horner.

Innerhalb 48 Stunden nach der Invasion von Kuwait waren es P-3 *Orions* der US Navy, die am Golf eintrafen und erste Aufklärungsergebnisse lieferten. Die eigentlichen Kampfhandlungen begannen aber erst am 17. Januar 1991, nachdem alle UN-Ultimaten an den Irak, nämlich Kuwait zu räumen, verstrichen waren. Sie wurden am 28. Februar 1991 mit dem Sieg der multinationalen Truppen abgeschlossen. Nach einem zunächst nur von Luftangriffen getragenen Krieg[108], mit 38 Tagen Bombardierung aus der Luft zur Ausschaltung der irakischen Luftwaffe und Luftabwehr, sind die irakischen Bodentruppen am 24. Februar 1991 von den alliierten Bodentruppen auf breiter Front angegriffen worden. Bei dem massiven Einsatz der alliierten Luftstreitkräfte, die von der ersten Stunde des Krieges an systematisch die irakische Luftwaffe, die bodengestützte Luftverteidigung, Flugplätze, Frühwarnradare und Feuerleitanlagen sowie Luftwaffen-Führungseinrichtungen auch in der Tiefe des gegnerischen Territoriums angriffen, ging es in erster Linie um die Herbeiführung der absoluten Luftherrschaft, und zwar in möglichst kurzer Zeit.

Die Luftangriffsoperationen wurden mit 52 *Tomahawk* CM gegen irakische C3I-Einrichtungen sowie gegen vermutete chemische und nukleare Produktionsanlagen von Massenvernichtungswaffen eingeleitet. Vor dem Einsatz von Jagdbombern öffneten AH-64 *Apache* Kampfhubschrauber, zur Unterstützung der Luftoffensive, einen 12 Meilen breiten Korridor im Gürtel der irakischen Frühwarnradare. Die von Radar schwer erfassbaren F-117A bombardierten mit präzisen GBK27 und LASER gesteuerten Bomben Luftverteidigungsstellungen und Kommunikationseinrichtungen, auch im Zentrum von Bagdad. Die Zieldaten wurden von der CIA unter Einbezug der Informationen der RGA und der NTMs aufbereitet. Von der F-117A wurden in den ersten 24 Stunden dieses Krieges 31% dieser Zielgruppe angegriffen und damit gelang es, den Wert der überlegenen US Stealth Technologie deutlich zu unterstreichen.

Eine gefährliche irakische Waffe waren die von der Sowjetunion gelieferten SCUD Raketen mit einer Reichweite von 300 bis 700 km. Für die Luftverteidigung und den Luftangriff kamen die F-15 als Abfangjäger sowie die F-15E als Jagdbomber, u.a. auch für den Angriff von SCUD-Missile Launcher zum Einsatz. Mobile SCUD-Launcher waren eine besonders zeitkritische Zielkategorie. Die Angriffe mit SCUD-Raketen auf Israel und auf Saudi Arabien demonstrierten die Gefahr, die von diesen Waffen ausging. Für die Suche nach SCUDs war die F-15E mit dem *Low Altitude Night Infrared and Navigation* (LANTIRN) System ausgerüstet worden. LANTIRN ermöglichte die Zielsuche bei Nacht und als passives Navigationssystem den Zielangriff, aber nur, wenn vorab eine ungefähre Zielposition durch die Aufklärung bekannt war. Die F-111 mit Nachtsicht-FLIR und LASER-Zielbeleuchter wurde für die *Interdiction*-Rolle und auch für die Luftnahunterstützung eingesetzt. Mit 13 500 Einsätzen war die F-16 ebenfalls in der Interdiction-Rolle und zur SCUD-Bekämpfung der am häufigsten eingesetzte Flugzeugtyp. Die alte B-52 brachte es auf 1624 Einsätze, bei denen sie 25 700 t Bomben bei Flächenbombardements ablieferte.

Die britischen und italienischen Luftstreitkräfte setzten in der Anfangsphase Tornados zur Ausschaltung der irakischen Luftwaffe ein. Nach Erringung der Luftherrschaft operierten die RAF Tornados in Flughöhen > 5000 m und verwendeten dabei LASER-gelenkte Bomben in Kombination mit dem *Thermal Imaging Airborne LASER Designator* (TIALD) zur Bekämpfung von Punktzielen, wie Shelter oder Brücken. Sechs britische Tornados einer Aufklärerspezialversion, mit Raptor-Pod, leisteten einen wertvollen Beitrag an der Ortung und Zerstörung von mobilen SCUD-Abschussrampen. Dazu waren die Tornados mit EO/IR-Sensoren ausgerüstet, die Tag- und Nachteinsätze zuließen. Aktuelle Bilder zur Analyse erhielt der WSO im hinteren Sitz auf einem Monitor dargestellt.

Im Bereich des Luftangriffs ergaben sich für die Koalitionskräfte anfänglich zwei wichtige Prioritäten, nämlich die Zerstörung von irakischen Jagdflugzeugen bzw. Jagdbombern am Boden und die Erfassung und Bekämpfung von taktischen ballistischen Raketen (TBM) bzw. Short Range Ballistic Missiles (SRBM), mit einer Reichweite < 1000 km. Die irakische Luftwaffe verfügte über modernste Jagdflugzeuge, wie z. B. die MiG-29, -25. Aber diese irakische Flugzeugbedrohung spielte nach kurzer Zeit überhaupt keine Rolle mehr. Die befürchtete Bedrohung durch die irakische Luftwaffe war praktisch zu keinem Zeitpunkt gegeben. Offensichtlich waren alle SEAD-Massnahmen der Koalition sehr erfolgreich. Durch die Bereitstellung der PATRIOT in Israel, auch aus deutschen Beständen, zum Einsatz gegen SCUD-Raketen, konnte ein direktes Eingreifen von Israel verhindert werden. Allerdings war die Erfolgsquote der PATRIOT angeblich nicht beeindruckend. Wegen der hohen Annäherungsgeschwindigkeit in der Begegnungssituation von SCUD und PATRIOT, sowie angeblichen SW-Fehlern, konnten die Annäherungszünder nicht optimal wirken. Da nur eine direkte Zerstörung des Gefechtskopfes die Waffenwirkung der SCUD neutralisiert hätte, wurden durch die Gefechtsköpfe und Teile der SCUD-Raketen, die den Boden erreichten, noch erhebliche Schäden in Israel und in Saudi Arabien verursacht.

SCUD B mit Launcher.
(NAIC)

Die Vereinigten Staaten und ihre Verbündeten begannen erst im Rahmen von Desert Storm, der zweiten Phase des Konflikts, mit dem Beginn von Bodenoperationen auf breiter Front gegen die irakischen Streitkräfte. Diese synchronisierten Angriffe wurden als *Parallel Warfare* bezeichnet. Die alliierten Bodentruppen traten erst zu einem Zeitpunkt in das Gefecht ein, als ihnen durch die intensive Bombardierung ein zermürbter, schlecht versorgter und durch Desertion ausgedünnter Gegner gegenüberstand. Darüber hinaus gaben die Iraker durch den starren Aufbau ihrer Verteidigungslinie *(Maginot* Denken, eingegrabene Panzer, Minenfelder) den taktisch-operativen Vorteil der beweglichen Gefechtsführung von Beginn an auf. Die Alliierten nutzten dies zur strategischen Einkreisung und zum Angriff auf die Flanken und Flügel und konnten dadurch das irakische Heer, auch aufgrund der technologischen Überlegenheit, schnell zurückdrängen. Ein entscheidender Vorteil der Alliierten war ihre Nachtkampffähigkeit durch den breiten Einsatz von Nachtsicht- und Wärmebildgeräten, insbesondere in Kampfpanzern und Kampfhub-

schraubern. Dies hatte eine demoralisierende Wirkung auf die irakischen Truppen, die im Wesentlichen auf Tagsicht angewiesen waren.
Diese schnellen Erfolge wären ohne die vorausgegangene exzellente Aufklärung und Überwachung des Iraks durch die Koalition nicht möglich gewesen. Für die Aufgaben Aufklärung, Überwachung und Führung stand den Koalitionstruppen eine Vielzahl bewährter, aber auch neuer Mittel (z. B. die RGA) zur Verfügung, die sowohl Beiträge zur Gefechtsfeldbeobachtung, der verzugsarmen Zielaufklärung, Frühwarnung als auch Wetterinformation lieferten. Die Raumfahrt stellte aber auch Navigationshilfen und sichere Fernmeldeverbindungen bereit. Die raumgestützte Aufklärung der USA befand sich gerade in einer weiteren Ausbaustufe und alle geplanten Satelliten für Aufklärung, Frühwarnung, Wetter und Kommunikation waren noch nicht komplett verfügbar. Neben den Aufklärungssatelliten waren erst 16-17 GPS Satelliten (von 24) für die Navigationsstützung im Orbit. Die Satelliten des *Defense Meteoroligical Support Program* (DMSP) lieferten hochaufgelöste und in nahezu Echtzeit Wetterdaten über die Golfregion. Damit wurden auch aktuelle Erkenntnisse über die Situation der durch den Irak in Brand gesetzten kuwaitischen Ölquellen und die damit zusammenhängende Luftverschmutzung gewonnen. Das *Defense Satellite Communication System* (DSCS) ermöglichte mit seinen über 100 Bodenstationen den taktischen Führern eine reibungslose Kommunikation. Das *Mission Support System* verkürzte die Zeit für die Missionsplanung der USAF auf wenige Stunden; gegenüber Tagen zurzeit des Vietnam-Krieges. Die Bedeutung der raumgestützten Systeme wurde von den US-Militärs so hoch eingeschätzt, dass sie bei diesem Konflikt vom *First Space War* sprachen.
Die U-2S und die E-8A, *Joint Surveillance Target Attack Radar System* (JSTARS), der USAF, waren die wesentlichen Träger für die weitreichende Abstandsaufklärung von Bewegt- und Festzielen. Nach dem Ende des Kalten Krieges wurde in den Vereinigten Staaten die Entwicklung der abstandsfähigen Sensorplattformen ständig weitergefördert, da sie als wichtige Mittel für die Aufklärung hochwertiger Ziele erkannt wurden. Dies erfolgte in dem gleichen Zeitraum, in dem Luftschläge mit Präzisionswaffen absoluten Vorrang bekamen. Ohne präzise Zieldaten wären diese Waffen nutzlos.

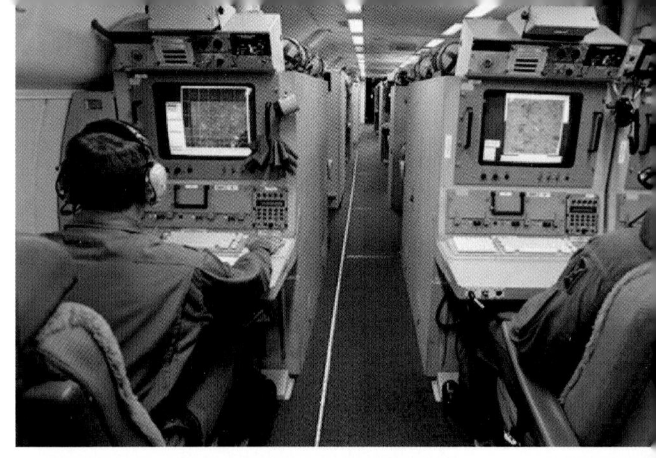

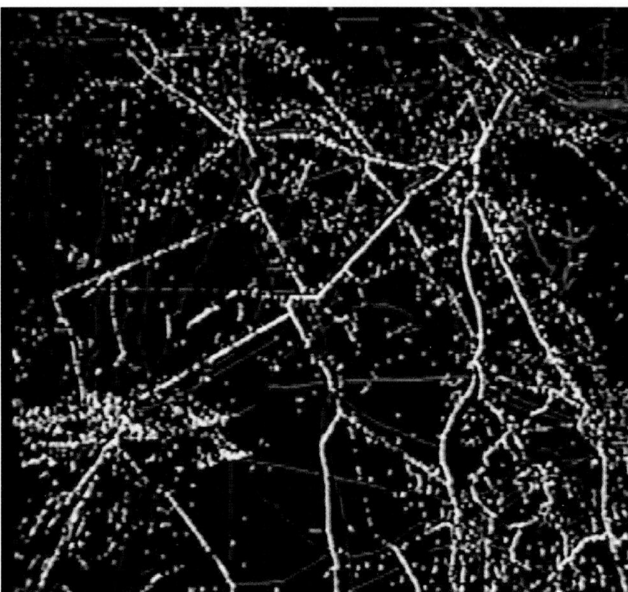

JSTARS E-8A Arbeitsplätze und GMTI-Abbildung von Mother of all Retreats. (USAF)

JSTARS, der von General Schwarzkopf im Dezember 1990 zur weiträumigen Gefechtsfeldüberwachung und Zielaufklärung angefordert wurde, lieferte im GMTI-Betrieb eine exzellente Weitbereichsabtastung zur Entdeckung von sich bewegenden Bodenzielen. Mit Reichweiten bis zu 270 km war es in dem flachen Terrain des Zweistromlandes, ohne signifikanten Bewuchs und natürlichen Hindernissen, möglich, weiträumig alle Bewegungen sowohl der irakischen Panzerverbände und Militärkolonnen als auch der eigenen Verbände zu verfolgen.
Natürlich konnten die beiden JSTARS Prototypen, die am 12. Januar 1991 in Saudi Arabien eintrafen, keinen

24 h Einsatz über 7 Tage liefern. Aber es gelang ihnen doch während des Kampfes von Al Khafji vorrückende irakische Bodentruppen zu lokalisieren, die sich nachts bewegten, um nicht zu früh entdeckt zu werden. Die Luftstreitkräfte der Koalition verwendeten die JSTARS Hinweise für den Angriff und zerstörten wesentliche Teile dieser Truppen, bevor sie auf die Landstreitkräfte der Koalition trafen. Als während des Abends vom 26. Februar 1991 ein riesiger Konvoi irakischer Truppen sich aufmachte, aus Kuwait City nach Westen zurückzuziehen, wurde dies von einem der beiden JSTARS entdeckt. Operateure in den JSTARS Bodenstationen in der saudischen Hauptstadt Riad konnten USAF Kommandeure von einem nahe gelegenen Lager aus telefonisch alarmieren. Diese wiederum versuchten über eine Reihe von Funksprüchen zu Jagdbombern, die sich gerade auf Einsatzflügen über Kuwait befanden, diese für einen Luftangriff zu organisieren, um den sich absetzenden Konvoi zu stoppen. Nach einer Reihe von Diskussionen über Prioritäten begannen die ersten USAF-Jagdbomber mit Angriffen auf den Konvoi. Wenige Stunden später war die Straße durch den Mutla Pass, nördlich von Kuwait City, mit kilometerlangen Wracks von brennenden Panzern, gepanzerten Fahrzeugen, Lastwagen und Kraftfahrzeugen blockiert. Mit diesem Einsatz wurde demonstriert, dass eine echtzeitnahe Bekämpfung von sich bewegenden Bodenzielen mit Zieldaten von luftgestützten Radaren zur Bodenüberwachung (d.h. *Airborne Ground Surveillance* (AGS)) bei Tag, Nacht und Schlechtwetter realisierbar ist.

Zurzeit von *Desert Shield/Desert Storm* war die eigentliche Entwicklung des JSTARS aber noch gar nicht abgeschlossen, sodass Mitarbeiter von Northrop Grumman verpflichtet werden mussten, um die USAF beim Betrieb der JSTARS zu unterstützen. Der erfolgreiche Einsatz der beiden E-8A Prototypen während des Golfkriegs, nach fast einer Dekade schwieriger Forschung und Entwicklung der hierfür notwendigen Radar-, Rechner- und Kommunikationstechnologie, war für die Entwickler bei Grumman der Gipfel des Erfolgs. Ab Mitte Januar 1991 flogen die beiden JSTARS Prototypen in der Golf-Region 49 Einsätze (mit über 500 Flugstunden). Um eine 24-h-Abdeckung von einem Orbit aus zu erreichen, hätten mindestens drei operationelle JSTARS zur Verfügung stehen müssen. Weder die Kommunikation noch die Bodenstationen (Ground Station Modules) waren einsatzreif und trotzdem konnte JSTARS während den Kriegshandlungen noch zu einem späteren Zeitpunkt einen weiteren irakischen Verband mit 60 Kampfpanzern in einem Verfügungsraum entdecken, wobei dann im nachfolgenden Luftangriff die USAF mehr als 50% der Panzer zerstörte.

Beeindruckend waren in diesem Zusammenhang die von der USAF freigegebenen GMTI-Bilder der Radarabtastungen und die Darstellung der sich auf dem Rückzug befindlichen irakischen Truppen. In Anlehnung an den von Saddam Hussein als *Mother of all Wars* propagierten Krieg, gab die USAF den Bildern den Namen *Mother of all Retreats.*

JSTARS diente dem *Ground Component Commander* (GCC) genau so wie etwa AWACS dem *Air Component Commander* (ACC) zur Weitbereichsüberwachung. JSTARS und AWACS waren über Link 16 miteinander verbunden. JSTARS hatte seine erste Prüfung als gemeinsames USAF/US-Army Multi Service System, das Echtzeitüberwachung, Nachrichtenbeschaffung, Zieldatenbereitstellung und Information für die Gefechtsführung liefern sollte, glänzend bestanden. In den beiden fliegenden Plattformen waren 17 Operator-Arbeitsplätze installiert, wobei 3-5 von der Army besetzt waren. Diese sorgten dafür, dass *Radar Service Requests* (RSR) der Army auch unmittelbar umgesetzt wurden. Mit dem Erscheinen des JSTARS begann die endgültige Ablösung der *Mohawk.* Es war aber ein Riesenschritt in der Gefechtsfeldüberwachung, als im Irak plötzlich das gesamte Interessengebiet eines Korps mit einem Intervall im Minutenbereich abgetastet werden konnte. Diese positiven Ergebnisse sollten aber nicht darüber hinwegtäuschen, dass weder alle Kommandeure der USAF, noch die der US-Army in der Kürze der Zeit den integrierten Betrieb mit JSTARS testen und verstehen konnten. Dringende Anforderungen an das Radar kamen gleichzeitig von der Ostgrenze zu Kuwait als auch von dem westlicheren Teilen des Iraks. Diese Aufgaben konnte ein einzelner Prototyp nicht alle erfüllen, die Entfernungen waren zu groß und so entstand bei einzelnen Kommandeuren eine gewisse Enttäuschung und Abneigung.

Die Operateure an Bord von JSTARS verfügten über hochauflösende Monitore mit militarisiertem Keyboard und Trackball. Die Informationsdarstellung erfolgte in einem *Windows* ähnlichem Format. Bis zu

drei Fenster konnten gleichzeitig geöffnet werden. In einer Standarddarstellung wurden Bewegtziele als farbige Punkte auf einem digitalen Kartenhintergrund aufgezeigt. Dabei wurden die sich annähernden Ziele in gelber und die sich entfernenden Ziele in roter Farbe hervorgehoben – in Anlehnung an die Lichter des Fahrzeugverkehrs bei Nacht. In den anderen Fenstern konnten Informationen von weiteren Quellen z. B. Video-Aufnahmen eines UAVs oder die Ergebnisse einer Zeitintegration oder einer Zeitkompression eingefügt werden. Die Zeitintegration erlaubte die gleichzeitige Darstellung der vorausgegangenen Abtastungen eines Interessengebiets und damit die Auswertung von Quellen und Senken. Dies konnte im Irak z. B. helfen, schnell Bereitstellungsräume zu erkennen. Die Zeitkompression ließ die Darstellung der vorausgegangenen Abtastungen im Zeitraffer zu. Dadurch wurde es möglich Fahrzeug-Kolonnen zu erkennen, die ein Operateur automatisch verfolgt haben möchte. Ob es sich bei den Bodenzielen um Ketten- oder Radfahrzeuge handelte oder gar um einen Hubschrauber, wurde durch ein Klassifikationsverfahren ermittelt. Eine Farbcodierung der Bewegtziele half dem Operateur bei der Zuordnung von Klassifikationsergebnissen zu den Zielen.
Um besonders lange Fahrzeuge, wie die mobilen SCUD-Launcher, schnell aus dem Fahrzeugverkehr herauszufiltern, stand das spezielle Verfahren zur hochauflösenden automatischen Längenvermessung noch nicht zur Verfügung. Aber der Golf-Krieg hat den dringenden Bedarf für diese Betriebsart erst geweckt. Weiter bekam die Feststellung der zukünftigen Position einer gefährlichen Panzerkolonne, an dem sie bekämpft werden kann, aus der Verwendung aktueller Daten, eine große Bedeutung. Es halfen zunächst einfache Prädiktionsverfahren, die auf die automatisch verfolgten Ziele angewandt wurden. Dazu konnte ein Operateur den Cursor auf ein Bewegtziel ansetzen und nach mehreren GMTI-Abtastungen es erneut anklicken. Das System berechnete daraus dem Operateur die Geschwindigkeit und die Entfernung, die das Ziel in der Zwischenzeit zurückgelegt hatte. Durch Platzierung des Cursors z. B. an einer bestimmten Straßenkreuzung, die das Ziel passieren musste, konnte er eine Prädiktion abrufen, zu welchem Zeitpunkt das Ziel hier voraussichtlich eintrifft. Voraussetzung war, dass es seine Geschwindigkeit konstant und den vorgegebenen Weg einhält. Diese Information konnte der Operateur an die Artillerie oder an Jagdbomber zur Bekämpfung weitergeben.
Die US-Army verfügte über eine Variation von *Ground Station Modules* (GSM) Prototypen, die über die Broadcast *Surveillance and Control Data Link* (SCDL) mit JSTARS verbunden waren und an die JSTARS Informationen zur Verarbeitung übertragen hat. Jeder GSM verfügt über zwei Konsolenarbeitsplätze und sechs Operateure für einen 24-h-Betrieb. Beide GSM-Arbeitsplätze weisen dieselben Fähigkeiten und die gleichen Bildschirmformate auf, wie die Operateure an Bord von JSTARS. Zurzeit von Desert Storm verfügte die US-Army über *Interim Ground Station Modules* (IGSM), das sind Bodenauswertestationen, die in S-679 Sheltern untergebracht waren, die mit einem Teleskopmast für die SCDL-Datenübertragung ausgerüstet waren und auf einem 5-Tonner LKW transportiert wurden. Ein IGSM-System bestand aus zwei Lkws mit je einem 30-kW-Generator, zur elektrischen Leistungsversorgung. Einer der Lkws wurde als Unterstützungsfahrzeug verwendet und diente daneben zum Transport von Ersatzteilen. Der IGSM-Operator konnte mit den zu unterstützenden Einheiten (Brigade, Division, Korps) über Telefon, UHF, VHF, TACFIRE, MSE oder über Freitext-Botschaften mit anderen IGSMs oder mit den beiden E-8A kommunizieren. Des Weiteren konnte der Operateur der IGSM von der E-8A Bilder oder GMTI-Abtastungen von einem bestimmten Zielgebiet, entweder durch Sprachkommunikation oder durch Radar Service Request (RSR) über SCDL, anfordern. Ohne gezielte Ausbildungsmaßnahmen konnten bei *Desert Storm* im Irak jedoch nur wenige Spezialisten diese Auswertestationen bedienen.
Parallel zur IGSM wurde eine kleine und sehr mobile leichte Bodenauswertestation (LGSM) entwickelt, die auf zwei HMMWVs *(High Mobility Multi-purpose Wheeled Vehicle* bzw. Jeep-Nachfolger) untergebracht und mit zwei 15 kW Generatoren ausgerüstet war. Auf der LGSM konnte anstelle des Teleskopmastes nur eine kleinere Antennenkonfiguration auf dem Kabinendach installiert werden, die auch SatCom-Übertragung zuließ. Die Funktionalitäten waren aber identisch mit denen in der größeren IGSM.
Die TR-1/U-2R, ausgestattet mit dem hochauflösenden Synthetic Aperture Radar ASARS-2, mit *Senior Year Electro-Optical Reconnaissance System*

(SYERS) Sensoren sowie mit HR-329 und IRIS III optischen Kameras, lieferte Zieldaten für F-15, F-111 und B-52. Die TR-1/U-2R waren in Saudi Arabien stationiert. Über ihre Data Link waren sie mit der ASARS-2 Auswertestation TRAC (stationiert beim US CENTCOM) und mit der SENIOR BLADE Auswertestation für SYERS verbunden. Von dort gingen Quick Fire Reports zum Nutzer beim US-Korps. TRAC Reports und Bildprodukte wurden an einen Collection Manager übertragen. Das System lieferte etwa 100 Bilder bzw. Ziele pro Tag. Das Maximum lag bei etwa 130. Die Auswertung eines SAR-Bildes betrug etwa 15-20 min. Eine Auflösung von 3 m erschien den Operateuren als vollkommen ausreichend. Hoch aufgelöste Bilder aus dem Spotlight-Betrieb waren wichtig, wenn es darum ging, Fragen zu klären, wie etwa: Von welchem Typ ist eine bestimmte Brigade? Welche Einheit ist es? Über welche Ausrüstung verfügt sie? Hierfür war eine Auflösung von etwa 1 m ausreichend. Obwohl damals schon vermutet wurde, dass ASARS-2 im Spotlight-Betrieb bereits eine Auflösung unter 0,5 m erreichen könnte, wurde dies aus Geheimhaltungsgründen nie bestätigt. Bekannt wurde nur, dass z. B. zur Erkennung eines Minenfeldes eine Auflösung von 0,3 m erforderlich ist. Zur Entdeckung der typisch V-förmig angelegten Artilleriestellungen des irakischen Heeres reichte eine Auflösung im Bereich von 1 bis 3 m aus. Zur Unterscheidung eines irakischen T-54/55 Kampfpanzers von einem US M1 Abrams genügte etwa eine Auflösung von 0,5 m. Der Verlauf von Stacheldrahtzäunen konnte einfach mit einer 1 m Auflösung gefunden werden. Die Leistungen von ASARS-2 waren so beeindruckend, dass die USAF den GMTI-Mode im Rahmen des ASARS Improvement Programms (AIP) nachentwickeln und in 7 Radaren der TR-1/U-2R-Flotte nachrüsten ließ.
SYERS war der erste EO-/IR-Aufklärungssensor mit Echtzeitfähigkeit von Itek. Der EO-Sensor bestand aus einer TDI CCD und einer InSb FPA im Infrarotbereich. Beide Sensoren lieferten kontinuierliche Boden- und Spot-Abdeckung sowie Stereoabbildungen in beiden Bändern gleichzeitig. SYERS war in der Q-Bay und ASARS-2 in der Nase der U-2R installiert. Bei gutem Wetter konnte man mit dem EO-Sensor eine Reichweite von 80 km und mit dem IR-Sensor bei Nacht etwa 50 km erreichen. Zur Informationsübertragung wurde dieselbe Data Link verwendet. Die Reichweite der Data Link zu einer Bodenstation war auf etwa 360 km begrenzt. Falls die Entfernung zur Bodenstation diesen Wert überschritt, wurde an Bord aufgezeichnet und die Information erst wieder zum Boden übertragen, wenn die Bodenstation wieder innerhalb der Reichweite lag.
Mit der HR-329 (H-cam) und IRIS III standen aber auch optische Reihenbildkameras mit langer Brennweite zur Verfügung. Die HR-329 war fest eingebaut und verfügte über eine Brennweite von etwa 167 cm. Das *Intelligence Reconnaissance Imaging System III* (IRIS III) bestand aus einer hochauflösenden Panorama-Kamera mit etwa 60 cm Brennweite, die zur Abdeckung eines Bereichs von über 140°, nach beiden Seiten schwenkbar war.
Im Oktober 1991 wurden alle TR-1A wieder in U-2R umbenannt. Darüber hinaus erhielten alle mit den neuen GE-F-118-101 Triebwerken ausgerüsteten U-2R die Bezeichnung U-2S.
Die französische Armee setzte als abstandsfähiges Aufklärungsmittel für Bewegtziele das Radar HORIZON (Orchidée) auf dem schweren Hubschrauber *Puma* ein und konnte so Bewegtziele bis 150 km entdecken und verfolgen. Auch HORIZON übertrug, ähnlich wie JSTARS, seine GMTI-Information über eine störsichere Datenlink zu mobilen Bodenstationen des französischen Heeres, die wiederum mit Führungssystemen verbunden und von denen aus die Hubschraubereinsätze kontrolliert wurden.
Bei allen Erfolgen der luftgestützten Aufklärung und Überwachung ergaben sich dennoch Lücken in der Wirkungskontrolle von Angriffen mit konventionellen Bomben sowie in der notwendigen großflächigen Überwachung von Bewegtzielen. Dazu war die Abdeckung und Verfügbarkeit der beiden JSTARS Prototypen und HORIZON, bezogen auf die Größe des Einsatzraumes, einfach nicht ausreichend.
Mit der Verhängung des UN-Embargos gegen Irak, am 6. August 1990, traten unmittelbar die Marinestreitkräfte in Aktion. Die Seestreitkräfte fast aller Alliierten setzten Kampfschiffe zur Durchsetzung des Wirtschaftsembargos im Persischen Golf, im Roten Meer und im Golf von Akkaba ein. An den maritimen Operationen von *Desert Storm* nahmen aber nur amerikanische und britische Marinestreitkräfte teil. Trägergestützte Kampfflugzeuge sowie die erstmals zum Einsatz kommenden TOMAHAWK *Cruise Missiles* (TLAM) der US-Navy leisteten einen we-

sentlichen Beitrag zum Erfolg. Eine weitere Premiere erlebten außerdem die *Stand-off Land Attack Missiles* (SLAM/AGM-84E) der US-Navy. Sie wurden von A-6/A-7-Kampfflugzeugen aus gegen Landziele, wie etwa den irakischen SILKWORM-Batterien, verwendet. Die kleine irakische Kriegsmarine fiel innerhalb weniger Tage der alliierten Übermacht zum Opfer. Dabei spielten die von britischen Zerstörern aus operierenden Lynx-Hubschrauber mit der Anti-Schiff-Lenkwaffe SEA SKUA eine wesentliche Rolle. Für die Zielerfassung bei Tag, Nacht und Schlechtwetter war der LYNX mit einem *Searchwater* Seeraumüberwachungsradar ausgerüstet.

Zur Vorbereitung und Unterstützung des Landkrieges wurden, nach Erringung der Luft- und Seeherrschaft, die US-Schlachtschiffe USS Missouri und USS Wisconsin gegen Landziele herangezogen. Beide Schlachtschiffe feuerten über 1000 Schuss ihrer 16-inch (40 cm) Geschosse gegen diese Ziele. Zur Echtzeit-Zielaufklärung und Wirkungsabschätzung wurden RPVs[126] vom Typ *Pioneer* verwendet, die vom Schiff mit Booster gestartet und mit Netzen geborgen wurden. Weitere Drohnen wie *Exdrone* und *Pointer* wurden für die taktische Aufklärung eingesetzt. *Pioneer* (von IAI) kam auch bei der US-Army und den Marines zum Einsatz und flog bis zum Ende des Krieges insgesamt 553 Einsätze (mit insgesamt 1638 Flugstunden). 23 RPVs gingen dabei verloren, jedoch nur eines durch feindliche Waffenwirkung. Die Nahbereichs-Drohne *Pioneer* wurde auch als Artilleriebeobachter für die Aufgabe *Gunfire Spotting* bis 40 km verwendet und die Mini-Drohne *Pointer,* die von Hand gestartet wurde, durch die Infanterie im Bereich von 5 bis 8 km für die Nahaufklärung eingesetzt. An der Schnittstelle Aufklärung/Führung war es wesentlich, dass die rechnergestützte Auswertung der Aufklärungsdaten und schnelle Übertragung der Reports eine unverzügliche Reaktion der Führungsstäbe ermöglichte, was einen wesentlichen Erfolgsfaktor für die Gefechtsführung darstellte. Von Interoperabilitätsproblemen zwischen den Teilstreitkräften der USAF und der US-Navy wurde berichtet. Aufklärungsdaten der USAF konnten angeblich von der US-Navy nicht direkt genutzt werden. Daher mussten Computerdisketten mit Aufklärungsdaten der USAF von der Marine jeden Tag zu den Flugzeugträgern geflogen werden.

AeroVironment Pointer. (USMC)

Zur Absicherung des gesamten irakischen Luftraums über 24 h am Tag wurden 11 USAF AWACS E-3B/C von Riad, Saudi Arabien, und 2 von Incirlic, Türkei aus betrieben. Hinzu kamen noch 5 saudische E-3As, die ebenfalls in Riad stationiert waren. Darüber hinaus hielt die USAF weitere 2 E-3As in Großbritannien in Reserve und eine weitere AWACS Maschine in den USA im Alarmzustand.

Um eine Absicherung des türkischen Luftraums herzustellen, verlegte die NATO innerhalb einer Woche NAEW&C Flugzeuge in die FOBs der NATO *Southern Flank* nach Konya, in der Türkei, nach Aktion, in Griechenland und nach Trapani, in Italien. Die NE-3A führten Luftraumüberwachungseinsätze entlang der türkisch-irakischen Grenze durch und beobachteten wichtige Luftstraßen und Seewege im Mittelmeerraum. Nach Abschluss des ANCHOR GUARD genannten Einsatzes am 16. März 1991 befand sich die NE-3A Flotte 7027 Flugstunden in der Luft und hatte 740 Einsätze geflogen. Die gesamte AWACS Flotte überwachte an einem Tag bis zu 3000 Flugzeug-Einsätze der Koalition.

Zu den wichtigsten Veränderungen und Neuerungen, die die NATO seit 1989 eingeleitet hatte, zählt u.a. die Annahme eines neuen strategischen Konzepts, das die verstärkte Zusammenarbeit mit anderen internationalen Organisationen vorsah, wie beispielsweise mit den Vereinten Nationen (VN), der OSZE, der WEU und der EU. Die NATO leistete Beiträge bei internationalen Friedenseinsätzen und besonders zur Unterstützung von Initiativen der VN. Auch in diesem Sinne ist der Einsatz der NAEW&C Flotte im ersten Irak-Krieg zur Durchsetzung des VN-Ultimatums zu sehen.

Bereits im ersten Irak-Krieg verfügten die Vereinigten Staaten über eine starke Vernetzung von raumgestützten Systemen wie Early Warning-, Kommunikations-, Aufklärungs-/Überwachungs- und Wettersatelliten mit Nachrichtenzentralen, Kommandozentralen, Kampfflugzeugen etc. Die Early Warning DSP 647-Satelliten in geostationären Orbits, die ursprünglich von den USA als Frühwarnsysteme zur Entdeckung von ICBM Starts eingeführt wurden, entdeckten SCUD-Missile Starts, die nach Israel (Tel Aviv) und Saudi Arabien (El Riad) unterwegs waren. Dabei wurde die Launch-Alarme zunächst zur Buckley Air National Guard Base übertragen d.h. zur NORAD (in die Granit Bunker in der Nähe der Cheyenne Mountains). Erst von dort konnten danach die Alarmsysteme in Israel und Saudi Arabien aktiviert werden. Ohne eine global einsatzfähige satellitengestützte Kommunikation wäre dieser schnelle Informationstransfer überhaupt nicht möglich gewesen.

Das Zusammenwirken von Zielaufklärung und *Battle Damage Assessment* (BDA) wurde von General Anthony Zinni, Commander US Forces, als gute Zusammenarbeit zwischen Military Services and US Intelligence Agencies beschrieben. Im Mittelpunkt stand insbesondere die beschleunigte Verteilung der taktischen *Intelligence Data.* Die Aufklärung mittels fünf NRO abbildenden Satelliten (jeder Satellit kostet etwa 1 Mrd. $) erfolgte aus LEO. Drei dieser Satelliten waren Advanced KH-11, mit digital abbildenden EO/IR-Sensoren im Sicht- und Infrarotbereich und zwei davon vom Typ *Lacrosse,* mit abbildendem Radarsensor ausgerüstet. Zusätzlich sind die verfügbaren NRO SIGINT Satelliten in GEO zum Abhören der Kommunikation sowie drei kleinere NRO *(White Cloud)* verwendet worden, die mit *Ocean Surveillance Payloads* der US Navy ausgestattet waren.

Es wurde über neue integrierte Prozeduren berichtet, die zwischen US Military Services, der NRO, der *National Imagery and Mapping Agency* (NIMA) sowie der NSA und CIA entwickelt wurden. NIMA Analytiker interpretierten die Bilddaten und die NSA analysierte die erfassten SIGINT Daten. Die wichtigsten NRO-Kunden waren die militärischen Dienste der USA.

Bei der verfügbaren Prozessortechnologie der USA kann man annehmen, dass die Auflösung der NIMA-Bilder vermutlich bei ca. 1 Meter lag (wahrscheinlich für andere Kunden, als die US Streitkräfte, etwas verschlechtert). Mit durchschnittlich 2 Zielüberflügen pro Satellit und Tag, inklusive der Möglichkeit der rechts-links Schrägabbildung, war es möglich, von kritischen Zielen maximal etwa 10 Abbildungen pro Tag bereitzustellen.

Aus den veröffentlichten Berichten ist anzunehmen, dass folgende Orbits der RGA für *Desert Storm/ Desert Shield* angelegt wurden:

- *Eastern Orbital Plane* mit zwei Satelliten: Advanced KH-11 (von 1990 an) in 280 km x 1000 km Orbit mit 97° Inklination (Überflug am frühen Nachmittag und kurz vor Einsetzen der Dunkelheit)
- *Western Orbital Plane* mit einem Satelliten: Advanced KH-11 mit Überflügen morgens und abends
- *Lacrosse* Orbit in 680 km Höhe mit 68° und 57° Inklination. Jeder der beiden Satelliten mit täglich zweimaligem Überflug.

Die Archivierung und Auswertung der riesigen Informationsmenge insbesondere von abbildenden luft- und raumgestützten Sensoren, von GMTI-Echtzeitabtastungen, ELINT- und COMINT-Kontakten, Wetterdaten und schneller Übertragung zu Kommandeuren und zum *Warfighter* war eine beachtliche Organisationsleistung.

Die JSTARS Premiere, mit der Weitbereichsüberwachung von sich bewegenden Bodenzielen und von Hubschraubern, brachte aus Sicht der Aufklärung und Überwachung die wesentlichen neuen Erkenntnisse in diesem Konflikt. Diese Premiere stellt einen weiteren wesentlichen Meilenstein in der kontinuierlichen Überwachung und der Echtzeitaufklärung im Gefechtsfeld dar.

Der eigentliche Golfkrieg dauerte nur etwa sechs Wochen. Trotz des beeindruckenden Sieges, den die unter der US Führung stehende Koalition von 34 Nationen (u.a. UK, Frankreich, Italien, Kanada, Saudi Arabien etc.) über die irakischen Streitkräfte errungen hatte, waren die Hoffnungen auf eine umfassende Friedensordnung in der Golf- und der Nahostregion schnell verflogen[81]. Der Krieg wurde von Präsident George Bush nach der Befreiung von Kuwait beendet, ohne dass Bagdad erobert wurde. Der Diktator Saddam Hussein blieb an der Macht.

14. Krieg im ehemaligen Jugoslawien, Bosnien, Kosovo

Der Krieg in Bosnien und im Kosovo wird von S. Huntington[20] als *Bruchlinienkonflikt* bezeichnet. Als Bruchlinien sind hier die Grenzen von Gebieten mit unterschiedlichem kulturellem Hintergrund, d.h. katholisches Kroatien, orthodoxes Serbien und muslimische Relikte des Osmanischen Reiches in Bosnien zu verstehen. Die Ursachen für die interkulturellen Kriege im früheren Jugoslawien, nach dem Zusammenbruch der jugoslawischen Staatengemeinschaft, waren sicher vielfältig. Im Einzelnen setzten wahrscheinlich nach dem Zusammenbruch des Kommunismus die Rückbesinnung auf ethnische Zugehörigkeit und kulturelle Werte ein. Aber auch die eingetretenen demografischen Verschiebungen wurden von den Serben als ernsthafte Bedrohung ihres Bevölkerungsanteils empfunden, wie z. B. im Kosovo. Hier war vom Jahre 1961 bis 1991 der muslimische Anteil der Bevölkerung von 67% auf 90% angewachsen, wobei gleichzeitig der orthodoxe serbische Anteil von 24% auf nur noch 10% gesunken war.

Bosnien-Herzegowina

Ähnliche demografische Veränderungen, die in Bosnien-Herzegowina stattfanden, lösten Ängste und serbischen Nationalismus in Bosnien aus. 1961 lag der serbische Bevölkerungsanteil in Bosnien noch bei 43% und der muslimische bei 26%. Demgegenüber war im Jahr 1991 die Relation fast umgekehrt. Der serbische Anteil war auf 31% gefallen, wogegen der muslimische auf 44% gestiegen war. Der kroatische Bevölkerungsanteil war in diesen 30 Jahren von 22% auf 17% gesunken.

Anfang der neunziger Jahre kämpften in Bosnien-Herzegowina die bosnische Regierung gegen bosnische Serben und bosnische Kroaten, wobei sich die Letzteren, d.h. Serben und Kroaten auch gegenseitig bekämpften.

Die serbische Regierung in Belgrad trat für ein Großserbien ein, in dem sie bosnische und kroatische Serben unterstützten. Russland, Griechenland und andere orthodoxe Länder stellten sich hinter Serbien. Iran, Saudi-Arabien, die Türkei, Lybien, die islamitische Internationale und islamische Länder generell begünstigten die bosnischen Muslime. Im Herbst 1992 trafen in Bosnien Guerillakämpfer der libanesischen Hisbollah ein, um die bosnische Armee auszubilden. Westliche Nachrichtendienste berichteten im Frühjahr 1994, dass iranische Revolutionsgarden mit dem Aufbau extremistischer Guerilla- und Terroristeneinheiten befasst sind. Laut UNO bildeten die Mudschaheddin 3000 bis 5000 Bosnier für den Einsatz in speziellen islamitischen Brigaden aus, mit dem Ziel, einen Dschihad zu führen. Saudi-Arabien und Iran steuerten hohe Summen zum Ausbau der militärischen Rüstung Bosniens bei. Aber auch die Türkei und Malaysia waren Waffenlieferanten für Bosnien. Unterstützung für Bosnien kam sogar überraschend aus den USA. Obwohl es *ethnische Säuberungen* auf beiden Seiten gab, gelang es Bosnien die öffentliche Stimmung in der Welt so zu beeinflussen, dass es häufig in der Opferrolle erschien und so z. B. die öffentliche Meinung in den USA beeinflussen konnte. Die US-Seite stellte Anfang November 1992 die Überwachung des Waffenembargos gegen Bosnien ein. Auf der anderen Seite unterstützten die kroatische und die serbische Regierung ihre ethnischen Gruppen, die in Bosnien und im Kosovo kämpften, ebenfalls mit Waffen, Munition, Nachschub, finanzielle Hilfe sowie Zufluchtsmöglichkeiten. Auch Soldaten wurden zur Verfügung gestellt. Massive Hilfe erhielten die einzelnen ethnischen Gruppen auch durch ihre kulturelle Verwandtschaft von außerhalb des früheren Jugoslawiens. Ende Dezember 1994 unterzeichneten die Kriegsparteien in Bosnien einen von der UNO vermittelten viermonatigen Waffenstillstand.

Am 3. Juni 1995 beschlossen die Verteidigungsminister der NATO-Nationen die Bildung einer Schnellen Eingreiftruppe zum Schutz der UNO-Truppen in Bosnien, die auch vom Deutschen Bundestag Ende Juni gebilligt wurde. Damit wurde erstmals der Einsatz von Bundeswehrsoldaten außerhalb des NATO-Territoriums genehmigt.

Im Juli 1995 sehen NATO und UNO praktisch tatenlos zu, wie die ostbosnische Muslim-Enklaven Srebrenica und Zepa von bosnischen Serben erobert wurden. Ab dem 13. Juli begannen die Serben mit der Vertreibung der muslimischen Bevölkerung aus Srebrenica. Bis zum 25. Juli 1995 wurden 30 000 der vor Beginn der serbischen Offensive in der Stadt lebenden 42 000 Einwohner abgeschoben. Viele von ihnen, vor allem Männer im wehrfähigen Alter, werden ausgesondert und ermordet. Ihre Häuser werden gesprengt. Die NATO-Luftaufklärung und die Aufklärungsmittel der CIA finden die ersten Orte mit Massengräbern. Frankreich setzt erstmals die CL-289 intensiv als Aufklärungsmittel ein und stellt ebenfalls neue Massengräber fest. Serbien wird aufgrund der Aufklärungsergebnisse des Massenmordes beschuldigt.
Am 28. August 1995 führt schließlich ein serbischer Granatenangriff auf den Marktplatz von Sarajevo, bei dem 37 Menschen umkommen und 68 teilweise schwer verletzt werden, zum größten Kampfeinsatz in der Geschichte der NATO. Serbische Stellungen in den Bergen rund um Sarajevo, der Muslim-Enklave Tuzla und Gorazde sowie die Serben Hochburg Pale werden von NATO-Jagdbombern (USAF, RAF) angegriffen. Dabei wurden Munitionsdepots, Kommunikationssysteme, Radar- und Fernmeldeeinrichtungen sowie Flugabwehrstellungen Hauptziel der Angriffe. Unterstützung erhielt die Luftoffensive durch die europäische Schnelle Eingreiftruppe. Zum ersten Einsatz kam die 4000 Mann starke multi-nationale Brigade, die u.a. am Berg Igman stationiert wurde. Die Luftoffensive wurde am 1. September 1995 unterbrochen, um aber am 5. September wieder erneut aufgenommen zu werden, da die Serben der ultimativen Forderung nach Abzug der schweren Waffen aus der Umgebung von Sarajevo nicht nachkamen. Erst am 14. September 1995, als die Serben ihr Einlenken signalisieren, endeten die Angriffe.
Am 21. November 1995 wird in Dayton, Ohio, der vierjährige blutige Bürgerkrieg in Bosnien-Herzegowina beendet und ein Friedensabkommen ausgehandelt. Die Präsidenten Slobodan Milosevic (Serbien), Alija Izetbegovic (Bosnien-Herzegowina) und Franjo Tudjman (Kroatien) paraphieren das Abkommen, das dann am 14. Dezember 1995 in Paris unterzeichnet wird. Bosnien-Herzegowina wird als international anerkannter Staat erhalten. Das Bundeskabinett beschließt am 28. November die Entsendung von 4000 Soldaten als Unterstützung für die NATO IFOR Friedenstruppen in Bosnien und erhält die Zustimmung des Bundestags.

Kosovo

Für die Serben gilt der Kosovo als *heiliger* Boden. Es wird als die Wiege und das Stammland der serbischen Nation angesehen. Am 28. Juni 1389 fand auf dem Amselfeld, nahe Pristina, eine Schlacht mit den Türken statt, bei der der türkische Sultan Murad I getötet wurde. Diesen militärischen Erfolg bezahlten die Serben mit der Vernichtung ihres gesamten Heeres durch die Türken und sie mussten danach über 500 Jahre unter der osmanischen Herrschaft leiden. Seit dieser Zeit sehen sich die Serben als Helden, die sich für das christliche Abendland geopfert haben.
Bereits Ende der achtziger Jahre forderten die Kosovo-Albaner den Status einer selbstständigen Republik innerhalb der jugoslawischen Föderation, den zuerst die jugoslawische und später die serbische Regierung jedoch ablehnten. Grund hierfür war, dass dieser Status dem Kosovo das Recht gegeben hätte, aus der Föderation auszutreten. Die Unterdrückung der Kosovoserben durch die muslimische Mehrheit wurde von den Serben um Milosevic nicht mehr länger hingenommen. Dieser appellierte 1987 an die Serben ihr Land und ihre Geschichte für sich selbst zu reklamieren. Im Juni 1989 kam Milosevic zusammen mit etwa 2 Millionen Serben in den Kosovo, um des 600. Jahrestages der Schlacht auf dem Amselfeld zu gedenken. Dies war erneut das Signal für weitere ethnische Säuberungen und Vertreibungen. OSZE-Mitarbeiter fanden am 16. Januar 1999 in der Nähe von Razak Beweise für ein Massaker an 45 Kosovo-Albanern durch serbische Polizeieinheiten.
Nachdem alle diplomatischen Anstrengungen versagt hatten, den serbischen Präsidenten Slobodan Milosevic zum Einlenken bei den Vertreibungen und ethnischen Säuberungen zu veranlassen, beginnt die NATO am 24. März 1999 im Rahmen von Allied Force mit Luftangriffen auf Jugoslawien – wohlgemerkt eine Non-Article 5-Operation. Der damalige NATO-Generalsekretär Javier Solana erteilte, in enger Abstimmung mit den NATO-Nationen, den Befehl zum Angriff gegen Serbien. Nachdem alle anderen Anstrengungen zur Lösung des Konflikts versagt hatten, war dies die einzige verbliebene Alternative

die Menschenrechtsverletzungen zu beenden. Ziel des Militäreinsatzes ist die Rückkehr von vertriebenen muslimischen Kosovaren, die u.a. in Albanien und Griechenland Zuflucht gesucht hatten. Das UNO-Flüchtlingshilfswerk ging von einer halben Million Flüchtlingen aus.
Nachdem Deutschland sich nach dem Kalten Krieg an eine veränderte Welt angepasst und gewöhnt hatte, war der Kosovo-Konflikt ein erster Höhepunkt, bei dem die NATO einzugreifen gefordert war. Interessant ist bei diesem Konflikt, dass kein Beschluss des UN-Sicherheitsrates vorlag, der den Angriff legitimiert hätte. Die NATO wollte aus eigenem Recht Serbien zum Rückzug zwingen, um eine humanitäre Katastrophe abzuwenden. Obgleich es nach allen früheren Debatten undenkbar erschien, an diesem Krieg teilzunehmen, entschied sich das deutsche Parlament dafür. Der Bundestag genehmigte mit großer Mehrheit den Einsatz der Bundeswehr im Rahmen der NATO-Operation. Unter den ersten Kampfflugzeugen, die Jugoslawien angriffen, waren auch vier ECR-Tornados der deutschen Luftwaffe, die mit HARM-Flugkörpern zur Unterdrückung der gegnerischen Luftabwehr bewaffnet waren. Neben den ECR-Tornados betrieben auch Recce Tornados Fotoaufklärung.

Zerstörte Häuser im Kosovo; CL-289 Fotoaufklärung. (BWB)

Einen wesentlichen Beitrag zur Aufklärung von Bodenzielen mit höchster Auflösung leistete die CL-289 des deutschen Heeres, die u.a. auch Details von zerstörten Dörfern und Massengräbern lieferte. Der Kosovo-Konflikt war der erste Krieg nach dem Zweiten Weltkrieg, bei dem deutsche Soldaten an Kampfhandlungen beteiligt waren. Die bei Aufklärungseinsätzen gewonnenen fotografischen Aufnahmen der CL-289 waren die ersten ungefilterten, eigenständigen Bilddokumente aus einem Konflikt, die ein deutscher Verteidigungsminister und ein Bundeskanzler nach dem Zweiten Weltkrieg zu sehen bekommen haben.

Die ersten Angriffswellen der NATO-Flugzeuge waren vor allem auf schnelle Unterdrückung der serbischen Luftabwehr konzentriert, gefolgt von Angriffen gegen Flughafenanlagen, Fernmeldeeinrichtungen, Munitionslager und Kraftstoffdepots. In den folgenden Tagen verstärkte die NATO ihre Luftangriffe auf bis zu 700 Einsätze pro Tag, die dann auf das ganze jugoslawische Staatsgebiet ausgeweitet wurden.

Ein F-117 *Stealth Bomber* wurde am 27. März 1999 über Jugoslawien abgeschossen. Der Pilot konnte sich mit dem Schleudersitz retten und schnell von einer Spezialeinheit geortet und unverletzt von serbisch besetztem Gebiet geborgen werden.

Ab Anfang April 1999 sind wichtige Gebäude der Innenstadt von Belgrad Ziel der NATO-Bombardierung. Der Einsatz gegen die serbischen Truppen zieht sich wochenlang hin. Die NATO-Strategie basiert zunächst im Wesentlichen auf der Zerstörung von Bergstellungen, Nachschublinien, Treibstofflager und Kommunikationseinrichtungen.

Da die NATO befürchten musste, dass Russland auf der serbischen Seite in den Konflikt eingreift, wurde von den europäischen Staaten versucht, Moskau in die Lösung des Konflikts einzubinden. Dies wurde umso notwendiger, als der damalige russische Präsident Boris Jelzin mit dem Eingreifen Russlands aufseiten der Serben im Falle einer NATO-Invasion im Kosovo drohte.

Am 26. April 1999 beschlossen die EU-Außenminister in Luxemburg die Sanktionen gegen Serbien zu verschärfen. US Präsident Clinton kündigte am 5. Mai an, dass die NATO-Nationen die Luftangriffe gegen Jugoslawien bis zur Erfüllung der NATO-Forderungen „erbarmungslos intensivieren“ werden. Am 8. Mai bombardierten NATO-Flugzeuge wegen fälschlich eingegebener Zieldaten (der CIA) versehentlich die chinesische Botschaft in Belgrad. In Peking kam es daraufhin zu Ausschreitungen gegen die US-Botschaft.

Am 10. Juni bestätigte der NATO-Oberbefehlshaber Wesley Clark, SACEUR, den Beginn des Truppenabzugs der Serben aus dem Kosovo. Nach 79 Tagen ist der Weg zur Einstellung der Kampfhandlungen frei. Am Nachmittag des 10. Juni erklärte der NATO-Generalsekretär Javier Solana das vorläufige Ende der Luftangriffe gegen Jugoslawien. Anteil am schnellen Ende des Konflikts hatten sicher in erster Linie die NATO-Luftoperationen *Allied Force,* aber auch die europäische Diplomatie und der persönliche Einsatz des damaligen russischen Ministerpräsidenten Viktor S. Tschernomyrdin. Noch am Abend des 10. Juni verabschiedete der UNO Sicherheitsrat die lang umstrittene Kosovo-Resolution. Sie ebnete den Weg für die Entsendung einer 50 000 Mann starken KFOR Friedenstruppe. Am 11. Juni 1999 intervenierte die NATO unter dem UNO-Mandat SCR 1244 im Kosovo, nachdem auch der Deutsche Bundestag beschlossen hatte, das deutsche KFOR Kontingent im Kosovo um 2500 Soldaten auf 8500 aufzustocken. Noch bevor die NATO-Truppen das Kosovo erreichen können, besetzten 200 russische Soldaten den strategisch wichtigen Flugplatz von Pristina. Russland hatte jedoch seine Anfangshaltung von Verweigerung während der Verhandlungen in Rambouillet und Paris in Mitverantwortung und Kooperation umgewandelt und reihte sich in die KFOR Truppen ein. Die KFOR umfasste danach 36 Nationen im Kosovo.

Herausforderungen an die Aufklärung auf dem Balkan

Allied Force im Kosovo war die erste erfolgreiche Koalitionsoperation von 19 demokratischen Staaten[21], obwohl sich die Interessen der Beteiligten in Nuancen durchaus unterschieden. Die Operation im Kosovo war die Erste, die ausschließlich mit Mitteln der Luftkriegsführung zu Ende gebracht wurde. Dieser Konflikt hat aber jedem Beobachter, zumindest in der militärischen Phase gezeigt, wo Europa in seiner militärischen Leistungsfähigkeit im Vergleich zu den USA steht.

Im Vorfeld des Konflikts war die Nachrichtengewinnung von Grundlageninformation die primäre Aufgabe, die aber im Laufe der militärischen Operationen in die Aufgabe Ziel- und Wirkungsaufklärung überging. Etwa 48 Satelliten von vielen Nationen unterstützten den NATO-Einsatz gegen Serbien. Es war die bis dahin größte Armada von Raumfahrtgerät, das für einen Krieg zusammengeführt wurde. Mehr als ein Dutzend unterschiedliche Satelliten von NATO-Ländern sammelten Erkenntnisse aus fotografischen, IR und Radarabbildungen sowie aus ELINT und COMINT. Über Meteosat, DMSP und andere Satelliten wurde das Wetter beobachtet und es wurde u.a. über DSCS und Milstar kommuniziert, Daten übertragen und Befehle weitergeleitet. Die Satelliten des Navstar Global Positioning System (GPS) dienten nicht nur zur Navigation der NATO-Flugzeuge, sondern auch zur Lenkung von Abstandswaffen und Bomben, wenn diese nach Wegpunkten navigierten.

Das NRO betrieb zwei *Lacrosse*-Radarsatelliten, die beide den Balkan zweimal pro Tag überflogen[104]. Wegen der Allwetterfähigkeit von Lacrosse konnten den US-Kommandeuren auch bei schlechtem Wetter wichtige Ziele vorgelegt und nach einem Angriff festgestellt werden, welche Wirkung erzielt wurde. Neben dem Allwettersystem *Lacrosse,* hatten die Vereinigten Staaten 3 Advanced KH-11 auf unterschiedlichen Umlaufbahnen verteilt, die bei gutem Wetter hervorragende fotografische Aufnahmen bei Tag und IR-Bilder bei Nacht lieferten.

Frankreich konnte zusammen mit Italien und Spanien ihren gemeinsamen abbildenden Aufklärungssatelliten *Helios-1A* über dem Balkan einsetzen, der wahrscheinlich eine ähnliche Bildqualität wie die Keyhole-Satelliten lieferte. Auch von Frankreich wurden keine Bilder der Öffentlichkeit zugänglich gemacht.

Es wird sowohl von mindestens einem abbildenden als auch einem signalerfassenden russischen Aufklärungssatelliten berichtet, die ebenfalls den Balkan überflogen. Beiträge für den NATO-Einsatz wurden nicht bekannt.

Luftgestützte Aufklärung in Bosnien und Kosovo war durch das bergige Gelände (Probleme für die Abstandsaufklärung), durch Luftabwehrraketen und Wetter erschwert. Die bemannten Flugzeuge sollten, wegen der serbischen Luftabwehr, möglichst eine Flughöhe von 5000 m über Grund einhalten. Die Anforderungen an die Aufklärung bezüglich der Realisierung einer aktuellen Lageerstellung, die Zieldatenbeschaffung für bis zu 700 Einsätze von Kampfflugzeugen pro Tag und der nachfolgenden Wirkungsaufklärung war enorm. Die Hauptlast trug hierbei die USAF.

Abgeleitet von dem *Parallel Warfare Concept* des Golf-Kriegs wurde im Kosovo das Konzept des *Effects Based Warfare* zu realisieren versucht. Von der US Seite wurden neben Satelliten (EO, Radar) besonders RC-135 *Rivet Joint* (SIGINT), E-8C JSTARS (von Deutschland aus), U-2R mit ASARS-2 (von Istres, Frankreich aus) und besonders intensiv UAVs vom Typ RQ-1 Predator A eingesetzt. Zur Auswertung der ASARS-2 Daten gab es eine gemeinsame Anstrengung der US und UK Streitkräfte beim Einsatz des *Tactical ASARS Data Manipulation System* (TADMS).

Der GMTI-Betrieb zur Verfolgung von Bewegtzielen durch JSTARS machte komplizierte Orbits erforderlich, um im bergigen Gelände die erforderliche Einsehbarkeit zu erreichen. Dadurch ist zu erklären, dass die USAF anfänglich wenig Interesse zeigte, JSTARS in die Planungen von *Allied Force* einzubeziehen. Gegenüber Kuwait und Irak war es im Kosovo viel schwieriger, aufgrund des bergigen Terrains und des Bewuchses, Bewegtziele zu entdecken, zu lokalisieren und zu verfolgen. Da JSTARS erst relativ spät hinzugezogen wurde, bestand dann am Beginn seines Einsatzes auch ein Mangel an freundlicher Truppenbewegung gegen die Serben. Dies ermöglichte es den serbischen Truppen sich auf den Berghöhen einzugraben und ihre Bewegung auf ein Minimum zu begrenzen, sodass überhaupt nicht die große Anzahl von Fahrzeugen wie im Golfkrieg zu beobachten war. Als dann später im Konflikt die Flüchtlingsströme anfingen, verstanden es die serbischen Truppen diese als lebende Schutzschilde einzusetzen und sich in die Kolonnen einzufügen. Diese Taktik erforderte es, die Ziele nach einer JSTARS Entdeckung visuell durch Drohnen zu identifizieren, was zu einer Einschränkung des Nutzens von JSTARS führte.

Auch die Stationierung von JSTARS in Deutschland hatte Einfluss auf seinen Einsatz. Da die Schweiz und Österreich ihre Neutralität gewahrt sehen wollten, mussten die Flugzeuge den Umweg über Frankreich in Kauf nehmen, wodurch sich ihre on *Station* Zeit weiter reduzierte. Hinzu kam, dass zur Zeit des Kosovo Konfliktes erst vier E-8C Maschinen zur Verfügung standen, von denen meist nur zwei für den gleichzeitigen Einsatz Verwendung fanden. Dies er-

klärt, warum keine kontinuierliche 24 h GMTI-Abdeckung des von den Serben besetzten Konfliktbereichs erreicht werden konnte. Die serbischen Truppen erhielten dadurch häufig die Gelegenheit sich bewegen zu können, ohne befürchten zu müssen, entdeckt zu werden. Zunächst spielte auch die Tatsache eine Rolle, dass die US-Kommandeure im Kosovo überhaupt nicht mit dem System und seinen Fähigkeiten vertraut waren. Erst als US Jagdbomber-Piloten den hohen Nutzen von JSTARS erkannten und nicht mehr visuell zwischen Attrappen und Tarnung nach Zielen suchen mussten, erhielt JSTARS die ihm gebührende Wertschätzung. Schnell entwickelte sich JSTARS als luftgestütztes Kommando- und Führungssystem, das vorgeschobenen Beobachter und UAVs an Orte heranführen konnte, wo Bewegung stattfand.
Die JSTARS GMTI-Information wurde über Link 16 an die USAF und über die SCDL Data Link zu den wenigen GSM Bodenstationen, die die US-Army relativ spät herangebracht hatte, erfolgreich übertragen. U-2R übertrug Bilddaten über das *Common Data Link* (CDL) zur *Common Imagery Ground Station* (CIGS). Die JSTARS GSM konnte, neben den eigenen JSTARS Bildprodukten, auch Informationen wie FLIR-Video von Predator, Bilddaten der RF-4C Phantom, SIGINT Daten von RIVET JOINT und GUARDRAIL CS empfangen und verarbeiten. Es war vorgesehen, alle ausgewerteten Sensorprodukte der US-Army im *All Sensors Analysis System* (ASAS) zu fusionieren und dies schien auch gelungen zu sein.
Im Kosovo Konflikt wurden von der USAF JSTARS, TR-1A (mittlerweile als U-2R rückbezeichnet) und von Frankreich die HORIZON zum zweiten Mal in Kombination eingesetzt, um einen gemeinsamen Einsatz zu unterstützen. Sowohl das bergige Gelände als auch die serbische Luftabwehr trugen dazu bei, dass keine kontinuierliche Radarabdeckung des gesamten Gefechtsbereichs möglich war. Aber das wohl größte Hindernis eine gemeinsame Lagebeurteilung aus der Fusion der drei Systeme zu gewinnen, lag an der vollkommen getrennten Aufstellung ihrer Bodenstationen. Die US Systeme wurden von Italien (U-2R/S) und von Deutschland (JSTARS) aus betrieben, während HORIZON von Mazedonien aus eingesetzt wurde. Jedes System übertrug seine Information an seine jeweilige Bodenstation. Es gab weder interoperable Data Links, noch interoperable Bodenstationen oder standardisierte Bildformate, obwohl die NATO seit Jahren eine Standardisierung und Vernetzung auf diesem Gebiet anstrebt.
Unmanned Aerial Vehicles (UAV) leisteten einen erheblichen Beitrag beim Einsatz operationeller Kräfte. Sie verbesserten die zeitgerechte Verfügbarkeit von Gefechtsfeldinformation und reduzierten erheblich das Risiko des Verlustes von bemannten Aufklärungsmitteln. Im Vergleich zu bemannten RECCE-Plattformen sind sie kosteneffektiv und vielseitig einsetzbar. Neben der Nachrichtenbeschaffung zur Gefechtsvorbereitung wurden die UAVs primär mit Überwachungs-, Aufklärungs- und Zielakquisitionsaufgaben beauftragt. Aber sie trugen auch zur Lageerkundung, Gefechtsführung und der Wirkungsabschätzung bei.

General Atomics Predator A (MALE UAV). (General Atomics)

Im Bereich der taktischen Aufklärung wurde *Predator A* sehr intensiv in beiden Szenarien, sowohl in Bosnien als auch im Kosovo, eingesetzt. *Predator A* wird als *Medium Altitude Long Endurance* (MALE) UAV bezeichnet und wurde von General Atomics in San Diego entwickelt. Er wurde besonders intensiv zur Unterstützung der Joint Forces für die Aufgaben der taktischen Aufklärung, Überwachung und Zielakquisition verwendet.
Ein *Predator*-System besteht aus 4 Fluggeräten (mit EO/IIR- und SAR-Sensoren), einer Bodenkontrollstation, einer *Predator Primary Satellite Link* (PPSL) und benötigt 55 Mann Bodenpersonal für den 24-h-

Betrieb. Die Reichweite liegt bei etwas über 500 nm (925 km) und der Einsatzhöhenbereich bis 25 000 ft (7500 m). Zum Betrieb sind ein Boden-Pilot und zwei Sensor-Operateure erforderlich. Die Informationsübertragung *(Up-* und *Downlink)* erfolgt bei LOS Betrieb über eine C-Band Data Link und jenseits der Sichtlinienentfernung (BLOS) über die PPSL Ku-Band SatCom zum *Trojan* SPIRIT (Special Purpose Integrated Remote Intelligence Terminal) Satellitenterminal. Dieses mobile Terminal des modularen Satellitenkommunikationssystems wurde als Anhänger am HMMWV mitgeführt. Die Übertragung der Auswerteergebnisse von *Predator* erfolgte über das *Secret Internet Protocol Router Network* (SIPRNet) zum CAOC nach Tuzla und zum Joint Air Command (JAC) nach Sarajewo und Molesworth (UK). Die ersten Fluggeräte waren mit einer fest eingebauten Videokamera in der Nase ausgerüstet, die auch zur Kontrolle bei Starts und Landungen diente. Eine TV-Kamera und ein FLIR hoher Leistung waren auf einer stabilisierten Plattform unter dem Rumpf untergebracht, die von den Sensor-Operateuren in Azimut und Elevation gesteuert werden konnte.

Für den Allwetter- und Nachteinsatz kam zusätzlich ein SAR-Sensor zur Anwendung, das *Tactical Endurance Synthetic Aperture Radar* (TESAR) von Westinghouse. Es wird angenommen, dass TESAR eine Auflösung im Bereich von 30 cm aufwies. TESAR konnte in einer Schrägentfernung zwischen 4000 und 11 000 m bei einem Neigungswinkel der Antenne zwischen 30 und 60° *(Depression angle)* betrieben werden, wobei eine Streifenbreite von ca. 1130 m erzeugt werden konnte. Der maximale Schrägsichtwinkelbereich *(Squintwinkel)* lag zwischen +/- 45°. Piloten landeten den *Predator* bei Nacht unter Verwendung der eingebauten FLIR-Kamera. Gewisse Einsatzprobleme bei Predator A ergaben sich durch die geringe Fluggeschwindigkeit (teilweise langsamer als die höchste Windgeschwindigkeit), Luftraumeinschränkungen durch ATC und durch Vereisung. Zur Navigation war *Predator A* mit P-Code GPS ausgerüstet. Die Genauigkeit der Ziellokalisierung lag im Bereich zwischen 30-35 m. Es wurde festgestellt, dass sich die Einsatzhäufigkeit der mitgeführten Sensorik wie folgt aufteilte: FLIR bei etwa 13%, SAR-Sensor bei etwa 18% und EO-Sensoren bei etwa 69% der Zeit. Neben den genannten Drohnen verwendeten die US-Truppen in Bosnien (1993-96) die *Gnat 750* von General Atomics, einen Vorläufer der *Predator* Serie und den *Pioneer* von IAI für die Nahbereichsaufklärung. Außer der CL-289 für den Korpsbereich hatte das französische Heer für die Nahaufklärung noch zwei kleinere Drohnen bereitgestellt, die *Crécerelle* und den Fox AT. Im Kosovo-Konflikt (1998-99) traten sowohl auf der US Seite als auch beim französischen Heer weitere Drohnen, wie der zweimotorige *Hunter* für den mittleren Bereich (70 bis 200 km) und beim britischen Heer der *Phoenix,* hinzu. Beide Drohnentypen waren mit stabilisierten EO/FLIR-Plattformen und Data-Links zur direkten Video-Übertragung der aktuellen Szene zu ihren jeweiligen Bodenstationen ausgestattet. In diesen erfolgte die Auswertung für die Nahbereichsaufklärung, d.h. insbesondere die Echtzeitüberwachung, Artilleriebeobachtung, Feuerleitung und Wirkungsabschätzung.

Ebenfalls im taktischen Bereich verwendete die USAF aber auch bemannte Flugzeuge, wie etwa die F-16 mit Center Line Recce Pod, der mit einer digitalen Recon Optical KS-87 EO Framing Kamera und mit einem digitalen Bandgerät Ampex DCRsi 240 R ausgestattet war.

Vom 16. Juli 1992 an wurden die NATO AEW&C (NE-3A) Flugzeuge zur Unterstützung der NATO-Operation *Maritime Monitor* in das Operationsgebiet der Adria befohlen. Mit diesem Einsatz sollte die Resolution des UN-Sicherheitsrats, einem Verbot von Waffenlieferungen für Serbien und Montenegro, durchgesetzt werden. Diese Mission entwickelte sich zu einem Einsatz, der unter dem Namen *Sharp Guard* bekannt wurde.

Im nachfolgenden Jahr 1993 begann die Luftraumüberwachung mit NE-3A AWACS zur Unterstützung der UNO bei der Durchsetzung der Flugverbotszonen *(No-fly Zone)* im früheren Jugoslawien, insbesondere über Bosnien-Herzegowina. Dieser Einsatz wurde durch die britischen E-3Ds und die französischen E-3Fs ergänzt. Dabei musste auch überraschend ein Orbit in den ungarischen Luftraum verlegt werden, zu dem sich Ungarn bereit erklärte, obwohl es noch nicht NATO-Mitglied war. Diese Operation wurde *Deny Flight* genannt und sollte verhindern, dass feindliche Flugzeuge in diese, von der UNO gewollten *No-fly Zone,* eindringen können. Dennoch penetrierten am 28. Februar 1994 sechs serbische *Galeb* Jagdbomber diese Zone und griffen Bodenziele an. Sie wurden von einer NATO E3-A Maschine entdeckt und von NATO F-16 Jagdflugzeugen abgefangen. Dabei wurden vier der Galebs abgeschossen. Dies war die erste Abfangaktion, die jemals von der NATO mit AWACS unternommen wurde. Im April 1994 hatte die NE-3A Flotte den 1000. Unterstützungs-Tag in diesem wichtigen Einsatz registriert[70,71].

Vom deutschen Heer und der Luftwaffe kamen im Kosovo CL-289, Recce Tornado und ECR Tornado zum Einsatz. Ebenfalls haben auch Breguet Atlantic ATL1 (MPA und M-Version) über der Adria Einsätze geflogen. Die Bildauswertung der optischen Kamera der CL-289 lieferte, neben serbischen Stellungen und der Wirkungsabschätzung von Waffeneinsätzen, wichtige Beiträge zur Beurteilung des Ausmaßes der Zerstörung von Gebäuden und zur Lokalisierung von Massengräbern.

Ein weiteres deutsches Drohnensystem feierte zwischen 2002 und 2003 seinen Einstand im Kosovo und in Mazedonien, nämlich die für Luftnahunterstützung entwickelte LUNA von EMT. Ein LUNA-System setzt sich aus zwei Bodenkontrollstationen, zehn Fluggeräten und zwei Katapultstartgestellen zusammen. Die Data Link verfügt über eine Reichweite von etwa 65 km und die Drohne über eine Einsatzdauer von drei Stunden. Sie kann fünf EO-Sensoren für den Tag- und Nachteinsatz tragen und die Sensordaten der Artillerie oder der Panzerwaffe in Echtzeit übertragen. Ein Miniatur SAR Sensor (MISAR) wurde von der EADS, Defense Electronics in Ulm entwickelt und ist erfolgreich getestet worden. Dieser Sensor verleiht der LUNA eine Allwetterfähigkeit.

Insgesamt deckte der deutsche Beitrag zur Zielaufklärung jedoch nur einen Bruchteil des täglichen Bedarfs ab.

Als sich später in diesem Konflikt das Wetter besserte und die Kosovo-Befreiungsarmee (KLA) mit ihrer Offensive am Boden begann, half die verfügbare GMTI-Information der NATO Luft-Boden Operationen durchzuführen. Dies war der Beginn der serbischen Niederlage. Versuchten die Serben ihre Truppen als Reaktion auf eine Offensive der KLA zu manövrieren, so mussten sie sich bewegen und wurden von den GMTI Sensoren der NATO (JSTARS, HORIZON) entdeckt und von NATO-Jagdbombern bekämpft. Bewegten sie sich nicht, weil sie einen NATO-Angriff befürchteten, konnten sie nicht die notwendigen Kräfteverhältnisse herstellen, die benötigt gewesen wären, die dann schwächeren KLA-Truppen zu besiegen.

Ohne den Einsatz der Europäer schmälern zu wollen, hat dieser Konflikt die große Lücke zwischen den militärischen Fähigkeiten der USA und der großen Mehrzahl der europäischen NATO-Nationen offenkundig gemacht. Es wurde festgestellt, dass nicht nur die Interoperabilität beginnt, berührt zu werden sondern, dass auch die politische Urteilsfähigkeit der Europäer, aufgrund ihrer eingeschränkten Fähigkeiten bei der Nachrichtenbeschaffung und Aufklärung, leidet. Die Aufgabe Überwachung und Aufklärung

Flüchtlinge im Kosovo; CL-289 Fotoaufnahme. (BWB)

lag im Schwerpunkt eindeutig bei den US Streitkräften.
Ein Ergebnis des Balkankonfliktes war die schmerzhafte Erkenntnis einer eklatanten Abhängigkeit der europäischen NATO-Verbündeten von den US Ressourcen und den US Technologien.
Deutschland standen keine selbst gewonnenen Primärdaten aus der strategischen Aufklärung zur Verfügung – mit Ausnahme der Signalinformation, die mit der ATL1M gesammelt wurde. Falls die Bundeswehr in Kampfhandlungen verwickelt würde, benötigt sie abbildende Aufklärungssysteme, die eine kontinuierliche, möglichst lückenlose Überwachung der Territorien erlaubt, in denen sie möglicherweise zum Einsatz kommt. Diese Systeme sind notwendig, um komplementäre Aufklärungsmittel (wie z. B. KZO) schnell einweisen bzw. deren Daten ergänzen zu können. Das Fehlen einer deutschen raumgestützten Aufklärungskomponente war offenkundig. Ein echtzeitfähiges, luftgestütztes, abstandsfähiges Aufklärungssystem zur permanenten Überwachung und Abdeckung des Konfliktgebietes bei Tag, Nacht und Schlechtwetter, das NATO-interoperabel und hoch mobil ist, würde helfen, jederzeit ein aktuelles Bild der Lage im Interessenbereich des Korps zu erstellen. Derzeit verfügt die Bundeswehr über kein allwetterfähiges penetrierendes Aufklärungssystem. Sowohl CL-289 als auch Tornado verfügen über keine SAR/GMTI-Sensoren. Die Übertragung von Sensorprodukten über die Sichtlinie hinaus erfordert ein eigenes Breitband SatCom-System. Auch das hätte den deutschen Soldaten nicht zur Verfügung gestanden.
Weiter wurde in den einschlägigen Medien gerügt, dass die Interoperabilität der Kommunikationssysteme und der standardisierte Datenaustausch innerhalb der Allianz nicht ausreichend seien und die europäischen Nationen dringend Verstärkung auf dem Sektor C4ISR benötigen.
Am Ende des Balkankonflikts kann man, aus europäischer Sicht, nur mit Beunruhigung feststellen, dass eine akute Gefahr des Auseinanderdriftens der Technologien und der Einsatzkonzepte sowie der Führungsfähigkeit in der NATO besteht und dass ohne die USA die Europäer einen solchen Konflikt hätten kaum selbst bewältigen können.
Noch während des Kosovo Konflikts wird 1998 die westliche Welt durch den ersten pakistanischen Atomtestversuch aufgeschreckt. Damit besaß erstmals ein islamisches Land die Atombombe und Abdul Qadeer Khan gilt als ihr geistiger Vater. Er hatte in den 60er Jahren in West-Berlin, Delft und in Löwen studiert und arbeitete später für die niederländische Forschungsanstalt URENCO. Dort erhielt er Zugang zum Bau von Uran-Ultrazentrifugen zur Isotopentrennung und Anreicherung von U235. Als er 1975 nach Pakistan zurückkehrte, wird unterstellt, dass er gestohlene Blaupausen zum Zentrifugenbau mitgehen ließ. Gefährlich für den Westen wurde A. Q. Khan aber erst, als deutlich wurde, dass er zur Proliferation wichtiger Aspekte der Nukleartechnologie nach Nord-Korea, Lybien und in den Iran beitrug.

15. Afghanistan

Die USA und die gesamte westliche Welt steht nach dem 11. Septembers 2001, der Zerstörung der beiden World Trade Center Türme in New York und des Angriffs auf das Pentagon in Washington unter Schock. Unmittelbar nach diesen Terroranschlägen auf die USA setzte die NATO erstmals in ihrer Geschichte den Bündnisfall nach Artikel 5 des NATO-Vertrags in Kraft. Für die US Regierung ist die Bekämpfung des internationalen Terrorismus und insbesondere von Al Khaida mit ihrem Anführer Osama bin Laden, der sich in Afghanistan niedergelassen hatte, das Ziel Nummer Eins. Der US Einsatz ab 7. Oktober 2001 in Afghanistan galt aber zunächst der Bekämpfung und Vertreibung der Taliban und der Schließung der Al Khaida Ausbildungslager für Terroristen, die den Schutz der Taliban genossen. Man schätzt, dass etwa 40 000 Terroristen in der Umgebung von Jalalabat in Afghanistan ausgebildet wurden. Weitere Ziele des US-Angriffs waren die Hauptstadt Kabul und das militärische Nervenzentrum der Taliban in Kandahar, dem Sitz des obersten Taliban Führers Mullah Omar. Die US-Regierung erhoffte im Rahmen dieser Maßnahmen auch Osama bin Laden zu fangen.

Afghanistan ist in weiten Teilen gebirgig mit Ebenen im Norden und im Südwesten. Die Fläche wird mit etwa 650 000 km² angegeben. Afghanistan hatte im Jahr 2004 etwa 28,5 Mio. Einwohner. Das kontinentale Klima ist ziemlich trocken, mit kaltem Winter und heißem Sommer. Vor Kriegsbeginn war Afghanistan aufgeteilt nach ethnischen Gebieten. Die Taliban kontrollierten neben der Hauptstadt Kabul etwa zwei Drittel des Landes; insbesondere den hauptsächlich von Paschtunen bewohnten Süden. Die Oppositionsrebellen mit ihren Warlords hatten ihre Stützpunkte bei den verschiedenen Ethnien des Nordens. Diese Nordallianz kämpfte zusammen mit den US und UK Streitkräften zu Beginn des Konflikts gegen die Taliban.

Aufklärung, Überwachung und Führung spielte bei der Bekämpfung der Taliban-Milizen eine wesentliche Rolle. Hier erwies sich die US Space Communication als ein wesentliches Mittel zur Einsatzführung, um insbesondere die großen Entfernungen in diesem Lande zu überwinden und mit den Kommandoquartieren in den USA zu kommunizieren.

Man muss davon ausgehen, dass in der heißen Phase dieses Konflikts etwa vierzig Satelliten der Vereinigten Staaten und der internationalen Koalition, d.h. britische, französische und russische eingebunden waren, die wichtige Beiträge zur Lage- und Zielerfassung lieferten, und zwar durch Fotos, IR- und Radarbilder sowie durch Fernmeldeaufklärung. Sie lieferten aber auch Wetterbeobachtungen und ermöglichten die präzise Navigation mit GPS sowie die Kommunikation von Befehlen, Daten und Sprache.

Durch Zufall musste die NRO zu Beginn des Afghanistan Konflikts einige ältere Satelliten abschalten und durch neue ersetzen. So kam es, dass zwischen dem 17. August und dem 10. Oktober 2001 vier neue Satelliten in Umlaufbahnen geschossen wurden, von denen man annimmt, dass diese ein Lacrosse, ein SIGINT-, ein KH-11-Ersatz (USA-116) und ein Kommunikationssatellit waren[104].

Um zu vermeiden, dass private Satellitenbilder in Umlauf gelangten, begann das Pentagon bei kommerziellen Gesellschaften, die Satellitenbilder vertrieben, ab 7. Oktober 2001 die Exklusivrechte für das Gebiet von Afghanistan zu erwerben. Dabei wurde ein Vertrag mit *Space Imaging* abgeschlossen, bei dem das Pentagon die Exklusivrechte für alle Bilder von Afghanistan und insbesondere für die Zeit in der sich deren Ikonos-2 Satelliten über dem Zielgebiet befanden, erwarb. Ikonos-2 Bilder wurden als die besten kommerziell verfügbaren eingestuft und die erworbenen Bilder wurden der NIMA zur Weiterverwendung zugeführt. Wenn auch die Auflösung der Ikonos-2 Bilder wahrscheinlich nicht an die der Keyhole Satelliten heranreichte, so waren sie doch militärisch wertvoll. Die Schwarz-Weiß Bilder von Ikonos haben eine Auflösung von etwa 1 m und kosteten pro km² bis zu 200 US$ plus etwa 3000 US$ für eine schnelle Vorzugsbedienung. Farbfotos haben eine Auflösung von etwa 4 m.

Zur Entdeckung und Überwachung aller Bewegungen wurde bei der Operation *Enduring Freedom* von der

USAF E-8C JSTARS und U-2S für die Abstandsaufklärung eingesetzt. Beklagt wurde von der US Army, dass am Anfang nicht genügend E-8Cs zur Verfügung standen und diese auch erst sehr spät eingesetzt wurden, um flächendeckend und permanent in dem bergigen Gelände erfolgreich operieren zu können. Andererseits veränderte sich der Konflikt im Laufe der Zeit von einer Auseinandersetzung mit anfänglich intensiven Bewegungen der Taliban zu einem mit niedriger Intensität, der den gleichzeitigen GMTI-Betrieb vieler E-8Cs als sehr aufwendig gestaltet hätte. Durch die Anwesenheit von Zivilisten in den Kampfzonen, ähnlich wie im Kosovo, musste vor einer Bekämpfung eine positive Zielidentifikation durch UAVs zur unbedingten Voraussetzung gemacht werden. Auch die GMTI-Abtastung in den bergigen Gebieten Afghanistans machte die Entdeckung und Verfolgung von Bewegtzielen schwierig. Wie bei der Operation *Allied Force,* wurde JSTARS GMTI-Information zur Führung und zum Einsatz von UAVs u.a. zur Zielidentifikation verwendet. Das *Strohhalm* Gesichtsfeld der UAVs mit hoher Auflösung, ergänzte ideal die Weitbereichsabtastung von JSTARS. Trotzdem kam es zu tragischen Unfällen, da trotz hoher Bildauflösung in einigen Fällen eine Unterscheidung zwischen Zivilbevölkerung und Taliban-Kämpfern sehr schwierig war.

Als problematisch wurde in diesem Zusammenhang von der USAF erneut die Transitzeiten des *Predator A* bemängelt, der wegen der zu geringen Fluggeschwindigkeit zu lange brauchte, bevor er einen Ort mit großer Aktivität, den JSTARS zuvor erfasst hatte, erreichen konnte. Dies band JSTARS häufig zu lange an einen Orbit, obwohl längst *Radar Service Requests* von ganz anderen Gefechtsgebieten vorlagen. Die zunehmend statisch werdende Situation erforderte im Verlaufe der Auseinandersetzungen mehr die abbildende Aufklärung mit SAR als GMTI. Hierfür waren auch die vorherrschenden schlechten Wetterbedingungen in Afghanistan ausschlaggebend. Aus diesem Grunde kam es dazu, dass neben der U-2S zwei der größeren UAV-Systeme, nämlich Global Hawk RQ-4A und *Predator A* sowie die kleineren Systeme für den Nahbereich *Pointer, Raven* sowie *Dragon Eye* sehr intensiv zum Einsatz kamen. Es muss in diesem Zusammenhang betont werden, dass das *High Altitude Long Endurance Unmanned Air Vehicle* (HALE UAV) *Global Hawk* (GH) RQ-4A von Northrop Grumman

Northrop Grumman Global Hawk RQ-4A. (USAF)

zu diesem Zeitpunkt noch nicht einmal komplett fertig entwickelt war und sich noch in der Erprobung befand. Die USAF forderte jedoch den Einsatz der Prototypen. So wurde der Krieg in Afghanistan zur erfolgreichen Premiere und Einsatzerprobung für den *Global Hawk* RQ-4A.

Global Hawk RQ-4A (auch Tier II + HALE UAV genannt) wurde von Northrop Grumman im Auftrag der USAF entwickelt. Er verfügt über eine Flügelspannweite von 35,4 m, kann Nutzlasten bis etwa 910 kg mit sich führen, und während einer Einsatzzeit von 36 h etwa 26 000 km zurücklegen. Seine Dienstgipfelhöhe liegt bei etwa 19 800 m und seine Transit-Geschwindigkeit bei 630 km/h. Angetrieben wird er durch ein Turboluftstrahltriebwerk von Rolls-Royce Allison, der AE 3007H, mit 31,4 kN Schub.

Global Hawk wurde entwickelt, um den verbundenen Gefechtsfeldkommandeuren hochaufgelöste ISR Bilddaten (EO, IR und SAR), auch aus dem Abstand, in nahezu Echtzeit zu liefern. Dazu wurde in der *Integrated Sensor Suite* (ISS) eine langbrennweitige EO- und eine IR-Kamera auf einer stabilisierten Plattform sowie ein Radarsensor *(HiSAR)* von Raytheon installiert.

ISS deckt den sichtbaren Bereich von 0,4 -0,8 μm und den mittleren Infrarotbereich von 3,6-5,0 μm ab. Das Gesichtsfeld des kardanisch aufgehängten und künstlich stabilisierten Sensors deckt im Rollbereich nach beiden Seiten 0-80° und im Nickbereich 0-15° nach vorne und nach hinten ab. In der Betriebsart Weitbereichssuche (WAS) kann der Sensor eine Fläche

von etwa 40 000 nm^2/Tag abbilden. Im *Spot*-Betrieb ermöglicht es der Sensor von vorgeplanten Zielen etwa 19 000 hochaufgelöste Aufnahmen pro Tag zu gewinnen, die jeweils eine Fläche von 2 km x 2 km abbilden. Dabei lässt sich eine Zielortungsgenauigkeit von 20 m cep erreichen.
Der Radarsensor *HiSAR* ist ein Derivat von ASARS-2, ohne jedoch dessen Leistungen zu erreichen. Für den Betrieb über Land sind drei Betriebsarten installiert: Streifenabbildung, Spotlight und GMTI. Im SAR-Streifenmode können Bilder mit 1 m Auflösung und 6 km Streifenbreite bzw. 6 m Auflösung und 37 km Streifenbreite gewonnen werden. SAR *Spotbilder* sollen eine Auflösung von etwa 0,3 m in einer Fläche von 0,5 km x 0,5 km erreichen[128]. Im GMTI-Betrieb liegt die minimal entdeckbare Geschwindigkeit bei etwa 7,5 km/h; der Abtastbereich liegt zwischen 20 und 200 km, bei einer Entfernungsauflösung von 10 m. Die Antenne kann auf beiden Flugzeugseiten jeweils um 45° nach vorne und hinten mechanisch geschwenkt werden und erreichen somit eine beachtliche Azimutabdeckung von 90°.
Die LOS Datenübertragung erfolgte über eine Ku-Band Data Link (CDL von L3Com). Für BLOS wurde eine Breitband-SatCom Ku-Band Data Link mit 50 Mbps (ebenfalls von L3Com) verwendet. Aus der großen Flughöhe ergibt sich eine hervorragende Geländeeinsehbarkeit auch in dem bergigen Gelände von Afghanistan sowie eine hohe nutzbare Sensorreichweite. GH erlaubte die Erfassung von Zielen wie feindlichen Stellungen, Ressourcen und Personal mit höchster Genauigkeit. Wenn nach der Missionsplanung im *Launch and Recovery Element* (LRE) alle Daten des Flugwegs und des Sensorbetriebs festgelegt und programmiert waren, konnte GH autonom auf dem Taxi-Way zum Start rollen, starten, steigen und mit einer hohen Transitionsgeschwindigkeit ins Einsatzgebiet fliegen. Dort kann er über eine lange Zeitdauer (>30 h) ferngesteuert Bilddaten gewinnen, diese zu den Auswertestationen am Boden übertragen, dann zur *Main Operating Base* (MOB) zurückfliegen und autonom landen. Bodengestützte Operateure im *Mission Control Element* (MCE) überwachen die Zustandsdaten des HALE UAV und können die vorgeplanten Wegpunkte für die Navigation und die Sensoreinsatzplanung je nach Bedarf ändern. Durch die Vernetzung kann die Bildauswertung praktisch immer am Ort des Bild-Anforderers erfolgen.

In Afghanistan waren im modifizierten *Predator A RQ-1B* das *Multi Spectral Targeting System* (MTS) installiert, das EO- und IR-Sensoren, LASER Designator und LASER Illuminator zu einem Sensorpaket integrierte und dem *Predator* die Fähigkeit des Einsatzes von AGM-114 *Hellfire* Lenkflugkörpern gab. Allerdings konnte *Predator* nicht gleichzeitig MTS und den TESAR-Sensor mit sich führen. *Predator* ermöglicht die Unterbringung und Ablieferung von zwei *Hellfire* Lenkwaffen an Flügelaußenstationen, wenn MTS installiert ist. Der *Predator A* verfügt über eine Geschwindigkeit von etwa 70 kts (130 km/h) im Einsatzgebiet und eine maximale Geschwindigkeit von bis zu 116 kts (216 km/h) in der Transition, die aber, wie erwähnt, als zu langsam bemängelt wurden. Er hat eine Einsatzreichweite von bis zu 400 nm (740 km), erreicht eine maximale Flughöhe von etwa 25000 ft (7500 m) und kann eine Nutzlast von bis zu 450 lb (204 kg) mit sich führen. *RQ-1B* war mit einem ARC-210 Radio, einem APX-100 IFF/SIF mit Mode 4 und einem 4-Zylinder Rotax-Motor sowie mit Enteisungseinrichtungen ausgerüstet.
Etwa am 6. Dezember 2001 fiel mit Kandahar die letzte Hochburg der Taliban und die Allianz ging davon aus, dass die Kampfhandlungen zu Ende gehen würden. Doch Mullah Omar gelang am 7. Dezember die Flucht. Da man Al Khaida Kämpfer und Osama bin Laden noch in den Bergen von Tora Bora vermutete, begannen Angriffe der Nordallianz mit massiver USAF Bombardierung der Taliban Stellungen in den Bergen. Am 17. Dezember wurde endlich der letzte Höhlenkomplex von *Tora Bora* eingenommen, ohne dass die Alliierten Osama bin Ladens haben habhaft werden können. Seit dieser Zeit stellt man ein erneutes Erstarken der Taliban fest und aus anfänglichen Guerilla-Kämpfen entstanden wieder ernste Kampfhandlungen mit empfindlichen Verlusten, auch aufseiten der Alliierten. Man stellte zunehmenden Zulauf für die Taliban vor allem aus Pakistan in die Region Waziristan fest. Offensichtlich ist eine kontinuierliche Überwachung der langen Grenzen sowohl nach Pakistan, von etwa 1700 km, als auch zum Iran, von etwa 600 km, mit den eingesetzten Mitteln nicht machbar.
Dies zeigt die eingeschränkten Möglichkeiten der gegenwärtig verfügbaren militärischen abbildenden und signalerfassenden Überwachung und Aufklärung bei asymmetrischen Konflikten auf. Man kann versichert sein, dass die Vereinigten Staaten alle Anstrengungen

unternommen haben Osama bin Laden zu fangen und dazu alle verfügbaren technischen Mittel eingesetzt haben. Trotzdem gelang es bisher nicht, dieses Primärziel des Afghanistan-Konfliktes zu erreichen. Es wird berichtet, dass Al Khaida den Mobilfunk dort nicht mehr nutzt und auf Meldegänger zurückgegriffen hat. Damit ist eine Entdeckung durch COMINT ausgeschlossen. Guerillakämpfer, die durch die Bevölkerung gedeckt werden und sich in ihrer Kleidung nicht mehr von dieser unterscheiden, bieten wenige bis überhaupt keine Merkmale, die durch abbildende Aufklärung entdeckt werden könnte.

Das Petersberg Abkommen von 2001, die Berliner Afghanistan-Konferenz Ende März 2004 mit allen EU-, G8- und NATO-Nationen und die Afghanistan-Konferenz 2006 in London, bilden das Fundament für das Engagement deutscher Soldaten in diesem Lande. Auf der Grundlage von Bundestagsbeschlüssen wurden, neben der diplomatischen Vertretung in Kabul, auch deutsche Soldaten und zivile Helfer in Wiederaufbauteams in Kundus, Faisabad und Mazar-e-Sharif in Afghanistan eingesetzt.

Das deutsche Heer ist derzeit unter NATO-Kommando in der *International Security Assistance Force* (ISAF) in Kabul und Kundus eingesetzt. ISAF wurde etabliert, um der afghanischen Übergangsregierung als auch UN-Einrichtungen ein sicheres Umfeld für ihren Einsatz zu gewährleisten und um Sicherheitsstrukturen in Afghanistan aufzubauen. Zu ihrem Schutz dienen dem deutschen Heer Nahaufklärungsmittel, wie die Drohnen LUNA und *Aladin* von EMT. Beides Kleinfluggeräte, die mit EO-und IR-Kameras und Video Link zum gepanzerten Mannschaftswagen Fennek oder zu einer Fahrzeugkabine ausgerüstet sind. LUNA wird täglich zum Schutz der eigenen Truppen als auch der Verbündeten eingesetzt und kann zuverlässig Hinterhalte, Sprengfallen und Minen aufspüren.

EMT LUNA Drohne auf Startkatapult. (Clemens Niesner)

Aladin ist eine Mini-Drohne, die ebenfalls bei EMT entwickelt wurde und die erstmalig bei der NATO-Winterübung *Strong Resolve* im März 2002 auf Anforderung des norwegischen Heeres vorgestellt wurde. Aladin ist ein leichtes Fluggerät mit Elektromotor für den Handstart und kann im Einmannbetrieb bis etwa 10 km Entfernung Ziele aufklären. Da die Drohne fast geräuschlos zwischen 30 und über 200 m Höhe, mit unterschiedlichen Videosensoren für den Tag- und Nachteinsatz während einer Einsatzdauer von 50 min betrieben werden kann, ist sie von einem Gegner schwer erfassbar. LUNA und Aladin sind Mittel zur luftgestützten Nahaufklärung und für den Nächstbereich und haben sich bisher in Afghanistan bestens bewährt.

Einige NATO-Nationen forderten ab Ende 2006 ein stärkeres deutsches Engagement in Afghanistan, insbesondere im Süden, wo amerikanische, britische und kanadische Truppen im Kampf gegen wieder erstarkte Taliban fast täglich Opfer beklagen müssen. Die Möglichkeit des Einsatzes von Recce Tornados in diesem Gebiet wurde im Bundestag geprüft und am 9. März 2007 einer Verlegung von 6 Tornados aus dem Aufklärungsgeschwader *Immelmann* in Jagel zugestimmt. Am 5. April 2007 landeten diese Recce Tornados in Mazar-e-Sharif in Afghanistan und führen seitdem Aufklärungseinsätze im ganzen Land durch. Zur Entwicklung und Auswertung der gewonnenen Bildinformation ist eine AIES-Auswertestation nach Mazar-e-Sharif verlegt worden.

Intelligence and Information Teilung ist in Afghanistan durch unterschiedliche Kommandostrukturen bei NATO und US Streitkräften erschwert. Ein Ende der Kampfhandlungen und ihr Ausgang sind derzeit nicht absehbar.

Nach einem im November 2007 veröffentlichten Artikel des britischen Senlis Council, haben die Taliban in mehr als der Hälfte von Afghanistan erneut eine andauernde Präsenz eingerichtet. Sie kontrollieren in der Zwischenzeit wieder Zentren von Distrikten, wichtige Verkehrsverbindungen, Teile der Energieversorgung und der Wirtschaft. Nach den bisher bekannt gewordenen Opferzahlen mit über 800 Koalitionssoldaten, eingeschlossen 25 Soldaten der Bundeswehr, afghanische Soldaten, Aufständische und Zivilbevölkerung, erscheint es notwendig, dass die Koalition über alternative Wege zur gegenwärtigen asymmetrischen Kriegsführung nachdenkt.

16. Irak Krieg

Offizieller Kriegsgrund zum Angriff auf den Irak war für die Regierungen der USA und Großbritanniens die angenommene Bedrohung der westlichen Welt durch Massenvernichtungswaffen (angeblich basierend auf CIA, NSA und MI 6 Informationen), über die Saddam Hussein angeblich verfügen sollte. Es wurde auch unterstellt, dass der Pakistaner A. Q. Khan Nukleartechnologie in den Irak lieferte, um die irakische Regierung bei der Atombombenentwicklung zu unterstützen. Dies wurde stets von Pakistan dementiert. Weder die UN Waffeninspekteure im Irak unter Hans Blix, im Rahmen UNMOVIC, noch die luft- oder raumgestützte Aufklärung (U-2R, Advanced KH-11 und Lacrosse) konnten jedoch wirklich das Vorhandensein von Massenvernichtungswaffen bestätigen.

Da die Türkei weder eine Genehmigung zum Überflug noch zu einem Gütertransport auf ihrem Territorium erteilte, war ein Zweifrontenangriff des Iraks, wie von der US-Regierung gewünscht, nicht möglich. Die US-Streitkräfte und ihre Alliierten mussten ihre Truppen über den Persischen Golf anlanden und versorgen. Nach langer Ankündigung begann der Krieg *(Operation Iraqui Freedom* (OIF)) am 20. März 2003 mit dem Versuch eines Enthauptungsschlags gegen Saddam Hussein sowie seiner Söhne, und zwar mit F-117 *Stealth Bomber* und seegestützten *Tomahawk Land Attack Missiles* (TLAM). Es war von den Nachrichtendiensten angenommen worden, dass sich Saddam Hussein und seine Söhne in einem bestimmten Gebäude aufhalten würden, das sie aber zum Zeitpunkt des tatsächlich stattfindenden Angriffs bereits verlassen hatten.

Als kommandierenden General für die alliierten Truppen im Irak hatte das Pentagon Tommy Franks (USCENTCOM) eingesetzt. Die US-Army und Marines kämpften sich von Kuwait City zwischen Euphrat und Tigris bis Bagdad und Mosul durch. Die britischen Truppen blieben im Süden um Basra stationiert. Etwa vier Wochen später, am 9. April 2003, findet die Eroberung von Bagdad statt. Präsident George W. Bush erklärt am 1. Mai 2003 auf dem Flugzeugträger USS *Abraham Lincoln* den Krieg für beendet. Zuvor war der Präsident mit einer Lockheed S-3B *Viking* der US-Navy dem Flugzeugträger entgegen geflogen, der nach einem fast 10-monatigen Einsatz zur Unterstützung der US Truppen in Afghanistan und im Irak in den Einsatzhafen San Diego zurückkehrte. Der Krieg wurde zwar von höchster Stelle als beendet erklärt, aber er war noch nicht vorbei.

Die USA hatten ihr militärisches Nachrichtenwesen, ihre Aufklärungs-, Zielortungs- und ihre Führungsfähigkeit seit dem ersten Golfkrieg (siehe Kap. 13) durch Vernetzung ständig verbessert und es gelang, erfolgreich und zeitaktuell ein *Common Operational Picture* (COP) zu erstellen. Anders wäre es nicht zu erklären, dass innerhalb von vier Wochen die irakische Armee die Waffen streckte. Darüber hinaus hatten die USA in den vergangenen 12 Jahren eine sehr sorgfältige und kontinuierliche Überwachung aller militärischen Operationen und Entwicklungen des Iraks (vor allem in der No-fly Zone) mit ihren luft- und raumgestützten Systemen etabliert. Die Standorte der veralteten irakischen Luftabwehrraketen vom Typ SA-2, SA-3 und SA-6 aus den 50er und 60er Jahren waren weitgehend – auch aus vielen SEAD Einsätzen – bekannt. Die USAF und die RAF führten 1998 im Rahmen *Desert Fox* mehrere Luftangriffe auf diese aus und beide flogen wiederholt Aufklärungseinsätze und Luftangriffe zur Durchsetzung der *No-fly Zone* während der Jahre 1998-2003. Bereits am Anfang des Konflikts hatte die Koalition eine solche Luftüberlegenheit erreicht, dass sich dann in kurzer Zeit im weiteren Laufe der Auseinandersetzung eine vollkommene Dominanz des Luftraums einstellte. Das Zusammenwirken von IMINT, ELINT, COMINT und HUMINT wurde bei den US Streitkräften bereits im Afghanistan-Krieg gegenüber der Balkansituation weiter verfeinert. Die Vernetzung des Nachrichtenwesens, inklusive der Fusion der Meldungen, die Führungsfähigkeit und die Kommunikation auf jeder Ebene ergab ein nahezu Echtzeitlagebild bei Tag und in der Nacht.

Die USA und die Koalitionstruppen verfügten im Irak-Krieg über etwa 80 fliegende *Intelligence, Sur-*

veillance and Reconnaissance (ISR) Plattformen; diese flogen in sechs Wochen über 1000 Einsätze. Dabei wurden durch ISR etwa 42 000 Bilder vom Gefechtsfeld, 2400 Stunden SIGINT-Überwachung, 3200 Stunden Videoeinsätze und 1700 Stunden GMTI-Abdeckung produziert[9]. In diesem Krieg konnten die USA und die Koalition zum ersten Mal die volle 24-Stunden-GPS Abdeckung nutzen, d.h., alle 24 GPS-Satelliten befanden sich im Orbit. Die Verwendung von GPS-Information galt jedoch auch für die irakischen Truppen. Sie hätten sie nutzen können, jedoch mit einer verminderten Genauigkeit.
Auch in diesem Konflikt hat die US raumgestützte Aufklärung eine dominierende Rolle gespielt. Es wurde zwar berichtet, dass die irakische Regierung auf dem zivilen Markt noch vor Kriegsbeginn eine große Menge kommerziell erhältlicher Satelliten-Fotoaufnahmen beschafft habe, die jedoch ohne laufende Aktualisierung schnell wertlos wurden. Aus Presseberichten war zu entnehmen, dass die USA während des Krieges von etwa 50 Satelliten Gebrauch machten, in die jedoch die 24 GPS-Satelliten eingeschlossen waren. 6 abbildende Satelliten des NRO flogen etwa stündlich über den Irak hinweg. Davon befanden sich wahrscheinlich 3 Advanced KH-11 (KH-12) auf 411 km zu 852 km sonnensynchronen elliptischen Bahnen und 3 Lacrosse-Radarsatelliten[104] auf 675 bis 695 km Umlaufbahnen mit 57° bzw. 68° Inklination. Sie produzierten pro Tag etwa 12 Überflüge über den Irak, und zwar bei Tag und in der Nacht (angeblich Advanced KH-11 um 2 a.m. und 3 p.m. und Lacrosse um 3 a.m. und 5:30 p.m.). Daneben standen den Koalitionstruppen Early Warning- und SIGINT Satelliten, zahlreiche Kommunikationssatelliten (wie Milstar (abhörsicher) und DSCS Breitband)) sowie Wettersatelliten zur Verfügung. Bisher sind jedoch nur wenige Daten zum Typ, zu den Bahnen und zu den Sensoren der SIGINT Satelliten bekannt geworden[10]. Die US raum- und luftgestützte Aufklärung (IMINT, SIGINT), inklusive Zielortung und Wirkungsaufklärung, Kommunikation, Navigation (GPS) und Wetterbeobachtung stellten Fähigkeiten zur Verfügung, denen der Irak nichts entgegenzusetzen hatte. Durch sie ist *Network Centric Warfare* in dieser Ausprägung erst ermöglicht worden und sie ist auf dem besten Weg vollständig integriert mit Anbindung an die CAOC zu arbeiten. Die US Streitkräfte machten auch von den Early Warning Satelliten des *Defense Support Programs* (DSP) Gebrauch, um den Start von Boden-Boden-Raketen zu entdecken, sie zu verfolgen, ihren Zielort zu bestimmen und eine Vorwarnung abzusetzen[11]. Nach USCENTAF Berichten[9] haben US DSP Satelliten u.a. etwa 26 Raketenstarts, 1493 statische Ereignisse, 186 schwere Explosionen und etwa 48 ATACMS Abschüsse entdeckt.
Als der Krieg begann, war der Bewegungsspielraum der irakischen Truppen bereits erheblich eingeschränkt. Mit E-3 AWACS wurde der Luftraum gesichert, RC 135 Rivet Joint übernahm einen großen Teil der Fernmelde- und elektronischen Aufklärung und E-8C JSTARS konnte mit GMTI jegliche Bewegung von gepanzerten Truppen unmittelbar lokalisieren, bei jedem Wetter (auch bei Sandsturm), bei Tag und in der Nacht. Durch die enge Verknüpfung von Zielortung, Datenübertragung bis zur Darstellung im Cockpit von Kampfflugzeugen *(Sensor-to-Shooter)* war eine Bekämpfung durch präzise Luftangriffe unmittelbar möglich und die Verluste der regulären irakischen Armee und der Republikanischen Garden stiegen entsprechend. Die Bewegungsmöglichkeit der irakischen Armee konnte im Laufe des Konflikts immer stärker eingeschränkt werden und war am Ende praktisch nicht mehr gegeben. *Predator* und *Global Hawk* wurden zur Überwachung und Zielortung über urbanem Gebiet eingesetzt und lieferten Zieldaten für Präzisionswaffen mit GPS. Alle UAVs zusammen lieferten einen wesentlichen Beitrag zur zeitsensitiven Zielortung (dies galt für etwa 55% der Ziele).
Bisher sind offiziell wenige operationellen Details zum Einsatz von E-8C JSTARS im 2. Irak Krieg erhältlich. Aber zum ersten Mal standen der USAF neun Flugzeuge zur Verfügung, die gleichzeitig den Betrieb in drei Orbits erlaubten, davon war einer permanent über 24 h angelegt. Damit war die bereits im Golfkrieg gewünschte permanente Geländeabdeckung möglich. JSTARS wurde von Beginn an und dann über einen langen Zeitraum eingesetzt und konnte wegen der absoluten Luftüberlegenheit bzw. Luftherrschaft der Koalition relativ nahe zur *Area of Interest* (AOI) betrieben werden. Darüber hinaus waren nun auch US und britische Truppen, nach den Lektionen, die sie bei den früheren Einsätzen im Kosovo und in Afghanistan gelernt hatten, mit den Fähigkeiten des JSTARS vertraut. Wie aus dem Golfkrieg bekannt, erlaubt die günstige Terraineinsehbarkeit im flachen

Zweistromland eine Zielverfolgung der irakischen Panzerverbände und Fahrzeuge mit GMTI über Hunderte von Quadratkilometern. Diese gute Einsehbarkeit des Geländes begünstigte insbesondere im Gebiet von Bagdad und seiner Umgebung den Angriff der Amerikaner. Die Fusion von Information, die die E-8C und andere Quellen geliefert haben, erlaubte es der Koalition Ziele zu lokalisieren und die irakischen Streitkräfte, auch unter schlechten Wetterbedingungen (wie z. B. bei Sandsturm), unter denen sich die Iraker sicher wähnten, anzugreifen. Die Iraker erlebten ein ähnliches Dilemma, wie die Serben im Kosovo. Bewegten sie sich, wurden sie durch GMTI entdeckt, verfolgt und von Jagdbomber oder von der Artillerie angegriffen. Blieben sie verteilt, getarnt, und eingegraben, wurden sie umgangen oder von Bodentruppen aufgerieben. GMTI-Information war der Schlüssel für den schnellen Vormarsch der US Bodentruppen, denn sie war entscheidend bei der Bekämpfung zeitkritischer Ziele durch Luftstreitkräfte oder die Artillerie. SIGINT Flugzeuge, wie z. B. die RC-135 Rivet Joint, trugen dazu bei, dass die Quellen der irakischen militärischen Kommunikation schnell charakterisiert und geortet werden konnten[12]. Die Störung von Kommandozentralen und Lagezentren war von Anfang an sehr erfolgreich, sodass sehr früh der Informationsfluss zwischen der irakischen Führung und ihren Streitkräften massiv eingeschränkt werden konnte. JSTARS ist für die US Streitkräfte das Symbol für die sich schnell entwickelnde Rolle der engen Verbundenheit (Jointness) im *Air-Land Battle.* 15 U-2S waren die einzigen penetrierenden bemannten Aufklärungsflugzeuge, die ebenfalls, auch bei sehr schlechtem Wetter, Bildinformation liefern konnten.

Zur Vermeidung der irrtümlichen Bekämpfung eigener Truppen wurde in Fahrzeugen der US-Army ein *Gefechtsfeldidentifikations-System,* auch als Blue Force Tracking (BFT) bekannt, installiert und getestet. Obwohl Fortschritte bei der Fusion von BFT Information und den Ergebnissen der GMTI-Abtastungen von JSTARS gemacht wurden, war es bis Ende des Irak-Krieges nicht möglich, beim *Gefechtsfeldidentifikations-System* bzw. BFT einen operationellen Status zu erreichen.

Es sind ebenfalls derzeit noch wenige Einsatzdaten über die im Irakkrieg verwendeten UAVs erhältlich. Bekannt ist, dass die Koalition insgesamt 15 unterschiedliche UAV-Typen verwendete, und zwar aufbauend auf den Erfahrungen, die mit den bereits im Afghanistan Krieg eingesetzten UAV gemacht wurden. Zwei der größeren Systeme, nämlich *Global Hawk, Predator* und die kleinen für den Nahbereich, *Pointer* und *Raven,* kamen dort schon sehr erfolgreich zum Einsatz. Die US Streitkräfte hatten bereits im Golfkrieg Erfahrungen mit kleineren Systemen, wie dem *Pioneer* (von IAI), gewonnen, aber auch die US-Army betrieb *Hunter* und *Shadow* erfolgreich und das Marine Korps brachte *Dragon Eye* zum Einsatz. Alle diese Drohnen waren mit stabilisierten FLIR Kameras und einer Echtzeit-Datenübertragung ausgerüstet. Das britische Heer setzte für die Aufklärung, Zielortung, Artillerie- und Infanteriebeobachtung ihre Kurzstreckendrohne *Phoenix* und die Minidrohne *Desert Hawk* von Lockheed Martin ein.

Global Hawk RQ-4A Einsätze wurden durch die USAF von einer Hauptbasis (MOB) in den Vereinigten Emiraten (UAE) aus betrieben, und zwar an jedem Tag des Krieges. RQ-4A, in einer frühen Ausbaustufe oder Block 10 Variante, spielte eine außerordentlich wichtige Rolle bei der Fokussierung von präzisen Luftangriffen. *Global Hawk* RQ-4A erreichte deutlich größere Flughöhen als *Predator* RQ-1A und war mit leistungsfähigen EO- und Radar-Sensoren ausgerüstet; das installierte Radar *HiSAR* erlaubte den Allwettereinsatz und lieferte sehr nützliche Bildinformation – insbesondere bei Sandstürmen. So wurde damit die *Medina Division* entdeckt, die sich immer noch in den Schutzunterständen befand[13]. *Global Hawk* (GH) trug, laut USAF Aussagen, wesentlich zur schnellen Niederlage der gefürchteten Republikanischen Garden bei. Es wurden in einem Einsatz ca. 200 bis 300 Bilder von verschiedenen Zielorten gewonnen. Nur ein einziges GH RQ-4A Fluggerät war während der ganzen Zeit der Auseinandersetzungen eingesetzt. GH startete und landete zwar in den UAE, aber er wurde von der *Beale Air Force Base,* in Kalifornien, über SatCom kontrolliert. RQ-4A *Global Hawk* trug erheblich zur Erfassung zeitkritischer Ziele bei, wobei deren Bekämpfung dann von einem CAOC aus, das in Saudi Arabien stationiert war, koordiniert wurde.

Predator A spielte erneut eine wesentliche Rolle in der taktischen Aufklärung von Bodenzielen, insbesondere durch seine Fähigkeit sich bis zu 24 h in Flughöhen von bis zu 25000 ft (7,5 km) mit minimalem Kraftstoffverbrauch im Einsatzraum aufzuhalten *(loiter).* Dies ermöglichte es der USAF, den *Predator* zur

Unterstützung des Bodenkampfes einzusetzen und Systeme wie AC-130 *Gunship,* A-10 und britische Tornados mit Zieldaten zu versorgen. Erstmals wurde auch der *Predator* mit Lenkwaffen an je einer Flügelaußenstation ausgerüstet. Insgesamt haben bewaffnete *Predator* im Irak mehr als 12 *Hellfire* Lenkflugkörper verschossen. *Predator* wurde während des Krieges praktisch zur Unterstützung bei jedem größeren Einsatz der Bodentruppen verwendet. Dabei lieferte er Bilder, bei Tag und in der Nacht, von einer Qualität, die, unter optimalen Bedingungen, die Unterscheidung zwischen zivilem und militärischem Personal auf Entfernungen bis zu 3 Meilen (4,8 km) erlaubte. Etwa 15 *Predator* wurden während des Krieges eingesetzt, d.h. etwa ein Drittel der gesamten Flotte und sie führten mehr als 100 Einsätze durch. Dies schloss Einsätze z. B. zusammen mit RC-135 *Rivet Joint* ein, wobei das SIGINT System den ungefähren Ort einer Luftabwehrstellung (SAM) ortete und der *Predator* dann nachfolgend zur genauen Ziellokalisierung geschickt wurde, um präzise Zieldaten zu liefern. *Predator A* erwies sich erneut als effektives Mittel die Zielidentifikation und die Zielortung zu verbessern, die Reaktionszeiten einer Bekämpfung zu verringern und die Waffenwirkung besser abzuschätzen.

Für die Zielortung und Feuerleitung der Artillerie betrieb das 5. Korps der US-Army im Irak darüber hinaus den zweimotorigen *Hunter* (von IAI) mit EO/ FLIR-Sensor und direkter Data Link zu Bodenstationen. Wenige Ergebnisse wurden bisher zum Einsatz des Mini-UAV *Pointer* für die Infanterie bekannt. Die US-Army verwendete diesen *Pointer,* ein bereits älteres UAV, für die taktische Aufklärung im Nahbereich. Es ist mit einer EO- oder FLIR-Kamera ausgerüstet und ermöglicht Video-Übertragung in Echtzeit zu Bodenstationen. Seine charakteristischen Leistungswerte wie Einsatzdauer liegen bei etwa 1,5 h, der Einsatzradius bei ca. 8 km (5 sm) und die Fluggeschwindigkeit bei etwa 35-80 km/h (22-50 mph).

Einen weiteren Kleindrohnentyp verwendete die 1st Marine Division. Sie setzte 20 *Dragon Eyes* mit 10 Bodenstationen für die Nahbereichsaufklärung ein. *Dragon Eye* ist ein Mini-UAV zur Entdeckung von Bedrohungen für kleine Einheiten. Es überträgt Videobilder bei *Over the Hill* Einsätzen bis zu 5 km. Es ist ein Kleinstfluggerät mit zwei Motoren und wird von Hand gestartet und im Höhenbereich von 90-150 m über Grund betrieben.

TRW/IAI BQM-155A/RQ-5 Hunter.
(US Army)

Mit der zunehmenden Dichte von UAVs in allen Flughöhen wächst entsprechend die Kollisionsgefahr mit den bemannten Flugzeugen der USAF. UAVs, Helikopter, Transport- und Kampfflugzeuge nutzen in der Nacht, meist ohne Außenbeleuchtung, denselben Luftraum. Dies war Anlass für die USAF die Forderung nach der Kontrolle über alle UAVs, die sich in Flughöhen über 3500 ft (1050 m) bewegen, zu beanspruchen.

Ein AEW-Defizit in der US-Aufklärung von *Cruise Missiles* wurde von der USAF im Irak erkannt und sollte nicht unerwähnt bleiben. Die irakische Armee startete ca. 6 Cruise Missiles (CM) vom Typ SILKWORM, die von den USAF AWACS E-3A nicht entdeckt werden konnten. Unter dem noch frischen Eindruck dieser Bedrohung erhielt die *Cruise Missile Detection* sowie deren Verfolgung und Bekämpfung eine hohe Priorität bei der USAF. Dieses Ereignis stieß noch 2003 die Idee zur Entwicklung der E-10A *Multi-Sensor Command and Control Aircraft* (MC2A) auf einer Boeing B-767 als Plattform an. Northrop Grumman erhielt einen 215 Mio. $ Auftrag zu einer Realisierbarkeitsstudie. Zum Einsatz sollte ein Radar mit sehr großer AESA-Antenne aus dem *Multi-Platform Radar Technology Insertion Program* (MP RTIP) kommen, mit dem man hoffte, CM sicher entdecken und mit entsprechend hoher elektromagnetischer Energie, die auf das CM gerichtet werden sollte, zum Absturz zu bringen. Die E-10 MC2A war von der USAF als Ersatz für die E-3 *Sentry,* E-8 JSTARS und

RC 135 *Rivet Joint* angedacht, deren alternden B-707 Plattformen langfristig ersetzt werden müssen. Ende 2007 hatte die USAF das Programm aber aus Budgetgründen abgebrochen.

Insgesamt hat sich im Irak erwiesen, dass die hohe Geschwindigkeit der Truppenbewegungen und die Art der Gefechte die Fähigkeiten der verfügbaren ISR/RSTA Plattformen fast überfordert haben und vor allem die Wirkungsaufklärung sehr erschwerte. Da es kein gemeinsames standardisiertes *Combat-Identification-System* gab, erwies sich die zuverlässige kontinuierliche Verfolgung der Position der eigenen Truppen als ebenso wichtig, wie die der feindlichen.

Die Datenfusion von Satellitenbilddaten und von luftgestützten Aufklärungsmitteln erlaubten im Irak eine fast Echtzeit – Mosaikierung des Einsatzgebietes und ermöglichte zusammen mit ELINT, COMINT und HUMINT sowie Daten von Spezialeinsatzkräften und offenen Quellen die Echtzeiterstellung eines umfassenden Lagebildes. Es wurde berichtet, dass die von den US-Streitkräften erwünschte kurze *Sensor to Shooter* Zeit, d. h. die Zeit zwischen Zielortung und Bekämpfung, von Tagen und Stunden im Golfkrieg in den Bereich von Stunden zu Minuten schrumpfte. Trotzdem scheint selbst diese kurze Zeitspanne für die US-Kommandeure zur Bekämpfung besonders zeitkritischer Ziele wie Führungspersonen, Massenvernichtungswaffen und Terroristen, nicht ausreichend zu sein.

Mit dem Sieg über Saddam Hussein waren aber der Frieden und die Sicherheit der Menschen im Irak nicht eingekehrt. Gruppen von aufständischen Sunniten bekämpfen Schiiten und umgekehrt. Soldaten der Koalitionstruppen fallen täglich Sprengstoffanschlägen von aufständischen Milizen zum Opfer. Das Gefängnis Abu Ghureib wurde zum Synonym für Exzesse der Grausamkeit an Gefangenen. Das Leid, das durch die Opfer des täglichen Massakers auf den Straßen hervorgerufen wird, ist unbeschreiblich. Das Netzwerk der Terroristen, das offenbar von den benachbarten Ländern ständig Zulauf erhält, scheint eher dichter zu werden, als zu zerreißen.

17. Neue Herausforderungen

Es wurde darzustellen versucht, wie historische Ereignisse seit dem Ersten Weltkrieg bis heute die technische Entwicklung der Aufklärung und Überwachung beeinflusst haben. Dabei ist festzustellen, dass jede Maßnahme, sich einer Entdeckung durch Aufklärung zu entziehen, eine Gegenmaßnahme nach sich zog. Es wurde deutlich, wie immer unter dem Druck von kriegerischen Auseinandersetzungen der Anstieg technologischer Neuerungen besonders zunahm (wie z. B. die Radarentwicklung im Zweiten Weltkrieg). Es ist naheliegend zu fragen, welche Herausforderungen wohl die Zukunft stellt. Diese werden für die Sicherheit der westlichen Gesellschaft offensichtlich zunehmend komplexer. Asymmetrische Formen des Konflikts, vor allem der Terrorismus, stellen derzeit die Hauptbedrohung für die Sicherheit, Frieden und Freiheit der westlichen Gesellschaft dar.

Wachsenden Informationsbedarf über regionale und globale Sachverhalte und Entwicklungen in einer immer enger werdenden Welt steigern die Anforderungen an die Aufklärung und Überwachung für die politische und militärische Führung in allen westlichen Ländern, in der EU und der NATO, aber auch für die politische und militärische Führung in Deutschland. Es wäre wünschenswert, so rechtzeitig Informationen über mögliche zukünftige Konfliktherde zu erhalten, um bei einem drohenden Konflikt frühzeitig intervenieren und Kampfhandlungen vermeiden zu können.

Nicht nur die Verhinderung der nuklearen Aufrüstung von Staaten, wie Nord-Korea und Iran, sondern auch die von chinesischen Waffenentwicklungen, die sehr getarnt ablaufen, sollten im Mittelpunkt des westlichen Interesses stehen. Das Verhältnis des immer stärker werdenden Chinas zu Taiwan ist ein latentes Problem zwischen den USA und China. Als es am 11. Juni 2007 der Volksrepublik China gelang, mit einer direkt aufsteigenden Abfangrakete einen eigenen Wettersatelliten zu zerstören, war die Überraschung sowohl in der westlichen Welt als auch in Russland erheblich. Nahmen die USA und Russland doch an, dass man sich im Alleinbesitz von ASATs befindet. Dieses Ereignis war Anlass für die USA, ihr Konzept der raumgestützten Aufklärung und Überwachung neu zu überdenken.

Die Modernisierung des Nahen Ostens ist eine zentrale Herausforderung und in seiner Dimension ähnlich der Eindämmungspolitik gegenüber der Sowjetunion im Kalten Krieg. Die meisten Probleme, mit denen der Westen, d.h. die USA, Europa und Asien konfrontiert sind, haben hier ihren Ursprung. In Palästina ist die radikal islamische Hamas gewählt worden und streitet mit der Fatah um die Macht. Israel kämpfte 2007 wieder in Gaza und im Libanon. Auch im Libanon schwindet in dieser Zeit die Hoffnung der Demokraten. Ende 2008 flammt der Streit mit der Hamas in Gaza erneut auf. Trotz einer hervorragenden taktischen Aufklärung gelingt es Israel nicht, die dauernde Beschießung israelischer Siedlungen und Städte durch selbst gebastelte Raketen der Hamas zu unterbinden.

Nach der Beendigung des Kalten Krieges und des Zusammenbruchs der Sowjetunion ist nicht mehr die augenblickliche Position einer russischen TOPOL-M ICBM von Interesse. Die Beziehungen der Europäischen Union und die der NATO mit Russland entwickeln sich, mit Höhen und Tiefen, insgesamt in eine positive Richtung. Aber weitere Raketen, die nukleare Gefechtsköpfe transportieren können, sind in anderen Ländern entwickelt und erprobt worden, wie z. B. Pakistans landmobile SHAHEEN II IRBM mit 2000 km Reichweite (im März 2004) und die ebenfalls landmobile chinesische DF-31 ICBM. Nord-Korea erprobte im Juni 2006, innerhalb einer Reihe anderer Raketenprogramme, in einem spektakulären Start die *Taepoo Dong 4* Rakete mit einer Reichweite von 4000 km. Daneben hat Nord-Korea am 9. Oktober 2006 seine erste Plutonium-Bombe getestet. Die Entwicklung eines nuklearen Gefechtskopfes ist zu befürchten. Weiterentwickelt hatte der Iran die SHAHAB 3 mit 1700 km Reichweite aus der nordkoreanischen NODONG-1. Es ist anzunehmen, dass der Iran derzeit noch über keinen nuklearen Gefechtskopf verfügt. Auszuschließen ist dies jedoch für die nahe Zukunft auch nicht.

Der Westen, aber auch Russland und China, sind bemüht, diese Länder von der Entwicklung und Erprobung von Nuklearwaffen abzuhalten. Eine Einigung ist bisher nicht erzielt worden. Deshalb ist eine Überwachung aller Aktivitäten von Bedeutung, die zu einer weiteren neuen nuklearen Bedrohung oder zu einem neuen Wettrüsten führen könnte.
Seit geraumer Zeit erscheint die iranische Regierung auf dem Weg, die größte Herausforderung des Westens zu werden. Sie ist möglicherweise in Operationen im Irak beteiligt, die zu Toden in der irakischen Bevölkerung und zu Opfern bei amerikanischen Soldaten führt. Sie sorgt weitgehend dafür, dass Instabilität im Libanon herrscht und unterstützt die Hamas, der wesentliche Gegner einer Verständigung in den Palästinensergebieten und verletzt internationale Auflagen bezüglich ihres Atomprogramms. Es ist daher anzunehmen, dass das US-Nachrichtenwesen die Entwicklungen im Iran sorgfältig beobachtet. Die vier sich seit dem Frühjahr und Sommer 2006 im Orbit befindlichen KH-11 werden so oft als möglich Bilder von dem iranischen Atomkraftwerk in Buschehr, von dem Forschungslabor und den Produktionsstätten in Natans, von den Reaktoranlagen in Isfahan und den Produktionsstätten in Arak liefern, um der US-Regierung aktuelle Hinweise über den Stand des iranischen Atomprogramms zu geben. Es ist ferner anzunehmen, dass bei den Überflügen in ca. 400 km Höhe optische Sensoren mit einer Auflösung von 8-10 cm eingesetzt werden, um äußere Aktivitäten in diesen Anlagen überwachen zu können. Zur Beobachtung in der Nacht kommen IR-Sensoren mit etwas schlechterer Auflösung zum Einsatz, die jedoch ausreichend sind, um jede Anlieferung und jeden Abtransport von Gütern festzustellen. Daneben befinden sich wahrscheinlich vier Lacrosse-Satelliten in 670 bis 690 km hohen Umlaufbahnen, die ebenfalls die iranischen Nuklearanlagen etwa 8-9-mal pro Tag überfliegen können, d.h., sie befinden sich etwa alle 2-4 Stunden über diesen. Theoretisch ist also eine häufige Beobachtung äußerer Vorgänge möglich.
In Natans lagert eine ausreichende Anzahl von Gas Ultra-Zentrifugen, die zur Isotopentrennung bzw. zur Urananreicherung von U235 benötigt werden. In Isfahan wird ein Lager mit etwa 25 t Uranhexafluorid, das Gas, das zur Urananreicherung mit Zentrifugen benötigt wird, vermutet. Die Herstellung von waffenfähigem Plutonium Pu239 aus Uran U238 könnte wahrscheinlich in Arak erfolgen, wenn ein sich im Bau befindlicher Schwerwasserreaktor fertiggestellt ist. Die genannten Wiederholraten der Satellitenüberflüge können wahrscheinlich nicht permanent aufrechterhalten werden, zumal auch die Beobachtung des Fortgangs der Entwicklungen in Nord-Korea nach den Nukleartests und andere Krisengebiete wichtig sind. Gefährdet wäre die US raumgestützte Aufklärung nur, wenn die älteren Aufklärungssatelliten ausfallen würden, bevor Nachfolgesysteme gestartet werden oder keine Satelliten der westlichen Verbündeten und Israel zur Verfügung stünden, die diese Aufgaben übernehmen könnten. Problematisch bleibt es jedoch Habenichte zu überzeugen von einer Nuklearwaffen-Entwicklung Abstand zu nehmen, wenn gleichzeitig die Nuklearmächte ihre Arsenale modernisieren, anstatt zu reduzieren. Es wird angenommen, dass derzeit insgesamt mehr als 20 000 Nuklearsprengköpfe hauptsächlich in Russland, USA aber auch in anderen Staaten wie China, Frankreich, Großbritannien, Indien, Israel und Pakistan existieren und dass die Gefahr eines nuklearen Holocaust nach wie vor nicht gebannt ist.
Eine der langfristig großen Herausforderungen für die Wirtschaft der westlichen Welt liegt bei den schwindenden Ressourcen im Allgemeinen sowie Öl- und Gasreserven im Besonderen. Diese Situation wird verschärft durch den steigenden Bedarf insbesondere in Asien und den Wettlauf sowohl des Westens als auch des Ostens um diese Reserven. Wir erleben aufstrebende Industrienationen, wie China und Indien, mit einem gewaltigen Wirtschaftswachstum, die an diesem Wettlauf beteiligt sind. Die dadurch hervorgerufene Verschiebung des wirtschaftlichen Gewichts kann nicht ohne politische Folgen bleiben.
Europa und Afrika müssen das Problem der Migration der Afrikaner nach Europa lösen; Spanien allein kann dies nicht leisten. Verhandlungen über Maßnahmen, wie man den Ursachen der Migration in Afrika entgegenwirken kann, haben zwischen den Europäern und Afrikanern begonnen. Jeden Tag versuchen Emigranten in abenteuerlichen Booten die Kanaren zu erreichen, oder über Marokko in Spanien Unterschlupf zu finden. Das gesamte Ausmaß des Migrationsproblems ist noch gar nicht abzusehen. Mit der Seeraumüberwachung allein, und nur zu dieser können MPA einen Beitrag leisten, gelangt man nicht an die Wurzeln des Problems.

Neben den konkreten Herausforderungen sind neue Bedrohungsszenarien denkbar. Staaten oder Organisationen können aus den letzten Konflikten gelernt haben, um intelligent und geheim Massenvernichtungswaffen zu entwickeln. Wenn sie entschlossen sind, diese in verdeckten Aktionen mit oder ohne Terroristen oder offen im Krieg einzusetzen, ist das Überraschungsmoment auf ihrer Seite. Die Verbesserung der Frühwarnsysteme ist notwendig, um die Wahrscheinlichkeit solcher Überraschungen zu minimieren oder um sie abzuwenden.

Im Bewusstsein der europäischen NATO-Nationen müssten die Bedenken bezüglich der unterschiedlichen Geschwindigkeit der Weiterentwicklung ihrer Technologiebasis und die der US-Streitkräfte deutlich wachsen. Im Vergleich zu dem Verteidigungsbudget in den USA sind die Budgets der europäischen NATO-Verbündeten minimal. Die Gefahr eines zunehmenden Auseinanderdriftens der Fähigkeiten und mangelnder Interoperabilität im Bündnis ist nicht zu übersehen. Dies führt zu unklaren Entscheidungen über Aufgaben- und Ressourcenverteilung. Sie stellt die Industrie, die die Ausrüstung, die evtl. zu einem Zeitpunkt einer Krise oder eines Konflikts dringend benötigt wird und dann schnell liefern soll, vor schwierige Probleme.

Wie an Beispielen gezeigt wurde, ist die Planung, Entwicklung und Beschaffung der Ausrüstung für die Informationsbeschaffung, der Aufklärung und der Überwachung eine zeitaufwendige Angelegenheit. Sie bedarf der sorgfältigen Überlegung und müsste unter den westlichen Nationen abgestimmt sein. Sowohl Lücken als auch Überlappungen sind schädlich. Europa sollte ein geschlossenes Konzept für Aufklärung und Überwachung entwickeln und klären, welche Mittel national und welche gemeinschaftlich zu beschaffen sind. Informationsbeschaffung, Aufklärung und Überwachung sollte als ein Werkzeug verstanden werden, das dazu beizutragen kann, frühzeitig Erkenntnisse zu gewinnen, um drohende Konflikte rechtzeitig zu entdecken und zu verhindern und falls sie trotzdem ausbrechen, zu überstehen.

Tendenzen in den Vereinigten Staaten

Die USA spielen schon seit dem Zweiten Weltkrieg die Vorreiterrolle bei der Entwicklung neuer Technologien für Informationsbeschaffung, Aufklärung und Überwachung. Sie werden auch in der Zukunft anstreben, mittels einer Vielzahl von Systemen und ihrer Vernetzung, ihre gegenwärtige *Information Dominance/Superiority* global aufrechtzuerhalten und sie noch weiter auszubauen. Ein wesentlicher Schwerpunkt bleibt weiterhin bei der raumgestützten Aufklärung mit ihren EO-, IR-, SAR-, GMTI- und SIGINT-Sensoren, Early Warning-, Kommunikations-, Navigations- und Wettersatelliten. Seit Ende des Kalten Krieges sind die damals verfügbaren Systeme, wie der *Improved Crystal Kennan* KH-11 (12) oder *Lacrosse* weiterbetrieben und wo nötig verbessert worden. Aber die Transformation in ein integriertes ISR-System steht bevor. Gegenwärtig werden Stimmen in den USA laut, die eine Gefahr darin erkennen wollen, dass nicht früh genug die Nachfolger von KH-11 (12) und *Lacrosse* im Rahmen der *Future Imagery Architecture* (FIA) bereitstehen. Das FIA-Programm wurde bereits 1998 von der NRO vorgeschlagen und erfuhr eine wesentliche Restrukturierung im Jahr 2005. Da in den USA nach 1990 das Budget für die militärischen Raumfahrtprogramme drastisch zurückgefahren wurde, sind viele der in 2006 operationellen Satelliten Produkte von Entwicklungen aus den 70er und 80er Jahren. Jedoch entstanden mit zivilen Unternehmen wie *DigitalGlobe* oder *GeoEye* Konkurrenten, die beide Bildmaterial hoher Auflösung (<1 m) im fotografischen Bereich bereitstellen können (z. B. für Google Earth).

Die Überlegungen zu einer *System-of-Systems-Architecture* der *Transformational Communication,* die den Übergang von *Platform Centric- zu Net Centric* Warfare bei den US-Streitkräften vorantreiben soll, sind noch nicht abgeschlossen. Nimmt man das Beispiel der E-2 Hawkeye, so war diese vor 25 Jahren als ein typisches *Platform Centric* System entworfen worden, das mit der alleinigen Aufgabe betraut war, Luftraumüberwachung und Frühwarnung für einen Schiffsverband mit Flugzeugträger durchzuführen. Dazu musste sie mit einem *Blue Water* AMTI-Radar ausgerüstet werden und die Aufklärungsergebnisse an den eigenen Schiffsverband weitermelden. Eine Kommunikation fand im Wesentlichen nur zwischen der E-2 und dem eigenen Schiffsverband statt. In der Zwischenzeit ist das Informationsnetzwerk, in das die E-2 heute und in der Zukunft eingebunden sein wird, signifikant erweitert worden. Grund dafür ist die Erweiterung ihrer Rolle von AEW auf die Unterstützung von Einsätzen an der Küste und über Land, *Theater*

Air & Missile Defense (TAMD) und *Net Centric Operations.* Dadurch wurde die E-2 in den Informationsverbund TAMD u.a. mit US AWACS, JSTARS, *Global Hawk* und sowohl bei Küsten- als auch bei über Land-Operationen in einen Informationsverbund mit Kampfflugzeugen und mit der Schiffsartillerie eingebunden. Dazu musste nicht nur die Missionsausrüstung, sondern auch das Kommunikationsnetzwerk für die Direkt- und SatCom-Übertragung erheblich erweitert werden. Das Ziel, das hinter der Einbindung in *Net Centric Warfare* steckt, heißt für die US Streitkräfte schneller Ziele zu finden, sie zu lokalisieren, zu verfolgen, sie zu bekämpfen und die Wirkung der Bekämpfung abzuschätzen und dies möglichst streitkräfteübergreifend.

Der angedachte Weg zur totalen Vernetzung von Aufklärung und Überwachung mit der Zielbekämpfung erfordert eine mutige Entscheidung des US-Kongresses. Im Mittelpunkt steht hierbei die Frage, ob ein integriertes System, das gleichzeitig die Befriedigung des Bedarfs der technischen Aufklärung in den Nachrichtendiensten bis zur Echtzeitbereitstellung von Information für den *Warfighter* in der *Kill Chain* (US-Sprachgebrauch) in absehbarer Zeit finanzierbar ist. Erfahrungen aus den vergangenen Krisen und Konflikten unterstreichen den Wert der Akquisition von Daten (Bildern, Signalen) hoher Qualität, ihre schnelle Konversion in nutzbares Wissen und die umgehende Weiterleitung zu Einsatzkräften. Die Zukunftsplanungen der ISR-Architektur von USAF, der US-Army und der US-Navy sehen dies vor. Aber die Akquisition eines neuen *System-of-Systems* (SOS), das den Idealvorstellungen der Streitkräfte in Bezug auf einen kompletten *Net Centric Warfare* nahe käme, hat seinen Preis und muss im Lichte der gegenwärtigen Wirtschaftskrise neu bewertet werden.

Es existieren unterschiedliche Vorstellungen zu einer Hierarchie von horizontal integrierten Systemen[111], die eines Tages in der Aufklärung, Überwachung und Führung zusammenwirken sollen. In einer dieser Vorstellungen sollen sich in der obersten Ebene, dieser integrierten Systeme, vernetzte Satelliten in geostationären (GEO) oder in hohen geneigten (HIO) Umlaufbahnen befinden (Global Area Network), darunter die vernetzten Satelliten der niedrigen und der mittelhohen Umlaufbahnen (LEO und MEO) (Wide-Area Network) und noch weiter darunter das *Theater* Netz (oder Medium Area Network), dann die taktischen Netze, die Oberflächennetze (wie z. B. das taktische Internet) und die festen Netze am Boden.

Erste Schritte der Erneuerung wurden mit der Ablösung des *Defense Satellite Communications Systems* (DSCS) durch das *Wideband Global SatCom* (WGS) System der USAF ab 31. August 2007 getan. Beide Kommunikationssysteme sind ungeschützte Breitbandnetze. WGS verfügt über eine etwa 10 fach erhöhte Übertragungskapazität gegenüber DSCS III (d.h. mehr als 2 Gbps).

Das abhör- und störsichere SatCom System *Milstar* soll durch das neue ebenfalls geschützte *Advanced Extremely High Frequency* (AEHF)-System ersetzt werden. Der Schwerpunkt liegt hier auf dem Kryptoteil, der von der NSA beigesteuert werden soll.

Eines der hervorstechenden Exemplare der LEO/MEO Ebene stellt das zukünftige *Space Radar* (SR) dar, das aus den Überlegungen zu einem *Space Based Radar* (SBR) hervorgegangen ist. Dieser Radarsatellit soll bestimmte Funktionen luftgestützter Radare (z. B. JSTARS, AWACS) in der Tiefe ergänzen sowie eine permanente globale Abdeckung ermöglichen. Neben der hochauflösenden Abbildung (SAR-*Spotlight)* soll SR/SBR Übersichtsabbildung (mittels *Sliding Window*-SAR und SAR-*Swath),* Erfassung von digitalen Höhendaten *(Digital Terrain Elevation Data* (DTED)) und die globale Verfolgung von Bewegtzielen am Boden (GMTI) realisieren. Falls tatsächlich die geplante Idee der *Transformational Communication* (TC) zustande kommen würde, würde dies erheblichen Einfluss auf die Architektur des SR-Systems haben. Es wird angenommen, dass SR den bisher betriebenen Radarsatelliten *Lacrosse* ablösen würde. Die TC-Architektur (TCA) sieht eine deutliche Erhöhung der Datenraten *(up- and down-link),* erweiterten Zugriff durch eine höhere Anzahl von Teilnehmern, die Kommunikation in der Bewegung und eine auf Internet-Protokoll basierende Verbindung vor. Als ein Teil dieser Architektur soll der zukünftige *Transformational Satellite* (TSAT), ein Element der obersten GEO/HIO Schale, die Satellitenkommunikation vollkommen verändern, und zwar sowohl für das nationale Nachrichtenwesen der Vereinigten Staaten als auch für den Einsatzsoldaten.

Mit dem ursprünglich geplanten SBR-Netz, mit 24 Satelliten in 8 Ebenen (d.h. 3 Satelliten pro Ebene), auf Erdumlaufbahnen in etwa 770 km Höhe, sollte das Ziel einer möglichst permanenten globalen Überwachung realisiert werden. SBR sollte den ersten Baustein zu einer ständigen globalen Lageeinschätzungs- und Zielverfolgungsfähigkeit im Rahmen eines horizontal integrierten *System-of-Systems* für das US-DoD aber auch für das Nachrichtenwesen bilden.

Als Vorläufer und zur Vorbereitung für das SBR Netzes wurde bereits im April 1998 von der USAF, der DARPA und dem NRO ein gemeinsames Programm *Discoverer II* beschlossen. *Discoverer II* sollte die Aufklärungsfunktionen von *Global Hawk* HALE UAV, U-2S und E-8C JSTARS in der Tiefe ergänzen oder sogar ersetzen. Die Phase 1 des Vorhabens wurde im Wettbewerb an die Firmen Lockheed Martin, Spectrum Astro und TRW vergeben. Dabei wurden bemerkenswerte Anforderungen an die Satelliten gestellt, die möglichst noch mit den Entwurfsmerkmalen *leicht* und *kostengünstig* versehen werden sollten[129, 130]:

- SAR-Stripmap-Mode, mit 3 m Auflösung und einer Abdeckung von 700 000 km²/h, für die Zielentdeckung
- Scan SAR Mode, mit 1 m Auflösung und einer Abdeckung von 100 000 km²/h, für die Objektklassifikation
- Spot SAR Mode mit 160 Bildern/h mit je einer Fläche von 4 km x 4 km und einer Auflösung von 0,3 m zur Objektidentifikation. Alle SAR Moden sollen links und rechts von der Subsatellitenspur zur Verfügung stehen
- GMTI-Mode, mit einer Flächenabdeckung von 2 000 000 km²/h (in einem Kreissegment um den Satelliten), einem sensitiven Geschwindigkeitsbereich von 2,4 km/h (1,3 kn) bis 107 km/h (58 kn) und einem zulässigen Zielpositionsfehler von < 3 m. Zusätzlich war ein *High Range Resolution* (HRR) Mode für die Zielklassifikation gefordert
- Sammlung und Erzeugung von digitalen Höhendaten (DTED)
- Abdeckung bis zum 65°. Breitengrad.

Mit zwei Prototypen sollten die hierfür notwendigen Technologien wie z. B. spezielle AESA Antennentechnologien mit großen Aperturen, *Space Time Adaptive Processing* (STAP), *Multiple Hypothesis Tracking, Teraflop-Class Processing, Automatic Target Recognition* (ATR), *Interferometrisches oder Stereo* SAR für die Erzeugung von DTED, *Two Step Nulling* als ECCM und anderes getestet werden. Zur Globalabdeckung sollte SBR in der Endausbaustufe mit 24 Satelliten gleichzeitig betrieben werden. Auch das Gebiet der Kommunikation zwischen den Satelliten und den verteilten Bodenstationen macht ebenfalls neue Technologien erforderlich (mit Down Link Datenraten von bis zu 548 Mbps im Frequenzbereich 20/40 GHz). Die prozessierte Information sollte direkt zum *Tactical Warfighter* übertragen werden können und alle Teilstreitkräfte sollten mit standardisierten Bodenstationen ausgestattet werden etc. Als die Kostenabschätzung für dieses System dem DoD vorgetragen wurde, kam es im Jahre 2000 zunächst, wegen der hohen Kosten, zur Einstellung des Vorhabens Discoverer II.

SBR wurde 2001 als eines der wesentlichen Akquisitionsprogramme durch den *Secretary of Defense* an die USAF delegiert, mit dem Ziel im Jahre 2008 mit dem Aufbau einer Fähigkeit zu beginnen, die aus dem Raum Bewegtziele am Boden verfolgen kann. In die Administration dieses Programms sind neben der USAF *Space Command, Space and Missile System Center* (AFSP/SMC), NRO und NIMA eingebunden. Das NRO erhielt für 2001 30 Mio. $ zur Verfolgung zukunftsweisender Technologien genehmigt.

Im Jahr 2002 wurden im Wesentlichen Studien zum Entwurf der Hard- und Software des *On Board Processors* und der elektronisch steuerbaren Antenne (ESA) vergeben.

2003 erhielten Harris und Raytheon Aufträge zur Vorentwicklung einer Prototypen-Nutzlast.

Am 19. April 2004 wurde angekündigt[112], dass das von Northrop Grumman (NGC) als Development Prime-Contractor angeführte SBR-Team beauftragt wurde, für 220 Mio. $ innerhalb von 24 Monaten die erste Phase des SBR, d.h. die Konzeptentwicklung durchzuführen. Einen ähnlichen Vertrag erhielt der Wettbewerber Lockheed Martin. Die Aufgabenstellung umfasste u.a. die Entwicklung von System- und Software-Architekturen, die Durchführung von Studien, die insbesondere die Leistung, Kosten, Risiken und Zeitplanung in Einklang bringen sollten. Weiter wurde der Aufbau einer Modellierungs- und Simulationsfähigkeit gefordert, die z. B. zur Klärung der Frage beitragen soll, ob Umlaufbahnen vom Typ MEO oder LEO auszuwählen sind. In diesem Zusammenhang sollte auch die Auswirkungen auf die Anzahl der notwendigen Satelliten, ihrer Größe und die zum Betrieb erforderliche elektrische Leistung festgestellt werden. Eingeschlossen in die Konzeptstudie war auch eine Demonstration der technischen Reife, der für SBR vorgesehenen Schlüsseltechnologien. Die mögliche Entwicklung und Kontrolle der *Life Cycle Cost* (LCC), bei den genannten Varianten MEO oder LEO, hatte dabei eine außerordentlich hohe Priorität. Maximaler Nutzen sollte aus einem *Spiral Development* Ansatz gezogen werden, der eine Nachrüstung von gewissen Fähigkeiten zu einem späteren Zeitpunkt erlaubt. Das bedeutet, dass zu einem späteren Zeitpunkt gestartete Satelliten, die frühere ablösen, mit diesen neuen Fähigkeiten ausgestattet werden oder ältere Satelliten mit neuer Software auf einen aktuellen Stand gebracht werden. Es musste ferner geklärt werden, wie sich durch die SBR-Technologie die Beauftragung von Plattformen innerhalb der RGA ändert. Bisher wurden alle Satelliten der RGA mit einer Reihe von Aufträgen versehen, die sequenziell abgearbeitet wurden. Neu ist aber, dass sich mit der Verfügbarkeit von AESA-Technologie parallel Aufklärungs- und Überwachungsaufträge abarbeiten lassen. Der singuläre Zugriff nur einer Stelle auf die Satelliten, die damit immer auch die Kontrolle des Gesamtsystems beansprucht hatte, kann entfallen. Die Realisierung von SBR erschien innerhalb von 10 Jahren (d.h. ab etwa 2012 bis 2022) möglich. Voraussetzung wäre aber eine Stabilität in den operationellen Forderungen, bei den standardisierten Schnittstellen und den Protokollen sowie eine gesicherte Finanzierung.

In einem weiteren Zwischenschritt wurde am 23. Mai 2005 durch die USAF angekündigt, dass Lockheed Martin ausgewählt ist, die *Innovative Space Based Radar Antenna Technology* (ISAT) weiterzuführen.

Als im Fiskaljahr 2005 das Budget des Präsidenten durch den Kongress erheblich gekürzt wurde, wurde auch die SBR-Entwicklung zurück in die Technologie- und Konzeptphase verwiesen. Die USAF setzte nun den Schwerpunkt auf ein kostengünstigeres Programm. Um diesem Wunsch Nachdruck zu verleihen und den Bedenken des US-Kongresses entgegenzukommen, wurde das Programm umstrukturiert und in *Space Radar* (SR) umbenannt. Die Forderungen an das System erfuhren eine deutliche Reduktion, sodass z. B. von einer globalen kontinuierlichen Zielverfolgungsfähigkeit Abstand genommen wurde. Die Anzahl der Satelliten reduzierte sich von 24 auf 9 und die Planung des ersten operationellen Satelliten verschob sich auf das Jahr 2015. Die Lebenswegkosten bis 2025 wurden vom DoD, inklusive Bodensegment, auf 34 Mrd. $ geschätzt und die Kosten pro Satellit auf etwa 500 Mio. $. SR soll eng in die Strukturen der gegenwärtig verfügbaren und geplanten ISR-Systeme integriert werden und in der Weiterentwicklung der Transformation sowohl dem Nachrichtenwesen (CIA und anderen Diensten) als auch der kämpfenden Truppe (DoD) Informationen in nahezu Echtzeit liefern.

Eine mögliche Entscheidung des DoD schneller mit SR voranzukommen, wurde 2006 durch eine unerwartete Kostenerhöhung des zukünftigen raumgestützten Early Warning Systems, des *Space Based Infrared Systems* (Sbirs) gedämpft. *Sbirs High* and *Low* sollen die DSP-647-Satelliten ablösen. Weitere erhöhte Kosten verursachen die Einführung von GPS III sowie die nächsten Entwicklungsschritte für die *New Transformational Architecture.*

Zwischen SPACECOM und NRO wurde im Jahre 2002 geplant, über einen absehbaren Zeitraum insgesamt 41 Satelliten zu betreiben, die mit Titan IV B *Complementary Expendable Launch Vehicles* (CELV) gestartet werden sollten. Davon sollten 28 mit klassifizierten Nutzlasten für die Nachrichtenbeschaffung durch das NRO und 13 *offene* Satelliten für die Aufgaben Early Warning, die Kommunikation und Wetterbeobachtung verwendet werden. Für die präzise Navigation sind bekanntlich zur globalen Abdeckung darüber hinaus ständig 24 GPS Satelliten notwendig.

Ein Aspekt, dem in der Öffentlichkeit derzeit weniger Aufmerksamkeit gewidmet zu werden scheint als zur Zeit des Kalten Kriegs, ist die Verwundbarkeit des gesamten Satellitennetzes und seiner Kommunikationsverbindungen. Da immer mehr Nationen über Trägerraketen und nukleare Gefechtsköpfe verfügen, erhöht sich die Gefahr der Ausschaltung der Kommunikation durch einen *nuklearen elektromagnetischen Puls* (NEMP). Die Explosion eines solchen Gefechtskopfes im Höhenbereich von über 100 km über der Erde würde einen solch starken elektromagnetischen Puls auslösen, dass die gesamten Kommunikationsverbindungen über einen großen Bereich um das Explosionszentrum, ohne Härtungsmaßnahmen, nachhaltig ausgelöscht werden würden. Es muss mit der Möglichkeit gerechnet werden, dass ein Land einen solchen Angriff riskiert und in Kauf nimmt, dass für längere Zeit auch die eigene Kommunikation ausge-

schaltet wird. Die Überwachung einschlägiger Staaten, von denen eine solche Bedrohung ausgehen könnte, müsste in den Mittelpunkt der raumgestützten Überwachung und Aufklärung der westlichen Welt rücken.
Neben der raumgestützten wird auch die Entwicklung der luftgestützten Aufklärung und Überwachung bei den US Streitkräften weitergehen, wobei U-2R, JSTARS und *Global Hawk* HALE UAV, alle mit GMTI/SAR-Fähigkeiten ausgestattet, als Teile des integrierten Systems ein kohärentes Bild abgeben müssen. Die USAF wünscht sich eine derartig enge Vernetzung und so kurze Reaktionszeiten, dass relevante Informationen aus den ISR-Systemen direkt im Cockpit eines Kampfflugzeuges dargestellt werden können. Ähnliche Wünsche haben die US-Navy bezüglich ihrer Schiffe bzw. deren Kommandozentralen, die US-Army für ihre Kommandofahrzeuge, die *National Imagery and Mapping Agency* (NIMA) sowie die Nachrichtendienste für ihre Auswerter.
Alle auf der Plattform Boeing 707 basierende Systeme wie AWACS, JSTARS und *Rivet Joint* müssen wegen den zunehmenden Betriebskosten dieser alternden Flugzeuge entweder längerfristig durch einen Nachfolger oder ihre Funktion durch andere Systeme, wie SR, ersetzt werden. Bei SR war ursprünglich daran gedacht, auch die US E-3-AWACS zu ersetzen. Es wurde aber festgestellt, dass die zuverlässige Entdeckung und Verfolgung von fliegenden Systemen über das gesamte Geschwindigkeits- und Richtungsspektrum nicht sehr einfach von Satelliten zu realisieren ist. Von den Absichten, dass die USAF etwa ab 2020 bis 2035 die AWACS-Flotte mit E-10A MC2A und *Multi-Platform Radar Technology Insertion Program* (MP RTIP) Technologie zu ersetzen gedenkt, wurde wie erwähnt Mitte 2006 und endgültig Ende 2007 Abstand genommen. In den gleichen Zeitraum 2020 bis 2035 fällt wahrscheinlich auch die Frage nach einem JSTARS-Nachfolger. Obwohl die USAF und die US-Army seit über einem Jahrzehnt JSTARS gemeinsam einsetzen, wurde die 17. und letzte E-8C Serien-Plattform erst im März 2005 an die 116th Air Control Wing, Robins Air Force Base, Georgia, ausgeliefert. Die langfristige Zukunft von JSTARS schien lange im Ungewissen zu liegen, da lange keine Klarheit darüber herrschte, was aus dem zukünftigen USAF E-10A *Battle-Management and Surveillance Project* werden soll[98]. Infolge des Abbruchs der E-10A Entwicklung wächst die Wahrscheinlichkeit für ein weiteres Kampfwertsteigerungsprogramm für JSTARS. Eine der Maßnahme könnte die Integration eines AESA Radars aus dem MP RTIP Programm sein, das dem JSTARS die Fähigkeit des gleichzeitigen GMTI- und SAR-Betriebs und weiter verbesserte Klassifikationsfähigkeiten geben würde. Weitere mögliche Verbesserungen liegen z. B. in einer über den derzeitigen Block 20 Konfigurationsstand hinausgehenden Leistungssteigerung beim Missionsrechner sowie bei einer Ausrüstung der Boeing 707 mit neuen CFM56-2 Turbofan Triebwerken.
Rivet Joint (RJ) wird auch weiterhin ständig modernisiert werden, wobei zu erwarten ist, dass im COMINT-Segment erweiterte Empfänger eingesetzt werden. Diese sollen es Operateuren ermöglichen, auch schwache Signale vom Mobilfunknetz und anderen improvisierten Sendern, die z. B. zur Auslösung von Explosionen verwendet werden, entdecken, lokalisieren und überwachen zu können. Wie gemeldet wurde, sollen noch vor 2011 neue RJ-Versionen (Baseline 9 und 10) eingeführt werden.
In den Konflikten vom Golfkrieg 1991 bis zum Irak Krieg 2003 erhöhte sich in den USA die Anzahl der UAV-Typen von 3 auf 13, und zwar vom strategischen HALE UAV bis zum taktischen Mini UAV. Der Betrieb der U-2R/S wird von der USAF voraussichtlich nur noch bis 2011 fortgesetzt. Aus Budgetgründen könnte jedoch der US Kongress Einwände gegen die beabsichtigte Außerdienststellung haben, da dann eine erweiterte HALE UAV *Global Hawk* RQ-4B Block 40 Beschaffung als Ersatz anstehen müsste. Es ist trotzdem zu erwarten, dass der kostengünstigere *Global Hawk* RQ-4B, entsprechend dem Zulauf der HALE UAVs über die Zeit, immer mehr Einsätze der U-2R/S übernimmt. Im taktischen Bereich scheint der *Predator* als MALE UAV eine kontinuierliche Weiterentwicklung zu erfahren. Das Cueing, d.h. die Heranführung von *Predator* durch JSTARS an kritische Ziele, scheint bei den Einsätzen im Kosovo, in Afghanistan und im Irak, sehr erfolgreich gewesen zu sein. Das Problem der langen Transferzeiten wurde erkannt und konnte durch einen leistungsfähigeren Antrieb gelöst werden. General Atomics entwickelte *Predator B (MQ-9 Reaper),* eine leistungsgesteigerte und größere Version gegenüber *Predator A. Predator B* erreicht eine Flughöhe von 15 240 m und kann sich mehr als 30 h in der Luft aufhalten. Der Antrieb wurde

auf ein Turboprop-Triebwerk, das Honeywell TPE 331-10T, umgestellt, mit dem deutlich höhere Fluggeschwindigkeiten von über 220 kn bzw. 407 km/h erreicht werden können. Aber die Fluggerätekosten ohne Sensoren stiegen dabei ebenfalls von 5 Mio. $ bei *Predator A* auf etwa das Doppelte bei Predator B an. Im Vergleich hierzu liegen die Kosten eines Global Hawk RQ-4B Block 20, von dem etwa ab 2009 6 Fluggeräte eingeführt werden sollen, bei etwa 28 Mio. $ und sind damit noch deutlich höher. Als Sensorik ist bei RQ-4B eine verbesserte *Integrated Sensor Suite* (ISS) vorgesehen. Weitere Global Hawk Versionen sind geplant. Block 30 soll mit der *Airborne Signal Intelligence Platform* (ASIP), einem SIGINT System, ausgestattet werden. 26 Plattformen sollen davon ab 2012 beschafft werden.
Es ist geplant in den Block 40 Versionen von GH, von dem 15 Plattformen ab 2011 beschafft werden, das derzeit modernste Mehrfunktionenradar MP-RTIP zu installieren. Die MP-RTIP Variante für GH Block 40 wird mit einer etwa 0,45 m hohen und etwa 1,5 m breiten AESA-Antenne ausgerüstet werden, die eine elektronische Strahlsteuerung in Azimut und Elevation zulässt. Dabei werden neben den Luft-Boden auch Luft-Luft Betriebsarten zur Verfügung gestellt werden. Neben der Weitbereichs- und Sektorsuche nach Bewegtzielen und deren Verfolgung am Boden sollen auch SAR-Streifenmode und hochaufgelöste Spotlight Betriebsarten integriert sein. Diese moderne AESA Antenne lässt einen gleichzeitigen Betrieb einiger dieser Betriebsarten zu. Es ist zu erwarten, dass die neuesten Verfahren der nicht-kooperativen Zielklassifikation installiert sein werden. Ebenfalls neu sind die Suche und die Verfolgung von Bewegtzielen in der Luft. Berichtet wird in diesem Zusammenhang auch von der Neuentwicklung einer *Multi-Platform Common Data Link* (MP CDL). Mit den Flugtests dieses GH MP RTIP auf einer Proteus von Bob Rutan ist am 2. Oktober 2006 begonnen worden. Lockheed Martin hat eine Stealth-Variante eines hoch fliegenden HALE UAV, *Polecat* genannt, entwickelt, die evtl. Global Hawk langfristig ablösen könnte. Doch der dritte Testflug am 18. Dezember 2006 führte zu einem Totalverlust. Auch Northrop Grumman wird seine führende Position in diesem Segment nicht freiwillig aufgeben und dies wird mit dem neuen Konzept *Sensorcraft* (Flying Antenna), einer *stealthy* Nurflügelversion, deutlich zum Ausdruck gebracht.

Global Hawk MP RTIP Flugtest auf Proteus. (USAF)

Die US-Army verfolgt für ihren Bedarf die Entwicklung von vier Klassen von Gefechtsfeldaufklärungssystemen, und zwar für Spezial-Kommandos, für den Zug, die Kompanie und die fliegende Einheit. Hierzu zählt das *Micro Air Vehicle* (MAV) mit einem Gewicht von etwa 1 kg und 8 km Reichweite, das *Organic Air Vehicle* (OAV) mit einem Gewicht von 10 kg und 12 km Reichweite, das *Extended Range/Multi Purpose* (ER/MP) UAV mit einem Gewicht von 150 kg und mit mehr als 50 km Reichweite und das *Future Combat System* (FCS) UAV, einer Hubschrauberdrohne, mit bis zu 1400 kg und 100 km Reichweite[126].
In Afghanistan und im Irak wurde der Bedarf nach mehreren gleichzeitig operierenden UAVs bei der Verfolgung von Terroristen (Personen und Fahrzeuge) offenkundig. Die Verfolgung von Bewegtzielen, die anhalten, sich drehen und weiterfahren, zählen derzeit zu den schwierigsten Problemen bei der Kontrolle von UAVs. Da bisher beim UAV-Einsatz in der Flugwegplanung Wegpunkte im Voraus festgelegt werden, nach denen der Autopilot steuern soll, ist die Verfolgung im oben angesprochenen Fall ausgesprochen schwierig. Oft wäre der gleichzeitige Betrieb mehrerer UAVs notwendig, sodass zu prüfen wäre, mit welchen Automatismen ein Bodenoperator bis zu vier UAVs gleichzeitig betreiben könnte.
Elf von sechzehn Drohnenprogrammen wurden in den USA während des Kalten Krieges zwischen 1950 und 1990 gestartet und wieder abgebrochen. Im Zeitraum von 1990 bis 2004 sind zwölf neue Programme hinzugekommen und davon ist nur eines definitiv abgebrochen worden. Eine breitere Anwendung der Drohnen ist abzusehen, wie z. B. für die Grenzüber-

wachung, für die Überwachung von Flughafenanlagen und von Schiffen sowie von Liegeplätzen der US-Navy. Die frühzeitige Entdeckung von Sprengstoffen in Fahrzeugen oder an Personen ist eine Gefahr, der nicht nur die US-Army täglich ausgesetzt ist. Eine Sensorlösung steht leider noch aus.

Um Kommandeuren weltweit schneller mit ISR Informationen von allen größeren Systemen wie U-2, JSTARS, AWACS, Rivet Joint, GH, Predator etc. versorgen zu können, wurde vom *Defense Airborne Reconnaissance Office* (DARO) die Idee eines *Distributed Common Ground Segment* entwickelt (DCGS) entwickelt. Dieses ist als Teilsystem der größeren Netzwerkstruktur zu betrachten. Dabei sollten mittels DCGS alle IMINT-Bodenanlagen in das *Common Imagery Ground/Surface System* (CIGS) und alle SIGINT-Bodenanlagen in die *Joint Airborne SIGINT Architecture* ((JASA) integriert werden. Danach sollten CIGS und JASA zu einem DCGS kombiniert werden. In der Zwischenzeit ist DCGS im Aufbau. Es soll als *Network Centric Backbone* für die US Streitkräfte dienen. Es ist ein System mit einer offenen Architektur mit weltweit verteilten Stationen, die über ein Weitbereichsnetzwerk (Wide Area Network (WAN)) miteinander verbunden sind.

NATO C2ISR/JISR

Um zu vermeiden, dass sich die Lücke der europäischen NATO-Nationen zu den USA weiter verbreitert, sind erhebliche gemeinsame Anstrengungen der Europäer zur Transformation ihrer Streitkräfte vom 20. ins 21. Jahrhundert erforderlich. Dabei ist nicht anzustreben ein Aufklärungs- und Überwachungs-System ähnlicher Komplexität, wie die USA zu entwickeln. Ziel könnte jedoch ein in den Funktionalitäten abgestimmtes, geschlossenes System sein, wobei der Informationsaustausch zwischen den beteiligten Nationen vertraglich zugesichert werden müsste.

Anfangs 2004 wurde in der NATO ein *Command, Control, Intelligence, Surveillance and Reconnaissance* (C2ISR) / Joint Intelligence, Surveillance and Reconnaissance (JISR) Konzept vorgelegt, das langfristig die Einführung eines Informationsverbundes zwischen einem *Alliance Ground Surveillance System* (AGS), NAEW, SIGINT, UAVs, raumgestützte Sensoren und von Führungssystemen vorsieht. Dabei wurde einem weiteren Schwerpunkt, der Sicherung der Interoperabilität bei Koalitionseinsätzen, eine hohe Priorität eingeräumt.

Während heute in Europa SIGINT in der nationalen Verantwortung liegt, entspräche die Einbindung in einen Informationsverbund einem gewaltigen Schritt nach vorne.

Die NATO hat den Bedarf für ein weiträumiges Bodenüberwachungssystem im Rahmen der Überlegungen zu FOFA schon in den 80er Jahren erkannt. Nur der Weg allein bis zum Start des Programms erweist sich als unglaublich langwierig.

Die Forderungen nach einem NATO eigenen *Alliance Ground Surveillance* (AGS) System wurden aber erst 1993 artikuliert, nachdem SHAPE, Mons, dazu ein *Operational Need* Dokument erstellt hatte. Im Jahr 1995 bestätigte der NATO-Rat (NAC) die Forderungen nach einer *NATO Owned and Operated* (NOO) *Core Air-to-Ground Surveillance Capability,* das von interoperablen nationalen Aufklärungsmitteln ergänzt werden sollte. Im Oktober 1997 wurden von der NATO *Conference of National Armament Directors* (CNAD) die *NATO Staff Requirements* (NSR) verabschiedet. Im April 1999 wurde dann beim NATO-Gipfel in Washington die *Defense Capabilities Initiative* (DCI), unter ausdrücklicher Einbeziehung des Bedarfs eines *NOO Core Systems for Ground Surveillance,* beschlossen. Es wurde erkannt, dass ohne eine AGS-Fähigkeit die NATO Reaction Forces (NRF) und die EU-Battlegroups (EUBG) wenig effizient eingesetzt werden können und eventuell im Konfliktfall hohen Verlusten an einem Einsatzort ausgesetzt sind.

Die NATO der 19 bestätigte im Jahre 2000 erneut ihre Verpflichtung für die Entwicklung und Beschaffung einer NOO-AGS-Fähigkeit mit einer *Initial Operational Capability* (IOC) im Jahre 2010 und mit einer vollen Einsatzfähigkeit *(Full Operational Capability* (FOC)) im Jahre 2013. Nach dem Beitritt weiterer Nationen zum Bündnis sind die inzwischen an NATO AGS beteiligten Nationen: Belgien, Bulgarien, Kanada, Dänemark, Deutschland, Estland, Frankreich, Griechenland, Italien, Lettland, Litauen, Luxemburg, die Niederlande, Norwegen, Polen, Portugal, Rumänien, Slowakei, Slowenien, Spanien, Tschechische Republik, Türkei und die Vereinigten Staaten. Großbritannien verfolgt eine eigene Lösung mit ASTOR. Ungarn und Island nehmen wegen budgetärer Probleme nicht teil. Es wurde eine AGS *Support Staff* (AGS3) Organisation in Brüssel eingerichtet, mit der

NATO AGS TIPS/TCAR. (EADS)

Aufgabe, detaillierte Forderungen und einen Akquisitionsplan auszuarbeiten. Beim NATO-Gipfel im Frühjahr 2002 in Prag wurde erneut bestätigt, NATO AGS mit einer *Initial Operational Capability* (IOC) ab 2010 einzuführen und eine volle Einsatzbereitschaft *(Full Operational Capability* (FOC)) bis zum Jahre 2013 herzustellen. Im Dezember 2003 stimmte das AGS *Steering Committee* im Prinzip der Verbindung von NATO AGS Core mit dem *Transatlantic Co-operative AGS Radar* (TCAR) Sensor zu. Die folgenden sechs NATO-Nationen: Deutschland, Frankreich, Italien, die Niederlande, Spanien und die Vereinigten Staaten erklärten sich bereit, die Entwicklung des Radarsensors TCAR zu finanzieren, falls die AGS-Entwicklung beschlossen werden sollte. Dabei war von den Regierungen ausdrücklich gewünscht, hierbei sowohl die europäische SOSTAR- als auch die amerikanische MP RTIP-Technologie gemeinsam sinnvoll einzusetzen.

Nach einer Ausschreibung von AGS durch die NATO gewann die *Transatlantic Proposed Solution* (TIPS), eine Lösung, die von der EADS, Galileo Avionica, General Dynamics of Canada, Indra, Northrop Grumman und Thales vorgeschlagen wurde, gegen den Vorschlag CTAS (mit ASTOR und Predator B) von Raytheon. Beide Lösungen beinhalteten eine *Mixed Solution,* die sowohl ein bemanntes als auch ein unbemanntes fliegendes Segment enthielt. Die oben genannten TIPS-Firmen haben 2006 zusammen eine gemeinsame Firma *AGS Industries* (AGSI) gegründet, die zukünftig als Vertragspartner für eine noch zu etablierende NATO AGS *Management Agency* (NAGSMA) das industrieseitige Management organisieren sollte.

Im ursprünglichen TIPS-Vorschlag wurden der NATO die Beschaffung von sechs modifizierten Airbus A321 mit 16 Mann Besatzung und sieben modifizierten *Global Hawk,* der RQ-4B *NATO Hawk,* angeboten. Beide Plattformen sollten mit einem *Transatlantic Cooperative* AGS Radar (TCAR) mit unterschiedlich großen AESA-Antennen ausgerüstet werden. Es war dabei angenommen worden, dass mit den Erfahrungen aus der Entwicklung und aus der Flugerprobung mit SOSTAR und MP RTIP ein ausreichender technologischer Hintergrund gewonnen wird, dass die TCAR-Entwicklung ohne Risiken erfolgen kann. Als weitere Ausrüstung sollte bei AGS für die Entdeckung von Radaremittern ein ESM und ein IFF für die Freund-Feind Kennung von langsamen und tief fliegenden Starrflüglern und Helikoptern installiert werden.

Zur Sensordatenauswertung (GMTI und SAR), Zielverfolgung und Zielklassifikation sowie für die Lageaufbereitung sollte innerhalb des *Operations and Control* (O&C) Systems spezielle Software entwickelt werden. Dazu waren beim bemannten Träger

Auswertestationen an Bord vorgesehen. Sowohl das bemannte als auch das unbemannte System sollte über Data Links Bildinformation zu Bodenauswertestationen übertragen und von dort auch neue Aufträge in Form von *Radar Service Requests* (RSR) empfangen. Zum Betrieb des unbemannten Trägers sind spezielle Bodenstationen für Start und Landung (LRE) und für die Missionskontrolle (MCE) am Boden vorgesehen. Der für AGS ausgewählte Airbus A321 sollte entweder mit zwei CFM56-5 oder IAE V2500 Triebwerken mit 61 000 lb Schub ausgerüstet werden. Es war geplant eine Transitgeschwindigkeit von über 800 km/h und eine Einsatzhöhe zwischen 10 360 und 12 222 m (34 000 und 40 100 ft) zu erreichen. Die Tankkapazität des A321 sollte so erweitert werden, dass die Plattform bei einem mittleren Einsatzradius etwa 9 Stunden im Einsatzgebiet *(On Station)* verbringen kann. Mit der Erweiterung der Tankkapazität erreicht die A321 eine Überführungsreichweite von 8540 km (4610 nm). Eine 16 köpfige Besatzung war geplant, mit 14 Mission Specialists sowie Pilot und Copilot. Das maximale Abfluggewicht des A321 lag in dieser Konfiguration bei etwa 93000 kg (205 000 lb).

Als HALE UAV war beabsichtigt, eine modifizierte Version des *Global Hawk,* die RQ-4B, zu verwenden. RQ-4B ist mit einem Rolls-Royce (Allison) AE3007H Triebwerk ausgerüstet. Die Einsatzgeschwindigkeit liegt zwischen 500 und 610 km/h (310 und 380 kn) und die Einsatzhöhe bei über 60 000 ft (über 18 000 m). Bei einem mittleren Einsatzradius kann der RQ-4B bis zu 28 Stunden im Einsatzgebiet verbringen. Die maximale Überführungsreichweite liegt bei 16 670 km (9000 nm). Als maximales Startgewicht werden 14 628 kg (32 250 lb) angegeben. Um die Entwicklungs- und Beschaffungskosten zu reduzieren, ist beschlossen worden, für NATO *Global Hawk* das *off-the-shelf* Radar aus der MP RTIP Serie zu verwenden, das die USAF derzeit für den Eigenbedarf entwickeln lässt. Diese Absicht steht eigentlich im Widerspruch zu dem Geist, der beim neuen Anlauf zu AGS geherrscht hatte, nämlich sich mit SOSTAR aus der vollständigen Abhängigkeit von der US Technologie zu lösen und eigenes Know-how in Europa aufzubauen. Bis zu diesem Zeitpunkt bestand noch die Aussicht, dass die europäische Industrie am großen Radar des A321 beteiligt würde.

AGS sollte nach der Planung über ein robustes Kommunikationsnetzwerk verfügen. Die bemannte AGS Plattform auf A321 sollte mit dem Bodensegment über Broadcast Data Link, SatCom und Breitband Point to Point LOS Data Link verbunden werden. Über LINK 11, 16, 22 (SHF) sollte der Informationsfluss zu anderen luftgestützten Systemen wie NAEW&C und Kampfflugzeugen erfolgen. Zur Sprachkommunikation waren Radios im Frequenzbereich HF, VHF, UHF sowie SatCom und das UHF-HAVE QUICK SECURE Radio mit Frequenzsprungverfahren vorgesehen.

Die Vernetzung der unbemannten Plattform *Global Hawk* RQ-4B sieht sehr ähnlich wie beim bemannten System aus, jedoch wird *Global Hawk* voraussichtlich keine Link 22-Datenverbindung zu militärischen Einheiten erhalten. Es ist vorgesehen, *Global Hawk* für die Datenkommunikation nur mit LINK 11 und 16, CDL Punkt zu Punkt Verbindung (SHF) und einer Ku-Band SatCom Data Link auszurüsten. Zur Sprachkommunikation sollen ebenfalls HF, VHF, UHF, SatCom, HAVE QUICK SECURE Radio Kanäle installiert werden. Hier hat die *Global Hawk* Plattform allerdings nur eine Relais-Funktion. Die Kontroll-Datenlinks sind aus Sicherheitsgründen vermehrfacht ausgelegt worden; sie umfassen drei satellitengestützte Systeme, das Ku-Band SatCom, UHF SatCom, INMARSAT und zwei Sichtlinienstrecken LOS CDL und LOS UHF.

Die NATO-Luftwaffen planten das *Second Generation Anti-Jam-Tactical UHF Radio for NATO* (SATURN) zu verwenden. Sowohl NAEW&C als auch NATO AGS sollen damit ausgerüstet werden. Es handelt sich hier um eine standardisierte (STANAG 4372 kompatible), störsichere Funkverbindung. Angewandt wird ein schnelles Frequenzssprungverfahren (Fast Frequency Hopping) im Frequenzband von 225 bis 400 MHz (VHF/UHF), das unverschlüsselt in den folgenden Betriebsarten eingesetzt werden kann:

– Konventionelle Amplituden-Modulation (AM)
– EPM (Electronic Protection Measures)
HAVE QUICK
– EPM SATURN.

Die wesentlichen Empfänger und Nutzer der GMTI-Information von AGS werden voraussichtlich der *Land Component Commander* (LCC) und sein J2, der *Air Component Commander* (ACC), das *Combined Air Operations Centre* (CAOC) und NAEW&C sein. Die Empfänger und Nutzer der Bodenabbildung

(SAR-Streifen und -Spotlight) werden voraussichtlich ebenfalls der J2 beim LCC und dessen unterstellte Kommandos sowie der ACC und das CAOC sein. Die Einsätze könnten sowohl vorgeplant als auch mittels Beauftragung der AGS-Plattformen durch Radar Service Requests (RSR) von Bodenstationen aus oder von den O&C Operateuren an Bord des A321 erfolgen.

Die Aufgabe von AGS ist es, die militärische und politische Führung vom obersten NATO- und nationalen Kommandobereich bis auf die Brigadeebene in nahezu Echtzeit und kontinuierlich mit Information zur Lageentwicklung bei gegnerischen, neutralen und eigenen Kräften zu versorgen, mit dem Schwerpunkt der Entdeckung und Verfolgung von Bewegtzielen am Boden oder in Bodennähe.

Nach Abgabe einer Kostenschätzung der an AGS beteiligten Industrie auf der Basis der NATO-Forderungen lagen die geschätzten Kosten weit über den verfügbaren Mitteln. Im Rahmen einer *Risk Reduction Studie,* mit der die beteiligte Industrie beauftragt wurde, konnten die Kosten reduziert werden. Zu Beginn des Jahres 2006 war aber die volle Beauftragung einer Entwicklung noch nicht absehbar. Noch im Juni 2006 wurde ein Request for Proposal (RFP) für die Design & Development (D&D) Phase von der NATO herausgegeben. Es wurde in der beteiligten Industrie damit gerechnet, dass eine Entscheidung über die Beauftragung der D&D-Phase noch im Laufe des Jahres 2007 erfolgt. Dieser D&D Phase sollte die *Engineering Manufacturing and Development* (EMD) Phase ab Anfang 2010 folgen. Die Phasen IOC und FOC wurden von der NATO in die Jahre 2013 und 2015 verschoben.

Am 25. Juni 2007 erklärte überraschend der deutsche Vertreter im AGS-Steering-Committee den 23 NATO-Nationen, dass die für AGS vorgesehenen Mittel nicht mehr voll zur Verfügung stehen würden und empfahl, von der *Mixed Solution* für AGS aus Kostengründen Abstand zu nehmen. Diesem Vorschlag schlossen sich Frankreich und die Niederlande an. Um eine Kostenreduktion zu erreichen, wurde von der Entwicklung des bemannten Systemanteils Abstand genommen und stattdessen eine preiswertere Teillösung durch den Kauf bereits entwickelter Systeme angestrebt. Die US Regierung bot hiernach den Kauf von acht *off-the-shelf* Global Hawk RQ-4B Block 40 an. Dies kam überraschend, denn noch am 15. Juni 2007 hatten die NATO Verteidigungsminister beschlossen, am Konzept der gemischten Flotte festzuhalten. Alternativen für ein AGS sollten bis zur Herbstsitzung 2007 den nationalen Rüstungsdirektoren der NATO (CNAD) vorgelegt werden. Es blieb aber bei der Entscheidung des Kaufs von acht *off-the-shelf* Global Hawk RQ-4B Block 40 mit angepasstem Bodensegment, wobei die Kosten 1,4 Mrd. $ nicht überschreiten sollten. Danach entschieden sich die Regierungen von Frankreich, den Niederlanden, Portugal und Belgien von einer Beteiligung an NATO AGS Abstand zu nehmen.

Die britische Regierung beschloss bereits 1990 sich vom NATO-Vorhaben AGS abzukoppeln und ein eigenes Vorhaben, ASTOR, in die Wege zu leiten. Nach einer Ausschreibung, an der die Firmen Lockheed-Martin, Northrop Grumman und Raytheon teilnahmen, hatte die britische Regierung 1999 zugunsten von Raytheon entschieden. Raytheon schlug als Sensorplattform den *Global Express,* ein Executive Jet von Bombardier, vor, der mit einem dualmode GMTI/SAR-Sensor von Raytheon, abgeleitet aus ASARS-2, ausgestattet wurde. Die Kosten für Entwicklung und Beschaffung von ASTOR wurden mit 800 Mio. £ (ca. 1,2 Mrd. €) beziffert. Das Projekt befand sich 2005 noch in der

UK Airborne Stand-off Radar (ASTOR). (Raytheon Systems)

Testphase. Es wurde im November 2005 sowohl die ASTOR-Bildkette vom Sensor über die Data Link bis zur Bodenstation als auch die Interoperabilität mit JSTARS erfolgreich getestet.
Es sollen fünf *Sentinel R.1* Flugzeuge, wie das luftgestützte Segment inzwischen bezeichnet wird, beschafft werden. Diese sind mit 6 taktischen Bodenstationen und 2 Bodenstationen auf operationeller Ebene über Data Links verbunden. Als Data Links wurden je eine breitbandige LOS-Data Link (CDL) und eine BLOS SatCom von L3Com beschafft. Betrieben werden soll das System durch eine gemeinsame RAF/Royal Army Einheit, mit einer *Main Operating Base* (MOB) bei der RAF Waddington, Lincolnshire.
Es ist im britischen Verteidigungsministerium geplant, dass drei ausgerüstete ASTOR Plattformen und alle Bodenstationen im Laufe des Jahres 2006 ausgeliefert werden. Die drei übrigen Flugzeuge wurden Anfang 2007 fertiggestellt. ASTOR soll ebenfalls wie die E-3D der NATO assigniert werden.
Auch für die NATO gelten ähnliche Forderungen hinsichtlich Interoperabilität und Vernetzung, wie zuvor ausgeführt, für die USA. Ein höherer Grad der Integration und Vernetzung werden in Europa der Vorgehensweise in den USA folgen müssen, um das notwendige Mindestmaß an Interoperabilität zu erhalten. Die einzuführenden Systeme sollten in ihrem Kostenaufwuchs sorgfältig geplant werden. Dies gilt auch für NATO AGS.
Da der Ersatz der NATO E-3A B-707 bis etwa 2020 absehbar ist, ist es notwendig, frühzeitig über Wege nachzudenken, wie die Fähigkeit Frühwarnung erhalten und weiter finanziert werden kann. Um zu einer kosteneffektiven Lösung zu gelangen, wäre ein hohes Maß an Kommunalität der beiden Systeme NATO-AEW und -AGS wünschenswert. Entwicklung, Beschaffung und gleichzeitiger Betrieb von Aufklärungssystemen der Größenordnung von NATO AEW und AGS verursachen in den Budgets, vor allem der europäischen nationalen Verteidigungshaushalte, so hohe Kosten, dass sehr sorgfältig jede Doppelung der Funktionalitäten vermieden werden muss und alle Chancen genutzt werden müssen, Kosten in der ganzen Wertschöpfungskette und über alle Lebenszyklen (Entwicklung, Beschaffung und Betrieb) einzusparen.
Atemberaubende Fortschritte in der Informations- und Kommunikationstechnologie ermöglichen den Streitkräften völlig neue Möglichkeiten der Effizienzsteigerung von Aufklärung, Überwachung, Führung und Waffeneinsatz. Sie verändern aber gleichzeitig auch ständig die politische Einflussnahme und militärische Beschaffungspolitik. Aufklärungs- und Überwachungssysteme und ihre Vernetzung mit Führungssystemen (vernetzte Operationsführung), als wesentlicher Teil der Gesamtinformationssysteme, haben eine wichtige Bedeutung für Organisation, Strategie und Taktik moderner Streitkräfte in Frieden, Krise und Krieg. Ausschlaggebend ist eine Minimierung des Zeitbedarfs, von der Beauftragung bis zur Verfügungsstellung von Aufklärungs- und Überwachungsergebnissen an die Führung und die kämpfenden Einheiten, d.h. eine Erhöhung der Prozessgeschwindigkeit und der Präzision. Auch für die europäischen Nationen gilt es, schnell die Transformation von *Platform Centric* zu *Net Centric Warfare* zu schaffen. Wie weit sich die Qualität dieses Wandels fortsetzt und wann sie an Grenzen stößt, ist nicht absehbar. Aber gerade dieser Bereich der Ausrüstungsplanung wird durch die vom Markt bestimmten kurzen Innovationszyklen bestimmt. Der Ausbau der Vernetzung wird durch bereits eingeführtem oder sich in der Beschaffung befindlichem Gerät, das eine Nachrüstung nicht zulässt, begrenzt. Darüber hinaus gibt es Grenzen durch die vorgegebenen Verteidigungsbudgets in Europa.
Große Datenmengen von eingeführten oder sich in der Planung befindlichen Aufklärungssensoren können eine schnelle Auswertung behindern. Notwendig ist die weitere Automatisierung der sensornahen Datenverarbeitung, der Sensordatenaufbereitung und der Qualitätskontrolle. Auch die bereits erzielten Fortschritte bei der Korrelation und Fusion gleichartiger und unterschiedlicher Sensordaten sind noch nicht an die Grenzen der Ausbaufähigkeit angelangt.
Eine gemeinsame Nutzung von Sensoren durch das Nachrichtenwesen und durch das Militär, wie in den USA bei SR vorgesehen, steht noch aus. Aber die zunehmende Komplexität und die Kosten von Aufklärungs- und Überwachungssystemen werden ein Umdenken einleiten müssen. Die Informationstechnologie bietet heute schon Lösungen der Datensicherheit, mit denen sich eine unabhängige Nutzung realisieren lässt.
In den Vereinigten Staaten werden Vernetzung und Überlagerung der Kommunikationsnetze von Aufklä-

rungs- und Waffeneinsatzsystemen voranschreiten, und zwar bildlich dargestellt in zwei Gitterebenen. Sensoren werden an das *Sensor*-Gitter angeschlossen und dem *Shooter*-Gitter überlagert. In diesen Gitterebenen soll die Übertragung von Sensordaten, Bildern, Grafiken, Text und Sprache zwischen fliegenden, mobilen und ortsfesten Komponenten des Aufklärungs- und Führungsverbundes erfolgen und damit zu den Nutzern, d.h. zur politischen Führung und anderen autorisierten Nutzern, in der militärischen Führung und zu Führungs-, Waffeneinsatz- und Waffensystemen (dem *Shooter)* gelangen. Falls es erfolgreich realisiert werden kann, werden die Europäer dieser Vorgehensweise folgen.

Separate Netze zur Übertragung besonders geschützter Informationen *(Special Intelligence)* verfügen über Maßnahmen zur Reduzierung der Beeinflussung durch *Information Warfare. Information Warfare* ist gegen Computer und Software aller Art gerichtet. Daher bedürfen Computernetze, Datenspeicher und Archive des besonderen Schutzes und müssen durch besonders abhör- und störsichere Kommunikationssysteme vernetzt werden.

Neue Technologien der störsicheren Datenübertragung sind in der Erprobung. Wie erwähnt z. B. im Bereich 20/40 GHz. Weiter wurde bereits seit Mitte der 60er Jahre u.a. bei SAT in Frankreich mit einem CO_2 LASER, als abhörsicheres Kommunikationsmittel, experimentiert. CO_2 LASER weisen gute Eigenschaften, wie z. B. gute atmosphärische Transmission, Augensicherheit, hoher Wirkungsgrad und Frequenzstabilität, auf. Mit einer Betriebswellenlänge von 10,6 μm wurde bereits anfangs der 90er Jahre eine Übertragungsrate von 1 Mbps über 20 km erreicht. EADS Astrium hat Mitte 2006 mit Flugtests einer bidirektionalen LASER Data Link begonnen, die durch die französische Rüstungsbehörde DGA finanziert wird. Dabei wurden mit dieser optischen Verbindung zwischen einer Dassault *Mystere,* die in einer Flughöhe zwischen 6 und 10 km Höhe flog und dem ESA *Artemis* Satelliten, der sich in einem GEO befand, Daten mit einer Datenrate von 50 Mbps ausgetauscht[131]. Astrium erwartet, dass diese Versuche zu der Entwicklung einer operationellen Data Link mit einer Datenrate von 600 Mbps bis 1 Gbps führen wird, die insbesondere zur stör- und abhörsicheren Datenübertragung zwischen UAVs und SatCom Satelliten dienen kann.

Neue Aufklärungsmittel in Deutschland

SAR-Lupe

Die Verfügbarkeit über eine eigene, moderne Aufklärungsfähigkeit wird für Europa in Zukunft von großer Bedeutung sein. Falls einzelne Staaten diese Systeme finanzieren, sollten sie sich, wie erwähnt, ergänzen und einen Beitrag zu einem gemeinsamen übergeordneten Aufklärungs- und Überwachungssystem leisten. Der Zugriff auf Rohdaten muss für die beteiligten Nationen garantiert werden.

Die Fähigkeit zur eigenständigen Informationsbeschaffung und Aufklärung für politische und militärische Entscheidungen sind Attribute souveräner Staaten. Für die Bundesrepublik Deutschland wurde am 19. Dezember 2006 der erste nationale Aufklärungssatellit aus dem SAR-Lupe-Programm gestartet. Dabei wurde der Satellit mit einer COSMOS-3M Rakete erfolgreich vom Startkomplex Plesetsk, Russland, in seine Umlaufbahn befördert. Fünf baugleiche Satelliten wurden mit weiteren russischen COSMOS-3M-Trägerraketen bis 2008 in sonnensynchrone Orbits transportiert. SAR-Lupe 2 wurde am 2. Juli 2007 und SAR-Lupe 3 am 1. November 2007 erfolgreich gestartet. Die Starts der beiden Letzten erfolgten am 27. März und am 22. Juli 2008. Die Kontrolle der Satelliten lag nach dem Start zunächst beim deutschen Raumfahrtkontrollzentrum GSOC des DLR in Oberpfaffenhofen.

SAR-Lupe verfügt über ein X-Band Radar, das Streifenabbildung *(Strip-Map)* und *Spotlight*-Aufnahmen zulässt[113]. Die parabolische Radarantenne hat einen Durchmesser von ca. 3 m und ist unbeweglich am Satelliten montiert. Zur Zielbeleuchtung muss der Satellit komplett gedreht werden und während einer Spotlight Aufnahme kurzzeitig punktgenau auf ein Ziel ausgerichtet bleiben. Die Auflösung im *Spotlight*-Betrieb hängt, wie bei allen Radaren dieser Art vom Abstand, Schrägsichtwinkel und der Beleuchtungsdauer ab. Es wird angenommen, dass dabei die höchste Auflösung im Bereich < 1 m liegt. Aus Beispielfotos des Herstellers ist im Streifenmode von einer Streifenbreite von 8 km und einer Streifenlänge von bis zu 60 km sowie von einer ausgeleuchteten Fläche im Spotlight-Mode von etwa 5,5 km x 5,5 km auszugehen.

Die erfassten Radarrohdaten werden an Bord gespeichert und diese in der nächstmöglichen Umlauf-

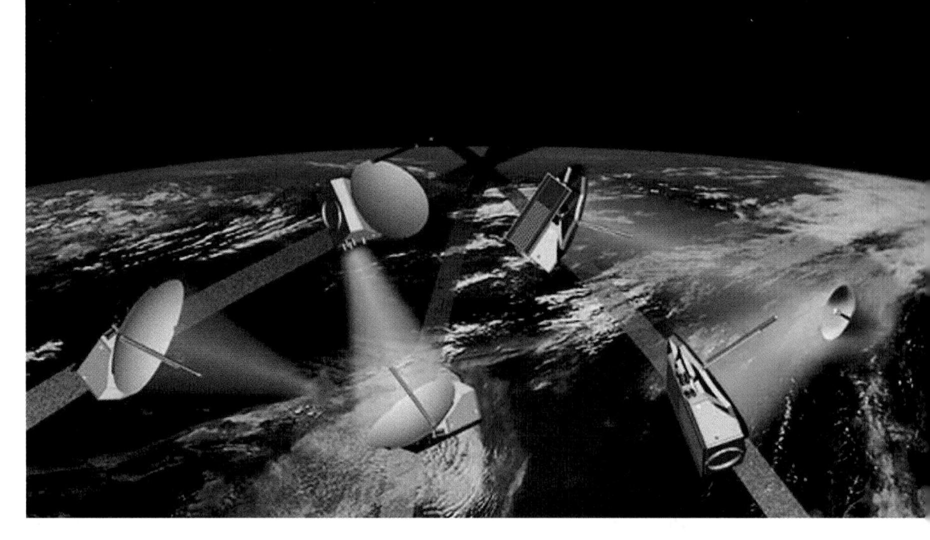

OHB SAR-Lupe, variable Ausrichtung der Antenne. (BWB)

bahn, bei der eine Sichtlinie zu einer Bodenstation existiert, zu dieser übertragen. Hierzu muss die Radarantenne auf die Bodenstation ausgerichtet werden. Dort werden die Rohdaten prozessiert und die Streifenabbildung *(Strip-Maps)* und *Spotlight*-Bilder für die Auswertung und Archivierung aufbereitet. Die Übertragung der Sensordaten von Bord zum Boden erfolgt im X-Band, während die Steuerungs- und Telemetriedaten verschlüsselt über eine S-Band-Datenübertragung zwischen Bord und Boden ausgetauscht werden.

Die fünf Satelliten kreisen in verschiedenen polaren Umlaufbahnen, in einer Höhe von jeweils etwa 500 km. Sie sind untereinander durch Kommunikationslinks verbunden, um Aufträge weiterleiten zu können. Die durchschnittliche Antwortzeit (Zeit von Auftragserteilung bis zur Vorlage der Bildprodukte) liegt bei etwa 11 h. 95% der Aufträge können innerhalb von 19 h beantwortet werden. Diese Daten zeigen den technologischen Unterschied zu den Echtzeitvorgaben, die an die zukünftigen amerikanischen SR-Satelliten gestellt werden. Mit SAR-Lupe müssen erst Informationen und Erfahrung im Betrieb gewonnen werden, bevor man Systemaspekte ausmachen kann, die einer Verbesserung bedürfen. Der Erfahrungsvorsprung der Vereinigten Staaten von über vierzig Jahren, beim Betrieb der raumgestützten Aufklärung, ist so schnell nicht einholbar.

Der Systemanteil von SAR-Lupe am Boden setzt sich aus zwei Teilen zusammen, dem *Nutzer-* (NBS) und dem *Satellitenbodensegment* (SBS). Im NBS werden die Zielauswahl und die Auswertung der Bildprodukte vorgenommen. Im SBS erfolgen die technische Kontrolle und Steuerung, der Datenaustausch und die Bildprozessierung.

Wie erwähnt, ist die SAR-Lupe der Low-Cost Ersatz des Vorgängervorhabens *Horus,* das mit 5 Mrd. DM den Rahmen des deutschen Verteidigungshaushalts gesprengt hätte und als nicht finanzierbar galt. Die Balkankrise und der Kosovokonflikt, wo zum ersten Mal deutsche Soldaten nach dem Zweiten Weltkrieg eingesetzt wurden, machten schnell deutlich, dass mit dem Paradigmenwechsel der deutschen Außenpolitik ein eigenständiger und ungefilterter Zugang zur strategischen Aufklärung dringend notwendig ist. 1998 wurde mit den Arbeiten zum SAR-Lupe-System begonnen, bei dem Entwicklung und Bau von fünf Satelliten nur noch 370 Mio. € kosten durften. Am 17. Dezember 2001 wurde der Auftrag an die OHB in Bremen vergeben. Die OHB-System GmbH ist Generalunternehmer und hat mehr als 50% des Auftragswerts an ausländische Firmen im Wettbewerb vergeben, wie z. B. das Radar an Alcatel Space, die TWT an Thales, die Verstärker an Tesat-Spacecom, die Antenne an Saab Ericsson Space, die Gyros an Kearfott, die Drallräder an Teldix etc.

Als Entwurfsziel wurde bei der SAR-*Lupe* eine Lebensdauer von 10 Jahren angenommen.

Am 30. Juni 2002 wurde in Schwerin mit Frankreich ein Kooperationsabkommen geschlossen, das den Austausch von SAR-Lupe Radardaten mit den EO-Daten von HELIOS II festlegt. Ziel ist dabei, mittelfristig einen Aufklärungsverbund für die EU zu schaffen. Es sei erinnert, dass Belgien, Griechenland, Italien und Spanien am *HELIOS*-Programm beteiligt sind. Mit der Mitnutzung der SAR-Lupe durch Frankreich und der deutsche Zugriff auf *HELIOS II* ist ein erster Schritt zu einer europäischen strategischen Aufklärung getan. OHB erhielt 2006 den Auftrag, die Mitnutzung von Frankreich zu realisieren. Für Ende 2009 ist der Beginn der Nutzung des Systemverbundes vorgesehen. Die empfangenen Bilddaten werden den nationalen Nutzern umgehend zur Archivierung und Auswertung zur Verfügung gestellt.

Die *SAR-Lupe* untersteht der Bundeswehr. Auftraggeber ist das BMVg/BWB. Das Nutzerbodensegment wird von der Abteilung *Satellitengestützte Aufklärung* (Abt SGA) innerhalb des *Kommandos Strategische Aufklärung* (KdoStratAufkl), Rheinbach, und das Satellitenbodensegment von OHB betrieben. Im Nutzerbodensegment werden mehr als 90 Soldaten und Zivilisten mit dem Empfang der Sensordaten, der Bildprozessierung, Archivierung, Datenauswertung und dem Reporting beschäftigt werden.
Auftraggeber oder anforderungsberechtigte Dienststellen sind das:
- Einsatzführungskommando der Bundeswehr (EinsFüKdoBw)
- Führungskommando der Teilstreitkräfte (TSK FüKdo)
- Zentrum für Verifikationsaufgaben der Bundeswehr (ZVBw)
- Amt für Geowesen der Bundeswehr (AGeoBw).

Die Priorisierung und Festlegung der Reihenfolge der Auftragsbearbeitung legt das *Zentrum für das Nachrichtenwesen der Bundeswehr* (ZNBw) fest und gibt sie an die Abteilung SGA zur Missionsplanung weiter. Parallel zu SAR-*Lupe* entwickelte Thales Alenia Space für das italienische Verteidigungsministerium ebenfalls einen X-Band SAR-Satelliten, *CosmoSky Med* genannt, mit einem X-Band Radar in der 80-cm-Auflösungs-Klasse (bei Spotlight mit einer Spotgröße von 10 km x 10 km). Die Strahlschwenkung erfolgt elektronisch. Als Datenübertragungsrate werden 310 Mbps genannt. Der erste Satellit konnte am 8. Juni 2007 von Vandenberg, Kalifornien, mit einer Boeing Delta-7420-10C erfolgreich in eine sonnensynchrone Umlaufbahn gebracht werden[155]. Geplant waren vier Satelliten, die am 9. Dezember 2007 als COSMO 2 und am 28. Oktober 2008 als COSMO 3 erfolgreich gestartet wurden. Der Start von COSMO 4 ist in der ersten Jahreshälfte 2009 vorgesehen. Die vier Satelliten werden die Erde, um 90° versetzt, in 620 km Höhe auf einer sonnensynchronen Bahn umkreisen. Sie dienen hauptsächlich der militärischen Aufklärung im Mittelmeerraum. Als Entwurfslebensdauer wurden fünf Jahre genannt.
Zusammen mit SAR-Lupe und TerraSAR-X wird das europäische Radarnetzwerk erheblich erweitert. Deutschland, Italien und Frankreich planen Daten ihrer unterschiedlichen raumgestützten ISR-Quellen miteinander auszutauschen. Italien und Frankreich teilen sich den Zugriff auf *CosmoSkyMed,* HELIOS II und die französischen Zwillingssatelliten Pleiades, die 2009/10 eingeführt und mit einem optischen System mit einer Auflösung im submetrischen Bereich ausgestattet werden sollen. Anders als SAR-*Lupe* verfügt *CosmoSkyMed* über eine AESA-Antenne mit einer Apertur von 5,75 m x 1,5 m, die neben einer elektronischen Strahlschwenkung und Strahladaption einfache und doppelte Polarisation ermöglicht. Der Standardstreifenmode erlaubt 30-40 km Geländeabdeckung mit 3-15 m Auflösung. Der Scan SAR Mode deckt einen Streifen von 100 km bzw. 200 km Breite bei einer Auflösung von 30 bzw. 100 m ab. Die italienische Raumfahrtagentur ASI wird für das italienische Verteidigungsministerium das Satellitenbodensegment betreiben.

TerraSAR-X
Ein auch für die strategische Aufklärung nutzbares Satellitensystem TerraSAR-X sollte ursprünglich am 31. Oktober 2006 vom russischen Weltraumbahnhof Baikonur, Kasachstan, mit einer Dnepr-1 Rakete (vormals SS-18) gestartet werden[114]. Der Start wurde aber von der Trägerseite auf den 14. Juni 2007 verlegt. TerraSAR X sollte in eine sonnensynchrone Umlaufbahn (Dusk-Dawn) mit einer Inklination von 97,44° in 514 km über den Äquator gebracht werden. Der Satellit weist eine Länge von 5,2 m und einen Durchmesser von 2,1 m auf; die Startmasse beträgt 1200 kg. Dieser neue deutsche Erdbeobachtungssatellit wurde im Rahmen einer *Public Private Partnership* (PPP) zwi-

Bistatisches SAR Experiment mit TerraSAR-X und Pamir. (DLR & FGAN-FHR)

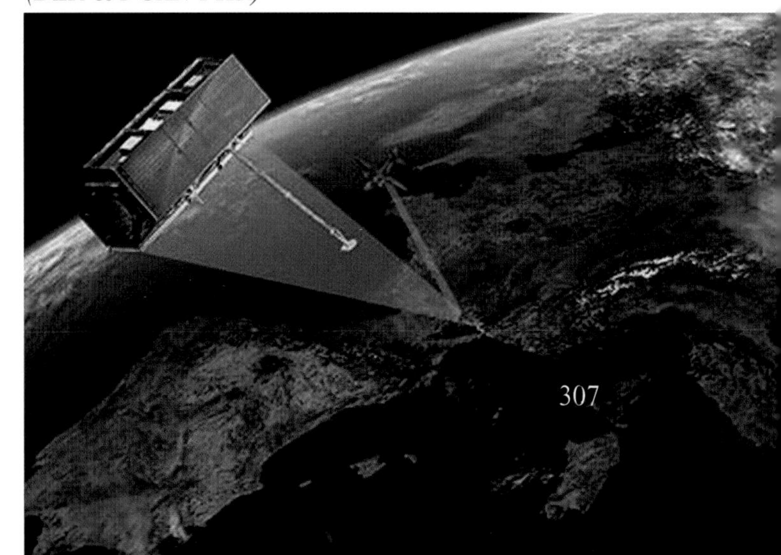

schen dem *Bundesministerium für Bildung und Forschung* (BMBF), dem *Deutschen Zentrum für Luft- und Raumfahrt* (DLR) und EADS-Astrium entwickelt und gebaut. Er soll über fünf Jahre für private Kunden und öffentliche Auftraggeber hochaufgelöste SAR-Bildprodukte liefern. Es ist das Ziel der Unternehmung einen kommerziellen Erdbeobachtungsmarkt basierend auf TerraSAR-X Produkten zu bedienen. Des Weiteren sollen X-Band SAR-Bildprodukte hoher Qualität für wissenschaftliche Anwendungen und für neue Entwicklungen bereitgestellt werden. Bei der DLR in Oberpfaffenhofen wird das System zur Satellitenkontrolle sowie das P*ayload Ground Segment* aufgebaut, das den Empfang der Sensordaten, die Bildprozessierung, Archivierung und Verteilung der X-Band-SAR-Daten einschließt. Die Sensorkalibrierung, der Betrieb und die wissenschaftliche Nutzung liegen ebenfalls in der Verantwortung des DLR. Der Satellit wurde bei der EADS-Astrium im Auftrag des DLR in Friedrichshafen gebaut. Astrium hat die exklusiven kommerziellen Verwertungsrechte und hat dazu ein Vertriebsnetz aufgebaut. Die Datenverteilung und Erstellung höherwertiger Produkte ist die Aufgabe dieser *Infoterra* GmbH. Dabei ermöglicht *Infoterra* den Empfang und Prozessierung von SAR-Daten über eigene Bodenstationen auch durch *Direct Access Customers* (wie z. B. das BMVg).

Die EADS-Astrium Erfahrungen aus den erfolgreichen SAR Missionen von ERS1/2 mit den C-Band-Radaren, den X-Band-Missionen X-SAR/SIR-C und SRTM mit dem Space Shuttle sowie das Envisat Programm mit ASAR flossen in das Satellitendesign ein. Mit TerraSAR-X ist technologisches Neuland betreten worden. Der Radarsensor verfügt nämlich über eine moderne AESA Antenne mit einer Abmessung von 4,8 m x 0,7 m. Diese ausgedünnte aktive Antenne verfügt über 384 T/R Module. Sie lässt eine elektronische Strahlschwenkung in der Elevation zwischen 20° bis 55° und im Azimut von -0,75° bis + 0,75° zu. Damit lassen sich in einem Streifen links und rechts von der Subsatellitenspur zwischen 190 und 550 km Bildprodukte vom *ScanSAR-*, *StripMap-* und *Spotlight*-Mode bereitstellen. Durch die ultraschnelle Strahlsteuerung der aktiven Antenne kann innerhalb eines Pulsintervalls zwischen Abbildungsgebieten gewechselt werden. Der Zweikanal-Empfänger erlaubt auch die Darstellung von Bewegtzielen. Wegen des geringen Azimutabtastwinkels ist allerdings keine Mehrfachabtastung von Bewegtzielen möglich. Für den Geo-Informations-Markt ist dies aber ohne Relevanz. Als Chirp-Bandbreite werden 300 MHz angegeben; dies entspricht einer Entfernungsauflösung von 1 m. Diese kann bei Bedarf in einem Nachfolger für noch höhere Auflösung verbessert werden. Die Strahlerelemente erlauben single, *dual* und *quad* Polarisation und damit eine Verbesserung der Terrainklassifikation. Für die Datenkompression stehen BAQ 8/6, 8/4 und 8/2 zur Verfügung. Der Solargenerator liefert 1200 W elektrische Leistung.

Im Einzelnen sollen im *Spotlight-Mode* eine Auflösung von 1 bis 2 m in einem Gebiet von 10 km x 10 km erreicht werden, im *StripMap-Mode* beträgt die Auflösung 3 m, bei einer Streifenbreite von 30 km und einer maximalen Abbildungslänge von 1500 km (bzw. 3000 km mit BAQ 8:4). Im *ScanSAR-Mode* liegt die Auflösung bei 16 m, bei einer Streifenbreite von 100 km und einer Abbildungslänge von ebenfalls 1500 km (bzw. 3000 km mit BAQ 8:4). TerraSAR-X kann z. B. in einem globalen Szenario pro Tag bis zu 150 hochaufgelöste *Spotlight-Bilder* oder bis zu 150 000 km^2 Bilder mit 3 m Auflösung bei der Streifenkartierung *(StripMap-Mode)* oder bis zu 500 000 km^2 mit 16 m Auflösung liefern, wenn der Durchmesser der Interessengebiete je etwa 1000 km beträgt. Die Datenmenge für Abbildungen von diesen Gebieten kann innerhalb 48 Stunden geliefert werden.

TerraSAR-X erlaubt auch die Erfassung von interferometrischen Radardaten zu Erstellung digitaler Höhenmodelle (entsprechend den DTED-Standards). Für die Kommunikation wurde eine verschlüsselte Kommandostrecke zum Satelliten im S-Band mit einer Datenrate von 4 kbps vorgesehen. Der S-Band-Downlink für Telemetriedaten zum Zweck der Statusaufzeichnung *(House Keepings)* verfügt über eine Datenrate von 1 Mbps, wogegen der breitbandige Downlink für die SAR-Datenübertragung eine Datenrate von 300 Mbps erlaubt. Der Zwischenspeicher für die SAR-Daten an Bord verfügt über 256 Gbit. Datenaufzeichnung und Speicherung können gleichzeitig erfolgen.

TerraSAR-X enthält bereits Elemente, die bei einem US-Space Radar (SR) erwartet werden. Eine noch höhere Auflösung könnte mit TerraSAR-X durch bereits erprobte höhere Chirp-Bandbreiten erzeugt werden. Die Erhöhung der Datenaufnahmekapazität kann durch moderne Bordprozessierung und Kompressionstechniken erreicht werden. Sowohl DTED-3 kompatible digitale Höhendaten als auch hochgenaue Bewegtzielinformation kann über einen Tandem Formationsflug bereitgestellt werden. Ein zweiter Terra SAR-X Satellit für diesen Tandem-Formationsflug wird gebaut.

Da TerraSAR-X auch für Forschungszwecke eingesetzt werden soll, hat das Forschungsinstitut für Hochfrequenzphysik und Radartechnik (FHR) in Wachtberg-Werthoven, ein Institut innerhalb der Fraunhofer-Gesellschaft für Angewandte Naturwissenschaften (FGAN), Experimente mit bi- und multistatischen Radaren als wichtigen Technologieschwerpunkt für die zukünftige Aufklärung und Überwachung vorgeschlagen. Auf die Idee des bistatischen Betriebs von Radaren wurde bereits bei der Radarentwicklung vor dem Zweiten Weltkrieg in England hingewiesen. Sie beruht darauf, Sender und Empfänger zu trennen.

Monostatische Radarsysteme, für die Aufklärung und Überwachung auf bemannten luftgestützten Plattformen, müssen in der Krise und in einem Konflikt wegen ihrer aktiven Beleuchtung des Interessengebiets mit Sicherheitsabständen zur gegnerischen Boden-Luft-Abwehr eingesetzt werden. Ein Hochleistungssender kann bekanntlich leicht entdeckt und lokalisiert werden, jedoch nicht ein davon getrennter Empfänger. Bei bi- und multistatischen Systemen kann sich ein leistungsstarker Beleuchter auf einem Satelliten oder einer sehr hoch fliegenden Plattform befinden, während die nur passiv arbeitenden Empfänger in schwer erfassbaren bemannten Fluggeräten oder UAVs sehr nahe an einem Krisengebiet oder an einer Kampfzone operieren können.

Bistatischer Betrieb beinhaltet möglicherweise weitere Vorteile. So kann die Klassifizierung des zu untersuchenden Objekts verbessert, günstige bistatische Winkel gefunden werden, für welche die bistatische Rückstreuung erhöht wird. In urbanen Gebieten könnte der Di- und Polyhedraleffekt reduziert werden, welcher bei monostatischen Anwendungen durch Überstrahlung oft wichtige Details verdeckt. Ein wesentlicher Einspareffekt bei den Beschaffungskosten wäre wahrscheinlich dadurch zu erreichen, dass in bi- und multistatischen SAR-Konstellationen kleine, kostengünstige und rein passiv arbeitende Empfangssysteme ohne teuere Sendeelektronik zum Einsatz kommen.

Für die wissenschaftliche Nutzung des TerraSAR-X hat das DLR im Juni 2005 im Rahmen des *Announcement of Opportunities* dazu aufgefordert, zukunftsweisende Experimente einzureichen. Der von der FGAN-FHR eingebrachte Vorschlag zur bistatischen Unterfliegung des TerraSAR-X-Satelliten mit ihrem eigenen Experimental-SAR PAMIR zählt zu den ausgewählten Projekten. Eine der technischen Herausforderungen in diesem Experiment ist die sehr unterschiedliche Fluggeschwindigkeit von TerraSAR-X mit 7600 m/s und den etwa 100 m/s des auf einer Transall C-160 installierten PAMIR. Der mehr als 70-fache Geschwindigkeitsunterschied zwischen beiden Antennenfußabdrücken stellt bei der Raum-Zeit-Synchronisation eine technologische Herausforderung dar. Da die Überdeckungsdauer der Antennenfußabdrücke im Sekundenbereich liegt, müssen geeignete Aufnahmegeometrien gefunden werden, um die Überlappungsdauer zu maximieren und eine hohe Auflösung zu erreichen. Durch eine AESA mit größerem Azimutschwenkwinkel, die länger ein bestimmtes Zielgebiet beleuchten könnte, wäre das Problem einfacher zu lösen. Für das Gelingen des Experiments ist eine präzise Bahnbestimmung des TerraSAR-X erforderlich, die durch das FHR eigene *Tracking Imaging Radars* (TIRA) herbeigeführt werden kann. Daneben muss die Flugbahn der Transall ebenfalls mit präziser Navigation, d.h. durch ein DGPS gestütztes Trägheitsnavigationssystem, vorherbestimmt werden.

Bei einem Einzelsatelliten wäre ein solches Verfahren natürlich nicht sehr praktisch. Aber wenn zukünftig Satellitenkonstellationen mit globaler Abdeckung, wie bei SBR ursprünglich geplant, vorhanden wären und mittels AESA sehr flexibel die Zielbeleuchtung gehandhabt werden könnte, wäre ein bistatischer Betrieb in größerem Umfang durchaus realisierbar.

Ein *bistatischer* GMTI-Betrieb könnte auch für die zukünftige Aufklärung von Bewegtzielen interessant werden, und zwar für Systeme wie für NATO AGS oder JSTARS. Letzterer vermag mit seiner ESA und mit seinem Hochleistungssender eine erhebliche effektiv abgestrahlte Leistung zu erzeugen und tastet ein klar definiertes Gebiet, wie etwa das Interessengebiet des Korps oder die *Ground Referenced Coverage Area* (GRCA), kontinuierlich ab. Ein mit einem Empfangskanal und nachfolgender Signalverarbeitung ausgestattetes *stealthy* HALE/MALE UAV

EADS/Northrop Grumman EuroHawk, Sensoreinbau. (EADS)

könnte in Zielnähe operieren, ohne Gefahr zu laufen entdeckt und bekämpft zu werden. Diese Methode wurde schon oft diskutiert, aber bisher wurde weder ein Experimentalprogramm in den USA noch in Deutschland bekannt.
Moderne Aufklärung und Überwachung erfordert breitbandige Echtzeitdatenübertragung ihrer Ergebnisse von Sensoren (in raum- und luftgestützten Plattformen) zu ortsfesten oder mobilen Empfangs-, Aufbereitungs- und Auswerteeinrichtungen oder zu Direkt-Nutzern. Die Informationsverteilung von Überwachungs- und Aufklärungsergebnissen benötigt dann weitere Kommunikationsmittel der Verteilung, wie z. B. die Satellitenkommunikation.

SatCom Bw
Das *satellitengestützte Kommunikationssystem der Bundeswehr* (SatComBw) setzt sich aus zwei Kommunikationssatelliten in geostationären Orbits (GEO) zusammen. Beide Satelliten werden von Bodenstationen der Bundeswehr und des *Deutschen Zentrums für Luft- und Raumfahrt* (DLR) betrieben. Die Satelliten werden bei Alcatel Alenia Space gebaut und basieren auf dem erprobten Space Bus 3000. Der Start der Satelliten erfolgt voraussichtlich im Jahr 2009 mit einer Ariane V vom europäischen Weltraumbahnhof Centre Spatial Guyanais in Kourou, Französisch-Guyana. Der eigentliche Betrieb kann dann ab 2010 erfolgen. Hauptauftragnehmer ist die Projektgesellschaft MilSat Services GmbH in Bremen, die von der EADS Space Services und ND SatCom gegründet wurde. Auftraggeber ist das IT-Amt der Bundeswehr, von dem am 5. Juli 2006 *MilSat Services* den Hauptauftrag erhielten.

Beteiligt sind als Unterauftragnehmer EADS-Astrium, verantwortlich für das gesamte Raumsegment und dessen Bereitstellung im Orbit, das DLR als Betreiber der Satellitenkonstellation, Arianespace als Betreiber der Trägerrakete, Alcatel Alenia Space als Lieferant der beiden Satelliten sowie Intelsat, die zusätzliche Übertragungskapazitäten zur Verfügung stellen werden.

Strategische Aufklärung
Ende 2002 fand in der Edwards AFB, Kalifornien, der erfolgreiche Erstflug des RQ-4A Global Hawk mit einem ELINT-Aufklärungssensor von EADS statt. Zur Übertragung der erfassten Daten zur Bodenstation wurde der Standard-Datenlink von RQ-4A, die CDL, verwendet. Fast ein Jahr später landete am 14. Oktober 2003 um 4 Uhr morgens derselbe RQ-4A Global Hawk, nach einem fast 21-Stunden-Flug und nach 7000 nm (12 950 km) von Edwards kommend, beim Marinefliegergeschwader 3 (MFG3) in Nordholz. Von dort aus führte die USAF, die deutsche Luftwaffe und Marine, Northrop Grumman und EADS zusammen sechs Testflüge mit dem RQ-4A durch, der mit einem erweiterten EADS ELINT-Sensorpaket ausgestattet war. Zuvor hatte ein Großraumflugzeug die für den *Global Hawk* Betrieb notwendige Bodenausstattung, Start-Lande Einheit (LRE) und Missionskontroll-Einheit (MCE), herbeigeschafft. Eine ELINT-Auswertebodenstation wurde von EADS beigestellt. Die Testflüge führten den RQ-4A auf mehr als 18 km Höhe über die Nordsee, wo operationelle Sensortests unter militärischen Bedingungen durchgeführt wurden. Alle erfassten Daten wurden in Echtzeit zu den Bodenanlagen beim MFG3 zur Auswertung übertragen. Dabei konnten erstaunliche Erfassungsreichweiten erzielt werden.
Die Deutsche Flugsicherungs (DFS) Kontrollzentrale in Bremen koordinierte die sechs Testflüge sowie Anflug und Rückflug nach Kalifornien und wies dabei nach, dass *Global Hawk* RQ-4A ohne Probleme

in den allgemeinen Luftverkehr eingebunden werden kann.
Neben den bereits früher geschilderten Kommunikationseinrichtungen für den Sprechfunk war der RQ-4A bei diesen Testflügen mit TCAS und einem IFF-Transponder ausgerüstet. Über die Funkrelais an Bord des RQ-4A konnte der Bodenpilot mit den Fluglotsen kommunizieren und konnte so deren Anweisungen Folge leisten. Der Bodenpilot wurde mithilfe seiner Monitore über alle Flugzustandsdaten, Position, Kurs und Geschwindigkeit sowie über den Systemstatus des gesamten fliegenden Segments informiert. Die Bodenpiloten sind ausgebildete Piloten mit einer ausreichenden Anzahl von Flugstunden auf bemannten Flugzeugen. Sie hätten im Notfall jederzeit in die Flugführung des RQ-4A eingreifen können.
Nach Abschluss der Demonstrationsflüge wurde im September 2004 die EADS und Northrop Grumman zu einem Angebot für die Projektierungsphase für ein System zur *Signalerfassenden luftgestützten weiträumigen Überwachung und Aufklärung* (SLWÜA) aufgefordert. Zur ordnungsgemäßen Durchführung der Entwicklung und Herstellung dieses neuen SIGINT-Systems gründeten die EADS und Northrop Grumman am 4. November 2005 eine gemeinsame Firma, die EuroHawk GmbH.
Die Beauftragung der Entwicklung für SLWÜA auf einer RQ-4B EuroHawk-Plattform mit SIGINT-Sensoren von EADS und dem notwendigen Bodensegment erfolgte am 31. Januar 2007. Der Entwicklungsvertrag wird die Lieferung eines Prototypen im Jahr 2010 und weiterer vier Systeme in der Zeit von 2011 bis 2014 umfassen. Der Standort für das Gesamtsystem wird beim Aufklärungsgeschwader (AG) 51 *Immelmann* in Jagel eingerichtet.
Bei der Global Hawk-Version RQ-4B handelt es sich um eine gegenüber RQ-4A verbesserte und vergrößerte Version, deren Nutzlast auf 1360 kg erhöht wurde. Dazu wurde die Flügelspannweite auf 39,90 m und die Länge auf 14,50 m erweitert.
Zur Reduzierung der Erfassungsmöglichkeit von Radaren und von Kommunikationseinrichtungen wurden in neuen Entwicklungen *Low Probability of Intercept* (LPI) Techniken eingebracht. Dazu wird an neuen Methoden der Spektrums- und Zeitspreizung gearbeitet. LPI-Techniken sind gegenwärtig eine der großen Herausforderungen an moderne SIGINT Systeme – wie für EuroHawk.

Dieses neue SIGINT-System SLWÜA wird die beiden noch verbliebenen Breguet Atlantic ATL 1M-Versionen beim MFG3 in Nordholz ersetzen. Wie zuvor erwähnt, wurde die Fernmelde- und elektronische Aufklärung der Luftwaffe mit der ATL 1M-Version durch den Fernmeldebereich 70 (FmB 70) in Trier geplant und ausgewertet. Im Rahmen der Neuorganisation der Streitkräfte ist der FmB 70 am 1. Juli 2002 in die Streitkräftebasis überführt und dem *Kommando Strategische Aufklärung* (KdoStratAufkl) in Rheinbach unterstellt worden. Seit 1. Januar 2008 ist das KdoStratAufkl die zentrale streitkräfteübergreifende Kommandobehörde für das militärische Nachrichtenwesen innerhalb der Bundeswehr.

Weiträumige Aufklärung

Auf die Aufgaben von Recce Tornado im Aufklärungskonzept der deutschen Luftwaffe und der CL-289 für das Heer wurde bereits in Kap. 12 hingewiesen. CL-289 soll nach jüngster Planung bis 2011 in Frankreich und bis 2009 in Deutschland ausgephast werden. Da beide Systeme mit Filmkameras ausgestattet sind, verfügen sie über keine Echtzeit-Videoübertragung von optischen Bildprodukten, wie sie derzeit bei modernen Aufklärungssystemen üblich ist. Notwendig wäre für die Bundeswehr eine allwetterfähige abbildende hochfliegende Ergänzung hierzu, mit langer Einsatzzeit. Diese sollte im Frieden und in der Krise abstandsfähig und im Konflikt, falls erforderlich, penetrieren können. Die Integration von MALE oder HALE UAV in den Aufklärungsverbund sind in Deutschland schon viele Jahre in der Diskussion und könnten diese fehlende Echtzeitüberwachung ermöglichen. Im Rahmen von Studien und Entwicklungen sind diese möglichen Ergänzungen von CL-289 und Recce Tornado durch solche Systeme untersucht worden. Sie könnten zusätzlich zu ihrer primären Überwachungsaufgabe zur Lageermittlung die beiden genannten tieffliegenden Hochgeschwindigkeitssysteme auf Orte besonderer Aktivitäten fokussieren und sie an diese heranführen. Sowohl die EADS *(Advanced UAV, EuroMALE, Barrakuda)* als auch *Rheinmetall Defense Electronics (mit Heron) und Diehl (Predator B)* haben dazu Vorschläge ausgearbeitet. Die genannten HALE und MALE UAV Systeme könnten für die Luftwaffe, das Heer und die Marine ein breites Spektrum von Einsätzen abdecken, für die die Leistungen verfügbarer Systeme nicht ausreichen.

Nahbereich

Das deutsche Heer setzte erstmals im Kosovo und in Mazedonien in den Jahren 2000 bis 2003 im Nahbereich die taktische Aufklärungsdrohne LUNA von EMT ein, die unter einem BWB-Vertrag vom Oktober 1997 entwickelt wurde (siehe Kap. 15). Für den Nächstbereich (bis 10 km) hat EMT den mit Elektromotor angetriebenen *Aladin* entwickelt, der eine Einsatzdauer von 50 min ermöglicht. *Aladin* hat eine Flügelspannweite von 1,5 m und wiegt 3 kg. Videoübertragung der erfassten Szene erfolgt über Data Link, wie bei LUNA, zum Aufklärungsfahrzeug FENNEK oder zu einer mobilen Kabine. Aladin hat seit 2003, dem Beginn seiner Verwendung in Afghanistan, Hunderte von Einsätzen über urbanem Gelände ausgeführt und zur Lageeinschätzung sowie zum Schutz deutscher Soldaten beigetragen. Beide Systeme versehen fast täglich ihren Dienst in Afghanistan.

Über die Entwicklung des Kleinfluggeräts für Zielortung (KZO) seit 1985 wurde in Kap. 12 berichtet. KZO dient der Zielortung und Wirkungsaufklärung im Feuerbereich der Artillerie bis etwa 50 km vor FLOT, wobei die neue Data Link sogar eine Nutzung bis etwa 100 km zuließe. KZO wurde am 6. Dezember 2006 an das Heer übergeben. Auch der gezielte Einsatz von KZO durch Informationen, die ein Weitbereichsüberwachungssystem wie z. B. AGS oder ein entsprechendes nationales System über Bewegungen generieren könnte, wäre wesentlich effizienter zu gestalten als Bundeswehreinsätze ohne ein solches.

Um den Soldaten der Infanterie und von Spezialkräften eine gewisse Abstandsaufklärungs- und Überwachungsfähigkeit zur Lageeinschätzung und für den Häuserkampf bereitzustellen, hatte EADS-Dornier, mit Unterstützung der RWTH Aachen, bereits Mitte der 90er Jahre an der Entwicklung einer Mikrodrohne *Do-MAV* mit Elektromotor begonnen. Diese mit der Hand gestartete Nurflügeldrohne war aus hoch widerstandsfähigem Schaumstoff hergestellt worden, besaß eine Flügelspannweite von 42 cm, wog 500 g und besaß für die Flugführung, Stabilisierung und Flugwegsteuerung einen Autopiloten und GPS-Navigation. Die Reichweite des Fluggeräts lag bei 1500 m, bei einer Einsatzzeit von 30 min. Für den Tageinsatz konnte eine Farbvideokamera und für die Dämmerung eine schwarz-weiß Kamera verwendet werden, die wenige Gramm wog und in der Nase eingebaut war.

EADS Mikrodrohne Do-MAV.
(EADS)

Do-MAV war so klein, dass es in einem kleinen Reisekoffer (mit den Abmaßen 38 x 25 x 10 cm) transportiert werden konnte. Die Steuerung der Mikrodrohne durch die Kommandos: Steigen, sinken, links und rechts, erfolgte über eine nutzerfreundliche kleine Steuerbox mit Joystick.

Die bidirektionale Echtzeit-Data Link erlaubte die Übertragung der Videoinformation und der GPS-Daten zum Empfänger und zum Flachbildschirm, der im Transportkoffer untergebracht war. Auf einer digitalen Karte konnten die Augenblicksposition und der Kurs der Mikrodrohne, wie in einem Navigationssystem den Soldaten dargestellt werden.

Dieser ersten Mikrodrohnenentwicklung in Deutschland folgten weitere, wie der *Muetronic* (oder auch *Quadrocopter),* eine Hubschrauberdrohne von EADS mit vier Rotoren, *Mikado* von EMT oder *Carolo* einer Mikrodrohnen-Familie von *Rheinmetall Defence Electronics.*

Résumé

Aus dem dringenden Bedarf an möglichst aktueller Information in der Politik, im Nachrichtenwesen und bei den Streitkräften werden sich auch in der Zukunft immer neue Forderungen an die Informationsbeschaffung, Aufklärung und Überwachung ergeben. Daher ist deren effiziente Einbindung im nationalen Bereich, in die Nachrichtendienste, die C4ISTAR-Architektur der Bundeswehr und erweitert in die NATO erforderlich.

Bei der abbildenden Aufklärung und Überwachung muss daran erinnert werden, dass die Grundidee der fotografischen Filmaufnahme eine signifikante Erweiterung durch die elektro-optische, infrarote und hochauflösende Radar-Abbildung sowie durch die Bewegtzielüberwachung und Verfolgung erfuhr. Neben bemannten Trägern kamen unbemannte und Satelliten zum Einsatz. Von der Filmentwicklung bis zur Breitbanddatenübertragung der Information in Echtzeit über die halbe Erde hinweg lag ein weiter Weg. Zwischen der Filmauswertung mit Lupe einst und der Nutzung digitaler Bildverarbeitung, Verfahren der Bildverbesserung, Mustererkennung, Bildarchivierung und der automatischen Zielklassifikation *heute* liegen Welten. Ähnliches gilt auch auf dem Gebiet der *FmElo*A Aufklärung. Die genutzten Frequenzbereiche erweiterten sich und der dynamische Bereich von den schwächsten bis zu den stärksten Emittern nahm ebenso zu wie deren Dichte. Auf beiden Gebieten, der Abbildung und der Signalerfassung, sind jedoch die technischen Forderungen oft schneller angestiegen, als die Technologie nachwachsen konnte. Strategien in der Aufklärung haben sich in der Vergangenheit im Allgemeinen an die verfügbaren technischen oder technologischen Möglichkeiten angepasst. Aber der Einfallsreichtum der Menschen einer Entdeckung zu entgehen, Abrüstungsvereinbarungen zu umgehen und ihre Ausrüstung schwer erfassbar zu machen stimulierte immer wieder gegnerische Seiten, um diese Hindernisse zu überwinden. Eine gezielte Steuerung der Entwicklung ist nicht zu erkennen, es erscheint immer eher wie ein Reagieren auf eine neue Herausforderung.

Eine perfekte Aufklärungsstrategie wäre leichter zu realisieren, wenn man den Bedarf möglicher zukünftiger Szenarien vorhersagen könnte. Die Analyse mehrerer möglicher zukünftiger Szenarien kann helfen, sich auf den *schlimmsten Fall* einzustellen. Die Mittel der technischen Aufklärung und Überwachung sind nur Werkzeuge mit ihren Grenzen. Es kann damit nur der aktuelle Zustand eines überwachten Gebietes annähernd exakt festgestellt werden. Täuschungsabsichten, geheime Pläne, alternative Vorgehensweisen und Entscheidungen eines Gegners müssen auch abbildenden Sensoren mit höchster Auflösung verborgen bleiben. Aber die Verantwortlichen für die Sicherheit eines Landes oder eines Bündnisses sollten über diese Werkzeuge verfügen können, um zu sehen, was zu sehen ist. Statt nur sehen zu wollen, was gerade opportun erscheint.

18. Glossar

Analyse
Untersuchung der technischen und betrieblichen Merkmale/Parameter einer erfassten elektromagnetischen Ausstrahlung mit dem Ziel, signifikante Fakten/Merkmale zu identifizieren

Apogäum
Der höchste von einem Satelliten erreichte Punkt bei einem elliptischen Orbit, d.h. der am weitesten von der Erdoberfläche entfernte Ort

ASAT
Anti Satelliten Waffe. Kann z. B. ein *Co-orbital* Satellit, eine direkt aufsteigende Lenkwaffe oder eine Lenkwaffe, die von einem Flugzeug aus gestartet wird oder eine *directed energy weapon* (z. B. LASER, Particle Beam, elektromagnetischer Puls) sein. Elektronische Täuschung, wie z. B. Jamming oder falsche Kommandierung durch Einführung von Viren oder Trojaner in die Software eines Satelliten, wird ebenfalls als Teilaspekt von ASAT betrachtet

Aufklärung
Als Aufklärung wird hier der zielgerichtete Einsatz von Kräften und Mitteln zur Gewinnung von Informationen durch technische Sensoren verstanden. Hierzu gehört die Infomationsbeschaffung über spezifische Interessengebiete für die militärische Lagefeststellung, der taktischen Führung in ihrem Verantwortungs- und Interessenbereich (beispielsweise 150 bzw. 300 km vor FLOT für das Korps) und die Bereitstellung von zeitkritischen Informationen über Kräftegruppierungen der Konfliktparteien bzw. militärische Ziele bei einem (politischen) Gegner

COMINT
Communication Intelligence (Fernmelde Aufklärung) umfasst Sammlung, Verarbeitung, Decodierung und Analyse der feindlichen Kommunikationsverbindungen bzw. der Fernmeldeverkehre wie Funk, Telegrafie (Fernschreiber, Fax), Telefon (inkl. Mobilfunk), Telemetrie oder andere Mittel, die im elektromagnetischen Spektrum arbeiten

Exzentrizität (Eccentricity)
Exzentrizität beschreibt die Form eines Satelliten-Orbits, d.h. seine elliptische Form gekennzeichnet durch Apogäum und Perigäum

ELINT
Electronic Intelligence (Elektronische Aufklärung). Die Sammlung, Verarbeitung, Decodierung und Analyse der Signale fremder elektronischer Emitter für Ortung, Leitung, Lenkung und Navigation (z. B. Radar, Jammer, Funkleitverfahren) im elektromagnetischen Spektrum, die nicht zur Kommunikation dienen

Ferret
Generell ist hier eine Klasse von Satelliten zu verstehen, die fremde Radarsignale von extrem niedrigen Orbits, von wenigen hundert Kilometer Höhe, bis in Höhen von 48 000 km, erfassen. Es wurden aber auch Flugzeugeinsätze so bezeichnet, die eine Penetration antäuschen und damit Radar Operateure herausfordern, um ihre Radargeräte einzuschalten

Geosynchrone Orbits
Als geosynchroner Orbit (GEO) wird eine Satellitenumlaufbahn bezeichnet, die sich in einer Höhe von 35 786 km über dem Äquator befindet. Satelliten bewegen sich für den menschlichen Beobachter auf ihr nicht, d.h. bezogen auf einen Fußpunkt auf der Erde sind sie stationär

Ground Track
Die Satellitenspur auf der Erde, über die ein Satellit hinweg fliegt

Identifizieren
Die eindeutige Bestimmung einer Organisationseinheit, einer Funktionseinheit oder eines Geräts anhand der Auswertung von Bildmaterial oder der speziellen Signatur von Strahlungsquellen

J2
In der NATO dient der J2 in der militärischen Ebene unter einem Joint Force Commander oder Land Com-

ponent Commander. Der J2 fusioniert Informationen aus vielen Quellen und erstellt die Datenbasis für Command, Control, Communications, Countermeasures (C^3CM)

Klassifizieren
Erkennen und Bestimmen eines Zieltyps (abbildend) oder eines Emitters (signalerfassende Aufklärung) nach Art und Typ aufgrund der verfügbaren Parameter

Lageermittlung
Zur Lageermittlung ist eine Fusion (d.h. Korrelation) aus unterschiedlichen Sensorinformationen (z. B. IMINT, ELINT, COMINT und GMTI MASINT) erforderlich, um z. B. Nachfolgekräfte (Follow-On Forces) zuverlässig erkennen, verfolgen und abzählen zu können. Aus einer Fusion von GMTI- und IMINT-Information können fahrende militärische Einheiten von zivilem Verkehr unterschieden werden. Analyse der Sensordaten ist notwendig, um auf feindliche Aktivitäten und/oder Intentionen für eine zuverlässige Lageermittlung schließen zu können

Mach-Zahl
Verhältnis von Fluggeschwindigkeit zur Schallgeschwindigkeit

Operative Aufklärung (veraltet)
Hierunter ist die Informationsbeschaffung zu Angelegenheiten zu verstehen, die den gemeinsamen Einsatz von Elementen, d.h. mindestens zweier TSK betreffen. Dies bezieht sich auf die großräumige Lageerfassung in der Tiefe des Einsatzgebietes sowohl in der Krise als auch im Konflikt. Z. B. unterstützt die gezielte abbildende Aufklärung und Beobachtung von Bewegungen durch Multimode SAR/GMTI Radar die Erarbeitung und Führung eines umfassenden Lagebildes und liefert aktuelle Zielinformation als Entscheidungshilfe für die militärischen Führungsebenen, wie etwa Hauptquartiere multinationaler Streitkräfte, nationale Befehlshaber (auch im Ausland, d.h. Korps, Division und Brigade).
Der Begriff *Operative Aufklärung* wurde in der Bundeswehr in *Weiträumige Aufklärung* geändert. Zu verstehen ist darunter die großräumige echtzeitnahe Lagefeststellung in einer Region besonderen Interesses sowie in einem potenziellen oder aktuellen Operations- bzw. Einsatzgebiet

Ortung
Bestimmung der Position eines Zieles

Perigäum
Der niedrigste Ort, den ein Satellit in einem elliptischen Orbit erreicht, d.h., der Punkt an dem der Satellit am tiefsten in die Erdatmosphäre eintaucht. Entsprechend den Keppler'schen Gesetzen ist die Geschwindigkeit hier am höchsten (Abbildungen erfordern Bewegungskompensation)

Periode
Zeit für eine Erdumrundung. Beispielsweise brauchen Satelliten in einem 300 km Low Earth Orbit (LEO) für einen Erdumlauf 90 min. Extreme elliptische Orbits dauern 12h und mehr

Reaktionszeit
Zeit zwischen Erteilung eines Aufklärungsauftrages und Beginn der Aktion zur Erbringung des Ergebnisses

Response Time
Zeit zwischen Erteilung eines Auftrags und Ablieferung des Reports

SIGINT
Signal Intelligence ist das Teilgebiet der elektronischen Kampfführung, das sich mit der Aufklärung von elektromagnetischen Emissionen jeglicher Art befasst. Dabei schließt SIGINT sowohl die Fernmeldeaufklärung, FmAufkl (bzw. COMINT) als auch die Elektronische Aufklärung, EloAufkl, (bzw. ELINT) sowie die Aufklärung von Telemetriedaten (TELINT) ein

Seeraum- und Küstenüberwachung
Erfordert Entdeckung und Identifikation von Seezielen, die Überwachung von Küstenbereichen und die Entdeckung und präzise Zielortung von landgestützten Bedrohungen sowie die Wirkungsabschätzung bei der Bekämpfung

Strategische Aufklärung (veraltet)
Beschaffung von Informationen von strategischer Bedeutung sowohl für das Bündnis als auch für die nationale Sicherheit; d.h. Informationen für die Politik, die die Krisenbewältigung und den Kriegsfall be-

treffen und alle berührten Ressorts angehen. In der NATO bezieht sich dies auf die oberste Ebene, den NATO-Rat, in Deutschland auf Informationen für die oberste politische Leitung und oberste Bundeswehrführung. Als Quelle dienen z. B. die hochauflösende raumgestützte Aufklärung mittels EO, SAR und SIGINT. Aufgabensteller für den Aufklärungseinsatz ist das Nachrichtenwesen (z. B. CIA, NSA, BND, ANBw...)
Der Begriff der *Strategischen Aufklärung* wurde nach der Wende in *Weltweite Aufklärung* verändert. Gemeint ist die nicht-eskalierende Informationsgewinnung ohne geografische Beschränkungen

Taktische Aufklärung (veraltet)
Liefert im Konfliktfall verzugsfrei aktuelle Lage- und Zielinformation im Wirkungsbereich der Waffensysteme und ermöglicht die Wirkungsabschätzung. Sie setzt Multisensorfähigkeit Film, EO/IR, SAR/GMTI voraus.
Der Begriff Taktische Aufklärung wurde ebenfalls nach der Wende in *Aufklärung im Einsatzgebiet* geändert. Verstanden wird darunter die militärische Lagefeststellung für die taktische Führung in ihrem Verantwortungs- und Interessenbereich und Bereitstellung von zeitkritischen Informationen über Kräftegruppierungen/Konfliktparteien bzw. einen (potenziellen) Gegner

Überwachung
Als Überwachung wird hier die kontinuierliche, routinemäßige Erfassung von Information bzw. von Veränderungen über einen definierten Zeitraum und in einem vorgegebenen geografischen Gebiet verstanden. Sie dient der Lageermittlung, Zielakquisition, Angriffssteuerung oder als Hinweis für die detaillierte Aufklärung

Veraltungszeit
Zeit zwischen der Bildaufnahme und der Ablieferung eines Reports

Weiträumige Aufklärung
Großräumige echtzeitnahe Lagefeststellung in einer Region besonderen Interesses sowie in einem potenziellen oder aktuellen Operations- oder Einsatzgebiet

Weltweite Aufklärung
Nichteskalierende Informationsgewinnung ohne geografische Beschränkungen

Wiederholrate
Häufigkeit der Zielabdeckung zur Feststellung von Veränderungen (z. B. Change Detection, Flicker-Change) bei Festzielen und Abtastraten bei der Verfolgung von Bewegtzielen mit AMTI und GMTI

Zielakquisition
Zur Zielakquisition ist zusätzliche Information notwendig, die über die für Entdeckung und Erkennung notwendige Information hinausgeht. Dies ist die notwendige Genauigkeit der Lokalisierung und Aktualisierung für einen Angriff. Die Genauigkeit für die Zielbekämpfung hängt von dem Zieltyp und der Disposition (d. h. stationär oder in Bewegung) sowie von der Art der Munition, der Waffe und der Waffenplattform für den Einsatz ab

19. Sachwortverzeichnis

L

M

N

O

P

R

S

T

U

V

W

20. Abkürzungen

AAA	Anti Aircraft Artillery
AA	Ministerium für Auswärtige Angelegenheiten
AACS	Airborne Air Control Squadron
AAF	Army Air Force
AAR	Air-to-Air Refueling
ABM	Anti-Ballistic Missile
ABMA	Army Ballistic Missile Agency
ACAS	Airborne Collision Avoidance System
ACC	Air Component Commander
ACE	Allied Command Europe
ACINT	Acoustic Intelligence
ACO	Allied Command Operation, Air Control Order
ADC	Analogue Digital Conversion
ADIZ	Air Defense Identification Zone
ADW	Analog Digital Wandler
AEHF	Advanced Extremely High Frequency
AEW&C	Airborne Early Warning and Control
AFATDS	Advanced Field Artillery Tactical Data System
AFB	Air Force Base
AG	Aufklärungsgeschwader
AGS	Alliance Ground Surveillance System
AIES	Aerial Imagery Exploitation Station
ALCM	Air Launched Cruise Missile
AMilGeo	Amt für militärisches Geowesen
AMTI	Airborne Moving Target Indicator
ANBw	Amt für das Nachrichtenwesen der Bundeswehr
AOI	Area of Interest
AOR	Area of Responsibility
AOW	Akustische Oberflächenwelle
APS	Advanced Polar System
ARGUS	Autonomes Radar Gefechtsfeld Überwachungssystem
ARRC	ACE Rapid Reaction Corps
ASARS	Advanced Synthetic Aperture Radar System
ASAS	All Sensors Analysis System
ASAT	Anti-Satellite (Weapon)
ASBM	Air-to-Surface Ballistic Missiles
ASIP	Airborne Signal Intelligence Platform
ASTOR	Airborne Stand-off Radar
ASV	Airborne Surface Vessel
ASW	Anti-Submarine Warfare
ATO	Air Tasking Orders
ATACMS	Army's Tactical Missile System

ATARS	Advanced Tactical Air Reconnaissance System
ATC	Air Traffic Control
AWACS	Airborne Warning and Control System
BAC	British Aircraft Corporation
BDA	Battle Damage Assessment
BFT	Blue Force Tracking
BICES	Battlefield Information Collection and Exploitation System
BLOS	Beyond Line of Sight
BMBF	Bundesministerium für Bildung und Forschung
BMD	Ballistic Missile Defense
BMVg	Bundesministerium für Verteidigung
BND	Bundesnachrichtendienst
BWB	Bundesamt für Wehrtechnik und Beschaffung
CalTech	California Institute of Technology
CAOC	Combined Air Operation Center
CARS	Contingency Airborne Reconnaissance System
CAS	Close Air Support
CASS	Command Activated Sonobuoy System
CCD	Charge-coupled Device
CDL	Common Data Link
CELV	Complementary Expandable Launch Vehicle
cep	Circular error probable (Kreisfehlerwahrscheinlichkeit)
C4ISTAR	Command, Control, Communications, Computers, Intelligence, Surveillance, Target Acquisition and Reconnaissance
CIA	Central Intelligence Agency
CIC	Commander in Chief
CIGS	Common Imagery Ground Station
CL	Canadair Limited
CM	Cruise Missile, Counter Measure
CNAD	Conference of National Armament Directors
CNES	Centre National d'Etude Spatiales
COB	Communication Order of Battle
COMINT	Communication Intelligence
COMIREX	Committee on Imagery Requirements and Exploitation
COP	Common Operational Picture
CP-140 Aurora	Canadian variant of P-3 Orion Maritime Patrol Aircraft
CRC	Control and Reporting Center
CRESO	Complesso Radar Eliportato per la Sorveglianza
C2ISR	Command Control Intelligence Surveillance Reconnaissance
CUP	Capabilities Upkeep Program
CVR	Crystal Video Receiver
DARO	Defense Airborne Reconnaissance Office
DARPA	Defense Advanced Research Projects Agency
DCGS	Distributed Common Ground Segment
DDR	Deutsche Demokratische Republik

DEHLA	Deutsches Historisches Luftarchiv
DF	Direction Finding
DGA	Délégation Générale pour l'Armament
DIA	Defense Intelligence Agency
DICASS	Directional Command Activated Sonobuoy System
DIFAR	Directional Frequency Analysis and Ranging
DLR	Deutsches Zentrum für Luft- und Raumfahrt
DMSP	Defense Meteorological Satellite Program
Do	Dornier
DOA	Direction of Arrival
DoD	Department of Defense (United States)
DPCA	Displaced Phase Center Antenna
DS	Desert Storm
DSIR	Department of Science and Industrial Research
DSCS	Defense Satellite Communication System
DSOC	Defense Space Operations Committee
DSP	Defense Support Program
DTED	Digital Terrain Elevation Data
D&D	Design & Development
ECCM	Electronic Counter Counter Measures
ECM	Electronic Counter Measures
ECR	Electronic Combat and Reconnaissance
EIFEL	Elektronisches Informations-System für Führung und Einsatz der Luftwaffe (Lw Führungssystem)
ELINT	Electronic Intelligence
EloGm	Elektronische Gegenmaßnahmen
EloKa	Elektronische Kampfführung
EloUM	Elektronische Unterstützungsmaßnahmen
EMP	Electromagnetic Pulse
ENSCE	Enemy Situation Correlation Element
ELV	Expendable Launch Vehicles
EO	Electro Optics, Electro Optical
EOB	Electronic Order of Battle
EORSAT	Electronic Ocean Reconnaissance Satellite
EPM	Electronic Protection Measures
ESA	Electronic Scanning Array
ESD	Engine-Shut-Down
ESM	Electronic Support Measures
EUBG	EU-Battlegroups
EW	Electronic Warfare, Early Warning
FAC	Forward Air Controller
FAS	Federation of American Scientists
FFT	Fast Fourier Transformation
FGAN	Fraunhofer-Gesellschaft für Angewandte Naturwissenschaften
FHR	Forschungsinstitut für Hochfrequenzphysik und Radartechnik
FIA	Future Imagery Architecture
Flak	Flugabwehrkanone

FLIR Forward Looking Infrared
FLOT Forward Line of Own Troops
FLTSATCOM Fleet Satellite Communication System
FMC Forward Motion Compensation
FmEloAufkl Fernmelde Elektronische Aufklärung
FOB Forward Operating Bases
FOBS Fractional Orbiting Bombardment System
FOC Full Operational Capability
FOFA Follow-on Forces Attack
FPA Focal Plane Array
FT Funktelegrafie
FTI Fixed Target Indication
FuMO Funkmessortungsgerät

GCE Ground Control Element
GCHQ Government Communications Headquarters (UK)
GE General Electric
GEO Geostationary Earth Orbit
GH Global Hawk RQ-4A/B
GIUK Greenland-Iceland-United Kingdom
GMTI Ground Moving Target Indicator
GPS Global Positioning System
GRAB Galactic Radiation and Background
GRCA Ground Reference Coverage Area
GSM Ground Station Module

HALE High Altitude Long Endurance
HF High Frequency
HIO High Inclined Orbits
HMMWV High Mobility Multipurpose Wheeled Vehicle
HORIZON Hélicoptère d'Observation Radar et d'Investigation sur ZONe
HSD Hawker Siddeley Dynamics
HUMINT Human Intelligence

IADL Interoperable Air Data Link
IAEA International Atom Energy Agency
IAI Israel Aircraft Industry
ICBM Intercontinental Ballistic Missile
IDL Interoperable Data Link
IF Intermediate Frequency
IFDL Intra Flight Data Link
IFF Identification Friend or Foe
IFM Instantaneous Frequency Measurement
IGB Inner German Border, d.h. Grenze BRD zur ehemaligen DDR
IIR Imaging Infra Red
IMEWS Integrated Missile Early Warning System
IMINT Imagery Intelligence
INF Intermediate Range Nuclear Forces

INFLTREPS	In-flight Reports
INS	Inertial Navigation System
INTREPS	Intelligence Reports
IOC	Initial Operational Capability
IOIS	Integrated Operational Intelligence System
IONDS	Integrated Operational Nuclear Detection System
IPIR	Initial Programmed Interpretation Report
IR	Infra Rot
IRIS	Interactive Reconnaissance and Interpretation System, Intelligence Reconnaissance Imaging System
IRLS	Infrared Line Scanner
IRBM	Intermediate-Range Ballistic Missile
ISAF	International Security Assistance Force
ISAR	Inverse Synthetic Aperture Radar
ISAT	Innovative Space Based Radar Antenna Technology
ISR	Intelligence, Surveillance and Reconnaissance
ISS	Integrated Sensor Suite
JAC	Joint Air Command
JASA	Joint Airborne SIGINT Architecture
JASMIN	Joint Auswertesystem des Militärischen Nachrichtenwesens
JDAM	Joint Direct Attack Munitions
JFC	Joint Force Commander
JFN	Joint Forces Network
JPL	Jet Propulsion Laboratory
JISR	Joint Intelligence, Surveillance, and Reconnaissance
JOA	Joint Operations Area
JSIPS	Joint Services Imagery Processing System
JSTARS	Joint Surveillance Target Attack Radar System
JTAGS	Joint Tactical Ground Stations
JTIDS	Joint Tactical Information Distribution System
KAD	Korpsaufklärungsdrohne
KFOR	Kosovo Force
KGB	Komitee für Staatssicherheit (UdSSR), Geheimdienst
KH	Keyhole
KRK	Krisenreaktionskräfte
KSZE	Konferenz für Sicherheit und Zusammenarbeit in Europa
KWS	Kampfwertsteigerung
KZO	Kleinfluggerät für Zielortung
LAN	Local Area Network
LANTIRN	Low Altitude Night Infrared and Navigation
LAPAS	Luftgestütztes Aktiv/Passiv Aufklärungssystem
LCC	Land Component Commander, Life Cycle Cost
LCE	Launch Control Element
LEO	Low Earth Orbit
LLLTV	Low Light Level TV
LO	Local Oscillator

LOFAR	Low Frequency Analysis and Recording
LOS	Line of Sight
LPAR	Large Phased Array Radars
LPI	Low Probability of Intercept
LRASV	Long Range Airborne Surface Vessel
LRE	Launch and Recovery Element
LTBT	Limited Test Ban Treaty
LUNA	Luftgestützte unbemannte Nahaufklärungs-Ausstattung
Lw	Deutsche Luftwaffe
M	MACH-Zahl (Verhältnis Fluggeschwindigkeit zu Schallgeschwindigkeit)
MAD	Magnetic Anomaly Detector, Mutual Assured Destruction
MALE	Medium Altitude Long Endurance
MAOC	Maritime Air Operations Center
MASINT	Measurement and Signature Intelligence
MBB	Messerschmitt-Bölkow-Blohm
MBFR	Mutual Balanced Force Reduction
Mbps	Mega bit per second
MCC	Maritime Component Commander
MCE	Mission Control Element
MC2A	Multi Sensor Command and Control Aircraft
MDV	Minimum Detectable Velocity
MEO	Medium Earth Orbit
MESA	Multi-Role Electronically Scanned Array
MFG	Marinefliegergeschwader
MIDAS	Missile Defense Alarm System
MIDS	Multifunctional Information Distribution System
MILSTAR	Military Strategic and Tactical Relay
MIRV	Multiple Independently Targetable Reentry Vehicle
MISREP	Mission Report
MIT	Massachusetts Institute of Technology
MKBS	Modulare Kommando Bodenstation
MLRS	Multiple Launch Rocket System
MMA	Multi Mission Aircraft
MMI	Man Machine Interface
MNC	Major NATO Commanders
MND	Multi National Division
MOB	Main Operating Base
MOL	Manned Orbiting Laboratory
MPA	Military Patrol Aircraft
MP RTIP	Multi-Platform Radar Technology Insertion Program
MRBM	Medium-Range Ballistic Missile
MSE	Major Subordinate Element, Mobile Subscriber Element
MSOW	Modular Stand-Off Weapon
MSR	Micro Scan Receiver
MSS	Multi Spectral Scanner
MTI	Moving Target Indicator
MTWF	Militärisch Technische Wirtschaftliche Forderungen

MTZ	Militärisch Technische Zielsetzung
MUOS	Mobile User Objective System
NAEW&C	NATO Airborne Early Warning and Control
NAIC	National Air Intelligence Center
NARA	National Archives and Records Administration
NASA	National Aeronautic and Space Administration
NAVFAC	Naval Facility Engineering Command
NATO	North Atlantic Treaty Organization
NBC	Nuclear, Biological, Chemical
NEMP	Nuklearer Elektromagnetischer Puls
NFIB	National Foreign Intelligence Board
NFO	Naval Flight Officer
NGA	National Geospatial-Intelligence Agency
NGC	Northrop Grumman Corporation
NGS	NATO Ground Segment
nm	Nautical mile (Seemeile 1,852 km)
NMA	NATO Military Authorities
NOO	NATO owned and operated
NORAD	North American Aerospace Defense (Command)
NIMA	National Imagery and Mapping Agency
NIR	Near Infra Red
NMD	National Missile Defense
NPIC	National Photographic Interpretation Center
NREC	National Reconnaissance Executive Committee
NRF	NATO Reaction Forces
NRO	National Reconnaissance Office
NRT	Near Real Time
NSA	National Security Agency
NTM	National Technical Means
O&C	Operations& Control
OCEANICINT	Oceanic Intelligence
OIF	Operations Iraqi Freedom
ONR	Office of National Research
ORCA	Optical Relay Communications Architecture
ORCHIDEE	Observatoire Radar Cohérent Héliporté d'Investigation des Eléments Ennemis
OSINT	Open Source Intelligence
OTH	Over the Horizon (Radar)
P&W	Pratt and Whitney
PDU	Photographic Development Unit
PI	Photo Interpreter
PLSS	Precision Location Strike System
PMO	Project Management Office
PN PSK	Pseudo Noise Phase Shift Keying
PPP	Public Private Partnership
PR	Photo Reconnaissance

RADARSAT	Radar Satellite System; Canadian satellite based SAR operating in C-Band
RADINT	Radar Intelligence
RAF	Royal Air Force
RAND	Research and Development (Corporation)
RAP	Recognized Air Picture
R&S	Reconnaissance and Surveillance
RB	Reconnaissance Bomber
RbK	Reihenbildkamera
RECEXREP	Reconnaissance Report
RF	Radio Frequency
RFC	Royal Flying Corps
RGA	Raumgestützte Aufklärung
RLM	Reichsluftfahrtministerium
rms	Root mean square (Quadratisches Mittel)
RORSAT	Radar Ocean Reconnaissance Satellite
RPA	Real-time Pulse Analyzer
RPV	Remote Piloted Vehicle
RRCA	Radar Reference Coverage Area
RSIP	Radar System Improvement Program
RSO	Reconnaissance System Officer
RSR	Radar Service Request
SAC	Strategic Air Command
SACEUR	Supreme Allied Commander Europe
SALT	Strategic Arms Limitation Treaty/Talks
SAM	Surface-to-Air Missile
SAMOS	Satellite and Missile Observation System
SAR	Synthetic Aperture Radar
SARO	Saunders Roe
SAT	Société Anonyme de Télécommunications
SATCOM	Satellite Communication
SAW	Surface Acoustic Waves
Sbirs	Space Based Infra Red System
SBR	Space Based Radar
SCC	Standing Consultative Commission
SCDL	Surveillance and Control Data Link (JSTARS)
SCI	Sensitive Compartmented Information
SDAG	Sowjetisch-deutsche Aktiengesellschaft
SDI	Strategic Defense Initiative
SDP	Signal Data Processor
SDS	Satellite Data System
SEAD	Suppression of Enemy Air Defense
SECBAT	Société Européenne pour la Construction du Bréguet ATLANTIC
SHAPE	Supreme Headquarters, Allied Powers
SHF	Super High Frequency (3 – 30 GHz)
SIGINT	Signal Intelligence
SIPRI	Stockholm International Peace Research Institute
SIPRNet	Secret Internet Protocol Router Network

SLAR	Side looking Airborne Radar
SLBM	Submarine Launched Ballistic Missile
SLWÜA	Signalerfassenden luftgestützte weiträumige Überwachung und Aufklärung
sm	Statute mile (englische Landmeile 1,609 km)
SMTS	Space and Missile Tracking System
SONAR	Sound Navigation and Ranging
SORT	Strategic Offensive Reduction Treaty
SOSTAR	Stand-off Surveillance Target Acquisition Radar
SOSTAR-X	SOSTAR Technology Demonstrator
SOSUS	Sound Surveillance System
SOTAS	Stand-off Target Acquisition System; US-Army Vorläufer Programm (parallel zu USAF Pave Mover) von JSTARS
SPACECOM	Space Command
SPADATS	Space Detection and Tracking System
SPADOC	Space Defense Operations Center
SPOT	Système Probatoire d'Observation de la Terre
SPU	Signal Processing Unit
SR	Strategic Reconnaissance, Space Radar
SRW	Strategic Reconnaissance Wing
SSM	Surface-to-Surface Missile
STANAVFORLANT	Standing Naval Force Atlantic
STANAG	Standardization Agreement (NATO)
STAP	Space Time Adaptive Processing
START	Strategic Arms Reduction Talks
STS	Space Transportation System
SUPIR	Supplemental Programmed Interpretation Reports
SW	Software
SWORD	System for All Weather Observation by Radar on Drone
SYERS	Senior Year Electro-Optical Reconnaissance System
TADARS	Target Acquisition/Designation Aerial Reconnaissance System
TADMS	Tactical ASARS Data Manipulation System
TAF	Taktische Forderungen
TAMD	Theatre Air & Missile Defense
TARPS	Tactical Air Reconnaissance Pod System; US-Navy multi sensor podded Recce system
TBM	Tactical Ballistic Missile
TC(A)	Transformational Communication (Architecture)
TCAS	Traffic-Alert and Collision Avoidance System
TCAR	Transatlantic Cooperative AGS Radar
TCP	Technological Capabilities Panel
TDI	Time Delay and Integration
TDL	Tactical Data Link
TDRSS	Tracking and Data Relay Satellite System
TECHINT	Technical Intelligence
TED	Tactical ELINT Display
TEL	Transporter Erector Launcher
TELINT	Telemetry Intelligence
TEREC	Tactical Electronic Reconnaissance System

TGSM	Terminally-Guided Submunition
TGW	Terminally Guided Warhead für MLRS
TIPS	Transatlantic Industrial Proposed Solution
TIRA	Tracking Imaging Radar (der FGAN-FHR)
TLAM	Tomahawk Land Attack Missiles
TRAC	Tactical Radar Correlator
TRADOC	Training and Doctrine Command of the US-Army
TREDS	Tactical Reconnaissance Exploitation Development System
TR1GS	TR-1 Ground Station
TRF	Tuned Radio Frequency
TRS	Tactical Reconnaissance System
TSAT	Transformational Satellite
TST	Time Sensitive Targeting
TV	Television
TWT	Travelling Wave Tube
UA	Unterauftragnehmer
UAV	Unmanned Air Vehicle
UHF	Ultra High Frequency (Radio: 300 MHz – 3 GHz)
UK	United Kingdom
USAF	United States Air Force
USAFE	United States Air Force Europe
USAAF	United States Army Air Force
USGS	United States Geological Survey
USN	United States Navy
VCO	Voltage Controlled Oscillator
VHF	Very High Frequency (Radio: 30 - 300 MHz)
VTOL	Vertical Take-off and Landing
WAAF	Women's Auxiliary Air Force
WaSLw	Waffenschule der Luftwaffe
WGS	Wideband Gapfiller System, Wideband Global SatCom
WMD	Weapons of Mass Destruction
WP	Warschauer Pakt
YPG	Yuma Proving Grounds
YTTBT	Yield Threshold Test Ban Treaty
ZF	Zwischenfrequenz

21. Literatur

[1] Barbara Tuchman, The Guns of August, Dell Publish. Co., New York (1963)
[2] Kurt W. Streit, John W.R. Taylor, Geschichte der Luftfahrt, Sigloch Ed., Künzelsau (1975)
[3] Manfred von Richthofen, Der rote Kampfflieger (1917), Ullstein Berlin (1933)
[4] Douglas Rolfe, Alexis Dawydoff, Airplanes of the World, Simon and Schuster, New York (1954)
[5] William E. Burrows, Deep Black, Space Espionage and National Security, Random House, New York (1986)
[6] Liddell Hart, Die Geschichte des Zweiten Weltkriegs, Bd. 1 und 2, Econ Verlag, Düsseldorf und Wien (1972)
[7] Anonymus, Eine Dokumentation zur Geschichte des Hauses Dornier Friedrichshafen, (1983),
[8] Rudolf Grabau, Funküberwachung und Elektronische Kampfführung, Franckh'sche Verlagshandlung, Stuttgart (1986)
[9] Michael Mosley, Operation Iraqi Freedom – By the Numbers, USCENTAF, Assessment and Analysis Division, April 30, 2003.
[10] Anthony H. Cordesman, The „Instant Lessons" of the Iraq War, CSIS, Washington, (2003)
[11] Vernon Loeb, Intense, Coordinated Air War Backs Baghdad Campaign, Washington Post, April 6, 2003, p.24
[12] Bradley Grahm, Vernon Loeb, An Air War of Might, Coordination, and Risks, Washington Post, April 27, 2003, p. A1
[13] David A. Fulghum, Robert Wall, Baghdad Confidential, Aviation Week, April 28, 2003, p.32
[14] Anonymous, The Advanced Synthetic Aperture Radar System (ASARS-1), LORAL, Arizona Division, (1995)
[15] C. H. Blanchard, Korean war bibliography and maps of Korea, Albany (N.Y.), (1964)
[16] D. Rees, Korea the limited war, (N.Y.), (1964)
[17] T.R. Fehrenbach, This kind of war, a study in unpreparedness, New York, (1963)
[18] R.C.W. Thomas, The war in Korea, 1950-1953. Aldershot (Hampshire), (1954)
[19] Carl Wiley, 'Douser Patent Nr. 316436'; (1951)
[20] Samuel P. Huntington, Kampf der Kulturen, Europa Verlag GmbH, München, Wien (1996)
[21] Klaus Naumann, Die NATO nach dem Kosovo-Krieg, Die Welt, 7. Juli 1999
[22] D. Mahncke, Nukleare Mitwirkung. Die Bundesrepublik Deutschland in der atlantischen Allianz 1954-1970. Dt. Übers. Berlin und New York (1972)
[23] K. Ipsen, Rechtsgrundlagen und Institutionalisierung der atlantisch-westeuropäischen Verteidigung, Hamburg (1967)
[24] J. Gibbons et al., US Congress, Office of Technology Assessment, New Technology for NATO: Implementing Follow-on Forces Attack, OTA-ISC-309, Washington, DC, US Gvt. Printing Office, (1987)
[25] Anonymous, Soviet Military Power: An Assessment of the Threat 1987/1988, Department of Defense, USA, (1987/1988)
[26] Anonymus, Jagdbombergeschwader 49, Waffenschule der Luftwaffe 50, BW-Flyer Factsheet, (2004)
[27] John W.R. Taylor, RPVs: Robot Aircraft Today, Janes Pocket Book 13, London, (1977)
[28] Anonymus, Das SLAR-System der RF-4E Phantom II, „Schweine im Weltraum", BW-Flyer, (2004)
[29] Joachim Wachtel, Claude Dornier, Ein Leben für die Luftfahrt, Aviatic Verlag, (1989)
[30] Franz L. Reher, Das Wunder des Fliegens, Kurt Pechstein Verlag, (1937)
[31] William Green, Dennis Punnett, The Observers Book of Aircraft, Frederick Warne & Co, London, New York, (1963)
[32] Anonymus, DGLR Luft und Raumfahrt, Heft 4, Okt.-Dez. 2004
[33] Rolf Engel, Moskau militarisiert den Weltraum, Landshut (1979)
[34] Anonymous, SIPRI Yearbook 1981, Chapt. 9, London/New York, (1981)

[35] Anonymous, SIPRI Yearbook 1983, p. 430 ff., London/New York (1983)
[36] Anonymous, SIPRI Yearbook 1984, Military use of outer space, London New York (1984)
[37] Norman Friedmann, Sentries in the Sky, Military Technology Nr.6, (1984)
[38] Heinrich Buch, Sicherheit und Frieden, Buchbender, Bühl, Quaden, Herford (1985)
[39] Heinz Rebhan, Verifikation von Rüstungskontrollabkommen durch Fernerkundung, Universität der Bundeswehr, Beiträge zur Internationalen Politik, München (1989)
[40] Bruce G. Blair, Gary D. Brewer, Verifying SALT Agreements, University of California, Los Angeles, (1980)
[41] Nicholas L. Johnson, The Soviet Year in Space: 1982, Air Force Magazine, (1983)
[42] Christoph Bertram, SALT II and the Dynamics of Arms Control, International Affairs, UK, Oct. /Dec. 1979
[43] Ulrike Schumacher, Rüstungskontrolle als Instrument sowjetischer Außenpolitik (S. 105-128), Herford (1984)
[44] Lothar Rühl, SALT-Verhandlungen und die Problematik der Begrenzung strategischer Rüstungen zwischen den Vereinigten Staaten und der Sowjetunion (S. 255-285), in: K. D. Schwarz, Sicherheitspolitik, Bad Honnef, (1981)
[45] Hans-Heinrich Weise, Der INF-Vertrag, Wehrtechnik 2, (1988)
[46] F. W. Schlomann, Funkaufklärung, AWACS, Himmelspione, Schweizer Soldat, Dezember 1987
[47] Jeffrey Richelson, The Keyhole Satellite Programme, Journal of Strategic Studies, (1984)
[48] Jasani Bhupendra, G.E. Perry, The military use of outer space, SIPRI Yearbook, (1985)
[49] Hubert Feigl, Satellitenaufklärung als Mittel der Rüstungskontrolle, Europa Archiv, Folge 18, (1979)
[50] Anonymous, Outer Space – A new Dimension of the Arms Race, SIPRI, London, (1982)
[51] Anonymous, Aviation Week and Space Technology, 12. März 1984
[52] P. Pringle, W. Arkin, SIOP – Nuclear War from the inside, London, (1983)
[53] D.C. King-Hele, J.A. Pilkington, H. Hiller, D.M.C. Walker, The RAE Tables of Earth Satellites 1957-1980, MacMillen Press Ltd., London (1981)
[54] David Hastings, SIGINT Satellite Page, Internet (2006)
[55] Paul Stares, Space and US National Security, in: The Journal of Strategic Studies, UK, 6, (1983)
[56] Jonathan McDowell, US Reconnaissance Satellite Programs Part 2, Vol. 4, Issue 4 (1995)
[57] Rüdiger Proske, Schlachtfeld Weltraum, Geo Nr. 8, (1983)
[58] Howard Simons, Our Fantastic Way in the Sky, Washington Post, December 8, 1963
[59] Philip Klass, Secret Sentries in Space, Random House, New York, (1971)
[60] Rolf Engel, Geheime Kommandosache, Flug-Revue, 4 (1984)
[61] Dieter Engels, Jürgen Scheffran, Ekkehard Sieker, Die Front im All, SDI, Weltraumrüstung und atomarer Erstschlag, Köln, (1984)
[62] Anonymous, SIPRI Yearbook 1982, London/New York, (1982)
[63] Anonymous, Aviation Week and Space Technology, p.15, 21. January 1985
[64] Henry Hurt, CIA in Crisis: The Kampiles Case, in: The Readers Digest, June 1979
[65] Christ Bulloch, Aufklärung und Überwachung mit Luft- und Raumfahrzeugen, Interavia 6 (1984)
[66] Roland Runge, Aufklärung im Einsatzgebiet, Tornado IDS Recce, Soldat und Technik, Mai 2004
[67] Roy Braybrook, More Eyes in the Skies, Armada International 1 (2004)
[68] Anonymus, Die militärische Nutzung der Luftschiffe, Zeppelin Museum Friedrichshafen
[69] Gary Winterberger, Air surveillance and command and control for NATO, SMI Conference, Dec. 2004
[70] Robert T. Newell, The Operational Mission, NATO's Sixteen Nations, Special Issue, (1995)
[71] Lothar Amme, 25th Anniversary of NATO's AWACS Programme, The Reason for Success, NATO NATIONS and Partners for Peace, Vol. 49, Nov. 2004
[72] Linwood S. Howeth, History of Communications-Electronics in the United States Navy (1963)
[73] Anonymus, Wehrtechnische Studiensammlung des BWB, Koblenz
[74] Jane Morgan, Electronics in the West: The First Fifty Years, Chapt. III Wireless begins to talk – and fly (1967)
[75] Anonymus, Mission X: Duell im Dunkeln, ZDF Sendung vom 31. Oktober 2004
[76] J. Rowland, The Radar Man, London, (1963)
[77] Leonard Mosley, Die Luftschlacht um England, aus Der Zweite Weltkrieg, Time Life Bücher, Amsterdam (1977)

[78] Walter Sullivan, 'Can Submarines Stay Hidden', The New York Times, Dec. 11, 1984
[79] Alfred Price, Flugzeuge jagen Uboote, Motorbuch Verlag, (1976)
[80] Myrodis Athanassiou, Notizen zur Missionsavionik, Einführung in die Begriffswelt der Missionsavionik, Aug. 2002
[81] Thomas Enders et al., Folgen und Lehren des Golfkrieges, Eine erste Analyse, Deutsche Aerospace, Ottobrunn, Juni 1991
[82] Manfred Schröder, Stand der Entwicklungen von Erderkundungssatelliten und Shuttle-Systemen, Vortrag Neubiberg (1981)
[83] Michel Rachline, Infra-Red Optronics in France, A half century of fruitful experience. Albin-Michel Communication (1993)
[84] Anonymus, Reconnaissance Handbook, McDonnell Douglas, St. Louis, (1983)
[85] Dieter Wolf, Hubertus Hoose, Manfred Dauses, Die Militarisierung des Weltraums, Koblenz (1984)
[86] Dave Hafemeister, Joseph Romm, Kosta Tsipis, Überwachung der Rüstungskontrolle; in Spektrum der Wissenschaft, Mai1985
[87] Anonymous, Target Resolution Required for Interpretation Tasks, US Congress and Senate Committee on Commerce, Science and Transportation, 1978 NASA Authorization, Washington, DC. Gvt. Printing Office (1977)
[88] Les Aspin, Die Überwachung von SALT II, in: Spektrum der Wissenschaft, Rüstung und Abrüstung, Heidelberg (1983)
[89] Werner Kaltefleiter, Ulrike Schumacher, Rüstungskontrolle ein Irrweg?, München (1984)
[90] Erhard Forndran, Abrüstung und Rüstungskontrolle, Berlin (1981)
[91] Peter Pletschacher, Franz Thorbecke, Luftfahrt am Bodensee, Verlag Friedrich Stadler Konstanz (1985)
[92] Frank-E. Rietz, Er dachte die Zukunft voraus – Eugen Sänger, Luft- und Raumfahrt 4, (2005)
[93] Werner Gerlitzki, A Development Line in Radar from Telefunken to EADS, EADS Deutschland GmbH, Defence Electronics, Ulm, (2004)
[94] Helmut Bürkle, Radartechnik bei AEG-Telefunken, AEG-Telefunken, Nachrichten- und Verkehrstechnik, Ulm (1979)
[95] John A. Tirpak, ISR Miracles, at a Reasonable Price, Air Force Magazine, Febr. 2006
[96] Deutsches Museum, Flugwerft Schleissheim, Museum für Luft- und Raumfahrt
[97] Antoine de Saint-Exupéry, Flug nach Arras, Rowohlt Verlag, 1956
[98] Tim Ripley, Airborne Ground Surveillance – Taking the High Road, Jane's Defence Weekly, March 2006
[99] Stephan Mauritz, Marineflieger – Organisation und Ausrüstung, Wehrtechnischer Report 2, Report Verlag (2006)
[100] Otto Geißler, Zehn Jahre Deutsche Geschichte 1918-1928, Der Aufbau der neuen Wehrmacht, Otto Stollberg Verlag, Berlin, 1928
[101] Eugen Herpfer, Grundlagen der Hochtemperaturphysik realer Gase und ihre Anwendung in der Hochgeschwindigkeitsaerodynamik, Bericht Dornier GmbH, 1968
[102] Jay Miller, Lockheed SR-71 (A-12/YF-12/D-21), Tex.: Aerofax, Inc. Arlington, 1985
[103] David Baker, The History of Manned Space Flight, Crown Publishers, New York, 1981
[104] Anonymous, The Satellite Wars, Yugoslavia, Afghanistan, Iraq, www. spacetoday.org, (2006)
[105] Richard Garwin, Kurt Gottfried, Donald C. Haffner, Anti-Satelliten-Waffen, Spektrum der Wissenschaft, August 1984
[106] Anonymous, Joint Chiefs of Staff find no Soviet Cheating, The New York Times, 8. February 1986
[107] Anonymous, Moscow Accuses U.S. of Violation Arms Agreements, The New York Times, 30. January 1984
[108] William F. Andrews, Airpower against an Army, Air University Press, Maxwell AFB, Alabama, Febr. 1998
[109] Joachim Anspach, Hubert F. Walitschek, Die Bundeswehr als Auftraggeber, Bernard&Graefe Verlag, (1984)
[110] Anonymous, NATO Common Ground Station Architecture Study, Prepared for US-Army CECOM, Submitted by Motorola, Systems Solutions Group, 1. December 1989

[111] William B. Scott, System-of-Systems, Aviation Week & Space Technology, March 29, 2004
[112] Anonymous, Northrop Grumman-Led Team Receives Contract to Develop Next Phase of Space Based Radar, UVS International – News Flash, April 19, 2004
[113] Anonymus, SAR-Lupe, aus Wikipedia, der freien Enzyklopädie, 9. Juli 2006
[114] Anonymous, TerraSAR-X, Geo-Information from Space, Global–Day&Night-All Weather, EADS Astrium (2004)
[115] George W. Stimson, Introduction to Airborne Radar, 2nd Edition, SciTech Publishing, (1998)
[116] Adolf Busemann, Aerodynamischer Auftrieb bei Überschallgeschwindigkeiten, Volta-Kongreß, Rom (1935) bzw. Luftfahrtforschung Bd. 12 (1935), S. 210 – 220. Hubert Ludwieg, Pfeilflügel bei hohen Geschwindigkeiten, Bericht 39/H/18 der AVA Göttingen, Dez. 1939.
[117] Chef des Nachrichtenwesens, Die Richtempfangsstation, Vorschrift für den Funknachrichtendienst im Heere Teil III: Gerätebeschreibung („Funkpeilvorschrift"), 1918
[118] Hermann Stützel, Geheimschrift und Entzifferung im Ersten Weltkrieg, Truppenpraxis 7, S.541, (1969)
[119] B. Raman, The US National Reconnaissance Office, South Asia Analysis Group, Papers (2004)
[120] Phillip Pace, Advanced Techniques for Digital Receivers, ISBN 1-58053-053-2
[121] R.J. Dunn, P.T. Bingham, C.W. Fowler, Ground Moving Target Indicator Radar, and the Transformation of US Warfighting, Northrop Grumman, Analysis Center Papers, Febr. 2004
[122] Olaf H. Przybilsky, The Germans and the Development of Rocket Engines in the USSR, JBIS, Vol. 55, pp. 404-427, (2002)
[123] Chris Bishop ed., The Encyclopaedia of Modern Military Weapons: The Comprehensive Guide to Over 1,000 Weapon Systems from 1945 to the Present Day. NY: Barnes& Noble, S. 250, 302, Mikoyan-Gurevich MiG-25 'Foxbat', MiG-25R 'Foxbat' (1999)
[124] Richard Klemm, Space-time adaptive processing, IEEE 1998
[125] Peter Preylowski, 50 Jahre Bundeswehr, Aufklärer, Strategie und Technik, Mai 2006
[126] Philip Butterworth-Hayes, Peter van Blyenburgh ed., 'UAVs, A Global Perspective', Germany: A Review of UAV Programmes and Initiatives, UVS International, London, (2004)
[127] Peter Weber, Stephan Mehl, Olaf Müller, Recce Tornado – eine Aufklärungsfähigkeit der Luftwaffe, Strategie und Technik, Februar 2007
[128] John Pike, RQ-4A Global Hawk (Tier II+ HALE UAV), Federation of American Scientists (FAS), (2006)
[129] Alan Steinhardt, Discoverer II, Space Based Radar Concept, DARPATech 2000, Sept. 2000
[130] John Pike, Discoverer II (DII), FAS Space Policy Project, Internet, Jan. 2000
[131] Anonymous, Aviation Week &Space Technology, December 18, 2006
[132] Mark Wade, SAMOS, Encyclopaedia Astronautica, May 3, 2004
[133] C.P. Vick, KH-11 Kennan/Crystal, Space, Global Security.org, Internet (2006)
[134] Anonymous, Menwith Hill US Spy Station – Interception Echelon, Internet (2006)
[135] Mark Urban, UK Eyes Alpha, The Inside Story of British Intelligence, Chapter 5, 1986/7 Zircon, Faber and Faber, November 1997
[136] Chris Pocock, The early U-2 overflights of the Soviet Union, Vortrag bei der 'Allied Museums Conference', Berlin, 24. April 2006
[137] Anonymous, E-3A Surveillance Radar, Westinghouse Communications, TD -79, (1979)
[138] Sven Grahn, Soviet/Russian Reconnaissance Satellites, Internet (1996)
[139] Anonymous, The Cavity Magnetron, IEEE Virtual Museum, IEEE (2007)
[140] Robert Wernick, Der Blitzkrieg, aus Der Zweite Weltkrieg, Time Life Bücher, Amsterdam (1979)
[141] Barrie Pitt, Die Schlacht im Atlantik, aus Der Zweite Weltkrieg, Time Life Bücher, Amsterdam (1979)
[142] Douglas Botting, Die Invasion der Alliierten, aus Der Zweite Weltkrieg, Time Life Bücher, Amsterdam (1981)
[143] George W. Goddard, Overview, New York: Doubleday Co., (1969).
[144] Jay Miller, Lockheed U-2, Austin, Texas: Aerofax, Inc., (1983)
[145] Walter A. McDougall, …the Heavens and the Earth: A political History of the Space Age. New York: Basic Books, (1985)

[146] Elie Abel, The Missile Crisis. New York, J.P. Lippincott, (1966)
[147] Paul Elliott, Vietnam – Conflict and Controversy, ISBN 1-85409-320-7 (1998)
[148] Robert S. McNamara, Brian VanDeMark, Vietnam - Das Trauma einer Weltmacht, ISBN 3-45511-139-4 (1995)
[149] Peter Scholl-Latour, Der Tod im Reisfeld, Stuttgart DVA (1980), ISBN 3-54833-022-3 (1981)
[150] Seymour Hersh, My Lai 4: A Report on the Massacre and its Aftermath, ISBN 0-39443-737-3 (1970)
[151] John Pike, KH-1 (CORONA), FAS Space Policy Project, Internet, 9. Sept. 2000
[152] S. Singer, The Vela Satellite Program for detection of high-altitude nuclear explosions, IEEE Proceedings, Vol. 53, S. 1935-1948, Dez. 1965
[153] Anonymous, Vela (Satellite), Wikipedia, the free encyclopaedia, Jan. 2007
[154] 'AGS/TIPS Site Survey of MOB Geilenkirchen' des Autors am 19.-20. Juli 2005 (OPR: NATO E-3A Component/PPCP (CD))
[155] Aviation Week&Space Technology, June 18, 2007
[156] Richard Rhodes, The Making of the Atomic Bomb, Touchstone, New York, 1986
[157] Craig Covault, Lacrosse Revealed, Aviation Week & Space Technology July 9, 2007
[158] Manfred Bischoff, Die Geschichte der Fernmelde- und elektronischen Aufklärung der Luftwaffe, Internet Explorer, www.manfred-bischoff.de/historyfmelo.htm, (2007)
[159] Manfred Griehl, Joachim Dressel, Deutsche Nahaufklärer 1930 – 1945, Podzun-Pallas-Verlag, Friedberg (1989)

22. Der Autor

Eugen Herpfer hat an der RWTH Aachen Luft- und Raumfahrttechnik studiert. Nach Abschluss des Studiums erhielt er ein Stipendium am von Kármán Institute in Brüssel. Danach trat er in die Dornier GmbH in Immenstaad ein. Er promovierte an der Universität Karlsruhe. Während fast vierzig Jahren bei Dornier und der EADS Deutschland GmbH beschäftigte er sich hauptsächlich mit Projekten im Bereich der Aufklärung und Überwachung. Nach Gründung der SOSTAR GmbH war er ihr erster Geschäftsführer. Er war Mitglied in verschiedenen internationalen Gremien der Aufklärung und Überwachung. Während seiner beruflichen Laufbahn war er als anerkannter Fachmann an vielen internationalen Vorhaben für die Aufklärung beteiligt und geschätzt.